实用橡胶工艺学

杨清芝　主编

化学工业出版社
材料科学与工程出版中心
·北京·

图书在版编目（CIP）数据

实用橡胶工艺学/杨清芝主编. —北京：化学工业出版社，
2005.4（2023.8重印）

ISBN 978-7-5025-6939-6

Ⅰ. 实… Ⅱ. 杨… Ⅲ. 橡胶加工-工艺学 Ⅳ. TQ330.5

中国版本图书馆 CIP 数据核字（2005）第 029220 号

责任编辑：宋向雁　李晓文　赵卫娟　　　　　　文字编辑：冯国庆
责任校对：洪雅姝　　　　　　　　　　　　　　装帧设计：潘　峰

出版发行：化学工业出版社（北京市东城区青年湖南街 13 号　邮政编码 100011）
印　　装：北京科印技术咨询服务有限公司数码印刷分部
720mm×1000mm　1/16　印张 29¼　字数 552 千字　2023 年 8 月北京第 1 版第 18 次印刷

购书咨询：010-64518888　　　　　　　　　售后服务：010-64518899
网　　址：http://www.cip.com.cn
凡购买本书，如有缺损质量问题，本社销售中心负责调换。

定　　价：69.00 元　　　　　　　　　　　　　　版权所有　违者必究

前　言

近二十年来我国的橡胶工业取得了巨大的进步，已经在世界橡胶业中占有重要的地位。据测算，2003年我国橡胶消耗总量超过310万吨，连续两年稳居世界首位。随着橡胶加工企业的不断壮大，产品日趋向高端化发展，因此对于橡胶工程技术人员专业技术水平的要求也越来越高。为了适应这种形势，我们编写了本书。

本书是一本橡胶加工配合的专著。其特点在于：①内容比较系统全面；②既有技术理论又有实际操作方法；③技术理论内容注重加强与基础化学、物理、高分子物理化学等基础理论的结合；力求克服橡胶工艺和基础理论结合不紧、甚至脱离的现象，以利于引导读者理性思维；④实际操作方法的介绍注重与生产实践的有机结合，主要采用叙述加典型实例的方法，力求强化指导实际的配方设计能力和确定加工方法的能力。

本书共十三章，分三大部分论述，第一部分（第一章至第八章）是各配合体系原材料的主要品种、性能、作用原理和使用方法；第二部分是配方设计原理和方法（第九章）；第三部分是橡胶加工过程原理、加工方法及典型实例（第十章至第十三章）。同时各章也适当地介绍了橡胶加工技术进展情况。

本书适合于高分子材料专业的学生和专业工程技术人员学习使用。

本书各章的编写人员如下。

绪论	杨清芝	第七章	郝立新
第一章	杨清芝	第八章	辛振祥
第二章	赵菲	第九章	张殿荣
第三章	杜爱华	第十章	安宏夫
第四章	郝立新	第十一章	安宏夫
第五章	刘毓真	第十二章	刘毓真
第六章	吴明生	第十三章	邓涛

本书编写过程中，原东风轮胎厂副总工程师郑竹洲对炼胶工艺和压延工艺部分提出许多宝贵意见；北京橡胶工业研究设计院教授级高级工程师谢忠麟和润蚨祥油封有限公司杜杰工程师也给予了热忱的帮助。本书的出版也得

到了化学工业出版社的大力支持。编者在此谨致衷心的感谢。

由于橡胶工程的复杂性，加上编者橡胶工程实践经验和运用基础理论能力的不足，书中难免会有一些介绍不够透彻甚至错误之处，敬请广大读者批评指正。

编　者
2005 年 2 月于青岛

目　　录

绪　　论

一、高弹性——橡胶材料的特征

橡胶是惟一一种具有高弹性的材料，是人类使用的重要材料之一。现在使用的材料分为金属和非金属两大类。金属类又分纯金属和合金两类；非金属又分为有机和无机两类，橡胶、塑料、纤维属于有机高分子类的材料。

近20年来中国的橡胶工业有了很大的发展，如2001年耗胶量为230万吨，居世界第二位；轮胎产量为1.1亿条，为世界第三；力车胎和胶鞋产量均为世界第一；但中国人均年耗胶量较低，欧美约为10kg，世界平均3.1kg，中国不到2kg。另外，技术方面也存在差距。因此，我国橡胶发展的空间还很大。

常温下具有高弹性是橡胶的独具特征，是任何其他材料所不具备的，因此橡胶也被称为弹性体。橡胶的高弹性表现在：①具有特别大的弹性变形，可以被拉伸大到1000％甚至以上，而金属的弹性变形小于1％；②变形后去掉外力，能迅速恢复变形，永久变形很小；③弹性模量特别低，只有 $10^5 \sim 10^6$ Pa，而金属材料为 $10^{11} \sim 10^{12}$ Pa，橡胶的模量比金属约小6个数量级，也就是说较小的力就会使橡胶发生较大的变形；④橡胶的应力-应变曲线不像金属，也不像塑料，不出现屈服现象。

橡胶的高弹性变形来源于它的大分子分子链中键比较容易旋转，在外力作用下整条大分子容易变形，因为它的键的旋转位垒比较低，所以模量低，在外力除去后，因为分子热运动又容易使其自动恢复原来的变形，即朝熵增大方向变化，橡胶被拉伸使体系的熵值下降，变热。而金属的弹性变形来源于它的原子之间的键长和键角的变化，所以模量高，拉伸变凉。

高弹性变形到底达到什么程度，除掉外力后以什么速度，恢复到什么范围，才可以界定为橡胶呢？ASTM D1566中定义如下：橡胶是一种材料，它在大的变形下能迅速而有力地恢复其变形。能被改性，改性的橡胶实质上不溶于（但能溶胀于）沸腾的苯、甲乙酮、乙醇-甲苯混合物等溶剂中。改性的橡胶在室温下（18～29℃）被拉伸到原来的长度的2倍并保持1min后除掉外力，它能在1min内恢复到原来长度的1.5倍以下。

定义中所指的改性实质上是指硫化，轻度交联的橡胶是典型的高弹性材料。

橡胶属于有机高分子材料，所以它具有这类材料的共性：如密度小，绝缘性好，不容易被酸、碱腐蚀，对流体渗透性低，但它的强度比较低，硬度低，不是那么耐磨，不耐环境老化等。

生胶随温度的变化（或外力速度的变化）可呈现玻璃态、高弹态、黏流态三态，如 NR 在 $-72℃$ 以下为玻璃态，在 $130℃$ 以上为黏流态，在两温度之间为高弹态。未硫化的橡胶高温下变软乃至黏流，不能保持稳定的形状和必要的性能；低温变硬。正因为如此，生胶必须要经过加工之后才能具备应有的使用性能，由此便产生了橡胶的加工业。同时也就有了橡胶工艺学。

随着科技的发展，热塑性弹性体的出现，特别是茂金属催化剂合成的橡胶，使得橡胶与塑料之间的界限在缩小。

二、橡胶配合加工的内容

橡胶加工就是将生胶经过一系列的加工工艺过程使之变成具有要求形状、尺寸和性能的产品。主要包括三部分：原料及配合；加工工艺过程；性能测试。本书主要讲述前两部分。关于测试部分在讲述时常会遇到，特别是常规的物理机械性能及加工工艺性能，下面分别给予概念性的介绍，有些特别的性能也会在各部分给予简介，详细的另有专著或标准。

1. 配合系统

制造橡胶制品除使用的主要原材料橡胶之外，还必须配合其他的配合剂。配合操作过去多用手工，现在大型的密炼机多采用上辅机系统和微机控制实现了自动化。配合剂及其作用简介如下。

配合系统
- 生胶：母体材料
- 硫化体系：使橡胶由线型大分子变成立体网状大分子
- 补强填充体系：提高力学性能，使非自补强性橡胶获得应用，改善工艺性能和降低成本；还有的有功能性，如阻燃、导电、磁性等
- 防老体系：延长橡胶制品使用寿命，主要有防热氧、臭氧、光氧、有害金属离子、疲劳、霉菌等引起的老化
- 增塑及操作体系：降低胶料黏度，改善加工性能，降低成本，主要有增塑剂、分散剂、均匀剂、增黏剂、塑解剂、防焦剂、脱模剂等
- 特种配合体系：赋予橡胶特殊的性能，如黏合、着色、发泡、阻燃、偶联、抗静电、导电、香味、增硬、润滑、防喷等配合体系

2. 橡胶的加工过程

不同的橡胶制品有不同的加工过程，过程有多种。但炼胶、压延、挤出、成型、硫化是橡胶加工的基本工艺过程，简介如下。

炼胶：分塑炼和混炼。塑炼定义为降低分子量，增加塑性，改善加工性能，制成可塑性符合要求的塑炼胶。混炼定义为经过配合，将橡胶与配合剂均匀地混合和分散，制成混炼胶，使用设备为开炼机、密炼机和挤出机

压延：可制造纯胶片、有花纹的胶片及帘布、帆布、镀铜钢丝帘布等骨架材料的覆胶（贴胶、擦胶）

挤出：通过不同口型连续挤出如胶管、型材、胎面、胎侧、内胎、三角胶条、钢丝圈、胶片等不同断面的半成品，供成型和直接硫化使用。用挤出机

工艺过程

成型：将构成制品的各个部件组合一起，组成和成品形状类似的、质量略大一点的半成品。成型工艺和设备有多种，典型的成型设备是轮胎的成型鼓——精密预成型机，还有些手工操作等

硫化：橡胶加工的最后的工艺过程是使用个体硫化机、硫化罐、平板硫化机以及如微波等设备使未硫化的半成品在一定条件下完成硫化。最后再经过适当的修饰处理，制成成品

3. 测试

橡胶加工中，测试分为三部分，即原材料质量控制、加工工艺过程控制和成品质量控制，概要简介如下。

质量控制测试

原材料质量控制：原材料使用之前，通常应按规定检验，合格方可投入生产。

工艺过程监控：对各工艺过程设备运行及其参数应实时监控。各个工艺过程的半成品均应检测质量。检查方法有仪器法和目视法。胶料的快检包括塑炼胶逐辊检测可塑度和混炼胶逐辊检测密度、硬度、可塑性或门尼黏度、硫化曲线、分散度等（不全测，测部分）。压延和挤出都要随时监测厚度和外观质量；此外，挤出还要切挤出物的断面，观察是否密实。硫化产品外观也要随时观察是否有异

制品性能检测：制品性能包括两部分。第一部分为胶料性能，它是将制成规定的试样来进行的性能测试，如最常测的胶料拉伸强度、伸长率、硬度、定神、撕裂强度、热老化、抗疲劳、耐磨耗等，这些基本上属于常规的测试，既可起到控制生产过程的作用，又可起到表征产品的性能的作用。第二部分为制品性能，它能更确切地反应制品实际情况：①制品解剖试验；②直接用制品测强力和伸长率等性能；③成品模拟实验；④实用试验

4. 常用物理性意义的简介（详述在第九章）

（1）门尼黏度　用门尼黏度计测量的是橡胶的本体黏度，原理是将胶料填充在黏度计的模腔和转子之间，合模，在一定温度下（一般 100℃ ）预热（一般 1min），令转子转动一定时间（一般 4min）时测得的转矩值（N·m）。该值越大，表明胶料的黏度越大，常用 ML(1+4)100℃ 表示。

（2）门尼焦烧　这是个表明胶料焦烧时间的指标，通常是在 120℃ 下测定（加有硫化体系配合剂）从最低点起，上升 5 个门尼值（根据需要也可以取别的上升数值）的时间。这个时间越长表明胶料越不容易发生焦烧，加工越

3

安全。

（3）可塑度　有几种测定方法，常用的是威氏塑性计和快速塑性计。威氏可塑度是将未硫化的圆柱形橡胶样品以规定的压力压缩在两个平板之间，在一定温度下经过一定时间后，解除外力，将其恢复一定的时间后，测定高度。以不能恢复的高度为分子，以原高度与负荷压缩下高度之和为分母的比值表示，值越大，可塑度越大。

（4）拉伸强度　取规定的哑铃形试样在规定的条件下，通常以 500mm/min 的速度拉伸到断裂，以未拉伸时原始断面计算单位面积上所受的力，以 MPa 表示。

（5）拉断伸长率　拉伸强度试样拉伸时，试样被拉伸了的长度（不包括原来的长度）和原工作长度之比，以％表示。

（6）定伸应力　拉伸强度测试中的试样工作长度部分拉伸到给定伸长率时，以原始面积计算的单位面积的力为该伸长率下的定伸应力。如 100％或 300％定伸应力等，定伸应力越高，表明变形需要的力越大。

（7）硬度　是以邵尔硬度计测试，以测针压入被测样品的深度的大小来表示的。压入深度越深，硬度越小；越浅，硬度越大，以邵尔 A 的度表示。

（8）磨耗　有几种实验方法，常用的有阿克隆磨耗，原理是将规定的轮形试样（或条形试样牢固粘在轮子上）与规定的砂轮对磨 1.61km，计算试样磨掉的体积，以 $cm^3/1.61km$ 表示。还有磨耗指数表示法，即以参比胶料的磨耗量为分子，以试验胶料的磨耗量为分母，比值用％表示，越大表明越耐磨。

（9）疲劳寿命　常用在一定的周期性动态负荷作用下使试样周期变形，材料或制品出现裂纹或断裂的时间，用周期数表示，当然还有别的表示方法。

（10）抗湿滑性　表明橡胶制品在有水或湿的路面上抓着力，抗湿滑性不好，易打滑，如果是轮胎，则不易刹住车；如果是鞋底，容易使人滑倒。

（11）滚动阻力　主要针对轮胎或动态工作的制品而言，胶料的 tanδ 越高，意味着用此胶制造的胎面生热高，滚动阻力大，当然车的耗油量就大。

三、橡胶的历史及发展现状

1. 早期的历史

考古发现南美洲印第安人早在 1000 多年前就知道使用天然胶乳制造器具，人们对洪都拉斯发掘出来的橡胶球进行考证，可以将人类使用橡胶的历史追溯到 11 世纪。当地有一种树割破皮就会流出浆液，用此浆液可以制造器具，当地人叫这种树为流泪的树，即"卡乌-丘克（Cahuchu）"，又因为人们发现橡胶能擦去铅笔的字迹，所以取英文名为"rubber"。

哥伦布在 1493～1496 年第二次航行时看到海地人玩的球能从地上弹跳起来，才知道这球是用树上流出来的浆液制成的，这时欧洲人才第一次认识到了橡胶这种物质。作为科学文献记载橡胶的是法国人 Condamine，1735 年他参加巴黎科学院赴南美的子午线考察队，在那住了 8 年，详实记述了橡胶的资料，收集了样品并寄回巴黎。1747 年法国工程师 C. F. Fresneau 在圭亚那森林中考察了橡胶树并致信 Condamine。这些信件于 1751 年在法国科学院宣读，使欧洲人进一步思考橡胶的利用问题。

因为胶乳不能运回欧洲，1823 年马凯尔建立了用苯溶解橡胶制造雨衣的橡胶厂，人们认为这就是橡胶工业的起点。

由于韩可克在 1826 年发明了双辊炼胶机，1839 年美国人固特异发明硫化，这两项发明很快用于生产，使橡胶的应用得到了突破性的进展，奠定了橡胶加工业的基础。到了 19 世纪中叶，橡胶工业在英国已经初具规模，其耗胶量达 1800 多吨。

1888 年兽医 Dunlop 发明了充气轮胎，次年建立了充气轮胎厂，于是约有大部分的橡胶用于轮胎，这一发明使橡胶的应用得到了起飞。

19 世纪中叶，工业遥遥领先的英国已经建立了相当规模的橡胶工业。野生的天然橡胶供不应求，于是英国拟订了人工种植天然橡胶的计划。1876 年英国人 H. Wickham 从巴西私运了 7 万颗种子，在英国的皇家植物园试种成功之后，将树苗移植当时的英属锡兰，后又发展到马来西亚、新加坡、印尼等东南亚地区的种植，开始了橡胶种植的时代。

合成橡胶的历史一般的认为是从 1879 年布恰尔达特在试验室第一次将异戊二烯变成了类似橡胶的弹性物开始的。20 世纪 30 年代实现了乳液聚合的丁苯、丁腈、氯丁几种橡胶的工业化。20 世纪 50 年代 Zeigler-Natta 发明了定向聚合立体规整橡胶，出现了如乙丙、顺丁、异戊等橡胶。1965～1973 年间出现了热塑性弹性体，是橡胶领域分子设计成功的一种尝试，是近代橡胶的新突破。

固特异发明的纯硫黄硫化，因为硫黄多，时间长，性能低。1844 年在固特异的专利中添加碱式碳酸铅作为无机促进剂，开辟了半个世纪的无机促进剂时代。1906 年发现苯胺促进剂比无机促进剂好，从此，进入有机促进剂的时代。20 世纪 20 年代发明了促进剂 D 和噻唑类的促进剂 M，肯定了氧化锌对大多数有机促进剂有活化作用，这是一个划时代的成果。1931 年拜耳公司制成次磺酰胺促进剂，解决了合成橡胶和炉黑加工安全性问题。

橡胶成为商品之后，Hofman 首先研究了老化问题并于 1861 年提出老化和吸氧有关。1865 年 Spiller 和 Miller 提出相同看法。1922 年，Mourea 提出自动催化氧化的概念，此后才统一了氧老化的学说。到了 1930～1935 年间就有了近代防老剂的出现。1953 年，Criegee 提出臭氧老化机理。

橡胶的补强填充问题，20 世纪初 S. C. Mote 首次发现了炭黑可以明显提高橡胶的强度，从此找到了补强的有效途径。世界公认炭黑是中国人发明的，早在

3000年前的殷朝甲骨文就是使用烟灰制造成的墨汁写成的，那时不叫炭黑，叫"炱"。此技术传入外国，1872年美国建立了 Carbon Black 公司，生产槽黑。1943年出现了油炉法炭黑，炉黑成为了橡胶补强的主角。20世纪70年代更好的新工艺炭黑问世，称为第三代炭黑。

炭黑用于橡胶后，由于工艺上遇到问题，于是人们在橡胶工业初期使用蜡、沥青等软化剂便于混炼的基础上扩大使用松焦油、锭子油和机油等软化剂。20世纪30～40年代后，适应合成橡胶的需要出现了石油类软化剂以及其他类增塑剂。

我国的橡胶工业是从1915年广州建立第一个橡胶厂——广州兄弟创制树胶公司开始的，20世纪20年代建立了正泰和大中华橡胶厂，20世纪30年代山东、辽宁、天津陆续建立了橡胶厂。

我国有海南、云南、两广等地域适于种植天然橡胶，并于1904年在雷州半岛开始种植，20世纪50年代初成功地打破了国际上公认北纬17°以北是"橡胶种植地禁区"的结论。在北纬18°～24°的广西等地大面积种植了橡胶。我国是天然橡胶重要生产国之一。

2. 橡胶的发展现状

现代的橡胶加工技术取得了巨大进步。但作为配套行业的橡胶加工业，总会遇到许多新问题需要解决，总得不断发展。现代的发展主要是围绕着高性能化、功能化、绿色化、自动化、节能等几个方面，简述如下。

(1) 橡胶材料方面　从1965年马来西亚实行标准橡胶计划，天然橡胶实现了比较科学先进的生产之后，出现的亟待解决的问题是天然胶乳制品的蛋白质过敏问题。表现出过敏症的达2.5%。研究表明过敏是由天然胶乳制品中残留的可抽出（可溶性）蛋白质引起的。目前世界上只有几个少数国家有低蛋白胶乳及制品生产，我国也研究出了符合美国食品与药品管理局质量标准（可溶性蛋白质量分数小于 50×10^{-6}）的低蛋白胶乳。

20世纪90年代茂金属催化技术用于工业，能合成出分子量分布和规整度可以调整、性能更好的弹性体。该技术容易实现高级 α-烯烃、非共轭二烯、苯乙烯、环烯烃等聚合。如用乙烯和 α-辛烯共聚的 EOC，因为辛烯的摩尔分数和分布可控，辛烯共聚，破坏了聚乙烯的结晶区，形成结晶和非结晶共存的材料，制得了力学性能和加工性能良好平衡的系列聚合物，可用注射、挤出、吹塑方法加工，也可以用橡胶的加工方法制成弹性体。又如杜邦-道弹性体公司推出了13个茂金属乙丙橡胶 mEPDM，其商品牌号为 Nordel® IP。高效、节能、清洁的气相聚合乙丙（Nordel® MG）已于2002年问世。

由于溶聚丁苯性能好于乳聚丁苯，它逐步渗入轮胎业，用量已约占丁苯的70%。第三代溶聚丁苯运用集成橡胶的概念，通过分子设计和链结构优化组合，最大限度地提高了性能，成为现在合成橡胶的发展重点。采用稀土钕系催化剂制造的 BR 的加工性、物理性能和抗湿滑性优于其他催化体系 BR。丁基胶出现了显著地改善了加工性能的星形支化型 IIR 和星形支化型卤化的 IIR。NBR 的高性能化方面，有粉末丁腈和氢化丁腈等。热塑性弹性体以几倍于一般橡胶的增长率在增长。

炭黑作为补强剂已经有 100 年的历史了，虽然，纳米材料的尺寸范围为 1～100nm，补强性的炭黑和一般的白炭黑一次结构部分落在这个范围里，但那时没有从纳米角度来考虑。从 20 世纪 90 年代起，纳米技术的迅速发展，聚合物的增强，包括橡胶的补强又赋予了新的内涵，使得这个领域又进入了一个新发展时期。传统的无机填料（白炭黑除外）尺寸都远大于纳米材料的范围，又加上它们的亲水性，虽然在表面改性方面曾取得相当的效果，但填料的结团问题还是没有得到根本的解决。纳米材料的比表面积很大，表面上的活性点自然也多，再加上由于粒子尺寸可能产生特殊的效应，使得纳米材料与橡胶的作用会更强。特别是原位生成纳米填料和插层技术的研究，既能获得纳米范围的尺寸，又可能解决分散问题。这样就有可能使橡胶的补强获得革命性的进展。

仲胺类促进剂产生的亚硝胺致癌，可用伯胺结构和苄胺结构的促进剂代替，如用 NS 代替 NOBS，如在绿色轮胎胶料中使用四苄基二硫化秋兰姆代替 TMTD；用二苄基二硫代氨基甲酸锌代替 PZ 和 EZ。莱茵化学公司开发了无亚硝胺发生的二硫代磷酸盐类促进剂并将其复配制剂，在维护环境方面起着良好的作用。

抗返原剂和后硫化剂是一类新的硫化系统的助剂，如山西化工研究所的抗返原剂 DL-268；还有当硫化返原时能生成碳-碳交联补充断裂的多硫键的 1,3-双（柠糠酰亚胺基）苯（Perkalink 900）；具有抗返原的多功能的交联剂，1,6-双（N,N'-二苯并噻唑氨基甲酰二硫)-已烷(KA-9188)。后硫化剂既有抗返原功能，又能在橡胶使用过程中保持良好动态性能的作用，如六亚甲基-1,6-二硫代硫酸钠二水化合物。

苯基萘胺类防老剂由于毒性退出历史舞台指日可待，对苯二胺类效能好，特别是 4020，应用广泛。抗抽出、低挥发、低扩散、长效防老剂的开发是重要课题，2,4,6-三(1,4-二甲基)戊基对苯二胺-1,3,5-三嗪（TAPDA）具有对苯二胺和三嗪两个官能团，抗静、动态氧及臭氧老化都好，不污染，是比较好的防老剂。关于非污染抗臭氧防老剂多酚类如：拜耳公司的环状缩醛化合物 AFS，还有国产的 998-1。关于"食品及卫生制品要求使用无毒、绿色、非污染防老剂"，有人认为生育酚 APT 和它的复合物可能更可靠。

现代配合剂发展的一个重要方向之一是一剂多能，即多功能化。达到这个目的可有两个途径。一个方法是把具有不同功能的官能团合成到一个化合物中，如

N,N'-双(2-苯并噻唑二硫代)呱嗪，具有防焦烧、促进和硫化功能，还可以提高耐热性。又如齐聚酯（不饱和聚酯），在炼胶是起增塑剂作用，硫化参加交联，对制品有明显的增硬作用，还有增黏作用。另一个方法是复配，把具有不同作用的配合剂混合在一起。

现在人们越来越认识到节能、方便操作等的重要性。所以涌现了一批分散剂、均匀剂、塑解剂、润滑剂、脱模剂，它们的进一步开发研究也很受重视。

（2）橡胶工艺及设备方面　橡胶加工工艺的进展有两方面。一方面是传统工艺过程及其设备的日臻完善；另一方面是非传统的新概念技术的开发。

炼胶、压延、挤出、成型和硫化是五个基本的工艺加工过程。现代设备、工装都取得了巨大的进步。现在混炼主要设备是密炼机，由于上、下辅机的配置和微机控制它已达到比较高的自动化水平。

从 20 世纪 80 年代以来，冷喂料挤出机成为了主流，热喂料挤出机使用在减少；抽真空冷喂料挤出机更胜一筹，它使挤出的半成品无气孔且密致，是第三代挤出机。螺杆是挤出机中的主要部件，目前销钉螺杆成为主流。

硫化介质方面，氮气作为硫化介质将进一步普及，据称氮气硫化可使胶囊寿命延长一倍，节约蒸汽 80%，在硫化轮胎方面近十年来得到了广泛应用。轮胎的硫化设备，在国外高级子午线轮胎已有 60% 以上用液压硫化机。在模制品硫化机方面有抽真空平板硫化机、自动化程度高的推出自开模平板硫化机和介于普通平板硫化机与注射成型硫化机之间的传递式平板硫化机。有了胶带连续硫化机，在连续硫化和反应注射成型方面都有新的进展。出现了大批优秀的有限元软件，能比较符合实际地仿真出制品硫化过程中的温度场。不仅能制定更合理的硫化条件而且可实现智能控制。

在非传统的新概念技术方面具有代表性的是轮胎的全自动化生产，世界上几家大型轮胎公司都在研发，例如米其林的 C3M（command＋control＋communication & manufacture）技术。该技术的要点是：①连续低温炼胶；②直接挤出橡胶组件；③成型鼓上编织/缠绕骨架层；④预硫化环状胎面；⑤轮胎电热硫化。新概念的关键的设备是特种的编织机和挤出机。以成型鼓为核心合理配置特种编织机组，环绕成型鼓编织无接头环形胎体帘布层和带束层，并环绕成型鼓缠绕钢丝得到钢丝圈。挤出机组连续低温（90℃以下）混炼胶料，挤出胎侧、三角胶条以及其他的橡胶组件，各橡胶组件不经过冷却/停放，也不要再加工和预配置，就直接送到成型鼓上一次性完成轮胎成型。在成型过程中成型鼓一直处于加热状态，胎胚在成型的同时被预硫化从而达到预定型。新概念轮胎制造技术具有节约投资、占地面积少、生产成本低和生产效率高的特点。

主要参考文献

1　于清溪. 橡胶工业发展史略. 北京：化学工业出版社，1992

2　中国石油和化学工业协会. 中国化学工业年鉴，2002～2003，19：152

3　Joan C. Long. Rubber Chemistry and Technology，2001，74（3）：493

4　李法华. 功能性橡胶材料及制品. 北京：化学工业出版社，2003

5　樊云峰，温达. 橡胶工业，2003，50（3）：180

6　田明，李期方，刘力等. 合成橡胶工业，2001，24（2）：123

7　赵光贤. 橡胶工业，2002，49（7）：434

8　张海. 中国橡胶，2002，18（4）：24

9　曹盛和，贺建芸，刘月星，程源. 特种橡胶制品，2003，24（6）：39

10　王英双，汪传生，何树植. 特种橡胶制品，2003，24（2）：34

11　周彦豪，董智贤，陈福林等. 中国橡胶，2004，20（4）：20

12　杨清芝. 现代橡胶工艺学. 北京：中国石化出版社，1997

第一章 生　　胶

第一节 概　　述

生胶是一种独具高弹性的聚合物材料，是制造橡胶制品的母体材料。我国习惯上把生胶和硫化胶统称为橡胶，本书沿用这种叫法。

本章较详细介绍天然橡胶，接下来的胶种采用与它比较、介绍特点的方法。

一、橡胶的分类方法和种类

现在有许多种橡胶，按不同的分类方法，就有不同的类别。目前主要采用来源用途和化学结构分类方法。

来源用途分类
- 天然橡胶（NR）
- 合成橡胶
  - 通用橡胶：丁苯橡胶（SBR），顺丁橡胶（BR），异戊橡胶（IR），丁腈橡胶（NBR），氯丁橡胶（CR），丁基橡胶（IIR），乙丙橡胶（EPM，EPDM）
  - 特种橡胶：氟橡胶（FPM），丙烯酸酯橡胶（ACM，ANM），氯磺化聚乙烯（CSM），氯化聚乙烯（CPE 或 CM），乙烯-丙烯酸甲酯（Vamac 或 AEM），丁吡橡胶（PBR），硅橡胶（Q），聚氨基甲酸酯橡胶（AU，EU），聚醚橡胶（CO，ECO，GPO），聚硫橡胶（T）

化学结构分类
- 碳链橡胶
  - 不饱和非极性：NR，SBR，BR，IR
  - 不饱和极性：NBR，CR
  - 饱和非极性：EPM，EPDM，IIR
  - 饱和极性：FPM，ACM，ANM，CSM，CPE，AEM
- 杂链橡胶：Q，（MVQ，MQ），AU，EU，CO，ECO，GPO，T

如果按生胶的形态分还可以分为固体块状、粉末状、黏稠液体状、胶乳四种形式。

按交联方式分为传统热硫化橡胶和热塑性弹性体。

当然，上述品种中，还因门尼黏度、共聚物中单体含量、聚合方法、键合结构的不同，是否污染、充油、充炭黑，是否有硫化点单元，是否化学改性等又产生了许多亚类和不同的牌号。

二、各种类橡胶的用量范围

人类从 11 世纪就开始使用天然橡胶了，到 20 世纪 30 年代才开始使用合成橡胶。现在天然橡胶的用量占橡胶总用量的 30％～40％。SBR 用量在合成胶中用量占 40％～50％，以下依次是 BR，EPDM，IIR，CR，NBR，IR，特种橡胶约占 1％。

第二节 天然橡胶

一、天然橡胶植物

天然橡胶是从植物中获取的，地球上能合成橡胶的植物有许多种，其中主要的一种是赫亚薇系三叶橡胶树（巴西橡胶树），近年来改良的银菊进入了实用阶段，此外，还有产生反-1,4-聚异戊二烯的杜仲树，杜仲树和国外的固塔波胶是一样的。三叶橡胶树是高大的乔木，叶三个为一支，由此而得名，见图 1-1。全树都有胶乳管，干皮中最多，所以从树干割胶，破其乳管，收集流出的胶乳，就是制造固体 NR 的原料。

二、天然橡胶的制造

原材料：新鲜胶乳，是好的原材料；杂胶，是等级低些的原料，杂胶包括胶杯凝胶、自凝胶、胶线、皮屑胶、泥胶、浮渣、制造烟片的碎片等。

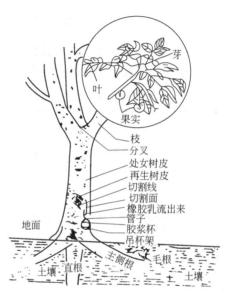

图 1-1 三叶橡胶树

制造工艺：新鲜胶乳是制造高等级标准胶、烟片、白皱片等的原材料。它们的制造步骤都有：稀释、过滤、除杂质、凝固、除水、干燥、分级、包装等几个过程。但不同品种，工艺不同。如烟片用熏烟方法干燥，标准胶用造粒方法干燥。杂胶用于制造质量比较低的标准胶、杂皱片等。

三、天然橡胶的分类和等级

1. 天然橡胶主要按制法及用途分类

天然橡胶
- 三叶橡胶
  - 通用类：标准胶（包括恒、低黏胶）、烟片胶、风干片胶、皱片胶。
  - 特种胶：充油胶、轮胎胶、低蛋白质胶、易操作胶、纯化胶、炭黑共沉胶、散粒胶、胶清胶
  - 改性胶：难结晶胶、接枝胶、氯化胶、氢氯化胶、环氧化胶、环化胶、解聚胶、热塑性胶
- 其他橡胶：杜仲胶、银菊胶

2. 天然橡胶的分级

上述的四种通用胶中有两种分类法。标准胶按理化指标分级，烟片等按外观分级，前者比较科学。标准胶也称颗粒胶，是马来西亚 1965 年开始开发的。制

造工艺过程中采用造粒方法，质量等级用以机械杂质为主，共七项指标来控制，包装和标识都有改进。中国标准胶的国家标准为GB/T 8081—1999，等级和代号见表 1-1。标准胶的国际标准为 ISO—2000。标准胶的颜色限定是采用拉维帮(lovibond)颜色指数，塑性保持率（PRI）是指生胶在 140℃×30min 加热前后华莱士塑性保持率，以百分数表示。该值越高，说明该胶的抗氧化断链能力越强，用式（1-1）计算。

$$塑性保持率(\%)=\frac{P}{P_0}\times100 \tag{1-1}$$

式中　P_0——生胶加热前的塑性值；

　　　P——生胶加热后的塑性值。

表 1-1　国产标准胶的技术要求（GB/T 8081—1999）

性　　能	各级橡胶的极限值						检验方法
	恒黏胶 SCR CV	浅色胶 SCR L	5 号胶 SCR 5	10 号胶 SCR 10	20 号胶 SCR 10	50 号胶 SCR 50	
	颜　色　标　志						
	绿	绿	绿	褐	红	黄	
留在 45μm 筛上的杂质含量（质量分数，最大值）/%	0.05	0.05	0.05	0.10	0.20	0.50	GB/T 8086
塑性初值（最小值）	—	30	30	30	30	30	GB/T 3510
塑性保持率（最小值）	60	60	60	50	40	30	GB/T 3517
氮含量（质量分数，最大值）/%	0.6	0.6	0.6	0.6	0.6	0.6	GB/T 8088
挥发物含量（质量分数，最大值）/%	0.8	0.8	0.8	0.8	0.8	0.8	GB/T 6737
灰分含量（质量分数，最大值）/%	0.6	0.6	0.6	0.75	1.0	1.5	GB/T 4498
颜色指数（最大值）	—	6					GB/T 14796
门尼黏度[ML(1+4)100℃][①]	65±5						GB/T 1232

① 可按用户要求生产其他黏度的恒黏橡胶。

烟片和皱片都是按外观分级的。中国烟片胶的国家标准 GB 8097—87，分No 1 RSS、No 2 RSS、No 3 RSS、No 4 RSS、No 5 RSS 五级；国际标准分六级，比国标多个特一级。烟片根据外观的透明度、清洁度、强韧度以及是否有发霉、生锈、小气泡、小树皮屑、发黏等缺欠和缺欠的程度、熏烟是否适度等分级。各级均有实物标样，以便对照。皱片胶国家标准 GB 8090—87。

3. 特种及改性天然橡胶

恒黏（CV）和低黏（LV）NR 贮存中黏度不升高，通常不需要塑炼，现在该算法是通用的了。轮胎胶是由胶乳、未熏烟片、胶园杂胶各占 30%，再充10% 的油的专用胶。脱蛋白 NR 是蛋白质极低的 NR，用于医疗。纯化 NR 是非橡胶烃成分特别少的 NR，适于医疗及电绝缘应用。胶清 NR 非橡胶烃特别多，易老化、硫化快，质量低。易操作 NR，由部分硫化胶乳制作，适于压延、挤出使用。散粒 NR 能自由流动，加工方便，成本高，贮存时间长了易结块。难结晶 NR，适于低温要求苛刻的场合。解聚 NR 是黏稠液体，用于做填缝、密封材料和黏合剂等。氯化、氢氯化胶主要用于黏合。热塑性 NR、环氧化 NR 是近年来新开发的产品。

四、天然橡胶的成分及其对加工使用性能的影响

1. 成分及其作用

使用胶乳制造 NR 时会有部分非橡胶烃成分残留在固体 NR 中，一般的固体天然橡胶中非橡胶烃占 5%～8%，见表 1-2。橡胶烃占 92%～95%。鲜胶乳中含有两种蛋白质，α 蛋白和橡胶蛋白。蛋白质易吸潮，发霉，使电绝缘性下降，增加生热性，使某些接触它的人过敏；蛋白质分解产物促进硫化、迟延老化；颗粒状的蛋白质有增强作用。丙酮抽出物是指 NR 中能溶于丙酮的那部分非橡胶烃成分，主要有类脂和它的分解产物构成的。新鲜胶乳中的类脂主要由脂肪、蜡、甾醇、甾醇酯和磷脂构成。胶乳加氨后类脂中的某些成分分解产生硬脂酸、油酸等脂肪酸，故 NR 的非橡胶烃中除前述胶乳所含的非橡胶烃外，还有脂肪酸。某些丙酮抽出物在混炼时起分散作用，硫化时起促进作用，使用时起防老作用。在此，特别需要指出的是磷脂是不溶于丙酮的，所以它不属于丙酮抽出物，它的分解产物有胆碱，能促进硫化。灰分中主要有磷酸钙和磷酸镁，还有少量的会促进橡胶老化的铁、铜、锰等变价金属化合物，对于它们要限制含量。如美国标准胶就规定了铜含量低于 0.00082%，锰含量低于 0.0010%。

表 1-2 非橡胶烃成分

成 分 名 称	含量/%	成 分 名 称	含量/%
蛋白质	2.0～3.0	灰分	0.2～0.5
丙酮抽出物	1.5～4.5	水分	0.3～1.0

2. 蛋白质过敏

天然胶乳通常含质量分数为 0.01～0.02 的蛋白质，可引起天然胶乳制品接触者产生过敏，由于近年来使用增多，过敏事件频繁发生，过敏比例为 12.5%，其中 2.5% 有过敏症，10% 血液中产生抗体。引起过敏主要是胶乳制品中残留的可溶（抽出）性蛋白质，研究表明，天然胶乳制品中残留的可溶性蛋白质量分数小于 110×10^{-6} 时基本上不发生过敏症状。然而用离心浓缩生产的胶乳及其制品中所残留的可溶性蛋白质量分数远远大于 110×10^{-6}。采用酶、辐射、多次离心洗涤等方法可使胶乳的蛋白有效降低。我国已制出残留可溶性蛋白质量分数为 45.4×10^{-6}（最低达 35.7×10^{-6}）低蛋白质胶乳，满足美国食品与药品管理局的质量标准可溶性蛋白质质量分数小于 50×10^{-6} 的要求。目前世界上只有少数国家成功的开发出低蛋白质胶乳及其制品并投入生产，其中马来西亚是主要的低蛋白胶乳生产国家。

五、天然橡胶的分子链结构和集聚态结构

1. 天然橡胶的大分子链结构

主要由顺-1,4-聚异戊二烯构成，占 97% 以上，其中还有 2%～3% 的 3,4-键合结构。链上有少量的醛基，胶在贮存中醛基可与蛋白质的分解产物氨基酸反应形成支化和交联，进而促使生胶黏度增高。关于端基，根据推测大分子的端基一端是二甲基烯丙基；另一端是焦磷酸基。分子量很大，主要由顺-1,4-聚异戊二烯组成，所以结构式为

$$-\!\!\left(\!CH_2-\underset{\overset{|}{CH_3}}{\overset{CH_3}{C}}\!=\!CH-CH_2\!\right)_{\!n}$$

2. 天然橡胶的分子量和凝胶

NR 的相对分子质量比较宽，绝大多数在 3 万～3000 万之间，分布比较宽，分布为双峰，见图 1-2。有三种类型，Ⅰ型和Ⅱ型都有明显的两个峰。Ⅲ型的低分子量部分少，仅有一点峰的倾向。双峰的低分子量部分对加工有利，高分子量部分对性能有利。用 GPC 测定的分子量求出，当相对分子质量大于 $(0.65～1.00) \times 10^5$ 范围时，就开始有支化，随分子量增高，支化程度增高。NR 中有 10%～70% 的凝胶，因为树种、产地、割胶季节、溶剂的不同，凝胶变化范围比较宽。凝胶中有炼胶可以被破开的松散凝胶，还有炼胶不能破开的紧密凝胶，紧密凝胶约 120nm 左右，分布在固体胶中，见图 1-3。据信，紧密凝胶对 NR 的强度，特别是未硫化胶的强度（格林强度）有贡献。

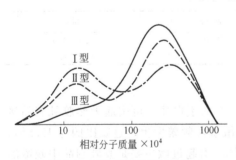

图 1-2　三叶橡胶分子量分布

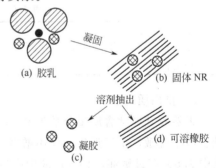

图 1-3　天然橡胶中凝胶示意图

3. 天然橡胶是可以结晶的橡胶

NR 中的顺-1,4-聚异戊二烯可发生结晶。为单斜晶系，晶胞中有四条分子链，八个异戊二烯的链单元，见图 1-4 。晶胞的等同周期为 0.810nm。结晶部分的密度为 $1.00g/cm^3$，在低温、拉伸条件下均可使 NR 结晶，实际 NR 结晶的温度范围 -50～

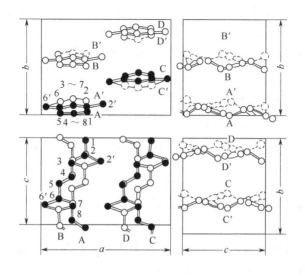

图 1-4　NR 的结晶结构

10℃，结晶最快的温度 T_k 为 −25℃，从图 1-5 可见 NR 的结晶对应变响应性敏感，所以是自补强性比较好。

六、天然橡胶的链烯烃的化学性质和物理机械性能

（一）NR 的化学性质

1. 链烯烃的一般反应性 NR，BR，IR，SBR，NBR，CR 都是二烯类橡胶。每条大分子上都有成千上万个双键，双键中的 π 键和小分子烯烃双键中的 π 键本质相同。π 电子云分布在原子平面的上下，是电子源，为 Lewis 碱。可与卤素、氢卤酸等亲电试剂发生亲电的离子加成反应。该反应分两步：首先形成中间体——正碳离子；然后完成反应。该加成反应的速度取决于正碳离子的结构，速度的顺序是：叔 C^+＞仲 C^+＞伯 C^+。

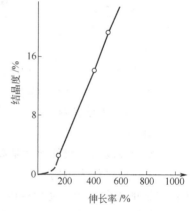

图 1-5　硫化胶的结晶度和伸长率的关系

链烯烃也与自由基反应：与氧、过氧化物、紫外线和自由基抑制剂（如氢醌）的反应就是自由基反应的标志。起反应的速度类似于上述正碳离子那样：叔 C·＞仲 C·＞伯 C·。

链烯烃还发生 α-H 反应，α-H 就是指与双键相邻碳原子上的氢。α-H 易于脱掉，形成烯丙基自由基，发生取代、氧化反应。

2. 天然橡胶的反应性

上述几种反应是 NR 和不饱和橡胶发生硫化、老化及其防护、化学改性的基

础。NR 分子链上平均每四个碳原子便有一个双键。可以发生离子或自由基加成，也可以发生 α-H 反应。这主要取决于反应条件。当然实际的硫化、老化及防护都是相当复杂的。NR 的有机过氧化物硫化、氧化及引发剂存在下的马来酰亚胺的改性主要都是 α-H 反应，NR 有 a、b、c 三个 α-H 位置。J. L. Ballend 证实三个位置 α-H 的活性为 a＞b＞c，见表 1-3。

表 1-3　α-H 的活性

位置	C—H 解离能/(kJ/mol)	C—H 断裂容易程度[①]
a	320.5	11
b	331.4	3
c	349.4	1

$$\text{—(CH}_2\text{)—C}\overset{\overset{\displaystyle \overset{c}{CH_3}}{|}}{=}\text{CH—CH}_2\text{—}_n$$

① 数值越高，C—H 断裂越容易。

大量的实践表明，硫黄促进剂的硫化和热氧化，与 HCl 的亲电离子型加成反应中反应活性都是 NR＞BR＞CR。分析如下。

双键碳原子上无取代基，双键上电子云密度正常，未被极化。

双键碳原子上连推电子的甲基，不仅双键上电子云密度比一般的大，双键被活化，而且双键被极化。

双键上连的是电负性比较大的氯原子，双键上的电子云密度比一般的小，双键活性下降，而且被极化。

（二）物理力学性质

1. NR 的弹性

生胶和轻度硫化胶的弹性是高的，表现在 0～100℃ 范围内回弹性为 50%～85%，弹性模量仅为钢的 1/3000，伸长到 350% 时，去掉外力后将迅速回缩，仅留下 15% 的永久变形。通用橡胶 NR 的弹性仅低于 BR。NR 上中等的弹性来源于它的大分子好的柔性。柔性来源于：①键的内旋转位垒低，如—CH₂—CH＝CH—CH₂—中的双键不能旋转，而与双键相连的 σ 键旋转位垒仅为 2.07(kJ/mol)，可认为自由旋转；②分子链上每四个主链碳原子有一个侧甲基，侧基不密、不大；③分子间互相作用力不大，内聚能密度仅为 266.2MJ/m³，大分子运动互相束缚小。根据 Small 的基团摩尔体积数据，按比例绘制了六种胶的分子链平面示意图，见图 1-6。BR 没有侧基，NR 有侧基，而 IIR 有密集的侧甲基。由图 1-6 便可形象地理解 NR 有中上等弹性的原因。

2. NR 的强度

NR 具有相当高的拉伸强度和撕裂强度，未补强的硫化胶 NR 可达 17～25MPa，

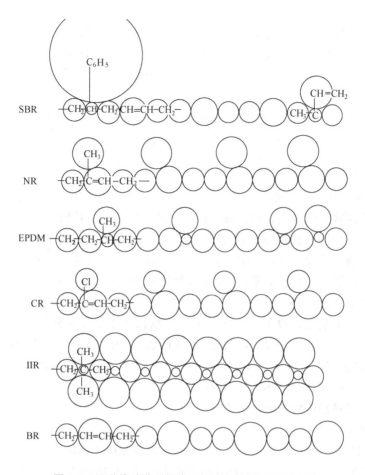

图 1-6 几种橡胶分子链中基团摩尔体积示意图

补强的可达 25～35MPa，撕裂强度可达
98kJ/m，且随温度升降变化不那么显著。
特别是未硫化胶的拉伸强度（格林强度）
比合成橡胶高许多。未硫化胶的强度对加
工是很重要的。如轮胎成型需受到比较大
的拉伸，如果一拉就断了，那么这类工艺
就很难实施了，NR 与 IR 的格林强度对比
见图 1-7。NR 格林强度高的原因，一方面
是它有好的拉伸结晶性；另一方面可能是
它含有凝胶，特别是紧密凝胶的贡献。

3. NR 的电性能

NR 的主要成分橡胶烃是非极性的，

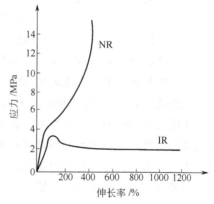

图 1-7 NR 和 IR 混炼胶的应力应变曲线
NR：SMR 100，S 2，M 0.75，ZnO 5，SA 3，
HAF 45，防老剂 1。IR：除 M 1.75 外，余与
NR 同（试验温度 25℃）

虽然某些非橡胶烃成分有极性，但含量很少，所以总的讲，NR是非极性的，是一种电绝缘材料。硫化胶和生胶的电性能见表1-4。虽然硫化引进了少量的极性因素，使绝缘性能略有下降，但仍然是比较好的绝缘材料。

表1-4 硫化胶和生胶的电性能

电 性 能	硫化胶	生 胶	电 性 能	硫化胶	生 胶
体积电阻率/Ω·cm	$10^{14} \sim 10^{15}$	$10^{15} \sim 10^{17}$	介电损耗	0.5～2.0	0.16～0.29
介电常数	3～4	2.37～2.45	击穿电压/(MV/m)	20～30	20～40

4．NR的介质性能

介质通常是指油类、酸、碱、试剂等液体物质。如果橡胶既不与其反应，又不互溶。那么该橡胶就耐这种介质。因为NR是非极性的，所以不耐非极性的油，如汽油、机油、变压器油、柴油等；不耐苯、环己烷、异辛烷等。生胶在上述介质中溶解，硫化胶溶胀。NR耐极性的介质，如乙醇、丙酮、水等。

5．NR的热性质

生胶的玻璃化温度为 $-74 \sim -69℃$，软化并逐步变为黏流的温度为130℃，开始分解的温度为200℃，激烈分解的温度为270℃。比热容（25℃）为1.88kJ/(kg·K)；热导率为0.134kW/(m·K)；体积膨胀系数为（T_g 以上，硫化胶）1.5～1.8；燃烧热为44.7kJ/kg。

七、天然橡胶的配合加工方法

1．配合

NR具有广泛的配合适应性，许多配合剂都能用于NR。NR必要的配合体系是硫化系统，实际工程上一般都要用的体系还有老化防护体系、补强填充体系和操作体系。有时尚需特种配合体系，如阻燃、发泡、黏合、磁性、导电、高绝缘、着色、透明、大密度、小密度等。NR最常用的硫化体系是硫黄硫化系统，其中包括：硫黄、促进剂、活性剂。常用的促进剂有噻唑类的（如M）、次磺酰胺类（如CZ）、秋兰姆类（如TMTD）等。活性剂多用氧化锌和硬脂酸。过氧化物、马来酰亚胺、酚醛树脂等也都能硫化NR。防老剂主要有胺类，如4020等对苯二胺类；非污染酚类，如2246等。补强填充体系可以不用，NR有好的自补强性，但为更进一步提高力学性能，改善加工性能和降低成本，一般使用补强剂。补强剂主要是炭黑和白炭黑，也有用补强树脂及甲基丙烯酸盐类补强的。填充剂常用的有碳酸钙、陶土、滑石粉等；有机的如木粉、果壳粉；工业废料如粉煤灰等。操作助剂有石油系的环烷油、芳香油、石蜡。还有煤焦油、松焦油、古马隆等。

2．加工

NR具有最好的综合加工性能，就是说对加工设备、加工条件有比宽范围的适应性。

（1）塑炼 NR 中除了恒黏胶、低黏胶外，均需塑炼。通用 NR 门尼黏度比较高，1 号烟片的门尼黏度在 90～120 之间。必需通过塑炼取得适当的可塑性，方能进入混炼阶段。NR 易取得可塑性，使用塑解剂效果明显，高、低温塑炼均可，开炼时辊温为 45～55℃，密炼排料温度为 140～160℃，螺杆挤出连续塑炼时排料温度约 180℃。NR 易发生过炼，应予注意。

（2）混炼 NR 易吃料，对多数配合剂的湿润性比较好，配合剂分散比较好。开炼、密炼均可。混炼过程中不会像某些合成橡胶那样出现粘辊、掉辊、出兜、裂边、压散等毛病，混炼操作比较容易。通常的加药顺序：生胶→小药→补强填充剂→增塑剂→硫化剂→薄通下片。

（3）压延挤出 NR 易于压延挤出，胶料的收缩率低，半成品的尺寸、形状稳定性好，表面光滑。胶料的黏着性好，帘布、帆布的擦胶、贴胶时，半成品的质量易于得到保证。

（4）硫化 NR 具有良好的硫化特性：模具硫化、直接蒸汽硫化、热空气硫化等均可；硫化参数易于调控，如硫化的诱导期、硫化速率易于调控等；硫化操作容易，胶料流动性好，黏着性好，不仅模制品质量好，且出模容易而利索。适宜的硫化温度是 143℃。一般不超过 160℃。如果温度再高，则硫化的时间要短。NR 易发生返原，应予注意。

八、天然橡胶的质量控制

生胶是橡胶制品的母体材料，使用者必须根据所使用的生胶应符合的标准进行质量检查，达到标准的方可使用。常用的标准有：国际标准（ISO）；国家标准（GB）；化工行业标准（HG）；企业标准（代号各家自定）；还有一个 ASTM 标准也是常用的标准之一。

九、异戊橡胶

异戊橡胶代号 IR，是溶液聚合的高顺式-1,4-聚异戊二烯，分子量分布比较窄，支化少，几乎没凝胶，不含 NR 那些非橡胶烃成分，仅含微量的残留的催化剂。所以它的纯净度比较（和乳聚比）高，为质量均一无色透明体。IR 是最接近 NR 的一种合成橡胶，配合加工相似于 NR，配合时，硫黄要比 NR 要少 10%～15%，促进剂要多 10%～20%，密炼时容量要多 5%～15%，挤出压延收缩率小，黏着性不亚于 NR，加工流动性好，硫化速度比 NR 慢，弹性和 NR 一样好，生热和永久变形比 NR 低，吸震性和电绝缘性都比较好。未硫化胶的强度比 NR 低得多。基本可代替 NR，用于轮胎、管带、胶鞋等领域，近年来逐步成为医疗卫生、食品、日常用品、健身器材方面的重要原料。

十、天然橡胶的应用领域

天然橡胶主要用于轮胎，特别是子午线轮胎、管带和胶鞋等各类橡胶制品。各种不要求耐油、耐热等特殊要求的橡胶制品都可使用，它的应用范围十分广泛。特别对于加工性能满足不了要求的合成橡胶，往往采用与天然胶并用的办法改善加工性能。

第三节　丁　苯　橡　胶

丁苯橡胶（SBR）是丁二烯和苯乙烯的共聚物，70％用于轮胎业。ESBR 代表乳聚丁苯；SSBR 代表溶聚丁苯。SSBR 发展比较快，第二代溶聚丁苯的抗湿滑性比乳聚丁苯提高 3％，滚动阻力低 20％～30％，耐磨性提高约 10％。第三代采用集成橡胶的概念，通过分子设计和链结构的优化组合，以最大限度的提高其性能。如在大分子链中引入异戊二烯链段，聚合成为苯乙烯-异戊二烯-丁二烯共聚物（SIBR），它集良好的低温性能、低滚动阻力和高的抓着力于一身，是迄今为止性能最全面的二烯类合成橡胶；又如合成具有渐变式序列结构分布的嵌段型 SSBR 以及硅烷改性 SSBR 等。溶聚丁苯橡胶是现在合成橡胶发展的重点之一。本节以低温乳聚丁苯为典型讲解。

一、单体及分类

1. 单体

丁二烯　$CH_2=CH-CH=CH_2$；　苯乙烯　$CH_2=CH-\bigcirc$

2. 分类　主要按制法分类，低温乳聚丁苯具有比高温乳聚丁苯好的加工性能。溶聚丁苯与乳聚丁苯比具有的滚动阻力低、抗湿滑性好、耐磨性好等特点。嵌段共聚丁苯是热塑性弹性体。据报道，高反-1,4-丁苯有高的未硫化胶强度和黏着性。丁苯橡胶中还按苯乙烯含量、门尼黏度、是否污染等分有不同的牌号。

丁苯橡胶 {
　乳聚 {
　　通用 {
　　　高温聚合：一般品种 1000；还有充炭黑、充油等品种
　　　低温聚合：一般品种 1500；充炭黑 1600，充油 1700，充油充炭黑 1800，胶乳 2100
　　}
　　特种：高苯乙烯丁苯，羧基丁苯，液体丁苯，粉末丁苯
　}
　溶聚 {
　　一般品种：锂系溶聚无规共聚丁苯
　　新品种：锡偶联溶聚丁苯；含有异戊二烯单元的 SIBR
　　热塑性丁苯：嵌段共聚的（SBS）
　}
}

二、丁苯橡胶的非橡胶成分

乳聚丁苯中含有聚合时加入的配料的残留物，它们是非橡胶成分，约占 10％，通常是松香酸、松香皂、防老剂 D、灰分、挥发分，会影响 SBR 的性能，如松香酸使硫化速度下降。SSBR 的非橡胶成分很少。

三、丁苯橡胶的结构与苯乙烯含量和性能的关系

SBR 的结构如下。

$$-(CH_2-CH=CH-CH_2)_x-(CH_2-CH)_y-(CH_2-CH)_z-$$

1. 苯乙烯含量

SBR 的苯乙烯含量为 5％～50％（质量），典型含量 23.5％，该含量意味着大分子链上平均 6.3mol 的丁二烯才有 1mol 的苯乙烯。随苯乙烯含量的增加，其 SBR 的性能向聚苯乙烯趋近。表现为：T_g、模量、硬度上升，耐热老化性变好，挤出收缩率变小，挤出物表面光滑，而耐磨性下降，弹性减小。

2. 两种单体的构型和排列

一般的 SBR 的两种单体是无规共聚的，热塑性丁苯的两种单体是嵌段共聚的。大分子链上的丁二烯单元以反-1,4-聚合为主。SSBR 分子量分布比较窄。

四、丁苯橡胶的性能

1. 化学性质

与 NR 一样，它属于链烯烃，具有由双键而发生的各种反应。但是它的反应活性都稍低于 NR，表现在硫黄系统硫化时，硫化速度比 NR 慢，耐老化比 NR 稍好，使用上限温度比 NR 约高 10℃。这是因为 NR 有推电子的侧甲基，而 SBR 有弱吸电子的苯基和乙烯基侧基。

2. 物理机械性能

(1) 丁苯橡胶具有中等的弹性　它的弹性低于 NR，SBR-1500 硫黄硫化体系，50 份（注：全书除特别说明外，均指质量份）高耐磨炭黑的硫化胶回弹性约为 55％，丁苯橡胶比 NR 滞后损失大，生热高。这是因为丁苯橡胶的大分子柔性低于 NR 的缘故，再加上它的内聚能密度（297.9～309.2kJ/m）高于 NR 的。由图 1-6 可见它的侧基虽然不密，但侧基的摩尔体积却比较大。

(2) 丁苯橡胶的强度　丁苯橡胶不能结晶，所以它是非自补强的橡胶，未硫化的、硫化而未补强的丁苯强度都远低于 NR 的，就是补强了的也都低于 NR 的。

(3) 丁苯橡胶的耐磨性优于 NR 将 SBR、NR、BR 都制成轮胎，在不同苛刻程度的路面跑车，测其磨耗速度，结果见图 1-8。由图 1-8 可见在全程试验条件下，NR 的磨耗量都大于 SBR，而 BR 只有在高度苛刻路面上磨耗量才低于 SBR。溶聚 SBR 耐磨性又优于乳聚丁苯。

(4) 丁苯橡胶的抗湿滑性　抗湿滑性表明轮胎对湿路面的抓着性，在制成轮胎的情况下，SBR 和充油的

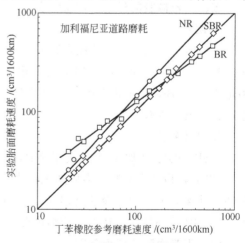

图 1-8　在苛刻程度不同路面上 SBR、NR、BR 的耐磨性比较

（50 份 HAF：北方加利福尼亚道路试验）

SBR、NR 、BR 与 SSBR 的对比见图 1-9。抗湿滑指数高的，表明对湿路面的抓着大，不易打滑。从图 1-9 可见几种胶的抗湿滑性指数顺序：SSBR（Cariflex S-1215）＞ 充油的 SBR＞SBR＞NR、IR＞BR。燃油耗量大表明轮胎在运行时滚动阻力大，其顺序：充油 SBR ＞SBR＞溶聚 Cariflex S-1215、NR、IR、BR。可见 SSBR 具有抗湿滑好、滚动阻力低和耐磨耗好的综合平衡性。

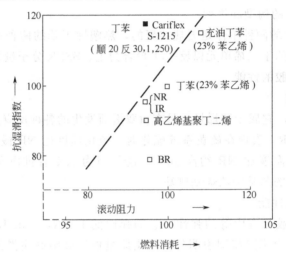

图 1-9　几种橡胶的轮胎的路面性能

（5）丁苯橡胶的耐龟裂性能　起始龟裂比 NR 慢，裂口增长比 NR 快，溶聚的耐花纹沟龟裂性比溶聚的好。

五、丁苯橡胶的配合与加工特点

1. 配合

它和 NR 有大致类似的配合原则，SBR 特点：由于丁苯橡胶是非自补强的，必须配合补强剂；和 NR 比用硫黄硫化体系时，SBR 的硫黄用量要少，促进剂用量要多，SBR 硫黄用量为 1.0～2.5 份。当然不同牌号丁苯橡胶之间配合的促进剂、硫黄量也有差别。

2. 加工特点

①SBR 的综合加工性能次于 NR，好于大多数合成橡胶；②加工温度在120℃以上，易产生凝胶，为后加工带来困难；③溶聚丁苯包辊性差，但炼胶生热性比乳聚的小；④乳聚的挤出压延收缩率大，溶聚的在这方面有比较大的改善；⑤SBR 的黏性比 NR 差。详细情况见加工部分。

六、丁苯橡胶的适用范围

约 70％的丁苯橡胶用于轮胎业；管、带、鞋等也用。根据它的性能，不难看出只要不要求耐油、耐热，无特别要求的场合全可使用。因而它是通用胶，而且价格比较便宜。

第四节　聚丁二烯橡胶

聚丁二烯由于聚合条件不同及所用的催化剂不同，可产生不同的聚合物。其中通用高顺式-1,4-聚丁二烯，也称为顺丁橡胶（BR），是一种用量占第三位的通用橡胶，本节将以此为典型讲述，下文中提到溶聚橡胶就是指传统的Z-N催化聚合的橡胶。近年来稀土钕系BR具有链立构规整度高，加工性、物性和抗湿滑性优于其他催化的BR的特点。高效、低耗、经济、清洁的气相聚合属于新进展合成方法，已有商品，很有前途。

一、单体聚合的几种异构和聚丁二烯的分类

1. 丁二烯的键合方式

原料为丁二烯 $CH_2=CH-CH=CH_2$，现在主要使用的BR为溶聚的。不同的催化剂，就可以合成结构不同的聚丁二烯。丁二烯聚合时可形成三种构型异构：顺-1,4-聚合、反-1,4-聚合和1,2-聚合。1,2-聚合还可有以下三种对映异构体，即无规、全同、间同。上述这些异构体的排列方式和比例不同，就产生了不同的聚丁二烯。

顺-1,4-聚合

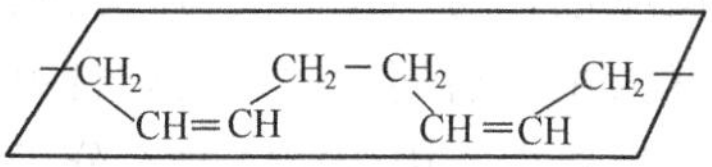

反-1,4-聚合

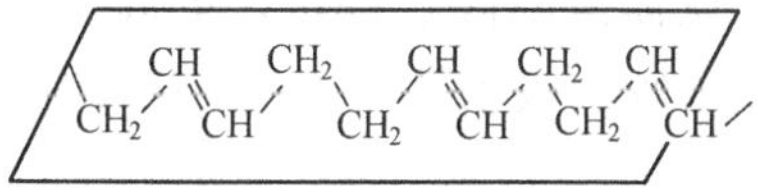

1,2-全同立构

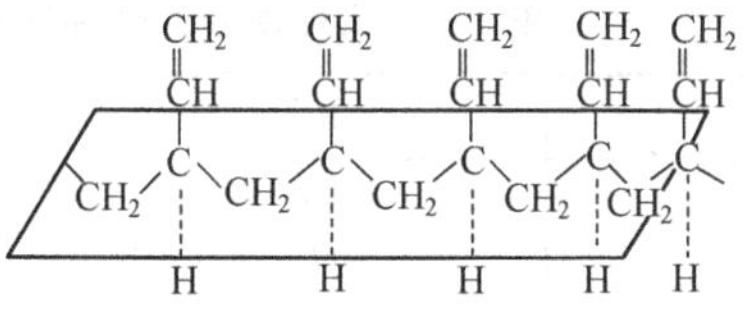

1,2-间同立构

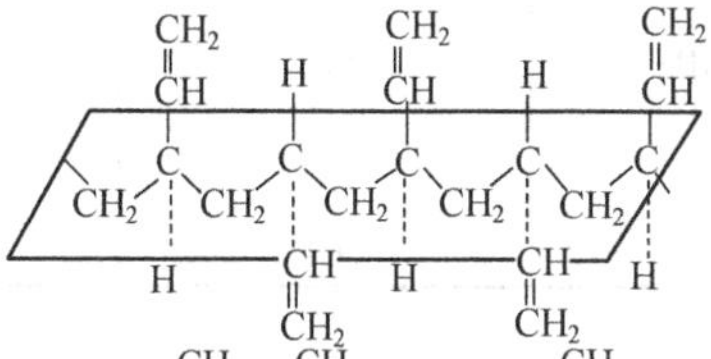

1,2-无规

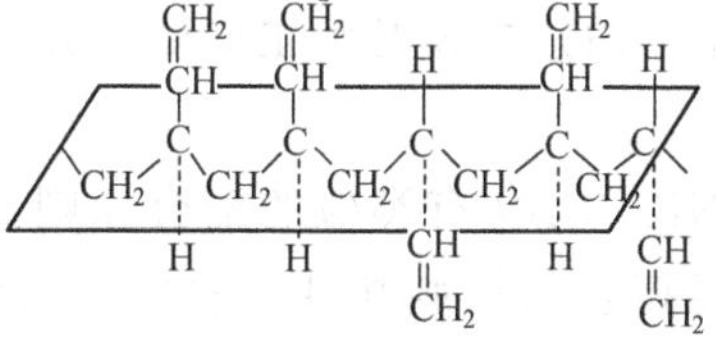

2. 分类

按制造及构型的含量分类如下。

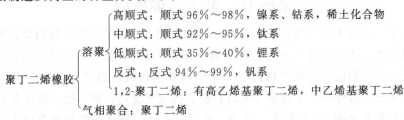

二、顺丁橡胶聚结构与性能

1. 结构

BR 的结构式为 $-(CH_2-CH=CH-CH_2)_n$ 。

顺丁橡胶在拉伸状态或降低温度时可以结晶，但结晶对应力的响应性却不如高顺式聚异戊二烯（IR）高。它的自补强性不高，需要补强。

2. 顺丁胶的性能

与 NR、SBR 同属碳链不饱和非极性橡胶，有共性的一面；但 BR 分子链上无侧基，分子柔性特别好，再加上它是溶聚的，这就决定了它的如下的性能特点。①具有链烯烃的反应性，与 NR 和 SBR 类似，且介于两者之间，耐老化性优于 NR，老化以交联为主，后期变硬；②弹性好，BR 的弹性在通用橡胶中是最好的，滞后损失小，生热少，因为 BR 的大分子柔性好；③BR 的非结晶部分的 T_g 为 $-105℃$，低温性能好；④较好的耐磨性；⑤耐屈挠性能较好；⑥撕裂强度低，不耐切割，拉伸强度低于 SBR，更低于 NR，三者的比较见表 1-5；⑦抗湿滑性不好；⑧顺丁胶的吸水性比 NR、SBR 都小，因为它本身非橡胶成分极少，且是非极性的。

表 1-5 三种橡胶的性能对比

性　　能	BR	NR	SBR
拉伸强度/MPa	17.5	28.0	23.8
拉断伸长率/%	500	520	580
300%定伸应力/MPa	8.4	12.6	9.8
93.3℃下的拉伸强度/MPa	9.8	19.6	10.5
生热/℃	4.4	4.4	19.4
回弹性/%	75	72	62
硬度(邵尔 A)	63	62	60

三、顺丁橡胶配合与加工及其加工问题的分析

1. 配合与加工

（1）配合　与 NR、SBR 有类似的配合原则。一般要配合补强剂，配 10 份白炭黑就能有效地提高它的抗刺扎性。它的黏着性欠佳，所以有时需要配合增

黏剂。

（2）加工　BR 的加工性能不如乳聚丁苯。主要表现在生胶贮存中，易发生冷流（因自重流淌）；开炼时易发生脱辊、起兜、破边等毛病；密炼时可发生打滑，表现为挂不上负荷，所以密炼的容量要比 NR 多 10％～15％；它的黏着性差，结团性差，所以密炼可能发生压散的问题；挤出压延和炼胶一样对温度敏感，挤出压延性能不如 NR。可通过与 NR 及 SBR 并用改善。

其他 Z-N 催化体系聚合溶聚橡胶，如 IIR、IR 等加工性能在不同程度上存在上述问题。

2．BR 加工问题分析及表征

（1）研究了三种门尼基本相等分子量分布不同的聚丁二烯在不同剪切速率下的黏度，结果显示，分布窄的在自重条件的低剪切速率下，黏度比分布宽的低；而在加工的高剪切速率下，分布窄的黏度反而比分布宽的还高。这说明分布窄易冷流，而加工条件下又不易流动，见表 1-6 和图 1-10。

（2）BR 的支化程度低对冷流性也是不利的。

表 1-6　三种分子量分布样品

样　　品	门尼黏度[ML(1+4)100℃]	$M_n/\times10^{-5}$	M_w/M_n
a	42	1.85	1.4
b	43	1.35	2.8
c	40	1.00	4.5

（3）橡胶的加工性能可以用未硫化橡胶断裂特性表征。未硫化胶的断裂特性包括：①断裂伸长比 λ_b；②形变指数 Q_d。λ_b 表示未硫化胶被拉断时的长度（包括原来的长度）是原来长度的倍数。若 λ_b 过小，表明很容易拉断，炼胶时容易破碎，辊筒行为不良；$Q_d = U_{be}/U_b$，U_{be} 表示理想弹性体的断裂能密度，U_b 表示真实弹性体的断裂能密度，实质上 Q_d 表示拉断橡胶时需要能

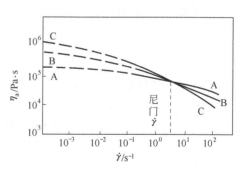

图 1-10　剪切速率对不同分子量分布聚丁二烯黏度的影响

量问题，太小、太大都不好。线型聚丁二烯的 Q_d 在 0.5～0.9 之间，$\lambda_b > 0.5$ 时才会有好的辊筒行为。其实前面提到的格林强度也是表征加工性能的指标之一。

四、顺丁橡胶的应用领域

顺丁橡胶主要用于轮胎、管带、鞋、工业制品。它可用于非耐油、非耐热、无特殊要求的场合。它是通用胶，而且价格比较便宜。

第五节 乙丙橡胶

乙丙橡胶是乙烯和丙烯的无规共聚物（EPM）或再有加少量的非共轭二烯为硫化点单体的三元无规共聚物（EPDM）溶聚生产的。乙丙橡胶在合成橡胶中用量占第三位。近年来荷兰 DSM 公司开发成功的门尼黏度 $[ML(1+4)125℃]$ 为 6～14、长链支化的分子量分布窄、支化度高、性能好等的新品种乙丙橡胶。杜邦陶氏公司的茂金属催化 mEPDM 具有优异的性能，发展很快。本节以传统的乙丙橡胶为典型讲解。

一、单体和分类

单体：乙烯 $CH_2＝CH_2$；丙烯 $CH_3—CH＝CH_2$。硫化点单体：亚乙基降冰片烯（ENB）；双环戊二烯（DCPD）；1,4-己二烯（HD）。

分类：主要按聚合单体分类，当然每类中还因乙烯和丙烯的比例不同、门尼黏度不同、是否充油、是否污染等而分有不同的牌号。

$$
乙丙橡胶分类
\begin{cases}
二元乙丙橡胶（EPM）\\
三元乙丙橡胶（EPDM）
\begin{cases}
E 型，亚乙基降冰片烯为硫化点\\
D 型，双环戊二烯为硫化点单体\\
H 型，1,4-己二烯为硫化点单体
\end{cases}\\
茂金属催化乙丙橡胶（mEPDM）
\end{cases}
$$

二、乙丙橡胶的结构及其聚合单体比例对性能的影响

1. 乙丙橡胶的结构式

二元乙丙橡胶结构式如下。

$$-(CH_2—CH_2)_m(CH_2—CH)_n \quad CH_3$$

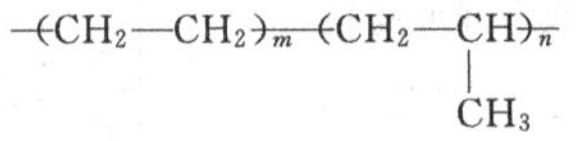

三元乙丙橡胶结构式如下。

E 型

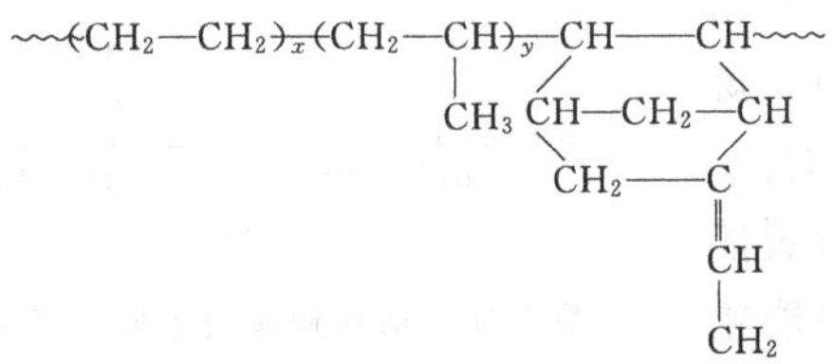

D 型

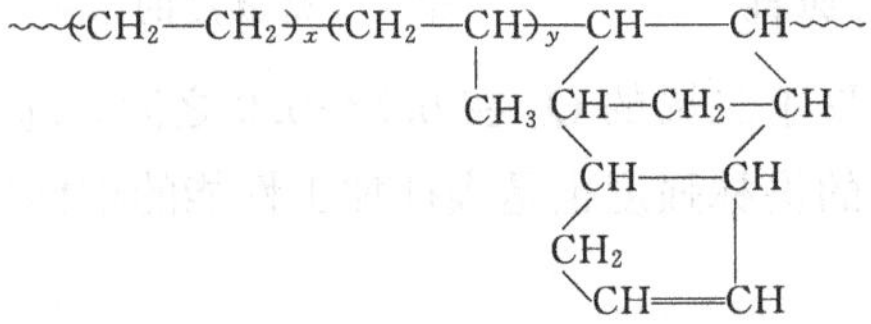

H 型

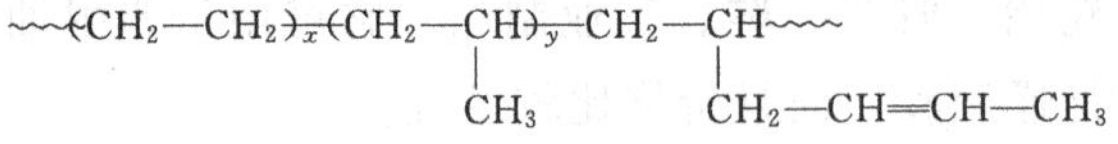

2. 乙烯和丙烯的比例

该比例对乙丙橡胶的性能有重要影响，通常以丙烯的摩尔分数表示：EPM 的范围在 22%～60%；EPDM 的范围在 26%～52%。丙烯含量低，则大分子链上的叔碳原子少，对橡胶的耐老化有利，可是如果到了低于 27%，乙烯过多可能形成嵌段自聚，这样的嵌段有结晶能力，会降低弹性。一般的乙丙橡胶是非结晶橡胶，T_g 为 -58～-50℃。

3. 硫化点单体对性能的影响

E 型、D 型、H 型三种 EPDM 的性能差别见表 1-7。硫化点单元的数量（用 EPDM 的碘值表征）增加，不饱和度增加，碘值上升。以每 100g 胶中碘的质量（g）表示碘值，EPDM 的碘值范围 6～30 之间，碘值 6～10 的为低速型（硫化），适于与 IIR 并用；碘值约 15 的是快速型。大多数的 EPDM 在这个范围：碘值约 20 的是高速型；碘值在 25～30 的是超高速型的。碘值高的适于与二烯类橡胶并用。

表 1-7　硫化点单体对 EPDM 性能的影响

性　　能	次　序	性　　能	次　序
硫黄硫化体系硫化速度	E＞H＞D	压缩永久变形	D 低
有机过氧化物硫化速度	D＞E＞H	臭味	D 有
耐臭氧性能	D＞E＞H	成本	D 低
拉伸强度	E 高	支化	E 少量,H 无,D 高

4. 饱和性和非极性

乙丙橡胶属于碳链饱和非极性橡胶。EPM 是完全饱和的；EPDM 是低不饱和的，主链饱和，不饱和在侧基上。典型的 EPDM 仅有 1%～2%（摩尔分数）的不饱和度。就是说平均 200 个主链碳原子才有一个不饱和的侧基，所以将其归入饱和类胶中。整个大分子没有极性基团，也没有易于极化的基团，所以是非极性。

三、链烷烃乙丙橡胶的化学稳定性和物理机械性能

乙丙橡胶实质上是链烷烃。烷烃是非常稳定的，在常温下不与强氧化剂、强还剂、强酸、强碱反应。只有在某种必要的条件下才发生取代、氧化、裂解和异构化反应。烷烃是非极性的且不易被极化。链烷烃在饱和性和非极性这两点上与烷烃本质相同。乙丙橡胶的性质主要就来源于它的饱和性和非极性。

1. 乙丙橡胶的耐老化性

（1）优异的耐臭氧老化性　乙丙橡胶被誉为不龟裂的橡胶，在通用橡胶中它的耐臭氧性能是最好的，其次是 IIR，再次是 CR。三种橡胶的耐臭氧性能对比见图 1-11。乙丙橡胶中二元的耐臭氧性比三元还好。

（2）好的耐热老化性能　乙丙橡胶耐热老化性在通用胶中是最好的，可在

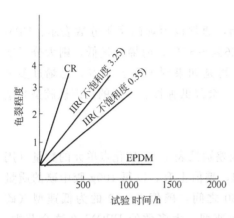

图 1-11　EPDM、IIR 和 CR 耐
臭氧性能的对比

120℃长期使用，150℃短期使用。耐热性顺序是：二元＞三元；三元的 H≫E＞D。乙丙橡胶的热稳定性也是很好的，对热老化是一个有利的因素。

（3）优秀的耐天候老化性　对大气条件下的氧、热、臭氧、紫外线、光、风、雨、雷电、雾等的联合作用有很好的耐受性，作为房顶防水材料，据称可用 25a。

2. 优秀的耐化学药品性

这是因为它有特别好的稳定性，不易与其他物质反应，也不互溶。所以它耐强碱、动植物油、洗涤剂、醇、酮、甲酸、乙酸、某些酯、肼、H_2O_2、HClO 等许多介质。但在浓酸的长期作用下，性能会下降。

3. 有卓越的耐水性

即耐热水、过热水、水蒸气，四种橡胶的过热水性能的比较见表 1-8。另外 FPM 虽然耐高温最好，但耐水性能却不如乙丙橡胶，因为 FPM 是强极性的。另外四种胶的耐水蒸气性能如下：EPDM 最优，IIR 优，SBR 和 NR 良，CR 差。

表 1-8　160℃过热水中几种橡胶性能比

胶　　种	拉伸强度下降 80% 的时间/h	5d 后拉伸强度下降/%
EPDM	1000	0
IIR	3600	0
NBR	600	10
MVQ	480	58

4. 优异的电绝缘性能

乙丙橡胶的体积电阻率为 $10^{16}\,\Omega\cdot cm$，比 NR 及 SBR 要大 1～2 个数量级。耐电晕达 2 个月，而 IIR 只有 2h。特别是它在浸水后，绝缘性能仍保持良好。二元乙丙橡胶的电绝缘性比三元乙丙橡胶更好。

四、乙丙橡胶的配合与加工特点

1. 配合

EPDM 可用硫黄硫化体系、过氧化物、树脂、醌肟等硫化，用硫黄硫化体系时，硫黄用 1～2 份，促进剂应选用功能强的，用量也要大些才能达到适当的硫化速度。最好采用促进剂并用以避免喷霜。EPM 只能用过氧化物硫化，一般用 2～3 份，为了避免或减少由于 β 断裂而引起的大分子断链，提高硫化效率，往往还配有像硫黄、三烯丙基异氰脲酸酯（TAIC）、三烯丙基氰脲酸酯（TAC）、链烯烃等助硫化剂。其中最常用的是硫黄 0.3 份左右，多了反而不好，见图 1-12。乙丙橡胶没有自补强性，必须配补强剂，乙丙橡胶的特点是能容纳比较大量的补强填充剂。但是，它对炭黑的湿润性却不及二烯类橡胶。为提高分散性，可采用两段法或逆炼法密炼。可采用石油系的操作助剂，环烷油与它的相容性好，可多用。石蜡油和芳香油也可用，用量应少些。防老剂可不用，耐高温使用时要配用防老剂。乙丙橡胶的黏着性相当差，有时要配用增黏剂。

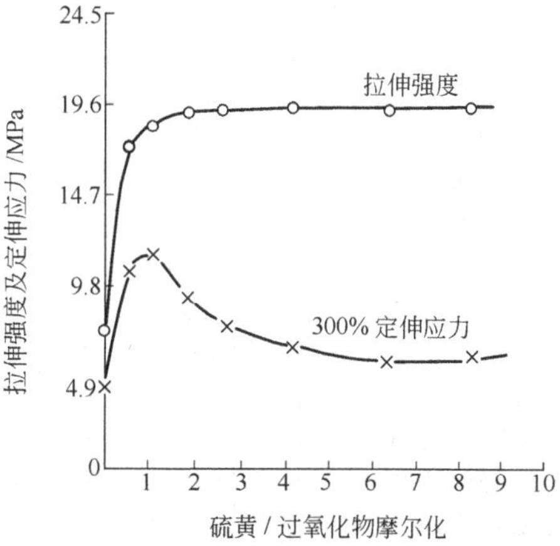

图 1-12　硫黄/过氧化物摩尔比对 EPDM 定伸应力和拉伸强度的影响

2. 加工特点

乙丙橡胶加工无特殊的困难，但炼胶包辊、吃料、分散性相对差些，黏着性也差。挤出压延容易，详见工艺部分。

五、茂金属催化聚合乙丙橡胶

从 20 世纪 90 年代以来茂金属催化剂合成乙丙橡胶发展很快，杜邦陶氏弹性体（Du Pont-Dow Elastomers）公司用 Insite 限定几何构型催化剂技术（CGCT），溶液法生产茂金属乙丙橡胶（mEPDM），1997 年推出 13 个牌号，商品名为 Nordel ® IP，见表 1-9。其门尼黏度为 20～70，乙烯的质量分数从 40%～70%，ENB 的质量分数为 0.5%～9.0%。因为茂金属催化剂具有分子量分布可以特别设计、乙烯和亚乙基降冰片烯成分控制严格、杂质含量极低、金属离子残留低、热累积低等聚合特点，所以 mEPDM 具有杰出的纯净性，为无色透明体，性能稳定且加工性优良。mEPDM 的加工性、硫化特性和物理性能与传统的乙丙橡胶类似，但有如下的特点。第一，胶料密炼一致性非常好，对于半结晶性颗粒在密炼时容量要增加 8%～10%，以便在相同的时间达到相同的混炼质量。第二，非结晶性的牌号特别适用于压延，可使"较韧或较干"的配料明显的改善；黏度比较高的牌号可降低较软和较黏的配料的粘辊性，提高胶料的强度，改善加工性。因为 mEPDM 的分子量分布可以特殊设计，所以压延胶片光滑。第三，很好的挤出性，流动性好，极佳的表面光滑度和光亮度，好的口型稳定性，针孔较少。第四，模压成型，除了 3430P 和 3745P 外，mEPDM 的注射成型和模压成型制品的表面相当优异；黏度低的牌号（4520P，4640P，4725P）充模时间短且尺寸稳定性好（在高填充的配方中表现不如低填充的配方明显）；半结晶的 4725P 和 5750R 流动性极佳，硫化速度快且物性好，特别适合于硫化时间短的硫黄硫化制品。

表 1-9 Nordel® IP 茂金属 mEPDM 的性能和用途

项　目	3430	3445	3660	3725P	3720	3745P	4520	4570	4640	4725R	4770R	5560	5750R
门尼黏度[ML(1+4)125℃]	30	45	60	25	20	45	20	70	40	25	70	60	50
乙烯质量分数/％	50	40	60	70	70	70	50	50	55	25	70	50	69
丙烯质量分数/％	49.5	59.5	38.2	27.5	29.5	29.5	45	45	40	70	25	41	22
ENB 质量分数/％	0.5	0.5	1.8	2.5	0.5	0.5	5	5	5	5	5	9	9
T_{32}/min	1.9	2.18	1.7	1.9	2.05	1.62	2.35	1.58	1.68	1.83	1.37	1.55	1.42
T_{90}/min	17.47	18.13	16.02	18.2	18.53	17.18	20.03	16.35	16.53	17.3	14.95	17.9	16.5
100％定伸应力/MPa	1.24	1.47	2.16	5.01	3.7	3.54	2.56	3.47	3.18	4.88	4.52	4.32	5.54
200％定伸应力/MPa	1.99	2.99	6.48	10.76	6.99	7.33	7.51	10.3	9.26	12.11	12.91	12.77	14.97
拉伸强度/MPa	7.79	11.81	18.03	19.39	14.28	16.3	15.91	16.87	17.61	19.59	19.97	18.4	19.85
拉断伸长率/％	686	570	407	357	494	514	336	281	305	296	267	246	249
撕裂强度/kN·m^{-1}	30.7	33.5	35.2	47.8	45	52.6	27.7	33.2	31.1	41.2	38.8	32.3	39.7
邵尔 A 硬度	56	57	61	84	79	77	58	64	64	79	78	66	78
用途	塑料贴面	塑料贴面	屋面顶板	电缆电线	塑料改性电缆	塑料改性	模制品	通用	通用	模制品	通用	海绵挤出品	挤塑品模制品

杜邦陶氏弹性体公司 2002 年生产茂金属催化气相法的 EPDM，牌号 Nordel® MG，沙粒状，密炼节能约 20％，且高填充系数，降低能耗。这些优点对于胶管、密封条和防水卷材厂家特别有吸引力。

六、乙丙橡胶适用范围

乙丙橡胶主要用于耐热、耐各类老化、耐水、耐腐蚀、电绝缘等领域。近年来在热塑性弹性体及树脂改性方面的应用不少，在防水卷材方面的应用进展较快。特别是有了茂金属催化的乙丙橡胶后，更扩大了它的应用领域。

第六节　丁 基 橡 胶

丁基橡胶（IIR）是异丁烯与少量的硫化点单体异戊二烯的共聚物。卤化 IIR 是氯化或溴化的丁基，卤化 IIR 的需求量约占 IIR 总需求量的 60％左右。埃克森公司已开发了星形支化型的 IIR，为无规梳状结构，支化短且密度高，分子量双峰分布，显著改善了加工性能；它们也开发了卤化的星形支化型 IIR。本节以传统 IIR 为典型讲述。

一、单体与分类

1. 制造单体

IIR 是通过溶液聚合生产的，单体如下。

异丁烯　$CH_2{=}C(CH_3){-}CH_3$ ；　异戊二烯　$CH_2{=}C(CH_3){-}CH{=}CH_2$

2. 分类

根据硫化点单体的数量和是否卤化分类。

$$\text{丁基橡胶} \begin{cases} \text{普通：不饱和度（摩尔分数），} 0.6\%\sim1.0\%; 1.1\%\sim1.5\%; 1.6\%\sim2.0\%; \\ \quad\quad 2.1\%\sim2.5\% \\ \text{卤化：氯化丁基橡胶（CIIR）；溴化丁基橡胶（BIIR）} \\ \text{星形结构：未卤化及卤化的} \end{cases}$$

同前，上述分类中还有因不同的门尼黏度、是否污染等分不同的牌号。

二、丁基橡胶结构特点——分子链上密集的侧甲基

结构式如下。

1. 密集的侧甲基

见图 1-6，主链上的基团 —$\overset{|}{C}$— 、—CH_2— 的体积分别为：$4.75cm^3/mol$，$16.45cm^3/mol$；而—CH_3 的体积为 $22.8cm^3/mol$，大于主链上基团的体积；主链上每隔一个碳原子就有两个侧甲基。

2. 异戊二烯含量与主链上的不饱和

与硫化点单体的含量为 $0.6\%\sim2.5\%$（摩尔分数）相对应的异丁烯含量为 $99.6\%\sim97.5\%$。也就是说主链上有 $78\sim331$ 个碳原子，才有一个双键。NR 和 BR 都是主链有四个碳原子就有一个双键。可见 IIR 的不饱和度是很低的，在非常远的双键距离之间是链烷烃，实际上它表现主要是链烷烃的特征，化学性质稳定性且为非极性。归属为饱和橡胶。

3. 丁基橡胶是可结晶的橡胶

与 NR、BR、CR 的结晶中分子呈平面锯齿排列的结构不同，它的结晶中分子主链排列是螺旋状的，结晶对温度不太敏感，只有高度拉伸才有结晶。未补强的硫化胶拉伸强度为 $14\sim21MPa$，虽有相当的补强性，但其自补强性低于 NR。IIR 的 T_g 约为 $-75\sim-65℃$。

三、丁基橡胶的性能特点——气密性和阻尼性

丁基橡胶和乙丙橡胶一样属于碳链饱和非极性橡胶，化学性质稳定，但由于密集的侧甲基又使它具有下列的特点。

1. 丁基橡胶的稳定性

丁基橡胶的耐老化性、耐水性、耐化学介质性、电绝缘性类似于乙丙橡胶，但都稍逊于乙丙橡胶。因为 IIR 的硫化点单元提供的双键是在主链上，EPDM 的则是在侧基上。IIR 的低温性能也很好，和乙丙胶一样耐某些极性油类，如耐阻燃性的磷酸酯油。丁基胶与几种胶在磷酸酯油中体积溶胀率对比见图 1-13。

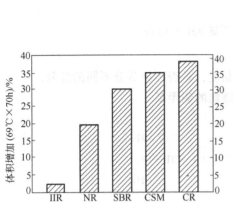

图 1-13　IIR 与另四种橡胶在磷酸
酯油中的体积膨胀率

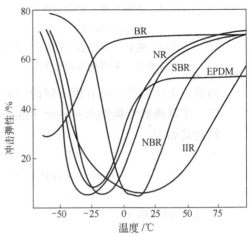

图 1-14　IIR 和其他橡胶在−50～75℃
范围内冲击弹性的对比

2. 丁基胶的低弹性

在通用胶中，IIR 的弹性是最差的。室温下回弹性为 8％～11％，−30～50℃ 范围内，不高于 20％，在−50～75℃ 范围内，IIR 与另 5 种胶弹性的对比见图 1-14。可见在广泛的温度范围内 IIR 的弹性都是最低的，密集的侧甲基使大分子内旋转困难。从表 1-10 几种化合物中 σ 键旋转位垒的对比，能解释 IIR 弹性低的原因。

表 1-10　结构对旋转位垒的影响

碳氢化合物结构	键旋转位垒/(kJ/mol)	碳氢化合物结构	键旋转位垒/(kJ/mol)
CH_3—CH=CH_2	8.2	CH_3—$CH(CH_3)_2$	16.3
CH_3—CH_3	11.7	CH_3—$C(CH_3)_3$	18.4

3. 丁基橡胶的高阻尼性

IIR 有好的阻尼性，即好的吸震性。以 tanδ 表征，tanδ 大表示阻尼性高。频率在 $10 \leqslant f \leqslant 1000$ 的条件下，要保持 tanδ≥0.5 的温度范围：IIR −47～18℃；NR−45～−23℃；FPM 4～25℃；SBR−33～−14℃；CSM（20）−5～13℃。可见 IIR 使 tanδ≥0.5 处于较高阻尼水平的温度范围宽，为 65℃，其他几种胶的温度范围窄。另外当温度为 25℃ 时，要保持 tanδ≥0.5 的频率范围，也是 IIR 的频率范围最宽，见图 1-15，IIR 跨越了 6 个数量级的频率，而其他胶窄。

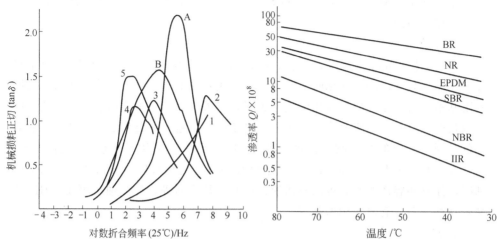

图1-15　几种橡胶的损耗角正切与频率的关系
1—15CR；2—EPDM（ECD-330）；3—CSM；
4—FPM（Viton A）；5—2-氯丁二烯与丙烯
腈的共聚物（ECD-324）
A—NR；B—BR

图1-16　在30～80℃范围内6种通用
胶的透气率的对比

4. 丁基橡胶的气密性

在通用胶中，IIR 具有最好的气密。IIR 与 NR、BR、SBR、NBR、EPDM 5 种胶的气密性比较，见图 1-16。图中用渗透率 Q 表征气密性，渗透率低则气密性高。由图可见，在 30～80℃范围内 IIR 的渗透性都是最低的，也就是说 IIR 的气密性最高。好的气密性特别适合于制造如内胎、球胆、药用瓶塞等产品。实测 IIR 和 NR 内胎保压性参数见表 1-11，IIR 比 NR 好得多。有时 IIR 内胎半年都不用充气，使用十分方便。

表 1-11　IIR 与 NR 内胎保压性对比

胶　　种	原始压力/MPa	压　　力　　降/MPa		
		1 周	2 周	1 月
NR	0.193	0.028	0.056	0.114
IIR	0.193	0.003	0.007	0.014

四、丁基橡胶的配合加工特点

IIR 和 EPDM 有类似的配合加工性能，如硫化慢、黏着性差，对常用配合剂溶解度低、混炼操作性不佳。此外，IIR 独特的性能还有：不能用过氧化物硫化；与一般二烯类橡胶相容性特别差，混在一起如同掺沙子，所以对生产设备特别要求清洁，要么就得有专用设备；用碱性炭黑（炉黑、热烈法炭黑）补强效低。星形支化型 IIR（牌号有 Butyl SB 4266 及 Butyl SB 4268）加工性能显著地改善了加工性能。

1. 配合

IIR 可用硫黄硫化体系、树脂、醌肟等硫化。反应性酚醛树脂硫化胶耐热好，压缩永久变形小，硫化时不返原，其硫化胶在 150℃×120h 热老化后，交联密度基本没有变化。醌肟硫化耐热性更好，但很少使用。不能用过氧化物硫化的原因是产生 β 断裂，使大分子链断裂占主导地位，起不到交联作用。炭黑补强效果低是因为生成的结合胶少，可用如 $N,4$-二亚硝基-N-甲基苯胺等活性剂 0.5 份，在 160℃下处理 2～3min，增加结合胶的量，提高炭黑的补强性。使用增塑剂时，注意相容性要好，可用石蜡油、石蜡、凡士林等，环烷油也可用。IIR 的黏着性相当差，有时要用增黏剂。

2. 加工

加工性能不够好。炼胶、压延、挤出等工艺性能见最后几章的加工部分。

五、氯化和溴化丁基胶

为提高 IIR 的硫化速度，提高黏着性，改善共混性，对 IIR 进行卤化，包括氯化和溴化。氯化丁基的含氯量 1.1%～1.3%（质量分数），溴化丁基含溴量 2.0%～2.1%（质量分数）。如 Exxon 的 CIIR HT-1068 及 Polysar BIIR X2 。它们的结构式如下。

约90%　　　约5%　　　约1%

CIIR　　HT-1068

30%～82%　　18%～70%　　约5%　　　约10%

BIIR×2

卤化丁基橡胶中的卤素 90% 是烯丙基卤的结构，卤素活泼，易于反应。所以卤化丁基可以用 IIR 的方法硫化外，还可以用氧化锌 3～5 份硫化，但反应慢。

星形支化型的卤化 IIR 的牌号有：Butyl、SBC5066、SBB6222 和 SBB6255。

六、丁基橡胶的适用范围

丁基橡胶主要用于轮胎业、内胎、气囊、气密层、耐热管带、防水建材、防腐衬里、电器用品、药用瓶塞，聚烯烃的改性剂、密封填缝材料、胶黏剂等。使用丁基作耐热制品时，选择不饱和度高的胶，这和传统观念相反，因为丁基热老化是裂解为主的，不饱和度高的，高温下交联密度保持的绝对值还高一些。

第七节 丁 腈 橡 胶

丁腈橡胶（NBR）是丁二烯 $CH_2 = CH-CH = CH_2$ 和丙烯腈 $CH_2 = CH-CN$（ACN）的共聚物，主要采用低温（5℃）乳液聚。按丙烯腈含量及用途分类，还有因门尼黏度、是否污染等分为不同的牌号。其中氢化丁腈、粉末丁腈、丁腈热塑性弹性体和特种丁腈等高性能品种发展比较快。本节以普通品种为典型讲述。

丁腈橡胶 {
普通：极高的 ACN 含量 43％以上；高 ACN 含量 36％～42％；中高 ACN 含量 31％～35％；中 ACN 含量 25％～30％；低 ACN 含量以下 24％

特种：氢化丁腈、羧基丁腈、PVC 共混丁腈、粉末丁腈、液体丁腈、交联丁腈、含增塑剂的丁腈、丁腈酯丁腈
}

一、丁腈橡胶的结构和极性

丁腈橡胶是碳链不饱和极性橡胶，在不饱和这一点上和 SBR 等一样具有链烯烃的反应活性，但由于 ACN 的强极性单元使 NBR 成为强极性的橡胶，本节侧重讲这方面的特点。

1. 分子链结构

丁二烯在分子链中主要以反式-1,4-聚合。丁二烯与丙烯腈是无规共聚的，NBR 是非结晶橡胶。NBR 的结构式如下。

$$+(CH_2CH=CH-CH_2)_{\overline{x}}(CH_2-CH)_y(CH_2-CH)_{\overline{z}}$$
$$\underset{CN}{|} \qquad \underset{\underset{CH_2}{|}}{\overset{|}{CH}}$$

2. 丁腈橡胶的极性来源

NBR 的极性来源于丙烯腈单元，ACN 是一个强极性化合物，因为腈基—CN 是个电负性特别大的基团，从下述各种基团的电负性顺序可看出。

$$\overset{-I}{\overbrace{CN > NO_2 > F > Cl > Br > I > CH_3O > C_6H_5 > CH_2 = CH}} > H > \overset{+I}{\overbrace{CH_3}}$$

另外，从 $CH_3 \rightarrow CN$ 的偶极矩为 $13.36 \times 10^{-30} C \cdot m$、$CH_3 \rightarrow Cl$ 的偶极矩为 $6.48 \times 10^{-30} C \cdot m$ 对比可以看到前者为后者 2 倍多，乙腈中极性键的偶极矩相当于完全离子键偶极矩的 70％，由此，NBR 就是一种强极性的聚合物。

二、丁腈橡胶的性能与丙烯腈含量的关系

1. NBR 的极性与丙烯腈含量

市售 NBR 的丙烯腈含量从 15％～53％，随 ACN 含量增大，分子极性增大，分子间的作用力增大，内聚能密度增大，NBR 性能变化如下：分子链柔性、弹

性、耐低温性、黏着性、绝缘性都下降；而 T_g、密度、模量、硬度、气密性、强度、耐磨性、加工生热性、压缩永久变形性、抗静电性、耐非极性油的能力都提高。

2. NBR 的不饱和度与丙烯腈含量

丙烯腈和丁二烯的相对分子质量分别为 54 和 53，所以两者质量比近似的等于物质的量的比。当 ACN 含量为 15% 时，大分子链上的丙烯腈/丁二烯的物质的量的比约为 1/5.7；而当 ACN 含量为 53% 时，上比例约为 1/1，则不饱和度下降。所以随 ACN 的增加，NBR 的耐热氧、臭氧、天候等老化性都会提高。一般的 NBR 的耐热老化性略比 SBR 好。

3. 丁腈橡胶的耐油性

在通用胶中 NBR 的耐非极性介质最好，石油类油是平时使用最多的，如汽油、煤油等。但这些油是天然产品，虽某种油指标都在合格范围，但它们的成分未必相同，对橡胶会产生不同的影响，所以，ASTM 规定了五种标准油（苯胺点是等体积的油和苯胺相互溶解的最低温度）。

标准油	ASTM No. 1	ASTM No. 2	ASTM No. 3	燃油 A	燃油 B
苯胺点/℃	124	97	70	45	0

美国汽车工程师学会（SAE）对橡胶材料进行分类（J200/ASTM D2000），将橡胶材料按耐油、耐热性分为不同的等级，见图 1-17。图上的横坐标以 ASTM No. 3 油的体积膨胀率表示耐油性，纵坐标表示耐热性。都分为：A、B、C、D、E、F、G、H、J、K 十个等级。等级越高，则耐油性或耐热性越好。NBR 的耐油等级约 J 级上，比较好，而耐热仅为 B 级。NBR 与几种橡胶的耐寒性对比见图 1-18。由图可见 NBR 的耐寒性比 FPM 和 CO 好。但比 NR、EPDM、CR 差。

4. 丁腈胶的抗静电性

NBR 的体积电阻率为 $10^9 \sim 10^{10} \Omega \cdot cm$，半导体的体积电阻率的上限就是 $10^{10} \Omega \cdot cm$，所以可以说 NBR 是半导体类橡胶材料，具有抗静电性，随 ACN 含量增加，抗静电性提高。

5. 丁腈橡胶的极性与配合

因为它的极性，所以与 PVC、酚醛树脂、尼龙的相容性相当好。容易共混；使用极性酯类增塑剂效果好；与硫黄的相容性不过好，不好分散，所以在炼胶时硫黄往往先加。其他的加工性能与 SBR 类似。

三、丁腈橡胶的应用范围

丁腈橡胶主要用于各种耐油及抗静电制品。如耐油管、带、密封条、密封圈、油封；抗静电制品如纺织皮辊、皮圈等；用于共混型热塑性弹性体如 NBR/PP；改性 PVC；作胶黏剂等。

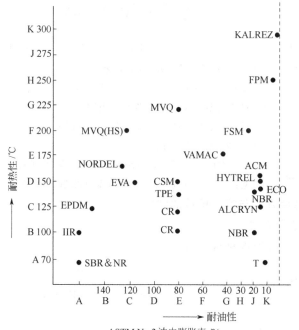

图 1-17　橡胶密封材料的耐热性和耐油性

1. ASTM No.3 油中的试验温度:

　　A　　　B　　　C　　　D~J
　　70℃　100℃　125℃　150~275℃

2. SAE J200/ASTM D2000 分类中只包括硫化的弹性体,在此,为了比较也列出了热塑性弹性体

3. 耐油性和耐热性与每种胶中的牌号配方还有很大的关系

4. Kalrez 全氟醚,Vamac 乙烯-丙烯酸甲酯共聚物,Alcryn 热塑性弹性体,Nordel EPDM,FSM 氟硅胶,Hytrel 聚酯型热塑性弹性体

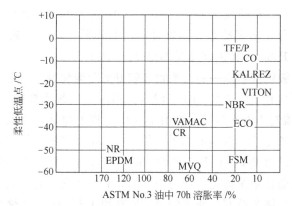

图 1-18　几种弹性体的使用下限温度和耐油性

第八节 氯丁橡胶

氯丁橡胶（CR）是 2-氯-1,3-丁二烯 CH_2=CCl—CH=CH_2 的乳液聚合物。主要根据聚合时分子量调节方式、用途、结晶速度分类。

氯丁橡胶
- 按调节方式
  - 硫调型：通用型（G 型），硫黄为调节剂，分子链中含多硫键
  - 非硫调型：W 型，调节剂丁为调节剂
  - 混合调型：硫黄和调节剂丁作为调节剂
- 按结晶度：无、微、低、中、高
- 按用途
  - 一般型：作电线电缆，各种耐油、耐候、阻燃制品
  - 专用型：黏着剂（高结晶）、耐低温（低结晶）、增硬型、胶乳、膏状

一、单体键合方式与氯丁橡胶的结构

1. 单体的键合方式

2-氯-1,3-丁二烯有四种键合方式。

反-1,4-聚合 约 85%； 顺-1,4-聚合 约 10%；

1,2-聚合 约 1.5%； 3,4-聚合 约 1.0%

结构式： $\{CH_2$-C=CH-$CH_2\}_n S_x$—， $n=80\sim110$，$x=2\sim6$；仅硫调型有 S_x。

2. 氯丁橡胶是易结晶的橡胶

CR 易结晶，结晶性大于 NR，因 CR 的结晶是反-1,4-聚合链。可以结晶的温度为 $-35\sim32℃$，硫化胶为 $-5\sim21℃$，100℃下结晶完全熔化。结晶度和熔点等参数取决于大分子的规整性，随聚合温度的降低，反-1,4-聚合的增多，规整性提高，结晶度升高，CR 的非结晶部分 T_g 为 $-45℃$。

二、氯丁橡胶性能特点——阻燃性和较好的耐老化性

1. CR 的反应性低于 NR、BR、SBR、NBR 等二烯类橡胶

CR 虽然属碳链不饱和橡胶，但由于有 97% 以上都是 1,4-聚合的，所以就有 97% 以上的氯原子是连在双键碳原子上的，为乙烯基氯的结构，这种氯不易被取代，双键也失活，致使 CR 的反应活性下降。所以一方面 CR 不能像其他二烯类胶那样可用硫黄硫化系统硫化；而另一方面，它的耐热老化、耐臭氧老化、耐天候老化也比其他二烯类胶好。所幸的是 CR 有约 1.5% 的 1,2-聚合，这种结构中的氯是烯丙基氯，易于反应，是 CR 的硫化点。

2. 氯丁橡胶的力学性能

CR 比 NR 容易结晶，有良好的自补强性，再加上它的极性分子间的作用力较大，所以 CR 的力学性能比较好，与 NR 的对比，未补强的拉伸强度比 NR 高，补强的则不如 NR，综合力学性能还是不如 NR 好。

3. 比较好的耐热、耐臭氧、耐天候老化性

这些都优于其他二烯类橡胶，但次于饱和的 IIR，CR 耐热性和丁腈橡胶相当。

4. 具有阻燃性

CR 因含有氯原子而具有阻燃性，即不自燃，接触火焰时能燃烧，离火自熄，CR 的氧指数为 38～41。氧指数达 27 的材料就是难燃材料，凡是含足够浓度的卤素的橡胶都有阻燃性。氧指数是衡量材料燃烧性能的指标，其定义是指试样在氮氧混合气体中维持蜡烛状燃烧时所需的最低氧气体积。常用橡胶的氧指数见表 1-12，氧指数越高，越难燃。

表 1-12　常用橡胶的氧指数

聚　合　物	氧　指　数	聚　合　物	氧　指　数	聚　合　物	氧　指　数
NR	19～20	SBR	19～20	FPM	＞60
NBR	19～22	CR	38～41	EPDM	19～20
BR	19～20	IIR	19～20	PE	17.4
Q	22～24				

三、氯丁橡胶的配合与加工特点

1. 配合

CR 不能用硫黄硫化系统硫化。硫调型的 CR 用 ZnO、MgO 硫化，常用量为 ZnO 5 份，MgO 4 份，氧化镁要用高活性的，碘值在 100 以上的。非硫调型 CR 除 ZnO 5 份，MgO 4 份外，还要配合如 NA-22 等硫脲类促进剂，增塑剂常用的有芳油、磷酸酯、酯类、植物油、油膏等。硬脂酸可作润滑剂，用量 2 份以下，古马隆、松焦油、松香、酚醛树脂等可作增黏剂。

2. 加工

CR 在加工方面有两个特别的问题。①贮存不稳定，贮存中 CR 的大分子易由线型的交联变成网状的，变硬，进而失去了加工性。硫调型的，可存放约 10 个月，非硫调型的可存放约 40 个月，所以使用 CR 应注意不要过期。②CR 加工时三种状态变化比 NR 三态温度低，炼胶易粘辊。详见加工部分。

四、氯丁橡胶的应用范围

氯丁橡胶主要用于阻燃、黏合、耐介质、耐热及耐天候、中等耐电等方面。如电线电缆、胶黏剂、桥梁支左、难燃输送带及导风筒、汽车配件、涂料、耐腐蚀衬里等。

第九节 特种橡胶

特种橡胶包括两类：一类是碳链饱和极性橡胶；另一类是杂链橡胶。有十余种，用量仅占全部橡胶的1%左右，但它们的用途往往是用在苛刻或特殊条件下，使用价值高。

一、碳链饱和极性橡胶

目前这类橡胶中包括五种，都是碳链饱和的、极性的，极性是由侧基提供的，侧基有两类：一类是卤素（氯或氟）；另一类是酯基。其极性的强弱取决于极性侧基的品种和浓度。有的品种还含有硫化点单元。从性能上看，它们的稳定性好，耐热120℃或以上，耐老化、耐非极性油类，都能用过氧化物硫化。下面将简述它们各自的特点。

1. 氟橡胶（FPM）

侧基被氟取代的橡胶，主要特点是耐高温、耐油。有十余种，代表性的是26型，即是由偏氟乙烯和六氟丙烯或者再加上四氟乙烯的共聚物。性能特点是：耐高温，250℃长期工作，320℃短期工作，耐油，耐腐蚀，可耐王水，有阻燃性，耐高真空性好；但耐低温性能不佳，弹性低，还有随温度升高力学性能显著降低。

2. 丙烯酸酯橡胶

主要特点是具有仅次于硅胶、氟胶的耐高温性，还耐油。从耐低温方面看，有耐低温型（-35℃）及超耐低温型的（-40℃）。丙烯酸橡胶耐高温长期可达180℃，短期可达200℃。特别是它耐含挤压剂（含5%~20%的氯、磷、硫化合物）的润滑油；但不耐低温，不耐水，不耐酸碱。

3. 氯磺化聚乙烯

由聚乙烯改性而得，含氯量23%~45%，典型含量为35%。硫含量为0.8%~2.2%，通常为1.0%~1.4%之间，以磺酰氯的形式存在，是硫化点。CSM的力学性能比较好。耐油、耐臭氧、耐变色好，介电性能也好。未补强的拉伸强度达17.7MPa，低温性及黏着性差。

4. 氯化聚乙烯

由聚乙烯氯化而得。作为弹性体氯的含量为25%~45%（质量分数）之间。作为热塑性弹性体氯含量为16%~24%。性能与CSM有些相近。

5.

乙烯和丙烯酸甲酯再加上少量的硫化点单体（不饱和有机羧酸）的共聚物耐热老化性好，150℃×70h的压缩永久变形为15%~17%，150℃×168h的伸长率变化率约为43%~57%；耐臭氧好；耐低温优于ACM，具有好的耐热、耐油平衡，但价格偏高。

二、杂链橡胶

这类橡胶在分子链上有：—Si—O—，—C—O—，—C—N—O—，—C—S—

的，它们都是杂链的，所以归在一类，但它们性能之间却没有明显的共同的规律。

1. 硅橡胶

指主链为—Si—O—，侧基为有机基团（多为甲基）的聚合物。主要特点是耐高温、耐低温。分为热硫化型、缩聚反应型、加成反应型三种。典型的是甲基乙烯基硅胶，乙烯基是硫化点单元，含量 $0.07\%\sim0.22\%$（摩尔分数）认为比较好。性能：在橡胶材料中耐高、低温是最好的，可在 $-100\sim250℃$ 范围内长期使用。常温拉伸状态下在 150×10^{-6} 的臭氧中，几种胶龟裂时间如下：SBR 立即；NBR1h；CR 1d；IIR7d；FPM 及 CSM 超过 14d；硅胶数月。它具有非常优异的耐天候性，常温曝晒 20a 硬度仅上升 7，伸长率下降了 55%，拉伸强度下降了 31%。它具有特别卓越的电绝缘性能，因本身绝缘性好，又不吸潮，燃烧后留下还是绝缘体的 SiO_2，所以作为绝缘体非常可靠，耐电晕寿命是聚四氟乙烯的 1000 倍，耐电弧寿命是 FPM 的 20 倍。它的表面张力极低，仅为 2×10^{-2} N/m，对绝大多数材料不粘，是一种特别好的隔离材料。它具有良好的生物医学性能，可作为植入人体材料，在橡胶类材料中，它有很好的透气性，与其他类透气好的材料比，它的透气性又不那么大，可适合作为保鲜材料。但一般硅胶力学强度相当低，不耐湿热密闭老化，不耐非极性油。

2. 聚氨基甲酸酯橡胶

分子链中有—N—C—O—结构的橡胶称为聚氨基甲酸酯橡胶（简称聚氨酯橡胶）。按加工方法和形态分类有：浇注型、热塑性、混炼型，浇注型使用最多。按分子结构分为：聚醚型和聚酯型，前者耐低温好于后者。该类胶性能特点：在橡胶类材料里，它具有最高的拉伸强度（$28\sim42$MPa）；最好的耐磨性，耐磨性是 NR 的 9 倍；有广泛的硬度范围，从 $10\sim95$（邵尔 A）；黏着性很好，在胶黏剂领域获得广泛应用；生物医学性能好；气密性与 IIR 相当，但该胶不耐水，滞后损失大。

3. 聚醚橡胶

分子链中有—C—O—结构的橡胶称为聚醚橡胶。包括氯醚橡胶和环氧丙烷橡胶。氯醚中有环氧氯丙烷均聚物（CO）、环氧氯丙烷和环氧乙烷的共聚物（ECO），现在又有加少量硫化点单体共聚的、便于硫化的氯醚胶。ECO 有下述性能特点：具有介于 ACM 和中高 ACN 含量 NBR 之间的耐热性，ECO 的耐热要比 CO 低 $10\sim20℃$；ECO 耐油与 NBR 相当时耐低温性却要好 20℃，所以ECO 具有好的低温和耐油的平衡性；ECO 耐臭氧介于饱和与不饱和胶之间；有好的黏着性；ECO 的导电性为 NBR 的 100 倍；ECO 的气密性和 NBR 相当，而CO 的气密性特别好，是 IIR 的 3 倍，在橡胶类材料里它的气密性最好；氯醚胶老化后都变软，它们的加工性能和力学性能都不够好。

环氧丙烷胶是由环氧丙烷或者再引入硫化点单元的聚合物，具有与 NR 相当的弹性；耐臭氧良好；低寒性达－65℃；耐油性和 NBR 相当；具有良好的耐撕裂性、耐屈挠性；120℃下可长期使用。

4. 聚硫橡胶

分子链上有—C—S—键的橡胶称为聚硫橡胶。有液体、固体、胶乳三种形式的，液体聚硫胶使用得比较多。性能：耐溶剂及化学药品、气密性、耐候、耐臭氧性良好，主要应用于在密封剂、腻子领域。

第十节 热塑性弹性体

热塑性弹性体是一种在常温下显示出橡胶类材料的高弹性、在高温下可塑化加工成型的聚合物材料。不需要热硫化；用塑料的加工方法加工；配料少或不需配料；节能，简化工艺，易于实现生产自动化；易于实现质量的严格控制；下脚料可再利用，节约材料，有利于环保。但它有压缩永久变形偏大等不足。热塑性弹性体也不断在改进，如出现了改进了压缩变形的，提高了耐热性，改善了流动性、抗冲击性，增加了可涂性，开发了较软的品级和可发泡的牌号等。热塑性弹性体的发展速度是很快的，其增长率为一般橡胶几倍。

热塑性弹性体有几种分类方法：按交联相的性质分；按高分子链的结构分；按制法分。如按结构分的有苯乙烯类的，约占 50%；聚烯烃类的，约占 27%；其他的有聚氨酯类、共聚酯类、聚酰胺等。本节仅简述苯乙烯和丁二烯嵌段共聚物 SBS、共混型的聚烯烃热塑性弹性体。

1. 苯乙烯-丁二烯-苯乙烯嵌段共聚物

即 SBS 热塑性弹性体，在 SBS 分子链上的 S 段就是一段聚苯乙烯，S 段具有一般具有聚苯乙烯的性质，在聚苯乙烯 T_g 以下，多条分子链上的 S 段聚集玻璃化成一个约几十纳米的小硬结，即硬相，在 SBS 中起约束软段的硫化点的作用。按形态结构，SBS 的硬相称为分散相，也称岛相。B 段是 SBS 分子链上的一段聚丁二烯段，和一般聚丁二烯性质一样，是软段，许多分子的 B 段聚集在一起就构成了软相。在 SBS 中，软相是连续相，也称海相，SBS 的相态结构见第二章图 2-2。当温度高于聚苯乙烯的 T_g 时，S 段的小玻璃体解开，不再起硫化点的约束作用了，这时就可以实现热塑加工。嵌段热塑性弹性体中的硬段还可以是结晶形成的硬相，如 Hytrel 聚酯型热塑性弹性体；也可以以氢键形成的硬相，如 Estane 聚氨酯热塑性弹性体。软段还可以有聚异戊二烯、聚醚、聚乙烯丙烯等。软段、硬段的化学结构决定了热塑性弹性体的性能，如 SBS 的某些性能就和 SBR 贴近。

2. 聚烯烃热塑性弹性体

这是一类以橡胶和树脂为原料，以机械共混方法制造的热塑性弹性体。目前比较广泛使用的是聚丙烯和乙丙橡胶的共混物，其中乙丙橡胶与聚丙烯是通过机械共混使橡胶产生动态全硫化的热塑性弹性体（TPV），它的形态结构是橡胶为分散相，树脂为连续相，商品名为 Santoprene 的热塑性弹性体就是这种。Santoprene 耐老化，耐臭氧，使用温度范围 $-40\sim150℃$，压缩永久变形小，耐疲劳，耐磨，耐撕裂性能比较好。有相当于 CR 的耐介质性能，得到了广泛的应用。

第十一节　液体橡胶和粉末橡胶

一、液体橡胶

液体橡胶是指在室温下呈黏稠状的液体，相对分子质量通常在 $2000\sim10000$ 之间的低聚物。经配合硫化可成为三维网状的硫化胶。液体胶可分为：遥爪型的和一般型的。遥爪型的在分子链两端有活性端基，有的在分子链上也还有活性基，遥爪端基如下。

高活性的：$—SH$、$—NCO$、$—COCl$、$—Li$、$—NH_2$。

中等活性的：$—CH_2Cl$、$—CHO$、$—COOH$、$—CH$、$—CH—$、$—Br$。

低活性的：$—OH$、$—Cl$、$—NR_2$、$\diagdown C{=\!\!=}O$。

官能度是指在分子链上平均的官能团个数，在大分子两端以各有一个两官能度的官能团居多。目前商品液体橡胶有许多种，如端羟基聚丁二烯、端硫基的液体聚硫橡胶、液体丁腈、液体丁苯、液体硅橡胶、浇注型聚氨酯、还有液体的天然橡胶等。可作为预聚体、密封剂、灌注材料和反应性加工助剂等。

二、粉末橡胶

粉末橡胶是指外观为粉末或碎屑状的橡胶。用它易实现生产自动化、减少能耗、加工方便、节约人力物力。过去它制造成本高，保存易结块发展不快。近年来发展比较快，主要用作树脂改性或直接于树脂混合进行挤出和注塑，也可以单独使用。如粉末丁腈多用于 PVC 改性、粉末丁苯、散粒天然橡胶等。

第十二节　胶粉和再生胶

胶粉和再生胶是废旧橡胶制品的再利用，是环保工程的一部分。

一、胶粉

胶粉是指废旧橡胶制品经过加工粉碎而制造的粉末状材料。按不同的方法，可分出不同的类别：按制法分有冷冻胶粉和常温胶粉，常温胶粉粒子表面比冷冻胶粉粒子表面的毛刺多，不光滑度高，这一点对与胶的结合有利；按原材料分有轮胎胶粉和杂品胶粉，轮胎胶粉质量好些；按是否表面处理分表面活化的和一般的，表面活化的好些；按胶粉粒子大小分超细胶粉和一般胶粉，实际上细度通用目数表示，现在常有 40 目、60 目、80 目、100 目、120 目等，目数越大越细，

80 目以上的属于超细胶粉范畴，细的比粗的好。胶粉可代替部分橡胶掺入胶中，要根据制品的具体情况选择掺用比例，原则上低档的制品可多掺，高档的不掺或少掺，有些制品掺少量还有一定的好处，如轮胎胎面胶掺 80 目以上的 10 份以下，可提高耐撕裂性能和抗疲劳性能。胶粉在建筑及公路施工材料中掺用可提高使用性能和使用寿命，所以在这个领域的应用比较有前途。

二、再生胶

再生胶是指废旧橡胶制品经过粉碎、再生和机械加工等物理、化学作用，使其从原来的弹性状态变成为具有可加工的黏弹状态，并能再硫化的材料。按制法可分为水油法和油法；按原料可分为轮胎再生胶和杂品再生胶；近来出现了橡胶含量很高的胶乳制品的再生胶，质量高于传统的再生胶，因此，掺用量可以增加。再生胶是橡胶行业广泛使用的低档原材料。在轮胎、管带、胶鞋、胶板中都可以掺用。特别是在建材和市政工程方面获得广泛的应用。

主要参考文献

1　朱景芬. 橡胶工业，2002，49（9）：563

2　韩秀山. 中国橡胶，2001，17（12）：22

3　薛虎军. 橡胶工业，2002，49（8）：488

4　叶可舒. 中国橡胶，2001，49（22）：7

5　卢光. 橡胶工业，2001，48（4）：235

6　何映平，张炼辉. 橡胶工业，2002，49（7）：438

7　谢遂志，刘登祥等. 橡胶工业手册-修订版. 北京：化学工业出版社，1989

8　杨清芝. 现代橡胶工艺学. 北京：中国石化出版社，1997

9　Morton M. Rubber Technology. Third Edition . New York：Van Norstrand Reinhold，1987

10　[美] J. A 布赖德森著. 橡胶化学. 王梦蛟等译. 北京：化学工业出版社，1985

11　田中康之. 日本ゴム協会誌，1982，55：652

12　华南热作学院. 天然橡胶的性能和加工工艺. 北京：农业出版社，1988

13　[日]梅野森等著. 丁苯橡胶加工技术. 刘登祥，刘世平译. 北京：化学工业出版社，1983

14　周彦豪. 聚合物加工流变基础. 西安：西安交通大学出版社，1988

15　[前苏联]加尔莫夫著. 秦怀德等译. 合成橡胶. 北京：化学工业出版社，1988

16　姚海龙. 橡胶工业，2002，49（8）：497

17　Brydson J A. Rubber Materials and Their Compounds. London：Applied Science. Publishers Ltd，1988

18　Blackley D C. Synthetic Rubbers. Their Chemistry and Technology. London：Applied Science Publishers Ltd，1983

19　Fred W Barlow. Rubber Compounding Principles，Materials and Techniques. New York：Marcel Dekker Inc，1988

第二章　橡胶的硫化体系

第一节　概　　述

传统的弹性体要具有优良的使用性能，应该进行硫化。硫化是指橡胶的线型大分子链通过化学交联作用而形成三维空间网状结构的化学变化过程。硫化后，胶料的物理性能及其他性能都发生根本变化。硫化前后橡胶分子链的状态如图2-1所示。

硫化的本质就是化学交联，之所以称为硫化，是因为最初的交联是用硫黄交联得到的。1839年美国人Charles Goodyear用硫黄和橡胶混合加热得到硫化胶，改变了橡胶原来受热后发黏、流动的弱点。直到今天，橡胶工业一直沿用这一术语。

20世纪60年代末和70年代初，热塑性弹性体（TPE）的出现和发展使橡胶交联的概念得到了进一步扩展，既可通过化学反应形成交联键，也可通过分子间物理作用如结晶、氢键或其他在硫化温度下可以解离的化学键如离子键等形成交联。高温下，交联键解开，热塑性弹性体表现为塑性；降低温度，物理交联键又可以重新生成，表现出硫化胶的综合性能。嵌段型SBS热塑性弹性体的网络结构如图2-2所示。

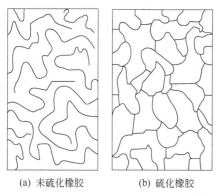

(a) 未硫化橡胶　　　(b) 硫化橡胶

图2-1　橡胶硫化前后的网络结构示意图

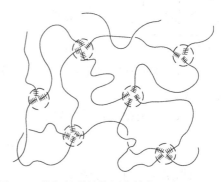

图2-2　热塑性弹性体网络结构示意图（SBS）

橡胶的硫化，经历了单纯由硫黄硫化到硫黄加无机氧化物的活化复合体系，进而发展到硫黄/无机氧化物/有机化合物的复合体系，形成了由硫化剂、活性剂、促进剂三部分组成的完整的硫化体系，硫化时间明显缩短，硫化效率和硫化胶性能显著提高。

用于橡胶硫化的其他硫化剂还有一氯化硫、过氧化物、硒、碲等元素及树脂硫化、醌肟硫化、辐射硫化等。尽管如此，由于硫黄价廉易得，资源广泛，得到的硫化胶性能好，仍在橡胶的硫化中占首要地位，而且经过100多年的研究发展，已经形成几个不同类型的硫黄硫化体系。

橡胶硫化以后，结构和性能发生很大变化：①硫化胶由线形边转变为三维网状结构；②加热不再流动；③不再溶于它的良溶剂中；④模量和硬度提高；⑤力学性能提高；⑥耐老化性能和化学稳定性提高；⑦介质性能可能下降。

所有这些都使硫化后的橡胶成为一种性能优良、应用广泛的工程材料。

第二节　交联密度的表征

硫化胶的交联结构对硫化胶的物理性能和化学性能有着重要的影响，交联结构包括交联键的类型和交联密度。橡胶工业上常用的表征交联密度的参数有以下两种。

一、交联点间分子量 M_c

交联点间分子量 M_c 就是两个相邻的交联点间链段的平均分子量。交联点间分子量与聚合物分子量的分布相似，也具有多分散性。交联点间分子量 M_c 越大，硫化程度越低，交联密度越小；反之，M_c 越小，硫化程度越高。

二、交联密度

交联密度就是单位体积硫化胶内的交联点数目，它正比于单位体积内的有效链数目。理想的交联网络结构如图 2-3 所示。

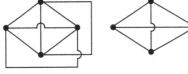

(a) 四官能的网络　　(b) 三官能网络

图 2-3　理想交联网络结构示意图

设 u 为硫化胶样的交联点数目，v 为有效链数目，ϕ 代表交联官能度，即一个交联点上连接的有效分子链数目，V 代表该硫化胶的体积，则交联密度 $=u/V$，有效链密度 $=v/V$。

交联点与有效链的关系如下。

$$u = 2\frac{v}{\phi}$$

根据定义，有效链密度为

$$\frac{v}{V} = \frac{\rho}{M_c}$$

式中，ρ 为单位体积的质量即密度。

对四官能度网络，$\phi = 4$，交联密度与有效链密度的关系为

$$\frac{u}{V} = \frac{v}{2V} = \frac{\rho}{2M_c} = \frac{1}{2M_c}(\rho \approx 1)$$

所以，硫化胶的交联密度经常用 $1/2M_c$ 表示。

第三节 橡胶的硫化反应和硫化历程

一、橡胶的硫化历程

1. 硫化的化学反应历程

完整的硫黄硫化体系由硫化剂、活性剂、促进剂三部分组成。橡胶的硫化是一个多元化学反应，包括橡胶分子与硫化剂及其他配合剂之间的反应，但以硫黄的反应为主。一般说来，大多数含有促进剂的硫黄硫化的橡胶，大致经历如下的硫化反应历程。

第一阶段：诱导期，活性剂、促进剂、硫黄之间相互作用，生成带有多硫促进剂侧基的橡胶大分子。第二阶段：交联反应，带有多硫促进剂侧基的橡胶大分子与橡胶大分子之间发生交联反应，生成交联键。第三阶段：网络熟化阶段，交联键发生短化、重排、裂解、主链的改性，交联键趋于稳定。

2. 宏观硫化历程

橡胶硫化的宏观反应历程可以从胶料的宏观性能随时间的变化反映出来。硫化历程可以用门尼焦烧和强力曲线相结合绘制的曲线表示，曲线分为四个阶段，如图 2-4。

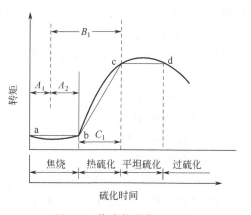

图 2-4 橡胶的硫化历程图

（1）焦烧阶段 图 2-4 中 ab 段，是热硫化开始前的延迟作用时间，相当于硫化反应的诱导期，也称为焦烧时间。胶料的焦烧时间包括操作焦烧时间 A_1 和剩余焦烧时间 A_2。操作焦烧时间是指在橡胶的加工过程中由于混炼、压延、挤出等过程的热积累效应而消耗掉的焦烧时间。剩余焦烧时间是指胶料在定型前尚能流动的时间，如模压则指胶料在模腔中加热时保持流动性的时间。操作焦烧时间和剩余焦烧时间之间并没有固定的界限，随胶料的操作和存放条件而定，一般硫化曲线是从剩余焦烧时间开始测得的。焦烧时间的长短关系到生产加工的安全性，确定配方时要保证有必要的焦烧时间，这主要取决于促进剂的品种和用量及操作工艺条件。

（2）热硫化阶段 图 2-4 中的 bc 段，为硫化反应的交联阶段，逐渐产生网络结构，使橡胶的弹性模量和拉伸强度急剧上升。该段斜率的大小代表硫化反应速度的快慢，斜率越大，硫化反应速度越快，生产效率越高，硫化速度的快慢主要与促进剂的品种、用量和硫化温度有关，促进剂活性越高、用量越多、温度越高，硫化速度也越快。

（3）平坦硫化阶段　图 2-4 中的 cd 段，这时，交联反应已基本完成，进入熟化阶段，发生交联键的短化、重排、裂解等反应，胶料的转矩曲线出现平坦区，这个阶段硫化胶的性能保持最佳。硫化平坦期的长短取决于胶料的配方，工艺上常作为选取正硫化时间的范围。

（4）过硫化阶段　图 2-4 中 d 以后部分，相当于硫化反应中网构熟化以后，进入过硫化期。过硫化可能有三种形式：第一种曲线继续上升，是由于过硫化阶段产生结构化作用所致，通常非硫黄硫化的丁苯胶、丁腈胶、氯丁胶和乙丙胶出现这种现象；第二种曲线下降，是过硫化阶段发生网构的裂解所致，如天然橡胶的普通硫黄硫化，在该阶段，NR 硫化胶的交联密度和强力性能都下降；第三种曲线长时间保持平坦，如平衡硫化体系，通常硫黄硫化的合成橡胶平坦期都比较长。

二、硫化曲线及参数

随着硫化的进行，胶料的交联密度逐渐增大，胶料模量增加，即产生相同的变形所需要的外力逐渐变大，根据这一原理，就可以追踪胶料的硫化反应过程。振动圆盘流变仪（ODR）是常用的测定硫化曲线的仪器，见图 2-5（a）。在预热的模腔内，试样受热硫化，给其施加一个剪切形变，测试产生此形变所需的转矩随加热时间的变化，即得到硫化曲线，见图 2-5（b）。从硫化曲线上可以得到如下参数。

① 最小转矩 M_L。

② 最大转矩 M_H。

③ 焦烧时间（T_{10}）　又称诱导期，指胶料从加入到模具中受热开始到转矩为 M_{10} 所对应的时间。

$$M_{10} = M_L + (M_H - M_L) \times 10\%$$

④ 理论正硫化时间（T_H）　胶料从加入模具中受热开始到转矩达到最大值所需要的时间。

⑤ 工艺正硫化时间（T_{90}）　胶料从加入模具中受热开始到转矩达到 M_{90} 所需要的时间。

$$M_{90} = M_L + (M_H - M_L) \times 90\%$$

在硫化反应开始前，胶料必须具有充分的焦烧时间以便进行混炼、压延、挤出、成型及模压充模，因此诱导期对橡胶的加工安全性至关重要，是生产加工过程中的一个重要参数。在热硫化阶段，硫化速率与交联键的生成速率基本一致，因此，由交联密度来确定正硫化是比较合理的，是现代各种硫化测量技术的理论基础。

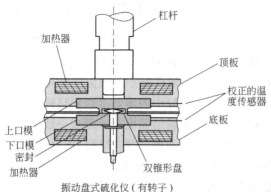

振动盘式硫化仪（有转子）

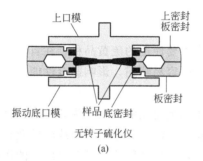

无转子硫化仪

(a)

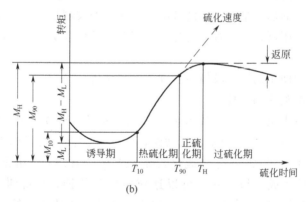

(b)

图 2-5　硫化仪主机结构示意图（a）和硫化曲线（b）

理想的硫化曲线应满足以下条件：

① 硫化诱导期适当，保证生产加工的安全性；

② 硫化速度足够快，提高生产效率；

③ 不易返原，硫化平坦期足够长，保证交联结构的稳定性。

要实现上述条件，必须选择正确的硫化条件和硫化体系，目前比较理想的是后效性的次磺酰胺类促进剂的硫化体系。

第四节　无促进剂的纯硫黄硫化

无促进剂的硫黄硫化只在早期的硫化中使用，早已被淘汰。硫黄在橡胶中的溶解度大小视橡胶种类、温度不同而异。室温下，硫黄在 NR 和 SBR 中的溶解度较大，而在 BR、NBR 中的溶解度较小。随温度升高，硫黄在橡胶中的溶解度增加。温度降低以后，硫黄在橡胶中的溶解度达到过饱和状态，过量的硫黄会自动地扩散迁移到胶料的表面，重新结晶出来，形成一层类似霜状的粉末，橡胶工业中称为喷霜现象。某些配合剂如促进剂 TMTD 等也会产生喷霜现象，对成型、黏合工艺及产品外观与使用产生不良影响。为防止混炼胶喷霜，要合理设计配方，采用硫黄在低温下加入或采用不溶性硫黄等措施。

一、硫黄的品种

1. 粉末硫黄

粉末硫黄是橡胶工业中主要使用的硫黄品种，在自然界中主要以硫八环的形式存在。粉末硫黄在混炼胶中容易喷霜，影响黏合性能。

2. 不溶性硫黄

不溶性硫黄具有不溶于二硫化碳的性质，为硫的均聚物，又称聚合硫。其最大的优点是混炼胶不易喷霜，已经成为钢丝子午线轮胎及其他橡胶复合制品的首选硫化剂。但不溶性硫黄在热、化学物质（尤其是胺）的作用下容易转化为可溶性硫黄，给橡胶的加工带来喷霜的危险。而多数橡胶制品在加工成型过程中需要经过高温混炼、压延、挤出等工艺过程，因此不溶性硫黄的热、化学稳定性非常重要。

橡胶工业中使用的还有胶体硫黄和沉淀硫黄等。

二、硫黄的裂解和活性

硫在自然界中主要以 8 个硫形成一种皇冠状环，S_8 分子中的每个硫原子通过以 sp 杂化轨道形成的共价键相互联结，S_8 分子之间靠分子间作用力联系，因而熔点较低，不溶于水，溶于二硫化碳等溶剂中。119.2℃下熔化为黄色的液体，159℃下环断开变成开链，并且可以连成螺旋状长链，长链纠缠，黏度增高，200℃链达到最长，继续升温到 200℃以上，螺旋状长硫链开始断裂变短，变成短链分子。硫的化学性质活泼，可均裂，产生自由基；也可异裂，当遇到电负性小的原子可接受两个电子，成为 S^{2-}，当遇到电负性大的非金属时，可形成 S^{2+}、S^{6+} 而形成离子键。硫化时均裂和异裂都可能发生，决定于配合及硫化条件。

三、不饱和橡胶分子链的反应活性

不饱和橡胶能够与硫黄发生反应是因为大分子链上的每个链节都有双键。双键的 π 电子云分布在原子平面上下，可以看做电子源，能与缺电子试剂发生亲电的离子型加成反应或与自由基进行加成反应。具体的反应历程取决于硫黄的活化形式。

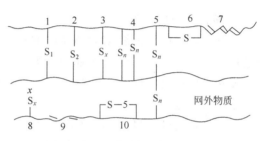

不饱和橡胶分子中，与双键相邻的碳原子上的氢即 $\alpha\text{-H}$ 的活性大，很容易脱出，形成的烯丙基自由基因因共振而稳定。通过对硫化过程的研究发现，硫化时双键数目变化不大，说明硫化反应多数是在 $\alpha\text{-H}$ 上反应，使大分子成为自由基而进行反应。

四、纯硫黄硫化胶的结构

根据模拟化合物及对天然橡胶硫黄硫化胶的研究分析，纯硫黄硫化的天然橡胶硫化胶具有如图 2-6 所示的结构。

由图 2-6 可见，纯硫黄硫化的硫化胶网络结构中，硫黄的利用率太低，用交联效率参数 E ［形成 1mol 交联键所需要的平均硫黄原子的物质的量（mol）］表示。无促进剂的硫黄硫化体系，硫化初期 E 为 53 左右。随着硫化时间的增加，结合硫的数量、交联密度、交联效率都增加，多硫交联键变短。为缩短硫化时间，提高硫化胶性能，提高 E 值，发展了有活性剂、促进剂的硫黄硫化体系。

图 2-6 NR 纯硫黄硫化胶的结构

第五节 有促进剂、活性剂的硫黄硫化

有促进剂的硫黄硫化体系是橡胶工业生产中应用最广泛的硫化体系。使用促进剂不仅大大地缩短了硫化时间，减少了硫黄用量，降低了硫化温度，节省了能耗，提高了硫黄利用率，而且橡胶的工艺性能和物理机械性能也显著提高。二次世界大战以前，促进剂主要以噻唑类为主，20 世纪 70 年代，随着合成橡胶和炉法炭黑的发展、大型橡胶制品硫化技术及高温硫化的出现，人们发现了次磺酰胺类促进剂，它满足了新硫化条件的要求，现在其应用比例已经超过了噻唑类。

未来促进剂的发展方向是"一剂多能"，即兼备硫化剂、活性剂、促进剂、防焦剂及对环境无污染的特点。

一、促进剂的分类

常用促进剂的分类方法有以下几种。

1. 按促进剂的结构分类

按促进剂的化学结构可分为八大类，即噻唑类（M、DM）、次磺酰胺类

（CZ、NOBS、DZ）、秋兰姆类（TMTD、TMTM）、硫脲类（NA-22）、二硫代氨基甲酸盐类（ZDMC、ZDC）、醛胺类（H）、胍类（D）、黄原酸盐类（ZIX）等。

2. 按 pH 值分类

按照促进剂呈酸性、碱性或中性将促进剂分为酸性、碱性和中性促进剂。如表 2-1 所示。

表 2-1　促进剂的酸碱性质

pH 值	促　进　剂
小于7,酸性	M、DM、TMTD、TMTM、ZDC、ZIX
大于7,碱性	H、D
等于7,中性	NA-22、CZ、NOBS、DZ…

3. 按促进速度分类

国际上习惯以促进剂 M 对 NR 的准超速硫化速度为标准来比较促进剂的硫化速度。比 M 快的属于超速或超超速级，比 M 慢的属于慢速或中速级。

慢速级促进剂：H、NA-22。

中速级促进剂：D。

准速级促进剂：M、DM、CZ、DZ、NOBS。

超速级促进剂：TMTD、TMTM。

超超速级促进剂：ZDMC、ZDC。

4. 按 A、B、N（酸碱性）+数字 1、2、3、4、5（速级）分类

日本科学家 YUTAKA 等提出以 A、B、N 加阿拉伯数字 1、2、3、4、5 的数码表示方法，使上面三种分类方法结合起来，能够更科学全面地表征促进剂的特性。其中 A、B、N 分别代表酸性、碱性和中性促进剂，1、2、3、4、5 分别代表慢速级、中速级、准速级、超速级、超超速级促进剂。如 A3 为酸性准速级促进剂，典型的是 M、DM；B2 为碱性中速级促进剂，典型的是 D；A5 是酸性超超速级促进剂，典型的是 ZDMC、ZDC 等。这种方法还可以很容易地表示出促进剂的并用体系。如 A3B2B1 表示酸碱并用以碱性促进剂为亚辅助促进剂的并用体系。

二、常用促进剂的结构与特点

常用促进剂都是由不同的官能基团组成的，不同的基团在橡胶的硫化过程中又发挥不同的作用。促进剂中可能含有的官能团有促进基、活性基、硫化基、防焦基等。因为每种促进剂含有不同的官能团，其硫化和促进特性就有差异。

1. 促进剂的官能团

（1）防焦基团　促进剂中有三种防焦基团，分别为 —SN$\diagdown$，$\diagup$NN$\diagdown$ 和 —SS—。作用是抑制硫形成多硫化物，并在低温下减少游离硫的形成。

（2）辅助防焦基团　直接连接次磺酰胺中的氮和连接氧的酸性基团，能增强多硫物形成防焦基的功能，使次磺酰胺具有优异的防焦功能。六种防焦基团分别为：羰基 —C（O）、羧基 —C（O）O—、磺酰基 O=S=O、磷酰基 —P=O、硫代磷酰基 —P=S、苯并噻唑基 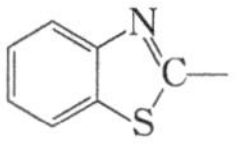 。

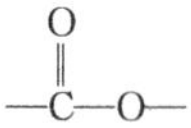

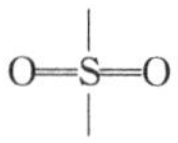

（3）亚辅助防焦基团和结合辅助防焦基团　这是一种非常特殊的结构，其中某一官能基能加强与其相连的辅助基的防焦功能，称为亚辅助防焦基团；而亚辅助防焦基团与辅助防焦基团的结合称为结合辅助防焦基团。

例如：CBSA（*N*-异丙基硫-*N*-环己基苯并噻唑磺酰胺）中的苯并噻唑基增强了辅助防焦基—SO_2—的效能，而②和③的结合④称为结合辅助防焦基团。

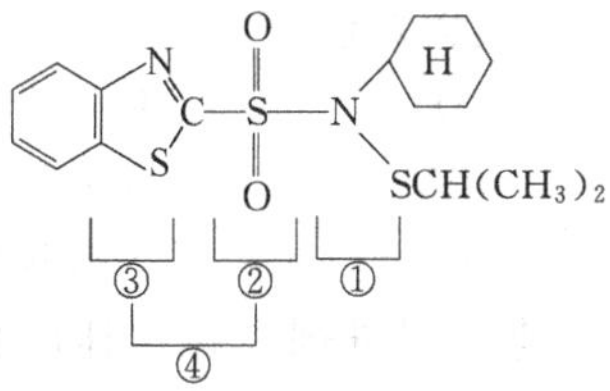

（4）促进基　硫化过程中，促进剂分解出基团起促进作用，如噻唑类、秋兰姆类、二硫代氨基甲酸盐类、次磺酰胺类都有这种促进基团。如：下列结构中⑤代表促进基。

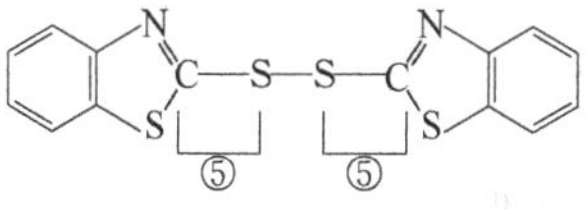

DM 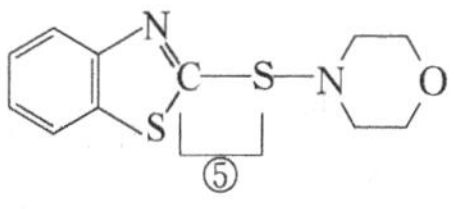　　　　　　NOBS 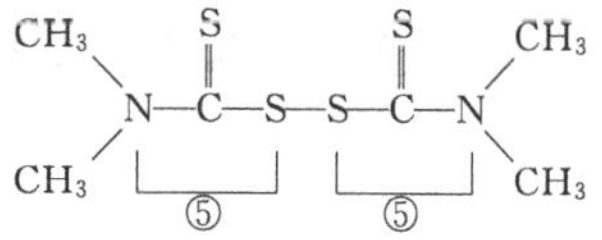　　　　　　TMTD

（5）活性基团　促进剂在硫化过程中放出的氨基具有活化作用，如次磺酰胺类、秋兰姆类及胍类都具有这种功能。如：下列结构中⑥代表活性基。

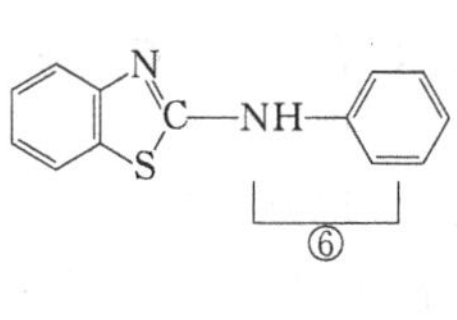

CZ 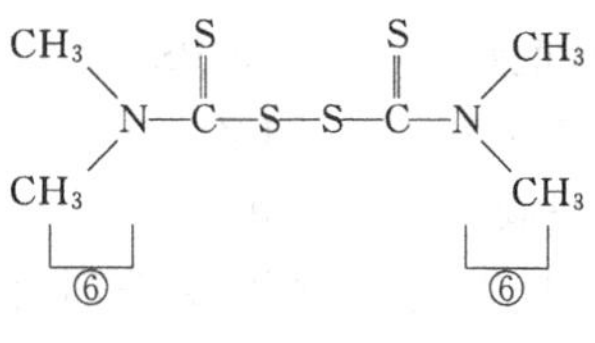　　　　　　TMTD 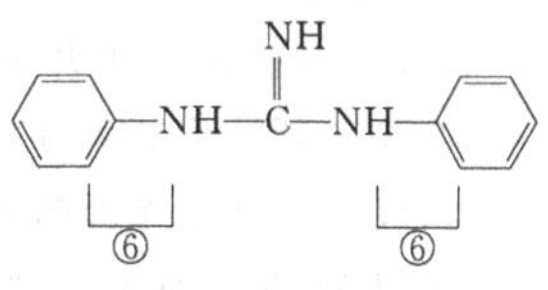　　　　　　D

（6）硫化基团　硫黄给予体 TMTD、DTDM、MDB、TRA 等分解放出活性硫原子，参与交联反应。硫载体中的含硫基团称为硫化基团。如：下列结构中⑦代表硫化基。

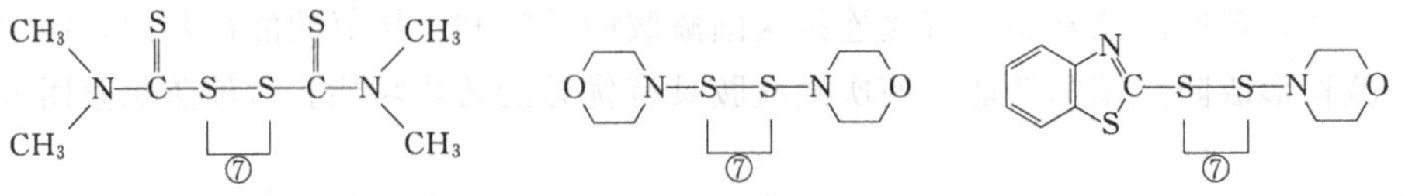

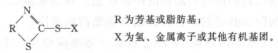

| TMTD | DTDM | MDB |

在各种促进剂中，有的促进剂有一种功能，有的有多种功能，从而影响硫化特性；而多种功能促进剂的并用，为橡胶配方的设计提供了广阔的应用范围。

2. 各类促进剂的特点

（1）噻唑类　结构通式为

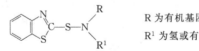

R 为芳基或脂肪基；
X 为氢、金属离子或其他有机基团。

常用品种如下。

名　称	英文简称	基　团
2-硫醇基苯并噻唑	M	R 为苯基，X 为氢
二硫化苯并噻唑	DM	R 为苯基，X 为苯并噻唑基
2-硫醇基苯并噻唑锌盐	MZ	R 为苯基，X 为锌

作用特性：属于酸性、准速级促进剂，硫化速度快，硫化曲线平坦性好，硫化胶具有良好的耐老化性能，应用范围广。宜和酸性炭黑配合，槽黑可以单独使用，与炉法炭黑配合时要防焦烧。无污染，可以用作浅色橡胶制品。M、DM 有苦味，不宜用于食品工业。M 硫化速度快，易焦烧；DM 比 M 的焦烧时间长。

（2）次磺酰胺类　结构通式为

R 为有机基团；
R¹ 为氢或有机基团。

常用品种如下。

名　称	英文简称	基　团
N-环己基-2-苯并噻唑次磺酰胺	CZ	R 为环己基，R^1 为氢
N-氧二亚乙基-2-苯并噻唑次磺酰胺	NOBS	R、R^1 合为氧二亚乙基
N,N-二环己基-2-苯并噻唑次磺酰胺	DZ	R、R^1 均为环己基
N,N-二乙基-2-苯并噻唑次磺酰胺	AZ	R、R^1 均为二乙基

作用特性：次磺酰胺类促进剂与噻唑类促进剂有相同的促进基，但多了一个防焦基和活性基，因此克服了噻唑类焦烧时间短的缺点。促进基是酸性的，活化基是碱性的，所以次磺酰胺类促进剂是一种酸、碱并用型促进剂，其特点如下：

① 焦烧时间长，硫化速度快，硫化曲线平坦，硫化胶综合性能好；

② 宜与炉法炭黑配合，有充分的安全性，利于挤出、压延及模压胶料的充分流动性；

③ 适用于合成橡胶的高温快速硫化和厚制品的硫化；

④ 与酸性促进剂（TT）并用，形成活化的次磺酰胺硫化体系，可以减少促进剂的用量。

一般说来，次磺酰胺类促进剂诱导期的长短与和氨基相连基团的大小、数量有关，基团越大，数量越多，诱导期越长，防焦效果越好。如 DZ＞NOBS＞CZ。

（3）秋兰姆类　结构通式为

R、R¹ 为烷基、芳基或其他基团。

常用品种如下。

名　称	英文简称	基　团
一硫化四甲基秋兰姆	TMTM	R、R¹ 为甲基，$x=1$
二硫化四甲基秋兰姆	TMTD	R、R¹ 为甲基，$x=2$
二硫化四乙基秋兰姆	TETD	R、R¹ 为乙基，$x=2$
四硫化五亚甲基秋兰姆	TRA	R、R¹ 合为五亚甲基，$x=4$

作用特点：秋兰姆类促进剂一般含有两个活性基和两个促进基，因此硫化速度快，焦烧时间短，应用时应特别注意焦烧倾向。一般不单独使用，而与噻唑类、次磺酰胺类并用；当秋兰姆类促进剂中的硫原子数大于或等于 2 时，硫化时能析出活性硫原子，参与硫化反应，可以作硫化剂使用，用于无硫硫化、高温快速硫化，制作耐热胶种。

（4）二硫代氨基甲酸盐类　结构通式为

R、R¹ 为烷基、芳基或其他基团；
Me 为金属原子。

常用品种如下。

名　称	英文简称	基　团
二甲基二硫代氨基甲酸锌	ZDMC	R、R¹ 为甲基，Me 为锌
二乙基二硫代氨基甲酸锌	ZDC	R、R¹ 为乙基，Me 为锌
二丁基二硫代氨基甲酸锌	BZ	R、R¹ 为丁基，Me 为锌
乙基苯基二硫代氨基甲酸锌	PX	R 为乙基，R¹ 为苯基，Me 为锌

作用特点：此类促进剂比秋兰姆类更活泼，结构中除含有活性基、促进基外，还有一个过渡金属离子，使橡胶的不饱和双键更易极化，因而硫化速度更快，属超超速级酸性促进剂，诱导期极短，适用于室温硫化和胶乳制品的硫化，

常用于 IIR、EPDM 的硫化。

(5) 胍类　结构通式为

$$
\begin{array}{c}
R{-}NH \\
\quad\quad\quad C{=}NH \\
R{-}NH
\end{array}
\qquad R\text{ 为苯基或甲苯基。}
$$

常用品种如下。

名　　称	英文简称	基　　团
二苯胍	D	R、R^1 为苯基
二邻甲基苯胍	DOTG	R、R^1 位邻甲苯基

作用特点：它是碱性促进剂中用量最大的一种，结构中有活性基团，但没有促进基和其他基团，硫化起步慢，操作安全性好，硫化速度也慢。适用于厚制品（如胶辊）的硫化，产品易老化龟裂，且有变色污染性。一般不单独使用，常与 M、DM、CZ 等并用，既可以活化硫化体系又克服了自身的缺点，只在硬质橡胶制品中单独使用。

(6) 硫脲类　结构通式为

$$
\begin{array}{c}
R{-}NH{-}C{-}NH{-}R \\
\quad\quad\quad\Vert \\
\quad\quad\quad S
\end{array}
\qquad R\text{ 为烷基或芳基。}
$$

常用品种如下。

名　　称	英文简称	基　　团
亚乙基硫脲	NA-22（ETU）	R 为亚甲基
N,N'-二乙基硫脲	DETU	R 为乙基
四甲基硫脲	TMTU	R 为甲基，通式中的氢被甲基取代

作用特点：促进剂的促进效能低，抗焦烧性能差，除了 CR、CO、CPE 用于促进和交联外，其他二烯类橡胶很少使用。其中 NA-22 是 CR 常用的促进剂。

(7) 醛胺类　它是醛和胺的缩聚物，主要品种是六亚甲基四胺，简称促进剂 H，是一种弱碱性促进剂，4 个活性基氨基都封闭，因此促进速度慢，无焦烧危险。一般与其他促进剂如噻唑类等并用。其他醛胺类促进剂还有乙醛胺，也称 AA 或 AC，也是一种慢速促进剂。

(8) 黄原酸盐类　结构通式为

$$
\begin{array}{c}
\quad\quad S \\
\quad\quad\Vert \\
RO{-}C{-}S{-}M
\end{array}
\qquad
\begin{array}{l}
R\text{ 为烷基或芳基；} \\
M\text{ 为金属原子 Na、K、Zn 等。}
\end{array}
$$

作用特性：它是一种酸性超超速级促进剂，硫化速度比二硫代氨基甲酸盐还要快，除低温胶浆和胶乳工业使用外，一般都不采用。其代表产品为异丙基黄原酸锌（ZIX）。

三、促进剂的并用

在胶料配方设计中，为了提高促进剂的作用效果及出于工艺上的需要，如避免焦烧、防止喷霜、改善硫化平坦性、改进硫化胶性能等，往往采用促进剂并用。其中主促进剂的用量和硫化特性占主导地位，一般选用酸性或中性的促进剂，酸性促进剂以噻唑类和秋兰姆类使用最多，但以 M 最为常见。秋兰姆类为主促进剂时，仅用于薄膜制品和硫化时间极短的制品。中性的次磺酰胺类为主促进剂时，一般可以不选用副促进剂，少量并用 D 或 TMTD 可以提高硫化速度。副促进剂起辅助作用，用量少，它与主促进剂相互活化，加快硫化速度，提高硫化胶的物理机械性能，一般常用的促进剂有促进剂 D。常见的并用类型如下。

1. A/B 型并用体系

活化噻唑类硫化体系，并用后促进效果比单独使用 A 型或 B 型都好。常用的 A/B 体系一般采用噻唑类作主促进剂，胍类（D）或醛胺类（H）作副促进剂。采用 A/B 并用体系制备相同力学强度的硫化胶时，优点是促进剂用量少、促进剂的活性高、硫化温度低、硫化时间短、硫化胶的性能（拉伸、定伸、耐磨性）好。克服单独使用 D 时老化性能差、制品龟裂的缺点。如现在最广泛使用的 A/B 并用体系 DM/D，M/D 体系容易发生焦烧，所以使用减少。

2. N/A、N/B 并用型

活化次磺酰胺硫化体系，它是采用秋兰姆（TMTD）、胍类（D）为第二促进剂来提高次磺酰胺的硫化活性，加快硫化速度。并用后体系的焦烧时间比单用次磺酰胺短，但比 DM/D 体系焦烧时间仍长得多，且成本低，缺点是硫化平坦性差。该体系的优点是硫化时间短、促进剂用量少、成本低。焦烧时间虽缩短，但是仍有较好的生产安全性，N/A 型目前使用较多。

几种活化型促进剂并用体系的比较见表 2-2。

表 2-2　几种活化型促进剂并用体系的比较

促 进 剂	硫化时间(140℃) /min	焦烧时间(110℃) /min	300%定伸应力 /MPa	抗返原性 /%
CZ(0.4)	20	47	13	66
DM/D(0.75/0.30)	12	15	15.2	77
CZ/TMTD(0.4/0.15)	10	38	16.0	70
NOBS/TMTD(0.4/0.15)	8	8	16.2	73

3. 常用促进剂及并用的作用特性比较

在选用促进剂时，有两个重要的特性需要考虑，一个是焦烧时间即加工的安全性；另一个是硫化速度即生产效率。促进剂的焦烧时间可以用专门仪器——门尼黏度测试仪来测定，其标准测试方法在 GB/T 1233—92 中有详细说明；硫化速度的高低可以从硫化曲线得到。常用促进剂及其并用时的焦烧时间和硫化速度见图2-7。

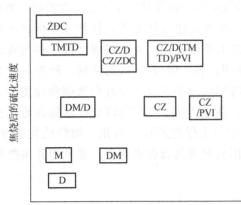

图 2-7　常用促进剂及并用的焦烧时间和硫化速度对比

四、促进剂的发展方向

随着橡胶工业的发展，基础原料发生了很大的变化，以天然橡胶为主体的胶料逐渐被合成橡胶代替，槽法炭黑被炉法炭黑代替；橡胶加工生产技术朝自动化、联动化发展，对生产的安全性、硫化速度、制品性能、卫生性、环境保护提出了更高的要求。

从加工的安全性和硫化速度考虑，近年开发和研究最多的是次磺酰胺类。如美国的 Goodric 公司开发的 OTOS（N-氧联二亚乙基硫代氨基甲酸-N-氧联二亚乙基次磺酰胺）、Baydege 公司开发的双（2-乙基氨基-4-二乙基氨基-三嗪-6）三硫化物（Triacit-20）等。为提高硫化速度和加工安全性，还发展了"就地型"和"包胶型"促进剂。

促进剂的另一个研究领域是开发无污染的促进剂。实践证明，仲胺类促进剂容易产生亚硝胺，将 DNA 烷基化，有最终诱发致癌的可能性。硫化体系中占大部分的秋兰姆类（TMTD、TETD、TMTM）、二硫代氨基甲酸盐类（ZDC）、次磺仲酰胺类（NOBS、DIBS、DZ）及硫黄给予体是产生亚硝胺的来源。可以用不产生亚硝胺的伯胺类促进剂，如用 N-叔丁基-2-苯并噻唑次磺酰胺（NS）、N-叔丁基-2-双苯并噻唑次磺酰亚胺（TBSI）和环己基苯并噻唑次磺酰胺（CZ）直接替代 MOR、DIBS、DCBS。目前 NS 已经成为国外市场的主导品种，而且 TBSI 的抗硫化返原性比其他次磺酰胺促进剂都好，在焦烧时间、硫化胶物性、硫化速度等方面与 NOBS、DIBS、DZ 在同一范围内，被认为是替代 NOBS、DIBS、DZ 的最好的非仲胺类促进剂。秋兰姆类和二硫代氨基甲酸盐类硫化促进剂主要用二丁基二硫代磷酸锌（ZBTP）、异丁基硫代氨基甲酸锌、四苄基二硫化秋兰姆（TBZTD）、四-(2-乙基己基）二硫化秋兰姆（TOT-N）等代替，其分子量大，熔点高，难以分解，所以不会产生亚硝胺。

美国还研制了取代 NA-22 的硫化促进剂 2,5-二巯基-1,3,4-噻二唑衍生物 Vanax 189，用于 CR 的快速硫化，硫化的诱导期较长。

五、有促进剂、活性剂的硫黄硫化机理

若以 XSH、XSSX、XSNR$_2$ 分别代表噻唑类、二硫代秋兰姆类和次磺酰胺

类促进剂，X 代表苯并噻唑基或秋兰姆基（如

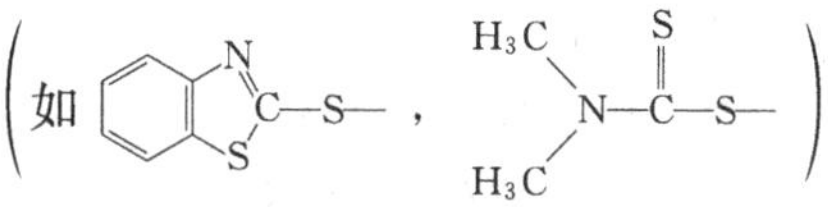

），

则有促进剂、活性剂的硫黄硫化反应大体分为以下几个阶段。

（1）生成促进剂的锌盐（Ⅰ） 在硫化条件及脂肪酸存在下，促进剂与氧化锌反应产生该产物。

$$\left.\begin{array}{l} XSH \\ XSSX \\ XSNR_2 \end{array}\right\} \xrightarrow[RCOOH]{ZnO} XS-Zn-SX（Ⅰ）$$

（2）生成促进剂锌盐配位络合物（Ⅱ） 橡胶里的胺或者胆碱（NR 里自然存在）与Ⅰ配位络合生成（脂肪酸也能与之络合生成络合物），配位络合物在橡胶中的溶解度很大，使硫化反应能顺利进行。

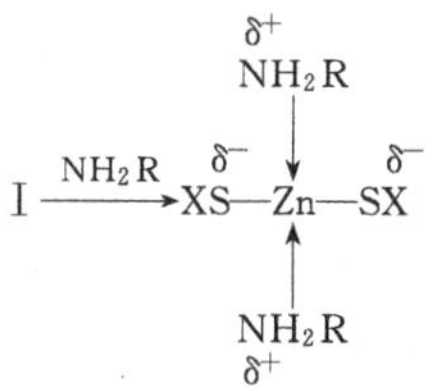

（3）生成促进剂过硫硫醇锌盐（Ⅲ） 络合物Ⅱ中 Zn—S 键不牢固，XS—具有较高的亲硫性，这时 S_8 开环按下式产生Ⅲ。

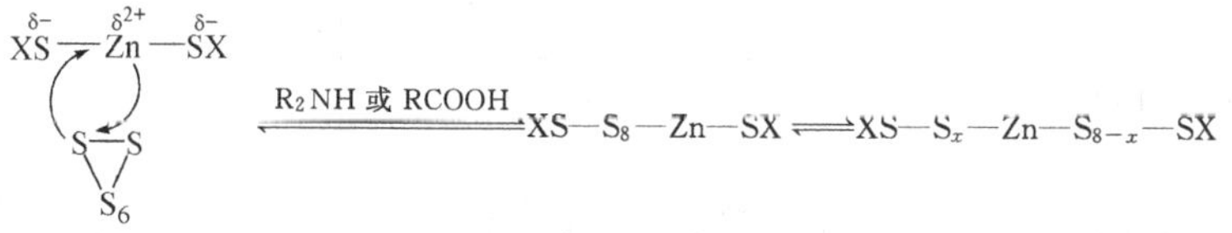

（4）生成带有多硫促进剂侧挂基团的橡胶大分子（Ⅳ） Ⅳ是交联先驱体。

$$RH + XSS_x ZnS_{8-x} SX \longrightarrow RS_x SX（Ⅳ） + ZnO + XS_{8-x} H$$

（5）生成橡胶交联键（Ⅴ） Ⅳ与一般橡胶大分子反应产生分子间交联键，形成交联网络。

$$RS_x SX + RH \longrightarrow R-S_x-R + HSX$$

（6）网络熟化 交联结构继续发生变化，如短化、重排、环化、主链改性等。

由上可见，橡胶的硫化是个特别复杂的过程，上述的微观反应过程与硫化曲线上的宏观过程有基本对应关系。在配合剂加入后、热硫化之前，是生成的带有多硫促进剂侧挂基团的橡胶大分子的浓度积累阶段，对应的是曲线上的诱导期。当体系里Ⅳ的浓度累积达到最大时，热硫化能够开始进行，对应的是曲线上的热硫化阶段；随反应进行，体系中Ⅳ的数量消耗，当浓度降到了最低时，则热硫化

阶段结束，进入熟化期。

六、硫载体硫化机理

硫载体又称硫给予体，是指分子结构中含硫的有机或无机化合物，在硫化过程中能析出活性硫，参与交联过程，所以又称无硫硫化。

硫载体的主要品种有秋兰姆（如 TMTD、TETD、TRA 等）、含硫的吗啡啉衍生物（如 DTDM、MDB 等）、多硫聚合物、多硫化烷基酚等。化学结构和含硫量能影响硫化特性。常用硫载体的结构和有效硫含量如表 2-3 所示。

表 2-3　常用硫载体的结构和有效硫含量

名　称	分 子 结 构 式	有效含硫量/%
二硫化四甲基秋兰姆（TMTD）	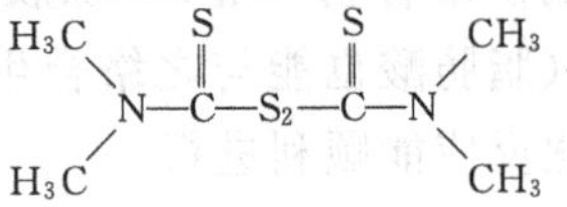	13.3
二硫化四乙基秋兰姆（TETD）	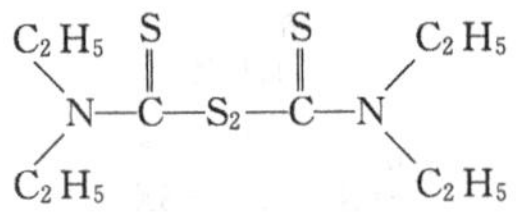	11.0
四硫化四甲基秋兰姆（TMTS）	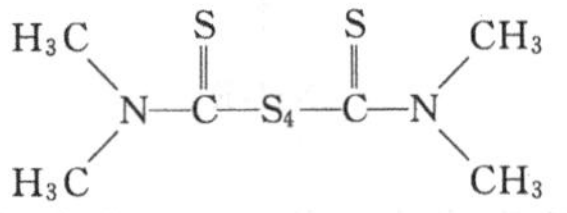	31.5
四硫化双环五次甲基秋兰姆（TRA）	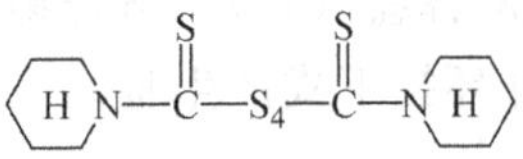	25.0
二硫化二吗啉（DTDM）	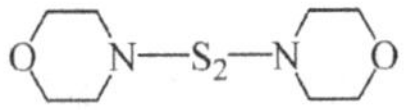	13.6
苯并噻唑二硫化吗啉（MDB）	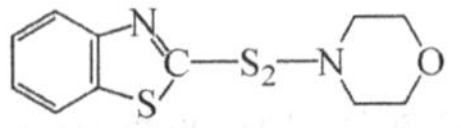	13.0

有效和半有效硫化体系配合中一般采用硫载体。含硫量的高低影响硫化特性（如焦烧时间和硫化时间），结果如表 2-4 所示。

表 2-4　不同秋兰姆的硫化特性

硫 化 特 性	TMTD(2.5 份)	TETD(3.1 份)	TBTD(4.3 份)
门尼焦烧(121℃,t_5)/min	17	20	23
门尼焦烧(121℃,t_{30})/min	24	27	38
硫化时间(140℃)/min	15	30	45

注：基本配方：NR（烟片）100，ZnO 5.0，硬脂酸 1.0。

可以看出，含硫量越低，焦烧时间延长、硫化速度慢。TMTD 的焦烧特性较差，喷霜现象严重，应用受到限制。而 DTDM、MDB 的焦烧特性较好，但硫化速度较慢。一般采用 DTDM/TMTD 并用或者用次磺酰胺和噻唑类调整焦烧期和硫化速度。

七、活性剂氧化锌和硬脂酸的作用

氧化锌和硬脂酸在硫黄硫化体系中组成了活化体系，其主要功能如下。

（1）活化硫化体系 氧化锌和硬脂酸作用生成锌皂，提高了氧化锌在橡胶中的溶解度，并与促进剂作用形成在橡胶中溶解性良好的络合物，活化了促进剂和硫黄，提高了硫化效率。

（2）提高硫化胶的交联密度 氧化锌和硬脂酸生成可溶性锌盐，锌盐与交联先驱体螯合，保护了弱键，使硫化生成较短的交联键，并增加了新的交联键，提高了交联密度。

（3）提高硫化胶的耐老化性能 硫化胶在使用过程中，多硫键断裂，生成的硫化氢会加速橡胶的老化，但氧化锌和硫化氢作用生成硫化锌，消耗硫化氢，减少了硫化氢对交联网络的催化分解；另外，氧化锌能缝合断开的硫键，对交联键起稳定作用。

目前活性剂中出现了纳米氧化锌和锌皂混合物，其中后者在 NR 中有良好的抗硫化返原性。

八、防焦剂的作用

橡胶在加工过程中要经历塑炼、混炼、压延、挤出等工艺过程，生热量大，使胶料的焦烧时间缩短，有时甚至到了剩余焦烧时间完全没有的地步，进而出现焦烧现象。现代橡胶工业又朝着高温快速硫化的方向发展，因而胶料的防焦措施极为重要。防焦措施除了在配方中使用合理的硫化体系配合外，还可以在配方中添加防焦剂。

目前使用的防焦剂的品种主要是硫氮类。1970 年，美国孟山都公司开发了 N-环己基硫代邻苯二甲酰亚胺（PVI 或称 CTP），由于其防焦效果明显，卫生性、安全性好等，使其成为应用最多的防焦剂。其优点是不影响硫化胶的结构和性能，硫化诱导期的长短与用量呈线性关系，生产容易控制。虽然价格较高，但在橡胶中的用量较小，还是比较经济的。

其他防焦剂还有有机酸，如水杨酸、邻苯二甲酸酐（PA）和亚硝基化合物如 NDPA 等。

第六节　各种硫黄硫化体系

一、普通硫黄硫化体系

普通硫黄硫化体系（conventional vulcanization，CV）是指二烯类橡胶的通常硫黄用量范围的硫化体系，可制得软质高弹性硫化胶。各种橡胶的 CV 体系如表 2-5 所示。

表 2-5　各种橡胶的 CV 硫化体系

配方	NR	SBR	NBR	IIR	EPDM
硫黄	2.5	2.0	1.5	2.0	1.5
ZnO	5.0	5.0	5.0	3.0	5.0
硬脂酸	2.0	2.0	1.0	2.0	1.0
NS	0.6	1.0	—	—	—
DM	—	—	1.0	0.5	—
M	—	—	—	—	0.5
TMTD	—	—	0.1	1.0	1.5

　　由于各种橡胶的结构如不饱和度、成分的不同，使得 CV 体系中硫的用量、促进剂的品种和用量都有差异。NR 的不饱和度高，组成中的非橡胶成分对硫化有促进作用，因此促进剂用量少，硫化速度快。对不饱和度极低的 IIR、EPDM 等，应并用高效快速的促进剂如 TMTD、TRA、ZDC 等作主促进剂，噻唑类为副促进剂。

　　硫黄用量不变时，增加促进剂用量，硫化诱导期不变，但硫化速度提高，如表 2-6 所示。

表 2-6　促进剂用量对硫化特性的影响

用量 1/份	2.5	2.5	2.5	2.5
用量 2/份	0.5	0.75	1.0	1.25
$T_{10}(121℃)/min$	32	32	32	32
$T_{90}(141℃)/min$	34	26	19	18

　　对 NR 的普通硫黄硫化体系（CV），一般促进剂的用量为 0.5～0.6 份，硫黄用量为 2.5 份。

　　普通硫黄硫化体系得到的硫化胶网络中 70% 以上是多硫交联键（—S_x—），具有较高的主链改性。硫化胶具有良好的初始疲劳性能，室温条件下具有优良的动静态性能，最大的缺点是不耐热氧老化，硫化胶不能在较高温度下长期使用。

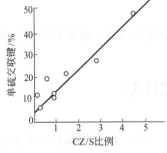

图 2-8　NR 交联键类型与促进剂/硫比例的关系

二、有效硫化体系

　　因为普通硫黄硫化体系得到的硫化胶网络中多数是多硫交联键，因此硫在硫化反应中的交联效率 E 低。实验证明，改变硫/促进剂的比例可以有效地提高硫黄在硫化反应中的交联效率，改善硫化胶的结构和产品的性能。如图 2-8 和表 2-7 所示。

表 2-7 硫/促进剂比例（S/CZ）对疲劳寿命的影响

硫/促进剂比例	疲劳寿命（到 1.27mm 裂口）/千周×10^{-1}	硫/促进剂比例	疲劳寿命（到 1.27mm 裂口）/千周×10^{-1}
6	40	1	40
5	50	0.6	35
4	53	0.4	27
3	55	0.3	25
2	55	0.2	19

由图 2-8 和表 2-7 可以看出，促进剂/硫比例上升时，硫化胶的网络结构发生变化，单硫交联键的含量上升，硫的有效交联程度增加，但疲劳寿命先上升后下降。

为提高硫在硫化过程中的交联效率，一般常采用的配合方法有两种。

（1）高促、低硫配合　提高促进剂用量（3～5 份），降低硫黄用量（0.3～0.5 份）。

（2）无硫配合　即硫载体配合，如采用 TMTD 或 DTDM（1.5～2 份）的配合。

以上两种配合得到的硫化胶网络中，单键和双键的含量占 90% 以上，网络具有极少主链改性，这种硫化体系中硫黄的利用率高，称为有效硫化体系（EV）。EV 硫化体系的硫化胶具有较高的抗热氧老化性能，但起始动态疲劳性能差。常用于高温静态制品如密封制品、高温快速硫化体系。

三、半有效硫化体系

为了改善硫化胶的抗热氧老化和动态疲劳性能，发展了一种促进剂和硫黄的用量介于 CV 和 EV 之间的硫化体系，所得到的硫化胶既具有适量的多硫键，又有适量的单、双硫交联键，使其既具有较好的动态性能，又有中等程度的耐热氧老化性能，这样的硫化体系称为半有效硫化体系（SEV），用于有一定的使用温度要求的动静态制品，一般采取的配合方式有两种：

① 促进剂用量/硫量≈1.0/1.0=1（或稍大于 1）；

② 硫与硫载体并用，促进剂用量与 SEV 中一致。

NR 的三种硫化体系配合如表 2-8 所示。

表 2-8　NR 的三种硫化体系配合　　　　　　　　　　单位：份

配方成分	CV	Semi-EV		EV	
		高促低硫	硫/硫载体并用	高促低硫	无硫配合
S	2.5	1.5	1.5	0.5	—
NOBS	0.6	1.5	0.6	3.0	1.1
TMTD	—	—	—	0.6	1.1
DMDT	—	—	0.6	—	1.1
交联类型	CV	Semi-EV		EV	
—S$_1$—/%	0～10	0～20		40～50	
—S$_2$—/% —S$_x$—/%	90～100	80～100		50～60	

对天然橡胶硫化胶网络的分析可以清楚地说明硫化网络与硫化体系的关系，如表 2-9 所示。

表 2-9 NR 硫化网络结构与硫化体系的关系

交 联 结 构	CV 硫 2.5 份 NS 0.5 份	Semi-EV 硫 1.5 份 NS 0.5 份 DTDM 0.5 份	EV TMTD 1.0 份 NS 1.0 份 DTDM 1.0 份
交联密度$(2M_c)^{-1}/\times 10^5$	5.84	5.62	4.13
单硫交联键/%	0	0	38.5
双硫交联键/%	20	26	51.5
多硫交联键/%	80	74	9.7

四、高温快速硫化体系

随着橡胶工业生产的自动化、联动化，高温快速硫化体系被广泛采用，如注射硫化、电缆的硫化等。所谓高温硫化是指在 180～240℃下进行的硫化，一般硫化温度每升高 10℃，硫化时间大约可缩短一半，生产效率大大提高。但硫化温度升高会使硫化胶的物理机械性能下降，这和高温硫化时交联密度的下降有关。温度高于 160℃时，交联密度下降最为明显，所以硫化温度不是越高越好，采用多高的硫化温度要综合考虑。

1. 高温硫化体系配合的原则

（1）选择耐热胶种 为了减少或消除硫化胶的硫化返原现象，应该选择双键含量低的橡胶。各种橡胶的热稳定性不同，极限硫化温度也不同，如表 2-10 所示。适用于高温快速硫化的胶种为 EPDM、IIR、NBR、SBR 等。

表 2-10 连续硫化工艺中各种橡胶的极限硫化温度 单位:℃

胶 种	极限硫化温度	胶 种	极限硫化温度
NR	240	CR	260
SBR	300	EPDM	300
NBR	300	IIR	300

（2）采用有效或半有效硫化体系 因为 CV 硫化体系中多硫交联键含量高，在高温下容易产生硫化返原现象，所以 CV 不适合于高温快速硫化体系。高温快速硫化体系多使用单硫和双硫键含量高的有效 EV 和半有效 SEV 硫化体系，其硫化胶的耐热氧老化性能好。一般使用高促低硫和硫载体硫化配合，其中后者采用 DTDM 最好，焦烧时间和硫化特性范围比较宽，容易满足加工要求。TMTD 因为焦烧时间短且喷霜严重而使应用受到限制。虽然 EV 和 SEV 对高温硫化的效果比 CV 好，但仍不够理想，仍无法彻底解决高温硫化所产生的硫化返原现象和抗屈挠性能差的缺点，应该寻找更好的方法。

（3）硫化的特种配合 为了保持高温下硫化胶的交联密度不变，可以采取增加硫用量、增加促进剂用量或两者同时都增加的方法。但是，增加硫黄用量会降低硫化效率，并使多硫交联键的含量增加；同时增加硫和促进剂，可使硫化效率保持不变；而保持硫用量不变，增加促进剂用量，可以提高硫化效率，这种方法比较好，已在轮胎工业界得到广泛推广和应用。图 2-9 说明在保持硫用量不变，增加促进剂用量的条件下，交联密度和拉伸强度保持率的情况。如果采用 DTDM 代替硫，效果更好，在高温硫化条件下，可以获得像 CV 硫化胶一样优异的性能。

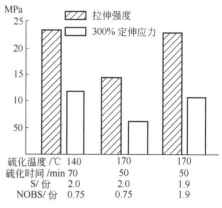

图 2-9　NR/BR 中 S 用量不变，增加促进剂
用量对交联密度及强力的影响

合成橡胶硫化体系对温度的敏感性比 NR 要低，因此 NR 和合成橡胶的并用显得格外重要，并用后的体系既保持了高温硫化时交联密度的稳定性，又保持了硫化胶的最佳物性，是橡胶制品采用高温硫化、缩短硫化时间、提高生产效率的有效方法。

2. 高温硫化的其他配合特点

高温硫化体系要求硫化速度快，焦烧倾向小，无喷霜现象，所以配合时最好采用耐热胶种及常量硫黄、高促进剂的办法。另外，对防焦、防老系统也都有较高的要求。

为了提高硫化速度，须使用足量的硬脂酸以增加锌盐的溶解度，提高体系的活化功能。

为防止高温硫化时的热氧老化作用，保证硫化的平坦性，防老剂在高温硫化体系中是绝对必要的，但也不必过多。例如，在 TMTD/ZnO 中加入 1 份防老剂 D 就能够有效地保持交联密度的稳定和硫化的平坦性，为防止发生焦烧可以在体系中加入防焦剂 PVI。

五、平衡硫化体系

为克服不饱和的二烯类橡胶，尤其是天然橡胶 CV 硫化体系硫化返原的缺点，1977 年，S. Woff 用 Si69［双（三乙氧基甲硅烷基丙基）］四硫化物在与硫、促进剂等物质的量的比的条件下使硫化胶的交联密度处于动态常量状态，把硫化返原降低到最低程度或消除硫化返原现象，这种硫化体系称为平衡硫化体系（equilibrium cure，EC）。该体系在较长的硫化周期内，硫化的平坦性较好，交联密度基本维持稳定，具有优良的耐热老化性和耐疲劳性，特别适合大型、厚制品的硫化。

Si69 是具有偶联作用的硫化剂，高温下，不均匀裂解成由双（三乙氧基甲硅烷基丙基)二硫化物和双(三乙氧基甲硅烷基丙基)多硫化物组成的混合物,如图 2-10 所示。

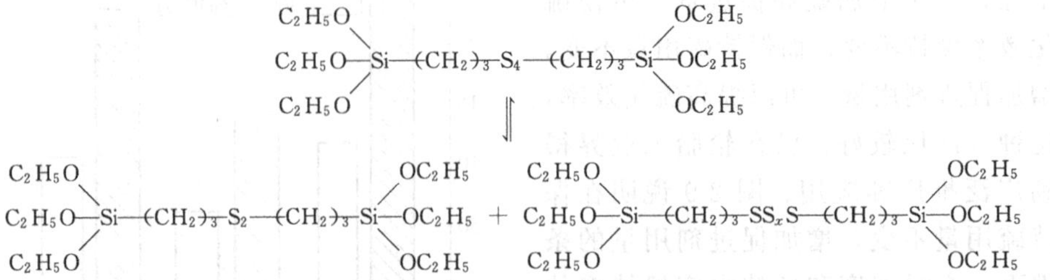

$$
\begin{array}{c}
\text{C}_2\text{H}_5\text{O} \qquad\qquad\qquad\qquad\qquad \text{OC}_2\text{H}_5 \\
\text{C}_2\text{H}_5\text{O}-\text{Si}-(\text{CH}_2)_3-\text{S}_4-(\text{CH}_2)_3-\text{Si}-\text{OC}_2\text{H}_5 \\
\text{C}_2\text{H}_5\text{O} \qquad\qquad\qquad\qquad\qquad \text{OC}_2\text{H}_5
\end{array}
$$

$$
\begin{array}{c}
\text{C}_2\text{H}_5\text{O} \qquad\qquad\qquad \text{OC}_2\text{H}_5 \\
\text{C}_2\text{H}_5\text{O}-\text{Si}-(\text{CH}_2)_3-\text{S}_2-(\text{CH}_2)_3-\text{Si}-\text{OC}_2\text{H}_5 \\
\text{C}_2\text{H}_5\text{O} \qquad\qquad\qquad \text{OC}_2\text{H}_5
\end{array}
+
\begin{array}{c}
\text{C}_2\text{H}_5\text{O} \qquad\qquad\qquad\qquad \text{OC}_2\text{H}_5 \\
\text{C}_2\text{H}_5\text{O}-\text{Si}-(\text{CH}_2)_3-\text{SS}_x\text{S}-(\text{CH}_2)_3-\text{Si}-\text{OC}_2\text{H}_5 \\
\text{C}_2\text{H}_5\text{O} \qquad\qquad\qquad\qquad \text{OC}_2\text{H}_5
\end{array}
$$

图 2-10 Si69 反应的不均衡性

Si69 是作为硫给予体参与橡胶的硫化反应,生成橡胶-橡胶桥键,所形成的交联键的化学结构与促进剂的类型有关,在 NR/Si69/CZ(DM)硫化体系中,主要生成二硫和多硫交联键;在 NR/Si69/TMTD 体系中则生成以单硫交联键为主的网络结构。

因为有 Si69 的硫化体系的交联速率常数比相应的硫黄硫化体系的低,所以 Si69 达到正硫化的速度比硫黄硫化慢,因此在 S/Si69/促进剂等摩尔比组合的硫化体系中,因为硫的硫化返原而导致的交联密度的下降可以由 Si69 生成的新的多硫或双硫交联键补偿,从而使交联密度在硫化过程中保持不变,使硫化胶的物性处于稳定状态。

在有白炭黑填充的胶料中,Si69 除了参与交联反应外,还与白炭黑偶联,产生填料-橡胶键,进一步改善了胶料的物理性能和工艺性能。

NR 的 CV 硫化体系和平衡硫化体系的硫化返原率对比如表 2-11 所示。

表 2-11　纯 NR 的 CV 硫化体系和平衡硫化体系(EC)的硫化返原率对比

促 进 剂	硫化返原率(CV)/%	硫化返原率(EC)/%		
		S 1.0	S 1.5	S 2.5
DM	13	0	0	2.6
D	43	44.7	44.2	38.1
TMTD	19.9	2.3	2.5	3.2
CZ	20.6	4.8	5.1	8.7
DZ		4.1	3.7	6.7
NOBS		0	1.0	1.0

注:硫化条件:170℃达到正硫化后 30min 测定。试验配方:NR 100 份,ZnO 4.0 份,硬脂酸 2.0 份,S_8/Si69/促进剂变量。硫化返原率 $=(M_{max}-M_{max+30})/M_{max}\times100\%$,$M$ 为转矩。

由表 2-11 可以看出,各种促进剂在天然橡胶中的抗硫化返原能力的顺序如下。

DM＞NOBS＞TMTD＞DZ＞CZ＞D

为改善 NR 硫化返原的缺点，除 Si69 外，橡胶工业还使用其他抗硫化返原剂，如环己烷-1,6-二硫代硫酸钠二水合化合物（Duralink HTS）、1,3-双（柠糠酰亚胺甲基）苯（Perkalink-900）、N,N'-间亚苯基双马来酰亚胺（HVA-2）及 1,6-双(N,N'-二苯并噻唑氨基甲酰二硫)己烷（Vulcuren KA-9188）等。

第七节　非硫黄硫化体系

除了硫黄硫化体系外，还有一些非硫黄硫化体系既可用于不饱和橡胶的硫化，又可用于饱和橡胶的硫化，如过氧化物、金属氧化物、酚醛树脂、醌类衍生物、马来酰亚胺衍生物等。不饱和橡胶用非硫黄硫化体系硫化可以进一步改善胶料的耐热性，而完全饱和橡胶则必须用非硫黄硫化体系。

一、过氧化物硫化体系

1. 应用范围

过氧化物不但能够硫化饱和的碳链橡胶如 EPM，杂链橡胶如 Q 等，而且能够硫化不饱和橡胶，如 NR、BR、NBR、CR、SBR 等。与硫黄硫化的硫化胶相比，过氧化物硫化胶的网络结构中的交联键为 C—C 键，键能高，热、化学稳定性高，具有优异的抗热氧老化性能，且无硫化返原现象，硫化胶的压缩永久变形低，但动态性能差。在静态密封或高温的静态密封制品中有广泛的应用；某些过氧化物有臭味，如 DCP，使用时应注意。

2. 常用的过氧化物硫化剂及助硫化剂

常用的过氧化物硫化剂为二烷基过氧化物、二酰基过氧化物和过氧酯等，能硫化大部分橡胶。选择过氧化物，一般需要从过氧化物的半衰期、挥发性、气味、酸碱性物质对它的影响以及加工的安全性、硫化胶的物理机械性能等多方面考虑。其中二烷基过氧化物获得广泛应用，如过氧化二异丙苯（DCP）适于 160℃硫化，价格便宜，是目前使用最多的一种硫化剂；1,1-二叔丁基过氧基-3,3,5-三甲基环己烷（3M），适于较低温度硫化。常用过氧化物硫化剂类型如表 2-12 所示。

3. 过氧化物硫化机理

过氧化物的交联效率是指 1mol 的有机过氧化物使橡胶分子产生化学交联的物质的量（mol）。若 1mol 的过氧化物能产生 1mol 的橡胶交联键，交联效率为 1。

过氧化物硫化是过氧化物在热或辐射作用下均裂产生自由基，如烷基过氧化物产生二个烷氧自由基，二酰基过氧化物产生两个酰氧自由基，过氧酯则产生一个烷氧自由基和一个酰氧自由基。在热交联过程中，叔烷基和叔氧基自由基可能进一步裂解产生烷基自由基。

表 2-12　主要的过氧化物类型

过氧化物类型	化学名称	化学结构	分解温度(半衰期1min)/℃	分解温度(半衰期10h)/℃	缩写
烷基过氧化物	二叔丁基过氧化物	$CH_3-\underset{CH_3}{\overset{CH_3}{C}}-O-O-\underset{CH_3}{\overset{CH_3}{C}}-CH_3$	193	126	DBP
	过氧化二异丙苯	$\phi-C(CH_3)_2-O-O-C(CH_3)_2-\phi$	171	117	DCP
	2,5-二甲基-2,5(二叔丁基过氧)己烷	$CH_3-\overset{CH_3}{\underset{O}{C}}-CH_2-CH_2-\overset{CH_3}{\underset{O}{C}}-CH_3$ ($C(CH_3)_3$)	179	118	AD
	1,1-二叔丁基过氧基-3,3,5-三甲基环己烷	环己烷 OOC(CH₃)₃	148		3M
二酰基过氧化物	过氧化苯甲酰	$\phi-\overset{O}{C}-O-O-\overset{O}{C}-\phi$	133	72	BPO
过氧酯	过苯甲酸叔丁酯	$\phi-\overset{O}{C}-O-O-C(CH_3)_3$	166	105	TPB

　　硫化不饱和橡胶时，分解产生的自由基可以夺取 α-H，使之形成大分子自由基，然后自由基偶合，进一步形成交联键，如反应 I；也可以与双键发生自由基加成反应产生大分子自由基，并发生交联反应，如反应 II。

　　反应 I：

$$RO\cdot + -CH_2-CH=CH-CH_2- \longrightarrow ROH + -CH_2-CH=CH-\overset{\cdot}{CH}-$$

$$2-CH_2-CH=CH-CH_2- \longrightarrow \begin{array}{c} -CH_2-CH=CH-\overset{|}{CH}- \\ | \\ -CH_2-CH=CH-\underset{|}{CH}- \end{array}$$

　　反应 II：

$$RO\cdot + -CH_2-CH=CH-CH_2- \longrightarrow -CH_2-CH-\overset{\cdot}{CH}-CH_2- \\ \qquad\qquad\qquad\qquad\qquad\qquad\qquad | \\ \qquad\qquad\qquad\qquad\qquad\qquad\qquad OR$$

$$2-CH_2-CH-\overset{\cdot}{CH}-CH_2- \longrightarrow \begin{array}{c} -CH_2-CH-CH-CH_2- \\ | \quad | \\ OR \\ -CH_2-CH-CH-CH_2- \\ | \\ OR \end{array}$$

68

或

$$\underset{\substack{|\\ OR}}{-CH_2-CH-\overset{.}{C}H-CH_2-} + -CH_2-CH=CH-CH_2- \longrightarrow \underset{\substack{|\\ OR}}{-CH_2-CH-CH-CH_2-}$$
$$\underset{\substack{|\\ \cdot}}{-CH_2-CH-CH-CH_2-}$$

过氧化物硫化饱和橡胶如 PE 时，反应机理主要是夺取氢形成自由基，自由基偶合形成交联。过氧化物硫化 PP、EPM 或 EPDM 时，因丙烯结构单元中侧甲基的存在，EPM 中有 β 断裂的可能性，即

$$\underset{\substack{|\\ \cdot}}{-CH_2-CH_2-CH_2-\overset{\overset{CH_3}{|}}{C}-} \longrightarrow -CH_2-\overset{.}{C}H- + \overset{\overset{CH_3}{|}}{CH=C}-$$

因此，经常在配方中加入助硫化剂，它可以缩短硫化时间，改善胶料的强伸性能。常用的助硫化剂有硫黄、三烯丙基异氰脲酸酯（TAIC）、三烯丙基氰脲酸酯（TAC）、N,N'-间亚苯基-双马来酰亚胺（HVA-2）等。

过氧化物硫化杂链橡胶如甲基硅橡胶与硫化聚乙烯相似。

过氧化物除了可以硫化橡胶外，还可以交联塑料、聚氨酯等。

4. 过氧化物硫化配合要点

过氧化物的用量随胶种不同而不同。对交联效率高的橡胶 SBR（12.5）、BR（10.5），DCP 的用量为 1.5～2.0 份；对 NR（1.0），DCP 的用量为 2～3 份。

由于硬脂酸和酸性填料（如白炭黑、硬质陶土、槽法炭黑）等酸性物质和容易产生氢离子的物质，能使过氧化物产生离子分解而影响交联，所以应少用或不用。而加入少量碱性物质如三乙醇胺等，可以调节酸碱性，提高交联效率。

过氧化物硫化时，ZnO 的作用是提高胶料的耐热性，而不是活化剂。硬脂酸的作用是提高 ZnO 在橡胶中的溶解度和分散性。

最常用的助硫化剂是硫黄，约 0.3 份左右，还有 TAIC、TAC、HVA-2 等。HVA-2 的用量一般为 0.5～1.0 份。

5. 硫化条件的确定

橡胶的过氧化物硫化温度应该参考过氧化物 1min 半分解温度确定。在硫化过程中，过氧化物的分解速率取决于硫化温度。一般过了半衰期时间的 6～10倍，过氧化物基本消耗尽，所以正硫化时间选取设定硫化温度下过氧化物半衰期时间的 6～10 倍。

二、金属氧化物硫化

金属氧化物硫化对氯丁橡胶、氯化丁基橡胶、氯磺化聚乙烯、氯醇、聚硫橡胶及羧基聚合物都具有重要意义，尤其是氯丁橡胶，常用金属氧化物硫化。氯丁橡胶硫化时，利用的是 1,2-聚合产生的烯丙基氯结构，其硫化机理有两种。

①

$$2CH_2=CH-\overset{\overset{\displaystyle \wr CH_2 \wr}{|}}{C}-Cl + ZnO + MgO \longrightarrow CH_2=CH-\overset{\overset{\displaystyle \wr CH_2 \wr}{|}}{C}-O-ZnO-\overset{\overset{\displaystyle \wr CH_2 \wr}{|}}{C}-CH=CH_2 + MgCl_2$$

②

$$\sim\sim CH_2-\overset{|}{\underset{\overset{\displaystyle |}{CH}}{C}}\sim\sim \xrightarrow{ZnO} \sim\sim CH_2-\overset{|}{\underset{\overset{\displaystyle |}{CH}}{C}}\sim\sim \xrightarrow{CR} \sim\sim CH_2-\overset{|}{\underset{\overset{\displaystyle |}{CH}}{C}}\sim\sim + ZnCl_2$$

CH_2Cl　　$CH_2-OZnCl$　　CH_2

O

CH_2

CH

$-CH_2-C\sim\sim$

应该注意的是，氧化锌和氧化镁都能单独硫化氯丁橡胶。单用氧化锌时，硫化速度快，容易产生焦烧；单用氧化镁时，则硫化速度慢。两者并用最佳，最佳比例为 $ZnO：MgO=5：4$，此时氧化锌的主要作用是硫化，并使胶料具有良好的耐热性，保证硫化的平坦性；氧化镁则主要是提高胶料的防焦性能，增加胶料的贮存安全性和可塑性，同时能吸收硫化过程中放出的 HCl 和 Cl_2。若要提高胶料的耐热性，可提高氧化锌的用量（15～20 份），若要制备耐水胶料，可用 Pb_3O_4 代替氧化锌和氧化镁，用量可高达 20 份。

硫调型氯丁橡胶中还要使用促进剂亚乙基硫脲（NA-22 或 ETU），它能提高 GN 型氯丁橡胶的生产安全性，并使硫化胶的物性和耐热性得到改善，一般用量为 1 份左右。

三、酚醛树脂、醌类衍生物和马来酰亚胺硫化体系

1. 酚醛树脂硫化

常用树脂来硫化 IIR。用树脂硫化时能形成稳定的—C—C—和—C—O—C—交联键，硫化胶具有良好的耐热性和低压缩永久变形性，如硫化胶在 150℃下热老化 120h，交联密度几乎没有变化，特别适合作胶囊使用，可提高耐热性和曲挠性。常用的树脂为酚醛树脂，如辛基酚醛树脂（Amberol ST 137）、叔丁基酚醛树脂（SP1045、SP2402）等。用酚醛树脂硫化时，因为硫化速度慢，因此要求硫化温度要高，并使用活性剂卤化物。常用的活性剂为含卤聚合物和含结晶水的金属氯化物，如 $SnCl_2 \cdot 2H_2O$，$FeCl_2 \cdot 6H_2O$，$ZnCl_2 \cdot 1.5H_2O$，它们能加速硫化反应，改善胶料性能。含卤聚合物硫化过程中放出氯化氢，与氧化锌作用生成氯化锌，也能加速橡胶的硫化。树脂的用量通常在 10 份左右。

2. 醌类衍生物的硫化

用苯醌及其衍生物硫化的二烯类橡胶的耐热性好，但因成本高，未实现工业化，只用于丁基橡胶。常用的是对苯醌二肟（GMF）和二苯甲酰对苯醌二肟（DBGMF），配合时常用氧化铅（Pb_3O_4）等作活化剂，硫化胶要获得最佳的老化性能必须加促进剂 DM。

3. 马来酰亚胺硫化体系

用马来酰亚胺（如间亚苯基双马来酰亚胺）硫化不饱和橡胶一般由 DCP 引发产生自由基，橡胶大分子自由基与马来酰亚胺发生双键的加成反应，使橡胶分子链间产生交联，反应可用促进剂 DM 提高交联速度。

四、通过链增长反应进行的交联

通过链增长反应进行的交联在橡胶的注射成型硫化和原位反应挤出成型加工中具有重要的意义，它是通过具有反应性官能团的低聚物间的相互反应实现的。反应的类型可以是加成反应，也可以是缩聚反应。要实现真正意义上的交联，要求有三官能度的分子。反应要形成完整的网络结构，要求相互反应的两种官能团数目相等。

可以相互反应的用于链增长的官能团如下。

X	Y
—COOH	—OH
—COOH	—NH₂
—N=C=O	—OH
—N=C=O	—NH₂
—Si—OH	—Si OII

浇注型聚氨酯使通过链增长实现交联的例子如下。

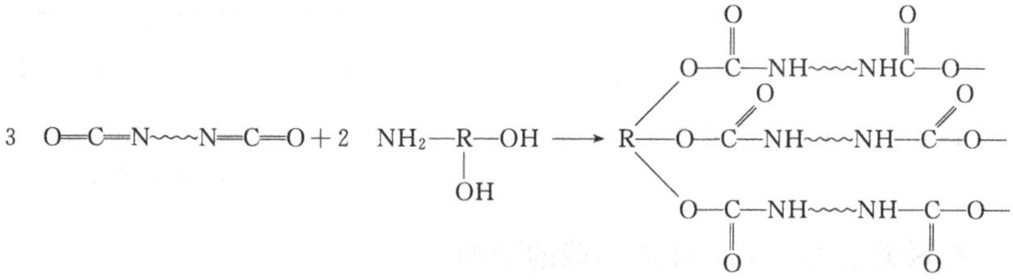

五、辐射硫化

二烯类橡胶可以用高能辐射来硫化，但硫化时交联和裂解倾向并存，以哪种反应为主取决于橡胶的结构。一般天然胶、丁苯胶、顺丁胶、硅橡胶等以交联为主，而丁基橡胶以裂解为主。

辐射交联的硫化程度与辐射剂量成正比，反应为自由基反应。

辐射交联的优点是无污染，辐射穿透力强，可硫化厚制品，硫化胶的耐热氧老化性能好，但力学性能差，加上设备昂贵，因此未广泛应用。

第八节 硫化胶的结构与性能的关系

一般硫化胶的性能决定于三个方面：橡胶本身的结构、交联密度和交联键的类型。这里主要讨论交联密度、交联键的类型对硫化胶性能的影响。

一、交联密度对硫化胶性能的影响

理论和实践都表明：硫化胶的模量与交联密度成正比，因为随着交联密度的增加，橡胶分子链的运动受到的限制越来越多，因而产生一定变形所需要的力越大。其他性能如拉断伸长率、永久变形、蠕变、滞后损失都随着交联密度的增加而降低，而硬度、抗溶胀性能增加。交联密度对弹性的影响开始时随交联密度逐渐增加到一个峰值，随后下降。

硫化胶的性能与交联密度的关系如图 2-11 所示。

交联密度对拉伸强度的影响与对弹性的影响相似。即拉伸强度不仅与交联密度有关，还与分子链的运动、取向、诱导结晶有关，交联密度的过度增加如果妨碍了分子链的诱导取向结晶，拉伸强度反而会下降。不同硫化体系产生不同类型的交联键，其类型及交联密度与拉伸强度的关系见图 2-12 所示。

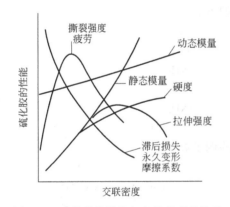

图 2-11 硫化胶的性能与交联密度的关系

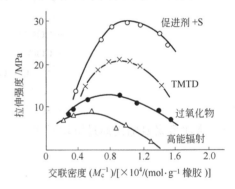

图 2-12 各种硫化体系的交联密度
与拉伸强度的关系

二、交联键的类型对硫化胶性能的影响

1. 交联键类型对强度的影响

一般常见的交联键类型与键能的大小如表 2-13 所示。

表 2-13 交联键类型与键能

交联键类型	硫化体系	键能/(kJ/mol)	交联键类型	硫化体系	键能/(kJ/mol)
—C—C—	过氧化物	351.7	—C—S_2—C—	半有效硫化体系	267.9
	辐射交联	351.7	—C—S_x—C—	普通硫化体系	<267.9
—C—S—C—	有效硫化体系	284.7			

从表 2-13 可以看出，多硫交联键的键能最低，碳-碳交联键的键能最高。而从图 2-12 看出，普通硫化体系即多硫交联键的强伸性能最高，辐射硫化的强伸性能最低，即强伸性能的高低与键能的大小刚好相反，这种键能高而强度低的现象与交联键本身的化学特征及变形特性有关。当网络受到外力发生变形时，应力分布不均匀会导致应力集中。对于长且柔顺性好的交联键（如多硫交联键），容易在外力的作用下发生变形，使橡胶的大分子链来得及取向结晶，而且多硫交联键容易发生互换重排，提了了硫化胶抵抗应力集中的能力。而对于键能较高的碳-碳交联键，要么交联键太短（如辐射交联），要么交联键的刚性太大，柔顺性差（如过氧化物硫化），使交联键的断裂伸长率低，橡胶的链段间可能来不及取向，交联键断裂，应力更集中，而且这些交联键往往不具有重新接起来的特点，所以整体强度就比较低。

2. 交联键类型对动态性能的影响

不同的交联键类型不仅对硫化胶的强度有影响，而且对动态疲劳性能有影响。硫化胶中的多硫交联键有利于提高硫化胶的疲劳性能。可能是在一定的温度和反复变形的应力作用下，多硫交联键的断裂和重排作用缓和了应力的缘故，如图 2-13 所示。

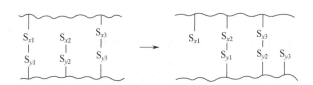

图 2-13　多硫交联键在使用过程中的网络均匀化

3. 交联键类型对热性能的影响

不同的交联键类型对热氧老化的稳定性不同，这主要与键能的高低有关。—C—C—的键能高，—S$_x$—键的键能低，因此 DCP 硫化的橡胶的耐热氧老化性能好。常用应力松弛速率常数 K 表示交联键的热氧老化稳定性，天然橡胶不同硫化体系的应力松弛曲线如图 2-14 所示。

从图 2-14 可以看出，在含硫的硫化体系中，多硫交联键的应力松弛速度常数最大，即对热氧老化的稳定性最差，而以硫载体硫化的单硫交联键的热氧老化稳定性最好。不同的硫

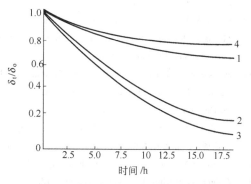

图 2-14　NR 不同交联键的应力松弛曲线
1—单硫键；2—双硫键；3—多硫键；4—碳碳键

化体系中，以—C—C—交联键的应力松弛最小，热氧老化稳定性最好。

交联结构与硫化胶物理机械性能之间的关系如表 2-14 所示。

表 2-14　交联结构与硫化胶物性之间的关系

性　能	多硫交联键	单硫交联键	性　能	多硫交联键	单硫交联键
拉伸强度	高	中等	耐屈挠疲劳	大	小
定伸应力	偏低	中等	耐热老化	低	高
伸长率	大	中等	压缩永久变形	高	低
撕裂强度	大	小			

主要参考文献

1　朱敏. 橡胶化学与物理. 北京：化学工业出版社，1984

2　邓本诚. 纪奎江橡胶工艺原理. 北京：化学工业出版社，1984

3　Brydson J A. American Chemical Society. Rubber Chemistry. London：Applied Science Publisher Ltd. ，1978

4　Eirich，Fredrick R. Science and Technology of Rubber. Charpter Ⅶ. New York：Academic Press Inc. ，1978

5　Stephens H L. Textbook for Intermediat Correspondence Course. Part Ⅰ. Akron：Edited by Department of Polymer Science. The University of Akron，Rubber Division，Akron. American Chemical Society

6　山西化工研究所. 塑料橡胶加工助剂. 北京：化学工业出版社，1983

7　Morton M. Rubber Technology. Third Edition. New York：Van Nostrand Reinhold，1987

8　Yutaka，Kawaoka. IRC'85 论文集. 橡胶加工和制品分册. 北京：中国化工学会，1987

9　Yutaka，Kawaoka. IRC'85 论文集. 橡胶加工和制品分册. 北京：中国化工学会，1987

10　Whelan A，Lee K S. Development in Rubber Technology. London：Applied Science Publisher Ltd. ，1982

11　Kuan T H. Vulcanizate Structure and Properties——An Overview. 123nd meeting，Rubber Division. American Chemical Society

12　Krejsa M R. Rubber Chemistry and Technology，1993，(66)：376

13　Monsanto Rubber Chemical Division. Improved Processing Economics through Scorch Control. Monsanto Technical Report，1984

14　Monsanto Rubber Chemical Division. Santogard PVI：Monsanto Technical Report，1984

15　David J，Kora Si，Chanles J. Paper Presented at 1992 IRC Beijing，China. Monsanto Rubber Chemical Division

16　Loyd A. Walker，Helt W F. Rubber Chemistry and Technology，1986，(59)：286～304

17　蔡蔼华译. 轮胎技术资料. 上海：上海轮胎研究所，1980

18　Morrison N J，Porter. Rubber Chemistry and Technology，1984，(57)：63～84

19　Alliger G，Stothun I J. Vulcanization of Elatomers. New York：Reinhold Publishing Co. ，1963

20　英国工业展览会73'技术资料. 橡胶工业，1973，(3)：52～61

21　Barlow F W. Rubber Compounding. New York：Marcel Dekker Inc. ，1988

22 Tan E H, Wollf S. Paper Presented at the 131st Meeting of Rubber Division ACS. Mantread Quebec. Canada: 1987

23 Wollf S. Wesseling. 橡胶参考资料，1985，(5)：440

24 Hapell G A, Walrod D H. Rubber Chemistry and Technology, 1973, (4)：64

25 Whelan A, Lee K S. Development in Rubber Technology. New York: Applied Science Publisher Ltd. , 1982

26 Lucidol Division Pennwalt Co. Organic Peroxide. Lucidol Technical Report, 1984

27 蒲启君. 现代橡胶助剂的开发（一）. 精细与专用化学品，1999，(6)：8~9

28 蒲启君. 不溶性硫黄发展现状. 轮胎工业，1996，16 (4)：195~198

29 杨清芝. 现代橡胶工艺学. 北京：中国石化出版社，1997

30 樊云峰，温达. 国内外橡胶助剂进展. 橡胶工业，2003，(3)：180~182

31 Fath, Michael A. Tech service. Review of Vulcanization Chemistry. Rubber World. Vol. 209 (3)：17~20

32 Ignatz-Hoover. Rubber World. Vol. 220 (5)：24~30

33 Kleiner T, Jeske W, Loreth W, 提高胶料热稳定性的新型交联剂. 轮胎工业，2003，23 (5)：294~299

34 刘霞. 利用过硫化稳定剂延长硫化胶的使用寿命. 橡胶参考资料，2003，33 (5)：10~14

35 刘祖广，陈朝晖等. N,N-间亚苯基双马来酰亚胺在天然橡胶普通硫黄硫化体系中的应用. 合成材料老化与应用，2003，32 (1)：12~15

36 姚钟尧. 新型抗硫化返原剂 PK900. 广东橡胶，2002，(6)：1~3

37 樊云峰. 橡胶助剂国内外新产品及发展动向. 中国橡胶，2002，18 (6)：22~25

38 周宏斌. NR 硫化返原动力学及主要抗硫化返原助剂. 轮胎工业，2000，20 (4)：195~198

第三章　橡胶的补强与填充体系

第一节　概　述

填料是橡胶工业的主要原料之一，本书将补强剂与填充剂统称为填料。填料能赋予橡胶许多优异的性能。例如，大幅度提高橡胶的力学性能，使非自补强橡胶具有使用价值，另外某些填料赋予橡胶磁性、导电性、阻燃性、彩色等功能性，使橡胶具有良好的加工性能，降低成本等。

炭黑是橡胶工业中最重要的补强性填料，炭黑耗量约占橡胶耗量的一半。许多无机填料来源于矿物，由于价格较低，因此它们的应用也比较广泛。在橡胶工业中它们的用量几乎达到了与炭黑相当的程度。特别是近年来无机填料表面改性技术的研究与应用、纳米填料、插层技术和原位聚合等新技术的出现，使无机填料的应用提高到更高的水平。

填料性质对于填充聚合物体系的加工性能和成品性能具有决定性的影响。填料的性质包括一次结构的粒径、形态、表面活性等。填充橡胶的性能包括未硫化胶的加工性能和硫化胶的物理机械性能及动态力学性能等。

一、补强与填充的意义

补强是指能使橡胶的拉伸强度、撕裂强度及耐磨耗性同时获得明显提高的作用。目前使用的补强剂通常也使橡胶其他性能发生变化，如硬度和定伸应力提高，通常也会产生一些不良的影响，如弹性下降、滞后损失增大、压缩永久变形增大等。橡胶工业用的主要补强剂是炭黑和白炭黑。

绝大多数橡胶制品都加有大量的填充剂。橡胶材料，尤其是大多数合成橡胶，本身的强度和耐磨耗性比较差，如果不经过补强剂的补强，难以制造出具有使用价值的橡胶制品。炭黑可以使合成橡胶的强度提高约 10 倍。炭黑对橡胶拉伸强度的提高幅度如表 3-1 所示。

表 3-1　炭黑使橡胶拉伸强度提高的幅度

胶　种	未补强的拉伸强度/MPa	炭黑补强的拉伸强度/MPa	补强系数
SBR	2.5～3.5	20.0～26.0	5.7～10.4
NBR	2.0～3.0	20.0～27.0	6.6～13.5
EPDM	3.0～6.0	15.0～25.0	2.5～8.3
BR	8.0～10.0	18.0～25.0	1.8～3.1
NR	16.0～24.0	24.0～35.0	1.0～2.2

填充可起到增大体积、降低成本，改善加工工艺性能，如减少半成品收缩率、提高半成品表面平坦性、提高硫化胶硬度及定伸应力等作用。传统最常用的填充剂主要是无机填料，如陶土、碳酸钙、滑石粉、硅铝炭黑等。

当然，有些填充剂兼有补强和增容作用，两者难于绝对界定，都是以主导作用来定类的。

二、填料的分类

填料的品种繁多，分类方法不一。填料按不同方法分类如下。

(1) 按补强作用分 { 补强剂：传统的炭黑、白炭黑、有机树脂；由插层复合法、原位聚合法制造的高分散纳米补强剂等

填充剂：传统的陶土、碳酸钙、滑石粉等；工业废料粉煤灰、煤矸石等；有机的木粉、果壳粉等；功能性填料如导电炭黑、磁粉、金属粉等；阻燃的氢氧化铝、氢氧化镁等

(2) 按来源分 { 有机填充剂：炭黑、树脂、果壳粉、软木粉、木质素、煤粉等

无机填充剂：硅酸盐类、碳酸盐类、硫酸盐类、金属氧化物等

(3) 按形状分 { 粒状：炭黑及绝大多数无机填料

纤维状：石棉、短纤维、碳纤维、金属晶须等

其他：树脂状或片状

尽管填料的分类方法很多，但常常以起主导作用的方面作为依据。在本章将以这种分类方法来介绍常用的各种填料。

三、补强与填充的发展历史

橡胶工业中填料的历史几乎和橡胶的历史一样长。在 Spanish 时代亚马逊河流域的印第安人就懂得在胶乳中加入黑粉，当时可能是为了防止光老化。后来制作胶丝时曾用滑石粉作隔离剂。在 Hancock 发明混炼机后，常在橡胶中加入陶土、碳酸钙等填料。1904 年，S. C. Mote 用炭黑使橡胶的强度提高到 28.7MPa，但当时并未引起足够的重视。在炭黑尚未成为有效补强剂前，人们用氧化锌作补强剂。一段时间后，人们才重视炭黑的补强作用。

世界公认我国是世界上生产炭黑最早的国家，18 世纪传到国外。在 1872 年世界才实现工业规模的炭黑生产。第二次世界大战前槽黑占统治地位，20 世纪 50 年代后用炉黑代替槽黑、灯烟炭黑。20 世纪 70 年代在炉黑生产工艺基础上进行改进，又出现了新工艺炭黑，进一步满足了子午线轮胎的要求。目前，全球性轮胎业面临的主要问题是要求在保持良好耐磨性的同时，降低轮胎的滚动阻力和对干、湿路面具有较高抓着力。如何使炭黑适应这种要求，是炭黑工业面临的重要课题。鉴于此，国外正在发展绿色轮胎，新一代低滚动阻力炭黑的开发与应用也顺应着这一要求。

据统计，2000 年我国炭黑企业约 80 家，全国炭黑产量为 650kt。1997 年国

外炭黑总产量为 5959kt。

1939 年首次生产了硅酸钙白炭黑，1950 年发明了二氧化硅气相法白炭黑。

20 世纪 70～80 年代，无机填料的发展也很快，主要表现在粒径微细化、表面活性化、结构形状多样化三方面。从填料来源看对工业废料的综合利用加工制造填料发展也较快。

近十余年来，纳米材料已在许多科学领域引起了广泛的重视，成为材料科学研究的热点。除了传统的炭黑和白炭黑，国内外已经工业化生产了多种纳米粉体，如纳米碳酸钙、纳米氢氧化镁、纳米氧化锌等。人们对其在橡胶中的应用作了初步的研究，结果表明，即使不经过表面处理，它们对橡胶的增强效应也高于普通的碳酸钙、陶土、滑石粉等微米级填料。随着橡胶工业的发展，对制品的综合性能也有着越来越高的要求，一些功能性的纳米粉体如纳米 ZnO、TiO_2、$Mg(OH)_2$、$Al(OH)_3$、Fe_3O_4 等受到橡胶工业的重视。同炭黑相比，无机纳米粉体更不容易精细分散在橡胶基体中。因此，针对目前已有的纳米粉体，寻找经济、简单的纳米复合技术，强化纳米粉体在橡胶基体中的分散，进一步提高无机纳米粉体表面与橡胶间的界面结合，是一个非常重要的研究课题。新型的纳米增强技术如插层复合法、溶胶-凝胶法和原位聚合增强法有效地改善了填料在橡胶中的分散，并且产生较好的增强效果，具有重要的应用价值和很好的发展潜力。

第二节　炭黑的品种与性质

一、炭黑的品种及分类方法

炭黑是橡胶工业的主要补强剂。为适应橡胶工业的发展要求，人们开发了几十余种规格牌号。以前有的按制法分，也有按作用分，比较混乱。后来发展了 ASTM-1765 这种新的分类方法。这种方法的出现结束了以前分类混乱、缺乏科学表征炭黑的状况，但其缺点是没有反映出炭黑的结构度。炭黑的几种分类方法分述如下。

1. 按制造方法分

（1）接触法炭黑　它是把原料气燃烧的火焰同温度较低的收集面接触，使不完全燃烧产生的炭黑冷却并附着在收集面上，而后加以收集。这类接触法炭黑包括槽法炭黑、滚筒法炭黑和圆盘法炭黑。

槽法炭黑是以天然气为原料，通过特制的火嘴，使炭黑沉积在槽钢表面，并加以收集。因其原料主要以甲烷为主要成分的天然气，故又称为天然气槽法炭黑或瓦斯槽法炭黑。槽法炭黑转化率大约为 5%。其特点是含氧量大（平均可达 3%），呈酸性，灰分较少（一般低于 0.1%），现很少使用。

（2）炉法炭黑　这是炭黑的主要品种，采用气态烃、液态烃或气态烃和液态烃混合作为原料，供以适量的空气，在反应炉内高温下燃烧，生成的炭黑悬浮在烟气中，经冷却后收集。只使用气态烃原料，如天然气、油田伴生气或煤矿瓦斯生产的炭黑，称为气炉法。而只使用液态烃原料，如煤焦油系统或石油系统的油类生产的炭黑，称为油炉法。油炉法的转化率为 40%～75%，气炉法的转化率为 28%～37%。炉法炭黑的特点是含氧量少（约 1%），呈碱性，灰分较多（一般为 0.2%～0.6%），这可能是由于水冷时水中矿物质带来的。

（3）热裂法炭黑　它是在已预热的反应炉（1200～1400℃）内，将天然气或乙炔气在隔绝空气条件下使其裂解而制得的炭黑。转化率 30%～47%，炭黑粒子粗大，补强性低，含氧量低（不到 0.2%），含碳量达 99% 以上。

（4）新工艺炭黑　第二代炭黑，由原炉法炭黑生产工艺改进。新工艺炭黑补强性比相应传统炭黑高一个等级。在比表面积和传统炭黑相同的条件下，耐磨性提高了 20%～55%。新工艺炭黑的聚集体较均匀，分布较窄，着色强度比传统的高十几个单位，形态较开放，表面较光滑。N375、N339、N352、N234、N299 等均为新工艺炭黑。

2. 按作用分

（1）硬质炭黑　粒径在 40nm 以下，补强性高的炭黑，如超耐磨、中超耐磨、高耐磨炭黑等。

（2）软质炭黑　粒径在 40nm 以上，补强性低的炭黑，如半补强炭黑、热裂法炭黑等。

这种分类方法比较粗略，主要是根据炭黑的性质及对橡胶的补强效果来分类命名的。

3. 按 ASTM 标准分类

我国在 20 世纪 80 年代开始采用美国 ASTM 1765—81 分类命名法。该命名法由四位数码组成，第一个符号为 N 或 S，代表硫化速度。其中 N 表示正常硫化速度；而 S 表示硫化速度慢。N 及 S 符号后有三个数字，第一位数表示炭黑的平均粒径范围；第二位和第三位数无明确意义，代表各系列中不同牌号间的区别。其粒径按电镜法测得的数据划分为 10 个范围，橡胶用炭黑粒径范围在 11～500nm 之间，表 3-2 是橡胶用炭黑的分类命名。

表 3-2 中 N330 炭黑的硫化速度正常（也就是炉法生产的），平均粒径范围在 26～30nm 内，它是这个系列中的典型炭黑；N347 是这个系列中高结构的炭黑；N326 是这个系列中的低结构炭黑；N339 是这个系列中的新工艺炭黑。它们的共同特点是均有 N3，后面两位数字表示该系列中不同的规格。

表 3-2　ASTM 的炭黑分类命名

第一位字母	第二位数字		典型炭黑			
	数字	平均粒径范围/nm	代号	平均粒径/nm	英文名称缩写	中文名称
N 或 S	0	1～10				
	1	11～19	N110	19	SAF	超耐磨炉黑
	2	20～25	N220	23	ISAF	中超耐磨炉黑
	3	26～30	N330	29	HAF	高耐磨炉黑
			S300		EPC	易混槽黑
	4	31～39	N440	33	FF	细粒子炉黑
	5	40～48	N550	42	FEF	快挤出炉黑
	6	49～60	N660	60	GPF	通用炉黑
	7	61～100	N770	62	SRF	半补强炉黑
	8	101～200	N880	150	FT	细粒子热裂法炭黑
	9	201～500	N990	500	MT	中粒子热裂法炭黑

二、炭黑的微观结构

炭黑的基本结构单元是聚集体，所谓微观结构是指炭黑聚集体（一次结构）内部的结构。对炭黑的微观结构人们作了大量的研究工作。沃伦首先使用 X 射线衍射方法研究了炭黑粒子内部结构，提出炭黑是由微小的平行排列的石墨层构成。石墨层是由多个正六角形碳核构成，碳核中各碳原子位于每边长为 0.142nm 的正六角形的顶角上，在六边形平面上，碳原子按 120°角以共价键与周围三个碳原子联结，碳的第四个价电子以 π 形式与相邻层面碳原子联结。炭黑通常由几个（通常为 3～5 个）层面平行排列组成准石墨微晶，见图 3-1。

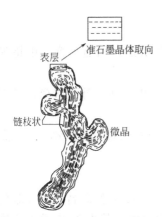

图 3-1　炭黑聚集体的示意图

称炭黑是准石墨（类石墨）晶体，是因为炭黑不像石墨晶体那样排列整齐，且晶体中平行层面间距稍大于石墨晶体，层面间距 C 为 0.70nm 左右（石墨晶体的 C 为 0.670nm，C 值是两倍层面间距），各层面有不规则排列。结晶很不完整，晶体小，缺陷多，甚至有的炭黑中还有单个层面及无定形碳存在。成千上万个微晶基本上以同心方式排列熔合成近似球形的炭黑粒子，几个或多个粒子再熔合成聚集体。将炭黑在没有氧的情况下加热到 1000℃ 以上，炭黑微晶尺寸会逐渐增加，层面距离减小，即提高了微晶结构的规整性。当温度升高至 2700℃ 时，炭黑则转变成石墨，称为炭黑的石墨化。

综上所述，根据石墨结晶模型来描述炭黑的结构，聚集体的结构层次为

元素碳→碳核（六边形）→多核层面→炭黑微晶→炭黑粒子→炭黑的一次结构（聚集体）

三、炭黑的性质

一般认为炭黑的粒径（或比表面积）、结构性和表面活性是炭黑的三大基本性质，通常称为补强三要素。此外，炭黑还有许多物化性质，这些物化性质有的已列为常规质量控制，有的尚处在研究中。这些性质对橡胶补强效果及工艺性能有着重要的影响。

（一）炭黑的粒径或比表面积

1. 炭黑的粒径及分布

炭黑的粒径是指构成炭黑聚集体中粒子的尺寸，单位常为 nm。通常用平均粒径来表示，炭黑工业常用的平均粒径有算术平均粒径和表面平均粒径两种。

算术平均粒径 $\bar{d}_n$，是一种最常用的平均粒径。

$$\bar{d}_n = \frac{1}{N} \sum_{i=1}^{h} d_i f_i^* = \sum_{i=1}^{h} d_i f_i \tag{3-1}$$

式中 N——测定粒子数；

f_i^*——粒子频数，即样品中某一粒径或粒径范围内粒子出现的数目；

f_i——粒子频率；

d_i——某一粒径或某一粒径范围的中间粒径；

h——组数。

表面平均直径 $\bar{d}_s$ 有时也称为几何平均直径，它的定义如下。

$$\bar{d}_s = \frac{\sum f_i^* d_i^3}{\sum f_i^* d_i^2} \tag{3-2}$$

表面平均直径常大于算术平均直径，它与粒径分布宽窄有关，故可用 $\bar{d}_s / \bar{d}_n$ 的比值判断炭黑粒径的分散程度，比值越小，粒径分布越窄，反之则越宽。粒径分散程度对补强作用有一定影响，一般希望分布窄些好。

炭黑粒径总是呈现某种分布，其中粒度分布曲线中最有意义的是频率分布。作炭黑的粒度分布曲线，一般用电镜观察至少 2000 个粒子，然后分组作成分布曲线。图 3-2 是几种国产炭黑的粒径分布曲线。由图 3-2 可见，越细的填料分布往往越窄。

2. 炭黑的比表面积

炭黑的比表面积是指单位质量或单位体积（真实体积）炭黑聚集体的总表面积，单位为 m^2/g 或 m^2/cm^3。炭黑的表面积有外表面积（光滑表面）、内表面积（孔隙表面积）和总表面积（外表面积和内表面积之和）之分。表面积测定方法有电镜法、BET 法（低温氮吸附法）、CTAB 法（大分子吸附法）和碘吸附法等。CTAB 法和电镜法测得数据表示外表面积。BET 法测得数据表示总表面积。

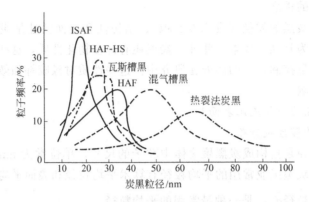

图 3-2　几种国产炭黑的粒径分布曲线

用式（3-3）可定量地将炭黑的外比表面积与粒径互换计算。

设 S 为单位质量炭黑的比表面积（m^2/g），ρ 为密度（g/cm^3）。对于球形聚集体，则 S 与 $\overline{d}_s$ 有下列关系。

$$S=\frac{\pi \overline{d}_s^2}{\frac{1}{6}\pi\rho \overline{d}_s^3}=\frac{6}{\rho \overline{d}_s} \tag{3-3}$$

（二）炭黑的结构度

炭黑的结构度是表征炭黑聚集体的主体形状的一种指标，它表明炭黑聚集体的链枝结构的发达程度。如果链枝结构不发达，接近于球形的（如热裂法炭黑），那么它的结构度低；如果链枝多，则这种炭黑的结构度就高，通常用 DBP 吸油值来表示。

1. 炭黑的一次结构

炭黑的基本结构单元称为聚集体，也称为一次结构，又称为基本聚熔体或原生结构，它是炭黑粒子间以化学键的形式结合在一起形成的链枝状结构。通过电子显微镜可以观察到这种结构，如图 3-1 所示。这种结构在橡胶的混炼及加工过程中，除小部分破坏，大部分被保留，所以可视其为在橡胶中最小的分散单位，它又称为炭黑的稳定结构。这种一次结构对橡胶的补强及工艺性能有着本质的影响。

炭黑的结构度与炭黑的品种及生产方法有关，采用高芳香烃油类生产的高耐磨炉黑有较高的结构度；瓦斯槽黑只有 2～3 个粒子熔聚在一起形成聚集体；而热裂法炭黑几乎没有粒子熔聚现象，其粒子呈单个球形状态存在。所以一般将炭黑结构度分为低结构、正常结构和高结构三种。

2. 炭黑的二次结构

炭黑的二次结构又称为附聚体、凝聚体或次生结构，它是炭黑聚集体间以范德瓦尔斯力相互聚集形成的空间网状结构，这种结构不太牢固，在与橡胶混炼时易被碾压粉碎称为聚集体。

3. 炭黑结构度的测定

炭黑结构度的测定方法有多种，如电镜法及图像分析法、吸油值法、视比容法及水银压入法等。工业上广泛采用的是吸油值法，即用邻苯二甲酸二丁酯（DBP）的吸收值来表征炭黑的结构度，DBP 吸油值法是以单位质量炭黑吸收 DBP 的体积表示，该测定方法标准为 GB 3780.2 或 GB 3780.4。通常 DBP 值越高，炭黑的结构度越高。炭黑的吸油值与比表面积也有一定关系，在相同结构程度的情况下，比表面积大的炭黑具有较高的吸油值，所以只有在比表面积相同时，吸油值才能客观地反映炭黑的结构度。吸油值法所测定的值包括炭黑一次结构和二次结构的总和。如将炭黑在一定的压力下压缩，消除聚集体附聚作用产生的二次结构，则测定的吸油值表征炭黑的一次结构称为压缩 DBP（ASTM D3493）吸油值。国产典型炭黑吸油值列于表 3-3。

表 3-3　国产典型炭黑标准吸油值

品　　种	DBP/(cm^3/100g)	压缩 DBP/(cm^3/100g)
N110	113±7	91～105
N220	114±7	93～107
N330	102±7	81～95
N472	178±7	107～121
N550	121±7	81～95
N660	90±7	68～82
N774	72±7	
天然气槽黑	98±7	
喷雾炭黑	120±7	

一般高结构炭黑 DBP 吸油值大于 $120cm^3$/100g，低结构炭黑吸油值低于 $80cm^3$/100g。

（三）炭黑的表面性质

炭黑粒子表面化学性质与炭黑的化学组成、炭黑粒子的表面状态和表面基团有关。

1. 炭黑的化学组成

炭黑主要是由碳元素组成的，含碳量为 90%～99%，还有少量氧、氢、氮和硫等元素，其他还有少许挥发分和灰分，构成了炭黑的化学组成。因为碳原子以共价键结合成六角形层面，所以炭黑具有芳香族的一些性质。

几种炭黑的化学组成见表 3-4。

2. 炭黑的表面基团

表 3-4　三类炭黑的化学组成　　　　　单位:%

炭黑牌号	C	H	O	S	灰分
N330	97.96	0.30	0.83	0.59	0.32
S300	95.64	0.62	3.53	0.19	0.02
N990	99.42	0.33	0.00	0.01	0.27

炭黑表面上有自由基、氢、羟基、羧基、内酯基、醌基,见图 3-3。这些基团估计主要在层面的边缘。

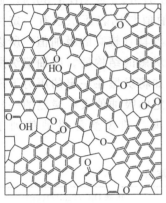

（1）自由基　炭黑的自由基主要在层面的边缘上,特别是在表面瓦片状的边缘上的自由基对吸附作用有较大的贡献。可以将炭黑聚集体看成是一个许多自由基的结合体。由于这些自由基与聚集结构层面间的 π 体系形成共轭,所以它们的稳定性较一般自由基高。

（2）炭黑表面的氢　炭黑中除了表面上的氢外,内部也有,这是反应不完全剩下来的。表面上的氢比较活泼,可以发生氯、溴的取代反应。

（3）炭黑表面的含氧基团　含氧基团有羟基、

图 3-3　炭黑的表面基团示意图

羧基、酯基及醌基。这些基团含量对炭黑水悬浮液的 pH 值有重要作用,含量高,pH 值小,反之亦然。例如槽法炭黑水悬浮液的 pH 值在 2.9~5.5 间,炉法炭黑 pH 值一般在 7~10 之间。

　　酸性　　　　　弱酸性　　　　　　　水解后呈酸性

炭黑的表面基团具有一定的反应性,可以产生氧化反应、取代反应、还原反应、离子交换反应、接枝反应等,是炭黑表面改性的基础。

3.炭黑粒子表面粗糙度

表面粗糙度是指炭黑粒子在形成过程中,由于碳氢化合物高温燃烧裂解时,炭黑成粒过程伴随有剧烈氧化,使炭黑粒子发生氧化侵蚀现象,形成了零点几纳米至几纳米直径的孔洞,于是产生了炭黑粒子的表面粗糙现象,粗糙对补强不利。槽法炭黑粗糙度比炉法炭黑的大,新工艺炭黑表面比较光滑。

此外,炭黑的其他性质还有光学性质、密度和导电性等。

第三节　炭黑对橡胶加工性能的影响

炭黑的粒径、结构和表面性质等性能对橡胶的加工性能有重要的影响,表现在混炼、压延、挤出和硫化各工艺过程中及混炼胶的流变性能上。

一、炭黑的结构与包容橡胶

1. 包容胶的意义

包容胶（bonded rubber）是在炭黑聚集体链枝状结构中屏蔽（包藏）的那部分橡胶，又称为吸留橡胶，见示意图 3-4。如图中 C 形代表炭黑聚集体的刚性体；交叉线代表橡胶；屏蔽在 C 形窝中的橡胶为包容胶，它的数量由炭黑的结构决定，结构高，包容胶多。包容胶的活动性受到极大的限制，所以在一些问题的处理中常把它看成是炭黑的一部分，当然这种看法不够准确。当剪切力增大或温度升高时这部分橡胶还有一定的橡胶大分子的活动性。

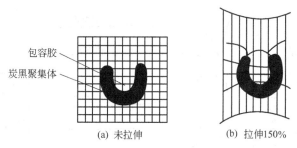

图 3-4　包容橡胶及其拉伸形变示意图

2. 包容胶量的测算

Medalia 根据炭黑聚集体的电镜观测、模型、计算等大量研究工作提出下列经验公式。

$$\phi' = \frac{\phi(1+0.02139DBP)}{1.46} \tag{3-4}$$

式中　ϕ'——在胶料中炭黑加包容胶的体积分数；

　　　ϕ——在胶料中炭黑的体积分数；

DBP——炭黑的 DBP 吸油值，$cm^3/100g$ 炭黑。

$$V = \phi' - \phi \tag{3-5}$$

式中　V——包容胶的体积分数。

所以 DBP 吸油值越高，也就是炭黑聚集体结构度越高，即聚集体链枝越发达，则包容胶越多。

式（3-5）已获实际应用，但在计算填充炭黑胶的应力时，发现式（3-4）计算的结果比实测值高，比例为 $1:0.68$，说明在这样的拉伸条件下，包容胶中的橡胶大分子还是有一定的活动性，Medalia 公式有一定的局限性。

二、炭黑性质对混炼过程及混炼胶的影响

炭黑的粒径、结构和表面性质对混炼过程和混炼胶性质均有影响。

1. 粒径和结构对混炼的影响

（1）炭黑性质对混炼吃料及分散的影响　炭黑的粒径越细混炼越困难，吃料慢，耗能高，生热高，分散越困难。这主要是因为粒径小，比表面积大，需要湿润的面积大。

炭黑结构对分散的影响也很明显。高结构比低结构的吃料慢，但分散快。这是因为结构高，其中空隙体积比较大，排除其中的空气需要较多的时间，而一旦吃入后，结构高的炭黑易分散开。

炭黑胶料混炼时间与分散程度、流变性能、橡胶物理机械性能的关系见图 3-5。

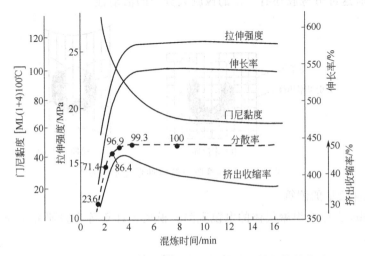

图 3-5　混炼时间与胶料流变性及硫化胶强伸性能的关系
（充油 SBR＋ISAF，69 份）

（2）炭黑性质对混炼胶黏度的影响　混炼胶的黏流性在加工过程中十分重要。一般炭黑粒子越细、结构度越高、填充量越大，则混炼胶黏度越高，流动性越差。

结构及用量对胶料黏度的影响可用 Einstein-Guth 公式估算。填充橡胶是一种填料粒子悬浮于橡胶基体中的多相分散体系，类似于刚性球悬浮于液体中的情况。因流体力学的作用，该悬浮液的黏度可用式（3-6）表示。

$$\eta = \eta_0(1 + 2.5\varphi) \tag{3-6}$$

式中　η——填充炭黑胶料的黏度；

η_0——橡胶基体的黏度；

φ——填充炭黑的体积分数。

后来 Guth-Gold 对炭黑填充橡胶的黏度又修改如下。

$$\eta = \eta_0(1 + 2.5\varphi + 14.1\varphi^2) \tag{3-7}$$

公式中符号意义同式（3-6）。

式（3-7）对于 MT 炭黑，φ 值小于 0.3 条件下适应性好，对补强性炭黑不适用。若将包容胶体积分数包括到炭黑聚集体中，即将式（3-7）中的 φ 用式（3-5）中的 φ' 代替，所计算的胶料黏度 η 才比较接近实测值。

炭黑粒径越小，填充量越高，混炼胶的黏度越高，结合胶量也越多；炭黑的结构度越高，包容胶量越多，等于炭黑的有效填充体积分数增大，混炼胶黏度也提高。

2. 混炼过程中炭黑聚集体的变化

在混炼过程中，炭黑聚集体会发生部分破坏，其炭黑的 DBP 值随薄通次数的增加而减少。

三、炭黑性质对挤出的影响

炭黑对挤出工艺的影响主要是指对胶料挤出断面膨胀率、挤出速度和挤出外观的影响。影响挤出性能的主要因素是炭黑的结构和用量，而炭黑的粒径和表面性质对挤出性能的影响不大。

一般来说，炭黑的结构性高，混炼胶的挤出工艺性能较好，口型膨胀率小，半成品表面光滑，挤出速度快，所以 FEF 等快挤出炭黑适用于挤出胶料。炭黑用量的影响也很重要，用量多，膨胀率小，可提高挤出速度。

四、炭黑性质对硫化的影响

1. 炭黑表面性质的影响

炭黑表面含氧基团含量多，也就是酸性基团多，所以 pH 值低，对于促进剂 D 的吸附量大，相应地减少了促进剂 D 的用量，因而会迟延硫化。另外炭黑表面酸性基团能阻碍自由基的形成，又能在硫化初期抑制双基硫的产生，所以会迟延硫化，槽黑又因粒子表面粗糙，吸附二苯胍的量高，相当于减少促进剂的用量，因而也会迟延硫化，起到较好的防焦烧作用。而 pH 值高的炉法炭黑一般无迟延现象。

2. 炭黑的结构和粒径的影响

凡加有炭黑的胶料，都有不同程度缩短焦烧时间的趋势。随着炭黑的结构性提高、粒径减小、用量增加，促进焦烧的趋势越显著。因为这些因素都促进结合胶网构密度的提高，阻碍大分子链运动，因而会缩短胶料的焦烧时间。

第四节　炭黑对硫化胶性能的影响

炭黑的性质对硫化胶的性能有决定性的影响，因为有了炭黑的补强作用才使那些非自补强橡胶具有了使用价值。就总体来说，炭黑的粒径对橡胶的拉伸强度、撕裂强度、耐磨耗性的作用是主要的，而炭黑的结构度对橡胶模量的作用是主要的，炭黑表面活性对各种性能都有影响。

一、炭黑结合胶及影响因素

1. 结合橡胶的概念

结合橡胶也称为炭黑凝胶（bound rubber），是指炭黑混炼胶中不能被橡胶的良溶剂溶解的那部分橡胶。结合橡胶实质上是填料表面上吸附的橡胶，也就是填料与橡胶间的界面层中的橡胶。通常采用结合橡胶来衡量炭黑和橡胶之间相互作用能力的大小，结合橡胶多则补强性高，所以结合橡胶是衡量炭黑补强能力的标尺。

核磁共振研究已证实，炭黑结合胶层的厚度大约为5.0nm，紧靠炭黑表面一层的厚度约为0.5nm左右，这部分是玻璃态的。在靠近橡胶母体这一面的呈亚玻璃态，厚度大约为4.5nm。

2. 结合胶的生成原因

结合胶的生成有两个原因，一是吸附在炭黑表面上的橡胶分子链与炭黑的表面基团结合，或者橡胶在加工过程中经过混炼和硫化产生大量橡胶自由基或离子与炭黑结合，发生化学吸附，这是生成结合胶的重要原因；二是炭黑粒子表面对橡胶大分子链那些吸附力大于溶解力的物理吸附。

3. 影响结合橡胶的因素

结合橡胶是由于炭黑表面对橡胶的吸附产生的，所以任何影响这种吸附的因素均会影响结合橡胶的生成量，其主要影响因素如下。

（1）炭黑比表面积的影响　结合胶几乎与炭黑的比表面积成正比，随着炭黑比表面积的增大，结合橡胶增加。

（2）混炼薄通次数的影响　天然橡胶中炭黑用量为50份，薄通次数从0～50次，结合胶约在10次时为最高，以后有些下降，约在30次后趋于平稳。50份炭黑填充的氯丁橡胶、丁苯橡胶和丁基橡胶随薄通次数的变化如下：氯丁橡胶、丁苯橡胶结合胶随薄通次数增加而增加，大约到30次后趋于平衡。而丁基橡胶一开始就下降，也是约30次后趋于平衡。

（3）温度的影响　将混炼好的试样放在不同温度下保持一定时间后测结合胶量，随处理温度升高，结合胶量提高。与上述现象相反，混炼温度对结合胶的影响却是混炼温度越高则结合胶越少。

（4）橡胶性质的影响　结合胶量与橡胶的不饱和度和分子量有关，不饱和度高、分子量大的橡胶，生成的结合胶多。

（5）陈化时间的影响　试验表明，混炼后随停放时间增加，结合胶量增加，大约一周后趋于平衡。

二、炭黑性质对硫化胶一般技术性能的影响

1. 炭黑粒径的影响

炭黑粒径对硫化胶的拉伸强度、撕裂强度、耐磨性都有决定性作用。由图

3-6、图 3-7 和图 3-8 可见，粒径对其他性能的影响。粒径小，撕裂强度、定伸应力、硬度均提高，而弹性和伸长率下降，压缩永久变形变化很小。这是因为粒径小，比表面积大，使橡胶与炭黑间的界面积大，两者间相互作用产生的结合胶多。

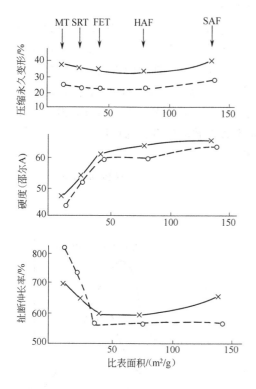

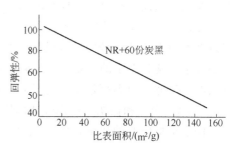

图 3-7　炭黑粒径对硫化橡胶回弹性的影响

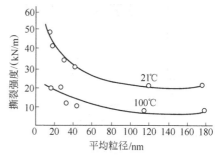

图 3-8　炭黑粒径对硫化橡胶
撕裂强度的影响

图 3-6　炭黑比表面积对硫化橡胶压缩永久
变形、硬度和伸长率的影响（含 50 份炭黑）

—— NR　--- SBR

2. 炭黑结构的影响

炭黑的结构对定伸应力和硬度均有较大的影响。因为填料的存在就减少了硫化胶中弹性橡胶大分子的体积分数，结构高的炭黑包容胶多，就更大程度地减少了橡胶大分子的体积分数。结构对耐磨耗性只在苛刻的磨耗条件下才表现出一定的改善作用。结构对其他性能也有一定的影响。

3. 炭黑表面性质对硫化胶性能的影响

（1）炭黑粒子的表面形态的影响　炭黑粒子表面的活性及结晶尺寸对补强作用有一定的影响。例如，将 ISAF 在 850～1000℃加热，控制加热时间，这时炭黑粒子表面部分石墨化，而微晶尺寸增大，结果使炭黑的补强作用下降。

炭黑粒子的表面粗糙度对橡胶补强不利，因为橡胶大分子很难进入这些微孔。

（2）炭黑粒子表面化学基团的影响　炭黑表面的含氧基团对通用不饱和橡胶的补强作用影响不大，而对于像 IIR 弹性体来说，含氧官能团对炭黑的补强作用非常重要，含氧基团多的槽法炭黑补强性高。

三、炭黑的性质对硫化橡胶动态性能的影响

橡胶作为轮胎、输送带和减震制品时，受到的力往往是交变的，即应力呈周期性变化，因此有必要研究橡胶的动态力学性质。特别是上述制品绝大多数都用炭黑补强，所以应该研究炭黑及其性质对橡胶动态力学性能的影响。橡胶制品动态条件下使用的特点是变形（或振幅）不大，一般小于 10%，频率较高，基本上是处于平衡状态下的，是一种非破坏性的性质。而静态性质，如拉伸强度、撕裂强度、定伸应力等都是在大变形下，与橡胶抗破坏性有关的性质。

1. 填充炭黑和振幅对动态性能的影响

振幅是指应变的幅度，图 3-9、图 3-10 和图 3-11 中均以双振幅的对数为横坐标。

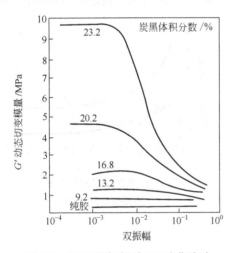 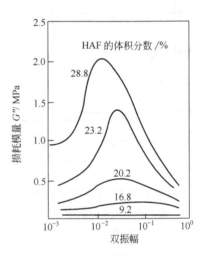

图 3-9　HAF 和振幅对 IIR 硫化胶动　　　图 3-10　HAF 炭黑填充的 IIR
态剪切模量的影响　　　　　　　　硫化胶损耗模量与振幅的关系

橡胶的动态模量受炭黑的影响，加入炭黑使 G'（弹性模量）、G''（损耗模量）均增加。炭黑的比表面积大、活性高、结构高均使 G'、G'' 增加，同时受测试条件（如温度、频率和振幅）的影响。

（1）填充炭黑和振幅对 G' 的影响　由图 3-9 可见，填充炭黑的 G' 高于纯胶的，且随炭黑填充量增加而提高。填充炭黑的 G' 还受振幅的影响，随振幅增大而减弱，到大约 10% 时趋于平稳。

炭黑能提高橡胶的 G' 的道理和它能提高橡胶的静态模量的道理一样。而振幅对于 G' 的影响是因为炭黑的二次结构网络（临时结构）在橡胶中形成的缘故。

炭黑的二次结构网络是由于聚集体间的范德瓦尔斯力的作用，易于分解也易于形成。二次结构网络也能抵抗流动变形，提高胶料整体的动态模量。当振幅增大到某一数值时，这种结构被破坏（破坏的多于生成的），于是模量下降。当振幅再进一步增大时（例如 0.1），这些结构差不多全被破坏，模量趋于一定值，用 G_0' 表示低振幅模量，G_∞' 表示高振幅模量，则 $G_0' - G_\infty'$ 可以作为表示炭黑二次结构的参数。

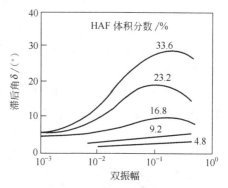

图 3-11　HAF 炭黑填充的硫化 IIR 滞后角 δ 与振幅的关系

（2）填充炭黑和振幅对 G'' 和 $\tan\delta$ 的影响　同上实验条件（频率和温度），可以同时测定损耗模量 G'' 和 $\tan\delta$，如图 3-10 和图 3-11。G'' 和滞后角 δ 都随填料量的增加而增大，而且随振幅的变化出现明显的峰值，填充量小时，随振幅的变化和峰值都不明显。

炭黑的加入使胶料的 G'' 和 $\tan\delta$ 增大也就会使胶料生热增高，阻尼性提高。这种作用对于作为减震橡胶制品是很需要的，因为它能减少震动、降低噪声。另外，这种作用可以增加材料的韧性，提高抵抗外力破坏的能力，增加轮胎对路面的抓着力。其缺点是增加了轮胎的滚动阻力，使汽车耗油量增加，温升还促进轮胎老化。

2. 炭黑性质对动态性能的影响

炭黑的比表面积大，硫化胶的 G' 大，且随振幅的增大，下降程度也大。比表面积接近，结构高的 G' 大，但对振幅变化不敏感。

四、炭黑的性质对硫化胶导电性的影响

炭黑本身的体积电阻率一般在 $10^{-1} \sim 10\Omega \cdot cm$ 之间，炭黑本身有导电性，因为层面中的共轭 π 键。含炭黑的胶料电阻率下降。炭黑影响电性能包括：结构最明显，其次炭黑的比表面积、表面粗糙度、表面含氧基团。因为结构高的炭黑会使胶料中的炭黑聚集体间距离近，有利于电子从一个聚集体向另一个聚集体跃迁。炭黑粒子细和用量大也有相同的作用，都使胶料的电阻率低。含氧基团起到绝缘作用，含氧基团多不利于导电。另外均匀的分散也使电阻率提高。

导电炭黑有乙炔炭黑、N472、Ketjenblack EC 等。它们的共同特点都是结构高。另外，粒子表面比较"洁净"，即含氧基团少也就是无挥发物导电性好。

若需要高电阻的制品应使用大粒子、低结构、表面挥发分大的炭黑。

第五节　炭黑的补强机理

近半个世纪以来，炭黑补强机理由早期的容积效应、弱键和强键学说、双壳层模型理论，发展到比较完善的大分子滑动学说。本章简述双壳层模型理论与大分子滑动学说。

炭黑补强提高橡胶力学性能的同时也使橡胶在黏弹变形中由黏性作用而产生的损耗因素提高。例如 $\tan\delta$、生热、损耗模量、应力软化效应提高。因应力软化效应能够比较形象地说明大分子滑动补强机理，因此将一并讨论。

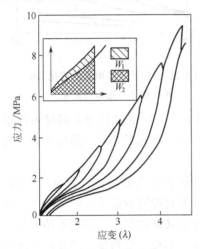

图 3-12　应力软化示意图

一、应力软化效应

硫化胶试片在一定的试验条件下拉伸至给定的伸长比 λ_1 时，去掉应力，恢复。第二次拉伸至同样的 λ_1 时所需应力比第一次低，第二次拉伸的应力-应变曲线在第一次的下面，如图 3-12 所示。若将第二次拉伸比增大并超过第一次拉伸比 λ_1 时，则第二次拉伸曲线在 λ_1 处急骤上撇与第一次曲线衔接。若将第二次拉伸应力去掉，恢复。第三次拉伸，则第三次的应力应变曲线又会在第二次曲线下面。随次数增加，下降减少，大约 4～5 次后达到平衡。

上述现象叫应力软化效应，也称为 Mullins 效应。该效应因停放或溶涨可部分恢复，因橡胶大分子在炭黑表面又重新分布。

二、炭黑的补强机理

1. 双壳层模型理论

核磁共振研究已证实，在炭黑表面有一层由两种运动状态橡胶大分子构成的吸附层。在紧邻着炭黑表面的大约 0.5nm（相当于大分子直径）的内层，呈玻璃态；离开炭黑表面大约 0.5～5.0nm 范围内的橡胶有点运动性，呈亚玻璃态，这层叫外层。

对双壳层补强作用的解释是双壳层起骨架作用。双壳层联结着自由大分子和交联结构，构成一个橡胶大分子与填料整体网络，改变了硫化胶的结构，因而提高了硫化胶的物理机械性能。

2. 橡胶大分子链滑动学说

这是比较完善和比较全面的炭黑补强理论。该理论的核心是橡胶大分子能在炭黑表面上滑动，由此解释了补强现象。炭黑粒子表面的活性不均一，有少量强的活性点以及一系列的能量不同的吸附点。吸附在炭黑表面上的橡胶链可以有各种不同的结合能量，有多数弱的范德瓦尔斯力的吸附以及少量的化学吸附。吸附的橡胶链段在应力作用下会滑动伸长。

大分子滑动学说的基本概念可用示意图 3-13 表示。（a）表示胶料原始状态，长短不等的橡胶分子链被吸附在炭黑聚集体表面上。（b）当伸长时，这条最短的链不是断裂而是沿炭黑表面滑动，原始状态吸附的长度用点标出，可看出滑移的长度。这时应力由多数伸直的链承担，起应力均匀作用，缓解应力集中为补强的第一个重要因素。（c）当伸长再增大，链再滑动，使橡胶链高度取向，承担大的应力，有高的模量，为补强的第二个重要因素。由于滑动的摩擦使胶料有滞后损失。滞后损失会消耗一部分外力功，化为热量，使橡胶不受破坏，为补强的第三个因素。（d）是收缩后胶料的状况，表明再伸长时的应力软化效应，胶料回缩后炭黑粒子间橡胶链的长度差不多一样，再伸长就不需要再滑动一次，所需应力下降。在适宜的情况（如膨胀）下，经过长时间，由于橡胶链的热运动，吸附与解吸附的动态平衡，聚集体间分子链长度的重新分布，胶料又恢复至接近原始状态。但是如果初次伸长的变形量大，恢复常不超过 50%。

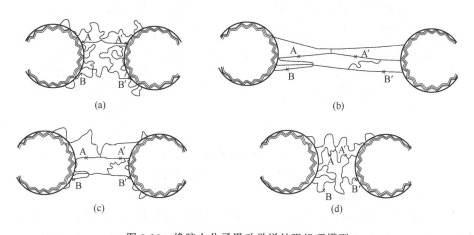

图 3-13　橡胶大分子滑动学说补强机理模型

（a）原始状态；（b）中等拉伸，AA'滑移；（c）再拉伸，AA'再滑移，BB'也发生滑移，全部分子链高度取向；

（d）恢复，炭黑粒子间的分子链有相等的长度，应力软化

第六节　白　炭　黑

白炭黑在橡胶工业中主要用作补强剂，其补强效果仅次于炭黑，而优于其他白色填料。白炭黑由制备而分为两种：气相法和沉淀法。气相法白炭黑粒径极小，约为 15～25nm，比表面积高达 50～400m²/g，杂质少。气相法白炭黑补强性好，主要用于硅橡胶，所得硅橡胶制品为透明、半透明状，物理性能和介电性能良好，耐水性优越。但价高，飞扬性极大，给使用运输带来许多不便。

和气相法白炭黑比，沉淀法白炭黑粒径较大，约为 20～40nm，纯度较低，补强性较差，但价格便宜，工艺性能也较气相法好。可单用于 NR、SBR 等通用橡胶中，除在胶鞋等白色制品中使用外，近年来在胎面胶中与炭黑并用，已得到普遍认同。

一、白炭黑的结构

1. 白炭黑的化学结构

白炭黑的 95%～99% 的成分是 SiO_2，经 X 射线衍射证实，在白炭黑粒子中的二氧化硅呈无定形状态，故其颗粒也是无定形结构。气相法白炭黑粒子内部结构几乎完全是排列紧密的二氧化硅三维网状结构，这种结构使粒子吸湿性小，表面吸附性强，见图 3-14（a）。沉淀法白炭黑，内部除三维结构的二氧化硅外，还残存有较多的二维结构，致使分子间排列较为疏松，有很多毛细管结构，易吸湿，降低了补强性。其粒子结构见图 3-14（b）。

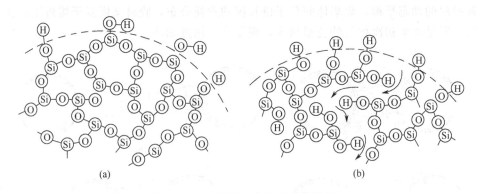

图 3-14　白炭黑粒子内部的结构模型

(a) 气相法白炭黑；(b) 沉淀法白炭黑

2. 白炭黑聚集体的结构

白炭黑的一次结构像炭黑，它的基本单元也是链枝状的聚集体，聚集体是在制造条件下球形粒子相互碰撞化学连结形成的。聚集体易形成二次附聚体，这种附聚体在混炼时不如炭黑附聚体那样容易被破坏。

二、白炭黑的表面化学性质

1. 表面基团

白炭黑表面上有羟基、硅氧烷基。白炭黑表面模型如图 3-15 所示。经过红外光谱分析研究已查明有以下三种羟基：①相邻羟基（在相邻的硅原子上），由于相邻羟基较近，故以氢键形式彼此结合，它对极性物质的吸附作用十分重要；②隔离羟基，主要存在于脱除水分的白炭黑表面上，这种羟基的含量，气相法白炭黑比沉淀法的要多，在升高温度时不易脱除；③双羟基，在一个硅原子上连有两个羟基。

白炭黑表面的基团具有一定的反应性，其反应包括：失水及水解反应、与酰氯反应、与活泼氢反应、形成氢键等。

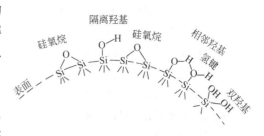

图 3-15 白炭黑的表面模型

2. 白炭黑表面的吸附作用

白炭黑表面有比较强的吸附性，可以和水以氢键形式结合，形成多分子吸附层；还可以吸附有机小分子物质，对苯胺、甲醇等发生特效的吸附。这种特效吸附作用会强烈地吸附胶料中的促进剂，从而发生迟延硫化现象。为防止或减弱对促进剂的吸附需加入胺、醇类活性剂。多官能团的胺类或醇类比单官能团好。

三、白炭黑对胶料工艺性能和硫化胶性能的影响

1. 白炭黑对胶料工艺性能的影响

（1）胶料的混炼与分散 白炭黑的表面特征使它总趋向于二次附聚，易吸附水分，易产生氢键缔合。二次附集体混炼分散比炭黑困难得多；而且在配合量多时，生成凝胶多使胶料硬化；混炼时生热大。为此，开始混炼时应保持尽可能高的剪切力；白炭黑应分批少量加入；适当提高混炼温度，有利于除掉一部分白炭黑吸附的水分，降低粒子间的凝聚力。

（2）白炭黑补强硅橡胶混炼胶中的结构控制 白炭黑，特别是气相法白炭黑是硅橡胶最好的补强剂，但有一个使混炼胶硬化的问题，称为"结构化效应"，其结构化随胶料停放时间延长而增加，严重的到失去加工性以至于报废。防止结构化有两个途径，其一是配合结构控制剂，如羟基硅油、二苯基硅二醇、硅氮烷等，当使用二苯基硅二醇时，混炼后应在 160～200℃下处理 0.5～1h；其二是预先将白炭黑表面改性，先去掉部分表面羟基，从根本上消除结构化。

（3）胶料的门尼黏度 白炭黑生成凝胶的能力与炭黑不相上下，为避免白炭黑胶料门尼黏度提高恶化加工性能，在含白炭黑的胶料配方中应选用适当的软化剂和用量。在 IIR 中往往加入石蜡烃类，用量视白炭黑用量多少及门尼黏度大小而异，一般可达 15%～30%。在 NR 中，以植物性的松香油、妥尔油等软化效果最好，合成的软化剂效果不大。

（4）胶料的硫化速度 为避免白炭黑明显地迟延硫化现象，一方面要配合活性剂；另一方面可适当地提高促进剂的用量。活性剂一般是胺类、醇类、醇胺类低分子化合物。对 NR 来说胺类更适合，如二乙醇胺、三乙醇胺、丁二胺、六亚甲基四胺等。对 SBR 来说，醇类更适合，如己三醇、二甘醇、丙三醇、聚乙二醇等。用量根据具体情况，一般用量为白炭黑的 1%～3%。

2. 白炭黑对硫化胶性能的影响

白炭黑对各种橡胶补强作用仅次于炭黑，对硅橡胶效果尤佳。白炭黑与相应炭黑（如 HAF）的硫化胶对比，白炭黑的具有撕裂强度高、绝缘性好、生热低，对于轮胎来说即滚动阻力低、耗油少，对于干、湿路面抓着力较好等优点。通常将炭黑和白炭黑并用，可以获得较好的综合性能。

四、白炭黑的应用与发展

1. 存在的问题

虽然近年来白炭黑的应用发展较快，但其发展也面临着一些问题：①加工性能问题：分散不好需配合用 Si-69，加工必须严格控制混炼时间和温度。②胶料停放时间长些，黏度升高的问题。③白炭黑的胶料容易产生静电积累。④白炭黑的高价格。

2. 白炭黑的发展

白炭黑的发展向高分散性、精细化、造粒化和表面改性化等方面发展：①白炭黑需造粒防飞扬，造粒（大颗粒或微珠颗粒）的白炭黑对产品质量控制和操作环境的改善效果显著；②精细化，即控制白炭黑生产中的反应参数和后处理，以实现对白炭黑成品的比表面积、表面特性等的精确控制，满足不同要求；③高分散白炭黑，这是提高白炭黑的性能，增大在胶料中的用量，特别是"绿色轮胎"的生产所必需的要求；④轮胎中大量使用白炭黑是与配合使用硅烷偶联剂分不开的，但烦琐且不利于质量控制，所以对提前改性处理的白炭黑有进一步要求。

第七节　有机补强剂

橡胶用有机补强剂包括合成树脂和天然树脂，但并非所有树脂都可用作补强剂。用作补强剂的树脂多为合成产品，如酚醛树脂、石油树脂、高苯乙烯树脂、聚苯乙烯树脂及古马隆树脂。天然树脂有木质素等。树脂在胶料中往往同时兼有多种功能，如酚醛树脂可用作补强剂、增黏剂、纤维表面胶黏剂、交联剂及加工助剂。石油树脂也有多种功能。但是，有机补强剂的使用远不及炭黑、白炭黑那样广泛、大量，其补强能力也不及炭黑那样优越，只有特殊要求时才使用有机补强剂。

一、酚醛树脂

酚醛树脂是最早研制的合成树脂。作为橡胶补强剂的酚醛树脂属于线型酚醛树脂，通常是甲醛和苯酚（摩尔比为 0.75～0.85）在酸性介质中反应生成的低分子聚合物（数均分子量为 2000 左右）。线型酚醛树脂具有可溶（熔）性及一定的塑性。一般橡胶专用补强酚醛树脂的聚合必须加入第三单体，并通过油或胶乳改性合成的酚醛树脂，使其具有高硬度、高补强、耐磨、耐热及加工安全性和与橡胶相容性好的特征。通用橡胶补强酚醛树脂主要有间苯-甲醛二阶酚醛树脂、槚树油或妥尔油改性二阶酚醛树脂和胶乳改性酚醛树脂。

酚醛树脂的化学结构特征如图 3-16 所示。

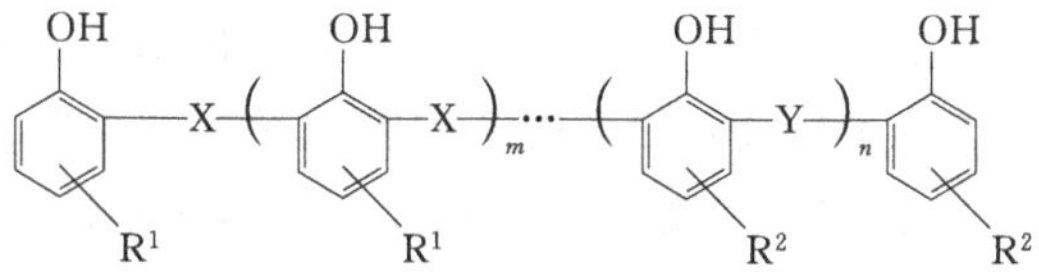

图 3-16　酚醛树脂的化学结构特征

R^1,R^2—不同的烷基；X,Y —非金属原子或烷基

由于酚醛树脂能赋予胶料一定的硬度、定伸应力和低变形性，而仅通过增大炭黑用量不能达到此目的，因此近年来酚醛树脂在橡胶工业中的应用越来越广泛，如用作胶料的增黏剂、胶黏剂及充气子午线轮胎胎圈胶的增硬剂。新型酚醛树脂的一大优势是它能在胶料中形成与胶料网络相互作用的三维网络结构，起到补强作用。

线型酚醛树脂用作橡胶补强剂时必须加入固化剂，如六亚甲基四胺（HMT）、三聚甲醛、多聚甲醛等。由于要与酚醛树脂中的酚羟基反应，因此固化剂最好选用能在高温下生成甲醛或亚甲基给予体的固化剂可以改善胶料的耐热性。线型酚醛树脂的通用固化剂为 HMT，其用量一般为酚醛树脂用量的 8%～15%。近年来，由于环保和技术上的种种原因，在轮胎工业中逐渐用六甲氧基三聚酰胺（HMMM）衍生出的三聚氰胺树脂取代 HMT。通过适当配合，三聚氰胺树脂可为胶料提供适当的物理性能，并使胶料具有加工安全性和防止钢丝帘线腐蚀的特性。

线型酚醛树脂商业化的产品主要有：美国 Occidental 公司的 Durez 系列、Schenectady 公司的 SP 系列、Summit 公司的 Duphene 系列、Polymer Applications 公司的 PA53 系列；德国 BASF 公司的 Koreforte 系列；法国 CECA 公司的 R 系列；我国常州常京化学有限公司的 PFM 系列。

酚醛树脂主要用于刚性和硬度要求很高的胶料中，尤其常用于胎面部位（胎冠和胎面基部）和胎圈部位（三角胶和耐磨胶料）。

二、石油树脂

石油树脂是石油裂解副产物的 C_5、C_9 馏分经催化聚合所制得的分子量不同的低聚物，有的为油状物，有的为热塑性烃类树脂。按化学成分可分为芳香族石油树脂（C_9 树脂）、脂肪族石油树脂（C_5 树脂）、脂肪-芳香族树脂（C_5/C_9 共聚树脂）、双环戊二烯树脂（DCPD 树脂）以及这些树脂的加氢石油树脂。

C_5 石油树脂还可进一步分为通用型、调和型和无色透明型 3 种。DCPD 树脂又有普通型、氢化型和浅色型 3 种之分。C_9 石油树脂按原材料预处理及软化点分为 PR1 和 PR2 两种型号和多种规格。C_5 石油树脂软化点多在 100℃左右，主要作为增黏剂用于 NR 和 IR 胶料中。C_9 石油树脂软化点在 120℃ 以上的 C_9 石油树脂用作橡胶补强剂。C_5/C_9 石油树脂为 C_5 和 C_9 两种成分兼有的树脂，软化点为 90～100℃，主要用于 NR 和 SBR 等橡胶和苯乙烯型热塑性弹性体。DCPD 石油树脂软化点为 80～100℃，用于轮胎、涂料和油墨。氢化的 DCPD 树脂软化点可高达 100～140℃，主要用于各种苯乙烯型热塑性弹性体和塑料中。

石油树脂为 NR 和合成橡胶的良好配合剂，作补强剂时，配入 10～15 份可使橡胶的拉伸强度和拉断伸长率分别提高 10%～30%；作为软化剂使用，加入 4～10 份后能明显地改善橡胶的混炼，并提高胶料的塑性及黏性；用于特种配合，进一步扩大配合量还可提高橡胶的耐水、耐酸碱及电绝缘等性能。石油树脂在橡胶中的配合效果见表 3-5。

表 3-5　石油树脂与古马隆树脂配合效果比较

项　　目	石油树脂（5 份）	古马隆树脂（5 份）	空白
门尼黏度[ML(1+4)100℃]	51.5	51.5	52.7
门尼焦烧（121℃）/min	61.4	62	54.5
拉伸强度/MPa	18.1	18.8	14.4
300% 定伸应力/MPa	2.8	2.9	2.9
500% 定伸应力/MPa	4.8	4.6	5.4
拉断伸长率/%	710	720	640
邵尔 A 硬度	56	57	58
撕裂强度/kN·m^{-1}	39.1	37.9	35.8

注：基本配方如下（份）：SBR 1502 100，氧化锌 5，促进剂 DM 1.5，促进剂 D 0.5，硬脂酸 1，白艳华 100，硫黄 2。硫化条件：141℃×(35～40)min。

从表 3-5 可以看出，石油树脂与古马隆树脂的软化、补强效果几乎一致，而比不含树脂的配方则要高。从相容性上来说，以 C_5 石油树脂和 DCPD 石油树脂为最好，C_5/C_9 石油树脂次之，C_9 石油树脂又次之。

石油树脂在橡胶中，尤其是在轮胎生产中，是一种非常有发展前途的配合材料。它同其他类似材料相比具有下述优越性。①价格便宜。石油树脂的价格一般比松香价格低 20%～30%，比古马隆树脂价格低 10%～20%。可完全替代古马隆树脂和部分替代松香和萜烯等天然树脂。②一料多用，性能齐全。石油树脂能兼具软化、增黏和补强填充作用。③无毒，不污染环境。可用它适当替代有致癌嫌疑的芳香油作为橡胶的操作油。④种类繁多，资源丰富。

当前我国石油树脂生产存在的主要问题是品种少，质量低，应用面比较窄。在品种上，主要以 C_5 和 C_9 树脂为主，而精制的石油树脂不多，无色透明树脂和氢化树脂尚是空白。质量问题是水分和灰分等杂质多。因此，在高档产品中的应用受到一定限制。

三、苯乙烯树脂

常用的高苯乙烯树脂由苯乙烯和丁二烯共聚制得，苯乙烯含量在85%左右，有橡胶状、粒状和粉状。高苯乙烯树脂的性能与其苯乙烯含量有关。苯乙烯含量70%的软化温度为50～60℃；苯乙烯含量85%～90%的软化温度为90～100℃。苯乙烯含量增加，胶料强度、刚度和硬度增加。高苯乙烯树脂与SBR的相容性很好，可用于NR、NBR、BR、CR，但不宜在不饱和度低的橡胶中使用。一般多用于各种鞋类部件、电缆胶料及胶辊。高苯乙烯树脂的耐冲击性能良好，能改善硫化胶力学性能和电性能，但伸长率下降。

四、木质素

木质素是由造纸工业的废液经沉淀、干燥制取的，呈黄色或棕色，相对密度为1.35～1.50。目前一般方法制造的木质素平均粒径达5μm以上，只能起着填充的作用，细粒子的才补强。

第八节　无机填充剂

在橡胶中无机填料的用量与炭黑的用量大致相当，约占橡胶用量的50%。若是从整个高聚物领域来看，则无机填料的用量远远超出炭黑的用量，因为塑料工业、涂料工业使用的填料主要是无机的。

一、无机填料的特点及表面改性的主要方法

1. 特点

与炭黑相比，无机填料具有以下特点：主要来源于矿物，价格比较低；多为白色或浅色；制造能耗低，制造炭黑的能耗比无机填料高；某些无机填料具有特殊功能，如阻燃性、磁性等；对橡胶基本无补强性。

2. 无机填料表面改性的主要方法

改变或改善无机填料的表面亲水性是提高无机填料补强性的关键。填料的表面改性一般有下述几种方法：亲水基团调节法、粒子表面接枝、粒子表面离子交换、粒子表面聚合物胶囊化、偶联剂或表面活性剂改性无机填料表面。最后一种方法是目前广泛采用的方法。

二、偶联剂及活性剂的分类及其改性

表面改性剂有偶联剂和表面活性剂两种。

1. 硅烷偶联剂类

硅烷类偶联剂是目前品种最多、用量较大的一类偶联剂，通式为 X_3—Si—R。X为能水解的烷氧基，如甲氧基、乙氧基、氯等，3表示基团个数为3个，常用的硅烷偶联剂如表3-6所示。水解后生成硅醇基与填料表面羟基缩合而产生化学结合。R为有机官能团，如巯基、氨基、乙烯基、甲基丙烯酰氧基、环氧基等，往往它们可以与橡胶在硫化时产生化学结合。选择什么基团的硅烷主要取决于橡

胶中硫化体系和填充体系。

当硅烷偶联剂用在橡胶、树脂中作填充剂的改性剂时，对胶料、硫化体系有一定的选择性。如巯基硅烷偶联剂 Si-69 更适合于用硫黄硫化的胶料等情况见表3-6。

表 3-6　常用硅烷偶联剂

化学名称	结构式	国内商品名	国外商品名	适用橡胶
乙烯基三乙氧基硅烷	$CH_2{=}CH{-}Si{+}OC_2H_5{)}_3$	A151	A151	EP(D)M、Q
γ-胺丙基三乙氧基硅烷	$NH_2(CH_2)_3{-}Si{-}(OC_2H_5)_3$	KH550	A1100	EP(D)M、CR、Q、NBR、SBR、PU
γ-甲基丙烯酰氧基丙基三甲氧基硅烷	$CH_2{=}\overset{\displaystyle O}{\underset{\displaystyle CH_3}{C}}{-}C{-}O{-}(CH_3)_3Si(OCH_3)_3$	KH570	A174	EP(D)M、BR
γ-巯基丙基三甲氧基硅烷	$HS{-}(CH_2)_3Si(OCH_3)_3$	KH580	A189	EP(D)M、SBR、CR、NR、IR、BR、NBR、IIR、PU、CHC(CHR)
四硫化双（三乙氧基丙基）硅烷	$(C_2H_5O)_3Si(CH_2)_3S_4(CH_2)_3{-}Si(OC_2H_5)_3$	Si-69	Si-69	EP(D)M、NR、IR、CR、SBR、BR、NBR、IIR
乙烯基三氯硅烷	$CH_2{=}CH{-}Si{-}Cl_3$	YG01201	A150	聚酯、玻璃纤维

另外，南京曙光化工集团有限公司开发出新型的偶联剂——双（三乙氧基硅基丙基）二硫化物（SC-Si996），该产品等同于德固萨公司的 Si-75。目前也采用造粒技术将硅烷偶联剂造粒，商品化产品有 EM 50-S GR，该产品中 Si-69 的含量为 50%。

2. 钛酸酯类

为了解决硅烷偶联剂对聚烯烃等热塑性塑料缺乏偶联效果的问题，20 世纪70 年代中期发展了钛酸酯类偶联剂。这类偶联剂在塑料中有较好的效果且应用广泛，但对提高橡胶补强效果不明显。

典型的钛酸酯偶联剂是异丙基三异硬脂酰基钛酸酯（TTS），其结构式如下。

$$CH_3{-}\underset{\displaystyle CH_3}{CH}{-}O{-}Ti{-}O{-}\underset{\displaystyle O}{C}{-}(CH_2)_{14}{-}\underset{\displaystyle CH_3}{CH}{-}CH_3$$

3. 其他偶联剂

有—SCN 基的硅烷类、磷酸酯类、铝酸酯类等。

4. 表面活性剂

橡胶填料改性常用的有高级脂肪酸，如硬脂酸、树脂酸；官能化的低聚物，如羧基化的液体聚丁二烯等，其他见第四章。

三、典型的无机填充剂

1. 硅酸盐类

这类填料耐酸碱、耐热、耐油、工艺好，迟延硫化，可采用醇胺类等活性剂克服。硅酸盐类填充剂品种较多，如陶土、滑石粉、硅灰石粉、云母粉石棉、海泡石、硅铝炭黑等。其中陶土用量最大，它来源于天然高岭土。生产方法分干法和湿法，湿法细、白度高。我国橡胶陶土粉分 Rf1、Rf2、Rf3、Rf4、Rf5 五个等级。按补强效果可分为硬质陶土和软质陶土，硬质陶土略有补强性，软质陶土没有。改性陶土多用巯基或氨基硅烷、硬脂酸、钛酸酯偶联剂处理。国产活性陶土（M212）是用钛酸酯改性的。

2. 酸盐类

该类填料不耐酸，耐介质性能不如陶土，主要品种有碳酸钙、白云石、碳酸镁等。其中碳酸钙属使用广泛的填充剂。重质碳酸钙粒径约为 $10\mu m$，机械法生产，增容作用；轻质碳酸钙粒径在 $0.5\sim6\mu m$ 之间，沉淀法生产；超细碳酸钙，粒径在 $0.01\sim0.1\mu m$ 之间，具有一定的补强作用，但低于白炭黑；改性碳酸钙（最常用硬脂酸、树脂酸；也有用钛酸酯偶联剂或羧化聚丁二烯的），在一定程度上提高了它的性能。

3. 硫酸盐类

常用的品种有硫酸钡和锌钡白（立德粉），硫酸钡化学稳定性很好，密度大。

4. 金属氧化物及氢氧化物

它们多半兼有功能性，如活化、耐热、着色、阻燃、消泡、磁性等。

第九节　短纤维补强

橡胶中使用长纤维作骨架材料，工艺复杂；短纤维可用通用的开炼机、密炼机、挤出机等设备加工成型，简化了工艺。对橡胶的增强效果低于长纤维，高于粉体填料。

一、短纤维的特点

1. 短纤维的种类

橡胶复合材料用的短纤维有：①丝、麻、木等天然纤维；②有聚酯纤维、维纶纤维、人造丝纤维、芳纶纤维等合成纤维；③有碳纤维、玻璃纤维等无机纤维；④钢纤维等金属纤维。

2. 短纤维的尺寸

短纤维一般是指纤维断面尺寸在 $1\mu m$ 到几十微米间；长径比在 250 以下，通常在 $100\sim200$ 之间；长度在 35mm 以下，通常为 $3\sim5mm$ 的各类纤维。

美国孟山都（Monsanto）公司早在 20 世纪 80 年代就推出了商品名为"Santoweb"的短纤维，具有较好的补强性能和黏合性能，具体牌号如表 3-7 所示。

表 3-7　Santoweb 纤维品种

品　　种	适用胶种	胶黏剂①	颜　色
D	NR,SBR,CR 等	含	黑
H	EPDM	含	黑
K	NBR	含	黑
DX	NR,SBR,CR 等	不含	黑
W	所有胶种	不含	白

① 这种胶黏剂可与橡胶中的亚甲基反应。

二、短纤维应用于橡胶中的某些实际问题

1. 短纤维的分散

为使短纤维在橡胶中能分散开，少遭破坏，可采用下述预分散体方法。

① 短纤维和胶乳或者胶浆共沉制得预分散体。

② 将少量橡胶和一定量润滑剂与大量短纤维均匀制成短纤维预分散体；或用配方中的炭黑等粉状填料混涂纤维使其处于分离状态，制得预分散体。

2. 短纤维与橡胶的黏合性

短纤维与橡胶的黏合性决定复合材料性能。短纤维的表面一般呈惰性，与橡胶黏合性差。为此，可采用上述的预分散体；橡胶本身进行改性；添加相容剂（分散剂）；对橡胶进行纤维接枝等方法。

3. 短纤维在橡胶中的取向

纤维的取向有三个方向，即与压延方向一致的轴向（L）、与 L 处于同一平面并垂直于压延方向（T）和垂直 L-T 平面的方向（Y），见图 3-17。取向取决于加工过程的工装设备和方法，如要制取不同取向的胶管，就要用不同的取向口型。压片取向，要注意每次过辊胶料的方向。

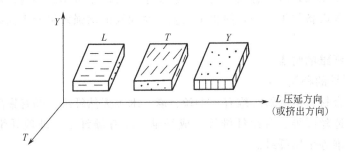

图 3-17　短纤维取向示意图

三、短纤维在橡胶制品中应用

短纤维已成功地应用于多种橡胶制品中。

（1）胶管　主要用于制造耐中低压胶管，例如农田和园艺灌溉胶管、汽车中低压油管、一般水管等。

（2）胶带 三角带压缩层中使用 5～20 份短纤维可明显提高三角带的横向刚度和纵向挠性，提高侧向摩擦力和传动效率。在表面层中可增大胶带与槽轮的摩擦力，降低噪声，减少磨损。

（3）轮胎 短纤维提高胎面胶的耐磨耗、耐刺穿、耐撕裂性的特点在工程胎胎面应用很有意义，胎面胶中掺 2.5 份就明显地表现出其优越性。

（4）其他应用 短纤维增强橡胶制品如密封件、印刷胶辊的覆盖胶、吸能减震器、汽车用抗冲击柔性盘和离合器、橡胶筛网、中空圆形船坞和护舷、汽车仪表盘、矿工帽等。

四、短纤维橡胶复合材料的进展

高性能纤维的发展是橡胶复合材料发展的先导。美国欧文思-科宁公司 1997 年宣布推出一种被命名为 ADVANTEX（TM）的新型玻璃纤维，据称具有 E-玻璃纤维极佳电绝缘性、较高的力学强度、优良的耐热性和耐腐蚀性能。俄罗斯生产的新一代芳纶类高性能 APMOC 纤维，其强度和模量比 Kevlar49 高出 38％ 和 20％。最近新发展起来的碳纳米管是极细微的碳结构，其强度比钢高 100 倍，但质量只有钢的 1/6。据专家预测，碳纳米管可能成为未来理想的超级纤维。

另外，早在 20 世纪 70 年代，Getson 及 Adama 等就报道了在自由基引发剂作用下，在有机硅氧烷上原位接枝纤维状有机聚合物。Keller 报道了在硅橡胶中原位生成聚丙烯纤维的技术。20 世纪 80 年代，山本新治、谷渊照夫等提出在天然橡胶中原位生成超细尼龙短纤维的技术。原位增强技术可以克服传统短纤维橡胶复合材料加工过程中短纤维难分散、黏合及断裂问题，因此是未来的发展方向。

第十节 新型纳米增强技术

近年来，橡胶的纳米增强及纳米复合技术日益引起人们浓厚的兴趣。纳米材料已在许多科学领域引起了广泛的重视，成为材料科学研究的热点。纳米复合材料（nanocomposite）被定义为：补强剂（分散相）至少有一维尺寸小于 100nm。与传统的复合材料相比，由于纳米粒子带来的纳米效应和纳米粒子与基体间强的界面相互作用，橡胶纳米复合材料具有优于相同组分常规聚合物复合材料的力学性能、热学性能，为制备高性能、多功能的新一代复合材料提供了可能。

作为纳米粉体，炭黑和白炭黑均具有纳米材料的大多数特性（如强吸附效应、自由基效应、电子隧道效应、不饱和价效应等）。根据炭黑和白炭黑在橡胶基质中的一次聚集体的尺寸，炭黑和白炭黑增强橡胶也属于纳米复合材料。也正因为如此，炭黑和白炭黑的高增强地位一直很难被取代。

一、插层复合法

黏土作为橡胶的填充剂已经有很多年的历史。由于其 80％ 以上的粒径在

2μm以下，所以补强性能尚可，但仍不能与炭黑和白炭黑相提并论。随着聚合物基纳米复合材料的发展，人们利用黏土结构上的特殊性（微米颗粒中含有大量的厚度为 1nm、长宽 100～1000nm 的黏土晶层，彼此间共用层间阳离子而紧密堆积），制备了一系列性能优异的黏土/聚合物纳米复合材料。所谓插层复合，就是将单体或聚合物分子插入到层状硅酸盐（黏土）层间的纳米空间中，利用聚合热或剪切力将层状硅酸盐剥离成纳米结构单元或微区而均匀分散到聚合物基体中。

1. 原理和分类

插层复合法是制备聚合物/层状硅酸盐纳米复合材料的方法。首先将单体或聚合物插入经插层剂处理的层状硅酸盐片层之间，进而破坏硅酸盐的片层结构，使其剥离成厚为 1nm、面积为 100nm×100nm 的层状硅酸盐基本单元，并均匀分散在聚合物基体中，以实现聚合物与黏土类层状硅酸盐在纳米尺度上的复合。

按照复合过程，插层复合法可分为两大类。

（1）插层聚合（intercalation polymerization） 先将聚合物单体分散、插层进入层状硅酸盐片层中，然后原位聚合，利用聚合时放出的大量热量克服硅酸盐片层间的作用力，使其剥离，从而使硅酸盐片层与聚合物基体以纳米尺度相复合。

（2）聚合物插层（polymer intercalation） 将聚合物熔体或溶液与层状硅酸盐混合，利用力化学或热力学作用使层状硅酸盐剥离成纳米尺度的片层并均匀分散在聚合物基体中。

按照聚合反应类型的不同，插层聚合可以分为插层缩聚和插层加聚两种。聚合物插层又可分为聚合物溶液插层和聚合物熔融插层两种。

从结构的观点来看，聚合物/层状硅酸盐纳米复合材料可分为插层型（intercalated）纳米复合材料和剥离型（exfoliated）纳米复合材料两种类型，其结构示意图见图 3-18 所示。

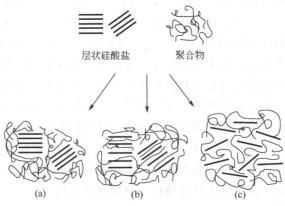

图 3-18 聚合物/层状硅酸盐复合材料的结构示意

（a）相分离型微米复合材料；（b）插层型纳米复合材料；（c）剥离型纳米复合材料

在插层型聚合物/层状硅酸盐纳米复合材料中，聚合物插层进入硅酸盐片层间，硅酸盐的片层间距虽有所扩大，但片层仍然具有一定的有序性。在剥离型纳米复合材料中，硅酸盐片层被聚合物打乱，无规分散在聚合物基体中的是一片一片的硅酸盐单元片层，此时硅酸盐片层与聚合物实现了纳米尺度上的均匀混合。由于高分子链在层间受限空间与层外自由空间有很大的差异，因此插层型聚合物/层状硅酸盐纳米复合材料可作为各向异性的功能材料，而剥离型聚合物/层状硅酸盐纳米复合材料具有很强的增强效应。

2. 层状硅酸盐

具有层状结构的黏土矿物包括高岭土、滑石、膨润土、云母四大类。目前研究较多并具有实际应用前景的层状硅酸盐是 2∶1 型黏土矿物，如钠蒙脱土、锂蒙脱土和海泡石等，其单元晶层结构如图 3-19 所示。

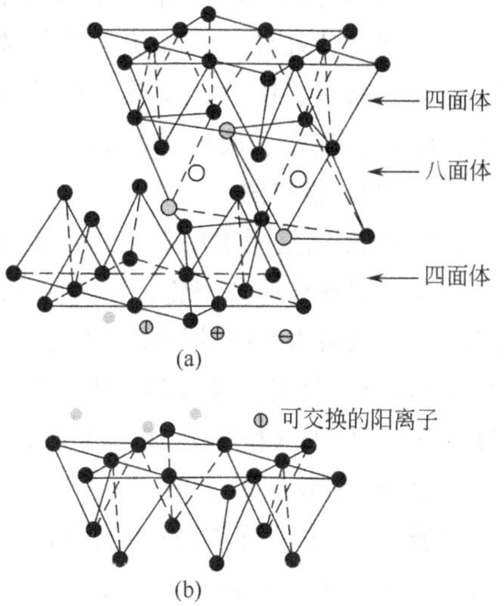

层状硅酸盐的层间有可交换性阳离子，如 Na^+、Ca^{2+}、Mg^{2+} 等，它们可与无机金属离子、有机阳离子型表面活性剂等进行阳离子交换进入黏土层间。通过离子交换作用导致层状硅酸盐层间距增加。在适当的聚合条件下，单体在片层之间聚合可能使层间距进一步增大，甚至解离成单层，使黏土以 1nm 厚的片层均匀分散在聚合物基体中。

图 3-19　2∶1 型页硅酸盐单元晶层的结构
（片层的厚度约为 1nm，层间距也约为 1nm，片层的直径范围约为 30nm 到几个微米之间）

○ Al,Fe,Mg,Li；　◉ OH；　● O；　· Li,Na,Rb,Cs

3. 插层剂的选用原则

由于层状硅酸盐中的金属阳离子是被很弱的电场作用力吸附在片层表面，因此很容易被无机金属离子、有机阳离子型表面活性剂和阳离子染料交换出来，属于可交换阳离子。在制备 PLS 纳米复合材料的工艺过程中，将这些离子交换剂统称为插层剂。它们所起的作用为利用离子交换的原理进入硅酸盐片层之间，扩张其片层间距、改善层间的微环境，使硅酸盐的内外表面由亲水性转化为疏水性，增强硅酸盐片层与聚合物分子链之间的亲和力，并且还能降低硅酸盐材料的表面能，使得聚合物的单体或分子链更容易插入硅酸盐的片层之间形成聚合物-层状硅酸盐纳米复合材料。因此插层剂的选择在制备聚合物/层状硅酸盐纳米复合材料的过程中是极其重要的一个环节，需要根据聚合物基体的种类以及复合工艺的具体条件来选择。

选择合适的插层剂需要重点考虑以下几个方面的因素。

① 容易进入层状硅酸盐晶片间的纳米空间，并能显著增大黏土晶片间片层间距。

② 插层剂分子应与聚合物单体或高分子链具有较强的物理或化学作用，以利于单体或聚合物插层反应的进行，并且可以增强黏土片层与聚合物两相间的界面黏结，有助于提高复合材料的性能。

③ 价廉易得，最好是现有的工业品。

目前在制备聚合物/层状硅酸盐纳米复合材料时常用的插层剂有季铵盐、吡啶类衍生物和其他阳离子型表面活性剂等。

层状硅酸盐/橡胶纳米复合材料的性能特点是：纳米分散相为形状比（面积/厚度比）非常大的片层填料，限制大分子变形的能力比球形增强剂更强（但弱于常规短纤维），因而橡胶/黏土纳米复合材料除具有较高的模量、硬度、强度等外，还有其他特殊性能，如优异的气体阻隔性能和耐小分子溶胀和透过性能，耐油、耐磨、减震、阻燃、耐热、耐化学腐蚀。适用于轮胎内胎、气密层、薄膜、胶管、胶辊、胶带、胶鞋等制品。

二、溶胶-凝胶法

溶胶-凝胶法是元素烷氧化物经水解和缩合后生成元素氧化物的方法，早期采用这种方法制备玻璃和陶瓷。用溶胶-凝胶法原位生成 SiO_2 增强橡胶是当前橡胶的纳米增强领域最为活跃的课题，其原理是将二氧化硅的某些反应前体，如四乙氧基硅烷（TEOS）等引入橡胶基质中，然后通过水解和缩合直接生成均匀分散的纳米尺度的 SiO_2 粒子（粒径为 $10\sim50nm$），从而对橡胶产生优异的增强作用。

1. 溶胶-凝胶法的原理

溶胶-凝胶法的具体做法是将硅氧烷和金属盐等前驱物（水溶性盐或油溶性醇盐）溶于水或有机溶剂中形成均质溶液，溶质发生水解反应生成纳米级粒子并形成溶胶，溶液经蒸发干燥转变为凝胶。这种方法可分为三种：①把前驱物溶解在预形成的聚合物溶液中，在酸、碱或某些盐催化作用下，让前驱化合物水解，形成半互穿网络；②把前驱物和单体溶解在溶剂中，让水解和单体聚合同时进行，这一方法可使一些完全不溶的聚合物靠原位生成而均匀地嵌入无机网络中；③在以上的聚合物和单体中可以引入遇无机组分能形成化学键的基团，增加有机组分与无机组分之间的相互作用。

2. 溶胶-凝胶复合技术的类型

根据分散质和基质状态及生成步骤的不同，可将制备技术分为以下几种情况：基质为硫化胶，分散质原位生成；基质为线型大分子，分散质原位生成；基质为预聚体，分散质原位生成；基质和分散质同时原位生成。用此技术已试验性地制备了 SBR、BR、聚二甲基硅氧烷（PDMS）、NBR、IIR 等纳米复合材料。

3. 复合材料的特点

橡胶/纳米 SiO_2 复合材料的性能特点是：分散相分散非常均匀，分散相的化学成分及结构、尺寸及其分布、表面特性等均可以控制，这不但为橡胶增强的分子设计提供了可能性，为制造高性能的橡胶制品提供了又一有效途径，也为橡胶增强理论的研究提供了对象和素材。用该方法制备的纳米复合材料具有很高的拉伸强度和撕裂强度，优异的滞后生热和动/静态压缩性能，在最优化条件下的综合性能明显超过炭黑和白炭黑增强的橡胶纳米复合材料。限于技术的成熟性和产品的成本，该方法在橡胶工业中的广泛应用仍需进一步探讨。

分散质的其他类型：利用溶胶-凝胶技术，分散质不局限于二氧化硅纳米粒子，也可以是别的粒子，如二氧化钛（TiO_2）粒子，其反应前体是四丁基钛酸酯等；二氧化锆粒子，其反应前体是正丙氧锆等。分散质还可以是两种或两种以上的原位纳米粒子，或由两种或两种以上的前体化学结合成的一种纳米粒子。

三、原位聚合增强法

近十年来，不饱和羧酸盐/橡胶纳米复合材料的研究日益受到人们的关注。这是一种利用原位自由基聚合生成分散相的纳米复合材料。所谓"原位聚合"增强，是指在橡胶基体中"生成"增强剂，典型的方法如在橡胶中混入一些与基体橡胶有一定相容性的带有反应性官能团的单体物质，然后通过适当的条件使其"就地"聚合成微细分散的粒子，从而产生增强作用。不饱和羧酸金属盐增强橡胶就是"原位聚合"增强的典型例子。早期在橡胶中引入不饱和羧酸盐是为了提高过氧化物的交联效率，改善交联键的结构。但随后的研究表明，不饱和羧酸盐能显著地改善硫化胶的力学性能。

1. 不饱和羧酸盐的制备

不饱和羧酸盐的通式可用 $M^{n+}(RCOO^-)_n$ 表示，其中 M 为价态为 n 的金属离子，R 为不饱和烯烃。$RCOO^-$ 可以是丙烯酸（AA）、甲基丙烯酸（MAA）和马来酸等的羧酸根离子，其中 AA 和 MAA 等 α,β 不饱和羧酸最为常见。不饱和羧酸盐的制备一般是通过金属氧化物或氢氧化物与不饱和羧酸进行中和反应制得的。如甲基丙烯酸锌（ZDMA）就是由 ZnO 与 MAA 反应而制得的，由于反应会放出热量，因此反应一般在惰性液体介质中进行，介质可以是水、有机醇或烷烃等。不饱和羧酸盐也可在橡胶中原位制得，即将金属氧化物或氢氧化物和不饱和羧酸直接加入橡胶中，让中和反应在橡胶中原位发生。一般是在密炼机中将金属氧化物和橡胶混合均匀，再加入不饱和羧酸。如以 MgO 为例，MgO 与 MAA 等摩尔完全反应生成甲基丙烯酸镁（MDMA），它们之间的化学反应方程式如下。

$$MgO + 2H_2C=\underset{CH_3}{\overset{CH_3}{C}}-COOH \longrightarrow \quad (3\text{-}8)$$

2. 不饱和羧酸盐补强橡胶的特点

与传统的炭黑补强相比，不饱和羧酸盐补强橡胶有以下特点：①在相当宽的硬度范围内都有着很高的强度；②随着不饱和羧酸盐用量的增加，胶料黏度变化不大，具有良好的加工性能；③在高硬度时仍具有较高的伸长率；④较高的弹性。

不饱和羧酸盐/橡胶纳米复合材料可采用两种方法来制备：①将商品化不饱和羧酸盐直接添加到橡胶中；②在混炼过程中依次向橡胶中加入金属氧化物（或金属氢氧化物）与不饱和羧酸，使其在橡胶内就地生成金属盐。目前国内商品化的不饱和羧酸盐有西安有机化工厂生产的 ZDMA 和 MDMA。上述两种方法中，后者补强效果更好，而且配方容易调节、生成的不饱和羧酸盐的分散性好，同时可得到不同离子的不饱和羧酸盐。在 Saito 等关于 ZDMA 补强 HNBR 的系列报道中，也表明在橡胶中就地生成不饱和羧酸盐，会产生更好的补强效果。

图 3-20 比较了 ZDMA、MDMA 和 HAF 对乙烯-乙酸乙烯酯橡胶（EVM）力学性能的影响。不饱和羧酸盐增强 EVM 硫化胶的拉伸强度与炭黑增强胶相当，但撕裂强度明显高于炭黑增强胶，同时保持较高的硬度和断裂伸长率。

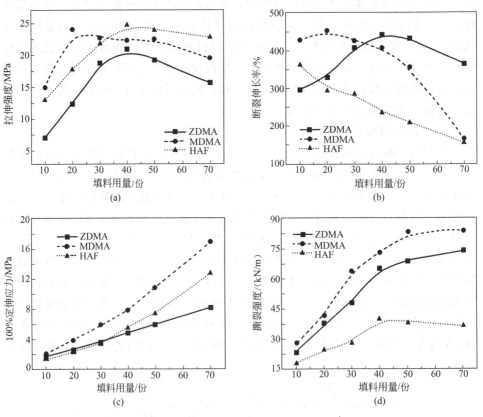

图 3-20　不同填料对 EVM 硫化胶力学性能的影响

配方：EVM 100 份，DCP 4.0 份，填料用量 10～70 份

3. 不饱和羧酸盐补强橡胶的机理

图 3-21 和图 3-22 表明 $20\mu m$ 左右的 MDMA 颗粒在硫化过程中变成 20nm 左右的粒子并均匀分布在 EVM 硫化胶中。

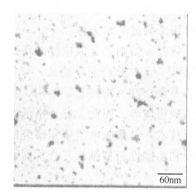

60nm

图 3-21　MDMA 粉末的扫描电镜照片　　　　图 3-22　MDMA 增强 EVM
　　　　　　　　　　　　　　　　　　　　　　硫化胶的 TEM 照片

由于不饱和羧酸盐是反应性填料，在硫化过程中参与了橡胶的交联反应。日本学者提出了以下的反应机理：在硫化过程中，不饱和羧酸盐在橡胶中发生"溶解-扩散-聚合-相分离"的反应过程。不饱和羧酸盐在橡胶中部分溶解，向橡胶基体中扩散并发生聚合反应，聚不饱和羧酸盐产生后发生相分离形成纳米尺寸分散相，此时橡胶中不饱和羧酸盐单体浓度就降低到溶解度以下，新单体就再由不饱和羧酸盐粒子供给，上述过程循环反复进行，最终形成橡胶纳米复合结构。

由于不饱和羧酸盐补强的橡胶中存在着大量的离子交联键并分散着纳米粒子，这种结构特点使硫化胶具有独特的力学性能。离子交联键具有滑移特性，能最大限度地将应力松弛掉，并产生较大的变形，因此能够赋予硫化胶高强度、高的断裂伸长率。不饱和羧酸盐在橡胶基体中发生聚合反应，生成的聚盐以纳米粒子的形式存在于橡胶中，并有一部分不饱和羧酸盐接枝到橡胶大分子上，从而改善了橡胶与填料粒子间的相容性。

4. 不饱和羧酸盐增强橡胶的应用

由于不饱和羧酸盐是双官能团的反应性填料，在硫化过程中发生原位聚合反应，使硫化胶具有优异的性能，因此在众多的领域中发挥重要的作用。

不饱和羧酸盐对极性（如 NBR、EVM）和非极性橡胶（如 SBR、EPDM 等）都具有较好的增强效果，其增强橡胶最显著的特点是硫化胶具有优异的力学性能。成熟的工业化产品是日本 Zeon 公司开发的商品名为 ZSC 的 HNBR/ZDMA 聚合物合金，拉伸强度高达 60MPa，可作为一种新型材料代替聚氨酯弹性体来使用。目前，ZSC 广泛应用于在苛刻环境下使用的橡胶制品如：胶带、软管、密封件、各种工业用胶辊、油田用橡胶制品等。美国军方将 ZDMA 增强的 HNBR 用于坦克履带，硫化胶具有较高的撕裂强度、耐磨性和耐高温性能。

另外相关的专利报道，用 ZDMA 增强的 NR、NR/BR 或 NR/EPDM 胶料特别适用于安全充气轮胎。用 ZDMA 或丙烯酸锌（ZDAA）高填充的聚丁二烯橡胶可用来制造高尔夫球。

橡胶，特别是合成橡胶的增强一直是橡胶领域的重要研究课题。炭黑和白炭黑增强一直占据着主导地位，统治着橡胶工业。而原位纳米复合技术的高分散性、可设计性（物理化学结构、界面、形状、尺寸及其分布等）却是橡胶技术追求的理想境界。因此发展价格低廉的新型纳米增强剂，寻找更科学、适用的纳米复合技术，是橡胶纳米增强研究的一个重要方向。同时，利用纳米复合技术开发特种和功能性新型纳米复合材料，以填补炭黑和白炭黑增强弹性体的性能空缺。

主要参考文献

1 朱敏. 橡胶化学与物理. 北京：化学工业出版社，1984

2 Enid Keil Siclhel. Carbon Black-Polymer Composites. New York：Marcel Dekker, Inc, 1982

3 ［法］Donnet J B, Voet A. 炭黑. 王梦蛟，李显堂，龚怀耀等译. 北京：化学工业出版社，1982

4 Fowkes Frederick M. Rubber Chemistry and Technology, 1984，57（2）：328

5 Yang Qingzhi, Zhang Dianrong, Jiao Yi et al. Paper, Proc. Int. Rubber Conf. Beijing：1992，10：195～198

6 Zhan Dianrong, Yang Qingzhi, Hui Weiming et al. Paper, Proc. Int. Rubber Conf. Beijing：1992，10：585～588

7 朱玉俊. 弹性体的力学改性. 北京：北京科技出版社，1992

8 李炳炎. 炭黑生产与应用手册. 北京：化学工业出版社，2000

9 王梦蛟，吴秀兰. 炭黑-白炭黑双相填料的研究. 轮胎工业，1999，19（5）：280～289

10 王梦蛟，聚合物-填料和填料-填料相互作用对填充硫化胶动态力学性能的影响. 轮胎工业，2000，20（10）：601～605

11 吴淑华，涂学忠，单东杰. 白炭黑在橡胶工业中的应用. 橡胶工业，2002，49（7）：428～433

12 Leicht E. 橡胶补强用酚醛树脂. 李九玉译. 橡胶参考资料，1988（2）：15

13 蒲启君. 我国橡胶助剂的现状与问题. 橡胶工业，2000，47（1）：40～45

14 杨军，王迪珍，罗东山. 木质素增强橡胶技术的进展. 合成橡胶工业，2001，24（1）：51～55

15 于清溪. 石油树脂的性能及其在橡胶工业中的应用. 橡胶工业，1998，45（6）：375～376

16 ［英］Wake W C, Wooton D B. 橡胶的织物增强. 袁世珍，薛川华，赵振华译. 北京：化学工业出版社，1982

17 于海琴，王金刚，闫良国. 短纤维增强橡胶复合材料研究进展. 材料科学与工程，2002，20（2）：287～289

18 漆宗能，尚文宇. 聚合物/层状硅酸盐纳米复合材料理论与实践. 北京：化学工业出版社，2002

19 Ikeda Y, Tanaka A, Kohjiya S. Reinforcement of Styrene-butadiene Rubber Vulcanizate by in situ Silica Prepared by the Sol-Gel Reaction of Tetraethoxysilane. J. Mater. Chem., 1997，7（8）：1497～1503

20 Sugiya M, Terakawa K, Miyamoto Y, et al. Dynamic Mechanical Properties and Morphology of Silica-

Reinforced Butadiene Rubber by the Sol-Gel Process. Kautsch. Gummi Kunstst. , 1997, 50 (7): 538~543

21　Tanahashi H, Osanai S, Shigekuni M, et al. Reinforcement of Acrylonitrile-butadiende Rubber by Silica Generated in Situ. Rubber Chem. Technol. , 1998, 71 (1): 38~52

22　Aihua Du, Zonglin Peng, Yong Zhang, Yinxi Zhang. Effect of Magnesium Methacrylate on the Mechanical Properties of EVM Vulcanizates. Polymer Testing, 2002, 21 (8): 889~895

23　Saito Y, Fujino A, Ikeda A. High Strength Elastomers of Hydrogenated NBR Containing Zinc Oxide and Methacrylic Acid, presented at SAE Int. Cong. & Exp. , Deteroit, Michigan, 1989, 13~17. No. 890359

24　张立群. 橡胶的纳米增强技术与理论. 中日橡胶技术交流会论文集，2003，74~82

25　杨清芝. 现代橡胶工艺学. 北京：中国石化出版社，1997

第四章　橡胶的老化与防护

第一节　概　述

橡胶和橡胶制品在加工、贮存或使用过程中，因受外部环境因素的影响和作用，出现性能逐渐变坏，直至丧失使用价值的现象称为老化。

橡胶和橡胶制品老化的发生和发展，是一个由表及里、由量变到质变的过程。老化后在外观上发生的变化是，表面出现斑点、失光变色或有微裂纹等，手感是变软发黏或变硬发脆；老化使橡胶的某些物理化学性能和电学性能发生劣化，各种力学性能出现程度不同的下降，老化时间越长变化越显著。

导致橡胶老化的原因有内因也有外因，内因是橡胶属于一种有机高分子材料，其分子的化学键能、交联网络的键能和大分子间内聚能都比较低，易受各种侵蚀、破坏而老化。老化的外因有三类，一是物理因素，如热、光、电、高能辐射及机械应力等；二是化学因素，如氧、臭氧、强氧化剂、无机酸、碱、盐的水溶液以及变价金属离子等；三是生物因素，如微生物及蚂蚁等。橡胶的氧化和臭氧化反应对橡胶造成的破坏最为常见，也最严重。此外热、光、机械应力等因素往往还对氧化和臭氧化起到活化和/或催化作用。生物老化多发生在热带或亚热带地区。

从橡胶制品实际使用的情况看，老化是多种内外因素综合作用的结果。例如汽车轮胎在滚动中，一方面自始至终要与大气中的氧接触并发生反应，与此同时还发生周期性的应力应变，产生力学损耗进而生热，热又活化了氧化反应；另一方面，轮胎在室外使用不可避免地受到阳光照射、风吹和雨雪淋洗以及臭氧侵袭，会发生光氧老化和臭氧老化。除此之外，轮胎的胎冠部因与地面接触还会受到摩擦及砂石等不可预见性尖锐物的刺扎和切割，这对上述老化反应又起了催化和促进作用。这些同时由多种外因引起的老化最终使轮胎丧失使用价值。

橡胶制品大多数情况下是作为机械装备的配件使用，如因老化而过早地损坏，不仅影响了用户的经济效益，有时还会给生命财产造成重大危害。为了改善橡胶的抗老化性，延长制品的使用寿命，早在19世纪中期就开始了对橡胶老化与防护的研究。这些研究包括各种外部因素导致橡胶老化的作用机理、各种防老剂的开发使用及其防护橡胶老化的作用机理等。经过长期的研究，不仅明确了各种外因对橡胶老化所起的作用及它们之间的关系，还对各种外因的作用机理有了充分的认识，找到了防护的理论根据。例如橡胶的热氧化机理、臭氧、光、变价金属离子等的作用机理以及酚、胺类等各种防老剂的防护机理，已被广泛认可。但对抗臭氧剂作用机理和疲劳老化机理的认识还没有形成共识。此外还有一些其他问题尚待进一步研究。

在橡胶的老化防护方面，现已经开发出了上百种能抵御不同老化行为的添加型多功能或专用防老剂，有些已在生产实践中广泛应用。为了克服添加型防老剂易迁移、易挥发和防护效能持续时间短的缺点，从20世纪中期又开始着手开发非迁移性和长效性防老剂，至今也取得了一定进展。

橡胶的老化与防护是进行胶料配方设计必须考虑的内容，防老剂则是胶料配方的四大体系之一。研究引起橡胶老化的内外因素，掌握橡胶老化作用的规律，以便采取有效防护措施，延缓橡胶的老化，延长其贮存期限和制品使用寿命，具有极为重要的意义。

第二节 橡胶的热氧老化

橡胶或橡胶制品在贮存或使用过程中，因同时受到热和空气中氧的作用而发生老化的现象称为热氧老化。热氧老化是各种橡胶及其制品每时每刻都在发生的老化，是造成橡胶损坏的主要原因。橡胶在200℃以下发生热氧老化，氧是引起老化的主要因素，热只起到活化氧化、加快氧化速度的作用。

但在200℃以上的高温下，仅靠热能的作用就足以使橡胶大分子链发生降解，温度越高，热降解越占优势，热降解成了橡胶破坏的主要原因。无论是热氧化还是热降解都是无法杜绝的，但可设法延缓它们的发生，使橡胶制品最大限度地发挥其使用价值。为此应当了解橡胶发生氧化和发生热降解的机理及其影响因素。

一、橡胶的氧化反应机理——自动催化自由基链反应

氧是一种活泼元素，在通常条件下它极易与不饱和橡胶发生反应，在较高温度或某些条件下也能与饱和橡胶发生反应。不饱和橡胶被氧化以后，力学性能会发生显著变化。例如1g天然橡胶硫化胶在110℃下吸氧20cm³，其拉伸强度下降3/4，在120℃下吸氧3cm³，应力松弛速度加快2倍。因此对橡胶氧化机理的研究，首先是从不饱和的天然橡胶开始的。研究发现，不饱和碳链橡胶的氧化都是按照自由基连锁反应机理进行的，反应具有自动催化特征：反应中的主要产物是过氧化氢物，它对氧化起到自动催化作用。图4-1是典型的不饱和碳链橡胶氧化动力学曲线，纵坐标

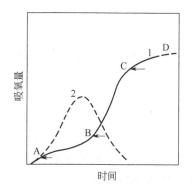

图4-1 橡胶氧化动力学曲线
1—吸氧量曲线；2—过氧化氢物积累曲线

是吸氧量，横坐标是氧化时间，曲线呈 S 形，整条曲线存在三个明显不同的阶段。

AB 段说明氧化初期吸氧量小，吸氧速度基本是恒定的。在此阶段橡胶性能虽有所下降但不显著，是橡胶的使用期。AB 段对应的时间称为氧化诱导期，显然诱导期越长越好。

BC 段是自动催化氧化阶段。吸氧速度急剧增大，比 AB 段大几个数量级，这种现象说明氧化反应具有自动催化的特征。从图 4-1 中的过氧化氢物积累曲线看到，自动催化氧化阶段正是过氧化氢物累积量达到最大值的阶段，显然过氧化氢物导致了氧化的自动催化。在 BC 段的后期橡胶已深度氧化变质，丧失使用价值。

CD 段是氧化反应的结束阶段，吸氧速度先变慢后趋于恒速最后降至零，氧化反应结束。

橡胶氧化反应的自由基连锁反应机理是根据对橡胶等高聚物的模拟化合物的氧化研究提出来的，整个反应分为引发、传递和终止三个阶段。

（1）链引发　橡胶大分子 RH 受到热或氧的作用后，在分子结构的弱点处（如支链、双键等）生成大分子自由基 R·。

$$RH \longrightarrow R· + H \qquad ①$$

（2）链传递　自由基 R· 在氧的作用下，自动氧化生成过氧化自由基 ROO· 和大分子过氧化氢物 ROOH，ROOH 又会分解成链自由基。

$$R· + O_2 \longrightarrow ROO· \qquad ②$$

$$ROO· + RH \longrightarrow ROOH + R· \qquad ③$$

$$ROOH \longrightarrow RO· + ·OH \qquad ④$$

$$2ROOH \longrightarrow RO· + ROO· + H_2O \qquad ⑤$$

$$RO· + RH \longrightarrow ROH + R· \qquad ⑥$$

$$ROO· + RH \longrightarrow ROOH + R· \qquad ⑦$$

$$·OH + RH \longrightarrow R· + H_2O \qquad ⑧$$

（3）链终止　大分子链自由基相互结合生成惰性分子，终止链反应。

$$R· + R· \longrightarrow R—R \qquad ⑨$$

$$R· + RO· \longrightarrow ROR \qquad ⑩$$

$$R· + ROO· \longrightarrow ROOR \qquad ⑪$$

$$ROO· + ROO· \longrightarrow 非自由基产物 \qquad ⑫$$

终止反应生成的过氧化物不稳定，很容易再裂解生成大分子自由基，引起新的链引发和链传递。

在上列反应中，反应②与反应③相比，前者的速度比后者快得多。反应③生成的大分子自由基 R· 会重新按照反应②、反应③的方式接连不断地进行下去，于是生成越来越多的橡胶过氧化氢物 ROOH，ROOH 在积累的同时也会按照反应④和反应⑤分解生成新的自由基，这些新的活性中心又加入到链引发当中，从而使氧化反应速度迅速加快。这一特征反映在氧化动力学曲线上就是自动催化氧化。将反应④与反应⑤比较，反应⑤在低温下就会发生，它和反应③都是自动催化氧化的关键反应。

当氧化反应进行到一定程度，反应体系中可供引发的活性点越来越少，即新生的 R· 越来越少，此时反应的重点转向 R· 或 ROO· 等自由基相互碰撞结合的终止反应，由于 ROO· 的浓度远大于 R· 的浓度，所以反应⑫成为链终止的主要反应。

用红外光谱等现代化分析测试技术跟踪整个氧化过程，对氧化中间产物和最终产物分析的结果说明，在橡胶氧化的过程中，同时发生了链降解或链交联的反应。究竟以哪种反应为主，取决于橡胶的分子结构。天然橡胶热氧化以后，变软发黏，其氧化产物有二氧化碳、甲酸、甲醛、乙酸、乙酰丙醛和乙酰丙酸等低分子化合物，由此可以断定它发生的主要是链降解反应。顺丁橡胶热氧化以后，变硬变脆。虽然也检测出含有羟基和羰基等氧化产物，但可以断定它发生的主要是链交联应。

上述推论，通过对两种橡胶进行的化学应力松弛实验得到进一步证实。图 4-2 给出了天然橡胶和顺丁橡胶硫化胶于 130℃下的应力松弛曲线。图 4-2 中分别有连续应力松弛和间歇应力松弛两条曲线，前者是在整个实验过程中试样始终保持拉伸状态下的应力下降。由于橡胶氧化降解以后重新生成的交联网络不处于应变状态，对应力不做贡献，所以该曲线只反映橡胶网链断裂的数量。后者是指在整个实验过程中，试样不处于拉伸状态，只在测定应力时才被拉伸，测完应力立即解除外力，即试样始终处于间歇应力松弛状态，该曲线反映的应力是由新旧交联网络共同承担的。由此可见，间歇应力松弛与连续应力松弛之差，就是氧化期间交联程度的度量。图 4-2 说明，天然橡胶在热氧老化观察时间内网链的断裂占据着优势，顺丁橡胶在热氧老化

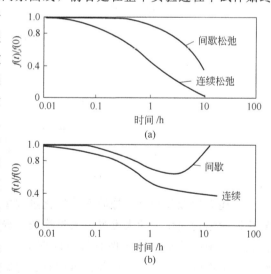

图 4-2　硫化橡胶在 130℃下的应力松弛曲线
（a）NR 硫化胶；（b）BR 硫化胶

的观察时间内，前期是以网链的断裂为主，后期是以产生新的交联为主，总体上

以交联为主。

顺丁橡胶氧化过程中生成的烷氧自由基 RO· 会引起大分子链降解。氧化降解产物之间还会形成化学键合。其反应如下。

聚丁二烯中的 1,4 结构氧化生成的烷氧自由基，按下列几种方式发生降解：

$$-CH_2-CH=CH-\overset{H}{\underset{O·}{C}}- \longrightarrow \begin{cases} -CH_2-CH=CH-\overset{}{\underset{O}{C}}- +H· \\[2mm] -CH_2-CH=CH-\overset{}{\underset{H}{C}}=\overset{}{\underset{O}{} } +R· \\[2mm] -CH_2-CH=CH· + H-\overset{}{\underset{O}{C}}- \end{cases}$$

自由基和氧化降解产物按下列方式发生交联。

$$R· + \sim\!\!\!\sim CH_2-CH=CH-CH_2\sim\!\!\!\sim \longrightarrow \sim\!\!\!\sim CH_2-\overset{R}{\underset{·}{C}H}-CH-CH_2\sim\!\!\!\sim$$

$$\sim\!\!\!\sim CH_2-\overset{R}{\underset{·}{C}H}-CH-CH_2\sim\!\!\!\sim + n\sim\!\!\!\sim CH_2-CH=CH-CH_2\sim\!\!\!\sim \longrightarrow \sim\!\!\!\sim CH_2-\overset{R}{\underset{}{C}H}-CH-CH_2\sim\!\!\!\sim$$

上述天然橡胶和顺丁橡胶在热氧化过程中发生的结构变化，反映了整个橡胶氧化以后结构变化的两大类型。天然橡胶、异戊二烯橡胶、丁基橡胶、二元乙丙橡胶、均聚或共聚型氯醇橡胶等以降解为主。而顺丁橡胶、丁腈橡胶、丁苯橡胶、氯丁橡胶、三元乙丙橡胶、氟橡胶、氯磺化聚乙烯等则是以交联为主。丁腈橡胶和丁苯橡胶虽然是共聚物，但因其主要单体组分还是丁二烯，故显示与顺丁橡胶有相同的结构变化特征。实际上橡胶氧化过程中发生的结构变化除了降解和交联以外，还发生了其他结构变化，例如顺丁橡胶还发生了顺、反异构变化，天然橡胶及顺丁橡胶等还会发生分子内反应。

二、影响橡胶热氧老化的因素

1. 生胶分子结构的影响

橡胶分子结构不同，发生氧化的位置不同，受氧化的难、易不同，氧化速度不同，氧化过程中产生的结构变化不同，氧化产物也不同。

（1）主链结构的影响　就碳链橡胶来说，饱和碳链橡胶比不饱和碳链橡胶耐氧化。饱和碳链橡胶分子链中，尽管由于电子诱导效应和超共轭效应使叔氢原子具有较大的活性，氧化引发反应往往发生在这一位置，但要使 C—H 键裂解生成活性自由基，与不饱和碳链橡胶分子上的 α-H 键裂解相比，其断裂活化能要高很多，故其不易被氧化。而不饱和碳链橡胶大分子结构单元中的 α 氢原子，具有较高的反应活性，在较低的温度下就能发生氧化脱氢反应，并生成稳定的大分子自由基 R·，接着进行氧化链式反应，其氧化反应具有明显的自动催化特征。饱和碳链橡胶在氧化过程中没有明显的自动催化特征，这是因为饱和碳链橡胶的氧化必须在较高温度下进行，此时所生成的过氧化氢物 ROOH 被很快分解掉，难以充分发挥自动催化作用。

杂链橡胶如硅橡胶，因主链中由无机硅原子和氧原子交替组成，它没有按自由基分解的倾向，氧化的引发反应只能从侧烷基上开始，氧化反应温度比上述橡胶高得多，在 280℃ 以上才开始有低分子挥发物产生，反应的自动催化特征也不明显。这说明它比一般的碳链橡胶更耐热氧化。

（2）侧基的影响　同是不饱和碳链橡胶，却因双键上有无取代基及取代基的极性不同，其耐氧化性不同（第一章）。饱和碳链橡胶中的丙烯酸酯橡胶与乙丙橡胶相比，前者的取代基是极性的酯基，后者是甲基，则前者的氧化活性比后者也降低了许多。氟橡胶也是饱和碳链橡胶但与碳原子相连的只有少量氢原子，主要是强极性的氟原子或氟烷基，因而显示出优异的耐氧化性。

（3）共聚组分的影响　共聚橡胶的耐氧化性与共聚物中第二组分或第三组分的种类和数量有关。丁苯橡胶和丁腈橡胶相比，后者的耐氧化性要好于前者，并且随丙烯腈含量的增加耐氧化性越好。这与氰基是一个强极性基团有关，一方面它使得临近的丁二烯结构单元中的 α-H 降低了反应活性；另一方面它使丁腈橡胶有较高的内聚能密度，降低了氧的扩散能力。

丁苯橡胶中苯环的体积位阻效应虽然能阻碍氧的扩散，但因苯乙烯含量少且无规分布，其改善抗氧化的效果很有限，因其不饱和度比天然橡胶低，故它的耐氧化性仅好于天然橡胶，与顺丁橡胶不相上下。此外，三元乙丙橡胶和丁基橡胶的氧化活性则随不饱和第三组分含量的增加而增大。

2. 硫化的影响

绝大多数橡胶是在硫化以后被使用的，橡胶硫化以后不仅生成体型网络结构，也使橡胶的化学组成发生了变化。交联键、配合剂相互反应生成的网络外物质以及因硫化生成的变异结构等，都会影响橡胶的氧化行为。

（1）交联键类型的影响　对用传统、有效和过氧化物硫化体系分别硫化的含炭黑天然橡胶进行氧化试验发现，其氧化速度是按传统＞有效＞过氧化物的顺序递减。如在100℃进行大气氧化试验，它们从大气中吸氧达0.5%（质量分数）的时间分别是27h、53h和118h。图4-3的实验曲线进一步证明了这一特点，这说明交联键尤其是多硫键易发生氧化反应。硫化胶吸氧速度与交联键的解离能高低有关，解离能高则不易被氧化。多硫键与单硫键、双硫键及碳-碳键相比，因解离能最低故易裂断成自由基引发橡胶的氧化。图4-4所示的实验曲线说明硫化橡胶中含多硫键越多越不耐氧化。而多硫键恰恰是普通硫化体系硫化胶中的绝大多数交联键。

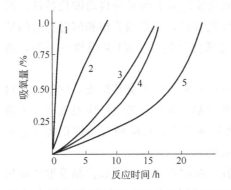

图4-3　不同硫化体系硫化的天然橡胶在100℃、0.1MPa氧压下测定的吸氧曲线（硫化后抽提）

1—纯硫黄硫化（S，10份）；2—硫黄/促进剂硫化（S/CZ，2.5份/0.6份）；3—无硫硫化（TMTD，4.0份）；4—EV硫化（S/CZ，0.4份/6.0份）；5—过氧化物硫化（DCP，2.0份）

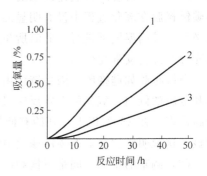

图4-4　多硫交联键浓度对天然胶硫化胶氧化行为的影响

（多硫交联键浓度 mol/g 橡胶）

1—6.05×10^{-5}；2—3.6×10^{-5}；3—0

（2）硫化橡胶中网络外物质的影响　用 TMTD 硫化的天然橡胶具有很好的耐氧化性。若在氧化之前用丙酮抽提出橡胶在硫化期生成的二甲基二硫代氨基甲酸锌，则硫化胶的耐氧化性不再优于一般的硫黄/促进剂硫化的橡胶。这说明 TMTD 硫化胶的优良耐氧化性，既不是交联键特征也不是分子侧挂基团特征贡献的，而是网络外物质二甲基二硫代氨基甲酸锌贡献的。

（3）硫化胶中变异结构的影响　橡胶在硫化过程中，生成的分子内硫环、促进剂/硫黄侧挂基团、共轭三烯等变异结构对橡胶的氧化也有影响。其中分子内硫环有抑制氧化的作用，而促进剂侧挂基团和共轭三烯或共轭二烯则能加速橡胶的氧化。

由上可见，硫化改变了橡胶的原有结构并使结构变得复杂起来，这给研究硫化橡胶的氧化机理带来很大的困难。要想对所有的问题做出准确的理论解释，目前还做不到，许多问题尚有待进一步地深入研究。

（4）温度的影响　温度对橡胶氧化的影响与对其他化学反应的影响一致，即温度每升高 10℃，氧化反应速度约加快一倍。例如，厚 20mm 的橡胶试样分别在 25℃、50℃、80℃、120℃和 140℃放置 24h 后，试样中心部位的含氧量分别为表面含氧量的 4％、30％、67％、80％、90％和 96％。显然，温度升高以后由于橡胶的膨胀，提高了氧的扩散速度，同时也活化了氧与橡胶的反应，橡胶制品使用温度越高，越容易老化。

除了上述因素影响橡胶的热氧老化以外，在进行橡胶热氧老化实验研究时，也必须考虑到氧的浓度和橡胶试片的厚度对实验结果产生的影响。

三、橡胶的热稳定性

近年来，随着科技的发展，对某些橡胶制品的耐用温度提出了近似苛刻的要求，如要求橡胶输送带能在 200℃以上的环境下长期使用等。橡胶的耐高温性不仅取决于它的耐氧化能力，还取决于它的热稳定性。所谓热稳定性是指橡胶耐高温降解的能力。

橡胶在高温下发生降解的难易主要取决于橡胶分子链上化学键的解离能高低，也取决于交联键解离能的高低，各种化学键的解离能如表 4-1 所示。由表 4-1 中看到，Si—O 键解离能高达 688kJ/mol，故硅橡胶制品可以在 250℃以上长期使用。

表 4-1　各种化学键的解离能

键	解离能/(kJ/mol)	键	解离能/(kJ/mol)
C—C	348	C—F	431～555
C=C	611	C—Cl	339
C≡C	678	C—Br	285
C—H	415	C—I	218
C—N	306	N—H	389
C≡N	892	O—H	464
C—O	360	O—O	147
C=O	749	Si—O	688

注：C—F 键的解离能是随着在同一碳原子上所取代的氟原子数目增加和键长变短而增大。

碳链橡胶的热稳定性受侧基的影响很大，其热稳定性按照主链为仲碳、叔碳、季碳原子的结构依次递减。

$$-C-C-C- > \begin{array}{c} \\ -C-C-C- \\ | \\ C \end{array} > \begin{array}{c} C \\ | \\ -C-C-C- \\ | \\ C \end{array}$$

当主链碳原子上连接不同原子时，其热稳定性按照以下顺序依次递减。

$$—C—F>—C—H>—C—C>—C—O>—C—Cl$$

氟橡胶热稳定性高，可在 315℃ 的高温下短期使用，侧基对不饱和碳链橡胶的热稳定性的影响大于主链双键的影响。侧基大小、极性及数量的不同，橡胶的热稳定性不同。对几种通用橡胶进行热失重研究表明，下列橡胶的热稳定性为

$$BR>SBR>IIR>IR、NR$$

第三节　橡胶热氧老化的防护

由前述知道，橡胶的热氧化反应是按照自由基链式反应机理进行的，反应的活性中心是 R· 和 ROO·，自动催化作用来源于 ROOH 的不断积累和分解。因此要想抑制氧化的进行可以采取两个方法，一是终止已经生成的活性自由基，使它不能进行链传递反应；二是分解不断生成的 ROOH，防止它产生新的引发自由基。橡胶热氧老化的防护就是根据这两个原理进行的。

一、自由基终止型抗氧剂的作用机理

凡是能够捕捉自由基 R· 或 ROO·，并与之结合生成稳定化合物和低活性自由基，以阻止链传递反应的进行，延缓橡胶老化的物质称为自由基终止型或链终止型抗氧剂。虽然有多种有机化合物可作为自由基终止抗氧剂使用，但最重要、最常用的是芳胺类化合物和酚类化合物。酚类化合物和芳香仲胺类化合物分子上分别带有 —NH 和 —OH 基团，与 N 和 O 相连的氢原子具有比高分子碳链上原子高得多的活泼性，它易脱出来与大分子链自由基 R· 或 ROO· 相结合，从而中断氧化链的传递，降低橡胶被氧化的速度。例如抗氧剂 N-苯基-α-萘胺分子（常称防老剂 A）与 ROO· 作用后，消灭了大分子链自由基 ROO·，同时也生出一个 N-苯基-α-萘胺自由基。

这个新自由基能否再引起自由基链式反应，取决于它的活性。活性高的新自由基，可以引起新的链式反应进行，活性低的新自由基，则只能与另一个活性链自由基结合，再次中断一个链式反应。一般说来，无论是胺自由基还是酚自由基，由于它们与苯环处于大共轭体系中，因而这些自由基比较稳定，它们的活性不足以引发链自由基反应，而只能终止链自由基。

应当指出的是某些叔胺化合物，虽不含 —NH 基团却也有抑制氧化的作用，这是因为当它和大分子链自由基 ROO· 相遇时，会通过电子转移而使活性自由基终止。

$$RO_2 \cdot + \underset{R}{\overset{\ddot{N}-R}{\bigcirc}} \longrightarrow RO_2^- : + \underset{R}{\overset{\dot{N}-R^+}{\bigcirc}}$$

自由基终止型抗氧剂（以下用 AH 代表）能够以下列不同方式参与橡胶的自动催化氧化过程。

引发　　　　　　　　$AH + O_2 \longrightarrow A \cdot + HOO \cdot$　　　　　　　　①

传递　　　　　　　$ROO \cdot + AH \longrightarrow ROOH + A \cdot$　　　　　　　②

　　　　　　　　$A \cdot + RH \overset{O_2}{\longrightarrow} AOOH + ROO \cdot$　　　　　　③

终止　　　　　　　$ROO \cdot + A \cdot \longrightarrow ROOA$　　　　　　　　④

　　　　　　　　$A \cdot + A \cdot \longrightarrow A-A$　　　　　　　　　　⑤

由于在橡胶氧化过程中 R· 的浓度比 ROO· 的浓度小得多，因此抗氧剂与 ROO· 的反应②是主要反应。又因 A· 是低活性自由基，它的活性不足以引发自由基链反应，即使反应③发生，速度也很慢，但 A· 可按反应④终止链自由基。

通过对反应速度常数的测定，发现 ROO· 与抗氧剂 AH 的反应速度远快于在自动催化氧化过程中 ROO· 从橡胶分子上夺取氢的反应速度，故能有效地抑制氧化反应的进行。但不排除一种抗氧剂在这种环境下主要起抗氧剂的作用，在另一种环境下可能有助氧化的作用。另外，如反应①所示，抗氧剂在抑制橡胶氧化过程中，本身被氧化，其生成的自由基 $HO_2 \cdot$ 活性很高，也会按下式引发橡胶。

$$HO_2 \cdot + RH \longrightarrow H_2O_2 + R \cdot$$

尤其在较高的温度下或者在防老剂的浓度较高的情况下，这种助氧化反应更容易发生。

为了证明上述抗氧剂通过氢转移，抑制橡胶氧化反应机理的正确性，用重氢取代抗氧剂分子中的活泼 H 进行橡胶的氧化试验，观察动力学重氢同位素效应，实验结果如图 4-5 所示。重氢化抗氧剂的 N—D 和 O—D 官能团与 ROO· 的链终止反应速度低于普通抗氧剂的 N—H 和 O—H 与 ROO· 的反应速度，因此，在同样用量情况下，含重氢抗氧剂的橡胶氧化速度会大于含普通抗氧剂的氧化速度，图 4-5 中的同位素效应，用曲线恒速部分的氧化反应速率常数比值表示，$K_D/K_H = 1.8 \pm 0.3$。这充分说明酚、胺类抗氧剂通过氢转移使橡胶氧化动力学链终止的推理是正

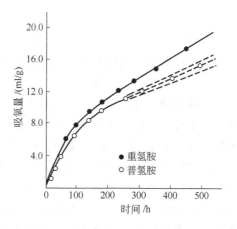

图 4-5　3 份 N-苯基-β-萘胺在丁苯橡胶中的动力学同位素效应（90℃，氧压为 0.1MPa）

确的。

二、分解过氧化氢物抗氧剂的作用机理

通过分解氧化过程中生成的橡胶大分子过氧化氢物 ROOH，使之生成稳定的非活性物，能有效地抑制橡胶的自动催化氧化。具有这种作用的物质被称为分解过氧化氢物型抗氧剂，硫醇、硫代酯、二硫代氨基甲酸盐和亚磷酸酯等都是有效的过氧化氢物分解剂。由于它们只能在 ROOH 生成以后才能发挥作用，一般不会单独使用，为此又把它们称作辅助抗氧剂。上述的酚、胺类抗氧剂则称作主抗氧剂。上述分解过氧化氢物类抗氧剂在橡胶工业应用主要是二氨基甲酸盐类。其分解过氧化氢的反应机理如下。

$$\text{ROOH} + R'_2N-C\overset{S}{\underset{S}{\diagdown}}M\overset{S}{\underset{S}{\diagup}}C-NR'_2 \longrightarrow RO\cdot + R'_2N-C\overset{S}{\underset{S\cdot}{}} + HO-M\overset{S}{\underset{S}{}}C-NR'_2$$

$$HO-M\overset{S}{\underset{S}{}}C-NR'_2 \longrightarrow R'_2N-C\overset{S}{\underset{SH}{}} + MO$$

$$R'_2N-C\overset{S}{\underset{S\cdot}{}} + 3ROOH \longrightarrow R'_2N-C\overset{O}{\underset{S}{\overset{}{}}}S-OH + 2ROH + RO\cdot$$

$$R'_2N-C\overset{S}{\underset{SH}{}} + 3ROOH \longrightarrow R'_2N-C\overset{O}{\underset{S}{\overset{}{}}}S-OH + 3R'OH$$

$$R'_2-N-C\overset{O}{\underset{S}{\overset{}{}}}S-OH \longrightarrow R'N=C=S + SO_2 + R'OH$$

由此可见，1mol 二硫代氨基甲酸盐能分解 7mol ROOH，足见效率之高。

三、抗氧剂的结构与防护效能的关系

1. 自由基终止型抗氧剂

上述明确了酚、胺类化合物作为有效自由基终止型抗氧剂应具备的条件，是分子中要有易脱除的活泼 H 原子，并且 A—H 键的解离能要小于橡胶的 R—H 键解离能，以确保它们与 ROO·的反应概率大于与 RH 的反应概率。但是 A—H 键的解离能又不能太低，否则它们将易被氧化过早消耗掉而失去防护橡胶氧化的作用。另外它们脱 H 后生成的自由基 A·或 AOO·的活性也应很小，以防止这些自由基参与氧化链传递反应降低防护效能。酚、胺化合物能不能满足上述要求，关键取决于苯环取代基团的类型和空间位阻的大小。

（1）取代基的类型　对芳胺类中的一元胺（ R—⟨◯⟩—NHCH₃ ）或二元胺

（ R—NH—⬡—NH—R ）来说，若取代基 R 是推电子基团（如烷基和烷氧基），容易脱氢，故抗氧化效能高，反之 R 是吸电子基团时抗氧老化效能低（见表 4-2）。

表 4-2　取代基对对苯二胺类（ R—NH—⬡—NH—R ）防护效能的影响

取代基 R	摩尔效率/%	取代基 R	摩尔效率/%
H	25	$H_3C-\underset{CH_3}{\overset{CH_3}{C}}-$	96
$CH_3CH_2CH_2CH_2-$	38	$\underset{CH_3}{\overset{CH_3}{N}}CH_2CH_2-\overset{CH_3}{CH}-$	137
$H_3C-\overset{CH_3}{CH}-CH_2-$	40	$NC-\underset{CH_3}{\overset{CH_3}{C}}-$	31
$CH_3CH_2\overset{CH_3}{CH}-$	100		

同理，酚类中的对烷基苯酚（ HO—⬡—R ），取代基 R 是甲基、叔丁基、甲氧基等推电子基团，抗氧化效能也高，R 若是硝基、羧基、卤基等吸电子基团，则抗氧老化效能差。

（2）取代基的空间位阻和位置　取代基的体积大则空间位阻效应大，这使得抗氧剂自由基降低了受氧袭击发生反应的概率，有较高的稳定性，故抗氧老化效能高。如对苯二胺（ C_4H_9—NH—⬡—NH—C_4H_9 ）的抗氧老化效能是随—C_4H_9 异构体不同而变化的，正丁基、异丁基、仲丁基和叔丁基分别对应的抗氧化效率分别为 0.38、0.40、1 和 0.96。显然，叔丁基和仲丁基表现出最好的抗氧老化性，异丁基次之，正丁基最差。

酚类抗氧剂共同的结构特征是在酚羟基的邻位有一个或两个较大的基团。研究三烷基苯酚的抗氧化效能发现，2,6-位具有空间位阻的酚具有最好的抗氧化效能，酚基邻位取代基的位阻越大，抗氧效率越高。2,6-二特丁基-4-甲基苯酚是橡胶工业最常用的抗氧剂之一。

通常将 2,6-位上有叔丁基的三烷基苯酚称为受阻酚，如该取代基的体积小于叔丁基则称为部分受阻酚，部分受阻酚的抗氧化效能比受阻酚低。这种差异的出现是由于苯酚脱氢后所生成的苯氧自由基的稳定性被降低了，使它们易发生一些副反应，甚至还会发生引发橡胶大分子氧化反应的缘故。

与2,6-邻位取代基的空间位阻效应相反，受阻酚的抗氧化效能是随着酚基对位取代基支化程度的增大抗氧化效能降低（见表4-3）。

表4-3　对位取代基对受阻酚防护效能的影响

OH	R^2	相　对　效　能
$R^3 \diagdown R^1$ R^2	$CH_3CH_2CH_2CH_2-$	100
	$(CH_3)_2CHCH_2-$	61
	$(CH_3)_3C-$	26

除了单酚以外，由烷基化苯酚缩合生成的某些双酚具有比单酚类防老剂更好的防护橡胶和其他高分子材料氧化的功能。例如，2,2-亚甲基双(4-甲基-6-叔丁基苯酚)（俗称防老剂2246）就是典型的代表。双酚防护效能的高低也取决于酚环上连接的取代基的大小及类型。

(CH₃)₃C 　OH　 　OH　 C(CH₃)₃

$(CH_3)_3C \diagup^{OH} -CH_2- \diagup^{OH} C(CH_3)_3$ （各环对位为CH₃）

2,2′-亚甲基-双(4-甲基-6-叔丁基苯酚)

从双酚对天然橡胶和异戊二烯橡胶氧化的防护情况来看，连接双酚的基团使双酚的防护效能按邻亚甲基＞对亚甲基≥硫代基＞对亚烷基＞对亚异丙基的顺序递减。

由邻亚甲基相连的双酚对天然橡胶硫化胶的防护效能与酚环上取代基的大小及亚甲基上的氢原子是否被取代有很大的关系。对位取代基的体积增大，邻位取代基的体积减小；或者连接双酚的亚甲基氢原子被其他基团取代时，均使其防护效能降低。

2.分解过氧化氢物型抗氧剂

由于这类抗氧剂一般是作为辅助抗氧剂使用，且涉及的化合物品种较杂，故对它们的防护效能与结构关系的研究比较少，但对长链脂肪族硫代酯研究得较多些。这可能与研究硫黄/促进剂硫化橡胶中硫交联键及内硫环的氧化行为有关。硫代酯分解ROOH的效率高低与连接在硫原子两边的基团的支化程度和长短有关。例如，当硫原子两侧连接不同的丁基或者一侧连接叔丁基，另一侧连接1,3-烷基取代的烯丙基时，具有较高的分解ROOH效率。

四、抗氧剂的并用效能

将两种以上具有相同或不同作用机理的抗氧剂同时使用，称为抗氧剂的并用。长期以来，人们对抗氧剂的并用效果进行了大量应用探索，并对抗氧剂并用的作用机理也作了深入研究。抗氧剂并用对改善橡胶的抗氧化性显示三种不同效应，即负效应、加和效应和协同效应。负效应就是并用以后产生的防护效能低于参加并用的各抗氧剂单独使用的防护效能之和；加和效应就是并用后产生的防护效能等于各抗氧剂单独使用的效能之和；协同效应就是并用后的防护效能大于各抗氧剂单独使用的效能之和，这是一种正效应。抗氧剂（或防老剂）并用是现代橡胶制品普遍采用的方法。这不仅是为了追求高防护效能，也是为了克服抗氧剂在使用中遇到的如喷霜等某些实际问题。

1. 加和效应

为了抑制含有变价金属离子的橡胶的氧化，将抗氧剂和金属离子钝化剂同时使用往往会产生加和效应。当使用一种抗氧剂时，抗氧剂的用量一旦超过某个值，会出现助氧化的反作用，此时若将两种以上的抗氧剂低用量并用，就会避免助氧化出现且会取得加和的抗氧化效应。又如，将两种挥发性不同的酚类抗氧剂并用，可以在很宽的温度范围内显示加和性的抗氧化效果。

2. 协同效应

研究发现，下列两种情况均可以产生协同效应：一是具有不同作用机理的抗氧剂并用，例如自由基终止型抗氧剂与分解过氧化氢物型抗氧剂并用、自由基终止型抗氧剂与紫外线吸收剂并用、自由基终止型抗氧剂与金属离子钝化剂并用等，都可以产生协同效应。这种协同效应又称为杂协同效应；二是具有相同作用机理但活性不同的抗氧剂并用，例如酚/酚并用、胺/胺并用、酚/胺并用等也产生协同效应，这种协同效应称为均协同效应。

具有不同作用机理的两种抗氧剂并用产生协同效应的机理，可用自由基终止型抗氧剂与分解过氧化氢物抗氧剂的并用加以说明。当橡胶发生氧化时，两种抗氧剂都在按照自己的作用方式抑制氧化的进行，分解过氧化氢物抗氧剂将氧化过程中生成的 ROOH 及时分解掉，使之不能生成活性自由基，使氧化链的引发速率大大降低。而活性自由基数量的减少，自然就降低了自由基终止型抗氧剂的消耗速率，延长了其使用期。与此同时，自由基终止型抗氧剂因捕捉 ROO· 或 R·，使得 ROOH 的生成速率大为降低，也就降低了分解过氧化氢物型抗氧剂的消耗速率，同样延长了其使用期。由上可见，两种不同作用机理的抗氧剂并用，实际上是因存在互相保护的作用，才得以产生协同效应的。

两种作用机理相同但活性不同的抗氧剂并用，产生协同效应的机理，被认为是高活性的抗氧剂能够首先释放出 H 原子去终止 ROO·，生成的抗氧剂自由基则会从低活性抗氧剂上得到一个 H 原子而再生，从而使高活性抗氧剂的防护效能得以长期有效。

如果一种抗氧剂既具有终止活性自由基的功能又具有分解过氧化氢物的功能，也会产生协同效应，这种协同效应称为自协同效应。某些长效性抗氧剂，因分子中含有两种不同的功能基团而具有这种特征。

第四节　橡胶的臭氧老化和防护

臭氧是导致橡胶在大气中发生老化的一个重要因素。臭氧比氧更活泼，因而它对橡胶尤其是不饱和橡胶的侵袭比氧严重得多。

大气中的臭氧（O_3）是由氧分子吸收太阳光中的短波紫外光后，分解出的氧原子重新与氧分子结合而成的。在距地球表面 $20\sim30km$ 的高空中存在一层浓度约为 5×10^{-6} 的臭氧层，随着空气的垂直流动，臭氧被带到地球表面，臭氧的浓度由高空到地面逐渐降低。另外，在紫外光集中的场所、放电场所以及电动机附近，尤其是产生电火花的地方都会产生臭氧。通常大气中的臭氧浓度是 $0\sim5\times10^{-8}$。地区不同，臭氧的浓度不同；季节不同，臭氧的浓度也不同。虽然地面附近的臭氧浓度很低，但对橡胶造成的危害却是不容忽视的。

不饱和橡胶极易发生臭氧化及其臭氧化后的外观特征，与热氧老化不同，一是橡胶的臭氧化只在臭氧所接触的表面层进行，整个臭氧化过程是由表及里的过程；二是橡胶与臭氧反应生成一层银白色硬膜（约10nm 厚），在静态条件下此膜能阻止臭氧与橡胶深层接触，但在动态应变条件下或在静态拉伸状态下当橡胶的伸长或拉伸应力超过它的临界伸长或临界应力时，这层膜会产生龟裂，使臭氧得以与新的橡胶表面接触，继续发生臭氧化反应并使裂纹增长，另外裂纹出现后由于基部有应力集中，所以更容易加深裂纹进而形成裂口。裂纹的方向垂直于应力方向，一般在小应变下（如 5%）只有少量裂纹出现，裂纹方向清晰可辨，当橡胶多方向受力时则很难辨出裂纹方向。

一、橡胶臭氧化反应机理

臭氧与不饱和橡胶的反应机理，可参照下式说明。

当臭氧接触橡胶时，臭氧首先与活泼双键发生加成反应，生成分子臭氧化物①，分子臭氧化物很不稳定，很快分解生成羰基化物②和两性离子③。在多数情况下两性离子与羰基化物会重新结合成异臭氧化物④，两性离子也能聚合生成二过氧化物⑤或高过氧化物⑥，另外当有甲醇等活性溶剂存在时，两性离子还会与之反应生成甲氧基过氧化氢物⑦。

臭氧与不饱和橡胶的反应活化能很低，反应极易进行，反应直到橡胶的双键消耗完毕为止，此时在橡胶的表面生成一层银白色的失去弹性的薄膜，只要没有外力使薄膜龟裂，橡胶将不再继续臭氧化。如若对已经臭氧化的橡胶拉伸或使其产生动态变形，生成的臭氧化薄膜将出现龟裂，露出新的橡胶表面又会与臭氧发生反应，这使得裂纹继续增长。

饱和橡胶因不含双键，虽然也能与臭氧发生反应但反应进行得很慢，不易产生龟裂。

曾有多人对不饱和橡胶臭氧化龟裂的产生和增长做过研究。这些研究者根据自己的实验数据，分别提出了龟裂产生及增长的机理。例如有人认为龟裂的产生，是由于在应力作用下因臭氧化物分解产生的断裂分子链，相互分离的倾向大于重新结合倾向的结果。而龟裂的增长则与臭氧的浓度和橡胶分子链的运动性有关，当臭氧浓度一定时，分子链运动性越大，裂纹增长就越快。也有人认为臭氧龟裂的产生和增长与橡胶臭氧化形成的臭氧化物薄层的物性以及与原橡胶表面层的物性不同有关。例如，Murray 认为橡胶的臭氧化过程是物理过程和化学过程共同发生的过程。当橡胶与臭氧接触时，表面的双键迅速与臭氧反应，大部分生成臭氧化物，使原本柔顺的橡胶链迅速转变为含有许多臭氧化物环的僵硬链。当有应力施加于橡胶上时，应力将橡胶链拉伸展开，使更多的双键与臭氧接触，使橡胶链含有更多的臭氧化物环，变得更脆。脆化的表面在应力或动态应力作用下就很容易发生龟裂。

二、影响橡胶臭氧化的因素

1. 橡胶结构的影响

这是把臭氧龟裂产生的原因归结为臭氧化层物性下降易发脆的结果。

橡胶的结构不同耐臭氧老化能力不同（见表 4-4 和表 4-5）。在橡胶结构中，以双键的数量和双键上取代基的影响最显著。

表 4-4　不同硫化胶在大气中耐臭氧龟裂性

橡　　胶		出现龟裂的时间/d			
		在阳光下伸长		在暗处伸长	
		10%	50%	10%	50%
二甲基硅橡胶	>	1460	1460	1460	1460
氯磺化聚乙烯	>	1460	1460	1460	1460
26 型氟橡胶	>	1460	1460	1460	1460
乙丙橡胶		>1460	800	>1460	>1460

橡　胶	出现龟裂的时间/d			
	在阳光下伸长		在暗处伸长	
	10%	50%	10%	50%
丁基橡胶	>768	752	>768	>768
氯丁橡胶	>1460	456	>1460	>1460
氯丁橡胶/丁腈橡胶共混物	44	23	79	23
天然橡胶	46	11	32	32
丁二烯与 α-甲基苯乙烯共聚物	34	10	22	22
异戊橡胶	23	3	9	56
丁腈橡胶-26	7	4	4	4

表 4-5　各种硫化胶的臭氧龟裂增长速度

橡　胶	增长速度[①]/(mm/min)	橡　胶	增长速度[①]/(mm/min)
NR	0.22	NBR-26	0.06
SBR(S/B=30/70)	0.37	NBR-18	0.22
IIR	0.02	CR	0.01
NBR-30	0.04		

① $[O_3]=1.15mg/L$。

(1) 饱和程度的影响　由表 4-4 看到，饱和橡胶的耐臭氧老化性远远优于不饱和橡胶，其中硅橡胶、氟橡胶及氯磺化聚乙烯等饱和橡胶即使在大气中暴露三年也不发生龟裂老化现象。而天然橡胶、丁苯橡胶、顺丁橡胶等不饱和橡胶在大气中暴露几十天便出现龟裂老化现象，拉伸的丁腈橡胶在阳光下暴露几天就出现龟裂。

(2) 双键碳原子上取代基的影响　由于臭氧与双键的反应是亲电加成反应，故双键上连有烷基等供电子取代基团时将有利于臭氧与双键的反应；反之，连有氯原子等吸电子基团将不利于反应。氯丁橡胶的耐臭氧老化性好于顺丁橡胶和天然橡胶的原因，一方面是氯原子的存在降低了臭氧与氯丁胶的反应性；另一方面是氯丁胶的初级臭氧化物分解生成的羰基化合物是酰氯而不是醛、酮。酰氯不易形成异臭氧化物，但可与大气中的湿气反应生成柔性的非臭氧化物膜层，它不易受应力或应变影响发生破裂，故能保护内层橡胶免受臭氧攻击。

(3) 分子间作用力的影响　分子间作用力小，分子链运动能力大，易发生臭氧龟裂且裂口增长速度快。这是因为在臭氧浓度一定的情况下，若分子链的运动性高，则当臭氧使表面的分子链断裂以后，断裂的两端将以较快的速度相互分离，露出底层新的分子链继续受臭氧的攻击，因而加快了裂口增长。反之则不易发生臭氧龟裂，而且裂口增长得慢。丁腈橡胶的耐臭氧老化性综合看好于天然橡胶、丁苯橡胶及顺丁橡胶，并且耐臭氧老化性随着丙烯腈含量的增加而提高（见

表 4-5），一方面因极性的氰基降低了分子链的运动性；另一方面随丙烯腈含量的增加降低了橡胶的不饱合度。在橡胶中使用增塑剂和软化剂能增大分子链的运动性，因而能加速龟裂裂口的增长。

2. 应力及应变

橡胶产生臭氧龟裂只发生在外力作用下，并且施加在橡胶上的外力要大于临界应力（临界应力可看作是橡胶发生龟裂分离成两个新表面所需要的最低能量）或者外力引起的应变要大于临界应变。当橡胶遭遇臭氧侵袭时，外力引起橡胶应变的大小与龟裂的产生及裂口的增长也有一定的关系。一般在低应变时产生龟裂的数量少，由于裂口尖端的应力比较集中，裂口增长速率大，裂口深；高应变时产生龟裂的数量多，但这些裂口相互干扰，使得裂口端点处的应力集中减弱，裂口浅。观察丁苯橡胶臭氧化裂口增长与应变的关系发现，随着应变增大，裂口增长速率出现一个峰值，应变继续增大，裂口增长速率逐渐降低（见图 4-6）。

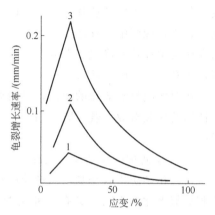

图 4-6　未填充 SBR（30％S）在不同臭氧浓度下的龟裂增长速率与应变的关系

1—臭氧浓度为 2.2×10^{-7} mol/L；

2—臭氧浓度为 11.0×10^{-7} mol/L；

3—臭氧浓度为 16.5×10^{-7} mol/L

3. 温度

温度的改变会影响橡胶分子链的运动性，升高温度意味着增大分子链的运动能力，升高温度还会活化臭氧与橡胶双键的反应，因此无论对龟裂的产生还是裂口的增长都是有利的。由此可见，升高温度会降低橡胶的耐臭氧老化性，当然橡胶的结构不同降低的程度也不同。

4. 臭氧浓度

臭氧浓度对橡胶的龟裂有影响。一是龟裂出现的时间随着臭氧浓度的增大而缩短；二是裂口增长的速度随着臭氧浓度的增大而增大。

三、橡胶臭氧老化的防护方法

由于臭氧与橡胶的反应是在橡胶表面进行的，在表面设置屏障防止臭氧与橡胶接触是人们防护橡胶臭氧老化最早采用的方法即物理防护法。多年的实践发现，物理防护法只满足橡胶制品的静态使用。对动态使用的橡胶制品几乎没有意义，化学防护法才是最有效的。

1. 物理防护的作用及其机理

所谓物理防护法就是在橡胶制品表面喷涂一层石蜡，以形成防护膜；或者在胶料中添加石蜡使其喷出橡胶表面，阻止臭氧与橡胶接触的方法。用于防臭氧的蜡有石蜡和微晶蜡。前者相对分子质量为 350～420，主要由直链烷烃组成，结晶熔点为 38～74℃；后者相对分子质量约为 490～800，主要由支化的烷烃或异构链烷烃组成，熔点为 57～100℃。

利用蜡防护橡胶臭氧老化的机理是因为蜡能在橡胶制品表面形成一层几微米厚的惰性蜡膜，它将橡胶与空气中的臭氧隔离开，使之不能发生反应。蜡的防护效果与它在橡胶中的迁移性、成膜以后的结晶性、膜与橡胶的黏附性等有很大关系。石蜡在橡胶中迁移速度快，易成膜，但晶粒大易脱落而影响防护效果。微晶蜡在橡胶中迁移速度慢但与橡胶黏附牢固。如能将两者以适当比例并用取长补短，则必将改善防护效果。

蜡对橡胶臭氧老化的防护，只对处于静态条件下或屈挠程度不大的动态情况下使用的橡胶有效。若橡胶制品经常处于动态下使用，应使用化学抗臭氧剂或两者结合。

2. 化学防护的作用及其机理

所谓化学防护就是利用向橡胶中添加的有机化合物，借助化学反应起到防护橡胶臭氧老化的方法。具有这种功能的有机化合物称为化学抗臭氧剂。实践发现，胺类抗氧剂也具有抗臭氧的作用，酚类抗氧剂除个别品种外则不具有这种作用。在胺类化合物中取代的对苯二胺，尤其是支化的烷基芳基对苯二胺，对抑制动态条件下的臭氧老化特别有效。我国最常用的抗臭氧剂是 N-异丙基-N'-苯基对苯二胺（4010NA）和 N-环己基-N'-苯基对苯二胺（4010）。

除对苯二胺类化合物以外，某些喹啉化合物、二硫代氨基甲酸的镍盐、硫脲及硫代双酚等也具有一定的抗臭氧效能。

关于抗臭氧剂的作用机理，目前还没有统一的说法，许多学者根据自己的研究结果提出的机理往往存在一定的局限性，这些机理包括：①清除剂理论；②防护膜理论；③缝合理论；④自愈合理论。

第五节　橡胶的其他老化及防护

一、橡胶的疲劳老化及防护

橡胶试样或制品在周期性应力和变形作用下出现损坏或发生不可逆的结构和性能的变化现象称为疲劳老化。滚动的轮胎、转动的传动带和输送带、橡胶弹簧等都会发生疲劳老化。疲劳老化会加速橡胶制品的损坏，缩短制品使用寿命，因此有必要了解疲劳老化产生的原因，掌握疲劳老化的防护原理及方法。

1. 疲劳老化发生的机理

虽然橡胶的疲劳是因周期性机械力作用而产生的，但疲劳不是孤立存在的，在疲劳的整个过程中必然伴随着氧化或臭氧化的进行，因此可以说疲劳老化是应力、氧、臭氧和热等多种因素共同作用的结果。疲劳老化的机理既包含了机械力的作用机理还应包含了前述的热氧化机理和臭氧化机理，了解疲劳老化的机理就是要弄清这些不同老化作用之间的关系，以便能有效地预防和减缓橡胶的疲劳老化。

当周期性的机械力施加到橡胶上时会产生两种作用，一是直接拉伸分子；二是虽然不能直接拉伸分子但可以降低橡胶分子链的断裂活化能，起到活化氧化及臭氧化反应的作用。前者是由于橡胶分子先天结构和交联网结构的不均匀性以及橡胶特有的黏弹性滞后，使得应力分布很不均匀甚至存在应力梯度，当橡胶分子链上的弱键处集中较大应力时就会发生断裂，生成活性大分子自由基，从而加速了橡胶的氧化引发反应。

$$R—R \longrightarrow R \cdot + R \cdot$$
$$R \cdot + O_2 \longrightarrow ROO \cdot \longrightarrow 引发氧化$$

后者是由于橡胶分子在机械力的反复作用下，使主链或交联键的化学键力变弱，从而降低了氧化反应的活化能，加速了氧化裂解作用。此外，力学损耗产生的热量也同样起到了活化氧化的作用。

在滚动的轮胎与地面之间以及转动的传动（输送）带与传动辊筒之间，由于摩擦产生的静电也会导致臭氧产生，使轮胎或胶带在发生氧化的同时也发生臭氧化，并且这种臭氧化反应理所当然地被机械力活化。

2. 影响橡胶疲劳老化性能的因素

橡胶的耐疲劳性常用试样出现损坏时所经受的周期性应力（或变形）次数或试样在预定次数的应力周期中出现损坏时对应的应力振幅最大值表示。前者也称为疲劳耐久性，后者称为疲劳强度。

（1）应力应变和力学性能　橡胶的耐疲劳性与橡胶的应力应变特性及橡胶的某些力学性能有密切关系。硫化橡胶发生疲劳老化存在一个最小临界变形值，天然橡胶硫化胶的临界变形值约为 $70\% \sim 80\%$。小于这个临界值时不易出现裂口的增长，故疲劳耐久性非常高。当变形幅度一定时，增加硫化橡胶的刚性可使应力增大，使疲劳耐久性降低；当应力一定时，增加硫化橡胶刚性会使变形程度降低，使疲劳耐久性提高。另外，疲劳耐久性还随橡胶拉伸强度和撕裂强度的提高而提高，与拉断伸长率成正比。当应力很大时，硫化胶的强度性能特别重要，它有一个最大临界撕裂能值，如强度高于这个临界撕裂能值时，则不会出现裂口增长。含多硫交联键的天然橡胶硫化胶，具有较大临界撕裂能，而含碳-碳交联键的硫化胶，具有较小临界撕裂能。

（2）橡胶品种　不同的橡胶其疲劳耐久性不同。表 4-6 为几种硫黄硫化橡胶受压缩和拉伸变形时的疲劳耐久性，由表 4-6 看到，各种橡胶当受力方式不同时，疲劳耐久性不同。另外，不同橡胶硫化胶在周期性变形时损坏性质不同。有的橡胶产生裂口早但裂口增长速度慢，有的橡胶产生裂口晚但增长速度快。下列橡胶裂口产生和裂口增长的顺序分别为裂口产生速度：NR＞NBR＞SBR＞CR＞IIR。

裂口增长速度：SBR＞NBR＞CR＞NR＞IIR。

表 4-6　硫黄硫化橡胶的疲劳耐久性和变形条件的关系

橡　　胶	疲劳耐久性/×10^6 周期	
	压缩－75%～0	拉伸 50%～125%
NR	4	30
SBR	22	0.2
SBR(充油)	30	5.8
SBR(充油)/BR	13	11.3
EPDM	30	23.6

（3）硫化的影响　耐疲劳性是传统硫黄硫化体系胶（多硫键为主）好于半有效硫化体系硫化胶（多、双、单硫键都有），又好于有效硫化体系硫化胶（单、双硫键为主）。

3. 橡胶疲劳老化的防护

橡胶的疲劳老化是因动态应力和应变而起，因此解决疲劳老化的防护首先要从制品胶料配方的设计入手，使硫化胶在满足综合使用性能要求的前提下，尽量提高拉伸强度、撕裂强度和拉断伸长率，使橡胶在形变条件下具有较高的抗裂口产生和抗裂口增长强度。其次是向胶料中添加能够抑制屈挠-龟裂产生和增长的防老剂。防老剂 AW、RD、BLE 等是有效的屈挠-龟裂防老剂。具有优异的抗臭氧老化的对苯二胺类防老剂尤其是防老剂 4010NA、4020 也有很好的抗疲劳老化的作用。这些屈挠-龟裂防老剂改善了橡胶疲劳过程中结构变化的稳定性，特别是在高温条件下，它们能阻碍机械力活化氧化的进行，从而改善了橡胶的耐疲劳性。

二、有害金属离子的催化氧化及防护

所谓有害金属离子是指能对橡胶的氧化反应起催化作用的变价金属离子，如铜、锰、钴、镍、铁等离子。这些金属离子以金属氧化物、盐或有机金属化合物形式存在于橡胶之中，它们来自生胶本身及其橡胶制品的加工和制品的使用等过程，虽然它们的含量极微，但对橡胶造成的危害却是不可忽视的（见图 4-7）。将含有变价金属离子的天然橡胶与不含金属离子的天然橡胶进行氧化对比试验发现，前者吸氧速度显著增

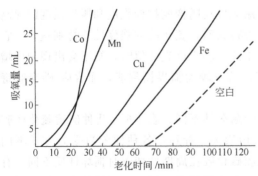

图 4-7　金属硬脂酸盐对 NR 老化的影响

（添加量 0.1%，氧压 0.1MPa，老化温度 110℃）

大且氧化动力学曲线的诱导期短，说明氧化反应比后者激烈得多。这种氧化速度的急剧增大就是金属离子催化的结果。了解金属离子催化橡胶氧化的机理，掌握防护它们的方法很有必要。

1. 金属离子催化氧化的机理

二价或二价以上的重金属离子如 Cu^{2-}、Mn^{2-}、Fe^{3+}、Co^{2-} 等，它们是变价的，且具有一定的氧化还原电位，能与橡胶氧化过程中产生的 ROOH 生成不稳定的配位络合物，并通过单电子转移的氧化还原原理，使 ROOH 按下列两种方式分解成自由基。

$$ROOH + M^{n+} \longrightarrow RO\cdot + M^{(n+1)+} + OH^- \qquad ①$$

$$ROOH + M^{(n+1)+} \longrightarrow ROO\cdot + M^{n+} + H^+ \qquad ②$$

当金属离子是还原剂时（如亚铁离子），按①式进行反应分解出 RO·；当金属离子是氧化剂时（如四乙酸铅），按②式进行反应分解出 ROO·；当金属离子处于相对稳定的两种价态时（如 Co^{2+} 和 Co^{3+}），上述两种反应都能发生。

$$2ROOH \longrightarrow RO\cdot + ROO\cdot + H_2O \qquad ③$$

此时相当于双分子 ROOH 同时分解出自由基，可见 Co 对橡胶的氧化催化作用特别大，对橡胶的危害最严重。

天然橡胶与合成橡胶含金属离子的品种往往不同，且对金属离子的敏感性也不同。天然橡胶常含有铜、锰、铁等的离子，对铜、钴离子特别敏感。合成橡胶多含钴、镍、钛、锂等的离子，但它们对金属离子的敏感性低，尤其是含极性基团的橡胶，如丁腈橡胶、氯丁橡胶等。由此可见，当用天然橡胶制造某些制品时，对重金属离子进行防护尤其必要。

2. 有害金属离子的防护原理

抑制金属离子对橡胶氧化的催化作用，最常用的方法是向胶料中添加金属离子钝化剂，它能以最大配位数与金属离子结合成配位络合物，使之失去促使 ROOH 成自由基的作用。

专用的金属离子钝化剂，多是一些酰肼和酰胺类化合物。它们中的绝大多数都有一定的应用局限性，只有 N, N', N'', N'''-四亚水杨基四（氨基甲基）甲烷，对铜、锰、钴、镍和铁等金属离子都具有钝化作用。专用金属离子钝化剂在橡胶工业中很少应用，因为橡胶工业中有多种防老剂如 RD、MB 等就兼有抑制有害金属老化的功能。实践中发现，金属离子钝化剂与酚、胺类抗氧剂并用，能显著提高钝化效果。

应当指出的是，并非是金属就必然对橡胶产生危害，其实它们能否对橡胶产生危害作用也与这些金属离子以何种盐的形式出现有关。如二硫代氨基甲酸铜盐、巯基苯并噻唑锌盐、二烷基二硫代磷酸的锌盐和镍盐等，不仅无害反而是很好的分解过氧化氢物型抗氧剂。

三、橡胶的光氧老化及防护

橡胶制品在户外使用过程中，因受大气中各种环境因素的作用发生的老化称为天候老化。在天候老化中，光氧老化是主要老化形式，它是橡胶吸收了太阳的紫外光后引发氧化反应的结果。

太阳光的光谱按照波长分为紫外线、可见光和红外线三个光区，三种光线的波长不同，光波能量不同，所占的比例也不同。后两种光虽然占太阳光的 95％以上，但因光波能量低，对橡胶不会造成直接损害，只能对橡胶的氧化起活化作用。紫外线虽然占极少的比例，但波长短，光波能量高，照射到地球表面上的是波长为 300～400nm 的紫外线，其能量（397kJ/mol 以上）超过了橡胶的某些共价键解离能（160～600kJ/mol），当紫外线照射到橡胶表面并被吸收后，其分子链会被切断，引起光氧化反应。天然橡胶和二烯类合成橡胶对光照尤其敏感，易发生光氧老化，故它们不适合用作高层楼房顶部敷设的防水卷材。

1. 橡胶光氧化机理

橡胶吸收高能量的紫外光以后，其大分子将进入激发态或发生化学键断裂，光也能激发氧分子，在大气中氧的存在下发生自由基链式的光氧化反应，光氧化机理与一般氧化基本相同，不同之处在于链引发阶段。

橡胶的结构不同，对紫外光稳定性不同，发生光氧化的过程也不完全相同。不饱和碳链橡胶光稳定性不好，饱和橡胶稳定性高得多。合成橡胶中存在的一些诸如催化剂残渣、添加剂以及由于聚合和加工过程的热氧化作用产生的过氧化氢物等杂质，都会吸收紫外线，加重橡胶的光氧化。丁苯橡胶因含有苯环，当受光辐照时，主链结构电子呈激发态会移向苯环，并且苯环 π 电子的激发能可部分转化为热量放出，缓和了主链的激发程度而使丁苯橡胶显示较高的光稳定性。

2. 光氧老化的防护

防止橡胶发生光老化的办法是向胶料中添加光稳定剂。常用的光稳定剂有光屏蔽剂、紫外线吸收剂和能量转移剂等。

（1）光屏蔽剂　光屏蔽剂是一些颜料，颜料使橡胶着色后，就能够反射紫外光，使之不能进入橡胶内部，这如同在橡胶和光之间设置了一层屏障，因而能够避免光老化。炭黑、氧化锌、钛白、镉红等无机颜料和某些有机颜料等都可以用作光屏蔽剂，炭黑是最好的光屏蔽剂。

（2）紫外线吸收剂　紫外线吸收剂是光稳定剂中最主要的一类，按照它们的化学结构，分为水杨酸苯酯、邻羟基二苯甲酮、邻羟基苯并三唑几类。其中二苯甲酮类又是最重要和应用最广的紫外线吸收剂。

（3）能量转移剂（淬灭剂）　能量转移剂也叫淬灭剂，它的作用是将吸收的光能变为激发态分子的能量，并迅速转移掉，使分子回到稳定的基态，从而失去发生光化学反应的可能。能量转移剂与紫外线吸收剂作用的不同在于，它是通过分子间能量转移来消散，而后者是通过内部结构的变化来消散能量。能量转移剂是一些二价镍的有机螯合剂，如 2,2'-硫代双(4-叔辛基苯酚)镍 （光稳定剂 AM-101）、N,N'-二正丁基二硫代氨基甲酸镍 （光稳定剂 NBC） 等。

四、橡胶的生物老化与防护

1. 生物老化的原因

橡胶或其他高分子材料由生物因素如微生物 （霉菌和细菌）、海生生物及昆虫等引起的老化破坏称为生物老化。其中以微生物造成的长霉现象最为常见，长霉是霉菌在高分子材料体系内生长和繁殖的结果。某些品种的塑料、橡胶和涂料，长期在湿热环境下贮存和使用都会发生长霉现象。橡胶生物老化的外观特征是表面变色、出现斑点，甚至还有细微的穿孔。

橡胶等材料发生生物老化的内因是天然橡胶中的非橡胶烃成分 （如蛋白质等） 以及橡胶的某些加工助剂尤其是增塑剂或软化剂能为霉菌滋生提供养料。外因是气候条件，霉菌的生长和繁殖都需要适宜的温度和湿度，湿热带气候是霉菌生长的良好条件。在热带或亚热带长期贮存和使用的橡胶制品就容易长霉。在这些地区还有白蚁，它们对橡胶的侵蚀也很厉害。

2. 生物老化的防护原理

生物的侵蚀对橡胶有时会产生严重的后果，例如用丁苯橡胶、丁基橡胶或氯丁橡胶的电线、电缆，如果因霉菌和白蚁的侵蚀而产生细微穿孔，就会使绝缘性能下降，尤其那些不易被人发觉细微穿孔，其危害就更大。因此，在热带或亚热带地区使用的橡胶制品，设计胶料配方设计时，应考虑生物老化的防护。具体做法就是在胶料中添加防霉剂和防蚁剂。防霉剂是一些有机氯化物、有机铜化物和有机锡化物，能破坏霉菌的细胞结构或活性，从而起到杀死或抑制霉菌生长和繁殖的作用。防蚁剂也是有机氯化物，同时也是农业用杀虫剂。

第六节　橡胶防老剂的使用及进展

凡具有能抑制各种老化因素的作用、延缓橡胶使用寿命的化合物统称为防老剂。实践证明，适当的选择和使用防老剂可使橡胶制品的使用寿命延长 2～4 倍。按照防老剂防护效能有效性保持时间的长短，可将防老剂划分为普通防老剂和长效性防老剂。

一、普通防老剂

普通橡胶防老剂按照它们的防护功能，可划分为抗氧剂、抗臭氧剂、抗屈挠-龟裂 （或疲劳） 剂、金属离子钝化剂、光稳定剂和防霉防蚁剂等六大类。前四类因有一剂多能的作用，是真正的普通防老剂，后两类因作用单一，可看作是专用防老剂。

抗氧剂是最重要也是用量最多的一类防老剂。按其使用特点分为主抗氧剂和辅助抗氧剂，前者可单独使用，后者必须与前者并用。作为主抗氧剂使用的主要是胺类化合物和酚类化合物，作为辅助抗氧剂使用的有硫代酯、硫醇、亚磷酸酯及二烷基二硫代氨基甲酸盐等化合物。

胺类抗氧剂防护效能高，但有污染性，只适合于用在深色制品中；酚类抗氧剂防护效能次于胺类但不污染制品，常被用于对防护效能要求不高的白色或浅色制品、医疗及饮食业用制品中，也可作为合成橡胶的稳定剂使用。

作为抗氧剂的胺类化合物和某些酚类化合物以及作为辅助抗氧剂的含硫化合物等除能防护氧化老化以外，还兼一项或几项其他功能，因此很难将它们按防护功能定位于某一类中，故在实践中，将有防老化功能的有机化合物，笼统地称为防老剂××，例如防老剂 RD、防老剂 4010、防老剂 4020 等。

普通橡胶防老剂按其化学组成加以分类是国内外普遍采用的方法，国外将其划分为喹啉、对苯二胺和其他三大类，在我国除这三类外，暂时还保留了萘胺类。

普通橡胶防老剂常用品种的结构、外观、防护功能及使用要点可参见表4-7。

表 4-7 普通防老剂常用品种

类别	商品名	化学名称及结构式	外观特征	防护功能及使用要点
喹啉类	防老剂 RD	2,2,4-三甲基-1,2-二氢化喹啉聚合体	琥珀色至灰色树脂状粉末	能防护条件苛刻的热氧老化，对铜、锰、钴等金属离子有较强的钝化作用，防屈挠-龟裂效果较差，不喷霜，有轻微污染性，易引起氯丁胶焦烧，常用量 0.5~2 份
	防老剂 AW	6-乙氧基-2,2,4-三甲基-1,2-二氢化喹啉	褐色黏稠液体	对臭氧老化和大气老化有优异的防护功能，对热氧老化、屈挠疲劳老化有良好防护功能，有污染性，常用量 1~2 份，也可 3~4 份
	防老剂 DD	6-十二烷基-2,2,4-三甲基-1,2-二氢化喹啉	深色黏稠液体	对热氧老化和苛刻条件下的屈挠龟裂老化有良好防护功能，在橡胶中易分散，不喷霜，污染变色严重，常用量 1~4 份
	防老剂 BLE	丙酮-二苯胺高温缩合物	深褐色黏稠液体	对热氧老化、疲劳老化有优良防护功能，对臭氧和天候老化也有一定防护功能，在胶料中易分散，不喷霜，有污染性，常用量 1~2 份

类别	商品名	化学名称及结构式	外观特征	防护功能及使用要点
对苯二胺类	防老剂 4010	N-环己基-N′-苯基对苯二胺	灰白色粉末	对臭氧、氧、光、热老化、屈挠疲劳老化有优异防护功能,对高能辐射老化及对有害金属离子有一定的防护作用,效能较防老剂 A 及防老剂 D 好,有污染性,在胶料中易分散,用量超过 1 份有喷霜现象,对皮肤有一定刺激性,常用量 0.5～1 份
	防老剂 4010NA	N-苯基-N′-异丙基对苯二胺	紫灰色片状结晶	对臭氧老化及屈挠-龟裂老化的防护效果大于防老剂 4010,对热氧老化、光老化有优良的防护功能,全面性能好于防老剂 4010,在胶料中易分散,污染严重,对皮肤有刺激性,有微毒性,常用量 1～4 份
	防老剂 4020	N-(1,3-二甲基丁基)-N′-苯基对苯二胺	灰黑色粒状或片状	防护功能与效果界于防老剂 4010 和防老剂 4010NA 之间,是 SBR 的优秀稳定剂,有污染性,挥发性小,常用 0.5～1.5 份,最高 3 份
	防老剂 DNP	N,N′-二(β-萘基)对苯二胺	浅灰色粉末	对热氧老化、天候老化有优良防护功能,也是一种优秀的金属离子钝化剂,污染性很小,可用于浅色制品,用量超过 2 份有喷霜现象,常用量 0.2～1 份
	防老剂 H	N,N′-二苯基对苯二胺	灰褐色粉末	防护疲劳老化效果最好,对热氧老化、臭氧老化及有害金属老化也有一定防护作用,本品特别适于 CR 使用,污染严重,用量超过 1～2 份易喷霜,在 NR 中用量应小于 0.35 份;在 SBR 等合成橡胶中用量应小于 0.7 份

类别	商品名	化学名称及结构式	外观特征	防护功能及使用要点
萘胺类	防老剂A	N-苯基-α-萘胺 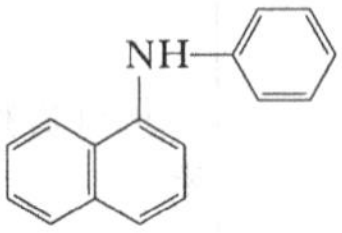	黄褐色至紫色结晶块状物	对热氧老化、疲劳老化、天候老化及有害金属老化有良好防护功能,在胶料中溶解度高,易分散,有污染性,常用量1~2份,最高5份,因对人体潜在危害大,国外已弃用
	防老剂D	N-苯基-β-萘胺 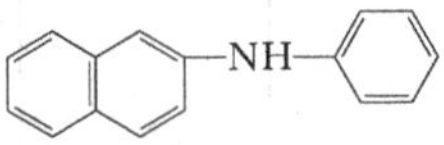	浅灰色至浅棕色粉末	对热氧老化防护效果最好,对疲劳老化防护良好,效果好于防老剂A,对有害金属有钝化作用,在橡胶中溶解度低,用量超过2份有喷霜现象,常用量1~2份,因对人体潜在危害大,国外已弃用
	防老剂SP	苯乙烯化苯酚 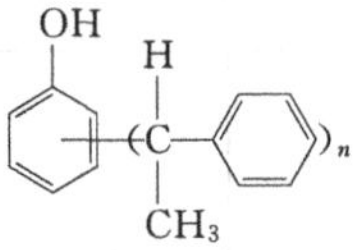	浅黄色至琥珀色黏稠液体	对热氧老化、屈挠龟裂老化、光老化、天候老化有中等防护功能,不变色、不污染、易分散、不喷霜,可用于白色及浅色制品,常用量0.5~2份
其他类	防老剂264	2,6-二叔丁基-4-甲基苯酚 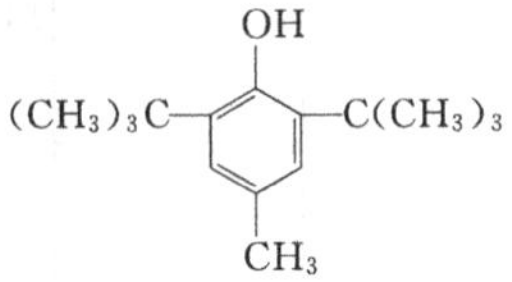	白色至淡黄色结晶粉末	对热氧老化有中等防护功能,在橡胶中易分散,不变色,不污染,可用于白色及浅色制品,也可用于接触食品及医疗用制品,常用量0.5~3份
	防老剂2246	2,2′-亚甲基-双(4-甲基-6-叔丁基苯酚) 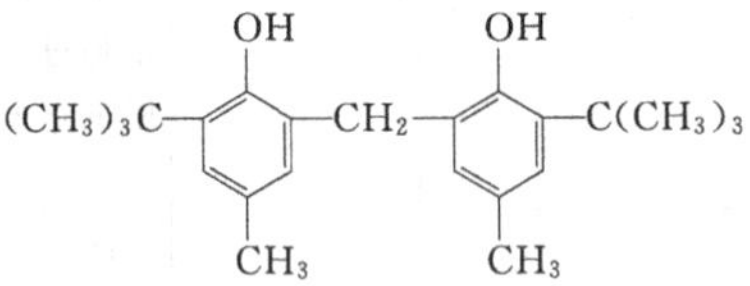	白色至乳黄色粉末	对热氧老化防护作用最显著,效果接近于防老剂A及防老剂D,是酚类中效果最佳的品种,不污染,不变色,用于白色及浅色食品、医疗制品,常用量0.5~2份
	防老剂2246-S	2,2′-硫代双(4)甲基-6-叔丁基苯酚 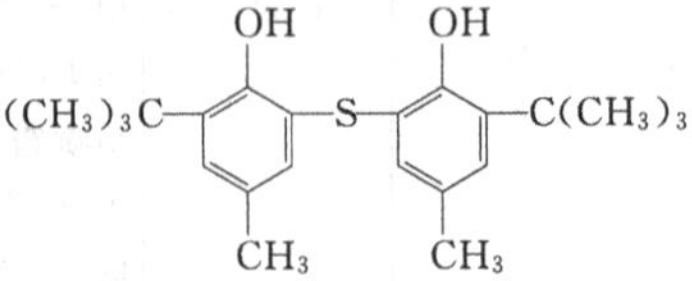	白色结晶粉末	对热氧老化有一定防护效能,在干胶中应用效果优于防老剂2246,不变色,不污染,应用场合同防老剂2246,常用量0.5~2份

138

类别	商品名	化学名称及结构式	外观特征	防护功能及使用要点
其他类	防老剂 NBC	二丁基二硫代氨基甲酸镍 $\left[\begin{array}{c} H_9C_4 \\ \diagdown \\ N-C-S \\ \diagup \quad\| \\ H_9C_4 \quad S \end{array}\right]_2 Ni$	绿色粉末	对臭氧老化防护效能最好，对热氧老化、疲劳老化也有良好防护效果，尤其适于 CR 及其他含氯弹性体应用，因对 NR 有助氧化作用，不可用在 NR 中，在胶料中易分散，能使胶料着绿色但不污染，在 CR 中常用量 1～2 份
	防老剂 MB	2-巯醇基苯并咪唑 （苯并咪唑环结构，$N{=}C-SH$，$N-H$）	浅黄色或灰白色结晶粉末	对氧老化、天候老化及静态老化有中等防护作用，单用效能低，与防老剂 D 或防老剂 4010NA 或防老剂 RD 并用产生协同效应，也是铜离子的钝化剂，略有污染性，用量超过 2 份有喷霜现象，对酸性促进剂有延缓作用，用于透明及浅色制品，常用量 1～1.5 份
	紫外线吸收剂 UV-9	2-羟基-4-甲氧基二苯甲酮 （OH、O，CH_3O 取代二苯甲酮结构）	白至灰黄色结晶	对防护 NR 及合成橡胶的光老化有显著效果，不污染，不喷霜，常用量 0.1～0.5 份
	防霉剂 O	5,6-二氯苯并噁唑啉酮 （Cl、Cl 取代苯并噁唑啉酮结构，O、$C{=}O$、$N-H$）	白色粉末	能有效防止 NR、合成橡胶及塑料制品的长霉现象，常用量 0.6～1.5 份

目前使用的普通橡胶防老剂主要是上述的一些品种，具有更高效能的新品种还在不断开发中，例如近年来美国尤尼罗伊耳公司就成功地开发出新型防老剂 TABDA，即 2,4,6-三〔(1,4-二甲基)戊基对苯二胺-1,3,5-三嗪〕。该防老剂具有迁移速度慢、耐抽提、挥发性低的特点，因分子中带有三嗪环结构，故具有优异的耐热性能，适于动态和静态下使用的橡胶制品应用，由于无污染性，也可用于白色、浅色制品，是理想的抗氧和抗臭氧防老剂。拜耳公司开发的 AFS 是环状缩醛化合物，为非污染抗臭氧剂。

二、长效性防老剂

使用上述普通防老剂防护橡胶的老化，效果显著，广泛采用。但当橡胶制品在高温或真空环境下使用时，橡胶中的防老剂会因为挥发而减少或失去防护作用。又如橡胶制品长期在与液体介质接触下使用，因为抽出，也会较快的减少或失去防护效能。为了解决这一难题，从 20 世纪 60 年代中期开始，人们就致力于不挥发或低挥发、不抽出或低抽出的长效防老剂的开发研究，目前已经公开的长效性防老剂，根据其制备方法将其分为以下几类。

1. 加工反应型

此类长效性防老剂的制备是首先通过化学反应使普通酚、胺类防老剂分子接上反应性基团，然后在橡胶加工过程中使这些基团与橡胶大分子发生化学结合。由于防老剂分子变成橡胶分子的一部分，从而失去自由迁移、挥发和被抽出的弱点，使防护效能得以长期保持。这类含有反应性基团的防老剂通常称为反应性防老剂。到目前为止，已经开发和正在开发研究的加工反应型防老剂有：①含亚硝基（—NO）的芳香胺类；②含硝酮基（ —N=CH— ，上方有O）的胺或酚类；③含丙烯酰基（ —C—C=CH$_2$ ，下有 O 和 CH$_3$）的芳胺类；④含烯丙基（—CH$_2$—CH=CH$_2$）的酚类；⑤含马来酰亚胺基（ 结构式 ）的芳胺类；⑥含硫醇基（—SH）的酚类等防老剂。将反应性防老剂添加到胶料中，在硫化过程中这些活性基团就能与橡胶大分子产生化学结合。例如，含亚硝基的对苯二胺（NDPA）可与天然橡胶及二烯类合成橡胶在 α 碳原子处发生化学键合。

将含有 NDPA 和含有普通防老剂的几种橡胶硫化胶用混合溶剂进行抽提，然后再与没有抽提的同种橡胶做氧化对比试验，结果如表 4-8 所示。由表 4-8

表 4-8　NDPA 与普通防老剂的防护效能比较

橡　　胶	防　老　剂	120℃吸氧 1%所需时间/h	
		抽　出　前	抽　出　后
NR	NDPA	48	59
	4010NA	57	4
SBR	NDPA	35	36
	4010NA	36	16
CR	NDPA	55	50
	防老剂 D	91	23
NBR	NDPA	84	39
	AH	48	15
BR	NDPA	25	30
	4010NA	25	11

注：防老剂用量为 NR 中 1 份，合成橡胶中 2 份。

中看到，含 NDPA 的硫化胶虽经溶剂抽提，吸氧速度除丁腈橡胶有较大幅度上升外，其他橡胶基本没变，甚至略有减慢。而含普通防老剂的硫化胶吸氧速度大大加快。这类防老剂的缺点是混炼时不易分散，易引起焦烧。

含丙烯酰氧基的 N-(2-甲基丙烯酰氧基-2-羟基丙基)-N-苯基对苯二胺与二烯类橡胶键合以后，防护效能与普通防老剂 4010NA 相当，抗臭氧性优于防老剂 4010NA，对胶料硫化特性无甚影响。

N-(2-甲基丙烯酰氧基-2-羟基丙基)-N-苯基对苯二胺

特别值得一提的是含硫醇基的酚类防老剂，如 3,5-二叔丁基-4-羟基苄基硫醇，在硫化过程中能脱出氢原子产生自由基，并与橡胶分子的双键产生化学键合，分析这种键合防老剂分子结构可以发现，它相当于含有两种作用机理不同的抗氧剂基团，一部分是取代苯酚基，具有终止氧化链自由基的作用；另一部分是含硫化合物基，具有分解过氧化氢物的作用。因此，当这种防老剂抑制氧化反应时，必然会产生协同的高效应。

2. 防老剂与橡胶单体共聚型

这类防老剂是将带有聚合反应性基团的防老剂添加到橡胶单体聚合体系中，通过防老剂分子与橡胶单体发生的共聚合反应制备的。如美国的固特易公司，将下列防老剂分别添加到丁二烯与苯乙烯和丁二烯与丙烯腈的聚合体系中进行乳液聚合，制备出了含有防老剂结构单元的丁苯橡胶和丁腈橡胶。

如此制备的丁腈橡胶具有特别好的耐热性和耐油性，其配合和加工与普通丁腈橡胶相同。防老剂结构的存在，没有影响到胶料的硫化速度和未老化硫化胶的物理机械性能。此胶可作为氯醇橡胶或丙烯酸酯橡胶的代用品使用。

3. 高分子量防老剂

将某些防老剂与分子中带有—COOH、—COOR、—NH$_2$、—OH、—Cl、—SO$_3$H、—SO$_2$Cl等反应性官能团的橡胶进行反应，可制备出具有高分子量的防老剂，此类橡胶与防老剂的反应产物可作为防老剂添加到胶料中使用，因分子量大而产生长效防护效能。如带有端羟基的液体聚丁二烯橡胶（PBD—OH）可与二苯胺发生如下键合反应。

$$PBD—OH + \bigcirc—NH—\bigcirc \longrightarrow PBD—\bigcirc—NH—\bigcirc + H_2O$$

若橡胶分子不具备上述能与防老剂发生反应的官能团，可通过适当的化学改性添加上去，如天然橡胶、顺丁橡胶用过氧化苯甲酸处理，可使其分子上产生环氧基团，从而可与酚类或胺类防老剂发生化学结合。

除上述制备高分子量防老剂的方法外，也有人将含有防护功能基的不饱和低分子化合物进行均聚，或与其他低分子物共聚，或将某些酚化合物与甲醛通过缩合反应制备高分子量防老剂的方法。不过如此制得的防老剂并没有完全克服被液体介质抽出的弊端。

三、橡胶防护体系的设计

橡胶防护体系的设计是橡胶制品配方设计工作的一部分，设计的好坏直接关系到制品的使用性能及寿命，如何设计才能取得最佳防护效果呢？在此提供下面几条原则。

（1）设计之前首先要掌握制品使用的环境或工作条件，确定能导致橡胶老化的主要因素，根据确定的老化因素选择防老剂。先选出用于重点防护的防老剂，次选用于一般防护的防老剂。在考虑防护效能的同时，也要考虑防老剂的毒性和成本。制造白色或浅色制品要用非污染性防老剂。

对结构复杂的制品要弄清不同部件的使用状态和所处的环境有什么不同。例如汽车轮胎的胎冠部位和胎侧部位，应力应变状态明显不同，遭遇的老化因素、发生老化程度和形式也不同，防护体系的设计就应当区别对待。

（2）根据拟采用橡胶的品种，分析其结构特点和耐老化性，确定是否需要使用防老剂防护。如果橡胶本身的综合耐老化性好，能满足制品使用条件，就不必使用防老剂。除了氟、硅橡胶以外，饱和或低不饱和橡胶如乙丙橡胶、丁基橡胶、氯磺化聚乙烯橡胶以及某些共混改性橡胶等，制造在一般条件下使用的制品，均可不使用防老剂；反之，不饱和二烯类橡胶不管制造什么制品，都应使用防老剂防护。

142

（3）为了提高防老剂的防护效能或为了避免某些防老剂出现喷霜现象，将两种以上的防老剂并用是行之有效和普遍采用的办法，现将经过实践检验、证明可以获得优秀或良好防护效果的并用体系列举如下：

① 抗热氧老化优秀效果并用体系：D/MB、D/TNP、4010NA/MB、RD/MB、DNP/RD、RD/DBH、SP/MB、SP/TNP、264/TNP。

② 抗臭氧、疲劳老化优秀或良好效果并用体系：4020/RD、4010NA/AW、4010NA/RD（优）、4010NA/MB、4010NA/TNP、D/NBC（良）。

最理想的并用应当是能产生协同效应的并用，加和效应也是可以接受的。防老剂的最佳用量以及并用品种之间的最佳比例最好是采用优选实验法加以确定，防老剂加得过多可能会引起助氧化作用。橡胶防护体系设计是否成功，最终还要靠实践去检验。

主要参考文献

1　合成材料老化研究所. 高分子材料的老化与防老化. 北京：化学工业出版社，1979

2　Hawkins W L. 聚合物的稳定化. 吕世泽译. 北京：中国轻工业出版社，1981

3　桂一枝. 高分子材料用有机助剂. 北京：人民教育出版社，1981

4　布赖德森 J A. 橡胶化学. 王梦蛟等译. 北京：化学工业出版社，1985

5　Keller R W. Rubb. Chem. Technol.，1985，58（11）：637

6　Young D G. Rubb. Chem. Technol.，1986，59（5）：285

7　费久金 Д.Л. 橡胶的技术性能和工艺性能. 刘约翰译. 北京：中国石化出版社，1990

8　杨清芝. 现代橡胶工艺学. 北京：中国石化出版社，1997

9　蒲启君. 橡胶工业，2000，47（1）：40

10　许春华. 橡胶工业，2000，47（5）：293

第五章　橡胶的增塑剂及其他操作助剂

为了改善橡胶的炼胶性能、压延和挤出性能、注射性能及成型等加工性能，常在橡胶中加入一些物质，如提高橡胶塑性的分子量比较低的化合物；有助于配合剂分散的化合物；提高胶料润滑性、黏性、挺性及防止焦烧等的化合物，这些物质统称为工艺操作配合剂。常用物质的类型有增塑剂、分散剂、润滑剂、挺性剂及防焦剂等。以下以增塑剂为主分别叙述，防焦剂如第一章所述。

第一节　增塑剂及其分类

橡胶的增塑剂通常是一类分子量较低的化合物。加入橡胶后，能够降低橡胶分子链之间的作用力，使粉末状配合剂与生胶很好地浸润，从而改善了混炼工艺，使配合剂分散均匀，混炼时间缩短，耗能低，并能减小混炼过程中的生热现象，同时它能增加胶料的可塑性、流动性、黏着性，便于压延、挤出和成型等工艺操作。橡胶的增塑体系还能改善硫化胶的某些物理机械性能，如降低硫化胶的硬度和定伸应力，赋予硫化胶较高的弹性和较低的生热，提高其耐寒性。此外，由于某些增塑剂的价格一般较低，并在某些橡胶中大量填充，所以它又可以作为增容剂降低橡胶成本。由此看来，橡胶的增塑体系在橡胶的配合及加工过程中也是极其重要的一部分。

橡胶增塑剂过去习惯上常根据应用范围的不同分为软化剂和增塑剂。软化剂多来源于天然物质，常用于非极性橡胶，例如石油系的三线油、六线油、凡士林等，植物系的松焦油、松香等。增塑剂多为合成产品，主要应用在某些极性合成橡胶或塑料中，例如酯类增塑剂邻苯二甲酸二辛酯（DOP）、邻苯二甲酸二丁酯（DBP）等。也就是说习惯上称为软化剂的大多属于非极性物质，称为增塑剂的多为极性物质。但是，目前两种叫法常统称为增塑剂。但现在仍有许多人习惯称软化剂，故本书两个术语通用。

本章所谈及的增塑剂主要是物理增塑剂，即增塑剂低分子物质进入橡胶分子内，增大橡胶间距离，减弱大分子间作用力（降低黏度），使大分子链较易滑动，宏观上增大了胶料的柔软性和流动性，因此，该类增塑方法被称为物理增塑法，当然这一类物质被称为物理增塑剂。

根据生产使用要求，物理增塑剂应具备下列条件：增塑效果大，用量少，吸收速度快，与橡胶相容性好，挥发性小，不迁移，耐寒性好，耐水、耐油和耐溶剂，耐热、耐光性好，电绝缘性好，耐燃性好，耐菌性强，无色、无臭、无毒、价廉易得。

实际上，目前还没有真正能全部满足上述要求的增塑剂。因此，多数情况是把两种或两种以上的增塑剂混合使用，以提高其增塑效果，用量多的叫主增塑剂，起辅助作用的叫助增塑剂。

增塑剂按其来源不同可分为五类：①石油系增塑剂；②煤焦油系增塑剂；③松油系增塑剂；④脂肪油系增塑剂；⑤合成增塑剂。

此外，还有一类增塑剂即塑解剂，该类增塑剂是通过力化学反应，能促使橡胶大分子断链，降低分子量，增大橡胶可塑性。该增塑方法为化学增塑法，这一类物质也称为化学增塑剂。该类增塑剂能使生胶在尽量短的时间内塑化，对胶料的硫化及硫化胶的物性无不良影响，而且能增进胶料的贮存稳定性。目前常用的塑解剂大部分为芳香族硫酚的衍生物如 2-萘硫酚、二甲苯基硫酚、五氯硫酚等，促进剂 M、DM 也有一定的塑解作用。详见第十一章。

第二节　橡胶增塑原理

橡胶的增塑实际上就是增塑剂低分子物质与高分子聚合物或橡胶形成分子分散的溶液，这时增塑剂本身是溶剂或者更确切地说是橡胶的稀释剂，只不过橡胶的浓度较高而已。因此，有关聚合物-溶剂体系的相应规律全部可以用于分析聚合物与增塑剂的相互作用。

一、增塑剂与橡胶的相容性

根据橡胶制品的要求，增塑剂应具有与橡胶相容性好、增塑效果大、挥发性小、耐寒性好、迁移性小等特点。可是，完全满足上述性能的增塑剂是不存在的，所以就得根据用途要求适当选择不同的增塑剂或者采取两者以上的增塑剂的并用。但是无论什么场合，增塑剂与橡胶的相容性都是不可忽视的，否则增塑剂会从橡胶中喷出，甚至难于加工。判定增塑剂与橡胶相容性可用三个原则：一是极性相近原则；二是内聚能密度或溶解度参数（δ）相近原则，当 $|\delta_1 - \delta_2| > 1.7 \sim 2.0$ 时，它们之间相容性不好；三是增塑剂与橡胶相互作用参数 χ_1 小于1/2时相容性好。作为增塑剂与橡胶相容性的预测手段一般是采用溶解度参数（SP 或 δ），其溶解度参数越相近则相容性越好，增塑效果越好，关于溶解度参数的基本概念在此只作简要叙述。

溶解度参数 δ 是由 Hildebrand 和 Scott 首先提出，按式（5-1）定义。

$$\delta = \sqrt{e} = \left(\frac{\Delta E}{V}\right)^{\frac{1}{2}} \tag{5-1}$$

式中　e——内聚能密度；

　　　ΔE——摩尔汽化能；

V——摩尔体积。

从热力学角度来看，当考虑溶解的自由能变化时，可有式（5-2）。

$$\Delta F = \Delta H - T\Delta S \tag{5-2}$$

式中　ΔF——溶解自由能变化；

　　　ΔH——溶解热焓变化；

　　　ΔS——溶解熵变化；

　　　T——热力学温度。

当 ΔF 为负值时，其溶解自动进行，也就是说，ΔS 通常为正值。当 ΔH 是负值或小于 $T\Delta S$ 值时，其溶解自动进行。当溶剂分子间的内聚能为 e_1，溶质分子间的内聚能为 e_2，其溶剂和溶质间的相互作用能 e_{12} 等于两者的几何平均数 $\sqrt{e_1 e_2}$ 时，混合焓变式如下。

$$\Delta H = V_m (\delta_1 - \delta_2)^2 \nu_1 \nu_2 \tag{5-3}$$

式中　V_m——混合总体积；

　　　δ_1——溶剂的溶解度参数；

　　　δ_2——溶质的溶解度参数；

　　　ν_1——溶剂的体积分数；

　　　ν_2——溶质的体积分数。

由此看来，δ 值相近的物质其互容性好。但是实际上，仅仅利用 δ 值的近似性来预测聚合物的溶解现象是不够充分的，因为聚合物和增塑剂的相互作用 $\sqrt{e_1 e_2}$ 计算时尚需考虑溶剂与溶质之间的氢键及极性的互相作用。

Burrell、Lieberman、Dyck 和 Hoyer 等认为 $e_{12} \neq \sqrt{e_1 e_2}$ 的重要因素是由于氢键力。为了正确的预测聚合物的溶解性，他们提议引入氢键参数 γ。即使这样，上述公式对硝化纤维素也不太适用，Crowley 等在 δ 和 γ 的基础上又引入了偶极距 μ 这一参数，使其问题得到了解决。

尽管如此，但从实际的情况看，Hildebrand 的方法较为简便，利用价值较高。

溶解度参数的确定可由式（5-1）通过测定蒸发热来求得。此外，因为表面张力和 δ 有密切关系，所以也可以通过测定表面张力来求出 δ。

$$\delta \approx 4.1 \left(\frac{\gamma}{V^{\frac{1}{3}}} \right)^{0.43} \tag{5-4}$$

式中　γ——表面张力；

　　　V——摩尔体积。

Small 还提出由组成聚合物分子链基本链节的各种原子团相互作用能来算出

溶解度参数，详见第六章。

虽然按 Small 公式计算简单方便，但它未考虑分子间相互作用的全部因素，例如氢键极性基团等，所以只是近似值。

为了使用方便，现例举部分橡胶和增塑剂的溶解度参数于表 5-1 和表 5-2 中。

表 5-1　几种橡胶的 δ 值　　　　单位：$(J/cm^3)^{1/2}$

橡　胶	δ 值	橡　胶	δ 值
甲基硅橡胶	14.9	丁苯橡胶	17.5
天然橡胶	16.1～16.8	丁腈橡胶(丙烯腈30%)	19.7
三元乙丙橡胶	16.2	聚硫橡胶(FA)	19.2
氯丁橡胶	19.2	丁吡橡胶	19.3
丁基橡胶	15.8	聚乙烯醇	31.6
顺丁橡胶	16.5		

表 5-2　几种增塑剂的 δ 值　　　　单位：$(J/cm^3)^{1/2}$

增塑剂	δ 值	增塑剂	δ 值
己二酸二辛酯(DOA)	17.6	磷酸三甲苯酯(TCP)	20.1
邻苯二甲酸二癸酯(DDP)	18.0	邻苯二甲酸二乙酯(DEP)	20.3
邻苯二甲酸二辛酯(DOP)	18.2	磷酸三苯酯(TPP)	21.5
癸二酸二丁酯(DBS)	18.2	邻苯二甲酸二甲酯(DMP)	21.5
邻苯二甲酸二丁酯(DBP)	19.3	环氧大豆油	18.5
钛酸二丁酯	19.3	氯化石蜡(含氯量45%)	18.9

二、增塑剂对橡胶玻璃化温度的影响

增塑剂能够降低橡胶的玻璃化温度，但非极性增塑剂和极性增塑剂的作用机理不同。非极性增塑剂分子按随机规律分布在橡胶大分子之间，削弱了大分子间的相互作用。当非极性增塑剂与橡胶基团之间无显著能量作用时，这种削弱来源于简单的稀释。简单稀释作用的推动力是体系熵值的增加，典型的体系是组分均为非极性物质的体系，如非极性橡胶与非极性增塑剂的烃类物质，即顺丁橡胶与石油系增塑剂的体系等。而当极性增塑剂与极性橡胶的体系，如丁腈橡胶与邻苯二甲酸酯类增塑剂的体系，它们之间存在着较强的相互作用时，其推动力除熵增加外，尚有焓变，焓因素会成为体系吉布斯自由能变化的重要组成部分。

在非极性增塑剂增塑非极性橡胶的情况下，橡胶的玻璃化温度下降数值 ΔT_g 与增塑剂体积分数有直接关系。аргин 和 Малинский 的工作确定了这种关系，故称之为体积分数规则或 аргин-Малинский 规则。

$$\Delta T_g = k\phi_1 \tag{5-5}$$

式中　k——与增塑剂性质有关的常数；

ϕ_1——增塑剂的体积分数。

当然，只有当橡胶的稀释程度不大时，上述关系才成立。因为随着稀释作用的进行，大分子之间的相互作用的机理会发生很大的变化。也应当考虑到，对非极性体系，虽然聚合物与溶剂之间的作用较小，但尚不能认为它对自由能变化的影响小到可以被忽略不计的程度。

Jenkel 和 Heusch 提出了与式（5-5）相似的公式，式中用增塑剂的质量分数代替体积分数，则

$$\Delta T_g = kW_1 \tag{5-6}$$

式中　W_1——增塑剂的质量分数。

大多数增塑剂的相对密度接近于 1，所以式（5-5）和式（5-6）基本一致。

在用极性增塑剂增塑极性橡胶时，由于极性橡胶分子结构中含有极性基团，增大了大分子链段之间的作用力，降低了大分子链段的柔顺性，使之难于在外力场的作用下产生变形。但当加入极性增塑剂时，增塑剂分子的极性部分定向排列于大分子极性部位，对大分子链段起着包围隔离的作用，通常称为溶剂化作用，由此增加了大分子链段之间的距离，增大了分子链段的运动性，提高了橡胶的塑性，降低了橡胶的玻璃化温度，其关系如下。

$$\Delta T_g = kn \tag{5-7}$$

式中　k——与增塑剂性质有关的常数；

　　　n——增塑剂的物质的量。

但是，聚合物的每一个极性基团可以与 1～2 个溶剂分子作用，再多加入增塑剂，它所起的能量变化减小。所以，可以认为增塑剂的效率与其物质的量成比例的条件，只是在增塑剂的物质的量达到聚合物的极性基团 2 倍之前，这种比例关系式（5-7）才近似成立。

以上两种增塑机理，实际上是两种极端情况。因为大多数增塑剂的分子既有极性部分，也有非极性部分，所以兼有上述两种增塑效应。例如用邻苯二甲酸酯类作聚氯乙烯的增塑剂，增塑剂的极性部分有极性效应，使其与高分子能很好地互容；而非极性部分把高分子的极性基屏蔽起来减少了分子间的敛集。以邻苯二甲酸二辛酯（DOP）为例，它对聚氯乙烯的增塑机理如图 5-1 所示。

如图 5-1 说明，要正确、全面地建立 ΔT_g 与增塑剂用量的关系，必须同时考虑组分间混合时熵和焓的变化。

此外，天然物质的增塑剂对胶料的硫化过程和硫化胶的物理性能及老化过程均有影响。它与胶料中的各种成分起着复杂的反应，如聚合、缩合、氧化、磺化等。例如，氧茚类增塑剂加热就可以氧化聚合；松香中含有共轭双键及羧基，都较活泼；松焦油中含有一羧酸、二羧酸和酚类等，在加热情况下可能会发生缩合

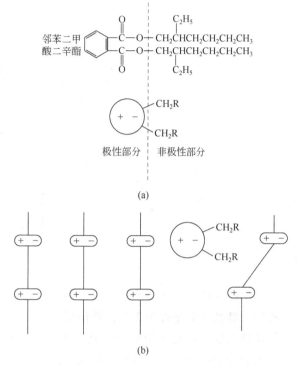

图 5-1　增塑作用示意图（PVC/DOP）

作用。可见，天然物质的增塑剂在橡胶中的作用是复杂的。

第三节　石油系增塑剂

石油系增塑剂是橡胶加工中使用最多的增塑剂之一。它具有增塑效果好、来源丰富、成本低廉的特点，几乎在各种橡胶中都可以使用。该类增塑剂为了改善胶料加工性能而在混炼时加到橡胶中去的称为"操作油"或"加工油"；而在合成橡胶生产时，为了降低成本和改善胶料的某些性能，直接加到橡胶中的，其用量在 15 份以上的称为"填充油"，14 份以下时也称作"操作油"。操作油的烃类主要有三种类型，即烷烃、环烷烃和芳烃类。其他的油品还有机械油、变压器油、软化重油、三线油、六线油、凡士林、石蜡、石油树脂、石油沥青及钙基润滑油等。

一、石油系增塑剂的生产

石油系增塑剂的生产属于石油炼制过程，其生产的基本过程如图 5-2 所示。选择适当的原油进行常压和减压蒸馏。将减压蒸馏所得的轻质及重质油馏分从特定的溶剂中抽提精制，除去溶剂后进一步减压蒸馏，得到作为石油系增塑剂使用的各种规格的油品。

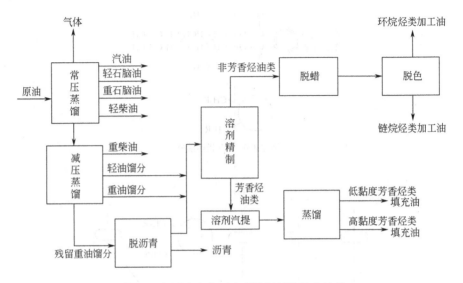

图 5-2 由原油生产石油系增塑剂的基本过程

二、操作油的类型、特性及对橡胶加工与性能的影响

操作油是石油的高沸点馏分，它由相对分子质量在 300～600 的复杂烃类化合物组成。这些烃类可分为芳香烃、环烷烃和链烷烃。此外还含有烯烃、少量的杂环化合物。例如，可以用如下结构表征它们：

芳香烃

环烷烃

饱和链烷烃

链烯烃

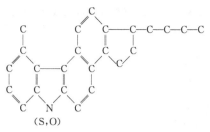

含氮（硫、氧）的典型极性或杂环化合物

在芳香烃类油中芳香族结构占优势，在环烷烃类油中饱和的环烷结构占支配地位，在链烷烃类油中主链都再次被饱和，链烷烃含量高。

芳香烃油类与环烷烃油和链烷烃油相比，其加工性能好，在橡胶中的配合量也较前两种高些，适用于天然橡胶和各种合成橡胶，但具有一定污染性，宜用于深色橡胶制品。

链烷烃油又称石蜡油。它与橡胶的相容性较差，加工性能差，但对橡胶的物理机械性能的影响比较好。它用作一般的增塑剂，当用量小于 15 份时，可适用于天然橡胶和合成橡胶，用于饱和性橡胶如乙丙橡胶的效果则更好。链烷烃油因污染性小或不污染，所以可用作浅色橡胶制品的增塑剂，对胶种的弹性、生热无不利影响，其产品稳定，耐寒性也好。

（一）操作油的类型判断及分析

油液的成分组成对于橡胶的相容性、污染性、耐候性、耐老化性有很大的影响。因此，为了合理地使用油液，正确地分析判断油液类型是非常重要的。一般油液是含碳数在 18～40 的不同分子量化合物的混合体，其结构和组成是极其复杂的，就是利用目前最先进的分析仪器也难于把组成的各个组分分离定量。因此目前普遍利用物理性质和化学成分来判断油的类型。当前较有代表性的方法是 Kurtz 物理法和 Rostler-Sternberg 成分分析法。

1. Kurtz 物理法分析

石油系增塑剂的物理性质对判断它的品质以及它对橡胶的作用是很有用的。油的密度、黏度、黏温系数等物理性质与塑化作用有直接的关系，油的平均分子量对橡胶的性质也有很大的影响。Kurtz 等研究了油的密度、黏度、闪点、苯胺点、折射率的物理数据与油品性质之间的关系，计算出了黏度密度常数（V. G. C.）与油品组成的关系。由折射率求出的比折光度可以根据图表得出链烷烃（C_P）、环烷烃（C_N）和芳香烃（C_A）所含的碳原子数。Kurtz 法则规定，芳香碳原子数占 35％以上者称为芳香类油；环烷碳原子数占 30％～45％者称为环烷类油；链烷链的碳原子数占整个碳原子数的 50％以上者称为链烷类油。

表 5-3 表示了 V. G. C. 和油品化学组成之间的关系。

表 5-3　V. G. C. 和油品化学组成之间的关系

V. G. C. 值	油 品 类 型	$C_P/\%$	$C_N/\%$	$C_A/\%$
0.790～0.819	链烷烃类	60～75	20～35	0～10
0.820～0.849	亚链烷烃类	50～65	25～40	0～15
0.850～0.899	环烷烃类	35～55	30～45	10～30
0.900～0.949	亚环烷烃类	25～45	20～45	25～40
0.950～0.999	芳香烃类	20～35	20～40	35～50
1.000～1.049	高芳香烃类	0～25	0～25	＞60
＞1.050	超芳香烃类	＜25	＜25	＞60

黏度密度常数（V. G. C.）是和油的组成有关的数据。如果油中的芳香环及环烷环的数目增加，则黏度相等的油的密度也随之增大；相反，密度相同的油则黏度随之增大。V. G. C. 能通过不同的方程式计算得到，常用的是

$$V. G. C. = \frac{10G - 1.0752\ \lg(\nu - 38)}{10 - \lg(\nu - 38)} \qquad (5\text{-}8)$$

式中　G——油在 15.6℃时的密度；

　　　ν——油在 37.8℃时的赛波特黏度（SUS），s。

根据该计算所得的黏度密度常数，由表 5-3 可知油品的类型。表 5-4 表示各类油品的性质。表 5-5 表示按 V. G. C. 分类的不同油品对橡胶性能的影响。

表 5-4　各类油品的性质

油 品 性 质	链烷烃 C_P＞50％	环烷类 C_N＝30％～45％	芳香类 C_A＞35％
密度	小	中	大
黏度	小	中	大
折射率	小	中	大
苯胺点/℃	＞60	50～60	＜50
加工性	可	良	优
非污染性	优	良	劣
稳定性	优	良	可～劣
耐寒性	优	良	可

表 5-5　按 V. G. C. 分类的不同油品对橡胶性能的影响

橡胶性能	烷烃类 V. G. C. 0.790～0.849	烷烃类 V. G. C. 0.850～0.899	芳香类 V. G. C. ＞0.900
加工难易	稍困难	良好	极好
耐污染性	极好	良好	不良
低温特性	极好	良好	大致良好
生热性	极低	低	稍高
耐老化性	好	较好	较差
弹性	极好	良好	大致良好
拉伸强度	极好	良好	大致良好
300％定伸应力	良好	良好	良好
硬度	良好	良好	良好
配合量	少量	多量	极多量
稳定性	极好	良好	大致良好
硫化速度	慢	中	快

对具有类似的组成而分子量不同的油，其折射率和密度之间有一定的关系，比折光度 γ_f 计算公式如下。

$$\gamma_f = n_D^{20} - \frac{1}{2} d_4^{20} \qquad (5\text{-}9)$$

式中　n_D^{20}——油在 20℃ 的折射率；

　　　d_4^{20}——油在 20℃ 的密度。

由比折光度 (γ_f) 和 V.G.C. 通过三角坐标就能够得到油的组成，即能得到油中芳香环、环烷环以及链烷链的各类碳原子 $(C_A、C_N、C_P)$ 占全部碳原子的比例，见图 5-3。

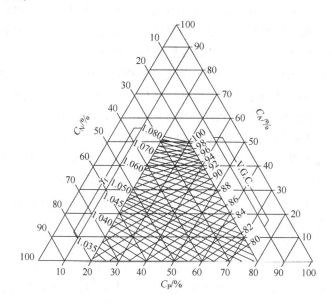

图 5-3　油的 V.G.C. 比折光度和油的组成

2. Rostler-Sternberg 化学法分析

该法是根据石油系列增塑剂及其与硫酸反应生成物在正戊烷中的溶解度的差异，分离出沥青质、氮碱、第一亲酸物、第二亲酸物和石蜡五种化学成分，再根据各组分比例确定油的类型。下面将分述各组分的构成及对橡胶的作用。

（1）沥青质　它是石油系增塑剂中不溶于正戊烷的含少量 S、O、N 的化合物。它是原油蒸馏残渣的成分。其元素组成为：C 86.5%，H 8.3%，N 2.3%，S 1.5%，O 1.4%。沥青质在胶料中不易分散，对硫化、拉伸强度及硬度有较大影响，有污染性。

（2）氮碱　在已除去沥青质的试料正戊烷溶液中，加入 85% 的冷硫酸，沉淀物即为总氮碱。氮碱可分为两组。向除去了沥青质的试料溶液中激烈地通入干燥的氯化氢，所得到的沉淀物为第一组氮碱。总氮碱中除去第一组氮碱后所剩下的部分即为第二组氮碱。两组氮碱的成分分别举例如下。

	第一组		第二组
C/%	8.66	C/%	8.16
H/%	8.6	H/%	11.8
S/%	0.41	S/%	0.50
N/%	4.13	N/%	2.99
O/%	0.26	O/%	3.10

氮碱是分子量较大的树脂部分，为黏度高的暗褐色黏性液体，略带吡啶的臭味，其中含有吡啶、硫醇、羧基、醌环等各种极性化合物。在橡胶硫化过程中它是弱的促进剂，会影响硫化速度，使硫化曲线平坦。含氮碱多的油对橡胶的增塑作用大，且不使硫化胶的物理性能过分降低。氮碱会使橡胶制品污染。

（3）第一亲酸物 把不与85%的硫酸反应的部分用97%～98%的冷硫酸处理，不溶于正戊烷的部分即是第一亲酸物。它是不饱和度高的复杂的芳香族化合物，碘值为（65～100）g/100g，与橡胶的相容性好，是有效的增塑剂。与一般的橡胶及有极性的耐油橡胶都有很好的相容性。由于不饱和度相当高，硫化时易于硫黄作用，故有迟延硫化的倾向。其元素组成实例为：C 90.0%，H 7.8%，S 1.86%，N 0.34%。

（4）第二亲酸物 用98%的硫酸除去了第一亲酸物后所剩下的部分，再用发烟硫酸（含 SO_3 27%～30%）处理，得到的沉淀部分就是第二亲酸物。其碘值约为（5～12）g/100g，不饱和度比第一亲酸物小，与所有橡胶的相容性好，没有污染，对硫化无影响，其元素组成实例为：C 88.8%，H 9.6%，S 0.94%，N 0.01%，O 0.65%。

（5）饱和烃 饱和烃是除去了第二亲酸物后的残留部分。它不与发烟硫酸作用，是油中最稳定的部分，为各种饱和物质的混合物。其中包括有直链烷烃、带有支链的烷烃、环烷烃以及带有侧链的环烷烃。其元素组成实例为：C 86.5%，H 13.5%。

含饱和烃多的油多用在丁基橡胶、乙丙橡胶等饱和橡胶中，它与不饱和橡胶以及极性强的橡胶相容性差，如果添加量多会使混炼困难，损害黏性，甚至引起渗出。在黏性过大的场合作为黏性抑制剂是有效果的。环烷烃与橡胶的相容性较链烷烃好，溶解力也大，渗出的倾向小。直链烷烃与橡胶的相容性最差。

另外，目前又发展起来一种新的油品分析方法，即黏土与硅胶分析法，它可以测定操作油中的沥青质、极性化合物、芳香烃和饱和烃的比例，如 ASTM D2007。

（二）操作油的特性

1. 油对橡胶增塑作用的表示方法

橡胶分子量越大，分子间作用力越大，黏度就越高，从而使加工困难。所以往往需要在这样的橡胶中加入适量的油，使黏度降低，以利加工。油对橡胶的塑化作用通常用橡胶的门尼黏度的降低值来衡量。这个降低值可以用填充指数或软化力来表示。

（1）填充指数（E. I.） SBR 合成时，把高门尼黏度的 SBR 塑化为门尼黏度为 53.0（在 100℃）时所需的油量份数叫做填充指数（即该油对此聚合物的填充指数）。改变油的添加量从充油橡胶的黏度曲线可以图解出填充指数，如图 5-4 所示。由于 SBR 中添加 50 份炭黑时其混炼胶的门尼黏度在 60 左右时加工性最好，与此相应的生胶的门尼黏度约为 53，因此 SBR 生胶的黏度采用 ML(1+4)100℃＝53 作为标准。

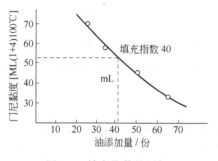

图 5-4 填充指数的图解

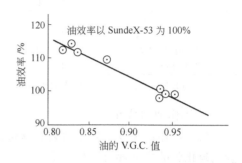

图 5-5 V. G. C. 值和油效率的关系

油对橡胶的增塑作用的相对值还可以用油效率来表示，即把 SBR 的门尼黏度降低到 ML(1+4)100℃＝53.5 的标准油 SundeX-53（因为 Sundex-53 是最早使用的填充油，所以以它的质量作为标准（100%），和其他油的需要量进行比较。显然，效率高的，填充指数低。V. G. C. 和油效率之间的关系如图 5-5 所示。

（2）软化力（S. P.） 以一定量的油填充橡胶聚合物时，其门尼黏度下降率叫做油的软化力。

$$软化力（S. P.）＝\frac{原聚合物的门尼黏度－充油聚合物的门尼黏度}{原聚合物的门尼黏度}×100$$

同一种油对某一聚合物而言，软化力高的，则填充指数低。一些商品油的填充指数和软化力见表 5-6。

表 5-6 一些商品油的填充指数（E. I.）和软化力（S. P.）

No	油的类型	相对密度（15.6℃）	质量份数 50 门尼黏度	体积份数 50	E. I. 质量/份	S. P. (50 份)/份
1	芳香的 Sundex170	0.987	55.0	54.5	52.0	62.0
2	高芳香的 Sundex 1585	0.994	51.0	51.0	48.0	65.0
3	芳香的 Sundex 53	0.982	51.5	53.2	48.0	64.5
4	环烷的 Circosol 2XH	0.945	51.0	52.5	47.0	65.0
5	高芳香的 Sundex 85	1.017	48.0	47.5	44.0	67.0
6	环烷的 Circolight	0.927	46.0	49.5	42.5	68.5

注：油的添加量（每 100 份聚合物①用油的质量份数）

No	油的类型	相对密度 (15.6℃)	门尼黏度	50	50	E.I. 质量 /份	S.P. (50份) /份
7	链烷的 PRO 551	0.880	46.0	51.5		42.0	68.5
8	环烷的 Circosol NS	0.870	45.0	51.0		42.0	69.0
9	高芳香的(特制品)	1.070	41.5	39.3		39.0	71.5
10	链烷的 PRO 521	0.874	42.0	48.0		38.5	71.5

① 原 SBR 聚合物在 100℃时的门尼黏度为 146。

2. 操作油的特性

(1) 操作油黏度　操作油黏度越高，则油液越黏稠，操作油对胶料的加工性能及硫化胶的物性都有影响。采用黏度低的操作油，润滑作用好，耐寒性提高，但在加工时挥发损失大。当闪点低于 180℃时，挥发损失更大，应特别注意。

操作油的黏度与温度有很大关系。在低温下黏度更高，所以油的性质对硫化胶的低温性能有很大的影响，采用低温下黏度（在−18℃的运动黏度）变化较小的油，能使硫化胶的低温性能得到改善。高芳烃油的黏度对温度的依赖性比烷烃油大。

操作油的黏度与硫化胶的生热有关，使用高黏度油的橡胶制品生热就高。在相同黏度的情况下，芳香类油的生热低。拉伸强度和伸长率随油黏度的提高而有所增大，屈挠性变好，但定伸应力变小。相同黏度的油，如以等体积加入，则芳香类油比饱和的油能得到更高的伸长率。

(2) 密度　在石油工业中通常是测定 60℃下的密度。当橡胶制品按质量出售时橡胶加工油的密度就十分重要。通常情况下，芳烃油密度大于烷烃油和环烷烃油的密度。橡胶加工油常常是按体积出售，而在橡胶加工中则按质量进行配料。

(3) 苯胺点　在试管内先加入 5～10mL 苯胺后，再加入同体积的试料，然后从下部加热，直至出现均匀的透明溶液，此时的温度谓之该油的苯胺点。芳香烃类增塑剂的分子结构与苯胺最接近，易溶于其中，故苯胺点最低。苯胺点低的油类与二烯类橡胶有较好的相容性，大量加入而无喷霜现象。相反，苯胺点高的油类，需要在高温时才能与生胶互容，所以在温度降低时就易喷出表面。操作油苯胺点的高低，实质上是油液中芳香烃含量的标志。一般说来，操作油苯胺点在 35～115℃范围内比较合适。

(4) 倾点（流动点）　倾点是能够保持流动和能倾倒的最低温度。此特性可以表示对制品操作工艺温度的适用性。

(5) 闪点　闪点是指释放出足够蒸气与空气形成的一种混合物在标准测试条

件下能够点燃的温度。操作油的闪点与橡胶硫化、贮存及预防火灾有直接的关系，同时也可衡量操作油的挥发性。

(6) 中和值　中和值是操作油酸性的尺度，酸性大能引起橡胶硫化速度的明显延迟。中和值可以中和 1g 操作油的酸含量所需要的 KOH 的质量（mg）来表示。

此外，油液的折射率、外观颜色、挥发分也都能反映其组成情况。

（三）油液组成对橡胶加工性能的影响

石油系增塑剂的主要成分为烃类化合物，其中所含芳香烃多少决定它们与橡胶混容性的大小。石蜡和凡士林几乎不含芳香烃，主要是饱和烃类，与一般橡胶的混容性差，所以易以固相从橡胶中分离出来，喷出于表面。芳香烃类增塑剂因分子结构内含有双键和极性基团（如含有硫和氮），从而增加了与多数橡胶的亲和性。总之，凡芳香烃含量大，且不饱和度高时，一般与二烯类橡胶的混容性都比较好，对填料的湿润性及胶料的黏着性高。表 5-7 是不同烃类含量的操作油与各种橡胶的混容性。

表 5-7　各种橡胶与操作油的混容性

项　　目		操　作　油		
		石蜡烃	环烷烃	芳香烃
成分/%	石蜡烃碳原子(C_P)	64～69	41～46	34～41
	环烷烃碳原子(C_N)	28～33	35～40	11～29
	芳香烃碳原子(C_A)	2～3	18～20	36～48
性质	黏度 SUS① (37.8℃)	100～500	100～2100	2600～1500
	相对密度(15℃)	0.86～0.88	0.92～0.95	0.95～1.05
	苯胺点/℃	90～121	66～82	32～49
与各类橡胶(溶解度参数)相容性	三元乙丙橡胶(16.2)	好	好	好
	天然橡胶(16.1～16.8)	好	好	好
	丁苯橡胶(17.5)	一般	一般	好
	顺丁橡胶(16.5)	一般	一般	好
	丁基橡胶(15.8)	好	一般	差
	氯丁橡胶(19.2)	差	一般	好
	丁腈橡胶(19.7)	差	差	一般

① 赛波特通用黏度。

根据石油增塑剂极性和分子量，可把该系统增塑剂分成如图 5-6 所示的各种范围。

1. 混炼时胶料对油液的吸收

胶料在混炼时，橡胶对油液的吸收速度是混炼过程中的重要问题。它与油液的 V.G.C. 值（油液的组成）、分子量、黏度变化、混炼条件（特别是混炼温度）以及生胶的化学结构等因素有密切的关系。图 5-7 表示了油液的 V.G.C. 值的增大及其分子量与吸油时间的关系。由图 5-7 可见，吸油时间随 V.G.C. 值的增大及油液分子量减小而缩短。石蜡烃油吸收速度慢，而芳香烃油吸收的最快。油液的 V.G.C. 值与油液的化学组成密切相关，增大油液的芳香烃含量，可使

V. G. C. 值增加。

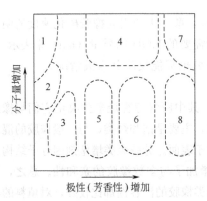

图 5-6　石油系增塑剂分子量的
分类范围（按极性）

1—石蜡；2—凡士林；3—轻油；4—沥青；

5—萘油类；6—中芳烃油；7—高芳

烃树脂；8—高芳烃油

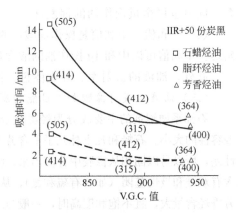

图 5-7　油液的 V. G. C. 值及其分子量
和吸油速度的关系

括号中数字为分子量；——为 20 份油；

－－－为 10 份油

图 5-8 表明不同组成的油液对丁苯橡胶胶料门尼黏度的影响。由图 5-8 可知，采用芳香烃油的胶料，门尼黏度降低率最大，即它有良好的增塑效果。丁苯橡胶在密炼机中混炼时，增大油液芳香烃含量，可加快吸油速度。而当采用石蜡烃油时，分子量越大，吸油速度就越慢。

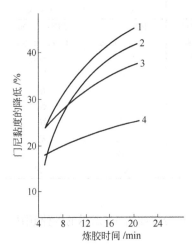

图 5-8　丁苯橡胶混炼过程中不
同油类对黏度的影响

1—芳香烃油；2—环烷烃油；

3—石蜡烃油；4—未加油

另外，油的黏度与温度有关，所以吸油速度与混炼温度也有密切关系。

门尼黏度 [ML(1＋4)100℃] 为 53 左右的充油丁苯橡胶，可使 50 份炭黑很好的分散。此时丁苯橡胶所填充的油量为 20～27 份，即填充指数为 20～27。当填充指数在 30 以上时，炭黑的分散效果变差；当填充指数超过 34 以上时，则填料的分散效果恶化，以至不能满足实际要求，这说明使用过量油类，将使炭黑的分散性变坏，混炼过程中，若油先于炭黑加入，会使分散性降低，硫化胶物性下降。特别对超细粒子炭黑来说，混炼时必须使体系呈高黏度状态。因此，油料不应使胶料黏度有太大的降低。鉴于这样的情况，在混炼末期加入油料是必要的。

2. 操作油对挤出工艺的影响

在胶料中加入适量的油液，可使胶料软化，半成品表面光滑，变形小，挤出速度快。当加入等容积的油液时，油的分子量越小，黏度越低，赋予胶料的挤出速度就越快。挤出口型的膨胀率因油液的加入也可降低。

3. 对硫化工艺的影响

随着胶料中油液填充量的增加，硫化速度有减缓的倾向。这是因为加入多量的油液起稀释作用，导致硫化速度减缓。石油中含有的某些环化物，如硫醇、环烷酸和酚等化合物对硫化速度也都有影响。操作油因精制不充分，有时可能存在碱性含氮化合物等，这种物质有弱硫化促进作用。另外，含芳香烃量多的油液，有促进焦烧和加速硫化的作用。芳香烃油中的极性环化物，不仅影响硫化速度，而且这种极性环化物对橡胶工艺性能、炭黑分散度及硫化胶物性都有很大的影响，所以在使用操作油时，应注意选择。

另外，在橡胶中加有过量的油液时，由于分散的不均匀性，会使油液从橡胶制品的内部迁移至表面，亦称为渗出。假如渗出表面，将使硫化胶物性变坏，如伸长率降低、硬度增大等。

近年来，有人采用含放射性^{14}C的油液，用^{14}C作示踪同位素来测定油液在橡胶中的迁移程度。油液的渗出是基于分子链段的运动，使橡胶大分子链间出现瞬时局部分离。当分离到一定程度时，油液分子在一定的动能下，就会从分离的间隙中透过。透过的概率与橡胶大分子链的运动、链节长度及温度有密切关系。实际上，结构较复杂的油液分子通过大分子链间隙的概率是较少的。

（四）操作油在几种橡胶中的使用特点

石油系增塑剂与各种橡胶的相容性范围见表 5-8。

表 5-8　油与各种橡胶的相容性

橡　　胶[②]	油的相容性范围/份		
	链烷类油	环烷类油	芳香类油
丁基橡胶(IIR)	10～25	10～25	不用
二元乙丙橡胶(EPM)	10～50	10～25	10～50
三元乙丙橡胶(EPDM)	5～10	10～50	10～50
天然橡胶(NR)	5～10	5～15	5～15
丁苯橡胶(SBR)	5～10	5～15	5～50
聚异戊二烯(IR)	5～10	5～15	5～15
顺丁橡胶(BR)	5～10	10～20	5～3.75
氯丁橡胶(CR)	不相容	5～25	10～50[①]
丁腈橡胶(NBR)	不相容	不相容	5～30
聚硫橡胶(T)	不相容	不相容	5～25

① 除某些高黏度氯丁橡胶能填充 50 份外，一般填充 25 份。

② 各种橡胶中均填充 50 份填料。

1. 对丁苯橡胶硫化胶性能的影响

实践表明，各种成分的操作油对硫化胶性能没有太明显的影响，当各种油液以等容量配合时，硫化胶的拉伸强度大体相同，但是定伸应力和硬度随胶料的 V.G.C. 值的增高而稍有降低。当油液以等质量配合时，因芳香烃油组分密度较大，可降低油液配合量，硫化胶的拉伸强度相对提高。提高油液黏度，也可增大胶料的拉伸强度和伸长率，而定伸应力则随油液黏度增大而降低。硫化胶生热性与油液黏度亦有关系，油液黏度高，生热性大。油液黏度相同时，芳香烃含量的胶料生热性低。

硫化胶的耐屈挠性与定伸应力和伸长率有关。提高定伸应力使屈挠性急剧下降，芳香烃油比饱和烃油的伸长率大，所以，表现有较大的耐屈挠性。由于高黏度油液赋予胶料高伸长率和低定伸应力，故具有良好的耐屈挠性能，这方面芳香烃油效果更好。

2. 对顺丁橡胶硫化胶性能的影响

顺丁橡胶中的填料用量比天然橡胶和丁苯橡胶多，因而操作油的用量也需增多。但随着油液用量的增加，顺丁橡胶性能降低得并不显著。表5-9所示是各类油液对顺丁橡胶性能的影响。丁苯橡胶也有类似的影响规律。

表 5-9　各种成分油对顺丁橡胶物性的影响

性　能	石蜡烃油	环烷烃油	芳香烃油	性　能	石蜡烃油	环烷烃油	芳香烃油
抗龟裂生长	低	高	低	拉伸强度	低	中间	高
撕裂强度	低	中间	高	耐磨耗	高	高	低
油混入时间	长	短	短	回弹性	高	中间	低
硬度	低	中间	高	焦烧时间	长	中间	短

3. 对氯丁橡胶硫化胶性能的影响

普通黏度的氯丁橡胶中使用油液的目的是为了改善加工性能，故用量不多，对油品的要求也不严，一般宜用 V.G.C. 值约为 0.855 左右的环烷烃油类。对于高黏度的氯丁橡胶来说，大量填充粉料和油液时，会使拉伸强度和伸长率下降，油液用量过大时，还有渗出现象，因此，选用 V.G.C. 值较高（0.95 左右）的芳香烃油类较为适宜。

4. 对丁腈橡胶硫化胶性能的影响

丁腈橡胶使用操作油的情况不多，通常使用酯类增塑剂。当应用芳烃油或环烷烃油时，前者能够提高胶料的黏性并稍能提高拉伸强度，后者能延长焦烧时间，但不宜大量填充。由于丁腈橡胶极性较大，应注意因增塑剂选择不当而出现的渗出现象。在丁腈橡胶中大量填充炭黑和油液有降低硫化胶强度的倾向。

5. 对丁基橡胶硫化胶性能的影响

丁基橡胶因大分子链运动性较差，故室温下弹性很低，低温更会使黏度急剧增大。为便于加工,提高硫化胶弹性,可以使用低黏度操作油。但需注意,在高温条件下其油液会从橡胶中挥发,并产生迁移损失。另外,一般油液的 V.G.C. 值应在 0.820 以下,即油液极性偏低为宜,一般认为石蜡油、微晶蜡较好。

6. 对乙丙橡胶硫化胶性能的影响

二元乙丙橡胶一般不使用芳香烃油,因该油含有稠环化合物,有吸收自由基的作用,故有碍过氧化物交联,另外它与橡胶的相容性也不好。石蜡烃油能赋予胶料良好的低温性能。环烷烃油则使胶料有良好的加工性能,并使硫化胶具有好的拉伸强度。

三元乙丙橡胶使用低黏度油时,拉伸强度较低。环烷烃油赋予三元乙丙橡胶以优良的综合性能,特别是抗撕裂性好。石蜡烃油使三元乙丙橡胶有良好的低温性能,在要求提高耐热性能时,使用高黏度的石蜡烃油效果较好。

三、工业凡士林、石蜡、石油树脂和石油沥青

1. 工业凡士林

工业凡士林是一种淡褐色至深褐色膏状物,污染性小,相对密度为 0.88~0.89,由石油残油精制而得。在橡胶中它主要作润滑性增塑剂用,能使胶料有很好的挤出性能,能提高橡胶与金属的黏合力,但对胶料的硬度和拉伸强度有不良影响,有时会喷出制品表面,一般用于浅色制品。由于凡士林含有石蜡成分,所以有物理防老作用。

2. 石蜡

石蜡是由碳与氢构成的不同分子量的烷烃组成,但若用于橡胶防护的石蜡则要求分子量及分子量分布均在一定范围内。

一般来说,这类烷烃分为两类,一类基本上是由直链烃构成的,称为普通石蜡 (paraffinic),其结晶度较高,分子量和熔点较低;另一类主要由支化链烷烃构成 (含一定量的环烷烃),这些烃以无定形或微晶形式存在,称为微晶石蜡 (microcrystalline),具有结晶度较低,分子量和熔点较高的特点。两种石蜡的基本性能如表 5-10 所示。

表 5-10　两种石蜡的基本性能

性　能	普通石蜡	微晶石蜡	性　能	普通石蜡	微晶石蜡
平均分子量	350~420	490~800	熔点范围/℃	38~75	57~100
正烷烃含量	高	低	典型 C 原子数	26	60
异烷烃及环烷烃含量	低	高			

目前橡胶工业中使用的微晶防护石蜡并非纯微晶,其中支化结构组分一般只占 25%~45%。这种混合结构的石蜡可通过不同种类石蜡调配或从石油润滑油馏分中直接制取。

由此可见，要在这两种石蜡之间定义一个普遍一致的分界线是不可能的。但是，在确定橡胶工业用普通石蜡及微晶石蜡时也有一定的性能依据。在石蜡的诸多基本性能中，最重要的是测定其 C 原子数分布及直链对支链烃的比例。对于不同生产批次的石蜡，只有这两项指标固定在一定范围，其防护性能才不会有太大的变化，品种才比较一致。

石蜡是橡胶的物理防臭氧剂。石蜡加入到橡胶中后，蜡从硫化橡胶内部逐渐迁移至表面，形成一层不易穿透的薄膜屏障，它阻止了臭氧与橡胶的接触，成为橡胶的保护层。

微晶蜡的喷出蜡层比普通石蜡喷出蜡层浅薄，结晶细小，质地柔软，在橡胶制品表面形成一层光亮薄膜，透明发亮，具油性感，故有助于提高制品的外观质量。而且外表蜡层破坏后，在重新形成迁移能力方面优于普通石蜡。石蜡的迁移能力与石蜡在橡胶中的溶解度和逸出度有密切关系。有时普通石蜡与微晶蜡混合使用能取得较好迁移白霜表层。达到好的防护效果。

石蜡对橡胶有润滑作用，使胶料容易压延、挤出和脱模，并能改善成品外观。在胶料中的用量为 1～2 份，增大用量会降低胶料的黏合性并降低硫化胶的物理机械性能。

3. 石油树脂

石油树脂是黄色至棕色树脂状固体，能溶于石油系溶剂，与其他树脂的相容性好，相对分子质量为 600～3000。它是由裂化石油副产品烯烃或环烯烃进行聚合或与醛类、芳烃、萜烯类化合物共聚而成。石油树脂的用途、用法与古马隆树脂相似，在橡胶中用作增塑剂和增黏剂。它用于丁基橡胶，可以提高其硬度、撕裂强度和伸长率；用于丁苯橡胶可改善胶料的加工性能，并提高硫化胶的耐屈挠性和撕裂强度；在天然橡胶中可提高胶料的可塑性。在橡胶中的用量一般为 10 份左右。

4. 石油沥青（矿质橡胶）

石油沥青是黑色固体或半固体物质，有污染性，高软化点（120～150℃）。由石油蒸馏残余物或由沥青氧化制得。它对橡胶有一定的补强作用，而且可提高胶料的黏度和挺性，改善胶料的挤出性能，提高硫化胶的抗水膨胀性能，但有迟延硫化的作用，用量一般 5～10 份。

第四节　煤焦油系增塑剂

煤焦油系增塑剂包括古马隆树脂、煤焦油和煤沥青等。此类增塑剂含有酚基或活性氮化物，因而与橡胶相容性好，并能提高橡胶的耐老化性能，但对促进剂有抑制作用，同时还存在脆性温度高的缺点。在这类增塑剂中最常使用的是古马隆树脂，它既是增塑剂，又是一种良好的增黏剂，特别适用于合成橡胶。

一、古马隆树脂

古马隆树脂是苯并呋喃与茚的共聚物，其化学结构式如下。

它是煤焦油 160～200℃ 馏分，经浓硫酸处理，并在催化作用下经聚合得到的产物。根据聚合度的不同，古马隆树脂分为液体古马隆树脂和固体古马隆树脂。固体古马隆树脂为淡黄色至棕褐色固体；液体古马隆为黄色至棕黑色黏稠状液体，有污染性。根据古马隆软化点的范围不同其应用也有所不同，一般，软化点为5～30℃ 的是黏稠状液体，属于液体古马隆，在除丁苯橡胶以外的合成橡胶和天然橡胶中作增塑剂、黏着剂及再生橡胶的再生剂；软化点在 35～75℃ 的黏性块状古马隆，可用作增塑剂、黏着剂或辅助补强剂；软化点在 75～135℃ 的脆性固体古马隆树脂，可用作增塑剂和补强剂。

使用古马隆树脂在橡胶加工中有如下优点。

① 压型工艺顺利，可获得表面光滑的制品。

② 合成橡胶的黏性差，成型困难，有时甚至在硫化后出现剥离现象。因此在合成橡胶中加入古马隆树脂能明显增加胶料的黏着性。

③ 古马隆树脂能溶解硫黄，故能减缓胶料在贮存中的自硫现象和混炼过程中的焦烧现象。

④ 由于不同分子量的古马隆树脂软化点不同，所以对硫化胶的物性影响也有差异，例如在丁苯橡胶中使用高熔点古马隆树脂时，硫化胶的压缩强度、撕裂强度、耐屈挠性、耐龟裂性能等可有显著的改善。

丁腈橡胶中用低熔点的古马隆树脂比高熔点的好，对其可塑性及加工性能均有所改善。单独使用时，具有较高的拉伸强度、定伸应力和硬度。古马隆树脂对氯丁橡胶有防焦烧作用，可以减少橡胶在加工贮藏中所发生的自硫现象，还可以防止炼好的胶料硬化。在丁基橡胶中采用饱和度大的古马隆树脂为好。

古马隆树脂对于橡胶加工性能的改善及硫化胶的物性的提高都带来好的影响。这主要与其分子结构有关，古马隆树脂的分子结构中除含有许多带双键的杂环外，还有直链烷烃。这种杂环结构与苯环相似，可以增加与橡胶的互容性，甚至在极性较大的氯丁橡胶和丁腈橡胶中也有较好的分散性和互容性，因此增塑效果很好。同时，古马隆树脂分子中的杂环结构还具有溶解硫黄、硬脂酸等的能力，能减少喷霜现象。此外，还能有效地提高炭黑的分散性和胶料的黏着性。

古马隆树脂是一种综合性能较好的增塑剂（见表 5-11），但由于产地不同，质量波动的现象较为明显，所以使用前最好经过加热脱水处理，以除去水分和低沸点物质，对质量进行控制。

表 5-11　添加古马隆树脂与其他增塑剂硫化胶性能的比较

物　　性	固体古马隆树脂	沥青	松焦油	重柴油
硫化时间(150℃)/min	20	151	20	15
拉伸强度/MPa	23.5	20.3	19.3	19.6
伸长率/%	664	754	667	537
硬度(邵尔 A)	63	61	65	62
300%定伸应力/MPa	7.4	4.8	5.7	8.8
永久变形/%	24.7	26	28.7	12
撕裂强度/(kN/m)	—	98	102	77
屈挠/万次				
初裂	8	15	6	8~20
断裂	124	146	33~38	15~38

注：配方为丁苯橡胶 100 份，硫黄 2.0 份，促进剂 TT 0.3 份，促进剂 DM 2.15 份，硬脂酸 2.0 份，氧化锌 5.0 份，粗蒽炭黑 60 份，增塑剂 10 份。

经验表明，古马隆树脂用量在 15 份以下时，对硫化胶物性无大影响。超过 15 份时，硫化胶的硬度、强度、老化性能均有下降的倾向。与其他增塑剂并用比单用更能满足胶料性能的要求。在丁苯橡胶中，固体古马隆树脂与重油并用可提高硫化胶耐磨性和强伸性能；在丁腈橡胶中，古马隆树脂与邻苯二甲酸二丁酯并用时，所得硫化胶的强伸性能较高，耐寒性较好，而耐热性一般；在氯丁橡胶中，综合性能以古马隆 10 份与其他增塑胶 5 份并用较为理想。

二、煤焦油

煤焦油是由煤高温炼焦产生的焦炉气经冷凝后制得的，它是一种黑色黏稠液体，有特殊臭味。

由于煤焦油的主要成分是稠环烃和杂环化合物，所以和橡胶的相容性好，是极有效的活化性增塑剂，可以改善胶料的加工性能。煤焦油主要作再生胶生产过程中的脱硫增塑剂，也作为黑色低级胶料的增塑剂。煤焦油能溶解硫黄，可防止胶料硫黄喷出。此外，因煤焦油含有少量的酚类物质，所以对胶料有一定的防老作用，但有迟延硫化和脆性温度高的缺点。

第五节　松油系增塑剂

松油系增塑剂也是橡胶工业早期使用较多的一类增塑剂，包括松焦油、松香及妥尔油等。该类增塑剂含有有机酸基团，能提高胶料的黏着性，有助于配合剂的分散，但由于多偏酸性而对硫化有迟缓作用。该类增塑剂大部分都是林业化工产品，其中最常用的是松焦油，它在全天然橡胶制品中使用得非常广泛，合成橡胶中也可使用。

一、松焦油

松焦油是干馏松根、松干除去松节油后的残留物质，成分很复杂，其干馏加工方法不同，质量也有所不同，表5-12表示了三种松焦油的质量指标。

表5-12　松焦油的质量指标

项　目		指　标		
		1号	2号	3号
水分/%	≤	0.5	0.5	0.5
挥发分(150℃,90min)/%	≤	6.0	6.0	6.0
灰分/%	≤	0.5	0.5	0.5
黏度(恩氏,85℃,100mL)/s		200～300	300～400	400～5400
酸度/%	≤	0.3	0.3	0.3
机械杂质		无	无	无

松焦油与石油增塑剂比较，品质不够稳定，在合成橡胶中使用量较大时，会严重影响胶料的加工性能（如迟延硫化）及硫化胶的物理机械性能。同时，松焦油的动态发热量大，在丁苯橡胶轮胎胶料中不宜过多使用。这也就是松焦油在合成橡胶中的使用不如石油系增塑剂广泛的原因。

二、松香

松香是由松脂蒸馏除去松节油后的剩余物。它除有一定的增塑作用外，还可以增大胶料的自黏性，改善工艺操作，主要用于擦布胶及胶浆中。松香主要含松香酸，是一种不饱和的化合物，能促进胶料的老化，并有迟延硫化的作用。此外，耐龟裂性差，脆性大，如经氢化处理制成氢化松香可克服上述缺点。

三、歧化松香（氢化松香）

歧化松香是将松香加热利用触酶使其中松脂酸转化为脱氢松脂酸或氢化为二氢松脂酸而得。它能提高天然橡胶和合成橡胶的黏着性，并能促使填料均匀分散，较适宜于丁苯橡胶。有迟延硫化的作用。

四、妥尔油

妥尔油是在由松木经化学蒸煮萃取后所剩的纸浆皂液中取得的一种液体树脂再经氧化改性而得，主要成分是树脂酸、脂肪酸和非皂化合物。妥尔油对橡胶的增塑效果好，使填料易于分散，且成本低廉，主要用于橡胶再生增塑剂，适用于水油法和油法再生胶的生产。它的增塑效果近似松焦油，可使制得的再生胶光滑、柔软，有一定黏性、可塑性和较高的拉伸强度，同时不存在返黄污染的弊病。妥尔油再生胶的特点是冷料较硬、热料较软、混炼时配合剂容易分散均匀。做增塑剂时妥尔油的用量为4～5份。

第六节　脂肪油系增塑剂

脂肪油系增塑剂是由植物油及动物油制取的脂肪酸、干油、黑膏油、白膏油等。植物油的分子大部分由长链烷烃链构成，因而与橡胶的互溶性低，仅能供润滑作用。分子量较低些的月桂酸对天然橡胶和合成橡胶都有较大的增塑作用。它们的用量一般很少，主要用于天然橡胶中。脂肪酸（如硬脂酸、蓖麻酸等）有利于炭黑等活性填充剂的分散，能提高耐磨性，同时又是硫化的活性剂。

一、油膏

油膏是菜籽油等植物油与硫黄或硫化物的反应产物，是一种有弹性的松散固体。油膏经常作为橡胶的增塑剂、加工助剂、增容剂使用，它可给予橡胶适度的柔软性，而且这种柔软性不受温度影响。它也具有防止硫化胶塌模和抗冷流作用。对于硫黄硫化的软质或半软质制品，油膏容易混入任何橡胶，以提高胶料的挤出、压延等加工性能。黑油膏是植物油（主要是菜籽油）与硫黄加热而制得的褐色弹性体，主要用于黑色制品。白油膏是一氯化硫与植物油反应制得的白色或浅黄色制品，为防止其变质，通常加入碳酸钙等。白油膏主要用于白色、浅色橡胶制品，特别适用于擦字橡皮。仅由一氯硫制作的透明油膏特称为黄油膏，用于透明橡胶制品。

二、硬脂酸

硬脂酸是由动物固体脂肪经高压水解，用酸、碱水洗后，再经处理而制得，它与天然橡胶和合成橡胶均有较好的互容性（丁基橡胶除外），能促使炭黑、氧化锌等粉状配合剂在胶料中均匀分散。此外，硬脂酸还是重要的硫化活性剂。

三、其他

1. 甘油

甘油是无色透明有甜味的黏滞性液体。由油脂经皂化或裂解而制得，也可由其他来源制得粗甘油，经蒸馏、洗涤而制得。可作为低硬度橡胶制品的增塑剂，也是聚乙烯醇等弹性体的良好增塑剂，也常作为水胎润滑剂和模型制品的隔离剂。

2. 蓖麻油

蓖麻油是非干性油，可作为耐寒剂使用。但由于蓖麻油中含有羟基，使用时需注意渗出性。

3. 大豆油

大豆油是半干性油，由大豆压榨、精炼而得。它易使橡胶软化，对制品无不良影响，但有渗出橡胶表面的倾向，应适当控制用量。环氧大豆油还是一些含氯聚合物的稳定剂。

4. 油酸

油酸是浅黄色至棕黄色油状液体，由动植物脂肪经加工制得。对生胶有较好的软化作用，但有加快橡胶老化的倾向。该品因能使氧化锌活化，所以是天然橡胶和合成橡胶的硫化活性剂。

5. 硬脂酸锌

硬脂酸锌是白色结晶粉末，由工业硬脂酸经皂化后与锌盐进行复分解反应、洗涤而得。能使天然橡胶和合成橡胶软化，对硫化有活化作用，也有分散剂的作用，也可作为隔离剂使用。

第七节 合成增塑剂

合成增塑剂是合成产品，主要用于极性橡胶中，例如丁腈橡胶和氯丁橡胶。由于其价格高，总的使用量比一般石油系增塑剂少。但是，由于合成增塑剂除能赋予胶料柔软性、弹性和加工性能外，如选择得当还可以满足一些特殊性能要求，例如耐寒性、耐老化性、耐油性、耐燃性等。因此，目前合成增塑剂的应用范围不断扩大，使用量日益增多。

一、合成增塑剂的分类及特征

合成增塑剂的分类有多种，按化学结构分有如下八类：①邻苯二甲酸酯类；②脂肪二元酸酯类；③脂肪酸类；④磷酸酯类；⑤聚酯类；⑥环氧类；⑦含氯类；⑧其他。

1. 邻苯二甲酸酯类

该增塑剂通式为

$$\text{～COOR} \atop \text{～COOR}$$

R 是烃基（常用的从甲基到十三烃基）或芳基、环己基等。这类增塑剂在合成增塑剂中用量最大，用途较广。由于 R 基团的不同，在性能方面存在着一定的差异。一般说来，R 基团小，其与极性橡胶的相容性好，但挥发性大，耐久性差；R 基团大，其耐挥发性、耐热性等提高，但增塑作用、耐寒性变差。其中邻苯二甲酸二丁酯（DBP）与丁腈橡胶等极性橡胶有很好的相容性，增塑作用好，耐屈挠性和黏着性都好，但挥发性和水中溶解度较大，因此耐久性差，然而能改善橡胶的低温下的使用性能。邻苯二甲酸二辛酯（DOP）在互溶、耐寒、耐热以及电绝缘等性能方面具有较好的综合性能。邻苯二甲酸二异癸酯（DIDP）和邻苯二甲酸二（十三）酯具有优良的耐热、耐迁移和电绝缘性，是耐久型增塑剂，但它的互容性、耐寒性都较 DOP 稍差，受热时会变色，与抗氧剂并用可以防止变色。

2. 脂肪二元酸酯类

脂肪二元酸酯类可用如下通式表示。

$$R^1-O-\overset{\overset{\displaystyle O}{\|}}{C}-(CH_2)_n-\overset{\overset{\displaystyle O}{\|}}{C}-O-R^2$$

式中，n 一般为 $2\sim11$；R^1、R^2 一般为 $C_1\sim C_{11}$ 的烷基，也可为环烷基，如环己基、芳基、醚基等。

脂肪二元酸酯类增塑剂主要作为耐寒性增塑剂。属于这一类增塑剂的有己二酸二辛酯（DOA）$H_{17}C_8OOC(CH_2)_4COOC_8H_{17}$、壬二酸二辛酯（DOZ）

$H_{17}C_8OOC(CH_2)_7COOC_8H_{17}$、癸二酸二丁酯（DBS）$H_9C_4OOC(CH_2)_8COOC_4H_9$ 和癸二酸二辛酯（DOS）等。其中 DOS 具有优良的耐寒性、低挥发性以及优异的电绝缘性，但耐油性较差。DOA 具有优异的耐寒性，但耐油性也不够好。另外 DOA 较 DOS 挥发性大，电绝缘性差。DOZ 耐寒性与 DOS 相似，其挥发性低，能赋予制品很好的耐热、耐光和电绝缘性能。DBS 适用于丁苯橡胶、丁腈橡胶、氯丁橡胶等合成橡胶和胶乳，有较好的低温性能，但挥发性大，易迁移，易被水、肥皂和洗涤剂溶液抽出。

3. 脂肪酸酯类

此类增塑剂的种类较多，除脂肪二元酸酯外的脂肪酸酯都包括在此类。例如油酸酯、蓖麻油脂、季戊四醇脂肪酸酯、柠檬酸酯以及它们的衍生物等。

常用的脂肪酸酯类有油酸丁酯（BO）$C_{17}H_{33}COOC_4H_9$，它具有优越的耐寒性和耐水性，但耐候性和耐油性差，有润滑性。

4. 磷酸酯类

磷酸酯具有如下通式。

$$O=P\begin{array}{c} O-R^1 \\ O-R^2 \\ O-R^3 \end{array}$$

式中，R^1、R^2、R^3 分别是烷基、卤代烷基和芳基。

磷酸酯类是耐燃性增塑剂。其增塑胶料的耐燃性随磷酸酯含量的增加而提高，并逐步由自熄性转变为不燃性。磷酸酯类增塑剂中烷基成分越少，耐燃性越好。在磷酸酯中并用卤元素的增塑剂更能提高耐燃性。常用的有磷酸三甲苯酯（TCP）$PO(CH_3C_6H_4O)_3$、磷酸三辛酯（TOP）$PO(C_8H_{17}O)_3$。采用 TCP 作增塑剂的橡胶制品具有良好的耐燃性、耐热性、耐油性及电绝缘性，但耐寒性差。为了提高使用 TCP 橡胶的耐寒性，必须与 TOP 并用。单用 TOP 的橡胶制品有比 TCP 好的耐寒性，还具有低挥发性、耐菌性等优点，但迁移性大，耐油性差。

5. 聚酯类

聚酯类增塑剂的相对分子质量较大，一般在 1000～8000 范围内，所以它的挥发性和迁移性都小，并具有良好的耐油、耐水和耐热性能。聚酯增塑剂的分子量越大，它的耐挥发性、耐迁移性和耐油性越好，但耐寒和增塑效果随之下降。

聚酯类增塑剂通常以二元酸的成分为主进行分类，称为癸二酸系、己二酸系、邻苯二甲酸系等，癸二酸系聚酯增塑剂的相对分子质量为 8000，增塑效果好，对汽油、油类、水、肥皂水都有很好的稳定性；己二酸系聚酯增塑剂品种最多，相对分子质量为 2000～6000，其中己二酸丙二醇类聚酯最重要，增塑效果不及癸二酸系，耐水性差，但耐油性好；邻苯二甲酸系聚酯增塑剂价廉，但增塑效果不太好，无显著特性，未广泛使用。

6. 环氧类

此类增塑剂主要包括环氧化油、环氧化脂肪酸单酯和环氧化四氢邻苯二甲酸酯等。环氧增塑剂在它们的分子中都含有环氧结构，具有良好的耐热、耐光性能。

环氧化油类，如环氧化大豆油、环氧化亚麻籽油等，环氧值较高，一般为6%～7%，其耐热、耐光、耐油和耐挥发性能好，但耐寒性和增塑效果较差。

环氧化脂肪酸单酯的环氧值大多为3%～5%，一般耐寒性良好，且塑化效果较DOA好，多用于需要耐寒和耐候的制品中。常用的环氧化脂肪酸单酯有环氧油酸丁酯、环氧油酸辛酯、四氢糠醇酯等。

环氧化四氢邻苯二甲酸酯的环氧值较低，一般仅为3%～4%，但它们却同时具有环氧结构和邻苯二甲酸酯结构，因而改进了环氧油相容性不好的缺点，具有和DOP一样的比较全面的性能，热稳定性比DOP还好。

7. 含氯类

含氯类增塑剂也是耐燃性增塑剂。此类增塑剂主要包括氯化石蜡、氯化脂肪酸酯和氯化联苯。

氯化石蜡的含氯量在35%～70%左右，一般含氯量为40%～50%。氯化石蜡除耐燃性外，还有良好的电绝缘性，并能增加制品的光泽。随氯含量的增加，其耐燃性、互溶性和耐迁移性增大。氯化石蜡的主要缺点是耐寒性、耐热稳定性和耐候性较差。

氯化脂肪酸酯类增塑剂多为单酯增塑剂，因此，其互溶性和耐寒性比氯化石蜡好。随氯含量的增加耐燃性增大，但会造成定伸应力升高和耐寒性下降。

氯化联苯除耐燃性外，对金属无腐蚀作用，遇水不分解，挥发性小，混合性和电绝缘性好，并有耐菌性。

二、酯类增塑剂对橡胶性能的影响

由于这类物质的化学结构中含有极性大的基团，使化合物具有较高的极性，因此，特别适应于极性橡胶，但是酯类增塑剂由于本身结构不同，对橡胶的物理机械性能影响也不同。

1. 对橡胶物理机械性能的影响

随各种增塑剂用量的增大，橡胶物理机械性能都有不同程度的下降，但伸长率和回弹性却有所提高。使用邻苯二甲酸二辛酯（DOP）、磷酸三甲苯酯（TCP）等，可使硫化胶拉伸强度不至于显著下降，当要求降低丁腈橡胶硬度时，可适当提高邻苯二甲酸二丁酯（DBP）、癸二酸二丁酯（DBS）或己二酸二辛酯（DOA）的用量。

2. 对橡胶耐寒性及耐热性的影响

对橡胶耐寒性的影响与所用增塑剂的化学结构有关，环状结构分子（如磷酸三甲苯酯）能降低硫化胶的耐寒性，邻苯二甲酸丁苄酯（BBP）等增塑剂也使耐寒效果变差。具有亚甲基直链结构的脂肪酸酯类可赋予硫化胶以良好的耐寒性。

此外，结构中存在支链也会降低耐寒性。

耐热性配方应采用高沸点、低挥发性的增塑剂，如邻苯二甲酸二（十三）酯（DTDP）、间苯三甲酸三辛酯（TOT）等，聚酯类增塑剂耐热效果更好，如同时要求耐寒性时，可与耐寒性增塑剂并用。

3. 对橡胶耐溶剂性能的影响

耐溶剂性取决于增塑剂在橡胶中被溶剂抽出的程度，这一点与增塑剂的结构有关。一般说，含有烷烃直链结构的增塑剂易被饱和烷烃溶剂抽出，而含有芳香基或酯基的极性增塑剂就不易被饱和烷烃类溶剂抽出。此外，在烷烃结构中含有支链的增塑剂，由于支链的作用阻碍了增塑剂的扩散，因此其耐溶剂性较好。因为增塑剂不被抽出，使橡胶保持了一定的物理机械性能，实际上就是提高了橡胶的耐溶剂性，否则会损害橡胶的物性，使制品变硬，体积缩小。

另外，增塑剂对耐寒性与耐溶极性存在着矛盾。耐寒性增塑剂易被烷烃溶剂抽出，所以就恶化了耐烷烃溶剂性能。较好的耐烷烃溶剂的增塑剂有邻苯二甲酸丁苄酯（BBP）、磷酸三甲苯酯（TCP）以及邻苯二甲酸二壬酯（DNP）等。

各类增塑剂的用量一般可达 10～30 份。

三、酯类增塑剂在几种橡胶中的使用特点

1. 在丁腈橡胶中的使用特点

丁腈橡胶因含有丙烯氰（AN）强极性基团，所以具有良好的耐油、耐热和耐气透性，但是分子间的作用力大、硬度大、耐寒性差、加工性能低下，所以为了减弱丁腈橡胶分子间的作用力，赋予其柔软性、弹性，通常均需添加增塑剂。丁腈橡胶常用的增塑剂有 DOP、DBP、TCP 等。这些增塑剂对丁腈橡胶来说都有较好的综合性能，但当丁腈橡胶要求耐寒性时可选用 DOA、DBS、DOZ 等，要求耐油、耐汽油时可选用聚酯系增塑剂。表 5-13 为丁腈橡胶采用一般增塑剂的特性选用实例。

表 5-13　丁腈橡胶采用一般增塑剂的特性

特　　性	DBP	DOP	DOA	DBS	TCP
易混合性					
高拉伸强度		○[①]			○
高伸长率					
高硬度					
低硬度	○		○	○	
高弹性	○	○	○	○	
耐寒性			○	○	
耐老化性		○			○
低压缩永久变形	○	○	○	○	○
耐油性					

① ○表示物理机械性能良好。

170

由于丁腈橡胶的溶解度参数 δ 随丙烯腈含量的增大而增大，所以选用增塑剂时必须根据其丙烯腈含量认真考虑。特别是选用耐寒性增塑剂时，由于耐寒性增塑剂的溶解度参数都较低，与丁腈橡胶相容性差，所以其配合量就受到了限制。例如丙烯腈含量 30％以上的丁腈橡胶使用耐寒增塑剂的最高量一般限制在 30 以下，如果用量再增加，其耐低温性能也不会提高，反而增塑剂易于析出。表5-14是不同丙烯腈含量的丁腈橡胶与耐寒增塑剂相容性的关系。

表 5-14　不同丙烯腈含量的丁腈橡胶与耐寒增塑剂的相容性

增 塑 剂	丙烯腈含量/％			
	36～42	31～35	25～30	18～24
DOA	析出	无析出	无析出	无析出
DOS	析出	析出	无析出	无析出
DDA[①]	析出	析出	无析出	无析出

① 二癸基己二酸酯。

注：配方为 NBR 100 份，ZnO 5 份，硫黄 1.5 份，SRF 60 份，硬脂酸 1.0 份，DM 1.5 份，增塑剂 30 份。

表 5-15 和表 5-16 是采用不同增塑剂的 NBR 硫化胶的物理机械性能。对于有一般性能的增塑剂 DOP、TOTM（偏苯三酸三辛酯）、TCP 来说，TCP 缺乏柔软性和耐寒性，而 TOTM 热挥发性小，热油老化体积变化也小；耐寒增塑剂 DOA、88[#] 脆性温度降低，其他性能没有多大差别。聚酯系增塑剂的耐油性与其分子量有关，相对分子质量为 1000 的，其增塑性与 DOP 相当，但耐热老化和耐热油老化性能好，使用 ESO 的丁腈硫化胶，其拉伸强度大，老化后伸长率降低大。

表 5-15　采用不同增塑剂 NBR 硫化胶的性能

增 塑 剂	定伸应力(300％)/MPa	拉伸强度/MPa	拉断伸长率/％	脆性温度/℃	增塑剂析出
空白	10.6	26.3	472	−24	
DOP	5.5	21.1	642	−36	○[①]
DOA	4.9	19.1	694	−41	△[①]
88[#②]	5.0	20.4	650	−44	○
TOTM	5.7	21.3	640	−34	△
TCP	6.9	22.1	581	−29	○
ESO	6.1	22.6	632	−35	△
PE-1000[③]	5.5	22.0	673	−35	△
PE-3000[④]	5.6	20.2	610	−32	△

① ○表示增塑剂无析出，△表示增塑剂少量析出。

② 亚甲基双丁基硫代乙二醇。

③ 己二酸系聚酯，相对分子质量约 1000。

④ 己二酸系聚酯，相对分子质量约 3000。

注：配方为 NBR（Nipol 1041）100 份，ZnO 5 份，硫黄 0.3 份，硬脂酸 1.0 份，炭黑 50 份，TMTD 2.0 份，促进剂 CBS 1.5 份，增塑剂 20 份。硫化条件：150℃×20min。

表 5-16　NBR 硫化胶的热老化及热油老化性能[③]

增塑剂	热老化[①]		热油老化[①]		
	伸长率变化率/%	质量变化率/%	伸长率变化率/%	体积变化率/%	质量变化率/%
空白	−45	−1.23	−22	2.53	3.19
DOP	−43	−10.67	−15	−8.94	−7.92
DOA	−52	−13.72	−22	−8.60	−8.12
88#[②]	−53	−12.18	−19	−8.28	−7.42
TOTM	−46	−0.99	−10	−7.65	−6.71
TCP	−32	−3.86	−7	−6.27	−7.12
ESO	−69	−1.91	−45	−2.03	−0.35
PE-1000	−44	−3.09	−26	−4.18	−4.92
PE-3000	−43	−2.53	−18	−1.50	2.20

① 热油老化条件：120℃×72h。

② JIS1# 油 100℃×72h。

③ 表中配方同表 5-14。

如果希望丁腈硫化胶中的增塑剂不析出，可选用反应性增塑剂。

2. 在氯丁橡胶中的使用特点

为了改善氯丁橡胶的加工性能，通常使用 5～10 份石油系增塑剂，但着重要求氯丁橡胶耐寒性时，应选用酯类增塑剂。如果要求耐油性时可选用聚酯类增塑剂。

氯丁橡胶低温下易于结晶，为此应合理地使用增塑剂以提高其耐寒性。表 5-17 是通用型氯丁橡胶配有不同增塑剂胶料的脆性温度和在 −40℃ 时的硬度变化。由表 5-17 的数据可以看出：弹性体的结晶化与脆性温度没有相关性；酯类增塑剂对防止弹性体结晶性的作用不大；能使弹性体脆性温度降低的低黏度耐寒性增塑剂，由于低温下相容性差，易引起相分离，逐渐失去柔软性；而较高黏度的增塑剂即使在低温下相容性也较好。

表 5-17　采用不同增塑剂的通用型 CR 硫化胶的低温硬度变化及脆性温度

增塑剂		−40℃硬度[①]			脆性温度 /℃
品种	质量份	初期	24h后	200h后	
空白	0	61	98	98	−46
DBS	15	44	61	81	−62
三甘醇	30	39	60	91	−62
TCP	30	40	100	100	−57
邻苯二甲酸二辛酯	30	44	54	64	−46
石油类操作油	30	35	71	71	−57

① 邵尔 A 硬度。

要想得到低温柔性好、脆性温度低的氯丁橡胶胶料，最好使采用耐寒性较好的增塑剂和相容性较好的增塑剂并用。

表 5-18 是 W 型氯丁橡胶配合不同增塑剂时的物理机械性能。表 5-18 中所列举的所有增塑剂全能提高其加工性能，在室温下的相容性也很好，在性能方面，增塑剂 TCP 和 TOTM 有较高的拉伸强度和伸长率。

表 5-18　不同增塑剂对 W 型 CR 硫化胶性能的影响

增　塑　剂	100％定伸应力/MPa	300％定伸应力/MPa	拉伸强度/MPa	拉断伸长率/％
空白	1.81	3.89	5.88	447
DOP	0.92	1.92	7.15	814
DOA	0.94	2.08	6.90	797
TCP	0.90	1.69	10.52	1051
TOTM	0.59	1.21	9.94	1081
ESO	1.65	—	2.22	152
氯化石蜡①	1.12	2.51	5.98	583
PE-2000②	0.93	1.90	6.52	694

① 氯化石蜡含氯量 50％。

② 己二酸系聚酯，相对分子质量约 2000。

注：配方为 W 型 CR 100 份，ZnO 5 份，MgO 4 份，硬脂酸 0.5 份，防老剂 A 2 份，增塑剂 20 份。硫化条件：150℃×60min。

3. 在丁苯橡胶中的使用特点

丁苯橡胶比天然橡胶加工性能差，通常是以使用石油系增塑剂来改善，但是为了提高耐寒性这种特殊要求，可使用脂肪酸类增塑剂和脂肪二元酸酯类增塑剂，例如己二酸二己酯、二己酸壬二酸酯等。

此外，对丁基橡胶来说，为了提高耐寒性可选用 DOA、DOS 增塑剂。为了提高耐迁移性和耐油性可选用聚酯类增塑剂。

第八节　增塑剂的质量检验

增塑剂是橡胶、塑料、涂料等生产或加工工业的重要助剂。因此，增塑剂的质量检验显然是重要的。

一、增塑剂标准

增塑已有许多品种，常用的也有上百种。其中的部分品种已经正式颁布了国家标准，但还有相当部分种类的增塑剂采用的是企业标准，也有企业采用国际标准或发达国家大公司的企业标准。表 5-19 举例出邻苯二甲酸二丁酯（DBP）和邻苯二甲酸二辛酯（DOP）的质量标准号。

表 5-19　DBP、DOP 质量标准号

产 品 名 称	国别	标准号	产 品 名 称	国别	标准号
邻苯二甲酸二丁酯	中国	GB 11405	邻苯二甲酸二辛酯	中国	GB/T 11406
	日本	JISK 6752		日本	JISK 6753
	美国	ASTM D608		美国	ASTM D1249
	英国	BS 573		英国	BS 1995

二、增塑剂的检验方法

增塑剂的检验方法标准见表 5-20。表中列出的 17 个项目表明增塑剂检测项目范围，不表明每个品种都必须达到这些项目。

表 5-20 国内外检验方法标准号及其名称

检 验 项 目	标 准 号	标 准 名 称
色度的测定	GB/T 1664	增塑剂外观色泽的测定
	GB/T 673	增塑剂外观色泽的测定（碘比色法）
	GB 3143	液体化学产品颜色的测定（Hazen 单位，铂-钴色号）
折射率的测定	GB 1657	增塑剂折射率的测定
密度的测定	GB 4472	化工产品密度测定通则
	GB 1666	密度的测定
黏度的测定	GB 1660	增塑剂运动黏度的测定（恩氏法）
	GB 1661	增塑剂运动黏度的测定（恩氏法）
酸值或酸度的测定	GB/T 1668	增塑剂酸值及酸度的测定
	GB/T 6489.2	工业用邻苯二甲酸酯类的检验方法酸值的测定
水含量的测定	GB 1659	增塑剂水分的测定（比浊法）
	GB 2366	化工产品水含量的测定-气相色谱法
体积电阻率的测定	GB 1672	液体增塑剂体积电阻率的测定
结晶点的测定	GB/T 1663	增塑剂结晶点的测定
	GB 7533	有机化工产品结晶点的测定
沸程和馏程的测定	GB 615	化学试剂沸程测定通用方法
	GB 616	化学试剂沸点测定通用方法
皂化值或酯含量测定	GB/T 1665	增塑剂皂化值及酯含量的测定
	GB/T 6489.3	工业用邻苯二甲酸酯类的检验方法——酯含量的测定皂化滴定法
加热减量的测定	GB/T 1669	增塑剂加热减量的测定
热处理后的色泽测定	GB/T 6489.1	工业用邻苯二甲酸酯类的检验方法——热处理后的色泽测量
闪点的测定	GB/T 6489.4	工业用邻苯二甲酸酯类闪点的测定——克利夫兰开口杯法
碘值的测定	GB 1676	增塑剂碘值的测定
环氧值的测定	GB 1677	增塑剂环氧值的测定（盐酸-丙酮法）
	GB 1678	增塑剂环氧值的测定（盐酸-吡啶法）
凝固点的测定	GB 1663	增塑剂凝固点的测定
灰分的测定	GB 1658	增塑剂灰分的测定
	GB 7531	有机化工产品灰分的测定

第九节 其他工艺操作助剂

一、分散剂

分散剂（填料用活性剂）是为了使配合剂均匀地分散于橡胶中使用的助剂，大多为有机化合物，具有不对称的分子结构，由亲水和疏水两部分基团组成，根据基团的特征和在水中离解状态可分为离子型和非离子型两种类型。对于非离子型分散剂，通常亲水部分为—OH，—COOH，—NH₂，—NO₂和—SH等极性基团。疏水部分常为苯环式或长链烃基，具有疏水性。当这类表面活性剂处理亲水性填料表面时，其极性基团一端向着填料粒子并产生吸附作用；另一端即疏水性一端向外，结果使亲水性填料表面变成由疏水性基团笼罩的疏水性表面，从而改善了填料与聚合物之间的润湿性和亲和型，提高了填料在橡胶中的分散效果，甚至补强性能。常用的非离子型分散剂有脂肪酸酯、高级脂肪酸、烷醇类、长链铵和木质素等。如硬脂酸、松香酸、羧基化聚丁二烯、二甘醇、乙二醇、丙三醇、聚乙二醇、聚乙烯醇、三乙醇胺、二乙醇胺、二丁基胺、氨基树脂等。

离子型有机表面活性剂（分散剂）是通过有机离子与亲水的无机填料离子交换来改变填料粒子的亲水性能。例如，陶土在微碱性介质中（pH＝10～11），其表面癸烷醇基团上的氢离子与长链铵碱式盐的阳离子交换如下。

$$\diagdown Si{-}OH + NaOH \longrightarrow \diagdown Si{-}Na^- + H_2O$$

$$\diagdown Si{-}O^-\ Na^+ \ + \ \left(R{-}\overset{\overset{R}{|}}{\underset{\underset{R}{|}}{N}}{-}R\right)^{\!+}\!Cl^- \longrightarrow \diagdown Si{-}O^-\left(R{-}\overset{\overset{R}{|}}{\underset{\underset{R}{|}}{N}}{-}R\right)^{\!+} + \ NaCl$$

通过交换使有机阳离子取代了无机阳离子。当硅酸盐填料表面上覆盖一层有机离子成分后，这种填料粒子的亲水性下降。同时提高了与有机物质的亲和性，使在非极性介质中这些填料有良好的分散，因而提高了填充橡胶的强度等性能。常用的离子型分散剂有：阳离子型的季铵化合物，如十八烷基二甲基苄基季铵氯化物、十六烷基三甲基季铵溴化物、聚羟胺缩水剂（PHA）等；阴离子型的有十二烷基苯磺酸钠、松香皂、硬脂酸锌等。止是基于上述原理，现在出现了一些不同化合物混合的分散剂，如莱茵化学 Aflux42 就是无水极性化合物和表面活性剂的混合物，为浅棕色粒状物，使用量 2～10 份；分散剂 W33 是高分子脂肪酸、脂肪酸酯和脂肪酸皂的混合物，灰褐片状，用量 2～5 份。

对于陶土、碳酸钙等类型填料，采用表面活性剂处理可获得好的补强效果。

二、润滑剂

润滑剂是指在橡胶中少量配合即通过内、外润滑作用，可较大幅度地改善胶料的流动性、填料的分散性和制品的脱模性等加工性能，但又对物理机械性能无不良影响的配合剂。它对提高生产效率、节能甚至改善制品质量都有重要意义。

润滑剂的作用原理一般认为有两个方面：一是润滑剂与橡胶有一定的相容性，少量润滑剂分子渗入橡胶分子之间，通过体积效应或屏蔽效应减少分子链间的作用力，从而使橡胶分子链间更容易相对运动或转动；二是润滑剂在金属表面形成润滑界面，减小了橡胶与金属表面附着力而起到脱模作用。

可作为橡胶润滑剂的材料有很多，有无机的、有机的和高分子类的，例如：

无机的有滑石粉、云母粉等；有机的有肥皂、石蜡、脂肪酸、皂酯及酰胺等；高分子类的有聚乙二醇、聚乙烯蜡及有机硅聚合物，如硅油、硅胶、硅酯类及其它们的乳液、溶液。

三、其他助剂

能使未硫化橡胶挺性好并防止塌模的配合剂称为挺性剂。橡胶用挺性剂有高结构炭黑、氧化镁、氢氧化钙、高苯乙烯树脂等填充剂以及联苯胺、对氨基苯酚、对苯二胺等有机化合物。

此外，还有洗模剂、均匀剂、增黏剂等。

第十节 反应型增塑剂

采用物理增塑剂的橡胶制品，在高温下增塑剂易挥发，在使用中接触溶剂时易被抽出或产生迁移现象，从而使制品体积收缩、变形而影响使用寿命。近年来，又发展了新型增塑剂，此类增塑剂在加工过程中起到物理增塑剂的作用，但在硫化时可与橡胶分子相化反应；或本身聚合，提高成品的物性，防止像一般物理增塑剂一样的挥发或被抽出等，热老化后物性下降也小，此类增塑剂称为反应型增塑剂。例如，端基含有乙酸酯基的丁二烯及相对分子质量在 10000 以下的异戊二烯低聚物等。它们作为通用橡胶的增塑剂，不仅能改善胶料的加工性能而且还能提高制品的物理机械性能。

液体丁腈橡胶对丁腈橡胶具有优越的增塑作用，它与丁腈橡胶有理想的互容性，不易从橡胶中抽出，高温下也不易发生挥发损失。常用液体丁腈橡胶的相对分子质量在 4000～6000 之间。

氯丁橡胶 FB 和 FC 是分子量较低的半固体低聚物，在 55℃ 下熔化，可以作为氯丁橡胶的增塑剂，不易被抽出，胶料挤出性能好，用量较多时也不会降低橡胶的硬度。

由四氯化碳及三溴甲烷作调节剂合成的苯乙烯低聚物，可作为异戊橡胶、丁腈橡胶、丁苯橡胶、顺丁橡胶的增塑剂。这种低聚物改善橡胶的加工性能，硫化时可与橡胶反应提高其产品性能。

低分子偏氟氯乙烯和六氟丙烯聚合物，亦称氟蜡，可用作氟橡胶的增塑剂。

主要参考文献

1 Whelan A, Slee K. Developments in Rubber Technology-1. London：Applied Science Publishers Ltd.，1979

2 邓本诚，纪奎江. 橡胶工艺原理. 北京：化学工业出版社，1984

3 山口隆. 日本ゴム，1977，50（10）：644～671

4 井上彻裕. 日本ゴム1977，50（10）：672～680

5 山西省化工研究所编. 塑料橡胶加工助剂. 北京：化学工业出版社，1983

6 神原周. 合成. 增订新版，1971，555～576

7 Lujik P. Rubber Journal，1972，154（5）：35～52

8 Weindel W F. Rubber WORLD，1971，165（3）：43～50

9 Booth T W. Rubber Age，1972，104（7）：47～49

10 ［前苏联］科兹洛夫 ПВ，巴勃科夫 СП. 聚合物增塑原理及工艺. 张留诚译. 北京：中国轻工业出版社，1990

11 ［美］奥挟比瑟 O，罗伯松 L M，肖 M T. 聚合物-聚合物混容性. 项尚田等译. 北京：化学工业出版社，1987

12 石万聪，石志博，蒋平平. 增塑剂及其应用. 北京：化学工业出版社，2002

13 刘大华等译. 橡胶工程手册. 北京：中国石化出版社，2002

14 林尚安，陆耕，梁兆熙. 高分子化学. 北京：科学出版社，1982

15 杨晋平. 橡胶工业，1992，39（8）：496～497

16 胡志彤等. 橡胶工业. 1985，9：1～3

17 朱玉俊等. 弹性体力学改性. 北京：北京科学技术出版社，1992

18 中国科学技术大学高分子物理教研室编著. 高聚物的结构与性能. 北京：科学出版社，1981

第六章　橡胶的特种配合体系

许多橡胶制品，除了一般配合外，还要加入某些特种配合剂，以满足制品的特殊性能要求，如橡胶海绵制品需要用发泡剂来产生泡孔；为提高橡胶与骨架材料的黏合力，要在胶料中加入黏合体系配合剂；彩色橡胶制品中需配入相应的着色剂；难燃制品需加入阻燃剂或再选用难燃橡胶；导电、抗静电的橡胶制品中还需加入导电剂、抗静电剂；为抵消橡胶所具有的特殊气味或其他配合剂带来的气味，可在胶料中加入芳香剂；为便于将橡胶制品从模具中取出，可加入或外涂脱模剂；还有防止橡胶制品发霉的防霉剂、防止胶料喷霜的防喷剂、增加填料在胶料中分散的分散剂；使不同聚合物更好地共混使用均匀剂等。这些具有特殊功能的配合剂在橡胶的配合中也是非常重要的一部分。本章主要介绍发泡剂、胶黏剂、阻燃剂、着色剂，简介导电剂及抗静电剂。

第一节　发　泡　体　系

橡胶海绵制品由于具有良好的减震、缓冲、吸音、隔热等性能，已在汽车零部件、保温、制冷、体育健身器材、工业制品和日常生活用品等领域中广泛应用。橡胶海绵有多种，如胶乳海绵、聚氨酯海绵、干胶海绵等。影响橡胶海绵泡孔结构的因素很多，其中最主要的是发泡剂、胶料配方及硫化条件。

一、发泡剂的分类

发泡剂是一类使橡胶、塑料等高分子材料发孔的物质，只要不与高分子材料发生化学反应，并能在一定的条件下产生无害气体的物质，原则上都可以用作发泡剂。发泡剂的分类方法主要有以下几种：按化学组成分类、按发生气体及分解吸放热分类等，其中比较重要的分类方法是按化学组成分类（见第 179 页）。

无机发泡剂中碳酸氢钠（$NaHCO_3$）用得最广，广泛用于天然橡胶和合成橡胶的发泡，制取开孔结构的海绵橡胶。目前，橡胶工业中广泛采用的是含氮的有机发泡剂，其中具有代表性的有发泡剂 H、发泡剂 AC、发泡剂 OT 等。CO_2、H_2O、N_2、空气等物理发泡剂由于无毒、价廉、来源广，虽然使用时压力较高、对发泡设备要求严，但由于环保、经济，正成为物理发泡剂的发展趋势。

按化学组成分 —
物理发泡剂
- 高压发泡剂：无机或有机压缩气体，如 CO_2、H_2O、N_2、空气、丙烷等
- 低压发泡剂：挥发性有机液体，如戊烷、己烷、庚烷、氯代甲烷、甲醇、乙醇、乙醚、丙酮等

化学发泡剂
- 无机发泡剂
  - 反应型：Na_2CO_3（＋酸）、过氧化氢（＋酵母）、锌粉（＋酸）
  - 热分解型
    - $(NH_4)_2CO_3$、NH_4HCO_3、$NaHCO_3$
    - 亚硝酸盐
    - 叠氮化钙
- 有机发泡剂
  - 偶氮类化合物，如发泡剂 AC（ADCA）、发泡剂 DB、发泡剂 AIBN、发泡剂 P、发泡剂 LD 等
  - 磺酰肼类化合物，如发泡剂 OT（OB、OBSH）、发泡剂 BSH、发泡剂 TSH
  - 亚硝基化合物，如发泡剂 H、发泡剂 BL
  - 脲基化合物，如尿素、发泡剂 RA、发泡剂 BH、缩二脲等
  - 叠氮化合物，如苯磺酰叠氮、对甲苯磺酰叠氮
  - 其他如锌-氨络合物、三肼基三嗪、对甲苯磺酰丙酮腙等

按产生气体分
- CO_2 类发泡剂：分解能释放出 CO_2 气体的物质，如 Na_2CO_3、$NaHCO_3$
- N_2 类发泡剂：分解能释放出 N_2 气体的物质，如亚硝酸盐、多数含氮有机发泡剂
- 混合气体类发泡剂：分解释放出多种气体的物质，如 $(NH_4)_2CO_3$、NH_4HCO_3、发泡剂 H、发泡剂 AC 等

按吸放热分
- 吸热型发泡剂，如大多数无机发泡剂
- 放热型发泡剂，如大多数有机发泡剂
- 吸放热型发泡剂，如复合发泡剂

二、发泡剂及其作用特性

（一）物理发泡剂

物理发泡剂是一类能溶解在高聚物中，在体系的压力降低或温度升高时变成气体使高聚物体积膨胀而沸腾发泡的物质。它的优点是不产生分解残渣，不会污染及腐蚀加工设备，价廉易得，但需要在高压下发泡的特殊设备，使用起来不方便。但由于无毒、价廉，应用有增大的趋势。

物理发泡剂有高压和低压两类。高压发泡剂多为压缩气体，如丙烷、空气、CO_2、N_2 等。低压发泡剂多为挥发性液体，如水、戊烷、己烷、庚烷、二氯丙烷、氟里昂、甲醇、乙醇、异丙醇、乙醚和丙酮等。由于氟里昂和氯烃会破坏大气中的臭氧层，因而目前已被禁止使用。

（二）化学发泡剂

现今制造橡胶海绵制品的主要方法是使用化学发泡剂，其中主要是有机发泡剂。

1. 无机发泡剂

无机发泡剂中最重要、用量最大用来制备开孔海绵的发泡剂是碳酸氢钠。它室温下为白色粉末，相对密度为 2.20，分解温度范围为 $130\sim180℃$，分解放出水蒸气和 CO_2，发气量约为 $267mL/g$，由于分解温度较高，单用时发气量仅为理论发气量的一半左右，因此应用时常配入硬脂酸、油酸等脂肪酸作助发泡剂，降低分解温度，加快发气速度，提高发气量。由碳酸氢钠发泡的海绵制品多为开孔结构，孔径细小、均一。在 NR、CR、SBR、BR、NBR、EPDM 等橡胶中的用量一般为 $1.0\sim15.0$ 份，硬脂酸的用量为 $NaHCO_3$ 的 $1\%\sim10\%$。$NaHCO_3$ 混炼时分散较困难，用油或蜡包覆后，分散容易且能加快分解。碳酸氢钠分解产物具有强碱性，对某些产品如木质表面和耐水材料有一定的侵蚀性。此外，碳酸氢钠易吸潮结块，使用之前要注意干燥保存。碳酸氢钠分解反应式如下。

$$2NaHCO_3 \xrightarrow{\triangle} Na_2CO_3 + H_2O + CO_2$$

此外，无机发泡剂中还有碳酸铵、碳酸氢铵、碳酸钠、亚硝酸钠等。碳酸铵稍微加热或遇热水即可分解放出氨气和 CO_2，$60℃$ 时完全挥发，不易与橡胶混合，多用作胶乳海绵的发泡剂，其他场合很少采用。碳酸氢铵在 $36\sim60℃$ 范围内分解放出氨气和 CO_2，发气量为 $700\sim850mL/g$，在所有发泡剂中发气量为最大，应用时直接加入胶料中。碳酸钠和亚硝酸钠不能单独作发泡剂，应用时常加入氯化铵或硬脂酸作助发泡剂，常用作皮球或网球等空心制品的发泡剂，亚硝酸钠对人体有害，使用时要小心。

2. 有机发泡剂

有机发泡剂多为能分解放出氮气的含氮有机化合物，主要有偶氮类化合物、磺酰肼化合物、亚硝基化合物、脲基化合物、叠氮类化合物等，其中最重要、最有代表性的有发泡剂 AC、发泡剂 H 和发泡剂 OT。氮气无毒、无污染且具有惰性，在聚合物中的渗透性低，是一种能使大多数聚合物发泡的有效气体。与无机发泡剂相比，有机发泡剂的发泡温度范围窄，发气量大，品种多，在橡胶中易分散，加工安全，泡孔均一，一般用于闭孔海绵制品，若加入合适的助发泡剂或选择合适的硫化条件，也可产生开孔结构。

(1) 发泡剂 AC　发泡剂 AC（或 ADCA、ADC）化学名称为偶氮二甲酰胺，是偶氮类发泡剂中最常用的一种。分解温度在 $205\sim215℃$，分解放出 N_2、CO、NH_3、CO_2 等气体，发气量为 $220mL/g$ 左右，是一种黄色结晶粉末，无毒，无臭味，不污染，不变色，不吸水，贮存稳定，无火灾危险，在橡胶中易分散，对橡胶和配合剂无反应。分解时需加入助发泡剂如水、表面处理的尿素、ZnO、硬脂酸锌、辛酸锌、丙二醇、乙醇胺、苯二甲酸、有机金属化合物及甘油等降低分解温度，其中以 ZnO 及有机锌盐最有效，分解温度可降低至 140~180℃，尿素次之。这些助发泡剂中，二元醇和表面处理的尿素能促进 NR 和合成橡胶硫化，使用时应减少促进剂的用量，以确保发泡和硫化的匹配。因分解时释放出一定量的 CO 气体，在大批量生产时要注意通风以防中毒。发泡剂 AC 主要用于闭孔海绵橡胶制品，用量一般为 2%~10%。发泡剂 AC 分解反应式如下。

$$H_2N-\overset{\displaystyle O}{\overset{\|}{C}}-N=N-\overset{\displaystyle O}{\overset{\|}{C}}-NH_2 \xrightarrow{\triangle} N_2+CO+NH_3+H-N=C=O$$

$$2H_2N-\overset{\displaystyle O}{\overset{\|}{C}}-N=N-\overset{\displaystyle O}{\overset{\|}{C}}-NH_2+2H_2O \xrightarrow{\triangle} N_2+2CO_2+2NH_3+H_2N-\overset{\displaystyle O}{\overset{\|}{C}}-NH-NH-\overset{\displaystyle O}{\overset{\|}{C}}-NH_2$$
$$\longrightarrow 再继续分解$$

（2）发泡剂 H　发泡剂 H（又称发泡剂 DPT、BN）为最常用的亚硝基类发泡剂之一，化学名称为二亚硝基五亚甲基四胺，发孔力强，发气量大，分解温度 190~205℃，若胶料中有硬脂酸存在，分解温度可下降至 130℃左右，分解放出 NH$_3$、N$_2$、HCHO、CO、CO$_2$、H$_2$O 等，发气量 260~275mL/g。发泡效率高，泡孔不塌陷，单用时分解温度高，泡孔细小，一般要加入助发泡剂如重氮氨基苯或尿素，可降低分解温度；也可将发泡剂 H、明矾和苏打按 11/25/45 的比例并用，获得较好发泡效果。发泡剂 H 在胶料中的分散性好，为保证泡孔均匀，一般先于其他配合剂加入胶料中，薄通后再进行混炼，加入其他配合剂，用于厚制品时需考虑散热问题。其缺点是易燃，与酸雾接触能起火，单用时发热量大，易使发泡体中心烧焦，有臭味，加入尿素可克服。发泡剂 H 的常用量为 2~10 份。其分解反应式如下。

$$ON-N\underset{CH_2-N-CH_2}{\overset{CH_2-N-CH_2}{\Big\langle\ CH_2\ \Big\rangle}}N-NO \xrightarrow{3H_2O} 5H-\overset{\displaystyle O}{\overset{\|}{C}}-H+2NH_3+2N_2$$

（3）发泡剂 OT　结构式中含有—SO$_2$—NHNH$_2$ 基团的化合物称为磺酰肼类化合物，加热时一般放出 N$_2$ 和 H$_2$O，有酸性残渣。这类发泡剂中效果最好的是发泡剂 OT（或 OB、OBSH），它是一种白色至淡黄色粉末，无味，无毒，无污染，分解温度 161℃，发气量 313mL/g，所发泡孔细小均一，在橡胶中易分散，对 CR 有活化作用，对其他橡胶有迟延硫化作用，宜用于浅色海绵制品；用量为 1~15 份，有时与 NaHCO$_3$ 并用。其结构式及分解式如下。

$$nH_2NNH-SO_2-\!\!\bigcirc\!\!-O-\!\!\bigcirc\!\!-SO_2-NHNH_2 \longrightarrow$$

$$3nH_2O+2nN_2+\{S-\!\!\bigcirc\!\!-O-\!\!\bigcirc\!\!-S\}_{n/2}+\{S-\!\!\bigcirc\!\!-O-\!\!\bigcirc\!\!-SO_2\}_{n/2}$$

其他常用的化学发泡剂如表 6-1 所示。

表 6-1　其他常用化学发泡剂

发泡剂名称	结　构　式	分解温度/℃	产生气体	发气量/(mL/g)	用量/%	使用特点
偶氮二异丁腈(发泡剂AIBN)	CH_3　　　CH_3 NC—C—N=N—C—CN CH_3　　　CH_3	120	N_2	137	0.1~20	无色晶体,有毒,能迟延硫化,易分散,不污染,不变色,使用时注意通风,有爆炸危险
N,N'-二甲基-N,N'-二亚硝基对苯二甲酰胺(发泡剂BL)	CH_3　　CH_3 ON—N　　　N—NO 　　C=O　O=C	118	N_2	126~216		黄色粉末,无味,冲击或摩擦时能爆炸燃烧,使用时禁止火星和明火,多用于挤出制品,适于在低温下制造开孔和闭孔海绵
苯磺酰肼(发泡剂BSH)	—SO_2—NHNH_2	145~165	N_2 H_2	256	1~15	浅黄色无毒无味粉末,不易燃,分散性差,常制成油膏加入,分解的气体有臭味;常与脂肪酸酰胺、硬脂酸锌和水合SiO_2混用
对甲苯磺酰氨基脲(发泡剂RA)	H_3C——SO_2NHNH 　　　　　　　O 　　　　　—C—NH_2	170~250	NH_3 CO_2 N_2	146	0.1~5	白色粉末,可加入尿素作助发泡剂,降低分解温度,属于非污染性发泡剂,是最新发泡剂之一
缩二脲	$(NH_2CO)_2NH$		NH_3			白色无毒无异味的微细粉末,能促进硫化,用次磺酰胺类促进剂调整硫化速度,制品不变色,孔径中等,分布均匀,应用时可直接加入胶料中
苯磺酰叠氮	—SO_2N_3	160	N_2	131.6		油状液体,主要作硅橡胶和其他用过氧化物硫化的橡胶的发泡剂
对甲苯磺酰丙酮腙	CH_3—　—SO_2NH 　　　　　N 　　　　　CH_3 　　　　　CH_3	135		150		由对甲苯磺酰肼与丙酮缩合而成,稳定性好,可代替对甲苯磺酰肼
三肼基三嗪	H_2NHN—C　C—$NHNH_2$ 　　　N　　N 　　　　C 　　　$NHNH_2$	235~386		180~200	0.1~5	一种高温发泡剂,可用作硅橡胶的发泡剂,可与$NaHCO_3$混合使用

（三）复合发泡剂

复合发泡剂是以 AC、H、OT 或无机发泡剂为主要原料，将一种或多种发泡剂与相关的助发泡剂复配而成。由于无机发泡剂在发泡过程中多是吸热的，有机发泡剂在发泡过程中是放热的，因此复合型发泡剂的一个发展趋势是将这两类发泡剂进行复配。这种复合型发泡剂国外已商品化。该类发泡剂吸放热平衡，发泡及硫化温度稳定，分解温度适中，很有发展前途。

三、橡胶的发泡原理及影响因素

固体橡胶发泡生产橡胶海绵，其原理是在选定的胶料中加入发泡剂或再加入助发泡剂，在硫化温度下发泡剂分解释放出气体，被胶料包围形成泡孔，使胶料膨胀形成海绵。决定并影响泡孔结构的主要因素有：发泡剂的发气量、气体在胶料中的扩散速度、胶料的黏度以及硫化速度，其中最关键的是发泡剂发气量、产生气体的速度和胶料的硫化速度的匹配。

1. 发泡剂的发气量和分解速度

发泡剂的发气量是指单位质量的发泡剂完全分解所释放出的气体在标准状态下的体积，单位为 mL/g。发泡剂的分解速度是指在一定温度下，一定质量的发泡剂单位时间分解释放出的气体量。由于聚合物本身并不改变发泡剂的分解机理，因此就可不在聚合物中测发泡剂的发气量。通常是将发泡剂放入一定温度的惰性分散剂（如 DOP 或矿物油）中，加热一段时间，收集放出的气体，绘制气体体积（换算为标准条件下的体积）随加热时间的关系曲线（如图 6-1），由曲线的斜率可得到该温度下发泡剂的分解速度，分解完全后的气体总体积除以发泡剂的质量就得到发泡剂的发气量。发泡剂品种不同，粒径不同，温度不同，其分解速度不同。一般情况下，分解温度低的发泡剂，其分解速度快；对同一种发泡剂，粒径小，温度高，其分解速度快。发泡剂的发气量与分解速度影响泡孔的大小和结构，发气量大，分解速度快，形成的泡孔大，开孔的概率大。

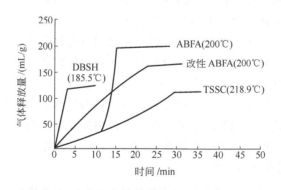

图 6-1　发泡剂气体释放量与时间的关系

2. 发泡剂的分解速度与胶料硫化速度匹配的分析

两者的匹配性影响泡孔的生成和结构。若发泡剂的分解速度或胶料的硫化速度相差太大，不能配合，则不能发泡。发泡剂的分解曲线与胶料的硫化曲线匹配示意图如 6-2 所示。图 6-2 中曲线 6 是硫化曲线，A 为焦烧点，D 为正硫化点。在 A 点之前，胶料尚未交联，若此时发泡剂分解（曲线 1），释放出的气体会很容易从黏度很低的胶料中逸出，硫化后则无泡孔产生；若发泡剂在热硫化前期（AB段）分解（曲线2），由于胶料已开始交联，胶料的黏度上升，但仍较低，泡孔孔壁较弱易破裂，形成开孔结构；如果在热硫化中期（BC段）发泡（曲线3），由于胶料已有适当的硫化，黏度较高，孔壁较强不易破裂，有较多的闭孔结构生成；在热硫化的后期（CD段）发泡（曲线4），胶料已大部分交联，黏度很高，发泡剂分解产生的气体扩散困难，被交联网束缚住形成闭孔结构且泡孔较小；若在D点或D点以后阶段发泡（曲线5），这时胶料已全部交联，黏度太高，不能发泡。

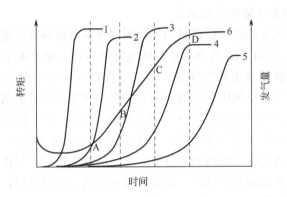

图6-2 发泡剂分解曲线与胶料硫化曲线示意图

要实现两者的匹配，选择发泡剂品种和胶料硫化体系是关键。具体方法有两种：一是根据硫化温度选择分解温度与之相适应的发泡剂，然后再根据发泡剂在该硫化温度下的分解速度来调整胶料硫化速度，如采用迟效性促进剂和其他促进剂并用硫化体系，可采用调整促进剂的用量来调节硫化速度；二是在硫化体系确定的情况下，根据硫化速度选择发泡剂品种及合适的粒径。发泡剂的粒径也是决定发泡剂分解速度的最重要因素之一。粒径减小，粒子的比表面积增大，热传导效率提高，分解速度加快，因此可通过选择合适的发泡剂粒径来调节发泡剂的分解速度与胶料硫化速度之间的平衡。此外，严格控制发泡剂的粒径分布是获得均匀泡孔的关键。发泡剂AC的平均粒径在 $2\sim15\mu m$ 之间，不同粒径范围的发泡剂AC，使用条件如表6-2所示。

表6-2 发泡剂AC的粒径范围与使用条件的关系

粒径范围/μm	发泡情况
2	分解速度最快，在132～143℃下预硫化，157～166℃下膨胀发泡
3	分解速度快，发气量可控，适用于制造大多数闭孔海绵
5	胶料的硫化速度较慢，适用于挤出EPDM闭孔型材
8	用于硫化速度要求慢的模压
10～15	用于挤出闭孔的EPDM、EPDM/CR或SBR共混物的汽车零部件，预硫化温度172～182℃，膨胀发泡温度204～220℃

3. 助发泡剂的影响

分解温度高于橡胶加工温度范围的发泡剂，应用时要加入一些化学物质来降低其分解温度，使其分解温度与橡胶硫化温度相一致或增加其在硫化温度下的发气量。这些化学物质称为助发泡剂。助发泡剂对发泡剂的影响可用助发泡剂的相对有效性来表示。助发泡剂的相对有效性用低于发泡剂分解温度的某一温度下，一定时间内，使该发泡剂分解产生的气体量来衡量，以发泡剂 AC 为例，衡量标准如表 6-3 所示。不同助发泡剂对发泡剂 AC 和 OT 的相对有效性如表 6-4 所示。

<table>
<tr><td colspan="3">表 6-3　助发泡剂的相对有效性</td></tr>
<tr><td colspan="3">（100 份发泡剂 AC 中加入 10 份助发泡剂）</td></tr>
<tr><td>相对有效性</td><td>发气量/(mL/g)</td><td>分解条件</td></tr>
<tr><td>很强</td><td>＞150</td><td>170℃×15min</td></tr>
<tr><td>强</td><td>＞150</td><td>185℃×15min</td></tr>
<tr><td>中等</td><td>＞50</td><td>185℃×15min</td></tr>
<tr><td rowspan="2">差</td><td>＜50</td><td>185℃×15min</td></tr>
<tr><td>＞100</td><td>185℃×30min</td></tr>
</table>

<table>
<tr><td colspan="3">表 6-4　助发泡剂对发泡剂 AC 和发泡剂 OT 的相对有效性</td></tr>
<tr><td>助发泡剂</td><td>发泡剂 AC</td><td>发泡剂 OT</td></tr>
<tr><td>ZnO、硬脂酸锌</td><td>很强</td><td>弱</td></tr>
<tr><td>尿素</td><td>强</td><td>很强</td></tr>
<tr><td>三乙醇胺</td><td>中等</td><td>很强</td></tr>
<tr><td>二苯胍</td><td>弱</td><td>强</td></tr>
<tr><td>CaO</td><td>弱</td><td>弱</td></tr>
<tr><td>苯甲酸/柠檬酸/水杨酸</td><td>弱</td><td>弱</td></tr>
<tr><td>硬脂酸钡/硬脂酸钙</td><td>中等</td><td>中等</td></tr>
<tr><td>硬脂酸</td><td>弱</td><td>中等</td></tr>
<tr><td>聚乙二醇</td><td>中等</td><td>弱</td></tr>
</table>

对发泡剂 AC，许多物质均可降低其分解温度，如 ZnO、硬脂酸锌、油酸锌、有机金属络合物、甘油、二元醇、表面处理的尿素以及含有锌或钡的稳定剂等，其中以 ZnO 及锌盐最有效（如图 6-3），可使 AC 的分解温度降低至 140℃左右。对发泡剂 OT、尿素和三乙醇胺是很好的助发泡剂，可使分解温度降低至 125～170℃范围，但两者同时也促进橡胶硫化。另外，二苯胍对 OT 也有一定的助发泡作用。酸性防焦剂、促进剂、硫化活化剂、脂肪酸和松香酸均可降低发泡剂 H 的分解温度，其中邻苯二甲酸酐、尿素的效果最好。使用邻苯二甲酸酐作

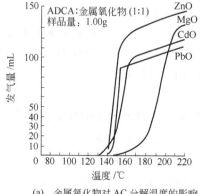

(a)　金属氧化物对 AC 分解温度的影响

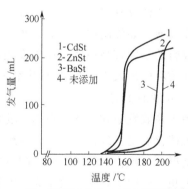

(b)　脂肪酸金属盐对 AC 分解温度的影响

图 6-3　助发泡剂对发泡剂 AC 分解温度的影响

助发泡剂时，发泡剂分解放出氨气，对某些产品不利。使用尿素时，要对尿素表面进行活化处理，以提高其在胶料中的分散性。

助发泡剂对发泡剂的影响，除了能降低其分解温度外，还会影响发泡剂的分解速度。助发泡剂对发泡剂 AC 分解速度的影响如图 6-4 所示。另外，助发泡剂的粒径越细，对发泡剂的相对有效性越强。助发泡剂的粒子越细，比表面积越大，与发泡剂粒子接触的面积越大，因而反应速度越快，可使发泡剂在较短的时间内获得较高的发气量。

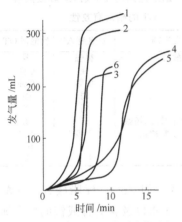 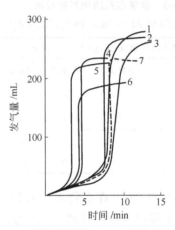

(a) 金属氧化物对 AC 分解速度的影响 (200℃)　　　　(b) 硬脂酸金属盐对 AC 分解速度的影响 (200℃)

1—ZnO；　2—CdO；　3—PbO；　　　　　　　　　1—钙盐；2—镁盐；3—钡盐；
4—MgO；　5—CaO；　6—单用 AC　　　　　　　　4—锌盐；5—镉盐；6—铅盐；7—单用 AC

图 6-4　助发泡剂对发泡剂 AC 分解速度的影响

4. 胶料黏度的影响

胶料黏度影响气体在胶料中的扩散速度。黏度太低，气体扩散太快，易逸出，不能使橡胶发泡；若黏度太高，限制气体膨胀，泡孔内压大，孔径细小，甚至不能发泡。如要制取开孔结构的海绵，胶料的黏度宜低一些，若制取闭孔海绵，胶料的黏度宜高一些。用于发泡的胶料门尼黏度一般控制在 30～50 之间，通常在胶料中加入 10～30 份软化剂来降低胶料的门尼黏度。

5. 温度的影响

由于橡胶发泡和硫化是在同一过程中进行的，因此发泡剂的分解温度范围应与橡胶硫化温度一致，才能形成理想的泡孔结构。在胶料的硫化体系和发泡剂确定的情况下，硫化温度决定橡胶的硫化速度和发泡剂的分解速度，温度高，硫化和发泡快，时间短，生产效率高。但温度对发泡剂分解速度和胶料硫化速度的影响可能不同，升温有可能会使两者不再同步，影响泡孔的结构；另外温度过高，会引起胶料物理机械性能下降，因此橡胶发泡和硫化有一个最佳温度范围。

6. 混炼的影响

发泡剂在胶料中的分散情况和加料顺序也会影响橡胶的发泡。发泡剂的分散性影响泡孔孔径的均匀性及制品的性能，因此要求发泡剂尽可能地均匀分散在胶料中。对于分解温度较高、贮存稳定、粒子较细的发泡剂，混炼时应先于各种配合剂加入胶料中，薄通几遍后再加入其他配合剂混炼。对于分解温度高、粒子较粗的发泡剂，可与固体配合剂一起加入胶料中混炼；对于分解温度低，贮存不稳定的发泡剂，宜在混炼快结束时或在薄通时加入，以减少发泡剂的损失；对液体发泡剂，可将其制成膏状物加入，提高其在胶料中的分散度。

四、海绵橡胶的泡孔结构和性能特点

海绵橡胶的泡孔结构是决定制品性能的主要因素。对各种海绵橡胶，其泡孔结构可归纳为三种：开孔结构、闭孔结构和混合孔结构。这里主要介绍开孔结构和闭孔结构。

1. 开孔结构

开孔海绵橡胶，泡孔互相连接在一起，泡孔之间的壁是不完全封闭的，气体可在泡孔之间自由通过，如图 6-5（a）所示。这种海绵橡胶具有较低的回弹性、较高的压缩永久变形、较差的力学性能、较差的保温隔热性能、较高的吸水性和较小的表观密度。开孔海绵橡胶广泛应用于减振、缓冲、吸音等场合，如可用作地毯底衬、缓冲垫、胶垫、拳击手套、隔音材料等。这是由于在压缩变形过程中，除了海绵橡胶基体材料本身的内耗外，泡孔内气体进出也能消耗部分能量，起到减振缓冲作用。大量的开口泡孔可吸收较大体积的液体，因此广泛用于吸水、吸溶剂等场合。

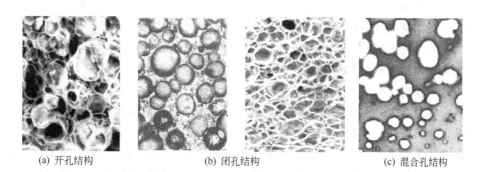

(a) 开孔结构　　　　　　(b) 闭孔结构　　　　　　(c) 混合孔结构

图 6-5　海绵橡胶的泡孔结构图

开孔海绵橡胶一般是由加入胶料中无机发泡剂（如 $NaHCO_3$）在硫化温度下分解释放出 CO_2 气体后形成的。在硫化发泡时，一般在胶料表面贴一层布面，以便于发泡膨胀时气体逸出，所以开孔海绵橡胶制品的表面常有布纹压痕。生产时一般是先将胶料模压成片状、条状的海绵，然后切割成所需要的制品。

2. 闭孔结构

闭孔海绵橡胶的泡孔无开口，泡孔之间有完整的孔壁，由发泡剂分解产生的气泡离散分布在橡胶基质中，泡孔中的气体不能自由出入泡孔，制品的表面有一层致密的橡胶结皮。闭孔海绵橡胶的结构如图6-5（b）所示。因此闭孔海绵橡胶具有较低的吸水性、较高的回弹性和良好的保温隔热性能，表观密度比开孔海绵略高。

闭孔海绵橡胶一般是由能分解释放出氮气的有机发泡剂在合适的黏度和硫化体系的胶料中发泡形成的，多用于水上漂浮制品、缓冲器材、保温隔热材料、体育器材等，如渔网的浮子、空调和加热器的保温管、各种封口、密封圈、垫圈、棒球等。生产时一般通过模压或挤出成型硫化，先制成片状、条状、管状及其他形状，然后根据要求切割或冲切成制品。产品的切割面有泡孔，非切割面无泡孔。

混合孔海绵是既有开孔又有闭孔混合结构的海绵，见图6-5（c）。

五、海绵橡胶的制造方法

在生产橡胶海绵时，一般是先将胶料模压或挤出成片状、条状或其他形状的海绵材料，然后切割成所需要的制品。目前主要有三种加工方法：常压模压、高压模压和连续挤出。

1. 常压模压加工

海绵橡胶的常压模压加工，是将含有足够发泡剂的混炼胶料放入模腔内，然后硫化发泡。注意胶料不要填满模腔，留一部分空间供胶料发泡膨胀，模腔上方要开有排气孔，以便橡胶膨胀时将模腔上方的空气排出。加入胶料前，先在模腔内壁垫一块布片或涂一层滑石粉，硫化时可将下部胶料逸出的气体排出。常压模压发泡时要求胶料的黏度较低，使胶料在模腔内流动性好，容易膨胀。这种方法制得的海绵橡胶制品泡孔结构可为开孔结构，也可能为闭孔结构，取决于发泡剂的品种和用量以及胶料的硫化速度。

2. 高压模压加工

高压模压法制海绵橡胶一般分预硫化和终硫化两个阶段完成。

（1）预硫化阶段　像传统的干胶模压硫化那样，将含有发泡剂的胶料装满模腔，合模后在135～145℃下加压预硫化25～35min，然后卸压。由于模腔被胶料填满，合模后模腔被封闭，随着硫化的进行，发泡剂分解产生的气体量增大，使气泡内的压强逐渐增大。卸压时，由于外压的解除，气泡内的高压使气泡迅速在未完全交联的胶料中膨胀，产生细小的闭孔海绵。胶料发泡膨胀率可通过配方设计以及调整硫化时间和温度来控制。制品的最终尺寸和胶料的完全硫化在第二个阶段终硫化时完成。

必须注意，在开模卸压时一定要迅速、顺畅、完全；模具的模腔壁要设计成15°的倾角，便于制品脱模；卸压时平板硫化机的各部件活动要顺畅，使胶料完全自由膨胀。如果胶料在膨胀的过程中受到阻碍，制品可能会歪曲或开裂。

（2）终硫化阶段 将预硫化的海绵半成品放到烘箱或更大的模具内，在高于预硫化温度15～25℃的条件下再硫化60～90min，使海绵制品完全硫化和膨胀，稳定至最终尺寸。终硫化具体的温度和时间由制品的厚度确定。

需要注意的是，海绵鞋底膨胀至最终尺寸是在第一个阶段完成，而第二阶段是将模压后的海绵鞋底在100～121℃下热处理10～24h，稳定尺寸。如果不稳定尺寸，在使用时制品会过分收缩而变形。

3. 连续挤出加工

该方法是橡胶工业中制备海绵制品最有效、最经济的加工方法，是将含有发泡剂的胶料通过挤出机挤出或用压延机压成一定厚度的胶片，然后将挤出半成品或压延胶片连续通过热空气炉或液体硫化介质、微波炉、沸腾床等连续硫化设备发泡、定型。这些连续硫化过程在常压或高温下进行，发泡剂的分解速度很快，要使胶料发泡，胶料的硫化速度也要求很快，在配方设计时注意选择硫化速度快的胶料和硫化体系。

挤出的闭孔海绵型材可用于汽车密封条、建筑垫片、管道保温层等场合。EPDM、CR、SBR、NBR等橡胶以及它们的共混物，可采用这种方法制造海绵制品。由于管道保温层要求耐燃，所以NBR/PVC共混物发泡剂用得最多。

六、海绵橡胶制品的性能检测

海绵橡胶制品由于其具有多孔结构的缘故，不能采用一般橡胶制品的物理机械性能来表征其质量。海绵制品通常采用的检测项目有硬度、弹性、视密度以及孔径的大小和孔数等。

1. 硬度的测定

采用海绵橡胶硬度计（如德国 Zwick 型）测量一定压力作用下圆柱体沉入试样的深度，按式（6-1）计算。

$$H = \frac{P}{Sh} \tag{6-1}$$

式中 H——硬度，N/cm³；

P——作用于试样的压力，N（$P=49$N）；

S——圆柱体的底面积，cm²（$S=1$cm²）；

h——圆柱体的下沉量，cm。

测试步骤是先让硬度计上的圆柱体与厚度为2.0～2.4mm的片状试样表面接触（接触压力为0.49N），调整千分表指针为零，加49N的力压试样30s，记录千分表指示的圆柱体的下沉量。同一试样，测三点，取平均值。

2. 弹性

测试方法与硬度相似。基本原理是用外力将圆柱体压入试样，观察除掉外力后试样变形恢复的程度。具体方法是分别测量49N的压力压30s和除掉外力后

$30\sim 60s$ 硬度计上圆柱体沉入试样的深度 h_1 和 h_2，按式（6-2）计算结果。

$$\theta=\frac{h_1-h_2}{h_1}\times 100\%$$ （6-2）

式中　θ——海绵橡胶的弹性，%；

　　　h_1——在负荷压力下圆柱体沉入试样的深度，mm；

　　　h_2——除掉负荷压力后圆柱体沉入试样的深度，mm。

同一试样，测三点，取平均值。

3. 表观密度的测定

表观密度是衡量海绵发孔情况的重要指标，采用规格为 $20mm\times 20mm\times 2mm$ 的试样，用精度为 0.0001g 的天平称量，按式（6-3）计算表观密度。

$$\rho_a=\frac{W}{V}$$ （6-3）

式中　ρ_a——表观密度，g/cm^3；

　　　W——试样在空气中的质量，g；

　　　V——试样的体积，cm^3。

4. 孔径和孔数

这是一个参考指标，通常把测定表观密度用的试样置于显微镜下测定最大孔径和最小孔径（以 mm 为单位），并计算单位面积中孔的个数。

5. 强度性能的测定

ISO 1798 提议采用厚度为 $10\sim 15mm$ 的哑铃形试片测试，但裁片时试样易变形。前苏联标准 ГOCT 11721 中提出采用底面积为 $(10.00\pm 0.25)cm^2$，适当高度的圆柱形试样，以 $(200\pm 10)mm/min$ 拉伸速度，作强度性能测试，测定拉伸强度和伸长率。

七、配方举例

乒乓球拍用橡胶海绵的一种配方如下（单位：份）。

天然橡胶 100，促进剂 TMTD 3，凡士林 15，氧化锌 5，白炭黑 30，白油膏 30，硬脂酸 3，碳酸镁 15，水杨酸 1.5，硫黄 2，碳酸钙 15，颜料（黄色）适量，防老剂 MB 1，发泡剂 H 4.5。

硫化条件：144℃×3.5min。

第二节　黏合体系

在橡胶工业中，许多橡胶制品，如轮胎、胶管、胶带、胶鞋、减震及某些密封制品等，都含有纤维、钢丝及其他金属等增强骨架材料。橡胶与骨架材料之间的粘接十分重要，它们之间黏合水平决定了产品的性能和使用寿命，因此黏合体系也是非常重要的特种配合体系。

一、黏合体系的分类及几个术语的含义

黏合又称粘接、胶接、黏着等，是指将两个材料或物件（可同种，也可不同种）粘在一起的过程。关于起黏合作用物质的名称有多种，如增黏剂、胶黏剂、黏合剂、粘接剂等。本章所用术语意义如下。①增黏剂是指添加于橡胶、塑料或胶黏剂中的配合剂，主要用于制品成型操作，提高未硫化胶之间的黏合性。②胶黏剂是指使将两种或两种以上的制件（或材料）连接在一起的一类物质，多是胶液或胶膜形式。它们的使用往往是涂在清洁的被粘表面上，待溶剂挥发完了，将两被粘物压紧或再加热硫化等，完成黏合，胶布制品和胶鞋业使用胶黏剂较多。③直接黏合剂是指直接配入胶料中的配合剂，在硫化时使被粘表面之间产生化学键合或强烈的物理吸附，形成牢固界面层，主要用于含骨架材料的复合制品如轮胎、管、带、油封等。这个范围的物质种类繁多，应用广泛，分类方法不一，而名词也多，本章把它们统称为黏合剂。下面仅就橡胶工业领域中应用的黏合剂进行分类。

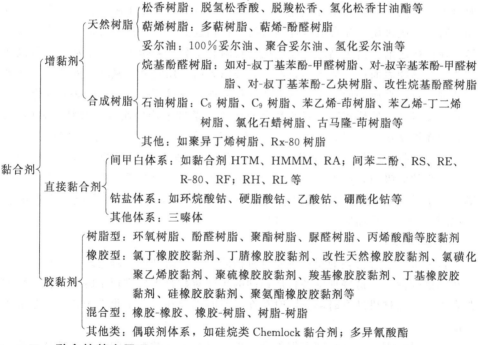

二、黏合的基本原理

黏合剂粘接两种材料时，首先黏合剂要与被粘物表面充分接触，其次黏合剂与被粘物之间要形成足够的黏附力才能形成牢固度符合要求的黏合界面。

1. 固体的表面特征

由于固体表面分子力场不平衡，所以有表面能。不同类型固体表面能不同。按表面能从高到低依次为：共价固体（如金刚石）＞金属固体（如金属）＞离子固

体（如 $CaCO_3$）＞范德瓦尔斯固体（如橡胶、纤维）。高表面能固体对低表面能的物质有吸附性，所以金属骨架或无机填料表面易吸附水分、油污、尘埃等，会影响黏合或分散。

除了吸附因素外，液体黏合剂在被粘固体表面上是否能充分接触还与湿润密切相关，能否湿润由它们之间的接触角 α 决定。当 $\alpha=0°$ 时能充分铺展，很好湿润；$\alpha<90°$，为可湿润；当 $\alpha>90°$ 时不能湿润；$\alpha=180°$ 时完全不湿润。当同属亲水或亲油类物质时，它们接触时 α 一般会小于 $90°$，即湿润；当一个亲油一个亲水，往往 α 大于 $90°$，不湿润。

此外，固体表面粗糙，微观凹凸不平，存在着很多空穴、毛细管以及开孔，而纤维宏观结构就比较疏松，有大量缝隙可被胶黏剂或胶挤入。被粘物表面的这些特征均有利于黏合的进行。

2. 黏合形成过程

在胶料与骨架材料黏合时，胶料中某些配合剂通过扩散，在硫化温度下与骨架材料表面的原子或基团发生化学反应或形成氢键，产生牢固的黏合。当使用胶黏剂时，一般来说，黏合的过程则包括被粘物表面处理、涂黏合剂、合拢、固化等。在粘接之前，由于高能表面往往会吸附有水分、灰尘或被抹上油污，所以通常要对被粘物表面进行适当的处理。对金属表面常用喷砂、碱洗、酸洗等方法进行处理，对非金属表面要用打磨方法进行处理，纤维干燥处理后的表面要保持清洁及干燥状态。然后将准备好的黏合剂在要求条件下均匀涂敷在被粘物表面上，黏合剂在被粘物表面扩散、流变、渗透，再将被粘材料合拢，在一定的条件下（压力、时间、温度）进行固化。当黏合剂分子与被粘物表面的距离小于 $0.5nm$ 时，则会彼此吸引，产生范德瓦尔斯力或形成氢键、化学键（包括共价键、配位键、离子键等），加上渗入被粘物表面孔隙中的黏合剂固化后形成的大量啮合"胶黏剂勾子"，从而完成了黏合过程。

3. 黏合理论

目前关于黏合机理的观点主要有机械理论、吸附理论、静电理论、扩散理论和化学键理论等。这些理论各自从不同的角度对黏合本质进行了解释。在实际的黏合中，这几种机理有时部分同时存在，有时都存在。其中化学键合应该是最主要的。

（1）机械理论　这种观点把黏合看作是黏合剂和被粘物间纯机械啮合或镶嵌作用。机械啮合或镶嵌力在黏合过程中确实存在，但这不是产生黏合力的主要原因。这种理论不能解释表面化学性质的改变对黏合强度的显著影响和没有一种能黏合各种材料的"万能胶"这样一些实际问题。但该理论提供了一种提高黏合效果的方法，如对被粘表面进行打磨等粗化处理。当然打磨处理并不是完全为了提高机械啮合力，还有如制得清洁表面、形成高活性表面、增大接触面积等作用。

（2）吸附理论　该理论认为黏合作用是黏合剂和被粘物分子在界面上接触并产生次价力引起的。黏合过程分两个阶段：第一阶段是液态黏合剂分子借助布朗运动向被粘物表面扩散并逐渐靠近被粘物表面，压力和加热有利于该过程的进行；第二阶段是产生吸附作用，当黏合剂分子与被粘物表面的分子间距离接近至0.5nm时，次价力（如范德瓦尔斯力或氢键）便开始起作用，并随距离的进一步减小而增至最强。认为这是黏合力的主要组成之一。该理论把黏合作用归结为物理吸附，并不普遍适合。因为物理吸附力并不牢固，而有些黏合却非常牢固。

（3）静电理论　静电理论的实验依据是在干燥的环境中，从被粘金属表面快速剥离胶膜时有放电声和发光现象。该理论把黏合界面看成一个电容器，界面两侧的黏合剂与被粘物表面相当于电容器的两个极板，黏合作用就是由两个极板间正、负电荷的相互吸引引起的。由于不同物质具有不同的电子亲和力（金属一般比非金属小），当两种具有不同电子亲和力的物体接触时，会引起电子由亲和力小的物质（如金属）向亲和力大的物质（如高聚物）转移，从而产生接触电势，产生静电吸引。虽然黏合作用中确有静电力存在，但静电作用仍不是产生黏合作用的必要条件。因为它无法解释属性相同或相近的物质间以及非极性物质间的黏合作用。

（4）扩散理论　该理论认为高聚物的互黏和自黏是由于大分子链或链段的扩散作用使两相粘接体系之间形成了强有力的结合作用。例如当黏合剂涂于与它有相容性的高聚物表面时，便引起黏合剂和被粘物链状分子及其链段的相互扩散和交织，最终形成牢固的黏合接头。热塑性塑料的焊接和溶剂粘接都可看作是聚合物分子之间相互扩散产生黏合的结果。该理论仅适用于分子能移动并具有相容性的链状高聚物之间的黏合，在解释自黏和相容性好的两种聚合物之间的互黏现象上很成功，但对相容性不是很好的不同聚合物之间的黏合作用还不能做完美的解释，对聚合物与金属的黏合则无法解释。

（5）化学键理论　该理论认为互相粘接的两相材料之间是通过在粘接界面上两种分子之间产生化学键结合才能获得牢固的黏合。这种理论已被多种实验事实所证实，如镀黄铜金属与橡胶的黏合，聚酯纤维、橡胶、金属与橡胶之间通过异氰酸酯粘接，橡胶与玻璃纤维通过硅烷偶联剂类黏合剂粘接等。

三、常用的黏合方法

（一）增黏剂的应用

在多部件制品如轮胎的成型过程中，未硫化半成品表面必须具有一定的黏性或初始黏附力，才能将制品的各个部件通过粘贴结合成一体。如果胶料缺乏黏性，尤其是合成橡胶胶料，在成型时会因缺乏黏性引起部件粘贴部位脱开。过去解决胶料缺黏的传统方法是在粘贴、成型时涂刷汽油或胶浆进行增黏。但该法因溶剂挥发而污染环境，若溶剂挥发不完全还会造成成品脱层，如胎体鼓泡甚至爆胎。配用增黏剂，可除去传统的刷汽油或涂浆工艺，不仅改善环境，而且还能提高缺黏的合成橡胶的应用比例，确保多部件制品质量。各种增黏剂中合成类比天然类增黏性能高；烷基苯酚-甲醛树脂的初始增黏性能是石油树脂类的2～3倍；而烷基苯酚-乙炔树脂和改性酚醛树脂属于长效、耐湿热的高性能增黏剂。

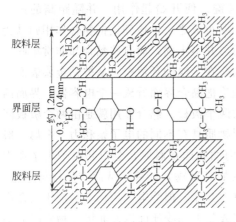

图6-6 对叔丁基酚醛树脂氢键网络示意图

常用的烷基酚醛树脂之所以能增加未硫化胶的黏性，是由于分散在胶料中的烷基酚醛树脂结构中的酚羟基之间形成氢键网络结构（如图6-6）而增加了胶料的内聚强度。这类树脂自身具有氢键作用。当混炼温度升高到相当于树脂的软化点，树脂的氢键结构被破坏，树脂熔化，塑化了的橡胶就作为一种流动载体，将增黏剂分子均一分布于胶料并带至表面，当两个这样的胶片接触便可粘为一体。研究显示，当胶料中配合0.75份以上的烷基酚醛树脂即可显示出增黏性能。通常的实用胶料中，配合2～6份增黏剂，可产生很好的黏合效果。配方举例如下（单位：份）：NR 80；SBR 20；ZnO 5.0；SA 2.0；NOBS 1.4；4010NA 2.0；N330 45；白炭黑10；石蜡1.0；芳烃油6.0；尼龙短纤维5；204树脂5.0；S 1.4。

烷基酚醛树脂在胶料中除了起增黏剂作用外，还起增塑剂作用。

（二）橡胶胶黏剂制造及应用

1. 胶黏剂的制造

橡胶胶黏剂有单组分和双组分之分。单组分的通常是以橡胶（干胶或胶乳）、树脂为主要黏料，配合增黏配合剂或偶联剂、固化剂、促进剂、填料或溶剂等加工成一种黏稠状液态混合物，其制造过程中经常加极性的树脂以提高黏合效果，如溶剂型氯丁橡胶胶黏剂的配方：氯丁橡胶（LDJ-240）100份，2402树脂45份，氧化镁6份，氧化锌5份，防老剂D2份，甲苯158份，乙酸乙酯158份。

制备方法：将氯丁橡胶在30～40℃塑炼后，在炼胶机上依次加入防老剂、氧化镁、氧化锌和2402树脂，混合均匀后按5mm厚度下片，切块。将溶剂和胶块加入搅拌机，缓慢搅拌直至成为均一胶浆。该胶黏剂主要用于帆布与不锈钢粘接。

2. 胶黏剂的黏合机理

胶黏剂的黏合机理有三种理论解释，即吸附理论、静电理论和扩散理论。

3. 胶黏剂的应用

胶黏剂主要用于两相固体表面间的粘接，通常采用喷、涂、贴等工艺达到黏合目的。黏合工艺是影响胶黏剂黏合效果的主要因素之一，如果黏合工艺不当，再好的黏合剂也不能取得良好的黏合效果。胶黏剂黏合工艺过程一般包括被粘物表面处理、涂胶、晾置、胶合、固化等，比较复杂，影响因素多，因此必须按照正确的工艺进行黏合。

（三）直接黏合体系的应用及原理

直接黏合法是指将黏合助剂直接加入胶料中，通过硫化使其界面产生键合实现黏合的方法。常用的直接黏合体系主要有间甲白、有机钴盐、间甲白/有机钴盐、间甲白/有机钴盐/过硫化稳定剂 HTS、间甲白/有机钴盐/后硫化稳定剂/Si-69、有机钴盐/白炭黑、三嗪等体系。防老剂 BLE 在起防护作用的同时能提高橡胶与钢丝的黏合；有机酸钴盐在黏合橡胶与镀黄铜或镀锌钢丝帘线或绳时起黏合促进剂的作用。

1. 间甲白直黏法

间甲白直黏体系是由甲醛给予体六亚甲基四胺（HMT）或亚甲基给予体（如六甲氧基甲基蜜胺，HMMM）、单体间苯二酚或树脂型间苯二酚给予体和白炭黑组成的三组分黏合体系，又称 HRH 体系，适合于人造丝、尼龙、维尼龙、聚酯纺织物，如帘布、布、线绳等以及镀黄铜、镀锌或未镀钢丝帘线等骨架材料与橡胶的黏合。典型的间甲白直黏体系的组成为间苯二酚或它的给予体 2.5～3.8 份、HMT 或亚甲基给予体 1.5～2.5 份，对分子中含有间甲给予体的用量1.5～5.0 份、白炭黑 15 份。其黏合机理在于间苯二酚作为亚甲基（—CH_2—）接受体，促进剂 HMT 为亚甲基给予体，在硫化温度下，亚甲基与间苯二酚发生化学反应生成低聚有继续反应能力的酚醛树脂黏合剂。酚醛树脂中的羟甲基和羟基与纤维表面的羟基、氨基发生缩合反应或形成氢键，使其一面与被粘的纤维表面产生了化学键合。酚醛树脂中的羟基和羟甲基在加热条件下一般认为能生成一种亚甲基醌中间体，与橡胶大分子中活泼的 α-亚甲基反应，与橡胶一面产生了化学键合或使橡胶交联，结果使橡胶与纺织物形成化学键合的界面而牢固黏合；当与金属表面黏合时，因为酚醛树脂中的羟基和羟甲基是一种极性基团，与金属表面的羟基或极性氧化物产生键合，从而将橡胶与金属牢固地黏合在一起。组分中白炭黑是一种黏合增进剂，白炭黑表面酸性的硅醇基起着改善胶料对纤维或金属表面湿润吸附性的作用及催化间甲黏合树脂生成的作用，同时由于白炭黑的酸性，迟延了硫化反应，使胶料保持较长时间的流动性，使硫化反应与黏合反应同步，因而可提高橡胶与纤维或金属的黏合。

HRH 体系的优点是能够控制黏合反应的历程，使橡胶的硫化反应和黏合反应协调一致，胶料的耐热氧老化性好，过硫性小。缺点是混炼时分散困难，易喷霜，高温时间苯二酚易冒白烟，危害人体健康，污染环境；促进剂 HMT 对皮肤有刺激作用，还会降低胶料的焦烧安全性，胶料的耐蒸气老化性差，因而应用受到限制。为此，又开发了一些新型的间甲直黏体系，如亚甲基接受体型的黏合剂RS（间苯二酚与硬脂酸的摩尔比为 1∶1 的共熔物）、黏合剂 RE（间苯二酚与乙醛的摩尔比为 2∶1 的低聚缩合物）、RS-11、R-80 等；亚甲基给予体型的黏合剂HMMM、RA 等；包含接受体和给予体的有 RH（间苯二酚与促进剂 H 物质的量的比为 1∶1 的络合物）；混合型的黏合剂 RL（黏合剂 A 与间苯二酚等物质的量的比的溶解物）等。

间甲白直接黏合胶料配方例：NR 100 份，ZnO 3.0 份，硬脂酸 2.0 份，次磺酰胺类促进剂 1.0 份，FEF 40 份，防老剂 A 1.0 份，高芳油 6.0 份，白炭黑15 份，间苯二酚 2.5 份，促进剂 H 1.6 份，硫黄 2.5 份。间甲白胶料混炼时，温度应控制在 120℃ 以下，防止焦烧。硫化温度应在 150℃ 以上，如用间甲直接黏合剂时，应在混炼的后期加硫黄之前加入。

2. 三嗪体系

该体系是 20 世纪 70 年代发展起来的新型单组分直黏体系，比钴盐类耐热，比间甲白简单，有较高的耐屈挠龟裂性，消除了使用间苯二酚的弊端，在胶料中易分散，不喷霜，焦烧安全性好，可用于 NR、NBR、IR、EPDM 等橡胶与镀黄铜的各种金属、45 号钢、A₃ 钢以及聚酯和尼龙的直接黏合，也可用于制造轮胎、输送带、胶管、胶辊、护舷、减震器等橡胶金属复合制品中。

用作黏合剂的均三嗪衍生物结构为

式中，X 为羟基、氨基、卤素原子；Y 为巯基或氯原子；Z 为氨基。其代表物是 2-氯-4-氨基-6-(间羟基苯氧基)-1,3,5 均三嗪，商品名为黏合剂 SW（或TAR）。均三嗪结构与苯相似，整个分子形成共轭结构，苯氧基上的电子云向氧原子的邻、对位转移，使电子云密度增加，胶料中或金属表面如有亲电试剂存在，就容易在苯氧基邻对位发生亲电反应，从而使橡胶与金属黏合。该黏合体系胶料中的硫黄用量以 3 份为宜，胶料用两段法混炼，SW 在混炼初期加入，钢丝帘线用溶剂汽油清洗。胶料配方如下：NR 100 份，不溶性硫黄 IS-HS-7020 4.0份，ZnO 5 份，SA 2 份，松焦油 6.0 份，HAF 45 份，促进剂 CZ 1.5 份，防老剂 BLE 1.5 份，防老剂 4010NA 1.0 份，黏合剂 SW 2.0 份。如果配用 15 份白炭黑等量替代炭黑，可提高黏合的保持性。

3. 钴盐促进黏合体系

纯钴是除黄铜之外惟一能同 NR 黏合得很好的金属。有机钴盐如环烷酸钴、硬脂酸钴、松香酸钴、乙酸钴、硼酰化钴等，则能增进 NR、BR 等橡胶与黄铜或钢丝帘线的黏合。但用钴盐增进黏合时，硫化促进剂最好用迟效性的。黏合界面对热老化和过硫化相当敏感，在过硫化或热氧老化的情况下，会失去黏合效果。这与钴能加速橡胶老化有关。

关于钴盐促进黏合的机理，目前还不十分清楚。有人认为在橡胶与镀黄铜金属黏合时，加入的钴盐能促进活性硫化亚铜 Cu_xS 的生成，Cu_xS 是橡胶与镀黄铜的主要黏合界面层。在硫化温度下，胶料硫化反应必须与黏合反应协同进行。反应历程如下。

橡胶与硫黄的硫化反应：

$$Rub + S_y \longrightarrow Rub - S_y$$
$$Rub - S_y + Rub \longrightarrow Rub - S_y - Rub$$

橡胶与镀黄铜的黏合反应：

$$CuZn + 2S \longrightarrow Cu_xS + ZnS$$
$$Cu_xS + Rub - S_y \longrightarrow Cu_x - S - S_y - Rub$$

两种反应协同进行可通过控制硫黄量、硫化亚铜 Cu_xS 的生成速率及黄铜层的铜锌比来达到。为满足硫化和黏合两个反应对硫黄的需要，硫黄的配合量要高（一般 5～7 份），同时配用迟效性促进剂。硫化亚铜 Cu_xS 的生成速率主要通过选用合适的有机钴盐品种和用量来控制，各种钴盐的反应活性顺序为：硼酰化钴＞新癸酸钴＞环烷酸钴＞硬脂酸钴；金属钴的含量约为橡胶烃的 0.3%，若钴离子含量过高，不仅促进生成大量的非活性硫化铜，而且会使橡胶加速老化。

配方设计时，胶料中钴盐的用量以 5 份为宜，促进剂以 NOBS 最佳，其次是 DM 和 CZ，炭黑以混槽黑较好，其次是快挤出炭黑、白炭黑、半补强炭黑，用量以 50 份为佳。该系统的粘接性能，对 NR 最佳，IR 和 BR 居中，IIR、NBR、CR 最差，金属以钢和黄铜最好。该系统的缺点是耐热、耐老化性差，采用对苯二胺类防老剂。子午线钢丝帘布层胶配方如：NR 100 份，ZnO 8 份，SA 0.75 份，CZ 0.8 份，N326 55 份，RD 1 份，4020 2 份，芳烃油 12 份，五氯硫酚 0.15 份，增黏树脂（SP1068）2.5 份，黏合剂 A 3.5 份，黏合剂 RF 2 份，硼酰化钴 0.25 份，充油不溶性硫黄（IS80-20）6 份，CTP 0.1 份。

除了有机钴盐外，有机铜、镍、碲或钼盐等也可提高橡胶与黄铜的黏合。

（四）纤维浸胶法

纤维浸胶法是橡胶与各种纤维黏合的基本方法之一，使用于橡胶与棉纤维、人造丝纤维、尼龙纤维、聚酯纤维和玻璃纤维纺织物的黏合。浸渍液主要有 RFL 浸渍体系、异氰酸酯浸渍液、H-7 浸渍体系、偶联剂浸渍液等。纤维不同，采用的浸渍液可能不同。

1. RFL 浸渍体系

RFL 体系是间苯二酚-甲醛-胶乳浸渍黏合体系，是天然或合成胶乳与 15%～25% 的间苯二酚甲醛树脂溶液的混合物，适用于棉纤维、人造丝纤维和尼龙纤维及织物，对聚酯纤维和玻璃纤维黏合效果较差。RFL 浸渍液中，酚醛树脂（RF）属于直接黏合剂，胶乳（L）提供柔软性。RFL 中的 RF 有两种，一种是间苯二酚及甲醛；另一种是水溶性的间苯二酚-甲醛预缩体，如用 Penecolite R-2170 和 Penecolite R-2200，则可以使配制不再使用有毒性的间苯二酚，并减少甲醛用量 70%，配制工艺简单，浸渍方便。若胶料为 NR 或以 NR 为主的配方时，棉帘线单用天然胶乳即可获得良好的黏合效果；人造丝和尼龙帘线，单用天然胶乳黏合效果较差，需并用部分极性强的丁吡胶乳（用量占胶乳总量的 1/3 以上）。丁吡胶乳分子中丁吡基的氮原子可以与 RF 树脂中的酚羟基之间形成氢键，因而可提高黏合效果。尼龙帘线用 RFL 浸渍液，丁吡胶乳量要提高。

2. 异氰酸酯浸渍液

该法主要用于聚酯帘线的浸胶，方法是将异氰酸酯用含中等活泼氢的化合物如酚、肟、丙二酸酯等封闭异氰酸酯，再制成水基处理液，加入到 RFL 浸渍液中制成混合的处理液。只要将聚酯帘线用该混合液进行一次浸渍处理便可改善其与橡胶的黏合效果。高温下，封端打开，异氰酸酯重新释放出来，一面与聚酯帘线材料发生化学反应，另一面与橡胶分子发生化学反应，从而将聚酯帘线与橡胶黏合在一起。

3. Pexul 浸渍体系

这是英国帝国化学工业公司发展的聚酯帘线专用浸渍体系，其主要添加剂是 Pexul 树脂，化学名称是 2,6-双（2,4-二羟基苯亚甲基)-4-氯苯酚，是对氯苯酚和间苯二酚及甲醛的缩合物。使用时将 20 份固体 Pexul 溶于 80 份浓度为 5mol/L 的氨水溶液中制成 20% 的溶液，加入到 RFL 浸渍液中混合均匀，即可对帘线进行浸渍处理，得到较高的黏合力。Pexul 的结构式如下。

4. 偶联剂浸渍体系

这是为改善玻璃纤维与橡胶黏合效果而开发的一类浸渍体系，以硅烷偶联剂为主，一般与 RFL 浸渍体系配合使用。玻璃纤维表面光滑，表面能较高且是亲水性的，易吸附环境中的水分，橡胶难以湿润，因此与橡胶黏合困难。但玻璃纤维表面上有化学反应性较强的硅醇基（Si—OH），易与偶联剂发生化学反应。

硅烷偶联剂对玻璃改性很有效，目前应用较多、效果较好的硅烷偶联剂有 H151、A172、A174、KH550、KH560、KH580、KH590、Y5620 等。常用的 Chemlock 系列黏合剂大多属于该类型。其中 Y-5620（乙烯基三叔丁基过氧硅烷）既可增进一般的无机材料与有机聚合物的黏合效果，又可增进不同聚合物之间、聚合物与金属之间的黏合，是一类多功能偶联剂，使用时再加入4,6-三烷氧基均三嗪之类的有机化合物或某些金属有机化合物可进一步提高其偶联效果。该种偶联剂不是通过水解方式与被粘物发生偶联，而是通过其本身热分解生成的自由基产生偶联作用。

玻璃纤维浸胶通常在拉丝过程中先用含有硅烷偶联剂的预浸液对玻璃纤维表面进行改性处理，使其亲水性表面变为疏水性表面，然后再用RFL液浸渍处理。用RFL处理后，可提高玻璃纤维帘布耐磨、耐屈挠强度3～6倍。玻璃纤维要充分浸透，要求使每根单丝表面都要包覆一层RFL薄膜。浸胶后的玻璃纤维应避免高温和在高温下贮存。

此外，提高橡胶与纤维黏合效果的另一常用方法是纤维织物涂胶法。将橡胶、树脂等组分与有机溶剂组成的胶液涂敷于织物表面，然后再使之与橡胶黏合，多用于制造胶布、管、带和其他夹布橡胶制品。所用的胶液主要有异氰酸酯、酚醛树脂、聚氨酯和环氧树脂涂液等。

（五）镀黄铜法和硬质胶法

黄铜或镀黄铜金属材料，在合理的配方组成下，可以不用黏合剂就能与各种橡胶实现良好的黏合，适于制造小规格金属部件，如轮胎制品中的钢丝、气门嘴、钢丝帘线等，对大型金属制品或部件由于镀制困难，不宜采用。

硬质胶法是在金属表面贴上或涂上一层硬质胶，然后再贴上要黏合的软质胶，最后经过热压硫化形成整体。该法粘接强度高，工艺简单，有防腐蚀作用，但耐热性差，工作温度不能超过70℃，耐动态疲劳性差，适合于大件、静态使用制品的粘接，如各种胶辊、大型化工容器内衬胶层等。

四、黏合强度及测试方法

评价黏合质量好坏的方法是测定黏合强度。黏合强度是指黏合接头破坏时所需要的应力，主要有剪切强度、拉伸强度、剥离强度等。其测试方法常用的有抽出法、拉伸法、剥离法、动态测试法等。

1. 抽出法

美国ASTM D2229规定了抽出法的测试标准，该法是将帘线或钢丝包埋在一定形状的橡胶试样中，在拉力机上测定将帘线或钢丝从橡胶中抽出来所需要的力，以N/根表示。同时观察或测量帘线或钢丝抽出后，其表面上的附胶量或附胶等级，最后用抽出力和附胶量或附胶等级两个参数来表征黏合水平的高低。抽出法是最常用的静态黏合测试方法，测试的黏合强度实际上是剪切强度，常用于轮胎帘线或钢丝与橡胶之间的黏合测试。

抽出力大小与帘线或钢丝的包埋深度、测试时的拉伸速度以及测试温度有关。包埋深，拉伸速度快，抽出力大。测试温度有室温和高温（110～130℃）两种，以便于测试高于室温条件下的黏合保持率。抽出试样通常有图 6-7 所示的几种，其中 H 形试样使用最多。

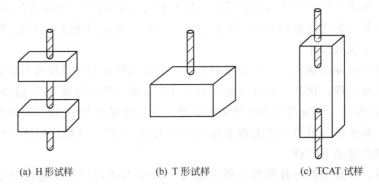

(a) H形试样   (b) T形试样   (c) TCAT 试样

图 6-7   橡胶-帘线黏合抽出法试样形式

2. 拉伸法

拉伸法可以测黏合的剪切强度和拉伸强度，适合于金属、塑料等硬制件的黏合测试。

（1）拉伸法测黏合剪切强度   剪切强度测试时，试样如图 6-8 所示。测钢铁、不锈钢等高强度金属胶黏剂黏合强度时金属片的尺寸为 25mm×2mm×100mm，搭接长度 12.5mm，夹持位置距接头 50mm。

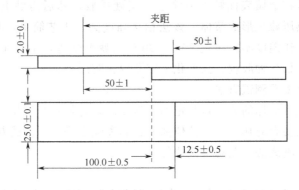

图 6-8   黏合剪切强度试件形式

测试本身强度低些的铜、铝及其合金或塑料件的黏合强度时，试片的尺寸为 20mm×2mm×70mm，搭接长度为 15mm，夹持位置距接头 20mm。将试件装在拉力实验机的上、下夹持器上，调整使实验机施力轴线与试件中心线相一致，再以 （10±2） mm/min 的加载速度拉伸至破坏，记录负荷数值。按式 （6-4） 计算剪切强度。

$$\tau = \frac{F}{A} \tag{6-4}$$

式中　τ——剪切强度，Pa；

　　　　F——破坏负荷，N；

　　　　A——黏合面积，m^2。

测试时每组试件不得少于 5 个，要按允许偏差要求取舍，取算术平均值。

　　测试金属或塑料与橡胶的黏合剪切强度时，试件形式同铜、铝或塑料黏合剂黏合强度测试试件，只是所粘的橡胶片厚度为 2mm（如图 6-9）。测试方法同上，拉力机的加载速度为（50±5）mm/min。

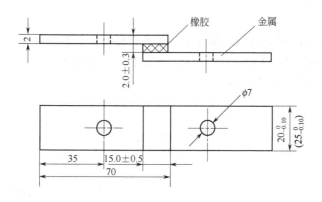

图 6-9　橡胶与金属黏合的剪切试件图

　　（2）拉伸法测黏合拉伸强度　拉伸法测黏合拉伸强度，试件形式如图 6-10 所示。图 6-10（a）形式可测金属之间用胶黏剂黏合拉伸强度，测定时将试件装于拉力实验机的夹具上，加载速度 10～20mm/min；图 6-10（b）用来测金属与橡胶之间的黏合拉伸强度，加载速度为（50±5）mm/min。记录破坏负荷，按

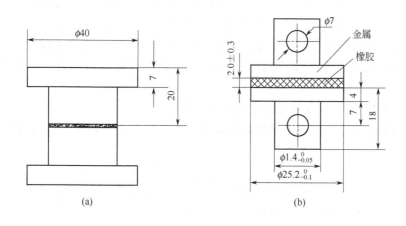

（a）　　　　　　　　　　　　　　　（b）

图 6-10　拉伸法测黏合拉伸强度的试件

式 (6-5) 计算拉伸强度。

$$\sigma = \frac{4F}{\pi d^2} \tag{6-5}$$

式中　σ——黏合拉伸强度，Pa；

　　　F——试件破坏时的负荷，N；

　　　d——黏合部位直径，m。

要求试件不得少于 5 个，经取舍后不应少于原数量的 60％，取其算术平均值，允许偏差为±10％。

3. 剥离法

剥离强度是在规定的剥离条件下，使黏合件分离时单位宽度所能承受的最大负荷，其单位用牛顿/米(N/m) 表示。剥离的形式主要有 L 形剥离、U 形剥离、T 形剥离和曲面剥离，如图 6-11 所示。

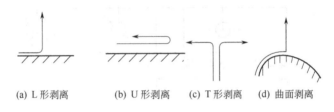

　(a) L 形剥离　　(b) U 形剥离　(c) T 形剥离　(d) 曲面剥离

图 6-11　剥离实验形式

(1) 橡胶-纺织物黏合剥离强度的测试方法　橡胶与纺织物如帘布的黏合强度可用 T 形或曲面剥离法测定。测定平形橡胶制品（如胶带、大型胶管等）时，所用的试片为 25mm 宽、152mm 长的条状物。试样制备方法如下：将混炼胶压成 1mm 厚的胶片，贴在帘布层的两边，用辊筒压实下片，沿压延方向裁取 152mm 长试片，在两块试片之间放一块厚度为 0.4mm 的胶片。硫化后裁成 5 片 25mm×152mm 的条状试样，裁切方向平行于帘布的径线方向。对于内径在 50mm 或更大的胶管制品，先切下 25mm 长的一段胶管，再剖开制成条状。试样在拉力实验机上沿端头呈 T 形撕开，所需的剥离力即表示黏合力，结果取平均值。

(2) 橡胶-金属黏合剥离强度的测试方法

通过硫化将一片橡胶条粘接到宽度相同的金属条上（如图 6-12），将金属条

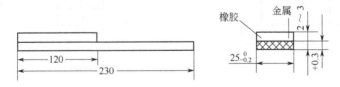

图 6-12　橡胶与金属黏合剥离强度测定试件

通过夹持器固定在一个金属圆盘上，将粘在金属条上的橡胶条以恒定的速度和大约90°的剥离角度剥离，剥离过程中的最大力即为橡胶与金属黏合的剥离强度。

4. 动态测试法

对于动态条件下使用的橡胶制品，橡胶与骨架材料之间的黏合性能要用动态试验方法来衡量。其中最常用的是利用冲压疲劳试验机测量。所用试片由24根长度为150mm的相同帘线相隔5mm平行排列在同一平面上，两端施加2N的恒定张力，帘线的两面贴以1.5mm厚的压延胶片制成。在贴胶层的外侧再贴3mm厚的压延胶片，然后在试片表面中心与帘线垂直的方向上下各贴一层宽25mm、厚10mm的胎面胶条（如图6-13所示），在模型内定型硫

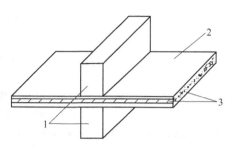

图6-13　多根帘线与橡胶黏合
动态性能的测试试件
1—胎面胶；2—胎体胶；3—帘线

化，停放24h后备用。测试时将试样放到特殊的工作台上，以恒定的冲压力（通常取4.5～8.0kN范围）冲击试样，以帘线脱黏时的冲击次数表征橡胶与帘线黏合性能的好坏。每次冲压用两块试样对比，其中一块为标准胶试样。

第三节　阻 燃 体 系

除少数合成橡胶外，天然橡胶和大多数合成橡胶都是易燃或可燃材料，尤以天然橡胶和烃类合成橡胶为甚。由这些橡胶材料制成的制品亦具有可燃性或易燃性，而且燃烧时发热量大，火焰传播速度快，并释出大量的烟尘或有刺激性、腐蚀性、毒害性气体。因此，如何使易燃的橡胶制品变得阻燃、低烟、低毒，已成为近年来国内外着力研究的课题。使橡胶材料具有阻燃性的方法较多，其中比较简便、经济而又具有实效的方法是在橡胶材料中加入阻燃剂。

一、阻燃剂的分类

所谓阻燃剂，是指能保护材料不着火或使火焰难以蔓延的配合剂。在高聚物材料中，能够起到阻燃作用的物质主要是元素周期表中第ⅤA族的N、P、As、Sb、Bi和第ⅦA族的卤素以及Al、B、Zr、Sn、Mo、Mg、Ca、Si等。其中较为常用的是N、P、Sb、Cl、Br、B、Al和Mg的化合物。阻燃剂通常可分为反应型和添加型两大类，此外还有发烟抑制剂和有毒气体捕捉剂。具体分类如下。

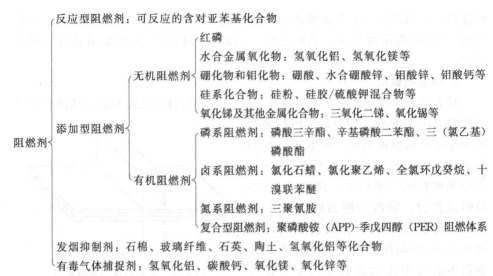

反应型阻燃剂：可反应的含对亚苯基化合物

红磷

水合金属氧化物：氢氧化铝、氢氧化镁等

硼化物和钼化物：硼酸、水合硼酸锌、钼酸锌、钼酸钙等

硅系化合物：硅粉、硅胶/硫酸钾混合物等

氧化锑及其他金属化合物：三氧化二锑、氧化锡等

磷系阻燃剂：磷酸三辛酯、辛基磷酸二苯酯、三（氯乙基）磷酸酯

卤系阻燃剂：氯化石蜡、氯化聚乙烯、全氯环戊癸烷、十溴联苯醚

氮系阻燃剂：三聚氰胺

复合型阻燃剂：聚磷酸铵（APP)-季戊四醇（PER）阻燃体系

发烟抑制剂：石棉、玻璃纤维、石英、陶土、氢氧化铝等化合物

有毒气体捕捉剂：氢氧化铝、碳酸钙、氧化镁、氧化锌等

阻燃剂

添加型阻燃剂 — 无机阻燃剂 / 有机阻燃剂

反应型阻燃剂主要是在聚合或缩聚过程中参加反应，结合到高聚物的主链或侧链中去以起阻燃作用。这类阻燃剂具有稳定性好、不易消失、对高聚物性能影响小等特点，但制造复杂，尚未广泛使用。添加型阻燃剂是添加到高聚物中的助剂，分散到高聚物中而发挥阻燃作用。

二、高聚物燃烧及发烟机理

高聚物的燃烧，一般是由于受到外来的热而分解出可燃性气体，并与空气中的氧气相混合激烈氧化而着火。其燃烧过程一般包括加热、熔融、解聚或分解、氧化着火、燃烧、延燃等步骤（如图 6-14）。

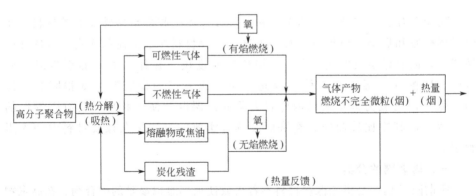

图 6-14　高聚物燃烧机理示意图

有些高聚物在燃烧时产生大量的烟气，对消防和逃生极为不利。高聚物燃烧时的发烟性与高聚物材料的分子结构、添加剂及燃烧环境有密切关系。关于高聚物燃烧时产生黑烟的机理，最具代表性的是碳双键缩聚机理。即分解产生的可燃性气体因聚合而生成芳香族或多环高分子化合物，进而缩聚石墨化生成炭微粒，

混入气体中形成黑烟。

三、阻燃剂的阻燃机理

（一）阻燃剂的阻燃效应

阻燃剂发挥阻燃作用的主要原因是在高聚物燃烧的过程中能够阻止或抑制其物理的变化或氧化反应。能够具有如下一种或多种阻燃效应的化合物，均可作为阻燃剂。

1. 吸热效应

化合物受热分解或释放出结晶水或脱水，因其吸热而使材料的温度上升受到抑制，从而产生阻燃效应，称为吸热效应。如硼砂、氢氧化铝、碳酸钙等因此而起到阻燃作用。

2. 覆盖效应（隔绝效应）

阻燃剂在较高温度下生成稳定的覆盖层或分解生成泡沫状物质，覆盖于高聚物表面，使高聚物材料因热分解而产生的可燃性气体难以逸出，并对材料起隔热和隔绝空气的作用，从而达到阻燃的效果。如磷酸酯类化合物和防火发泡涂料等。

3. 稀释效应

其作用机理是在受热分解时能够产生大量的不可燃性气体，使高聚物材料所产生的可燃性气体被稀释而达不到可燃的浓度范围。如 CO_2、NH_3、HCl、H_2O 等可作为稀释气体。磷酸铵、氯化铵、碳酸铵等在加热时能产生这种不燃性气体。

4. 抑制效应

这是一类能够切断着火燃烧自由基连锁反应的抑制剂。这类物质可以与·OH反复反应而生成 H_2O，切断了自由基的反应链，抑制氧化反应发生，使其不至于激烈到起火的程度，即它在强烈的热源环境下，着了火也会在外热源离开后，因热量少而不能维持燃烧，离火自熄。常用的溴类、氯类等有机卤素化合物就有这种抑制效应。

5. 转移效应

其作用是改变高聚物材料热分解的模式，从而抑制可燃性气体的产生。例如，利用酸或碱使纤维素产生脱水反应进而分解成为炭和水，而不是可燃性气体，这样也就不能着火燃烧了。氯化铵、磷酸铵等的阻燃剂就属于这类。

6. 协同效应

这里主要是阻燃剂的并用。有些化合物单独使用无阻燃效果或效果不大，采取并用能增强阻燃效果。如三氧化二锑与卤素化合物并用，可大大提高阻燃效率，而且能减少阻燃剂的总用量。

（二）主要阻燃剂及其阻燃机理

1. 无机阻燃剂

（1）水合金属氧化物　主要品种有氢氧化铝、氢氧化镁、氢氧化锡等，其中以氢氧化铝的吸热效应最大，阻燃效果好。其阻燃作用主要是吸热效应，生成的水蒸气还能起隔绝效应。这类阻燃剂的最大优点是无毒，不会生成有害气体，还可减少燃烧过程中 CO 的生成量，起消烟剂作用。最大缺点是分解温度低，应用时使用量大，只能用于加工温度较低、物理机械性能要求不高的高聚物材料的阻燃。此外，氢氧化镁易吸收空气中的 CO_2，生成碳酸镁，使制品产生白点。

（2）硼化合物与钼化合物　这类阻燃剂中主要有硼酸、水合硼酸锌、钼酸锌、钼酸钙、钼酸铵等。其中水合硼酸锌的阻燃效果最好。该类阻燃剂在较低温度下熔融，释放出水并生成玻璃状覆盖层，在燃烧过程中起隔绝、吸热及稀释效应。硼类阻燃剂与卤系阻燃剂有协同效应。由于分解温度低，不能用于加工温度高的高聚物阻燃。

（3）硅类化合物　这类阻燃剂在燃烧时能生成玻璃状的无机层（—Si—O—）并接枝到高聚物上，产生不燃的含碳化合物，形成隔氧膜而抑制燃烧，同时还能防止高聚物受热后的流滴。其燃烧时不产生火焰、CO 及烟，而且还具有补强作用。因此，这是一类极有开发前景的非卤素阻燃剂。

（4）膨胀型石墨　这是一类新开发的无机阻燃剂，美国已商品化。它能起隔绝效应，与红磷有良好的协同效应，两者常同时使用。

（5）三氧化二锑　三氧化二锑在不含卤高聚物中阻燃作用很小，一般不单独用作阻燃剂，在含卤高聚物中有较好的阻燃作用，与卤系阻燃剂并用有较好的协同效应。

2. 有机阻燃剂

（1）有机卤系阻燃剂　有机卤系阻燃剂是目前用量最大的有机阻燃剂，主要是溴、氯化合物。溴化物虽然有毒，但其阻燃效果比氯化物好，用量少，很受用户欢迎。同一卤素不同类型的化合物，其阻燃能力不同，其大小顺序为：

脂肪族＞脂环族＞芳香族

脂肪族与高聚物的相容性好，但热稳定性差；芳香族热稳定好，但相容性差。含有醚基的芳香族卤化合物与高聚物的相容性好，热稳定性高，用量急剧增加。溴系阻燃剂中最常用的是十溴联苯醚、四溴双酚 A。氯系阻燃剂中较常用的是氯化石蜡及全氯环癸烷。近几年还开发了系列高分子量卤素阻燃剂，如四溴双酚 A 碳酸酯低聚物、四溴双酚 A 环氧低聚物等，应用前景看好。

卤系阻燃剂在分解时产生卤化氢不燃性气体，具有稀释效应和覆盖效应。更重要的是，卤化氢能与燃烧过程中产生的·OH 反应，抑制高聚物燃烧的连锁反应，起抑制效应。从而使该类阻燃剂具有非常好的阻燃效果。溴类阻燃剂的阻燃效果优于氯类阻燃剂，主要原因在于 HCl 与·OH 的反应速度较 HBr 与·OH 的反应速度慢。

（2）有机磷系阻燃剂　目前，商品化的主要是磷酸酯类，如磷酸三苯酯

（TPP）、磷酸三甲苯酯（TCP）、磷酸甲基二甲苯酯（CDP）、磷酸三（2,3-二溴丙）酯及磷酸三（2,3-二氯丙）酯等。新开发的品种有季磷盐、磷腈化合物及其聚磷酸酯，耐高温性好，但阻燃效果不及前述品种，尚未商品化。该类阻燃剂的阻燃机理可概括如下。

在燃烧时，磷化合物分解生成磷酸的非燃性液态膜，起到覆盖效应。同时，磷酸进一步脱水生成偏磷酸，偏磷酸进一步缩合生成聚偏磷酸，使高聚物脱水而炭化，改变了高聚物燃烧过程的模式，并在其表面形成炭膜，以隔绝空气和阻止可燃性气体的产生，从而发挥更强的阻燃效果。这类阻燃剂对含氢氧基的高聚物如纤维素、聚氨酯、聚酯等有良好的阻燃效果，而对不含氧的聚烯烃类高聚物阻燃效果较小。

（3）有机氮类阻燃剂　该类阻燃剂在燃烧后生成可以使高聚物脱水及炭化的硝酸，从而起到转移效应。主要应用于含氧高聚物的阻燃。而对烃类高聚物的阻燃效果不明显。代表产品有三聚氰胺及其衍生物。

（4）复合型阻燃剂　有机磷/氮膨胀型阻燃剂是 20 世纪 90 年代阻燃剂开发的一个热点。它是一种同时含有有机磷、有机氮的阻燃剂，可以是单一化合物（单体型），也可以是由两种以上的化合物组成（复合型），均为磷酸酯及其衍生物与含氮阻燃剂的混合物，如磷酸酯与三嗪衍生物、有机胺的缩合物及聚磷酸铵的衍生物等。它的阻燃机理是在燃烧时能在高聚物表面生成一层均匀的炭质泡沫层，起隔绝及吸热效应。这类阻燃剂阻燃效果好，消烟并能防止流滴，低毒，具有相当大的开发前景。

3. 阻燃剂并用

有机磷系阻燃剂和有机卤系阻燃剂并用，有极好的协同效应。这是由于磷系阻燃剂是在液相和固相中发挥效果，而卤系阻燃剂是在气相中发挥效果。两者并用可以发挥协同效应。同时磷与卤反应生成 PX_3、PX_5、POX_3 等卤-磷化合物比卤化氢重，挥发和散失困难，具有更大的覆盖效应。磷、氯阻燃剂并用的协同作用比磷、溴低些。此外，无机的三氧化二锑与卤系阻燃剂并用有协同效应是因为三氧化二锑在卤化物存在的情况下，燃烧时所生成的 $SbCl_3$、$SbBr_3$ 等卤化锑的密度很大，覆盖在高聚物表面起覆盖效应，在气态时也可捕捉自由基，具有抑制效应。卤素化合物与硅粉并用也可产生协同效应，其原理类似于卤素化合物与磷系化合物并用。磷化合物与氮化合物并用，由于氮化合物能够加速燃烧过程中多聚磷酸的形成，它既有助于泡沫层的形成，又能防止磷化合物随燃烧气体逸散，因而可起协同效应。磷/氮膨胀型复合阻燃剂便是基于这个原理开发的。

四、制造阻燃橡胶的方法

除少数合成橡胶外，大多数合成橡胶与天然橡胶一样，都是易燃或可燃材料。目前主要采用添加阻燃剂或阻燃填充剂的方法及与阻燃材料共混改性来提高阻燃性。另外，聚合时在单体中引入阻燃基团也是阻燃技术中的有效方法，提高橡胶制品的交联密度对阻燃也有好的影响。橡胶的阻燃技术简单介绍如下。

1. 烃类橡胶

烃类橡胶包括 NR、SBR、BR、IIR、EPR、EPDM 等。NBR 虽不属于烃类橡胶，但其阻燃技术与烃类橡胶极为相似，故归入烃类橡胶处理。

烃类橡胶的氧指数大约在 19～21 之间，热分解温度范围为 200～500℃，其耐热及阻燃性一般较差，燃烧时的分解产物大部分都是可燃性气体。此类橡胶的阻燃常采用的技术如下。

（1）与阻燃高聚物共混　如与聚氯乙烯、氯化聚乙烯、氯磺化聚乙烯、乙烯-乙酸乙烯酯等高聚物共混，可适当提高烃类橡胶的阻燃性。在共混时要注意考虑相容性及共交联问题。

（2）添加阻燃剂　这是烃类橡胶提高阻燃性的重要途径，并利用阻燃剂的并用协同效应来进一步提高阻燃效果。常用的阻燃剂多为有机卤类阻燃剂，其中全氯环戊癸烷、十溴联苯醚、氯化石蜡等使用得较多。并用的无机阻燃剂以三氧化二锑居多，其次还有硼酸锌、水合氧化铝、氯化铵等。使用时注意含卤阻燃剂中不能含有游离卤，因为在加工过程中，游离卤会腐蚀设备和模具，对橡胶的电性能和老化性能有不良影响。此外要注意阻燃剂的用量对橡胶力学性能的不良影响。

（3）添加阻燃性无机填料　如碳酸钙、陶土、滑石粉、白炭黑、氢氧化铝等，以尽可能减少可燃有机物质的比例。碳酸钙、氢氧化铝分解时具有吸热效应。这种方法会降低胶料的某些物理机械性能，填充量不能太大。

（4）提高橡胶的交联密度　试验证明，提高橡胶的交联密度可提高其氧指数。因而可提高橡胶的阻燃性。这可能是由于胶料热分解温度提高所致。这种方法已在乙丙橡胶中得到应用。

2. 含卤橡胶

含卤橡胶中均含有卤元素，氧指数一般在 28～45 之间，FPM 的氧指数甚至达到 65 以上。一般含卤橡胶中的卤素含量越高，其氧指数越高。这类橡胶本身具有较高的阻燃性，离火自熄。因此其阻燃处理要比烃类橡胶容易。为进一步提高含卤橡胶的阻燃性，通常可采用添加阻燃剂的方法。

3. 杂链橡胶

这类橡胶中最有代表性的是二甲基硅橡胶，其氧指数为 25 左右，热分解温度在 400～600℃。其实用的阻燃途径是提高其热分解温度、增加热分解时的残渣、减缓可燃性气体的产生速度等。

五、阻燃性的测定

测定橡胶阻燃性的方法很多，而且制品用途不同，测试方法也不一样。其中较为常用的方法有氧指数法（GB/T 2406—93 或 ASTM D2863）、垂直燃烧法（GB 4609—84 或 ANSI-UL94）、水平燃烧法及发烟性测定方法（GB 8624—1997）等，其中最常采用的方法是氧指数法。

氧指数（OI）是阻燃橡胶制品必测的数据，是指在规定条件下，试样在氮气和氧气的混合气流中维持蜡烛状稳定燃烧时所需的最低氧气浓度，用混合气流中氧所占的体积分数表示。氧指数在 22 以下的属于易燃材料，没有阻燃性；在 22～27 之间为难燃材料；在 27 以上为阻燃性材料，离火自熄。氧指数试验装置示意图见图6-15。

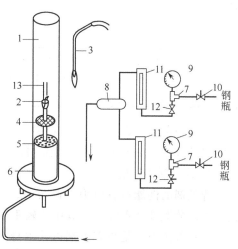

图 6-15　氧指数试验装置示意图

1—燃烧筒；2—试样夹；3—点火器；4—金属网；5—放玻璃珠的筒；6—底座；7—三通；8—气体混合器；9—压力表；10—稳压阀；11—转子流量计；12—调节阀；13—燃烧着的试样

$$OI = \frac{[O_2]}{[O_2] + [N_2]} \times 100 \tag{6-6}$$

式中　$[O_2]$——混合气流中氧气的体积流量，L/min；

　　　$[N_2]$——混合气流中氮气的体积流量，L/min。

第四节　着 色 体 系

传统的橡胶制品多为单一黑色的，现代人们要求许多橡胶制品是鲜艳的多彩色的。所以橡胶的着色日益受到重视。着色剂是一类能使橡胶改变颜色的物质，橡胶着色剂多为颜料和少量的染料。

一、颜色的基本性质及着色剂的性能

1. 颜色的基本性质

颜色是人眼受到一定波长和强度的电磁波的刺激后所引起的一种视觉神经的感觉。波长在 400～780nm 范围之间的电磁波是可以为人眼看到的波长范围，因此也称可见光波。当可见光波照到物体上，如果完全被吸收，则物体表现为黑色；当光波全被反射（或透射），则该物体表现为白色；如果部分吸收，部分反射（或透射），则该物体表现出一定的颜色。颜色和波长的关系见

表 6-5。

表 6-5　光谱颜色波长及范围

颜　色	波长/nm	范围/nm	颜　色	波长/nm	范围/nm	颜　色	波长/nm	范围/nm
红	700	640～750	黄	580	550～600	蓝	470	450～480
橙	620	600～640	绿	510	480～550	紫	420	400～450

一种颜色由色调（H）、饱和度（V）、明度（C）三个基本参数来确定。颜色的表示方法为 HV/C，例如 5B2/4，5B 是色调，2 是明度，4 是饱和度。

2. 着色剂的性能

着色剂的性能有着色力、遮盖力、耐光性、耐热性、耐迁移性、耐酸碱性、吸油量、分散性及毒性等，其中比较重要的如下。

（1）着色力　是指着色剂以其本身颜色使被着色物体具有颜色深浅的能力。着色力越强，着色剂用量越小。着色力与着色剂的粒径有关，粒径越细，着色力越强，一般最好在 $1\mu m$ 左右。

（2）遮盖力　是指着色剂阻止光线穿透着色制品的能力，即着色剂的透明性大小问题。一般遮盖力越大，透明性越差。遮盖力大小同着色剂和高聚物的折射率及着色剂粒子大小有关。着色剂与高聚物的折射率相差越大，遮盖力越好。

（3）耐光性　又称耐晒坚牢度，是指将着色剂置于一定条件下曝晒一定时间，其颜色的变化情况。一般将曝晒后的着色剂颜色与标准样品进行对照。由于阳光中的紫外线具有较高能量，它能破坏着色剂的化学键，使其褪色。耐晒性共分八级，8 级最优，3 级平，1 级最劣。

（4）耐迁移性　又称渗性，是指着色剂向介质中渗色或向接触的物质迁移的程度。迁移性大，易造成喷霜或色污染。渗色性共分为 5 级，1 级无渗色，2 级有痕渗，3 级微渗色，4 级稍有渗色，5 级有渗色。渗色性有水渗色性、油渗色性、石蜡渗色性等。无机着色剂一般不会出现迁移现象，有机着色剂大都有迁移现象，一般有机酸的无机盐（色淀颜料）迁移性较小，分子量较高者比较低者迁移性小，低分子的单偶氮颜料的迁移性比双偶氮或缩合偶氮颜料渗色性大。

（5）吸油量　反映着色剂粒子结构性的高低，和炭黑 DBP 吸油值是一个道理。

（6）毒性　要求无毒、低毒。特别是玩具等与人们生活、饮食有关的制品更应该无毒。一般含镉、铅、硒等重金属着色剂有毒性。

二、橡胶着色剂的分类

1. 分类

按化学组成
- 颜料
  - 无机颜料
    - 金属氧化物类：如 TiO_2、ZnO、Fe_2O_3、Fe_3O_4、Cr_2O_3 等
    - 金属硫化物类：如 ZnS、CrS、CdS、HgS 等
    - 金属盐类：$BaSO_4$、$PbCrO_4$、$PbSO_4$ 等
    - 其他：炭黑、群青、铁兰、钴颜料等
  - 有机颜料
    - 偶氮类
      - 单偶氮类：耐晒黄 G、汉沙黄 G、甲苯胺红、颜料大红等
      - 双偶氮类：联苯胺黄、永固黄、大分子黄、联苯胺橙、永固棕等
      - 偶氮缩合物类：永固黄 Hs2G、永固桃红 FBB、大分子大红 R 等
      - 偶氮色淀：耐晒大红 BBN、耐晒红 BBM、金光红 C、立索尔红 BK 等
    - 酞菁类：酞菁蓝、酞菁绿等
    - 杂环类：喹吖啶红、喹酞酮、永固紫（二噁嗪）等
- 染料：水溶性染料、油溶性染料

按颜色
- 白色着色剂：钛白粉、锌钡白、锌白、ZnS 等
- 红色着色剂：氧化铁红、金红锑、镉红、立索尔宝红、甲苯胺红、橡胶大红、耐晒红、永固红等
- 橙色着色剂：铬橙、铅钼橙、永固橙、大分子橙、联苯胺橙等
- 黄色着色剂：铬黄、硫化镉、氧化铁黄、汗沙黄、联苯胺黄、耐晒黄、永固黄、大分子黄等
- 绿色着色剂：氧化铬、酞菁绿、颜料绿等
- 蓝色着色剂：群青、钴铝蓝、酞菁蓝等
- 紫色着色剂：酞菁紫、永固紫、立索尔紫红等
- 棕色着色剂：氧化铁棕、永固棕等
- 黑色着色剂：炭黑、氧化铁黑、苯胺黑等

2. 颜料和染料

橡胶着色主要采用颜料，很少用染料。染料多用于硬质透明塑料，在橡胶中也有染料与部分颜料混合使用的，但很少。颜料是指不溶于水和溶剂，不溶于被着色物质，也不与其发生化学反应的有色物质。其中无机颜料主要是铁、铬、镉、钛、钡、铅、锌等化合物。其优点为对光和热的稳定性好，遮盖力强，耐迁移性好，耐水、耐溶剂性好，价廉易得，在着色剂中占有重要地位。其缺点是色谱较少，鲜明度及透明度差，着色力小，有些品种有毒。与无机颜料相比，有机颜料品种多，色彩鲜艳，密度小，透明性好，着色力强，使用量小，但耐光、耐迁移、耐高温及耐化学药品性、遮盖力一般较差，且价格贵，应用受到一定限制。

三、彩色橡胶制造方法

橡胶制品的着色方法主要有表面着色和混料着色两种。表面着色是将着色剂

喷涂到橡胶制品的表面，使橡胶制品着色。该法对静态制品有一定的效果，对动态制品，着色剂易剥落，易掉色。混料着色是目前橡胶着色的主要方法，分溶液法和混炼法两种。其中混炼法又有干粉着色、色浆着色、粒料着色及母炼胶着色等几种方法。

1. 溶液法着色

该法是将橡胶用其良溶剂溶解成一定浓度的溶液，然后将着色剂及除硫黄外的橡胶配合剂加入到溶液中搅拌混合均匀，在一定的温度下干燥除去溶剂，最后在炼胶机上加入硫黄。这种着色方法操作复杂，着色剂及配合剂分散不均匀，有色差，溶剂难回收，污染环境，目前已较少采用。

2. 混炼法着色

这种方法是目前橡胶制品着色最常采用的方法，是将着色剂直接加入或先与载体混合再加入胶料中，通过炼胶机混合均匀，使橡胶着色。具体方法如下。

(1) 干粉着色　这种方法是直接将粉状着色剂随同小料一起加入橡胶中，在开炼机上混炼。该法的优点是操作简单，成本低，但混炼时粉尘大，污染环境，且不易分散均匀，有色差，如果粒子过硬过粗，还会造成色点、条纹或色谱相互污染等质量问题，目前已较少采用。为了便于使用，可将粉状着色剂与硬脂酸、硫酸盐等一起制成预分散的着色剂，市场已有销售。

(2) 色浆着色　该法是先将着色剂与液态的配合剂（如增塑剂）混合，用三辊机研磨制成糊状物或浆状物，然后再按一定比例加入到橡胶中混炼。这种方法可避免粉尘飞扬，也有利于着色剂在橡胶中分散，色彩均匀。但色浆中着色剂的含量低，着色不高，运输量大，损耗大，用户使用不方便。

(3) 粒料着色　着色剂粒料的制备方法主要有两种。第一种方法和其他粉状配合剂造粒方法一样，先将粉状着色剂用表面活性剂浸润，再经蜡熔或与树脂熔融挤出后造粒；第二种方法是将着色剂用表面活性剂浸润后再经机械力的作用使着色剂颗粒细化，制成一定浓度的分散体，再与胶乳混合共沉，经干燥后轧片造粒。其中表面活性剂多为阴离子型和非离子型，如脂肪酸盐、磺酸盐等，胶乳通常采用天然胶乳。这种粒状着色剂使用方便，分散性好，无粉尘飞扬，不污染环境，色泽鲜艳，发色均匀，无色差，是一种很有发展前途的着色方法。但粒状着色剂制备工艺复杂，成本高，限制了其广泛应用。

(4) 母炼胶着色　这种方法是先将着色剂、部分增塑剂及橡胶其他配合剂与生胶经开炼机混合制成浓度约为 50% 的着色剂母炼胶，再按比例掺加到橡胶中着色。这种方法对粒子细、难分散的着色剂着色较有效，发色均匀，无色差。配合时注意母炼胶中着色剂的浓度以及扣除母炼胶中其他配合剂的量。

第五节 其他特种配合剂

一、导电剂（导电填料）

绝大多数橡胶材料是电绝缘体。如果用橡胶材料制造导电制品，除了在橡胶分子链中引入导电性官能团外，另一种简便方法就是在胶料中加入导电剂，即导电填料或金属填料。它在橡胶中分布形成链状和网状通路而产生导电作用。导电橡胶最近发展很快，已受到国内外研究者高度重视。常用的导电剂有炭黑、石墨粉、金属粉及导电纤维等。炭黑的粒径和结构性对橡胶的导电性影响较大，是主要的导电剂。

1. 导电炉黑

主要品种有 N293、N294、N472。N293 和 N294 的粒径细，结构性高，表面活性大，补强性能好。N472 具有极高的表面积和结构，BET 表面积为 $270m^2/g$，DBP 吸油值达到 $1.78cm^3/g$，在胶料中的导电性能比 N293、N294、乙炔和炭黑都高，但补强性不及 N293 和 N294 好。补强和导电性能居中的 N294 目前已被淘汰。导电炭黑混炼时生热高，应防止焦烧。

2. 乙炔炭黑

它是一种中等粒径（30~40nm）、结构性最高（DBP 吸油值 $3.0~3.5cm^3/g$）、挥发分和灰分极低的炭黑，故导电性和导热性很好，具有中等水平的补强性。硫化胶的体积电阻率达 $10~100\Omega \cdot cm$ 左右。但胶料生热高。常用量在 40~50 份之间。

3. 石墨粉

它的外观为滑腻黑色鳞片状、有光泽的粉末，相对密度为 2.2。要求石墨的含炭量在 90% 以上。常用的是鳞片状石墨和胶体石墨。石墨呈弱碱性，化学性质稳定，导电性强，可使硫化胶的体积电阻率低于 $10\Omega \cdot cm$。但石墨粉与橡胶的结合能力差，在混炼时不易吃料，使胶料变硬脱辊。因此，常与导电炭黑并用。另外，含石墨的硫化胶经多次弯曲后导电性下降。

4. 金属粉

金属是电的良导体，在橡胶中加入金属粉末，也可使橡胶导电。常用的有铁粉、铜粉、铝粉等。虽然金属粉与橡胶的结合性能不是很好，在橡胶中分散困难，铜和铁还会加速橡胶制品老化，增加制品的质量，但由于其导电性能好，仍有使用。

5. 导电纤维

如在胶料中加入碳纤维、石墨纤维、金属晶须、金属纤维等也可使橡胶导电。应用时一般与导电性填料一起使用。碳纤维和石墨纤维导电系数和导热系数高，耐高温性好，但价格昂贵，大大限制了其应用范围。

二、抗静电剂

除了 NBR 以外，天然橡胶及其他合成橡胶材料的体积电阻率均在 $10^{10}\ \Omega \cdot cm$ 以上，电绝缘性好。这些橡胶制品在运动、应力及摩擦作用下，易产生电荷积累而带电，称静电。制品表面带静电的结果，不但会吸附大量灰尘、油污，影响制品的美观，而且还会影响加工过程及使用性能，甚至能引起放电或火花放电，会加速橡胶制品表面的老化，还可能引起周围易燃易爆物质着火或爆炸，发生安全事故。因此，在大量使用橡胶等高分子材料的今天，静电危害的问题越来越突出。所以在某些使用场合，如纺织皮辊、批圈等要提高抗静电性能。

防止静电危害的途径，一方面是尽可能减轻或防止摩擦减少静电产生；另一方面是想办法消除表面静电。消除橡胶制品表面静电的方法很多。如在加工过程中用导电装置消除静电；提高制品加工和使用环境中空气的湿度；通过改性使橡胶结构中带有极性或离子化基团；用强氧化剂氧化表面，改变表面性质；在橡胶制品中添加或在表面喷涂抗静电剂。其中最为普遍的方法是添加抗静电剂，使产生的静电不断泄露掉以防止静电积累。

抗静电剂是一种能降低橡胶制品表面电阻和体积电阻，适度增加导电性，防止制品上积聚静电的物质。其结构通式为 R—Y—X，其中 R 为亲油基，X 为亲水基，Y 为连接基。C_{12} 以上的烷基是典型的亲油基，羟基、羧基、磺酸基和醚键是典型的亲水基。抗静电剂中亲油基和亲水基之间具有适当的平衡。其抗静电机理是亲油基能与橡胶等高分子材料相容，并能黏附材料表面的水滑脂（含有质子，由制品表面吸附的含杂质的水层形成，黏度较大）。亲水基能从空气中吸收水分并向水滑脂提供质子，见图 6-16 所示。制品表面产生的静电就通过水滑脂提供的漏电通路泄漏掉，从而达到抗静电的效果。

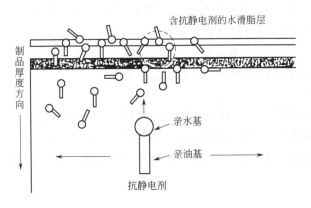

图 6-16　抗静电剂的作用机理示意图

抗静电剂实际上是一些表面活性剂，按化学结构分为阳离子型、阴离子型、两性离子型和非离子型四大类。按化学组成分胺的衍生物、季铵盐、磷酸酯、硫

214

酸酯和聚乙二醇的衍生物等五类。按分子量大小分为低分子量型和高分子量型。按使用方法不同分为外涂型和添加型两大类。外涂型抗静电剂一般以附着力较强的阳离子型和两性离子型为主，通常用挥发性溶剂或水配置成 $0.5\%\sim3.0\%$ 浓度的溶液，通过涂布、喷雾、浸渍等方法使之附在制品表面，其中以浸渍法较好。这种抗静电剂易脱落，耐久性差。添加型抗静电剂是一类添加于橡胶制品中的添加剂，分散在橡胶中，不易逸散，耐磨，耐久性好。如果添加的是高分子量型抗静电剂，耐久性会更好，但抗静电效果不及低分子量型，而且价格贵。常用的抗静电剂如下。

1. 抗静电剂 SN

化学名称是十八烷硬脂酰氨基乙基-二甲基-β-羟乙基硝酸铵，是一种阳离子型抗静电剂，琥珀色液体，可采用添加、涂布等使用方式，不宜与阴离子表面活性剂混合使用，用于纺织胶辊可减少绕纱现象，易使制品变色。用量一般为 $2\sim3$ 份。

2. 抗静电剂 SP

它是一种十八烷硬脂酰胺丙基-二甲基-β-羟乙基磷酸二氢铵，也是一种阳离子型抗静电剂，浅黄色透明液体，也可采用添加、涂布的方式使用，能赋予塑料、树脂、蜡、纤维、玻璃及其他物质以抗静电性能。用量一般为 $1.5\sim2$ 份。

3. 抗静电剂 PES

它是硬脂酸聚氧化乙烯酯，是一种非离子型抗静电剂，是一种黄色蜡状物，用于橡胶纺织胶辊，热稳定性良好，可直接加入胶料。

如棉纺皮辊胶料配方：NBR 100 份，ZnO 8 份，MgO 10 份，SA 1 份，明胶 35 份，白炭黑 20 份，TiO_2 15 份，氧化铁红 0.4 份，DBP 10 份，水杨酸 1 份，抗静电剂 SN 1.5 份，CZ 2 份，S 8 份。

主要参考文献

1 曾人泉. 塑料加工助剂. 北京：中国物资出版社，1997

2 杨明. 塑料添加剂应用手册. 南京：江苏科学技术出版社，2002

3 李子东. 实用胶黏技术. 北京：新时代出版社，1992

4 程时远等. 胶黏剂. 北京：化学工业出版社，2000

5 安宏夫. 橡胶的黏合. 青岛：青岛化工学院，1989

6 高分子物理教研室. 高分子材料的黏合. 青岛：青岛化工学院，1988

7 徐应麟等. 高聚物材料的实用阻燃技术. 北京：化学工业出版社，1987

8 王永强. 阻燃材料及应用技术. 北京：化学工业出版社，2003

9 陈昌杰. 塑料着色实用技术. 北京：中国轻工业出版社，1999

10 吴立峰等. 塑料着色配方设计. 北京：化学工业出版社，2002

11 张红鸣，徐捷. 实用着色与配色技术. 北京：化学工业出版社，2001

12 朱骥良，吴申年. 颜料工艺学. 北京：化学工业出版社，2002

13　林孔勇等．橡胶工业手册·修订版·第六分册．北京：化学工业出版社，1996

14　于清溪．橡胶原材料手册．北京：化学工业出版社，1996

15　张殿荣，辛振祥主编．现代橡胶配方设计．北京：化学工业出版社，2001

16　蒲启君．橡胶工业，2003，50（3）：175

17　谢忠麟，杨敏芳．橡胶制品实用配方大全．北京：化学工业出版社，2004

18　纪奎江．橡胶制品实用生产技术．北京：化学工业出版社，2000

第七章　橡胶的共混与改性

将两种或两种以上的不同橡胶或橡胶与合成树脂，借助机械力的作用掺混成一体，用以制造各种橡胶制品，称为橡胶机械共混或橡胶的并用。橡胶共混物兼有组分聚合物的性能，是一种有别于组分聚合物的新型橡胶材料，也可以将其称为橡胶合金。共混已成为橡胶改性的有效和重要手段。

第一节　概　　述

一、橡胶共混的目的和意义

1. 改善橡胶的使用性能和/或加工性能

橡胶共混的主要目的是改善现有橡胶性能上的不足。例如天然橡胶，因具有良好的综合力学性能和加工性能，被广泛应用，但它的耐热氧老化性、耐臭氧老化性、耐油性及耐化学介质性欠佳。多数合成橡胶的加工性能较差，力学性能也不理想，常给生产带来困难，这些合成橡胶与天然橡胶掺混使用，性能互补，特别改善了合成橡胶的加工性。轮胎的各部分胶料广泛采用 NR、SBR、BR 等并用，又如用 90/10 的 CR/NR 共混胶制造 V 形胶带，NR 不仅改善了 CR 在混炼和压延时的粘辊现象，也改善了胶带的耐低温性能。合成橡胶之间相互掺混使用，同样有改善性能的作用。如用单一 IIR 制造轮胎内胎，虽然气密性很好，但使用时间长了会出现胎体变软、粘外胎以及内胎尺寸变大等缺陷，若将 IIR 与少量 EPDM 掺混使用，则能有效地克服上述缺陷，这得益于 EPDM 胶热老化后发生了以交联为主的结构变化。少量的 EPDM 胶因能增加炭黑和软化油的用量，还能改善挤出成型的内胎半成品的表面光滑性和收缩率。

特种合成橡胶与通用或特种合成橡胶共混使用，既能有效地保持橡胶的使用性能，还能有效地降低制品生产的成本，提高了特种橡胶的利用率。如氟橡胶与丙烯酸酯橡胶的共混、硅橡胶与三元乙丙橡胶的共混、氟橡胶与丁腈橡胶的共混等。

橡胶与合成树脂共混是实现橡胶改性的另一条重要途径。合成树脂在性能上的优势是具有高强度、优异的耐热老化性和耐各种化学介质侵蚀性，这些恰恰是某些合成橡胶缺少而又需要的。橡胶与少量的合成树脂共混，使橡胶的某些性能得到改善，从而可以提升橡胶的使用价值，拓宽其应用领域。在这方面最成功也是最早的例子就是 NBR 与 PVC 的共混，其共混物现在被广泛用于生产各种耐油、耐化学介质、耐臭氧的制品。其他一些通用的聚烯烃树脂，如聚乙烯

（PE）、聚丙烯（PP）、聚苯乙烯（PS）、高苯乙烯（HSR）等，已被广泛用来同NR、BR、SBR、IIR、EPDM等共混，它们除了能对这些橡胶产生补强作用以外，还能改善耐老化、耐溶剂、耐油等性能。与此同时也能改善胶料的加工性能，如提高半成品的压延挤出速度、降低收缩率、改善粗糙度等。其中低分子量的PE树脂（相对分子质量500～5000）已被用作改善橡胶加工性能的专用助剂。某些合成树脂与橡胶共混还收到了意想不到的效果，如高密度聚乙烯（HDPE）与SBR共混，能显著改善SBR的耐多次弯曲疲劳性能。

2. 开发制备热塑性弹性体（TPE）的新途径

橡胶与合成树脂共混，不仅满足了合成橡胶的改性需要，还成功地开发出利用机械共混合动态硫化法制备TPE的全新技术，这项技术的诞生，意味着橡胶改性研究取得了突破性进展。用此法生产的多种半交联和全交联型TPE，已经成为TPE型橡胶制品的主要原料来源。

二、橡胶共混理论的发展

橡胶共混改性技术的成功开发，不仅有重大的实用意义，也有重大的理论意义。橡胶共混的理论是伴随着共混的实践过程应运而生。这些理论虽然还处于不断发展和完善的过程，却已在生产实践中显示出重要的指导作用。概括说来这些理论有：①聚合物相容性理论；②橡胶共混物的结构形态理论；③橡胶共混物中组分聚合物的共交联理论；④橡塑共混型TPE的理论。

三、橡胶共混的实施方法和共混改性的进展

按照共混时橡胶和合成树脂所处的状态，有下述三种共混方法：熔融共混、乳液共混合溶液共混。

熔融共混是将合成橡胶或合成树脂加热到熔融状态后实施混合的方法。熔融和混合是在炼胶机或挤出机中进行，这是工业生产中普遍应用的方法。乳液共混是将聚合物以乳液状态混合的方法，如NBR/PVC共混物。

近年来借助与低分子化合物或低聚物共混，实现橡胶改性的研究，越来越受到重视。这些低分子化合物或低聚物普遍含有活泼的反应性原子或基团，这些原子或基团能在共混过程中或共混物的硫化过程中与橡胶大分子发生接枝、嵌段共聚反应或交联反应，从而起到对橡胶改性作用。橡胶的这种共混改性称为反应性共混改性。

橡胶与低分子或低聚物共混，不仅能改善橡胶的力学强度，也能改善其他性能，如天然橡胶与马来酸酐共混，生成天然橡胶的马来酸酐接枝共聚物，使其硫化胶的定伸应力提高10倍以上，耐动态疲劳弯曲次数提高近三个数量级，耐热老化性也显著改善。又如低聚丙烯酸酯与丁腈橡胶共混，在引发剂存在下前者能与后者发生交联反应，不仅显著提高了丁腈硫化胶的力学强度，还改善了丁腈胶与金属的黏合强度。

低分子化合物或低聚物与橡胶进行反应性共混改性，是对非反应性改性技术的补充，随着许多低分子化合物和低聚物的商品化，这项改性技术的应用前景被十分看好。

第二节　聚合物的相容性

所谓聚合物的相容性是指两种不同聚合物在外力作用下的混合，移去外力后仍能彼此相互容纳并保持宏观均相形态的能力。聚合物相容性概念与低分子化合物间的相溶性概念有相似之处又不完全相同。低分子化合物间的相溶，意味着彼此能达到分子水平的混合即相互溶解，否则就是不相溶，要发生相分离。聚合物的相容性，不只是相容与不相容，还存在相容性好坏程度的问题。有三种情况：极少数的聚合物之间能达到链段级相容；绝大多数聚合物间具有有限的相容性；某些聚合物之间完全不相容。聚合物的相容性对聚合物相互混合的工艺能否顺利实施、聚合物混合物的聚集态结构和共混物材料的性能有决定性影响。掌握聚合物间相容的原理，学会预测聚合物的相容性的方法，是做好聚合物共混改性的重要前提。

一、聚合物的热力学相容性

聚合物共混体系与聚合物稀溶液体系相似。聚合物的混合过程是在黏流状态下完成的，混合过程可以看作是相互溶解的过程，因此可借助聚合物稀溶液的热力学理论描述聚合物共混体系。由热力学性质决定的相互溶解性称为聚合物之间的热力学相容性。热力学相容的两种聚合物能达到分子链段水平的混合，并形成均一的相态。在恒温恒压下，两种聚合物能发生热力学相容的必要条件是共混体系的混合自由能 ΔG_m 必须满足下列条件。

$$\Delta G_m = \Delta H_m - T\Delta S_m \leqslant 0 \tag{7-1}$$

式中　ΔH_m——混合热；

　　　ΔS_m——混合熵；

　　　T——绝对温度。

二元聚合物共混时，混合熵可用式（7-2）表示。

$$\Delta S_m = -R(n_1 \ln\Phi_1 + n_2 \ln\Phi_2) \tag{7-2}$$

式中　n_1，n_2——分别为共混聚合物组分的物质的量；

　　　Φ_1，Φ_2——分别为共混聚合物组分的体积分数；

　　　R——气体常数。

由式（7-2）看到，由于 Φ_1、Φ_2 总是小于 1，所以熵总是正值，但由于聚合物分子量很大，混合时熵的变化很小，且分子量越大，变化越小，ΔS_m 甚至趋于 0。故聚合物共混时，ΔG_m 的大小主要取决于混合热 ΔH_m 的变化。ΔH_m 表示反应混合过程中体系能量的变化，这种能量变化由聚合物大分子的相互作用能决定。当聚合物 A、B 分子间的相互作用能 W_{ab} 大于聚合物组分自身分子间的相互作用能 W_a 或 W_b 时，混合时发生放热效应，$\Delta H_m<0$ 则 $\Delta G_m<0$，说明两种聚合物是完全热力学相容的。此种情况只发生在少数强极性的、形成氢键或有电子交换效应（广义的酸、碱作用）的聚合物之间。反之，$W_{ab}<W_a$ 或 W_b，两种聚合物不能实现热力学相容，共混体系只有从外部吸收能量（$\Delta H_m>0$）才能发生相容。事实上绝大多数聚合物彼此不能实现热力学相容，而只有有限的相容性，因此共混物在宏观上是均相的，微观上是非均相的。

聚合物共混时若不发生体积变化，混合热可用式（7-3）表示。

$$\Delta H_m = V_m(\delta_a - \delta_b)^2 \Phi_a \Phi_b \tag{7-3}$$

式中　V_m——共混物的总体积；

　　　δ_a，δ_b——分别为共混物中两种聚合物的溶解度参数；

　　　Φ_a，Φ_b——分别为共混物中两种聚合物的体积分数。

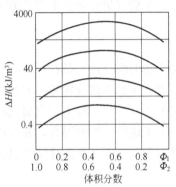

图 7-1　混合热 ΔH_m 与组分聚合物体积分数的关系

由式（7-3）看到，两种聚合物的溶解度参数差值越大，则 ΔH_m 越大，离实现热力学相容条件越远，部分相容性越差，反之亦然。当共混体系两组分聚合物的摩尔体积相等时，ΔH_m 与体积分数 Φ_1、Φ_2 的关系如图 7-1 所示，由图 7-1 看到，当 $\Phi_1=\Phi_2$ 时，ΔH_m 最大，ΔH_m 随 Φ_1 与 Φ_2 差值的增大而变小，这说明两种聚合物作等量共混，最不易实现热力学相容。反之共混配比越大越有可能实现热力学相容。可见共混比对相容性的影响也是不可忽视的。

二、聚合物的工艺相容性

聚合物的工艺相容性与热力学相容性有密切的关系，距离热力学相容条件比较近的，才具有良好的工艺相容性。在聚合物共混改性中看重的是工艺相容性，热力学上完全相容的聚合物共混，虽然混合工艺容易实施，但共混物材料只能给出组分聚合物性能的平均值，起不到改性的作用；热力学上完全不相容的聚合物，由于不同大分子之间有强烈的相互排斥作用，即使强行混合，暂时产生一定的相容性，外力解除以后会很快发生相分离，致使共混物内部出现许多薄弱部位，力学性能很差。因此热力学完全不相容聚合物，只有经过增容使之达到必要的工艺相容性后，共混才有意义。

三、聚合物相容性的预测

当决定将一种聚合物与另一种聚合物进行共混改性时，首先要对这两种聚合物相容性的程度进行预测，以判断共混工艺的可行性。如果两种聚合物有一定的相容性或相容性良好，可直接实施共混，否则应作增容共混处理。

预测聚合物是否相容最常用的方法是溶解度参数相近程度判断法，原理如式(7-3) 所示。两种聚合物的溶解度参数相差越小，越有利于 $\Delta G_m < 0$，故相容性越好。对大量聚合物共混体系的研究发现，当两种聚合物的溶解度参数之差大于0.5 以后，两种聚合物便不能以任意比例实现工艺相容，多数情况会出现相分离。

利用溶解度参数相近原理，预测非极性聚合物相容性是可信的，但对极性聚合物相容性的预测结果有时会与实际情况不符。这是因为现有文献中提供的溶解度参数（表 7-1）只考虑了色散力的贡献，它只符合非极性聚合物的情况。极性聚合物分子之间除了有色散力的相互作用外，还有偶极力和氢键的作用，因此对极性聚合物的溶解度参数，只有把三种作用力的贡献一并考虑进去，才是可信的，用其判断聚合物的相容性才具有普适性。

表 7-1　常见橡胶和合成树脂的溶解度参数

聚 合 物	$\delta/(J/cm^3)^{1/2}$	聚 合 物	$\delta/(J/cm^3)^{1/2}$
天然橡胶	$16.1 \sim 16.8$	聚硫橡胶	$18.4 \sim 19.2$
聚异戊二烯橡胶	17.0	聚乙烯	
顺丁橡胶	16.5	低密度	16.3
丁苯橡胶		高密度	16.7
(B/S＝85/15)	17.3	聚丙烯	16.5
(B/S＝75/25)	17.4	聚苯乙烯	18.6
(B/S＝60/40)	17.6	聚氯乙烯	19.4
丁腈橡胶		聚乙酸乙烯酯	19.2
(B/AN＝82/18)	17.8	聚四氟乙烯	12.7
(B/AN＝75/25)	19.1	聚氨酯	20.4
(B/AN＝70/30)	19.7	聚对苯二甲酸乙二酯	21.0
(B/AN＝60/40)	21.0	聚酰胺 66	27.8
氯丁橡胶	$16.8 \sim 19.2$	酚醛树脂	$21.4 \sim 23.9$
乙丙橡胶	16.3	脲醛树脂	$19.6 \sim 20.6$
丁基橡胶	16.5	双酚 A 型环氧树脂	$19.8 \sim 22.2$
氯磺化聚乙烯	18.2	双酚 A 型聚碳酸酯	19.4

Hansen 把根据三种分子间力定义的溶解度参数称为三维溶解度参数，并把混合热与溶解度参数的关系，改写成如下式。

$$\Delta H_m = V_m \Phi_a \Phi_b [(\delta d_a - \delta d_b)^2 + (\delta p_a - \delta p_b)^2 + (\delta h_a - \delta h_b)^2] \qquad (7\text{-}4)$$

式中，d、p、h 分别表示由色散力、偶极力和氢键力贡献的溶解度参数分量，只有当两种聚合物的三个溶解度参数分量值都趋于近等时，才真正达到相容。也有研究者发现，对大多数聚合物共混体系，无须考虑三个溶解度参数分量，仅凭 δd 和 δp 两项就能准确判断其相容性。

四、不相容聚合物的增容

当两种聚合物相容性很差，以至不具有工艺相容性时，若强行共混在一起，因两组分缺乏亲和性，界面黏合力低，会导致共混物材料在加工或其产品在使用过程中出现分离现象。这样的共混体系过去曾被视为禁区，现在随着聚合物增容技术的出现和成功应用，不相容聚合物体系可以转变成工艺相容体系。改善不相容聚合物相容性的方法有两种：一是向共混体系中添加相容剂（均匀剂、增容剂）一起共混；二是预先对聚合物进行化学改性，在分子链中引入能发生相互作用或反应性基团，在实际生产中多采用前法。

相容剂（均匀剂）有脂肪烃树脂、环烷烃树脂和芳香烃树脂等不同极性的低分子树脂的混合物，还有嵌段或接枝聚合物及某些无规共聚物。它们兼有共混物两组分的结构特征或者和其中的一个组分能产生特殊的相互作用。相容剂在共混过程中会富集在两相界面处，通过与两聚合物组分产生物理或化学的作用，降低两相的界面张力，提高界面黏合力，从而起到改善两组分相容性的作用。均匀剂还能提高分散相的分散度和稳定性，这对提高共混物的性能有重要意义。

按其作用原理均匀剂可分为非反应型和反应型两大类。

1. 非反应型相容剂

非反应型相容剂是靠分子间吸引力或氢键与聚合物发生作用。现有的一些商品化高分子材料就可以作为相容剂使用，例如二元乙丙橡胶（EPM），其分子链中既含有乙烯均聚物链段，又含有丙烯均聚物链段，故是 PE/PP 共混体系良好的相容剂。同理 NBR 可充当 SBR/PVC 共混体系的相容剂，EVA-14 树脂可充当 NBR/EPDM 体系的相容剂，其他非反应型相容剂见表 7-2。

表 7-2　非反应型相容剂

共 混 物		增 容 剂
组分 A	组分 B	
PS 或 PE	PE 或 PS	PS-g-PE，S-B-S，S-B
EPDM	PMMA	EPDM-g-MMA
PS	PMMA 或 PI	PS-g-MMA，PS-g-PI
SAN	SBR	BR-b-PMMA
EPDM	PVC	EPDM-g-MMA
PP 或 PE	PE 或 PP	EPM，EPDM
PE	PI	PE-b-PI
SBR	PVC	CR
PVC	SBR 或 BR	NBR
NBR	EPDM	CPE，EVA
PVC	PS，PE，PP，EPDM	PCL-b-PS，CPE
PDMS	PEO	PDMS-g-PEO

注：PDMS 为聚二甲基硅氧烷；PEO 为聚氧化乙烯；SAN 为苯乙烯-丙烯腈共聚物；PCL-b-PS 为聚己内酰胺与苯乙烯的嵌段共聚物。

除了上述无规共聚物以外，某些嵌段共聚物或接枝共聚物也是常用的非反应型相容剂。聚乙烯与聚异戊二烯的嵌段共聚物（PE-*b*-PI）就是 NR/PE 共混体系的相容剂；聚丁二烯与聚苯乙烯的接枝共聚物（PB-*g*-PS）是 BR/PS 共混体系的相容剂；三元乙丙橡胶与甲基丙烯酸甲酯的接枝共聚物（EPDM-*g*-MMA）则是 EPDM/PVC 共混体系的相容剂。

2. 反应型相容剂

反应型相容剂能与聚合物发生化学反应，生成共价键或离子键。例如聚丙烯与马来酸酐接枝共聚物（PP-*g*-MA）被用作 PA/PP 共混体系的相容剂，其分子中的马来酸酐基能与聚酰胺（PA）的端氨基发生如下反应。

（PP-*g*-MA）

除了商品化和预制的相容剂之外，有些相容剂还可以在共混时就地生成。例如为了改善 EPDM/PMMA 体系组分的相容性，在用双螺杆混合挤出机共混的同时添加有机过氧化物和甲基丙烯酸甲酯，在强机械剪切力的作用下，EPDM 与 MMA 发生接枝共聚反应，生成 EPDM-*g*-MMA，它的生成有效地改善了 EPDM 与 PMMA 的相容性。

除了上述聚合物相容剂之外，商品化的化学改性聚合物，如氯化聚乙烯（CPE）、氯磺化聚乙烯（CSM）、环氧化天然橡胶（ENR）、氢化丁腈橡胶（HNBR）等，也都具有相容剂的功能。如 ENR 就是 NR/NBR 共混体系的良好相容剂。

五、聚合物共混物实际相容性的表征

聚合物共混组分之间实际存在的相容性与理论预测程度是否一致？增容的共混聚合物间相容性究竟达到了什么程度？相容性对共混物的最终性能有多大影响？这些问题都是从事共混的工程师最关心的，要回答这些问题，就应对共混物的实际相容性加以表征。

表征聚合物共混物组分相容性的方法有多种，例如有小角中子散射法、脉冲核磁共振法、反相色谱法、电子显微镜法、玻璃化温度法等。其中最常用的是测定共混物玻璃化温度的方法。测玻璃化温度也有多种方法，其中应用最广的是利用动态黏弹谱仪，测定共混物的力学损耗（tanδ)-温度关系谱图，谱图上峰顶对应的温度，就是聚合物的玻璃化温度 T_g。

根据谱图上出现的 T_g 的数量和位置变化，可以做出相容性的判断。只有一

个 T_g 出现时，且其位置介于两纯组分聚合物的 T_g 之间时（见图 7-2），说明共混物中两组分聚合物是完全相容的；有两个 T_g 出现时，且这两个 T_g 的值与两纯组分聚合物的 T_g 分别相吻合时，说明两组分聚合物是完全不相容的；当有两个 T_g 出现，但这两个 T_g 的距离与前一种情况相比明显缩短了，说明两组分聚合物有部分相容性。

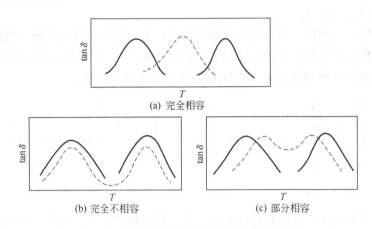

图 7-2　聚合物共混物的力学损耗-温度谱图

第三节　聚合物共混物的形态结构

聚合物共混物的形态结构也就是它的聚集态结构，它包括共混物的相态类型、多相体系中分散相的分散度和均一性以及两相的界面结构等内容。

聚合物共混物的形态结构对共混物材料的使用性能有重要影响，共混物组成和配比相同的共混物材料，会因共混物形态结构的不同在性能上有很大的不同，因此研究共混物的形态结构，对制备高性能的聚合物合金材料有重要意义。

一、共混物的相态类型及其与性能的关系

聚合物共混物是由两种或两种以上的聚合物组成的，因而可能形成两个或两个以上的相态。通常以双组分共混物为最常见。它的相态结构，按照有无相分离现象，分为均相结构和两相结构。理论上的均相结构是指组分聚合物能达到链段级水平的混合而不会发生相分离，这种情况极少见。通常说的均相结构，实际上往往只是在一个特定的判断标准下得到的结论，如将只显示一个 T_g 的共混物，就看作是均相结构，谈论均相结构似乎意义不大。更有意义的应该是两相结构，两相结构又分为单相连续结构和两相连续结构。

1. 单相连续结构

单相连续结构就是共混物中的一相为连续相（海相），另一相以不连续的形式分散于连续相中，这种不连续的相称为分散相（岛相）。这种结构又形象地称

为海-岛结构。海-岛结构是橡胶共混物中最常见的相态结构，具有这种结构的共混物能充分显示聚合物共混改性的作用和价值。共混物材料在宏观上较多的保持了海相聚合物的性能特征，又能体现出岛相聚合物带来的性能改善和赋予的新性能，从而使共混物材料的应用价值远远超过了单一聚合物的应用价值。

2. 两相连续结构

两相连续结构是指共混物中两组分聚合物相互贯穿交叉形成的相态结构。由于两聚合物贯穿交叉比较均匀，以至无法区分哪个是连续相，哪个是分散相，故将其称为两相连续结构。此种相态结构又形象地称为海-海结构。当两种聚合物以接近等体积共混时，往往出现此种相态结构，如 50/50 的 NBR/SBR 或 BR/PE 共混物，就是海-海结构。

具有两相连续结构的共混物材料，其使用性能普遍较差，如橡/塑共混物，既失去了橡胶原有的高弹性也失去了塑料的刚性。好在这种两相连续的共混体系可以作为聚合物共混的母炼胶使用，它对改善聚合物的混合性能有显著作用，从而有利于改善共混物的使用性能。

二、海-岛结构中岛相的分散度和均一性

1. 分散度

分散度是指岛相颗粒的大小，用岛相颗粒的平均粒径表征，粒径小，分散度高。文献中通常所说的平均粒径，一般是指平均算术直径，用式（7-5）表示。

$$d = \frac{\sum n_i d_i}{\sum n_i} \tag{7-5}$$

粒径对共混物性能有重要影响，粒径太大或太小，共混物性能都不好。对大量共混物的研究发现，岛相粒径在 $3\mu m$ 以下是可取的，最好是 $0.5\sim 1\mu m$ 之间。

2. 均一性

岛相的均一性是指岛相尺寸分散的均匀程度。岛相分散均匀度越高，岛相对海相的改性作用就越充分，同时也使共混物中各部分的结构趋于相同，从而减少结构缺陷，提高共混物制品的使用性能。

三、海-岛结构中两相聚合物的界面结构

具有部分相容的两种聚合物，共混后形成的海-岛相态结构中，除了有独立的相区外，在岛相和海相的交界处存在一个两相共有的界面层。当共混物材料受到外力作用时，作用于海相中的外力会通过界面层传递给岛相，岛相颗粒受力后发生变形，又会通过界面层传递给海相。因此界面层的厚薄、层内两种聚合物分子的亲和性等，对共混物的性能尤其是力学性能有重要影响。了解界面层结构特点，对于改善不相容聚合物界面层内两相分子的结合强度、提高界面结构的稳定性十分必要。

共混物两相界面层的形成是两种聚合物分子的链段渗透、扩散及相互作用的

结果，它体现了两相之间有限的相容性。界面层的厚度取决于两种聚合物相容性的大小和分子量的大小。相容性好或分子量小，两种大分子链段容易相互渗透和扩散，形成的界面层厚度就大一些。从聚合物表面自由能和界面张力的角度看，若两种聚合物的表面自由能相近或界面张力小，在共混过程中两种聚合物熔体之间就易于相互浸润，两种聚合物分子的链段就会在界面处相互扩散，形成一定厚度的界面层，且界面张力越小界面层就越稳定。

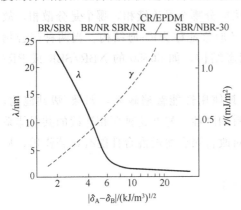

图 7-3　典型橡胶共混体系的界面厚度
与溶解度参数和界面张力的关系

两种聚合物溶解度参数之差越小，界面张力越小。不同橡胶间的溶解度参数之差与共混物界面层厚度和界面张力的关系如图 7-3 所示。由图 7-3 看到，BR/NR、SBR/NR、CR/EPDM 和 SBR/NBR-30 等共混体系溶解度参数之差由小到大，界面张力（γ）也随之由小到大，界面层厚度（λ）由厚变薄。

共混物界面层的厚度一般用界面层体积分数表示，$\phi_界$＝界面层体积/试样总体积。在岛相含量一定的情况下，岛相粒径越小，$\phi_界$ 越大，对机械共混体系，当岛相粒径达到 $1\mu m$ 左右时，$\phi_界$＝0.2 左右较为理想。

聚合物共混物界面层的结构是由两种不同分子链段共同组成的，在层内两种分子链的分布是不均匀的，从相区内到界面形成如图 7-4 所示的浓度梯度。另外分子链在界面内的排列要比在各自相区内松散，故界面层的密度稍低于两相内的密度。

在聚合物共混改性中，向完全不相容的聚合物体系或相容性很差的聚合物体系，添加相容剂的目的就是为了降低两相聚合物的

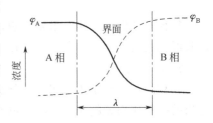

图 7-4　界面层内聚合物分子
链的浓度变化

界面张力，使之形成具有一定厚度的界面层。将两种聚合物进行共交联，会使界面层结构更加稳定。

四、影响聚合物共混物形态结构的因素

1. 影响相态结构的因素

（1）组分配比的影响　对不相容或部分相容聚合物来说，组分配比与共混物相态结构的形成有密切关系。当两种聚合物的初始黏度和内聚能相当时，共混体系内量多的聚合物易形成海相，量少的聚合物形成岛相。假定岛相颗粒是直径相

等的圆球,圆球是以紧密填充的方式排列,由此可推算出共混物中构成海相和岛相的体积含量分别是74%和26%。这说明当某个组分含量大于74%以后,该组分将构成海相,当含量小于26%以后,它将变成岛相。而当含量介于26%～74%之间时,究竟构成海相还是岛相,此时还与组分熔体的黏度有关。如NR/SBR共混体系,当NR/SBR=75/25时,NR构成海相,SBR构成岛相;反之NR/SBR=25/75时,SBR构成海相,NR构成岛相;当NR/SBR=50/50时,NR由于黏度低仍然是海相,SBR是岛相。有些共混体系如SBR/PS、BR/PE以及NBR(中等丙烯腈含量)/SBR,当其等量共混时,则形成互为连续的海-海结构。

(2)聚合物熔体黏度比的影响 聚合物共混时两组分的熔体黏度对共混物的相态结构形成也有重要影响。黏度低的组分流动性好,易形成海相,黏度高的组分不易被分散,易形成岛相,这一现象被形象地称为"软包硬"。熔体黏度及配比的影响见图7-5。图7-5中,Ⅰ区表示A组分为海相,Ⅱ区表示B组分为海相,在B/A=0.25～0.75,组分构成海相还是岛相,将取决于黏度比和组分比的共同影响。在由A组分为海相向B组分为海相转变的时候,出现了一个相转变区(图7-5中Ⅲ、Ⅳ区),其中B/A=0.5附近和$\eta_a/\eta_b=1.0$附近出现两相连续的海-海结构(Ⅲ),而Ⅵ和Ⅶ区内组分为海相还是为岛相,此时主要取决于组分黏度的高低。

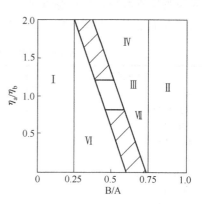

图7-5 组分黏度比及组分配比
与共混物相态的关系

(3)内聚能的影响 当两种聚合物内聚能相差较大时,其相态结构主要取决于内聚能。例如CR/NR=75/25的共混体系,虽然CR量多,NR量少,但NR却是海相,CR是岛相,原因就在于后者有较高的内聚能,不易被破碎分散的缘故。

2. 影响岛相形态结构的因素

所谓岛相形态结构是指岛相颗粒的形状、粒径及其分布。其影响因素有以下几点。

(1)组分相容性的影响 两种聚合物相容性越好,彼此分子的亲和力就越大,从而相互扩散的能力强,岛相分散度高,粒径小,相界面越模糊,界面层越厚,且稳固。反之则分散度低,粒径大,界面层薄,界面清晰。

(2)组分配比的影响 组分配比不仅影响岛相颗粒的形状,也影响岛相的粒径。如SBR与LDPE共混时,随着组分配比的变化,作为岛相的LDPE颗粒形状和粒径都在发生变化（见表7-3）。显然组分配比越大，岛相颗粒越趋于成小圆球状，且粒径越小。又如 NR/SBR 共混体系，当 NR/SBR＝75/25 和 50/50 时，SBR 均构成岛相，但却随 SBR 含量的增大，其粒径由 $0.3\mu m$ 增大到 $5\mu m$。

表 7-3　SBR/LDPE 中岛相 LDPE 的形态结构

LDPE 用量/%	粒径/μm	LDPE 形态	LDPE 用量/%	粒径/μm	LDPE 形态
5	0.5	近似球形	25	2.5	不规则长条
15	1.5	近似球形或不规则长条	35	3.0	不规则长条

（3）组分黏度的影响　两种聚合物黏度相差越大，岛相越不易被破碎分散，粒径越大。而两聚合物黏度相近，岛相分散效果最好且粒径小。表7-4 中列出了黏度不同的橡胶进行等量共混时岛相粒径的大小，在这些共混胶中，门尼黏度低的橡胶构成海相，门尼黏度高的橡胶构成岛相。黏度低的橡胶易被机械剪切力作用而发生变形，并将黏度高的橡胶包裹其中。

表 7-4　橡胶黏度对共混胶中岛相粒径的影响

共混橡胶(50/50)	门尼黏度[ML(1+4)100℃]	分散相尺寸/μm
SBR/NR	90/53	6
NR/SBR	53/50	2
CR/SBR	53/52	0.5
BR/NR	45/52	0.5
1,2-PB/NR	—	2
SBR-40/SBR-10	75/68	1
NR/IR	53/50	2
SBR/BR	—	4
NR/IIR	53/45	2
NR/PE(高温开炼机混炼)	—	2

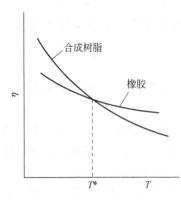

图 7-6　黏度与温度的关系

根据组分黏度对岛相粒径有显著影响的特点，当将两种黏度相差较大的橡胶共混时，为了使岛相粒径减低到理想的程度，在共混之前可先向黏度高的橡胶中添加软化剂，降低它的黏度；或向黏度低的橡胶中添加炭黑等补强填充剂，增大其黏度，然后再将两种橡胶共混。若橡胶与合成树脂共混，可以根据橡胶和合成树脂的黏度对温度和切变速率敏感性的不同，选择黏度相当的加工条件，例如在接近等黏点对应的温度（称为等黏点温度 T^*，见图7-6）下加工；若共混物要求以合成树脂为海相，宜在高于 T^* 下共混；若要求橡胶为海相，宜在低于 T^* 下共混。

（4）共混时间的影响　在聚合物共混过程中，岛相是在外力作用下逐渐破碎分散的，岛相的粒径是随着共混时间的延长逐渐变小，当共混时间达到一定程度后，岛相粒径将趋与一平衡值。这是因为共混过程中同时存在破碎与凝聚两个互逆过程，在共混初期，破碎过程占主导地位，随着破碎过程的进行，岛相粒径变小，粒子的数量增多，粒子之间相互碰撞重新凝聚的概率就会增加，导致凝聚过程的速度增加。当破碎过程与凝聚过程速度相等时，就达到了动态平衡，岛相粒径不再发生变化。

（5）共混工艺的影响　共混工艺对岛相粒径也有明显影响，如橡/塑共混，采用两阶共混法不仅能缩小岛相的粒径，也能改善粒径的分布。例如将 75/25 的 SBR/LDPE 共混体系，分别采用两种方法实施混合，一是直接共混法，将 SBR 与 LDPE 按配比一次性投料共混，共混物中岛相（LDPE）的粒子粗大，最大粒径大于 $5\mu m$，粒径分布也较宽；二是两阶共混法，先将 SBR 与 LDPE 按 25/25 配比共混，制成具有海-海结构的母炼胶，再将剩余的 SBR 分次投入母炼胶中共混，所得共混物的岛相粒径显著变小，最大粒子直径小于 $1\mu m$，粒径分布也变窄了。

（6）橡胶加工助剂的影响　在橡胶共混物的混炼过程中，橡胶加工助剂会对岛相粒径产生影响。如制备 SBR/LDPE 共混物，首先将 SBR 与 LDPE 共混，测得岛相 LDPE 的平均粒径约为 $0.5\mu m$，且分布较宽（$0.1\sim3\mu m$），然后向共混物中添加硫黄、氧化锌、炭黑等加工助剂进行混炼。混炼后测得的 LDPE 粒径约为 $0.1\mu m$ 左右，粒径也变窄了。由此可见在橡胶加工助剂存在下，混炼过程变成了岛相粒子继续破碎分散的过程。

第四节　配合剂在橡胶共混物中的分配

橡胶共混物中要添加包括硫化剂、补强填充剂在内的各种橡胶配合剂，某些合成树脂还要添加热稳定剂，共混物还要经过混炼、硫化等后加工过程。由于聚合物分子结构上的差异和配合剂性质上的差异，混炼后配合剂在组分聚合物中的浓度与组分配比往往不相对应，由此产生了配合剂在共混物中的分配现象，这一现象对共混物的影响是复杂的，有时是有利的，有时是有害。所以了解各种配合剂在不同聚合物中的分配特点非常必要。

一、补强剂在共混物中的分配

橡胶共混物是由不同的橡胶或橡胶与合成树脂组成，它们对同一种炭黑或填料通常会显示出不同的亲和性，即使经过炼胶机的反复捏炼，炭黑在两相聚合物中的分配仍然不同，结果是一相浓度高，另一相浓度低。浓度不同必然导致对两相聚合物产生不同的补强效果。橡胶的结构不同，对炭黑等补强剂要求的迫切性不同，非结晶性的 SBR 和 NBR 迫切要求补强，结晶性的 NR 对补强的要求不迫切。当 NR 与 SBR 或 NBR 共混时，理想情况应当是炭黑在 SBR 或 NBR 中保持较高的浓度，否则将影响共混胶的使用性能。要想使炭黑等补强剂在共混物两相聚合物中达到合理分配，首先应掌握它们在不同橡胶中的分配规律，进而寻求一种能使炭黑合理分配的科学添加方法。

1. 影响炭黑在共混物两相中分配的因素

（1）炭黑与橡胶的亲和性　炭黑与橡胶亲和性的大小与橡胶大分子的柔顺性及不饱和度有关。在橡胶混炼时，炭黑要分散到橡胶中去，首先要被橡胶分子湿润，橡胶分子链越柔顺，对炭黑的湿润能力越强；有双键的橡胶与炭黑有较高的结合性，故不饱和的二烯类橡胶就比饱和橡胶对炭黑的亲和力大。此外橡胶的极性或炭黑粒子表面的极性都会对炭黑与橡胶的亲和性产生影响。

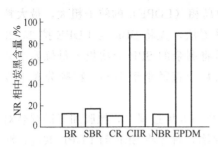

图 7-7　NR 与不同橡胶共混时
炭黑在 NR 中的分配量

向 NR 与其他橡胶的等比共混物中各添加 40 份 ISAF，混炼以后炭黑在不同共混物中的分配情况如图 7-7 所示。从图 7-7 中看到，当 NR 与不饱和橡胶共混时，80％以上的炭黑分散到其他不饱和橡胶中去；当 NR 与饱和度高的 CIIR 和 EPDM 共混时，80％以上的炭黑则留在 NR 之中。前一种分配情况是比较理想的，它使共混物中的非自补强橡胶相得到较好的补强，

结果使整体共混物产生较高的力学强度；后一种分配情况则是不希望出现的，如此分配会使非自补强性高饱和橡胶得不到有效补强，从而使共混物中该相的强度性能低，成为整体共混物中的薄弱环节。

（2）橡胶的黏度　橡胶的黏度对炭黑的分配也有重要影响，当两种橡胶对炭黑的亲和力相差不大时，炭黑优先进入黏度低的橡胶。如将有相同黏度的 NR 与不同黏度的 BR 按 50/50 共混，向各共混物中分别添加 20 份 ISAF 混炼，测定 BR 中的炭黑含量，与其黏度作图，得图 7-8。从图 7-8 中看到，ISAF 在 BR 中的含量是随着 BR 黏度的增大而减少的，这一现象的出现符合"软包硬"的规律。

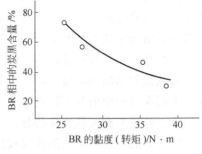

图 7-8　橡胶黏度对炭黑在 NR/BR
共混物两相中分配的影响

（3）混炼工艺　混炼工艺对炭黑在共混物两相中的分配有明显影响。向 BR/SBR 等比共混物中添加 30 份 HAF，分别采用四种不同的添加方法：

① BR/SBR 共混胶＋HAF──→混炼；

② BR/HAF 母炼胶＋SBR ──→共混；

③ SBR/HAF 母炼胶＋BR ──→共混；

④ BR/HAF 母炼胶＋SBR/HAF 母炼胶 ──→共混。

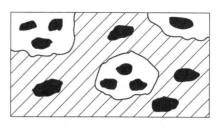

图 7-9 炭黑在共混胶中的分配示意图

四种添加方法产生的炭黑分配效果见表 7-5。由表 7-5 中看到，除③法外，大部分炭黑都分散到 BR 中了，不管把炭黑先添加到哪种橡胶制成母胶，在共混过程中，炭黑都能从母胶中迁移到另一种橡胶中去。这种迁移有可能是炭黑凝胶的迁移，如先将炭黑与 BR 制成母胶，在混炼过程中会

含炭黑凝胶的 A 橡胶；

B 橡胶

生成一定数量的炭黑凝胶，当加入 SBR 与母胶共混时，BR-炭黑凝胶会作为一个整体，逐渐进入 SBR 中，如此以来也会改变共混胶的形态结构，如图 7-9 所示。

表 7-5　添加方法对炭黑在共混物中分配的影响

添加方法	BR 相炭黑含量/%	添加方法	BR 相炭黑含量/%
①	60	③	21
②	89	④	63

类似的现象也出现在添加炭黑的 BR/CIIR 共混胶中。这些事实说明，改变炭黑的添加方法，可以调节炭黑在共混胶两相中的分配。

2. 补强剂分配对共混物硫化胶性能的影响

将 NR 与 BR 等比共混，采用不同方法向共混物中添加 40 份 ISAF，混炼后用硫黄/促进剂体系硫化共混胶，测定硫化胶的各项力学性能，绘制性能与炭黑含量的关系图（图 7-10）。

由图 7-10 看到，当 BR 中炭黑含量低于 60％时，随着炭黑在 BR 中含量的降低，硫化胶的拉伸强度、撕裂强度、道路磨耗、回弹性等是趋于降低，而古德里奇升温和力学损耗角是趋于升高，只有炭黑在 BR 中的含量达到 60％时，硫化胶的综合性能最好。这说明自补强性差一些的 BR 应给予足够的炭黑补强。

检验炭黑在橡胶共混物中分配是否合理，比较实际又方便的方法是根据共混物硫化胶性能做出判断。如上例所示，当硫化胶给出最佳综合力学性能时，可看作炭黑达到了合理的分配。

二、交联剂在橡胶共混物中的分配

橡胶共混物有橡/橡共混合橡/塑共混两种类型，在用其制造制品时，前者必须将两相橡胶共交联。后者有两种情况，当以合成树脂改善橡胶使用性能为目的时，最理想的情况是橡胶与树脂也要进行共交联；当合成树脂仅仅作为橡胶的添

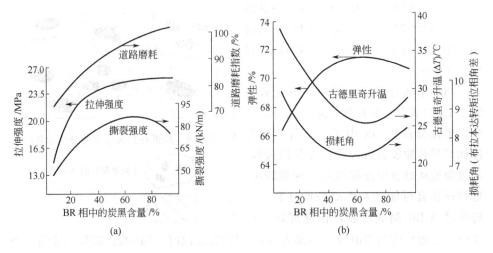

图 7-10　炭黑分布对 NR/BR 共混硫化胶性能的影响

加剂或加工助剂使用时，树脂无须化学交联。

要使橡胶共混物中两相聚合物都发生化学交联，且发生两相间的共交联时，交联剂在两相聚合物中的分配是否合理，将关系到两相聚合物的共交联及共混物的性能。交联剂在两相聚合物中的分配状态与交联剂在聚合物中的溶解度和扩散能力有关。

1. 交联助剂在橡胶中的溶解度

交联助剂在橡胶共混物两相中的分配量首先取决于交联剂在聚合物中的溶解度。溶解度的大小主要取决于聚合物与交联剂的溶解度参数之差值，差值小溶解度就高。表 7-6 列出了一些常用交联助剂的溶解度参数。

表 7-6　交联助剂的溶解度参数

助　　剂	δ /$(J/cm^3)^{1/2}$	助　　剂	δ /$(J/cm^3)^{1/2}$
硫黄	29.94	硫醇基苯并噻唑(M)	26.82
二硫化二吗啡啉(DTDM)	21.55	二硫化二苯并噻唑(DM)	28.66
过氧化二异丙苯(DCP)	19.38	二硫化四甲基秋兰姆(TMTD)	26.32
过氧化苯甲酰(BPO)	23.91	环己基苯并噻唑次磺酰胺(CZ)	24.47
对醌二肟	28.55	氧联二亚乙基苯并噻唑次磺酰胺 (NOBS)	25.15
对二苯甲酰苯醌二肟	25.12		
酚醛树脂(2123)	33.48	六次亚甲基四胺(H)	21.36
叔丁基苯酚甲醛树脂(2402)	25.99	二苯胍(D)	23.94
二甲基二硫代氨基甲酸锌(PZ)	28.27	亚乙基硫脲(Na-22)	29.33
二乙基二硫代氨基甲酸锌	25.59	硬脂酸	18.67
乙基苯基二硫代氨基甲酸锌(PX)	26.75	硬脂酸铅	18.85
二丁基二硫代氨基甲酸锌(BZ)	22.94		

几种交联助剂在橡胶中的溶解量见表 7-7，因为绝大多数交联助剂都是极性的，可见它们在不同橡胶中的溶解度是随着橡胶溶解度参数的增大而增大的。

表 7-7　交联助剂在各种橡胶中的溶解量（153℃）　　　　　单位：份

橡　胶	S	DM	DOTG	TMTD
NR	15.3	11.8	11.8	12
SBR(1502)	18	17	22	>25
BR	19.6	10.8	10	>25
EPDM	12.2	6.4	5.3	3.8
CR(WRT)	>25	>25	>25	>25
IIR	9.7	5.0	4.4	3.8
CIIR	9.8	4.0	7.0	2.5

交联助剂在橡胶中的溶解度也受温度的影响，温度升高，溶解度增大（见图 7-11 和图 7-12），在低温下，一种交联助剂会达到溶解的饱和状态甚至过饱和，乃至有部分处于不溶解状态。

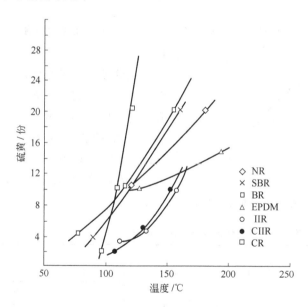

图 7-11　温度对硫黄在各种橡胶中溶解度的影响

2. 交联助剂在橡胶中的扩散

交联助剂一旦溶解在橡胶中，就会凭借分子的布朗运动向周围扩散。在单一橡胶中，总是由浓度高的部位向浓度低的部位扩散，直至各处浓度达到均匀为止；在多相橡胶共混物中，总是从溶解度低的一相向溶解度高的一相扩散，直至达到平衡。图 7-13 为 150℃下，硫黄从 NR 相向空白 SBR 相扩散 9s 后其浓度的分布状态。硫黄在很短的时间内就从 NR 相向 SBR 相扩散了数十微米，可见速

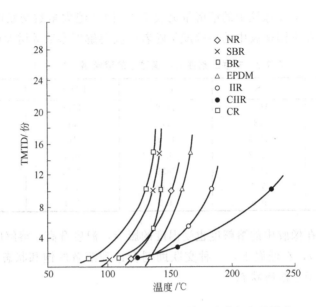

图 7-12　温度对 TMTD 在各种橡胶中溶解度的影响

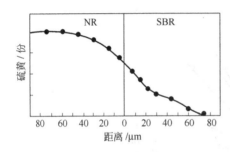

图 7-13　硫黄在 NR/SBR 中的扩散

度之快。

交联助剂在橡胶中的扩散速度可用扩散系数表征，表 7-8 给出了四种交联助剂在四种橡胶中的扩散系数。交联助剂在各种橡胶中的扩散系数多为 $10^{-8} \sim 10^{-6}$ cm^2/s。而各种交联助剂扩散 1mm 和 30μm 的距离所需的平均时间如表 7-9 所示。

表 7-8　交联助剂在橡胶中的扩散系数 D（100℃）　　　　单位：$\times 10^7 cm^2/s$

橡　胶	助　剂			
	TMTD	CZ	DM	S
SBR	0.3	0.5	—	3.2(60℃)
NR	0.5	0.8	0.6	16.22(135℃)
BR	1.0	1.6	1.0	2.2(20℃)
EPR	—	—	—	18.7(150℃)

表 7-9　交联助剂的平均扩散时间

扩散系数 D /(cm²/s)	扩散距离		扩散系数 D /(cm²/s)	扩散距离	
	1mm	30μm		1mm	30μm
10^{-5}	4min	0.25s	10^{-7}	7h	25s
10^{-6}	40min	0.5s	10^{-6}	70h	4min

3. 交联助剂在橡胶共混物中的分配系数

交联助剂在两相聚合物中的浓度差异，可用分配系数 K 表征。

$$K = \frac{S_A}{S_B} \tag{7-6}$$

式中　S_A——交联助剂在橡胶 A 中的溶解量；

S_B——交联助剂在橡胶 B 中的溶解量。

表 7-10 给出了 153℃下各种交联助剂在不同橡胶共混物中的分配系数。这些数据说明，K 值越接近于 1，该交联助剂在共混物两相中分配越均匀；K 值很大或很小，都意味着分配不均。交联助剂分配不均，势必导致两相聚合物不能同步交联，结果可能是一相交联过度，另一相交联不足。假如以相同的硫化体系（硫黄 1.2 份，TMTD 0.1 份，CZ 0.6 份）于 150℃下分别硫化 CIIR/SBR、CIIR 和 SBR 三种胶料，根据化学反应原理和所用交联助剂的分配系数，可推算出共混胶中 CIIR 胶相和 SBR 胶相以及单一的 CIIR 和单一的 SBR 的交联反应速度。通过比较发现，共混胶中 CIIR 的交联速度仅为单一 CIIR 交联速度的 14%；共混胶中 SBR 的交联速度则是单一 SBR 交联速度的 2.3 倍。显然共混胶中 SBR 是处于过度交联，而 CIIR 则处于交联不足。由此可见，掌握交联助剂在共混物两相聚合物中的分配规律，对正确选择共混物交联体系和制定交联助剂添加工艺都十分必要。

表 7-10　交联助剂在共混胶中的分配系数（153℃）

共混体系	硫黄	DM	DOTG	TMTD
SBR1502/NR	1.18	1.44	1.86	＞2
BR/SBR1502	1.09	0.64	0.46	—
BR/NR	1.26	0.92	0.85	—
NR/EPDM	1.25	1.85	2.22	3.17
SBR1502/EPDM	1.48	2.66	4.15	＞6.6
BR/EPDM	1.60	1.69	1.89	＞6.6
EPDM/CIIR	1.25	1.6	0.76	1.52
NR/CIIR	1.56	2.95	1.7	4.8
SBR1502/CIIR	1.84	4.25	3.14	＞10
BR/CIIR	1.00	2.7	1.43	＞10
CR(WRT)/CIIR	＞2.5	＞6	＞3.6	＞10

注：NR 都是 RSS#1。

第五节　橡胶共混物的共交联

橡胶共混物的共交联有两重意义：一是两相聚合物在交联条件下能在各自相区内发生交联，并且以近似同步的交联速度使两相都达到正硫化；二是在各相发生交联的同时在两相的界面层内发生两相分子间的交联。

共混物中两相聚合物能否实现近似同步交联，除了交联助剂的分配因素影响外，聚合物本身的内在因素也有一定影响。不饱和橡胶的交联速度总是高于饱和橡胶的交联速度；当两种聚合物不饱和度相近时，双键上是否含有取代基和取代基的性质以及其他结构因素，也都会影响它们的交联速度。

如果橡胶共混物中两相聚合物既能发生同步交联又能发生相间交联，无疑这是一种最理想的结果，事实上并非所有的共混体系都能发生相间交联。两相聚合物能否发生相间交联取决于两相聚合物是否存在可以发生共交联的活性点，换言之是否存在共用交联剂。凡是不饱和橡胶就可能用硫黄/促进剂体系使之发生相间交联，凡是在交联温度下易生成大分子自由基的橡胶，都可能用有机过氧化物使它们之间发生相间交联。此外，相间交联还可能与两相聚合物相容性有关，如 NR/BR 共混体系能发生相间交联，这可能是 NR 与 BR 同属非极性，相容性好，界面层厚，有利于产生相间交联；而 NR/NBR 共混体系，由于 NR 和 NBR 极性相差较大，相容性差，界面薄，界面张力大，通过电镜观察未发现相间交联。

共混物中两种组分聚合物虽不具备相同的常见交联活性点，若能找到一种使两相都发生交联的多官能基化合物作交联剂，也可以实现相间交联。

一、橡/橡共混物的共交联

解决橡/橡共混物中两相聚合物的共交联问题，应从分析橡胶的结构特点、交联活性及适用的交联体系入手。

当两种橡胶结构相似，并且具有相同的交联活性点和差异不大的交联速度时，可采用相同的交联体系。如 NR/BR 或 NR/SBR 共混体系，硫黄/促进剂是有效的共用交联体系，不仅各相橡胶自身能发生交联，两相橡胶之间也易发生交联。对这类橡胶共混物来说，共交联的关键是同步交联，解决同步交联的关键在于合理选择促进剂。以 NR/BR 共混体系为例，单用噻唑类促进 DM 会使 NR 相交联速度快于 BR 交联速度；而单用次磺酰胺类促进剂如 NOBS，会出现相反的结果。为此可通过 DM 与 NOBS 并用及调节 DM 与 NOBS 的并用比实现 NR 与 BR 的同步交联。

当两种橡胶结构差别很大，虽然有相同的交联活性点，但交联速度差别比较大时，应尽量选择分配系数接近 1 的交联助剂，如 NBR/EPDM 共混体系，当用硫黄/促进剂 TMTD（或其锌盐）交联体系时，由于它们在 NBR 中的浓度高，故 NBR 的交联速度比 EPDM 高得多。若选用含长链烷基的秋兰姆化合物，如十八烷基异丙基二硫代氨基甲酸锌（ZODIC）代替 TMTD，因其增大了在 EPDM 中的溶解度，它在 NBR/EPDM 中的分配系数趋于 1（见表 7-11），从而改善了 NBR 和 EPDM 的同步交联性。

表 7-11　促进剂在 NBR/EPDM 共混胶中的分配系数

促　进　剂	S_{NBR}/S_{EPDM}
ZDMDC(二甲基二硫代氨基甲酸锌)	很大
TMTD(二硫化四甲基秋兰姆)	15.5
CZ(环己基苯并噻唑次磺酰胺)	1.6
ZODIDC(十八烷基异丙基二硫代氨基甲酸锌)	1.2

当难以找到能使两种交联速度相差较大的橡胶发生有效共交联的交联体系时，也可将一部分促进剂预先接枝到交联速度慢的橡胶分子上。如 NR/EPDM 共混体系，虽然两相都可以使用硫黄/促进剂交联，但 EPDM 的交联速度比 NR 慢得多，为此可将促进剂例如 M 先与 EPDM 反应，制成与 EPDM 化学结合的 M-EPDM，M-EPDM 的交联速度比 EPDM 快了许多，因而 NR/M-EPDM 共混胶具有较好的同步交联性。类似地，将少量促进剂与硫黄添加到 EPDM 中，在无氧化锌的情况下，进行热处理，使之生成带有悬挂活性基团 EPDM，然后再与 NR 一起共混，同样能获得良好的交联性。

当共混体系的两种橡胶具有不同交联活性点时，又没有含多官能基的交联体系可用时，欲使两相橡胶发生共交联，其办法就是使用复合交联体系，但它无法使两相间发生交联，只能使其产生两相的同步交联。如 NR/CR 共混体系，两相橡胶交联机理不同，不能用同样的助剂交联，CR 用金属氧化物交联，通常交联速度快于 NR。为使 NR 与 CR 发生近似同步交联，可同时使用硫黄/促进剂（DM）体系和 ZnO/MgO/NA-22 体系，其中 DM 有抑制 CR 交联的作用，从而有利于两相胶的同步交联。

二、橡/塑共混物的共交联

橡胶与合成树脂共混时，在橡胶行业是以少量的树脂去改善或弥补橡胶的某些性能为主要目的。共混物中，橡胶是海相，树脂是岛相。当将橡/塑共混物做成制品使用时，仅靠橡胶发生交联，只能做一般制品。要制备高性能的制品，应使树脂相发生交联，并尽可能使橡胶与树脂两相间发生交联。

解决橡/塑共混物共交联与解决橡/橡共混物共交联在原理上是一致的。对橡/塑共混体系应尽量选择高效的共用交联体系，既可使橡胶与树脂两相各自发生同步交联，也使橡胶与树脂两相间发生交联。例如 NBR/PVC 共混体系，采用硫黄/促进剂（M 或 DM）交联体系只能使 NBR 发生交联，不能使 PVC 发生交联，更不能使两者之间发生共交联。后来发现三嗪化合物能使 NBR 与 PVC 发生共交联，如 2,4-二硫醇基-6-二丁氨基三嗪（DB）。而且 DB 与促进剂 DM、MgO、ZnO 一起使用，能更有效地使 NBR 与 PVC 发生共交联。其交联机理如下。

1. DB/DM/ZnO 体系能使 NBR 等二烯橡胶发生交联

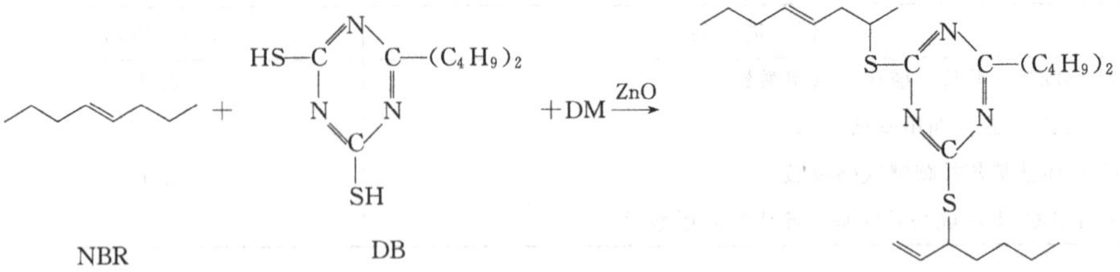

NBR + DB → (with +DM, ZnO)

2. DB/MgO 体系能使 PVC 发生交联

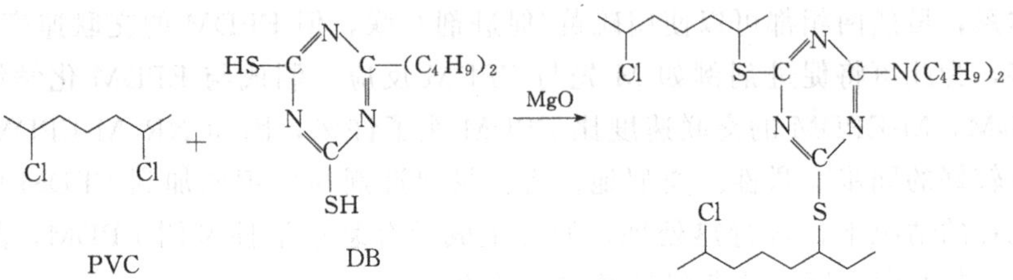

PVC + DB → (MgO)

3. DB 和 DM 之间也能发生反应并生成下列化合物

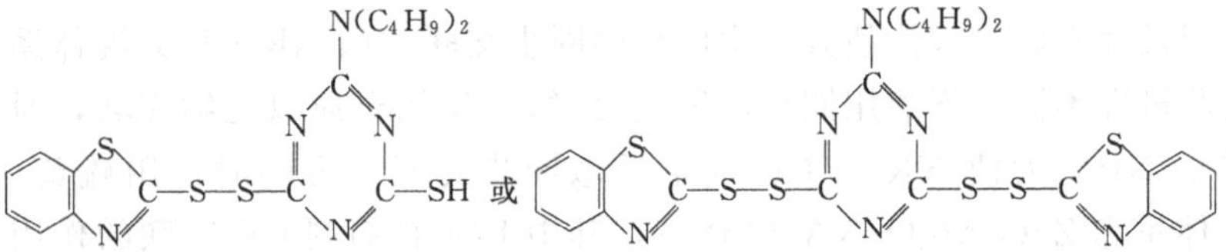

它们的—S—S—基与 NBR 发生反应，—SH 基与 PVC 反应，从而使 NBR 与 PVC 之间发生交联。

当橡/塑共混物无共用交联剂可使用时，也可使用复合交联剂。如 NR、BR 及 SBR 等二烯类橡胶与 PE 或 EVA（乙烯-乙酸乙烯酯共聚物）的共混物就是同时使用硫黄/促进剂交联体系和有机过氧化物复合的交联体系，前者使橡胶发生交联，后者使合成树脂发生交联。对 EVA 来说，如果事先将其与 2,5-二氯苯磺酸等磺酸类化合物在开炼机上于 150℃预反应，使 EVA 的主链生成适量的双键，凭借硫黄交联体系，亦可使其与橡胶之间发生反应。

三、橡胶共混物共交联的表征

判断共混物中两相聚合物间是否发生交联，有下列方法可供选择。

① 将两种聚合物混炼胶的胶片叠合在一起，硫化以后做剥离试验，若两胶片轻而易举的分离开，说明两相间没有发生交联，反之则发生了交联。

② 将共混物硫化胶用溶剂溶胀，然后用电子显微镜观察，若两相聚合物界面清晰，则两相间没有发生交联，若界面模糊说明发生了交联。

238

第六节 橡胶共混物胶料的配方设计要点和制备

一、胶料配方设计要点

橡胶共混物胶料配方设计，除了要遵循一般的橡胶配方设计原则外，还应考虑因不同聚合物掺混使用带来的一些特殊情况，对这些特殊情况的处理，就是配方设计要点。现简述如下。

每一种橡胶共混物都是由一种橡胶与另一种橡胶或合成树脂组成，进行胶料配方设计时，首先要对主橡胶和与之配对共混的橡胶或合成树脂做出选择，人们称其为聚合物组分的配伍选择。紧接着就是确定它们之间的配比。

选择何种橡胶或合成树脂与主橡胶配伍是一项细致的工作，既要考虑它能否对主橡胶起到改性的作用，又要考虑它与主橡胶的相容性好坏，还要考虑它与主橡胶发生共交联的可行性等。故选择时一般是先粗线条选择，然后再精选。

粗选是根据橡胶或合成树脂的宏观性能进行的。例如天然橡胶已被选作制造轮胎胎侧的主橡胶，考虑到它耐天候老化性和耐臭氧老化性较差，易使轮胎胎侧过早产生龟裂，为克服这一弊端，就选用具有优异耐天候老化和耐臭氧老化的乙丙胶与它配伍共混。乙丙胶又分为二元乙丙胶和三元乙丙胶两类，后者因含有不饱和的第三单体，可用硫黄/促进剂使之交联，从而具有与天然胶发生共交联的可行性，故选择三元乙丙胶与天然胶配伍。三元乙丙胶又因第三单体不同而分为ENB-EPDM、DCPD-EPDM 和 HD-EPDM 三种类型，第一类交联速度快，交联效率高，自然与天然胶更容易发生共交联，故最终选择 ENB-EPDM。

又如为了改善某些橡胶的加工性能或改善耐热老化性和耐化学腐蚀性，可选择 EVA 树脂与橡胶配伍共混。EVA 有多个品种，但并非所有的 EVA 都能满足共混改性要求，VA 含量不同的 EVA 有不同的极性，因而与不同的橡胶有不同的相容性。当选择非极性的 NR、BR、SBR 或 EPDM 作主橡胶时，宜选用 VA含量为 10％～15％ 的 EVA 树脂与它们配伍；当选择极性橡胶如 CR 作主橡胶时，宜选用 VA 含量达 40％以上的 EVA 树脂配伍。除了从相容性的角度去选择 EVA 以外，有时还要考虑 EVA 树脂的熔体指数（MI），假定橡胶/EVA 共混物是用来制备具有较好柔软性和弹性的微孔弹性体制品，则宜选用 MI＝1.0～3.0 的 EVA 树脂。

有时候组分聚合物的配伍选择需要主聚合物去服从非主聚合物组分，如以NBR 与 PVC 共混制备改性的 NBR，发现 PVC 在极性相容性方面的选择余地很小，无论是乳液聚合的还是悬浮聚合的，也无论分子量大小，其化学组成都一样，所以只能选择中等丙烯腈含量的 NBR 与之配伍。

聚合物组分配伍以后，还要确定它们的配比，配比是根据对共混物材料最终性能的要求做出的。最佳的配比是通过系列配比试验后确定的，最佳配比共混物应当给出最佳的综合性能。进行配比试验时，无须对所有配比都要试验，范围一般取主/副＝(90/10)～(50/50)就足够了。

橡胶共混物交联体系的选择和交联剂用量的确定是配方设计的重点和难点。关于交联体系的选择已在第五节中讲述，此处仅就交联剂用量的确定原则做如下补充说明。

当两种具有不同交联活性点的橡胶共混物硫化时，若采用复合交联体系，每种交联体系的用量依据对应橡胶的实际含量计算。橡胶与合成树脂共混，若树脂含量在20份以下，只用硫黄/促进剂体系就能使共混物中的橡胶有效交联，但树脂相不发生交联，也不与橡胶发生共交联。这样的共混物材料可在一般条件下使用。这种只让橡胶相发生交联的情况，计算硫黄/促进剂用量时，虽然橡胶不是100份，但仍按100份计算，因为树脂的存在，稀释了橡胶的浓度，这样会减少橡胶中交联剂的含量，使交联速度降低。

若合成树脂的含量超过20份，如无共交联剂可用，当用复合交联体系其计算如上述。

对橡/塑共混体系，若合成树脂在共混温度下则有发生分解的倾向，应在胶料配方中添加稳定剂以抑制或减缓合成树脂的分解。例如极性橡胶与PVC共混时PVC会分解放出氯化氢，不仅使PVC性能劣化，而且氯化氢能迟延橡胶的交联。为此常使用脂肪酸皂如硬脂酸的锌、镉、钡盐或碱式硫酸铅、亚磷酸铅等作PVC的热稳定剂，其用量一般为PVC的2%～5%。实践中发现，采用硬脂酸镉/硬脂酸钡并用体系，效果会更好。

要尽量避免加工助剂对共混聚合物的稳定性和交联性产生不良影响。橡胶与合成树脂的共混物多数是由两种结构或性质差别较大的聚合物组成，当使用加工助剂时，同一种助剂对不同的聚合物适用性不同，有的还会产生副作用，如NBR/PVC共混体系，当用硫黄/促进剂作交联剂时，促进剂宜用噻唑类的M、DM及次磺酰胺类的CZ等，而不宜用秋兰姆类的TMTD或胍类的D，它们能引起PVC分解。另外氧化锌也能引起PVC分解，故用量宜取5份以下。

又如对EPDM/NBR共混体系，若用硫黄/TMTD体系交联，活性剂不能再用氧化锌，应改用氧化铅，因氧化锌能导致EPDM严重交联不足。

此外，当用过氧化物DCP作橡胶共混物交联剂时，不宜使用陶土、槽法炭黑、白炭黑等酸性填料，它们能引起DCP发生离子型分解，使交联效率降低。非用不可时，宜添加适量的碱性物质。防老剂大多是还原剂，也能抑制过氧化物的交联活性，使用时要注意选择及用量。

二、橡胶共混物胶料的制备

1. 橡/橡共混物胶料的制备

橡/橡共混物胶料的制备原理和方法与普通橡胶胶料基本一致，需要注意的是，既要使两种不同橡胶混合成微观分相宏观均相的状态，又要使各种配合剂尽可能在两相橡胶中产生合理分配。为此在工艺上根据需要有时需做一些特殊的处理。

（1）天然橡胶的烟片胶与合成橡胶共混时，为使两者能在黏度相近的状态下掺混，在掺混之前应先将烟片胶适当塑炼，然后再掺混。

（2）当两种橡胶对炭黑等补强剂的亲和力差别不大时，先将两种橡胶掺混在一起，再加炭黑混炼；或先将两种橡胶分别制成炭黑母胶，再将两种母胶掺混成一体，然后加其他橡胶配合剂混炼均可。

若两种橡胶对炭黑的亲和力相差较大时（如 BR/CIIR、NR/EPDM 等），应将大部分或全部炭黑添加到亲和力小的橡胶中制成炭黑母炼胶，然后再与另一种橡胶掺混合混炼。

（3）当两种橡胶虽有共用交联剂可供使用，但两橡胶的交联速度相差很大，为提高两种橡胶交联的同步性，可将两种橡胶按照不同配方分别制成混炼胶，并将交联活性低的橡胶进行一定程度的预处理，然后再与交联活性高的橡胶混炼胶掺混成一体。

2. 橡/塑共混物胶料的制备

橡/塑共混物胶料的制备既可采用开放式高温炼塑机或密炼机，也可采用双螺杆混合挤出机。前两种设备适用于小批量间歇生产，后者则适用于大批量连续生产。目前用得最多的仍然是前两种设备。

（1）开放式高温炼塑机制备法　橡/塑共混物胶料的制备时，橡胶与合成树脂的掺混总是在共混之前进行，由于合成树脂在室温下总是处于玻璃态或结晶态，要与橡胶掺混，必须将其转变成黏流态，为此需要在较高的温度下实施共混，一般共混温度稍高于合成树脂的熔融温度。下列共混体系的共混温度是：二烯类橡胶/聚乙烯 135～145℃；非极性橡胶/聚苯乙烯 120～140℃；非极性橡胶/氯化聚乙烯 105～115℃；三元乙丙胶/等规聚丙烯 170～180℃；丁腈橡胶/聚氯乙烯 150～160℃；丁腈橡胶/聚酰胺 170～180℃。

设定共混温度有时也要考虑橡胶的结构特点，IIR 或 EPDM 这样的高饱和性橡胶，共混温度可比不饱和的二烯类橡胶稍高一些，这样做有助于改善橡胶与树脂的相容性。

用开放式炼塑机共混时，一般是先将合成树脂投入炼胶机中，使之在高温及机械碾压下，充分熔融并包辊，然后投入具有一定可塑度或添加了防老剂的橡胶与其掺混。掺混过程也要适当割刀、捣胶和薄挤，掺混时间要适当，过长将引起橡胶降解或凝胶化，过短则达不到理想的混合状态，两者都会损害共混物的性能。

当橡胶与合成树脂配比较大时，为提高混合效果也可采用母胶混合法，橡胶分几次投入，第一次投入与树脂相等的量，将两者共混成具有海-海结构的母胶，然后投入其余橡胶与母胶共混。

开炼机制备的橡/塑共混物，经过冷却停放8～24h，可再次投入开炼机中，并添加各种配合剂混炼，混炼温度通常比共混温度低20～30℃，混炼方法与普通橡胶混炼相同。混炼胶停放8h后，可用于制造制品。

(2) 密炼机制备法　用密炼机制备橡/塑共混物胶料，可将共混与混炼分两步进行，也可一步完成。用密炼机混合时，由于密炼室温度会逐渐升高，故投料顺序与开炼机相反，先投入橡胶塑炼或压合几分钟，接着投入合成树脂，边熔融边与橡胶混合。整个混合是在几分钟内完成的，混合完毕，排料下片，并进行冷却停放。混炼时再次将共混胶投入密炼机中。若将共混与混炼一步完成，共混完毕后，即可按规定加料顺序添加各种配合剂混炼，排料到开炼机上添加交联剂。

需要指出的是，当用开炼机或密炼机制备橡胶/PVC共混物胶料时，为了降低PVC的熔融温度，以达到降低共混温度的目的，在共混之前，要先对PVC树脂进行增塑处理。增塑方法是将PVC树脂投入捏合机或高速混合机中，添加增塑剂使之预膨润，经过预膨润的PVC再与橡胶共混合混炼。PVC的热稳定剂也是在预膨润过程中添加。

三、典型橡胶共混物的性能和应用

NR/BR、NR/SBR或SBR/BR体系是最早开发的橡胶与橡胶的共混物，主要用来生产轮胎和橡胶制品。IIR/EPDM共混物主要生产轮胎内胎。NBR/FKM共混物性价比合适。EPDM/Q共混物用可用来生产汽车发动机的加热器、散热器以及插头保护罩、阴极显像管的高压帽等制品。非极性二烯类橡胶与PE共混多被用来生产胶管、输送带覆盖胶、电线电缆及胶板等制品。EPDM/IPP共混物已被用来生产电线电缆绝缘层及护套、门窗密封条，也被用于生产贮存或输送化学物质的容器衬里。NBR/PVC及CR/PVC共混物被广泛用于生产耐油胶管及胶带、矿山输送带、电缆外胶、胶辊、门窗密封条、胶鞋、纺织皮辊、O形圈、飞机油箱、导风筒、石油产品贮藏容器等多种制品。非极性橡胶，如NR、BR、SBR、EPDM、IIR与CPE共混，广泛用于生产耐油性的制品如胶管、胶板等，也可用于生产阻燃输送带、阻燃导风筒及阻燃电缆外胶，此外还可用于生产建筑用防水卷材及胶鞋等制品。

第七节　橡/塑共混型热塑性弹性体

橡胶与合成树脂通过机械共混生成的具有热塑性弹性体（TPE）特征的高分子合金材料称为共混型热塑性弹性体。它的问世是橡胶共混改性技术所取得的突破性进展，也是20世纪高分子材料应用研究取得的重大成果。

橡塑共混型TPE的开发研究始于20世纪40年代。最早的品种是由NBR与

PVC 按一定比例经机械共混制备而成，这种共混物虽然显示出 TPE 的特征，但因橡胶相未经交联，故其力学强度、伸长率、永久变形和热变形等性能都较差，因而限制了它的应用。尽管如此，它的出现开阔了人们的思路，为了改善它的性能并提高其使用价值，从 20 世纪 60 年代初期开始，对使橡胶相交联的 TPE 的研究迅速展开。1972 年美国的 Uniroyal 公司首先将橡胶部分交联的 EPDM/PP 共混型 TPE 推向市场，到 1980 年前后，孟山都公司又向世人推出了橡胶相全交联的 EPDM/PP 共混型 TPE。前者又称为聚烯烃热塑性弹性体（TPO），后者称为热塑性硫化胶（TPV）。这些共混型 TPE 问世不久，即在世界范围内被推广。如今，共混型 TPE 按合成树脂组分可分为聚烯烃类、苯乙烯类、聚酯类、聚氨酯等几大类；按橡胶组分可分为热塑性 EPDM、热塑性 NR、热塑性 SBR、热塑性 NBR 等几类，每一类又有系列品种。

共混型 TPE 的主要品种是聚烯烃类 TPE。它是由聚烯烃类合成树脂（PP、PE）与聚烯烃类橡胶（EPM 或 EPDM）或二烯类橡胶（NR、BR、SBR 等）共混而成。

一、共混型 TPE 的制备原理

TPE 在常温下使用时应显示出橡胶特有的高弹性和优异的物理机械性能，在高温或成型加工温度下，应具有良好的热塑流动性，因此只有橡胶和合成树脂搭配共混才能制备出集橡胶与合成树脂性能于一身的 TPE 来。橡胶与合成树脂的配伍选择应按照一定的原则进行，对全交联型 TPE 的研究发现，全交联型 TPE 的力学性能与橡胶及合成树脂的特性参数如动态剪切模量、树脂拉伸强度及其结晶度、橡胶与树脂的界面张力、橡胶分子链的缠结间距等有特定的依赖关系。因此制备全交联型 TPE，橡胶与树脂的选择应满足：两者的表面能要匹配，即有相近的表面张力；橡胶分子链的缠结间距要小（缠结间距表示分子量足够大且未稀释的橡胶分子间发生缠结的链原子数，此值低，链缠结密度高）；树脂的结晶度要高；橡胶和树脂在共混温度下不会发生分解等要求。

共混型 TPE 的形态结构也是海-岛结构，它与普通橡/塑共混物不同的是，树脂总是海相，交联的橡胶颗粒总是岛相。它在常温下的力学特征主要是橡胶相贡献的，在高温下的塑性流动是树脂相晶体或玻璃态发生熔融产生的，橡胶颗粒如同分散在树脂中的填料，故能随树脂一起流动，并且由于橡胶是交联的，具有足够的强度，因此即使 TPE 发生流动也不会改变它的形态结构。

TPE 的形态结构是橡胶与合成树脂在高温和高剪切速率下发生反应性共混的结果。所谓反应性共混是指在橡胶与树脂混合的动态过程中，同时发生着橡胶相的化学交联，这种交联是在交联剂存在下发生的。橡胶的交联又大大促进了橡胶颗粒的细化和与树脂的均匀混合，改变着共混物的形态结构。在共混初期，橡胶是海相，树脂是岛相，当橡胶交联后，其黏度逐渐增大，因而所受机械剪切力也越来越大，于是橡胶被撕扯得支离破碎，大颗粒又逐渐变成小颗粒，最后形成微米级的小颗粒，这些细小颗粒被树脂分割包围的结果，使树脂由岛相变成海相，橡胶则由最初的海相变成了岛相。

橡胶的交联密度和粒径是影响共混型 TPE 性能的重要因素，交联密度增大，TPE 的拉伸强度增大，永久变形变小。橡胶颗粒粒径越小，TPE 的拉伸强度和伸长率越大，例如 EPDM/PP 共混体系，当 EPDM 粒径达到 $1\mu m$ 左右时，TPE 就完全具备硫化橡胶的力学性能。由此可见动态交联是制备共混型 TPE 的关键技术。

共混型 TPE 动态交联所用的交联剂是一般常见的交联体系，除了硫黄/促进剂、过氧化物或过氧化物/助交联剂、烷基酚醛树脂外，马来酰亚胺和金属氧化物也常应用。由于橡胶组分交联的速率和交联的程度对 TPE 的结构形态有重要影响，对 TPE 的加工和使用性能起着关键作用，因此合理地选择交联体系就显得非常重要。交联体系既要使橡胶组分在共混温度下能充分交联又无返原现象，且不会引起树脂降解，同时要使橡胶的交联速率与共混过程相匹配，交联的开始应发生在橡胶与树脂混匀之后。

动态交联剂的用量要低于传统的用量。交联剂选定之后，控制动态交联时间或交联程度，在工艺上非常重要。

二、共混型 TPE 的制备方法

制备共混型 TPE 有两种方法，一是利用密炼机制备；二是用双螺杆混合挤出机制备。

1. 密炼机制备法

采用密炼机将橡胶与合成树脂进行反应性共混，可制得性能较好的共混型 TPE。该法适于间歇性生产，其工艺流程以制备 NBR/PP 体系为例，说明如下。

选用转子转速为 80r/min 的密炼机，设定共混合反应温度为 185～190℃；为改善 NBR 与 PP 的相容性，使用 MPP（马来酸酐改性的 PP）作相容剂；选用酚醛树脂交联体系（SP 1045）作 NBR 的交联剂，交联活性剂采用 $SnCl_2 \cdot 2H_2O$。其投料顺序和操作时间如下：

① 0～3min 投入 NBR、PP 及 MPP 熔融混合，完全熔融并混合均匀后，投入 SP 1045，混匀；

② 4～5min 投入活性剂（必须在投入 SP 1045 2min 后），使 NBR 相发生动态交联反应；

③ 6～8min 完成反应性共混；

④ 排料到开炼机上压片；

⑤ 挤出机造粒。

由上可见，密炼机制备共混型 TPE 的工艺要点是设计好投料顺序，控制好操作时间。

2. 双螺杆混合挤出机制备法

双螺杆混合挤出机是一种新型的炼胶设备，用它制备共混型 TPE 不仅能连续生产，生产能力大，效率高，最主要的是它能充分满足橡胶与合成树脂发生反应性共混的条件，给出最佳的共混效果，从而制备出性能优异的 TPE。它是当今制备共混型 TPE 最理想的设备。

双螺杆混合挤出机，其机筒由若干个投料段和混合段交替排列而成，每一段对应的螺杆结构和螺纹形状不同。在送料段的机筒上设有若干投料口，在投料口的上方设有具有计量功能的投料装置，通过投料口可以依次投入聚合物组分和各种加工助剂。物料通过混合段时，经受螺杆的混合和剪切作用，先后发生混合和交联等化学反应，从而实现反应性共混。

双螺杆混合挤出机的送料端通常与抽真空装置相连，以去除在制备过程中混入共混物中的空气。从混合挤出机排出的 TPE 胶，须造粒加工。

主要参考文献

1　吴培熙，张留城. 聚合物共混改性原理及工艺. 北京：中国轻工业出版社，1984

2　曼森 J A. 聚合物共混物及复合材料. 汤华远等译. 北京：化学工业出版社，1983

3　朱敏. 橡胶化学与物理. 北京：化学工业出版社，1984

4　朱玉俊. 弹性体的力学改性. 北京：北京科学技术出版社，1992

5　奥拉比瑟 O. 聚合物 - 聚合物溶混性. 项尚田等译. 北京：化学工业出版社，1987

6　邓本诚，李俊山. 橡胶塑料共混改性. 北京：中国石化出版社，1996

7　封朴. 聚合物合金. 上海：同济大学出版社，1997

8　王国金，王秀芬. 聚合物改性. 北京：中国轻工业出版社，2000

9　Xanthos M. Polymer Engineering and Science, 1988, 28 (21)：1392

10　Kraus G. Rubb. Chem. Technol, 1964, 37 (1)：6

11　井上隆. 日本ゴム协誌，1989，62 (9)：56

12　占部诚亮. ポリマーダイジエスト，1995，47 (8)：109

13　郑金红，朱玉俊. 橡胶工业，1994，41 (12)：743

14　杨清芝. 现代橡胶工艺学. 北京：中国石化出版社，1997

第八章 橡胶骨架材料

第一节 橡胶骨架材料简介

橡胶骨架材料是含骨架材料复合橡胶制品中受力的主要部件，同时也对这类橡胶制品在使用中形状的稳定起了重要的作用。如轮胎、胶带、部分胶管、密封及减震橡胶制品就是由橡胶弹性体部件与高模量高强度的骨架材料复合而成的。这些橡胶制品对其骨架材料的要求各异，所以就有了不同材质不同结构的骨架材料。不同的材质主要有天然纤维、合成纤维、金属材料。不同的结构主要有线、绳、帘布、帆布、无纺布等。骨架材料的表面处理及与橡胶基质的黏合也是十分重要的问题。

一、橡胶骨架材料的基本作用

橡胶材料是一种拥有高弹性、大变形、低模量的高分子材料。如充足的弹性可以吸收冲击震动、提供较高的耐磨性、摩擦系数和优异的附着性等。但是在大多数情况下纯橡胶制品是不能满足实际使用需要的，橡胶制品在大多数情况下都要承受较大的负荷，如轮胎、输送带等，这些橡胶制品就需要使用纤维、钢丝等骨架材料来复合，从而使得橡胶材料得到了更为广泛的应用。橡胶与其骨架材料牢固地结合，不仅可以保护骨架材料，同时骨架材料的增强作用也得到了更充分的发挥。

橡胶制品中使用骨架材料目的是赋予橡胶制品更高的强度与尺寸稳定性。轮胎中胎体帘线约束橡胶使轮胎保持稳定的充气断面宽度和外径，胎圈部分钢丝圈骨架则将轮胎紧箍在汽车轮辋上，并且抵抗高速下的离心力的作用。输送带中经线承受拉伸张力负荷，纬线提供抗冲击性。胶管中编制或缠绕的骨架层可防止高压下胶管爆破或真空抽吸时有足够的挺性，带骨架的密封制品骨架则使其形状保持稳定。

二、橡胶骨架材料的种类与分类

橡胶骨架材料的材质主要有三大材料制成，天然棉纤维、各种化学纤维及金属材料。除用金属直接加工出一定形状的骨架和普通单根钢丝外，大多数橡胶骨架材料均由纤维丝或钢丝通过加捻、合股、机织或浸渍而生产出的线绳、帘线、或帆布等。这一系列不同结构的骨架材料有利于改进其耐疲劳性、对橡胶的结合性和易加工性等。含有骨架材料的橡胶制品见图8-1。骨架材料的性能取决于它的材质和它的结构，现将主要纤维和钢丝特点简介如下。

(a) 轮胎　　　　　　(b) 普通输送带　　　　　　(c) 胶管

图 8-1　含有骨架材料的橡胶制品

（1）棉纤维（cotton fiber）　棉纤维基本性能是强力较低，与橡胶的黏合性好。

（2）人造丝纤维（viscose fiber）　其中的高强度黏胶纤维是橡胶工业常用的。人造丝干强度较高，但湿强度较低。

（3）维纶纤维（polyvinyl alcohol fiber）　维纶纤维强度高，耐磨性、耐光性好，但其耐湿热性不好。

（4）聚酰胺纤维（polyamide fiber）　或称尼龙，也称锦纶，该纤维强度较高，断裂伸长率也较高，弹性好，屈挠性好，耐磨性优于其他纤维，但其热稳定性差，目前已大量使用在斜交轮胎等制品中。

（5）聚酯纤维（polyester fiber）　聚酯纤维综合了尼龙的强力与伸长特性以及人造丝的模量特性，所以适用于很多用途，如半钢丝子午线轮胎中胎体骨架基本选用聚酯帘布。

（6）芳族聚酰胺纤维（aramid fiber）　或称芳纶，芳族聚酰胺纤维强度高、延伸率低、耐热性好，有"人造钢丝"之称，但其价格较高，目前已在轮胎和高强力输送带等制品中使用。

（7）玻璃纤维（glass fiber）　玻璃纤维有较高的模量和耐热性，但耐屈挠性和与橡胶的黏合性均较差。

（8）钢丝（steel cord）　钢丝帘线、钢丝绳及普通单根钢丝都具有极高的强度和模量，表面镀铜或镀锌的钢丝已很好的解决了与橡胶的黏合问题，在轮胎、钢丝绳输送带、钢编胶管等制品中已大量使用。

橡胶骨架材料基本上是按照所用材料结合的结构类型而分类的，如聚酯线绳、钢丝帘线、锦纶帘布、棉帆布等，其基本结构见表 8-1 所示。

三、橡胶骨架材料常用术语及表示方法

1. 常用术语

橡胶骨架材料因多为纤维材料，故很多术语与纤维纺织有关。有关常用术语见表 8-2 所示。

表 8-1   橡胶骨架材料的基本结构分类

名　称	材　料	主　要　用　途
线绳与钢丝	化纤或金属	用于 V 形胶带、钢丝绳输送带、轮胎胎圈
帘线	棉、化纤或金属	用于制作帘布
帘布	棉、化纤或金属	用于轮胎胎体
帆布	棉或化纤	夹布胶管、输送带
金属骨架	金属	密封件、减震件

表 8-2   橡胶骨架材料常用术语

名　称	解　释
纤维	长度为 12～37mm,并具有很高的长径比,即很细的横断面
纱	纱是短纤维或长丝的束
线/绳/多股芯绳	两根或两根以上的纱线通过加工捻在一起称为"线",较粗的线称为"绳",两根或两根以上的绳再捻在一起称为"多股芯绳"
线密度	纱的直径很难测量,国际上用 1000m 纤维或纱的质量(g)表示,单位为 tex(特,或号数),dtex(分特)是 tex 的 1/10,denier(旦)是 9000m 纤维或纱的质量(g)
捻度	每米长已知纱的螺纹圈数,捻度的方向分 Z(左捻)与 S(右捻)。线和绳的捻度增加其强度与模量下降,但耐疲劳性增加
经纱、纬纱	按长度方向运行的纱或线的定位件称为"经纱",它们与宽度方向成直角。按经纱垂直方向运行的纱或线的定位件称为"纬纱"
织物经纬密度	每 10cm 宽织物的经纬纱数,或每英寸宽织物的经纬纱数(1in=2.54cm)
韧度	为单位特(号数)的纱或绳的断裂力,单位为 mN/tex 或 mN/danier
标准试验环境	相对湿度为 65%±2% 与温度 20℃±2℃ 为标准环境,在此环境下进行织物的预停放和测试

2. 表示方法

纤维线绳与帘线的结构较为复杂,所以在规格表示上有一定的规范要求,主要以结构形式来表征。一般是有几股股线合并并加捻制成,其结构用股线的线密度或粗细程度(以号数 tex 或 dtex 表示)和股数组合(中间用斜线划开)表示。如有多股组成,而且是分两次合股加捻的,则第一次合股数与第二次合股数之间用乘号相连,例如,183.3tex/5×3 表示第一次用 183.3tex 线密度的纱 5 股加捻成纱线,第二次用 3 股这样加捻好的纱线再加捻成新的更粗的线绳,棉帘线结构有时习惯用英制支数(s)表示线密度。

钢丝绳或钢丝帘线结构变化较多,如图 8-2 所示的钢丝断面结构则表示为

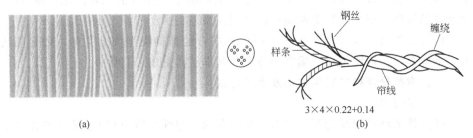

	钢丝	
	缠绕	
样条	帘线	

3×4×0.22+0.14

(a)　　　　　　　　　　　　(b)

图 8-2   各种钢丝绳 (a) 及 3×4×0.22+0.14 钢丝帘线结构示意图 (b)

$3\times4\times0.22$，即由 0.22mm 直径的细钢丝 4 根加捻为线，再用这样的 3 股线加捻为较粗的帘线，有时在整个钢丝外表面再用很细的钢丝，如 0.14mm，沿右旋或左旋的形式捆绑以防钢丝松散，这时则表示为 $3\times4\times0.22+0.14$。在 $3\times4\times0.22HE$ 中，HE(high elongation) 表示高伸张帘线。

第二节　橡胶骨架材料的应用

一、线绳与钢丝

线绳与钢丝是以单根的形式在橡胶制品成型时复合在橡胶基质中，根据制品的强度要求不同所选用的材料与线绳粗细各不相同，常用的材料有黏胶纤维、棉、维纶、尼龙、聚酯、芳纶及钢丝等。

这些线绳主要用在编织胶管、传动带、钢丝绳输送带、轮胎胎圈中使用，在制品中它们以一定的密度、角度和层数排列起到增强作用。

胶带钢丝绳是高强度橡胶输送带的骨架材料，广泛用于高速度、大运输量、长距离的输送带中。对所用钢丝绳的要求是表面清洁、平直柔软、无残余扭应力、不松散和橡胶有良好的黏合力。

常用线绳与钢丝的规格、主要性能及用途如表 8-3 所示。

表 8-3　橡胶制品常用线绳、钢丝、钢丝绳的规格及主要性能及用途

规　格	材　料	性　能			主　要　用　途
		拉伸力/N	拉断伸长率/%	直径/mm	
35.5/3×2	棉线绳①	343	15	—	编织胶管
183.3tex/1	黏胶线绳	59	15	0.5	
183.3tex/3		162	18	1.0	
2000dtex/1	维纶线绳	180	7	0.5	压力胶管
2000dtex/2		370	7	0.7	
183.3tex/2×3	黏胶线绳	333	15.5	1.16	V 形传动带
183.3tex/5×3		833	—	3.03	
111.1tex/2×3	聚酯浸胶硬线	399	8.3	0.93	切割 V 形传动带
111.1tex/6×3		1220	9.2	1.62	
940dtex/1×2	锦纶线绳	145	24	—	多楔带
1670dtex/1×3	芳纶线绳	700	4.0	0.85	切割 V 形传动带或齿型带
1670dtex/3×5		3300	6.0	1.90	
1.00	钢丝②	1460	4.0	1.0	轮胎胎圈
1.30		2470		1.30	
0.22		113	—	0.22	钢编或缠绕胶管
0.6		650		0.60	
7×3×0.20	钢丝绳②	1570		1.2	高压缠绕胶管
7×7×7×0.33		53930		9.0	排泥胶管
7×7×7×0.38		67660		10.3	钢丝绳输送带

① 规格表示中 35.5 为棉纱纱号。

② 钢丝、钢丝绳的拉伸强度称为破断力。

单根钢丝的结构最为简单，用于制造各种轮胎胎圈的是高强度、高韧性钢丝，表面电镀铜及铜锌合金，色泽光亮，与橡胶有良好的黏合力。直径细、柔性好的钢丝是制造各种高压输送胶管的骨架，可在编织机上直接以 54°44″的角度交叉编织在内层胶管上。该钢丝具有优良的综合性能，黄铜镀层均匀而光亮，与橡胶有良好的黏合力。较粗的钢丝绳直径可达 10mm 以上，但由于是由多股细钢丝加捻而成，故仍有很好的柔性，破断力高达 60kN 以上，可制作出高强力远距离的大型输送带，钢丝及钢丝绳的复合橡胶制品见图 8-3。

  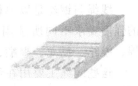

(a) 三角带　　　　　(b) 钢丝编织胶管钢丝骨架　　　　(c) 输送带钢丝绳

图 8-3　各种橡胶制品骨架结构示意图

二、帘线

帘线一般是由几股线合并并加捻制成，与线绳基本相同，帘线主要是为了制作帘布的，它的表示与线绳的表示相同，常见的规格如表 8-4 所示。

表 8-4　橡胶制品常用帘线规格

名　　称	规　格　参　数
棉帘线	28/5×3(21ˢ/5×3)，其中 28 为棉纱纱号
尼龙帘线	93.3tex/2、140.0tex/2、186.7tex/2、210.0tex/2
黏胶帘线	183.3tex/2、183.3tex/3
聚酯帘线	111.1tex/2、166.7tex/2、122.2tex/2、144.4tex/3
芳纶帘线	166.7tex/2、166.7tex/3
钢丝帘线	4×0.25、3×4×0.22HE、7×3×0.17+0.15

三、帘布

帘布是介于单根帘线和完全织物之间的布型织物，其结构见图 8-4 所示，主要用轮胎。

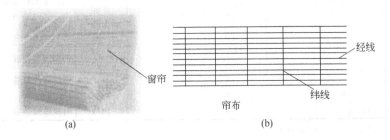

(a)　　　　　　　　　　　　　　(b)

图 8-4　帘布结构示意图

1. 尼龙帘布

尼龙帘布是目前最广泛应用于斜交结构轮胎的骨架材料，也称为尼龙帘布，该帘布不仅适用于一般载重型车辆，而且也适用于大型工程车辆轮胎。尼龙帘布包括尼龙 66 和尼龙 6 两种。主要帘线规格及参数见表 8-5 和表 8-6 所示。

表 8-5　尼龙 66 浸胶帘线规格及主要性能

项　　目	规　格				
	140.0tex/2			186.6tex/2	
	V_1	V_2	V_3	V_1	V_2
经线密度/(根/10cm)	100	74	52	88	68.4
纬线密度/(根/10cm)	8	10	14	9	9
幅宽/cm	145±3				
布长/m	1160±12				
拉伸强度/(N/根)	217.56			284.2	
拉断伸长率/%	22±2			22±2	
直径/mm	0.64±0.03			0.74±0.03	

注：1. V_1 为内层帘布；V_2 为外层帘布，V_3 为缓冲层帘布。

2. 本表引自豫 Q 466—83Q。

表 8-6　尼龙 6 浸胶帘线规格及主要性能

项　　目	规　格							
	930dtex/2			1400dtex/2			1870dtex/2	
	V_1	V_2	V_3	V_1	V_2	V_3	V_1	V_2
经线密度/(根/10cm)	126	94	60	100	74	52	88	74
纬线密度/(根/10cm)	10	12	14	8	10	16	8	10
幅宽/cm	145±3							
布长/m	1%±2%							
拉伸强度/(N/根)	137.2			215.6			279.3	
拉断伸长率/%	22±2			22±2			22±2	
直径/mm	0.55±0.03			0.65±0.03			0.75±0.03	

注：1. 布长随生产厂设备而定。

2. 本表引自 GB 9102—88。

尼龙帘布的贮存期一般为半年，应注意防潮和避光。帘布开包后应立即使用，压延附胶加工后也应尽快使用。

2. 聚酯帘布

聚酯帘布在轮胎中主要应用于轿车轮胎和子午线轻卡轮胎，常用规格有 111.1tex/2、122.2tex/2、166.6tex/2、144.4tex/3 等，其 111.1tex/2 单根帘线的拉伸强度为 132N，与 93.3tex/2 的尼龙帘线接近，另外，111.1tex/3、

222.2tex/2 用于子午线轮胎带束层。在胶管和 V 形带中也有少量聚酯帘布使用。

聚酯帘线的胺解会降低其性能，天然橡胶中的某些物质比合成橡胶更易引起降解，同时也应注意橡胶配合剂的选择，秋兰姆类促进剂对聚酯的胺解影响最严重，噻唑类促进剂影响最小。

3. 黏胶帘布

黏胶帘布在子午线带束层中有一定的应用，183.3tex/2 的拉伸强度约为 176N。但其吸湿率较高，强度下降大，黏合性差，故该布贮存期为半年，要保持干燥防光照，开包后要立即使用，压延后也要立即使用。

4. 芳纶帘布

芳纶帘布主要应用在子午线轮胎的带束层以代替钢丝降低轮胎的整体质量，主要帘布规格是 166.7tex/2 或 166.7tex/3，其单根帘线的拉伸强度分别是 482N 和 786N，其强度的表现极为出色，拉断伸长率为 5.7% 和 5.9%，为尼龙帘线伸长率的 27%。

芳纶帘线在紫外线照射后易发生降解，应避光使用。

5. 玻璃纤维帘布

玻璃纤维帘布因其耐疲劳性差，仅用在制品屈挠变形小的部位，如子午线轮胎的带束层等，但目前已被钢丝取代，其优异的热稳定性非常适合于在某些高温下使用的制品。常用的纤维直径为 9μm，因与橡胶黏合较差，所以要经过偶联剂、浸润剂的浸渍处理。

6. 维纶帘布

维纶帘布在力车胎和 V 形带中有少量使用，其 34tex/3/2 的单根帘线拉伸强度为 67N，拉断伸长率为 22%，直径为 0.59mm。

7. 棉帘布

早期发明的轮胎采用的是棉帘布，因其强度低、制作轮胎质量高、升热大而被合成纤维帘布替代，目前主要应用在要求不高的产品中，如力车胎等。轮胎用特 1088 棉帘布，其经线为 27/5×3（即用 27 号棉纱），帘线直径为 0.8mm，经线密度 88 根/10cm，纬线密度 8 根/10cm，单根帘线的拉伸强度为 98.1N，拉断伸长率 14%。

四、帆布

帆布在夹布胶管、输送带及胶布制品中作为其骨架材料大量使用。根据制品强度要求不同，一般采用多层复合使用，所用材料有棉、尼龙、聚酯、维纶等，其常用编织结构如下。

（1）平纹结构　单根经线与单根纬线交织。

（2）牛津式结构　两根经线与一根纬线交织。

（3）直经纱结构　在直经纱骨架层中，经纱呈直线状态承受拉力，在直经纱上、下布置直线纬纱。

（4）紧密编制结构　由经线、纬线复合编织的多层整体结构骨架层，亦称整体带芯结构。

输送带帆布骨架结构示意图见图 8-5 所示。

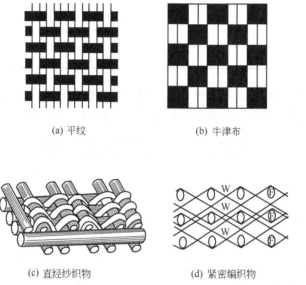

(a) 平纹　　　　　　　　　(b) 牛津布

(c) 直经纱织物　　　　　　(d) 紧密编织物

图 8-5　输送带帆布骨架结构示意图

1. 胶管、胶带用帆布

（1）尼龙、聚酯及其交织布　该布的代号表示如下：NN 为尼龙结构；PN 为聚酯与尼龙交织结构，德国用 E 表示聚酯结构；EP 表示聚酯与尼龙交织结构；其后所带的数字，如 PN200 中，数字 200 表示其纵向拉伸强度。输送带用的浸胶帆布及主要性能见表 8-7。

表 8-7　输送带用 PN200 与 NN300 浸胶帆布及主要性能

性　　能	PN200		NN300	
	111.1tex/3	140.0tex/2	186.7tex/2	186.7tex/1
	经　向	纬　向	经　向	纬　向
拉伸强度/(N/m)	245	88	313.6	73.5
拉断伸长率/%	22	65	23	26
密度/(根/5cm)	61	22.5	65	30

（2）维纶帆布　维纶帆布有纯维纶与混纺两种，维/棉混纺帘布一般不用浸胶处理，但胶料配方要采用黏合体系。维纶帆布采用 RFL 浸胶处理可得到很好

的黏合效果，见表 8-8。

表 8-8 维纶帆布主要性能

性　　能	维/绵（60：40）		维　　纶	
	16tex/5×5		30tex/20×14	
	经向	纬向	经向	纬向
拉伸强度/（N/5cm）	1539	1777	8300	2410
拉断伸长率/%	40.3	24.4	23.4	12.2
密度/（根/10cm）	120	132.8	100	38

（3）棉帆布　胶管胶带的传统骨架材料是棉帆布，但现在正在被合成纤维逐渐替代，在要求不高的产品或特殊制品中仍在使用，见表 8-9。

表 8-9 橡胶工业常用棉帆布及主要性能

性　　能	102②		210②	
	58/9	58/8	28/5	28/5
	经　向	纬　向	经　向	纬　向
拉伸强度/[kN/（5cm×20cm）]①	3.53	1.86	1.57	1.37
拉断伸长率/%	32	11	32	17
密度/（根/10cm）	102	56	157	123

① 5cm×20cm 为测试式样的宽×长。

② 纱线的表示均为：纱号/股数。

2. 轮胎子口布

轮胎胎圈部位使用子口包布，主要采用尼龙布，其纱线为 93.3tex/1 或 140tex/1 单股加捻经纬同密度纺织而成，见表 8-10 所示。

表 8-10 尼龙子口布规格与性能

性　　能	93.3tex/1		140.0tex/1	
	经　向	纬　向	经　向	纬　向
拉伸强度	1058N/15 根	1343N/19 根	1588N/15 根	2009N/19 根
拉断伸长率/%	28	28	28	28
密度/（根/5cm）	33,35,37	33,35,37	31,34	31,34

3. 涂覆制品用布

胶布综合了橡胶与织物布的优点，可做成防雨布、篷盖布、容器布等，见图 8-6。根据制品的需求，聚酯纤维以其强度高、尺寸稳定、耐化学性等优点得到广泛使用。具体织物结构类型有平纹布、席纹布、格子布、针织布、无纺布等。

(a)

(b)

(c)

图 8-6　橡胶涂覆胶布制品

五、金属骨架

在橡胶密封制品中，油封大量使用着环形金属骨架，见图 8-7 所示，减震制品中也使用金属板等骨架材料与橡胶构成复合制品。这些金属骨架以其良好的刚度赋予了橡胶制品稳定的形状尺寸。这些金属板或一定形状的金属冲压件，其表面需另行清洗处理、喷砂、磷化或涂胶黏剂等，这样可以改善橡胶与金属的黏合强度。

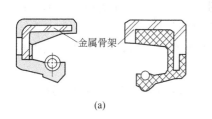

金属骨架

(a)

(b)

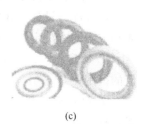
(c)

图 8-7　内、外骨架油封断面结构及产品示意图

主要参考文献

1　于清溪．橡胶原材料手册．北京：化学工业出版社，1995

2　印度橡胶协会编．橡胶工程手册．刘大华等译．北京：中国石化出版社，2002

3　谢遂志，刘登祥，周鸣峦．橡胶工业手册·第一分册·生胶与骨架材料·修订版．北京：化学工业出版社，1989

4　梁守智，钟延壖，张丹秋．橡胶工业手册·第四分册·轮胎、胶带与胶管·修订版．北京：化学工业出版社，1989

5　北京橡胶工业研究所情报室译．橡胶工业化学纤维帘布加工工艺学．北京：化学工业出版社，1978

第九章 橡胶配方设计

所谓橡胶配方设计，就是根据产品的使用性能要求和制造过程中的工艺条件，通过试验、优化、鉴定，合理地选用原材料，确定各种原材料的用量、配比关系。

众所周知，单一的主体材料，不论是天然橡胶或合成橡胶，如不加以适当的配合，就难以加工成型为符合性能要求的制品。任何一种橡胶制品都有它特定的性能要求（使用性能和工艺性能），长期实践表明，只有通过配方设计把生胶与各种配合剂合理地配合起来组成一个多组分体系，并且使每一组分都发挥一定的作用，最终充分发挥整个配方系统的系统效果，才能满足使用和加工的要求。

第一节 橡胶配方设计概述

一、橡胶配方设计的内容

橡胶配方设计是橡胶制品生产过程中的关键环节，它对产品的质量、加工性能和成本均有决定性的影响。橡胶配方设计的内容应包括：

① 确定符合制品工作性能要求的硫化胶的主要性能指标以及这些性能指标值的范围；

② 确定适于现有生产设备和制造工艺所必须的胶料的工艺性能以及这些性能指标的范围；

③ 选择能达到胶料和硫化胶指定性能的主体材料和配合剂，并确定其用量、配比关系。

二、橡胶配方设计的原则

随着科学技术的飞跃发展，现代橡胶配方设计过程已不是各种原材料简单的经验搭配，更不是中国祖传中医的"开方抓药"，而是在充分掌握各种配合原理的基础上，应用高分子材料的各种基本理论，运用各个相关学科的先进技术和理论，了解高分子材料结构与性能的关系，从而发挥整个配方系统的系统效果，确定各种原材料最佳的用量、配比关系。

橡胶配方设计的原则可以概括如下：

① 硫化胶具有指定的技术性能，使产品达到优质；

② 在胶料和产品制造过程中加工工艺性能良好，能使产品达到高产；

③ 在不降低质量的前提下，降低胶料成本，提高劳动生产率，减少加工制造过程中的能耗，以提高企业的经济效益；

④ 所用的生胶、聚合物和各种原材料质量可靠而且有稳定的来源；

⑤ 符合环境保护及卫生要求。

任何一个橡胶配方都不可能使所有的性能都达到最优，但应使制品的性能、成本和工艺可行性三者取得最佳的综合平衡。用最少的物质消耗、最短的时间、最小的工作量，通过科学的配方试验设计方法，掌握原材配合的内在规律，设计出实用的橡胶制品配方。

三、橡胶配方的分类和设计程序

（一）橡胶配方的分类

按照不同的用途橡胶配方可分为如下三种类型。

1. 基础配方（标准配方）

基础配方又称标准配方，一般用于生胶和配合剂的鉴定。当初次使用某种生胶或配合剂时，使用基础配方检验其基本的加工性能和物理性能。基础配方的设计原则是采用传统的配合量，以便和以往的同类材料进行对比；配方应尽可能的简化，仅包括能反映出胶料的基本工艺性能和硫化胶的基本物理性能的基本组分，由这些基本组分组成的胶料，既可反映出胶料的基本工艺性能（如门尼黏度、门尼焦烧等），又可反映出硫化胶的基本物理性能（如硬度、拉伸强度、定伸应力、拉断伸长率等）。可以说，这些基本组分是缺一不可的。不同部门的基础配方往往不同，但同一胶种的基础配方基本上大同小异。

天然橡胶、异戊橡胶、氯丁橡胶等具有自补强能力的结晶型橡胶，基础配方可采用不加补强剂的纯胶配合，而一般合成橡胶的纯胶配合，其强度太低不能反映实用情况，所以要添加补强剂。目前较有代表性的基础配方是以美国材料试验协会（ASTM）作为标准提出的各类橡胶基础配方，见表 9-1～表 9-7。表 9-8～表 9-16 列出了各种合成橡胶的厂标或国标的基础配方。

表 9-1 天然橡胶的基础配方

原材料名称	NBS[①]标准试样编号	质量份	原材料名称	NBS[①]标准试样编号	质量份
天然橡胶		100	防老剂 PBN	377	1
氧化锌	370	5	促进剂 MBTS	373	1
硬脂酸	372	2	硫黄	371	2.5

① NBS 为美国国家标准局缩写。

注：硫化条件：140℃×10min、140℃×20min、140℃×40min、140℃×80min。

表 9-2 丁苯橡胶的基础配方

原材料名称	NBS标准试验编号	非充油 SBR	充油 SBR/份				
			充油量 25	充油量 37.5	充油量 50	充油量 62.5	充油量 75
非充油 SBR		100	—	—	—	—	—
充油 SBR		—	125	137.5	150	162.5	175
氧化锌	370	3	3.75	4.12	4.5	4.88	5.25

原材料名称	NBS标准试验编号	非充油SBR	充油SBR/份				
			充油量25	充油量37.5	充油量50	充油量62.5	充油量75
硬脂酸	372	1	1.25	1.38	1.5	1.63	1.75
硫黄	371	1.75	2.19	2.42	2.63	2.85	3.06
炉法炭黑	378	50	62.50	68.75	75	81.25	87.5
促进剂 NS[①]	384	1	1.25	1.38	1.5	1.63	1.75

① 为 N-叔丁基-2-苯并噻唑次磺酰胺。

注：硫化条件：145℃×25min、145℃×35min、145℃×50min。

表 9-3　异戊橡胶的基础配方[①]

原材料名称	NBS编号	HAF 炭黑配方/份	原材料名称	NBS编号	HAF 炭黑配方/份
异戊橡胶		100	硬脂酸	372	2
氧化锌	370	5	促进剂 NS	384	0.7
硫黄	371	2.25	HAF 炭黑	378	35

① 纯胶配方采用天然橡胶基本配方。

注：硫化条件：135℃×20min、135℃×30min、135℃×40min、135℃×60min。

表 9-4　丁基橡胶的基础配方[①]

原材料名称	NBS标准试样编号	纯胶配方/份	槽黑配方/份	HAF 配方/份
丁基胶		100	100	100
氧化锌	370	5	5	3
硫黄	371	2	2	1.75
硬脂酸	372	—[①]	3	1
促进剂 DM	373	—	0.5	—
促进剂 TMTD	374	1	1	1
槽法炭黑	375	—	50	—
HAF 炭黑	378	—	—	50

① 生产中可使用硬脂酸锌，因此纯胶中不使用硬脂酸。

注：硫化条件：150℃×25min、150℃×50min、150℃×100min；150℃×20min、150℃×40min、150℃×80min。

表 9-5　丁腈橡胶的基础配方

原材料名称	NBS编号	瓦斯炭黑配方/份	原材料名称	NBS编号	瓦斯炭黑配方/份
丁腈橡胶		100	硬脂酸	372	1
氧化锌	370	5	促进剂 DM	373	1
硫黄	371	1.5	天然气炭黑	382	40

注：硫化条件：150℃×10min、150℃×20min、150℃×40min、150℃×80min。

表 9-6　顺丁橡胶的基础配方

原材料名称	NBS编号	HAF 炭黑配方/份	原材料名称	NBS编号	HAF 炭黑配方/份
顺丁橡胶		100	促进剂 NS	384	0.9
氧化锌	370	3	HAF 炭黑	378	60
硫黄	371	1.5	ASTM型103油		15
硬脂酸	372	2			

注：硫化条件：145℃×25min、145℃×35min、145℃×50min。

表 9-7 异戊橡胶的基础配方①

原材料名称	NBS 编号	HAF 炭黑配方/份	原材料名称	NBS 编号	HAF 炭黑配方/份
异戊橡胶		100	硬脂酸	372	2
氧化锌	370	5	促进剂 NS	384	0.7
硫黄	371	2.25	HAF 炭黑	378	35

① 纯胶配方采用天然橡胶基本配方。

注：硫化条件：135℃×20min、135℃×30min、135℃×40min、135℃×60min。

表 9-8 三元乙丙橡胶的基础配方

原材料名称	质 量 份	原材料名称	质 量 份
三元乙丙橡胶	100	促进剂 TMTD	1.5
氧化锌	5	硫黄	1.5
硬脂酸	1	HAF 炭黑	50
促进剂 MBT	0.5	环烷油	15

注：硫化条件：第三单体为 DCPD 时，160℃×30min、160℃×40min；第三单体为 ENB 时，160℃×10min、160℃×20min。

表 9-9 氯磺化聚乙烯的基础配方

原材料名称	炭黑配方/份	白色配方/份	原材料名称	炭黑配方/份	白色配方/份
氯磺化聚乙烯	100	100	促进剂 DPTT	2	2
SRF 炭黑	40	—	二氧化钛	—	3.5
一氧化铅	25	—	碳酸钙	—	50
活性氧化镁	—	4	季戊四醇	—	3
促进剂 MBTS	0.5	—			

注：硫化条件：153℃×30min、153℃×40min、153℃×50min。

表 9-10 氯化丁基橡胶的基础配方

原材料名称	质 量 份	原材料名称	质 量 份
氯化丁基橡胶	100	促进剂 DM	2
HAF 炭黑	50	氧化锌	3
硬脂酸	1	氧化镁	2
促进剂 TMTD	1		

注：硫化条件：153℃×30min、153℃×40min、153℃×50min。

表 9-11 聚硫橡胶的基础配方

原材料名称	ST 配方/份	FA 配方①/份	原材料名称	ST 配方/份	FA 配方①/份
聚硫橡胶	100	100	氧化锌	—	10
SRF 炭黑	60	60	促进剂 DM	—	0.3
硬脂酸	1	0.5	促进剂 DPG	—	0.1
过氧化锌	6	—			

① 聚硫橡胶 ST 不用塑化即可包辊，而 FA 必须通过添加促进剂在混炼前用开炼机薄通，进行化学塑解而塑化。

注：硫化条件：150℃×30min、150℃×40min、150℃×50min。

表 9-12　聚丙烯酸酯橡胶的基础配方

原材料名称	质 量 份	原材料名称	质 量 份
聚丙烯酸酯橡胶	100	硬脂酸钠	1.75
防老剂 RD	1	硬脂酸钾	0.75
FEF 炭黑	60	硫黄	0.25

注：硫化条件：一段硫化 166℃×10min；两段硫化 180℃×8h。

表 9-13　硅橡胶的基础配方

原材料名称	质 量 份
硅橡胶	100
硫化剂 BPO	0.35

注：硫化条件：一段硫化 125℃×5min；两段硫化 250℃×24h。硅橡胶配方，一般需添加填充剂。硫化剂的用量可根据填充剂用量不同而变化，硫化剂多用易分散的浓度为 50% 的膏状物。

表 9-14　混炼型聚氨酯橡胶基础配方

原材料名称	质 量 份	原材料名称	质 量 份
聚氨酯橡胶[①]	100	促进剂 MBT	1～2
HAF 炭黑	30	硫黄	0.75～1.5
古马隆树脂	0～15	促进剂 Caytu64[②]	0.35～1
促进剂 DM	4	硬脂酸镉	0.5

① 选择 Elastothane625 或 Adiprene，CM 牌号。

② 促进剂 DM 与氯化锌的复合物。

注：硫化条件：153℃×40min，153℃×60min。

表 9-15　氟橡胶的基础配方

原材料名称	质 量 份	原材料名称	质 量 份
氟橡胶（Viton B）	100	中粒子热裂法炭黑	20
氧化镁[①]	15	硫化剂 Diak 3#[②]	2.5

① 要求耐水时用 11 份氧化钙代替氧化镁。

② N, N'-二亚肉桂基-1,6-己二胺。

注：硫化条件：一段硫化，150℃×3min；两段硫化，250℃×24h。

表 9-16　氯醇橡胶基础配方

原材料名称	质 量 份	原材料名称	质 量 份
氯醇橡胶	100	铅丹	1.5
硬脂酸铅	2	防老剂 NBC	2
FEF 炭黑	30		

注：硫化条件：(150～160)℃×30min、(150～160)℃×40min、(150～160)℃×50min。

　　ASTM 规定的标准配方和合成橡胶厂提出的基础配方是很有参考价值的。在设计基础配方时，最好是参考上述基础配方，并根据本单位的具体情况，以本单位积累的经验数据为基础，同时分析同类产品和类似产品现行生产配方的优缺点来设计基础配方。

2. 性能配方（技术配方）

为达到某种性能要求而进行的配方设计，其目的是为了满足产品的性能要求和加工工艺要求，提高某种特性等。性能配方应在基础配方的基础上，全面考虑各种性能的搭配，以满足制品使用条件的要求为准。通常配方设计人员在试验室进行产品研发时所做的试验配方就属于性能配方，性能配方是配方设计者用得最多的一种配方。

3. 实用配方（生产配方）

实用配方又称生产配方，由于在试验室条件下研制的性能配方，在投入生产时往往会出现一些工艺上的问题，如混炼时配合剂的分散性不好、胶料的焦烧时间短、挤出时口型膨胀大、压延粘辊等。因此，从试验室里研制出来的性能配方，必须经过现场生产设备和生产工艺条件的考核，这就是通常所说的扩试，只有通过扩试没有问题的橡胶配方，才能正式投产。如果扩试中存在加工工艺问题，就需要在不改变硫化胶基本性能的条件下，进一步调整配方以改善胶料的工艺性能。在某些情况下不得不采取稍稍降低物理性能和使用性能的方法来调整胶料的工艺性能，也就是说在物理性能、使用性能和工艺性能之间进行折中，以期获得有实用价值的综合性能较好的实用橡胶配方。胶料的工艺性能，有时不只是取决于胶料配方，还和工厂的技术发展条件有密切关系，由于生产装备技术和生产工艺的不断完善，会扩大胶料的适应性，例如准确的温度控制以及自动化连续生产过程的建立，就使人们可能对以前认为工艺性能不理想的胶料进行加工了。但是无论装备和工艺如何先进，在研究和应用某一配方时，都必须考虑到具体的生产条件和现行的工艺要求。换言之，配方设计者不仅要对成品的质量负责，同时也要充分考虑到现有条件下，配方在各生产工序中的适用性。

（二）实用配方的设计程序

实用配方是在基础配方和性能配方的基础上，结合实际生产条件所设计的实用投产配方。最后选出的实用配方应能够满足工业化生产条件，使产品的性能、成本和长期连续工业化生产工艺达到最佳的综合平衡。

由上述要求可见，实用配方设计绝不是祖传中医的"开方抓药"，也不仅仅局限于试验室的试验研究，而是包括如下几个研究阶段。

1. 调查研究阶段

包括向用户了解产品的使用条件、使用寿命等技术要求，并对其工作条件和受力情况进行分析；掌握生产现场的设备和工艺方法，并对工艺条件进行分析。查找文献资料，对同类产品和近似产品所用的配方原材料和工艺方法进行分析。

2. 制定试验计划阶段

在掌握了用户、生产现场第一手资料和文献调研的基础上，确定产品的物理性能、使用性能和胶料工艺性能的性能指标范围，特别是那些关键的性能指标。据此制定试验室条件下连续改进的配方试验计划，建议此时最好选用适宜的试验设计法（如回归试验设计法、正交试验设计法）和计算机辅助设计（CAD）。

3. 试验室试验阶段

在试验室条件下，对计划中试验配方按确定的性能项目进行试验，并从中选出最优化的配方进行扩试。

4. 扩试阶段

在生产或中间生产的条件下进行扩试，制备胶料进行工艺性能和物理性能试验。

5. 产品试验阶段

用扩试的胶料做出试制品，并按照规定的产品标准和技术条件进行产品的模拟试验或使用试验。

根据上述各个试验阶段所得到的试验数据，就可以选定最后的生产配方。如不能满足要求，则应继续进行试验研究，直到取得合乎要求的指标时为止。

实用配方的设计程序，可用图 9-1 的流程表示。

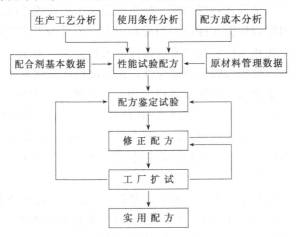

图 9-1 实用配方设计程序

四、橡胶配方的组成和表示方法

（一）橡胶配方的组成

简言之，橡胶配方就是一份表示生胶、聚合物和各种配合剂用量的配比表。一个完整的橡胶配方应包括如下组分：①主体材料（如天然橡胶、合成橡胶、橡胶与树脂共混等）；②硫化体系（硫化剂、硫化促进剂、活性剂等）；③防护体系（各种防老剂、稳定剂等）；④补强与填充体系；⑤增塑体系（如各种软化剂、增塑剂、操作助剂等）；⑥特种性能体系（如防焦剂、塑解剂、分散剂、增容剂、增硬剂、增黏剂、防黏剂、润滑剂、离模剂、消泡剂、增量剂、抗静电剂、阻燃剂、改性剂、发泡剂、着色剂、除臭剂等）。生产配方除了原材料用量的配比表之外，还包含更详细的内容，例如胶料的名称及代号、胶料的用途、含胶率、胶料的密度、体积成本或质量成本、胶料的工艺性能和硫化胶的物理性能等。

（二）橡胶配方的表示方法

同一个橡胶配方，根据不同的需要可以用四种不同的形式来表示，见表9-17。

表 9-17　橡胶配方的表示形式

原材料	基本配方/份	配方（质量分数）/%	配方（体积分数）/%	生产配方/kg
天然橡胶	100	62.11	76.70	50
硫黄	3	1.86	1.03	1.5
促进剂 M	1	0.62	0.50	0.5
氧化锌	5	3.11	0.63	2.5
硬脂酸	2	1.24	1.54	1
炭黑	50	31.06	19.60	25
合计	161	100.00	100.00	80.5

1. 基本配方

以质量表示的配方，即以生胶的质量为 100 份，其他配合剂用量都以相应的质量份表示，这种配方就是通常所说的基本配方，是最常见的一种橡胶配方表示形式。

2. 质量分数配方

以质量分数来表示的配方，即以胶料的总质量为 100%，生胶和各种配合剂都以相应的质量分数来表示。这种配方可以直接从基本配方导出。例如表 9-17 中天然橡胶和硫黄的质量分数分别为

$$天然橡胶 = \frac{100}{161} \times 100\% = 62.11\%$$

$$硫黄 = \frac{3}{161} \times 100\% = 1.86\%$$

3. 体积分数配方

以体积分数表示的配方，即以胶料的总体积为 100%，生胶及各种配合剂都以相应的体积分数表示。这种配方也可从基本配方导出，其算法是将基本配方中生胶及各种配合剂的质量分别除以各自的密度，求出它们各自的体积，然后以胶料的总体积为 100%，再分别求出它们各自相应的体积分数。体积分数配方计算示例见表 9-18。

表 9-18　体积分数配方计算示例

原材料	基本配方/g	密度/(g/cm³)	体积/cm³	配方(体积分数)/%
天然橡胶	100.00	0.92	108.70	76.70
硫黄	3.00	2.05	1.46	1.03
促进剂 M	1.00	1.42	0.70	0.50
氧化锌	5.00	5.57	0.90	0.63
硬脂酸	2.00	0.92	2.18	1.54
炭黑	50.00	1.80	27.78	19.60
合计	161.00		141.72	100.00

注：这种配方形式常用于按体积计算成本。

4. 生产配方

符合生产要求的质量配方称为生产配方。生产配方的总质量通常等于炼胶机的实际容量，例如使用开炼机混炼时，炼胶机的容量（装胶量）Q，用下列经验公式 计算。

$$Q = Dlrk \tag{9-1}$$

式中　Q——炼胶机装胶量，kg；

　　　D——辊筒直径，cm；

　　　l——辊筒长度，cm；

　　　r——胶料相对密度；

　　　k——系数（0.0065~0.0085）。

Q 除以基本配方总质量即得换算系数 α。

$$\alpha = \frac{Q}{\text{基本配方总质量}} \tag{9-2}$$

用换算系数 α 乘以基本配方中各组分的质量，即可得到生产配方中各组分的实际用量。例如表 9-17 中生产配方的总质量为（即装胶量 Q）80.5kg，基本配方总质量为 161g，则

$$\alpha = \frac{80.5 \times 1000}{161} = 500$$

天然橡胶的实际用量＝0.1×500＝50kg。其他组分的实际用量也依此类推。

在实际生产中，有些配合剂往往以母炼胶或膏剂的形式进行混炼，此时配方则应进行换算，例如现有如下基本配方（份）：

NR	100.00	硬脂酸	3.00
硫黄	2.75	防老剂 RD	1.00
促进剂 M	0.75	炭黑（N330）	45.00
氧化锌	5.00	合计	157.50

若其中促进剂 M 以母炼胶的形式加入，则 M 母炼胶的基本配方（份）为：

NR	90.00
促进剂 M	10.00
合计	100.00

上述 M 母炼胶配方中 M 的含量为母炼胶质量的 1/10，而原配方中 M 用量为 0.75 份，所需 M 母炼胶为 x：

$$\frac{1}{10} = \frac{0.75}{x}$$

$x = 7.5$，即 7.5 份的 M 母炼胶中含有促进剂 M0.75 份，其余 6.75 份为 NR，因此原基本配方（份）应作如下修改。

NR	93.25	硬脂酸	3.00
硫黄	2.75	防老剂 RD	1.00
M 母炼胶	7.50	炭黑（N330）	45.00
氧化锌	5.00	合计	157.50

五、橡胶配方性能的检测

一个配方设计是否合理，必须通过各种测试数据才能做出判断和鉴定。常规的橡胶配方性能测试包括：胶料（未硫化橡胶）加工性能和硫化橡胶性能的测试，现将这些性能测试项目简介如下。

（一）未硫化橡胶加工性能的试验

1. 配合剂在混炼胶中分散度的检测

橡胶配方中各种配合剂在混炼胶中是否分散均匀是影响硫化胶质量的重要因素之一，是橡胶工艺技术人员多年来一直关注的问题，特别是对炭黑的分散自 1930 年以来，先后提出了许多分散度测试方法，其中有的方法目前已日臻实用化。分散度测定的方法可分为直接法和间接法两种。

（1）直接测定分散度的方法　以切割、拉伸、撕裂等方式制得胶料或硫化胶的新鲜断面，然后再借助仪器来观察断面中配合剂（特别是炭黑和填料）的分散度。分散度的直接测试法有：①ASTM（美国材料试验协会）D2663 标准（A 法——肉眼判断法，B 法——凝聚块计数）；②显微照相法（R-S 法，GB 6030）；③采用分视野反射光显微镜的分散度计，此法可以快速而准确地测定出炭黑的分散度等级，是当前使用效果较好的仪器；④汞针式表面粗糙度测定仪。

（2）间接测定分散度的方法　间接法是使用特定的仪器对试样进行某些物理性能的测定，其测定结果往往要与直接测定分散度结果相对照，是一种非直观的方法。方法有电阻法、电导法、超声波法、微波法以及精确密度测定法等。

2. 生胶、混炼胶的流变性能

影响橡胶加工性能的主要因素是胶料的黏度和弹性，因此高分子材料流变学是橡胶加工性能的理论基础，理解橡胶的流变性能，掌握其试验方法，对评价和研究橡胶的加工性能，了解橡胶分子的结构参数、配方设计、工艺条件与加工性能之间的关系都有重要意义。

（1）可塑度测试　它是采用压缩的方式测定胶料流变性的一种试验方法。常用的仪器有威氏塑性计、德弗塑性计和快速塑性计三种，主要用于工厂快检。上述三种塑性计中以快速塑性计较为先进，其全部测试仅需 40s，比威氏塑性计提高效率 9 倍，可适应工艺高速化的需要。其试验方法按 GB 3510。

（2）门尼黏度测试　这是以转动的方式测定胶料流变性的一种试验方法，把生胶或胶料填充在模腔与转子之间，在一定的试验温度下，通过测定转子在转动过程中转动力矩的大小来表征生胶或胶料的流动性。门尼黏度用 ML(1+4)100℃ 表示：其中 M 为门尼黏度值；L 为大转子；1 表示预热时间为 1min；4 表示转子转动时间为 4min；100℃为试验温度。目前门尼黏度已成为各种生胶和胶料的主要工艺参数，广泛用于橡胶工业的科学研究和生产工艺控制。与压缩型的塑性计相比，门尼黏度计的切变速率高一些，更接近实际工艺条件（压缩型塑性计的切变速率在 $0.1\sim1.0s^{-1}$ 之间，门尼黏度计的切变速率为 $1.6s^{-1}$），而且试样简单，测试的精确度较好，并可自动记录、打印和绘图。门尼黏度的试验方法按 GB 1232 中的规定。

（3）门尼焦烧的测试　在一定的交联密度范围内，胶料的交联密度随硫化时间的延长而增大，同时胶料的黏度也随之升高，因此可用门尼黏度值变化来反映胶料早期硫化的情况，用门尼黏度计来测定胶料的焦烧时间和硫化指数。国家标准 GB 1233 规定：当用大转子转动的门尼黏度值下降到最低点后再转入上升 5 个门尼黏度值所对应的时间，即为焦烧时间（t_5）。从最低门尼黏度值上升 35 个门尼黏度值所对应的时间为 t_{35}。硫化指数 $\Delta t_{30}=t_{35}-t_5$（用大转子试验时）。硫化指数可以表征胶料的硫化速度：硫化指数小，表示硫化速度快；硫化指数大，则表示硫化速度慢。

（4）应力松弛加工性能试验　作为塑性计和门尼黏度测试结果的补充，这种试验能测定应力松弛，还能测定弹性复原性。因为橡胶加工与"弹性记忆"效应或应力松弛效应有关，所以用应力松弛加工性能试验，对进一步了解胶料的工艺性能、正确地评估胶料的加工性能更为有利。常用的仪器有压缩型应力松弛加工性能试验机、锥形转子应力松弛加工性能试验机、动态应力松弛试验机等。

（5）胶料的流变性和口型膨胀的测试　采用毛细管挤出的方法来测量胶料的黏度与切变速率、切变应力、温度的关系，以及试验材料的挤出口型膨胀等。通过试验可以测定聚合物或胶料的表观黏度、剪切应力、剪切速率、口型膨胀、熔体断裂等流变行为，对了解和评价胶料的加工性能十分重要。常用的仪器有各种类型的毛细管流变仪。

（6）胶料加工综合性能的测试　用同一种仪器可以测出胶料多方面的工艺性能，如密炼机混炼时的转矩-时间曲线，还可进行挤出试验等。布拉本达（Brabender）塑性仪是这类测试仪器中的典型代表。

（7）胶料硫化特性的测试 通过硫化仪可以了解整个硫化历程和胶料在硫化过程中的主要特性参数，如初始黏度、焦烧时间、正硫化时间、硫化速度、硫化平坦期、过硫化状态以及达到某一硫化程度所需要的时间等，能直观地描绘出整个硫化过程的硫化曲线。是目前橡胶工业中科研与生产均不可或缺的测试手段。硫化仪的型号很多，大体上可分为有转子硫化仪和无转子硫化仪，无转子硫化仪具有测试精度高等一系列优点，是今后硫化仪发展的主要趋势。

（二）硫化橡胶性能的测试

1. 硫化橡胶力学性能测试

（1）硫化橡胶拉伸性能测试 硫化橡胶的拉伸性能包括：拉伸强度、定伸应力、定应力伸长率、拉断伸长率、拉伸永久变形。这些性能都是橡胶材料最基本的力学性能，是鉴定硫化橡胶物理性能的重要项目。拉伸性能试验是在各种形式的拉力试验机上进行的，试验方法按 GB 528 中的规定。

（2）撕裂强度的测试 撕裂强度是试样被撕裂时单位厚度所承受的负荷。我国采用的撕裂试验方法有两种，即直角形撕裂试验（GB 530）和圆弧形撕裂试验（GB 529）。前者是把直角形试样在拉力机上以一定的速度连续拉伸直到撕裂时单位厚度所承受的负荷；后者是在圆弧形试样上割一定深度的口，将试样夹在拉力试验机上，以一定的速度连续拉伸到撕裂时单位厚度所承受的负荷。

（3）硬度的测试 硫化橡胶硬度试验是测定硫化橡胶试样在外力作用下，抵抗压针压入的能力。目前普遍采用两种硬度试验方法：一种是邵尔 A 硬度；另一种是国际橡胶硬度（IRHD）。邵尔 A 硬度和国际橡胶硬度的相关性较好，两者的硬度值基本相同。国际橡胶硬度计分常规型、微型和袖珍型三种，适用范围为 10～100IRHD。目前我国已等效采用了国际橡胶硬度的国际标准（ISO 48），制定了相应的 IRHD 国家标准：GB 6031（常规试验法 30～85 IRHD）、GB 6032（微型试验法 30～85IRHD）、GB 11204（袖珍硬度计法 30～90IRHD）、GB 9866（低硬度 10～35IRHD）以及 GB 11207（高硬度 85～100IRHD）。除上两种常用的硬度试验之外，还有专门用于测量海绵橡胶硬度的海绵橡胶硬度计。

（4）压缩变形的测试 压缩变形试验包括恒定形变压缩永久变形试验和静压缩试验。通过压缩变形试验可判断硫化胶的硫化状态，了解硫化橡胶制品抵抗静压缩应力和剪切应力的能力。试验方法按 GB 1683 中的规定。

（5）硫化橡胶摩擦与磨耗性能测试 橡胶的摩擦与磨耗性能是动态条件下使用的橡胶制品（如轮胎、输送带、胶鞋、动态密封件等）极为重要的技术指标，因此其性能测试对橡胶配方设计关系密切。

① 橡胶的摩擦性能及测试 橡胶的摩擦性能比其他工程材料都复杂得多，其

影响因素很多，除温度、压力、速度、表面状态、橡胶的弹性模量等因素之外，还涉及到许多橡胶微观结构方面的问题，因此其摩擦系数的测试相当困难，至今也未列入标准。

② 硫化橡胶磨耗的测试　磨耗试验所用仪器很多，其中常用的有：①阿克隆磨耗试验机，试验按 GB 1689 进行；②DIN 磨耗试验机（邵坡尔磨耗试验机）。国际标化组织（ISO）已将 DIN 磨耗试验机的试验方法列入国际标准（ISO 4649），我国也以旋转辊筒式磨耗机法制定了国家标准（GB 9867）。

（6）疲劳破坏性能的测试　模拟橡胶制品在使用过程中的主要工作条件，从而定量地测出该制品的耐疲劳破坏性能。试验结果常以疲劳寿命表征。硫化橡胶的疲劳性试验方法有如下几种。

① 硫化橡胶抗屈挠龟裂试验　测定硫化橡胶经受多次屈挠而产生裂口时的屈挠次数或用割口扩展法测定一定屈挠次数时割口扩展的长度。

② 硫化橡胶伸张疲劳试验　测定在反复拉伸变形下，试样产生裂口或断裂所需的次数。试验按 GB 1688 中的规定进行。

③ 压缩屈挠试验　在恒定的应力作用下以一定的振幅和频率压缩试样，测定试样的升温速度和永久变形。试验按 GB 1687 中的规定进行。

2. 硫化橡胶黏弹性能试验

（1）静态黏弹性能试验

① 回弹性（冲击弹性）试验　描述橡胶在受到冲击变形时保持其力学性能的一个指标。力学性能损失小的橡胶回弹性大，反之回弹性则小。使用的仪器是各种回弹性试验机，试验按 GB 1681 中的规定进行。

② 蠕变试验　在应力恒定不变的条件下，试样的形变随时间延长而逐渐增大，反映胶料塑性变形的大小。测试的仪器有压缩型、拉伸型和剪切型蠕变试验仪。试验可参照 ISO/DIS 8013。

③ 应力松弛试验　试样在固定的应变条件下，应力随时间延长而逐渐减小。通过应力松弛试验可以测定某些橡胶密封制品的密封能力、评价橡胶材料的耐老化性能、估算产品的使用寿命等，试验仪器用压缩应力松弛仪和拉伸应力松弛仪，试验方法按 GB 1685 和 GB 9871 中的规定进行。

④ 有效弹性和滞后损失的测试　硫化橡胶伸长时的有效弹性是将试样在拉力机上拉伸到一定的长度，然后测量试样收缩时恢复的功与伸长时所消耗的功之比；滞后损失是测量试样拉伸后收缩时所损失的功与伸长时所消耗的功之比。试验方法按 GB 1686 中的规定进行。

（2）动态黏弹性能试验　测定橡胶试样在周期性外力作用下，动态模量、损耗因子（$\tan\delta$）的大小。这是一种最有效的动态黏弹性试验方法，其测试结果可直接用作工程参数。测试仪器有各种动态模量仪、黏弹谱仪等。

3. 硫化橡胶的老化性能测试

硫化橡胶的老化性能试验包括：热空气老化、臭氧老化、吸氧老化、自然老化、人工天候老化、湿热老化、光臭氧老化等，视制品的工作条件选择相应的老化试验项目。

4. 硫化橡胶低温性能测试

常用的低温性能试验项目有：脆性温度、耐寒系数、吉门扭转、玻璃化温度和温度-回缩试验（TR试验）等，上述低温性能试验分别按 GB 1682、GB 6034、GB 6035、GB 6036、GB 7758 中的规定进行。

5. 硫化橡胶热性能试验

包括热导率、比热容、线膨胀系数、分解温度、马丁耐热性和维卡耐热性等。

6. 硫化橡胶阻燃性能试验

测量硫化橡胶的氧指数、燃烧速度、燃烧时间、烟密度等，以表征材料的难燃程度和阻燃性。试验按 GB 2406、GB 8624 中的规定进行。

7. 硫化橡胶耐介质性能试验

试验介质包括：各种油类；有机溶剂、无机酸、碱、盐溶液；黏性介质（各种润滑质）；气体介质等。试验按 GB 1690 中的规定进行。

8. 硫化橡胶电性能试验

试验项目有：绝缘电阻率、介电常数、介电损耗角正切、击穿电压强度以及导电性和抗静电性等。

9. 硫化橡胶的扩散和渗透性能试验

包括透气性（GB 7755、GB 7756）、透湿性、透水性（GB 1037）和真空放气率的测试。

10. 硫化橡胶粘接性能试验

在粘接性能试验中，主要是测定橡胶与金属、橡胶与帘线、橡胶与钢丝、橡胶与织物的粘接性。试验项目包括：橡胶与金属的黏合强度（GB 11211）、橡胶与金属粘接的剪切强度（HG 4-853）；橡胶与金属粘接的剥离强度（HG 4-854、ISO 831、ASTM D1876）；橡胶织物帘线的黏着强度（H抽出法 GB 2942）、橡胶与单根钢丝的黏合强度（抽出法，GB 3513）；橡胶与织物的剥离黏附强度（GB 532）。

（三）橡胶配方试验的一般要求

试样制备应严格的按 GB 6038 中的规定执行。试样的贮存期、调节期和试验条件按 GB 2941 中的规定进行。试验数据的处理按 GB 527 中的规定进行。

第二节　橡胶配方设计与性能的关系

实践表明，橡胶配方设计与硫化橡胶的物理性能、制品的使用性能、胶料的加工工艺性能有密切关系，不同的配合体系会造就性能各异的橡胶制品，因此研究各配合体系与各种性能的相关性，进而掌握其配合特点，就成为橡胶配方设计人员的主要任务。

一、橡胶配方设计与硫化橡胶物理性能的关系

（一）拉伸强度

拉伸强度表征硫化橡胶能够抵抗拉伸破坏的极限能力。橡胶工业普遍用拉伸强度指标来控制硫化橡胶的内在质量。虽然绝大多数橡胶制品在使用条件下，不会发生比原来长度大几倍的形变，但许多橡胶制品的实际使用寿命与拉伸强度有较好的相关性。

虽然迄今为止，弹性体断裂的分子机理并未彻底阐明，但是以下两点是清楚的：一是断裂前在大的形变和应力下发生的取向过程起着重要作用；二是真实的断裂过程总是在试样有微观缺陷的地方开始，这些微观缺陷是产生最初裂缝的发源地。

高聚物拉伸断裂时主要有以下两种方式：一是在外力大于分子间的相互作用力时，会产生分子间的滑动而使材料开裂破坏，这种破坏称为分子间的破坏，拉伸强度随分子量的增高而增大；二是当分子量足够大时，分子间的次键力之和已大于主键的化学键结合力，此时在外力作用下，分子间未能产生滑动之前，化学键已遭破坏，这种破坏属于分子内破坏。

总之，研究高聚物断裂强度的结果表明，大分子的主价键、分子间的作用力（次价键）以及大分子链的柔性、松弛过程等是决定高聚物拉伸强度的内在因素。

下面从各个配合体系来讨论提高拉伸强度的方法。

1. 橡胶结构与拉伸强度的关系

分子量小，分子间的次价键较少，分子间的作用力也小，易产生分子间的滑动，从而造成开裂破坏。因此拉伸强度一般随分子量增加而增大，但分子量过大时，会出现主价键断裂造成分子内破坏。说明分子量对拉伸强度的影响有一定的限度。根据实际应用结果，建议采用相对分子质量为 $(3.0 \sim 3.5) \times 10^5$ 的生胶，对保证较高的拉伸强度有利。

分子量分布 $(\overline{M_w}/\overline{M_n})$ 的影响，主要是低聚物部分的影响，低聚物部分含量大，拉伸强度则降低。如果分子量分布虽然很宽，但低聚物部分的聚合度都大于其临界聚合度时，则分子量分布对拉伸强度的影响就较小。一般情况下，当分子量相同时，分子量分布较窄的拉伸强度比分布宽的大。建议采用 $\overline{M_w}/\overline{M_n}$ 为 2.5~3的生胶。

主链上有极性取代基时，会使分子间的作用力增加，拉伸强度也随之提高。例如丁腈橡胶随丙烯腈含量增加，拉伸强度随之增大。

随结晶度提高，分子链排列会更加紧密有序，使孔隙率和微观缺陷减少，分

子间作用力增强，大分子链段运动较为困难，从而使拉伸强度提高。橡胶分子链取向后，与分子链平行方向的拉伸强度增加，而与分子链垂直方向的强度下降。因为前者拉伸破坏需克服牢固的化学键能（主价键力），而后者只要克服分子间的范德瓦尔斯力（次价键力）就足够了。另外在取向过程中能消除某些微观缺陷（如空穴等），导致拉伸强度提高。

橡胶的微观结构对硫化橡胶的拉伸强度也有影响，随相同链节分布有规程度提高，橡胶大分子的柔顺性以及在拉伸和结晶时的定向性提高，导致内聚力提高，从而使硫化胶的拉伸强度提高。聚合过程中产生的支化度和凝胶颗粒会使大分子排列不规整，拉伸时容易造成裂缝，致使拉伸强度降低。

2. 硫化体系与拉伸强度的关系

对软质硫化橡胶而言，一般交联密度增加拉伸强度增大，并出现一个极大值，然后随交联密度的进一步增加，拉伸强度急剧下降。这一事实表明：欲获得较高的拉伸强度必须使交联密度适度，即交联剂的用量要适宜。

交联键类型与硫化橡胶拉伸强度的关系，按下列顺序递减：离子键＞多硫键＞双硫键＞单硫键＞碳-碳键。拉伸强度随交联键键能增加而减小，因为键能较小的弱键，在应力状态下能起到释放应力的作用，减轻应力集中的程度，使交联网链能均匀地承受较大的应力。另外，对于能产生拉伸结晶的橡胶而言，弱键的早期断裂，还有利于主链的结晶取向。因此具有弱键的硫化胶网络会表现出较高的拉伸强度。综上所述，欲通过硫化体系提高拉伸强度时，应采用硫黄-促进剂的传统硫化体系，促进剂选择噻唑类与胍类并用（如 M/D 并用）并适当提高硫黄用量。

3. 补强填充体系与拉伸强度的关系

总地来说，补强剂的补强作用取决于它的粒径、表面活性和结构度。但补强剂对不同橡胶的拉伸强度的影响，其变化规律也不尽相同。补强剂的最佳用量与补强剂的性质、胶种以及配方中的其他组分有关：例如炭黑的粒径越小，表面活性越大，达到最大拉伸强度时的用量趋于减少；胶料配方中含有软化剂时，炭黑的用量比未添加软化剂的要大一些。一般情况下，软质橡胶的炭黑用量在40～60份时，硫化胶的拉伸强度较好。

4. 增塑体系与拉伸强度的关系

总地来说，软化剂用量超过 5 份时，就会使硫化胶的拉伸强度降低。软化剂对拉伸强度的影响程度与软化剂的种类、用量以及胶种有关。对非极性的不饱和橡胶（如 NR、IR、SBR、BR），芳烃油对其硫化胶的拉伸强度影响较小；石蜡油对它则有不良的影响；环烷油的影响介于两者之间。对不饱和度很低的非极性橡胶如 EPDM、IIR，最好使用不饱和度低的石蜡油和环烷油。对极性不饱和橡胶（如 NBR，CR），最好采用酯类和芳烃油软化剂。其用量根据配方中的填料用量和硬度要求来加以调整。

为提高硫化胶的拉伸强度，选用古马隆树脂、苯乙烯-茚树脂、高分子低聚物以及高黏度的油更有利一些。

5. 提高硫化胶拉伸强度的其他方法

（1）橡胶和某些树脂共混改性　例如 NR/PE 共混、NBR/PVC 共混、EPDM/PP 共混等均可提高共混胶的拉伸强度。

（2）橡胶的化学改性　通过改性剂在橡胶分子之间或橡胶与填料之间生成化学键和吸附键，以提高硫化胶的拉伸强度。

（3）填料表面改性　使用表面活性、偶联剂对填料表面进行处理，以改善填料与橡胶大分子间的界面亲和力，不仅有助于填料的分散，而且可以改善硫化胶的力学性能。

（二）定伸应力和硬度

定伸应力和硬度都是表征硫化橡胶刚度的重要指标，两者均表征硫化胶产生一定形变所需要的力。定伸应力与较大的拉伸形变有关，而硬度与较小的压缩形变有关。两者的相关性较好，各种因素对其影响的变化规律基本上一致，所以将两者放在一起讨论。下面所谈及的定伸应力情况也适用于硬度。

1. 橡胶分子结构与定伸应力的关系

按照 Flory 硫化胶网络结构理论，橡胶分子量越大，游离末端越少，有效链数越多，定伸应力也越大。

随分子量分布的加宽（$\overline{M_w}/\overline{M_n}$ 增加），硫化胶的定伸应力和硬度均下降。因为分子量分布较宽时，低分子量组分增加，游离末端效应加强，导致定伸应力降低。

凡是能增加橡胶大分子间作用力的结构因素，都可以提高硫化胶网络抵抗变形的能力，使定伸应力提高。例如橡胶大分子主链上带有极性原子或极性基团、结晶型橡胶等结构因素使分子间作用力增加，因此其定伸应力较高。

2. 硫化体系与定伸应力的关系

交联密度对定伸应力的影响较为显著。随交联密度增大，定伸应力和硬度几乎呈线性增加。通常交联密度是通过硫化体系中的硫化剂和促进剂的品种和用量来加以调整的。表 9-19 列出了几种通用橡胶的硫化体系，以供参考。

表 9-19　通用橡胶的硫化体系

S用量/份	促进剂		S用量/份	促进剂	
	名　称	用量/份		名　称	用量/份
天然橡胶（NR）					
2.0～2.5	M	0.8～1.0	1.8～3.0	M/DM	0.35/0.5
2.0～2.5	DM	1.0～1.5	1.8～3.0	M/DM/D	0.62/0.38/0.4
2.0～2.5	CZ	0.5～1.5	1.8～3.0	CZ/DM	0.8/0.6

S用量 /份	促 进 剂		S用量 /份	促 进 剂	
	名 称	用量/份		名 称	用量/份
1.8~3.0	M/H	1.0/1.0	—	TMTD/BTMD	3/3.6
2.5	NOBS	0.8	—	DTDM/DM/TMTD	0.75/1.1/1.2
1.8~3.0	M/D	0.56/0.44	1.5	NS/DTDM	0.6/0.6
1.8~3.0	D/DM	0.56~0.44	0.35	TMTD/MBS	0.7/1.4
1.8~3.0	D/TMTD	0.6/0.4	0.25	TMTD/DM	1.1/1.2
1.8~3.0	CZ/TMTD	0.5/0.1	—	DTDM/DM	1.5/2.0
1.8~3.0	TMTD/808	0.2/1.0	—	MBS/DTDM/TMTD	1.1/1.1/1.1
1.5	NS	1.5	—	TMTD/DTDM/DM	1.2/0.5/1.1
0.5	MBS/TMTM	3/0.6	—	TMTD/M	2.5/0.5
0.35	DM/TMTD	0.7/0.8			

		异戊二烯橡胶			
0~0.3	DM/TMTD	(1.0~2.0)/ (2.5~3.5)	0~0.5	TMTD/DM	(2.0~4.0)/1.5
0.5~1.0	CZ/TMTD	(1.0~2.5)/ (0.1~0.3)	1.0~3.0	TMTM/DM	(0.1~1.0)/1.0
1.5~3.0	CZ/ZDC	(0.4~2.0)/0.2	1.5~3.0	D/M	(0.05~0.5)/ (0.5~1.2)
1.5~3.5	DM/ZDC	(1.0~2.0)/0.15	1.8~3.0	NOBS/TMTM	(0.5~1.2)/0.2
1.8~3.0	CZ/D	(0.5~1.2)/0.4	2.0~3.0	M/TMTM	(0.7~1.5)/ (0.05~0.3)
2.0~3.0	DM/D	(0.8~1.2)/ (0.2~0.4)	2.0~3.0	CZ(NOBS)/M(DM)	(0.4~0.9)/0.3

		丁 苯 橡 胶			
0~0.5	TMTD/DM	(2.0~5.0)/1.0	1.0~2.5	CZ(NOBS)/TMTM	(1.0~1.7)/0.8
0.5~1.0	CZ/TMTD	(1.0~3.0)/ (0.2~0.7)	1.0~3.0	CZ/DM	(0.3~0.6)/ (0.2~0.8)
1.0~2.5	TMTD/DM	(0.3~1.0)/1.5	1.5~2.5	DM(M)/TMTD	(1.0~2.0)/ (0.1~0.3)

		丁 腈 橡 胶			
0~0.5	TMTD/CZ	(2.5~5.0)/ (1.0~2.0)	0.5~1.0	NOBS/TMTD	(1.0~3.0)/ (0.2~0.8)
0.5~1.0	CZ/DM	(0.3~0.8)/ (0.5~1.0)	0.5~1.0	TMTM/DM	(0.2~3.0)/ (1.0~2.0)
1.0~2.0	M/ZDC	(1.0~1.5)/ (0~0.3)	1.0~2.5	TMTD/DM	(0.3~1.0)/ (0~1.0)
1.0~3.0	ZDC/NOBS	(0.3~0.8)/ (0.5~2.0)	1.0~3.5	DM/ZDC	(0.4~1.5)/ (0.1~0.4)
1.5~1.8	DM	1.2~1.5	1.5~2.2	NOBS/ZDC	(0.5~1.5)/ (0~0.2)
1.5~2.4	CZ/TMTM	(1.0~1.5)/ (0~0.2)	1.5~2.4	NOBS/D	(1.0~1.5)/ (0~0.4)
1.5~2.5	DM/TMTD	(1.0~1.5)/ (0.1~0.3)	2.0~2.5	M/D	(1.2~1.6)/ (0.2~0.5)
2.0~3.0	M/ZDC	(0.8~1.0)/ (0.1~0.2)	2.0~3.5	DM/ZDC	(1.5~2.5)/ (0~1.0)

S用量 /份	促 进 剂		S用量 /份	促 进 剂	
	名 称	用量/份		名 称	用量/份
三元乙丙橡胶					
0.5~1.8	TMTM/DM	(0.5~1.5)/ (0.5~2.0)	1.5	CZ/TMTD/ZDC	1.2/0.7/0.7
1.2~1.8	TMTD/M	(1.0~2.0)/ (0.5~2.0)	0.5~1.8	ZDC/CZ	(0.5~3.0)/ (0.5~2.0)
			2.0	TMTD/M/ZDC	1.5/0.5/0.1
2.0~2.5	TMTD/M	(1.0~1.5)/ (0.5~1.0)	1.5	DM/TMTD/ZDC	1.5/0.7/0.7
			1.5	NOBS/T.T/TEL/DPTT	1.5/0.8/0.8/0.8
丁 基 橡 胶					
0~1.0	TMTD/M	(1.5~3.0)/1.0	1.0~2.0	TMTD/M/ZDC	(1.0~2.0)/ 0.5/1.0
1.0~2.0	TMTD/M	(1.0~2.0)/ (0.5~1.5)	1.0~2.0	ZDC/M	(1.0~2.0)/ 0.5~1.5
1.0~2.0	ZDC/DM	(1.0~2.0)/ (0.5~2.0)	1.0~2.5	M/TMTD	(0.5~1.5)/ (0.5~1.5)
1.0~2.5	M/PX	(0.5~1.5)/ (0.5~1.0)	1.5~2.0	M+T.T(6:4)/ZX	(1.5~2.0)/ (0.5~1.0)
硫醇调节型氯丁橡胶					
[除必须使用 ZnO(5 份)、MgO(4 份)之外还可采用如下助剂]					
0.2~1.0	NA-22	0.5~1.0	—	NA-22/DM	(0.8~1.2)/ (0~0.3)
—	NA-22/TMTD	(0.5~0.7)/ (0~0.3)	0~1.0	D/TMTM	(1.0~3.0)/ (0.5~1.0)
0~1.0	NA-22/DM	(0.7~1.5)/ (0~1.0)	0~1.0	TMTM	0.5~1.0
0.5~1.0	DCTG/TMTM	(0.5~1.0)/ (0.5~1.0)	—	TP/TETD	(0.5~2.0)/ (0.5~2.0)

　　将具有不同官能团的促进剂并用,可增强或抑制其活性,在一定范围内对定伸应力和硬度进行调整。

　　为了便于对各种促进剂的用量进行调整,根据促进剂活性大小,几种常用促进剂互换代用关系见表 9-20。

表 9-20　几种促进剂的互换关系

促 进 剂	用量/份	可代换的促进剂	用量/份
DM	1	CZ	0.5~0.61
DM	1	M	0.52~0.8
DM	1	NOBS	0.63~0.69
DM	1	TMTD	0.08~0.10
NOBS	1	DM	1.43~1.6
NOBS	1	TMTD	0.1
NOBS	1	M	0.7~0.75
CZ	1	NOBS	1.2~1.3

3. 填充体系与定伸应力的关系

填充剂的品种和用量是影响硫化胶定伸应力和硬度的主要因素，其影响程度比橡胶结构及硫化体系要大得多。不同填料品种和用量对天然橡胶硫化胶定伸应力和硬度的影响见表 9-21。

表 9-21　填料品种和用量对天然橡胶硫化胶定伸应力和硬度的影响

填充剂用量/份	炭　黑　品　种						碳酸钙		陶土
	HAF	FEF	SRF	FT	MT	MPC	细粒子	粗粒子	
300％定伸应力/MPa									
14	9.0	9.8	7.0	4.2	4.0	6.2	3.2	2.9	5.7
28	15.7	18.0	12.0	5.8	7.1	12.0	4.3	3.2	8.1
42	23.0	—	17.2	9.1	10.5	18.1	7.1	3.3	10.1
56	—	—	—	8.9			6.8	2.8	11.6
邵尔 A 硬度									
14	58	56	52	49	48	53	45	48	47
28	71	69	62	55	53	66	50	54	52
42	83	80	71	67	58	76	63	59	63
56		83	81				65	65	69
70				71	58				

由表 9-20 可见，定伸应力和硬度均随填料粒径减小而增大，随结构度和表面活性增大而增大，随填料用量增加而增大。炭黑的性质对硫化胶定伸应力的影响，以结构性最为明显。

当主体材料、硫化体系和填料品种确定后，欲满足硫化胶硬度指标的要求，可用下述填料用量的估算法来预测硫化胶的硬度。该方法的经验公式为

估算硬度＝橡胶基础硬度＋填料（或软化剂）用量×硬度变化值 　　　(9-3)

橡胶基础硬度为 100 份的纯胶基础配方的硫化胶硬度，例如：NR、低温 SBR、CIIR 为 40；高温 SBR 为 37；充油（25 份）的 SBR 为 31；充油（37.5 份）的 SBR 为 26；IIR 为 35；NBR、CR、CSM 为 44；含丙烯腈 40％以上的 NBR 为 46。

在上述基础胶料中，每增加 1 份填料或软化剂，其硬度值的变化如表 9-22。

表 9-22　各种填料、软化剂每增加 1 份时的硬度变化值

填料（或软化剂）品种	邵尔 A 硬度变化值	填料（或软化剂）品种	邵尔 A 硬度变化值
FEF、HAF、EPC	$\dfrac{1}{2}$	ISAF	$2\dfrac{1}{2}$
SA、气相法白炭黑	$2\dfrac{1}{2}$	SRF	$\dfrac{1}{3}$
含水二氧化硅类	$\dfrac{1}{2.5}$	热裂法炭黑或硬质陶土	$\dfrac{1}{4}$
碳酸钙	$\dfrac{1}{6}$	表面处理的碳酸钙	$\dfrac{1}{7}$
矿质橡胶	$-\dfrac{1}{5}$	酯类增塑剂	$-\dfrac{1}{1.5}$
脂肪族油或环烷油	$-\dfrac{1}{2}$	芳烃油	$-\dfrac{1}{1.7}$

例如，使用 NR 和 HAF（硫化体系和防护体系已确定，不添加软化剂），设计一个邵尔 A 硬度为 60±5 的硫化胶，此时 HAF 的用量（x），即可用上述硬度估算公式迅速求出。

$$60=40+\frac{1}{2}x$$

$$x=40 \text{ 份}$$

上述硬度值只是个估算的预测值，而实际的硬度值还必须通过试验来确定。

由表 9-22 也可看出：硫化胶的定伸应力和硬度随软化剂用量增加而降低，因此欲获得高硬度的橡胶制品，应尽量不用或少用软化剂。

4. 提高硫化胶定伸应力和硬度的其他方法

（1）使用酚醛树脂/硬化剂，可与橡胶生成三维空间网络结构，使硫化胶的邵尔 A 硬度达到 95。例如用烷基间苯二酚环氧树脂 15 份/促进剂 H1.5 份，可制作高硬度的胎圈胶条。

（2）在 EPDM 中添加液态二烯类橡胶和多量硫黄，可制出硫化特性和加工性能优良的高硬度硫化胶。

（3）在 NBR 中添加齐聚酯（10～15 份）、甲基丙烯酸镁、甲苯二异氰酸酯二聚体（5 份）、环氧树脂（4 份）/顺丁烯二酸酐（0.1 份）、NBR/PVC 共混、NBR/三元尼龙共混等方法均可使硫化胶的邵尔 A 硬度达到 90。

（三）撕裂强度

撕裂是由于硫化胶中的裂纹或裂口受力时迅速扩展、开裂而导致的破坏现象。撕裂强度是试样被撕裂时单位厚度所承受的负荷。橡胶的撕裂一般是沿着分子链数目最少、阻力最小、内部结构较弱的路线，形成不规则的撕裂路线，从而促进了撕裂破坏。裂口长度的增加与材料撕裂能的变化成正比。

应该指出的是，撕裂强度与拉伸强度之间没有直接的关系，也就是说拉伸强度高的硫化胶其撕裂强度不一定也高。通常撕裂强度随拉断伸长率和滞后损失的增大而增加；随定伸应力和硬度的增加而降低。

1. 橡胶分子结构与撕裂强度的关系

随分子量增加，分子间的作用力增大，撕裂强度增大；但是当分子量增大到一定程度时，其撕裂强度逐渐趋于平衡。结晶型橡胶在常温下的撕裂强度比非结晶型橡胶高，见表 9-23。

表 9-23　几种橡胶的撕裂强度　　　　　　单位：kN/m

橡胶类型	纯胶胶料				炭黑胶料			
	20℃	50℃	70℃	100℃	25℃	30℃	70℃	100℃
NR	51	57	56	43	115	90	76	61
CR(GN型)	44	18	8	4	77	75	48	30
IIR	22	4	4	2	70	67	67	59
SBR	5	6	5	4	39	43	47	27

由表9-23可见，常温下NR和CR的撕裂强度较高，这是因为结晶型橡胶撕裂时产生的诱导结晶，使应变能力大为提高。但是高温下除NR外，撕裂强度均明显降低。而填充炭黑后的硫化胶撕裂强度均明显提高，特别是IIR的炭黑填充胶料，由于内耗较大，分子内摩擦大，将机械能转化为热能，致使撕裂强度较高。

2. 硫化体系与撕裂强度的关系

撕裂强度随交联密度增大而增大，但达到最大值后，交联密度再增加，撕裂强度则急剧下降。其变化趋势与拉伸强度相似，但达到最佳撕裂强度时的交联密度比拉伸强度达到最佳值时的交联密度要低，见图9-2。

多硫键具有较高的撕裂强度，故应采用CV硫化体系，硫黄用量以2.0～3.0份为宜，促进剂选用中等活性、平坦性较好的品种，如DM、CZ等，但过硫时撕裂强度会显著降低。

3. 填充体系与撕裂强度的关系

随炭黑粒径减小，撕裂强度增加。在粒

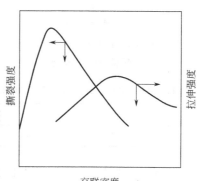

图9-2　交联密度与撕裂强度的关系

径相同的情况下，结构度低的炭黑对撕裂强度有利。一般合成橡胶特别是丁基橡胶，使用炭黑补强时，可明显地提高撕裂强度，见表9-24。

表9-24　不同炭黑对IIR硫化胶撕裂强度的影响　　　　单位：kN/m

用量/份	炭　黑　品　种				
	EPC	HAF	FEF	SRF	FT
50	77	62	47	28	16
90	86	55	53	35	19

使用各向同性的填料，如炭黑、白炭黑、白艳华、立德粉和氧化锌等，可获得较高的撕裂强度；而使用各向异性的填料，如陶土、碳酸镁等则不能得到高撕裂强度。

某些改性的无机填料，如用羧化聚丁二烯（CPB）改性的碳酸钙、氢氧化铝，可提高SBR硫化胶的撕裂强度，见图9-3和图9-4。

4. 增塑体系对撕裂强度的影响

一般添加软化剂会使硫化胶的撕裂强度降低。尤其是石蜡油对SBR硫化胶的撕裂强度极为不利，而芳烃油则可使SBR硫化胶具有较高的撕裂强度，随芳烃油用量增加，其撕裂强度的变化如表9-25所示。

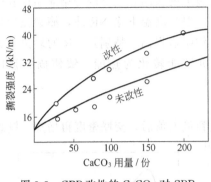
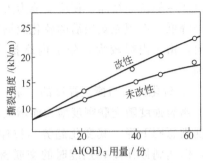

图 9-3　CPB 改性的 CaCO₃ 对 SBR
撕裂强度的影响

图 9-4　CPB 改性的 Al(OH)₃
对 SBR 撕裂强度的影响

表 9-25　用 CV 硫化体系硫化的 SBR-1500 硫化胶的撕裂强度与芳烃油用量的关系

芳烃油用量/份	0	10	20	30	40	50
撕裂强度/(kN/m)	64	61	59	54	55	45

在 NBR、CR 中加入增塑剂同样会使硫化胶的撕裂强度降低。例如在 CR 中加入 10 份、20 份、30 份的癸二酸二丁酯，会使硫化胶的撕裂强度分别降低 32%、45% 和 55%。

（四）耐磨耗性

耐磨耗性表征硫化胶抵抗摩擦力作用下因表面磨损而使材料损耗的能力。它是个与橡胶制品使用寿命密切相关的力学性能，它不仅与使用条件、摩擦副的表面状态以及制品的结构有关，而且与硫化胶的其他力学性能和黏弹性能等物理-化学性质等有关，其影响因素很多，比金属的磨损要复杂得多。根据以往对橡胶磨耗机理的研究结果，橡胶的磨耗主要有三种形式：即磨损磨耗、疲劳磨耗和卷取磨耗。上述三种磨耗均与硫化胶的主要力学性能有关，因此在配方设计时要设法取得各性能之间的综合平衡。各配合体系与硫化胶耐磨耗性的关系如下。

1. 胶种的影响

在通用的二烯类橡胶中，耐磨耗性按下列顺序递减：BR＞溶聚 SBR＞乳聚 SBR＞NR＞IR。BR 耐磨耗性好的主要原因是它的玻璃化温度（T_g）较低（-95～105℃），分子链柔顺性好，弹性高。SBR 的耐磨耗性随分子量增加而提高。

NBR 硫化胶的耐磨耗性随丙烯腈含量增加而提高，XNBR 的耐磨耗性比 NBR 好。

EPDM 硫化胶的耐磨耗性和 SBR 相当，随生胶门尼黏度提高，其耐磨耗性也随之提高。第三单体为 1,4-己二烯的 EPDM，耐磨性比亚乙基降冰片烯和双环戊二烯为第三单体的 EPDM 好。

IIR 硫化胶的耐磨耗性在 20℃时和 IR 相近，但当温度升至 100℃时，耐磨耗性则急剧降低。

CSM 硫化胶具有较好的耐磨耗性，高温下的耐磨性亦好。

ACM 硫化胶的耐磨耗性稍逊于 NBR。

聚氨酯（PU）是所有橡胶中耐磨耗性最好的一种橡胶，在常温下具有优异的耐磨性，但在高温下它的耐磨性会急剧下降。

2. 硫化体系的影响

硫化胶的耐磨耗性随交联密度增加有一个最佳值，该最佳值不仅取决于硫化体系而且和炭黑的用量及结构度有关。该问题可用耐磨耗性的最佳刚度概念来解释，在提高炭黑的用量和结构度时，由炭黑所提供的刚度就会增加，若要保持硫化胶刚度的最佳值，就必须降低由硫化体系所提供的刚性部分，即适当地降低交联密度，反之则应提高硫化胶的交联密度。

试验表明，单硫键含量越多，硫化胶的耐磨耗性越好，见表 9-26。

表 9-26　NR、SBR 胎面胶耐磨耗性与交联键类型的关系

硫化体系(交联密度一定)/份	单硫键含量/%		耐磨耗指数(滑动角=1°)	
	NR	SBR	NR	SBR
CZ/S＝0.6/2.25	10	30	100	100
DPG/S＝1.3/2.0	10	30	103	104
CZ/S＝5.0/0.5	50	55	135	127
TMTD＝3.8	50	90	162	142

一般选用硫黄/促进剂 CZ 或硫黄/促进剂 CZ（主促进剂）/TMTD（或 D）（副促进剂）作硫化体系制作的胎面胶耐磨耗性较好。以 DTDM/S（低于 1.0 份）/NOBS 作硫化体系的硫化胶，耐磨耗性和其他力学性能都比较好。通常 NR 为主的胶料，硫黄用量为 1.8～2.5 份；BR 为主的胶料，硫黄用量为 1.5～1.8 份。

3. 填充体系的影响

通常硫化胶的耐磨耗性随炭黑粒径减小，随表面活性和分散性的增加而提高。在 EPDM 胶料中添加 50 份的 SAF 和 ISAF 炭黑的硫化胶，其耐磨耗性比填充等量 FEF 炭黑的耐磨性提高一倍。关于炭黑的结构度对硫化胶耐磨耗性的影响说法不一，还有待进一步的研究。

炭黑用量与硫化胶的耐磨耗性也有一个最佳值。NR 中的最佳用量为 45～50 份；IR 和非充油 SBR 中为 50～55 份；充油 SBR 中为 60～70 份；BR 中为 90～100 份。一般用作胎面胶的炭黑最佳用量随轮胎使用条件的苛刻程度提高而增大。

填充新工艺炭黑和用硅烷偶联剂处理的白炭黑均可提高硫化胶的耐磨耗性。

4. 增塑体系的影响

一般说来，胶料中加入软化剂都会使耐磨耗性降低。充油 SBR（SBR-1712）硫化胶的磨耗量比 SBR-1500 高 1～2 倍。各种油类对耐磨耗性的影响比较复杂，总地说来，是 NR 和 SBR 中采用芳烃油时，耐磨耗性损失较其他油类小一些。

5. 防护体系的影响

在疲劳磨耗的条件下，添加适当的防老剂可有效地提高硫化胶的耐磨耗性。防老剂最好选用能防止疲劳老化的品种，如 4010NA 效果突出，除 4010NA 外，6PPD、DTPD、DPPD/H 等均有一定的防止疲劳老化的效果。

6. 提高硫化胶耐磨耗性的其他方法

（1）炭黑改性剂 添加少量含硝基化合物的炭黑改性剂或其他分散剂，可改善炭黑的分散度，提高硫化胶的耐磨耗性。

（2）硫化胶表面处理 使用含卤素化合物的溶液或气体，例如液态五氟化锑、气态五氟化锑、一氯化碘、三氯化碘以及 0.4% 溴化钾和 0.8% $(NH_4)_2SO_4$ 组成的水溶液，对 NBR 等硫化胶表面进行处理，可降低硫化胶表面的摩擦系数，提高耐磨耗性。

（3）应用硅烷偶联剂改性填料 例如使用硅烷偶联剂 A-189 处理的白炭黑，填充于 NBR 胶料中，其硫化胶的耐磨耗性明显提高，见图 9-5。用硅烷偶联剂 Si-69 处理的白炭黑填充的 EPDM 硫化胶，其耐磨耗性也明显提高，见图 9-6。

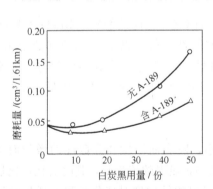

图 9-5 A-189 对白炭黑填充的 NBR
硫化胶耐磨性的影响

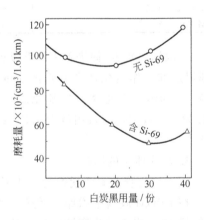

图 9-6 Si-69 对白炭黑填充的 EPDM
硫化胶耐磨性的影响

（4）橡塑共混 橡塑共混是提高硫化胶耐磨耗性的有效途径之一。例如 NBR/PVC、NBR/三元尼龙等均可提高硫化胶的耐磨耗性。

（5）添加固体润滑剂和减磨性材料 例如在 NBR 胶料中添加石墨、二硫化钼、氮化硅、碳纤维等，可使硫化胶的摩擦系数降低，耐磨耗性提高。

（五）弹性

橡胶的高弹性是由卷曲大分子的构象熵变化而造成的。理想的弹性体除去外力后能立即恢复原状。然而真实的橡胶，分子间有作用力会妨碍分子链段的运动，表现为黏性。作用于橡胶大分子上的力，一部分用于克服分子间的黏性阻力；另一部分则使橡胶分子链变形，产生高弹性。所以确切地说橡胶的弹性应力为黏弹性，即有高弹性，又有黏性。

1. 橡胶分子结构与弹性的关系

分子量越大，对弹性没有贡献的游离末端数量越少；分子链内彼此缠结而导致的"准交联"效应增加，因此分子量大有利于弹性的提高。

分子量分布（M_w/M_n）窄的高分子量级分多，对弹性有利；分子量分布宽的则对弹性不利。

在常温下不易结晶的由柔性分子链组成的高聚物，分子链的柔性越大，弹性越好。因为分子链的柔顺性越大，越容易改变分子链的构象，使分子链的构象形态数增大。

橡胶产生结晶后，分子链排列紧密有序，使分子间作用力增大，因而增加了分子链运动的阻力，使弹性变差。例如杜仲橡胶的化学组成与 NR 相似，但前者是反式结构，分子链规整性好，结晶度高，因而在常温下不显示高弹性。

在通用橡胶中，BR、NR 的弹性最好；SBR、IIR 由于空间位阻效应大，阻碍分子链段运动，故弹性较差；NBR、CR 等极性橡胶，由于分子间作用力较大而使弹性有所降低。

各种橡胶（木填允硫化胶）的弹性由大至小的排列顺序如下。

BR＞NR＞EPDM＞NBR-18＞SBR＞NBR-26＞CR＞NBR-40＞IIR＞ACM

2. 硫化体系与弹性的关系

随交联密度增加，硫化胶的弹性增大并出现最大值，随后交联密度继续增大，弹性则呈下降趋势。因为适度的交联可减少分子链滑移而形成的不可逆形变，有利于弹性提高。交联过度会造成分子链的活动受阻，而使弹性下降。由此可见，硫化剂和促进剂的用量要适宜。

常温下，由于多硫键键能较小，对分子链段的运动束缚力较小，因而回弹性较高。但在高温下的压缩永久变形却和常温下的回弹性恰恰相反：键能高的 C—C 键和 C—S—C 键在高温下的压缩永久变形比多硫键小，原因是在高温下多硫键容易被破坏。

高弹性硫化体系配合，一般选用硫黄/次磺酰胺（如 S/CZ＝2.0 份/1.5 份）或硫黄/胍类促进剂（如 S/DOTG＝4 份/1.0 份），硫化胶的回弹性较高。

3. 填充体系与弹性的关系

硫化胶的弹性完全是由橡胶大分子的构象变化所造成的，所以提高含胶率是提高弹性最直接、最有效的方法，因此为了获得高弹性，应尽量减少填充剂用量，增加生胶含量。但为了降低成本，应选用适当的填料。大量试验表明：粒径小、表面活性大、结构度高的炭黑对硫化胶的弹性都有不利的影响。无机填料中白炭黑的影响和炭黑相似。有些惰性填料，如重质碳酸钙、陶土，填充量不超过30 份时，对硫化胶弹性的影响较小。一般说来，硫化胶的弹性随填料用量增加而降低。

4. 增塑体系与硫化胶弹性的关系

一般说来，随软化剂或增塑剂用量增加，弹性下降（但 EPDM 例外）。所以在高弹性橡胶制品中，应尽量不加或少加软化剂。

软化剂对弹性的影响与其和橡胶的相容性有关。软化剂与橡胶的相容性越差，硫化胶的弹性越差。例如在 NBR-33 中添加 20 份的 DBP、DOS，其硫化胶的回弹性为 42%～44%，而添加相同量的芳烃油和环烷油时，仅为 24%。

应该指出，许多橡胶制品都是在动态负荷条件下工作的，因此用动态黏弹性来评价和预测这些制品的弹性更为直接、有效，相关性更好。

（六）疲劳与疲劳破坏

硫化胶受到交变应力（或应变）作用时，材料的结构和性能发生变化的现象称为疲劳。随着疲劳过程的进行，导致材料破坏的现象称之为疲劳破坏。两者虽然是个连续的过程，但其机理和配方设计的要领却不同。

耐疲劳性指的是未达到宏观破坏前，所出现的微观结构变化，其研究的目的是把这种微观结构变化减少到最低限度，该最低限度可视为硫化胶能够经受疲劳变形的最低次数（N_c），实际的疲劳次数≥N_c 时，即可满足要求。而疲劳破坏的研究目的在于尽可能使疲劳次数增多，把结构变化量保持在某个临界值（S_c）以下的同时，尽可能提高疲劳次数，此临界值（S_c）可理解为出现疲劳裂口时的疲劳次数，即结构变化量≤S_c 的同时使疲劳次数达到最大值。

从实用角度出发，测定硫化胶结构变化是比较困难而繁杂的，而测定出现裂口时的疲劳次数则容易做到，所以一般是以疲劳破坏为准进行配方设计。

疲劳破坏时所施加的总能量（E）包括：初期消耗于微破坏和周边集中应力的松弛（E_A）；后期消耗于以破坏中心为起点微破坏的扩展（E_B），即

$$E = E_A + E_B \tag{9-4}$$

若想提高 E，就必须增加 E_A 和 E_B。增加 E_A 可以使硫化胶在疲劳过程中保持只发生微破坏并在微破坏周边产生应力松弛这种机能；增加 E_B 可以最大限度地延迟由破坏中心出发，最后导致材料整体破坏的微破坏扩展。

上述疲劳破坏理论结合填充炭黑的硫化胶非均质模型，在进行耐疲劳破坏的配方设计时，应注意考虑如下问题。

1. 耐疲劳破坏性与胶种的关系

从 NR、SBR 硫化胶的疲劳破坏试验中发现，在应变量为 120％时，NR 和 SBR 耐疲劳破坏的相对优势发生转化：SBR 在应变量小于 120％时，其疲劳寿命次数高于 NR；而在低于 120％时则低于 NR。NR 的耐疲劳破坏性恰好与 SBR 相反，见图9-7。

分析其原因，在小于 120％的低应变区，SBR 的 T_g 高于 NR，其松弛机能此时占支配地位（E_A 起决定性作用）；而在大于 120％的高应变区，NR 的拉伸结晶占支配地位，阻止了微破坏的扩展（E_B 起决定性作用）。所以在低应变区 T_g 较高的 SBR，疲劳寿命次数（N_b）较高，而在高应变区具有拉伸结晶的 NR，N_b 较高。

综上分析，耐疲劳破坏性的胶种选择，应遵循如下原则：

① 低应变条件下，应选择 T_g 较高的橡胶；

② 高应变条件下，具有拉伸结晶的橡胶耐疲劳破坏性较好；

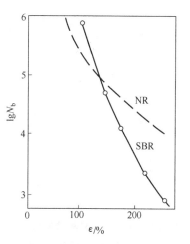

图 9-7　NR、SBR 硫化胶多次应变的应变量（ε）与疲劳寿命次数（N_b）的关系

③ 不同橡胶并用可提高硫化胶耐疲劳破坏性，例如 NR/SBR、NR/BR、NR/SBR/BR、NBR/CR 并用均可提高耐疲劳破坏性；

④ FKM 硫化胶在高温下的疲劳破坏规律与其他橡胶不同，FKM 硫化胶的疲劳破坏主要是裂口的形成，而不是裂口的扩展。

2. 耐疲劳破坏性与硫化体系的关系

选用容易生成多硫键的 CV 硫化体系能提高硫化胶的耐疲劳破坏性。

交联剂用量与疲劳条件有关：对于负荷恒定的疲劳条件，要增加交联剂用量。因为交联剂用量增加，交联密度增大，承担负荷的分子链数目增多，分配到每一条分子链上的负荷则减少，因此疲劳寿命次数提高。对应变恒定的疲劳条件，应减少交联剂的用量，因为应变恒定时，如果交联密度大，则每一条分子链上都应承受一定的形变，其中较短的分子链就容易被拉伸，使疲劳寿命次数降低。交联剂的适宜用量目前尚无确切的数据可供使用，根据 F. R. Eirich 的试验结果，不同定伸应力的硫化胶，其硫黄和促进剂的最佳比例如表 9-27 所示。

表 9-27　不同定伸应力硫化胶中硫黄和促进剂最佳比例

硫化胶定伸应力/MPa	6.9	10.3	13.7	15.4	17.1	18.9
硫黄/促进剂的最佳比例	3.5	3.0	2.5	1.0	0.45	0.27

3. 耐疲劳破坏性与填充体系的关系

选用结构度较高的炭黑，在炭黑粒子周围产生的稠密橡胶相较多，应力松弛机能提高，从而使硫化胶的耐疲劳破坏性提高。

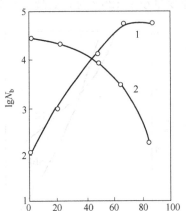

图 9-8　疲劳条件对炭黑填充量不同
的 SBR 硫化胶疲劳寿命
次数 N_b 的影响

1—应力-定的疲劳条件下；

2—应变-定的疲劳条件下

在应力一定的疲劳条件下，增加炭黑用量，耐疲劳破坏性提高；而在应变一定的条件下，增加炭黑用量，耐疲劳破坏性降低见图 9-8。

活性大补强性好的炭黑和白炭黑可提高硫化胶的耐疲劳破坏性能。惰性填料对硫化胶的耐疲劳破坏性则有不良的影响，其粒径越大，填充量越大，硫化胶的耐疲劳破坏性越差。

4. 耐疲劳破坏性与增塑体系的关系

一般加入软化剂，尤其是低黏度、对橡胶有稀释作用的软化剂，会降低橡胶的 T_g，对拉伸结晶也不利，因而对耐疲劳破坏性有不良的影响。在耐疲劳破坏配方设计时，应尽可能选用稀释作用小的黏稠性大的软化剂；或选用能增强橡胶松弛特性的反应型软化剂。

一般软化剂的用量应尽可能少用，但使用能增加橡胶分子松弛特性的软化剂时，适量增加其用量对耐疲劳破坏性有利。

（七）耐疲劳破坏性与防护体系的关系

以不饱和橡胶为基础的硫化胶，在空气中的耐疲劳破坏性比在真空中低，这说明氧化作用能加速疲劳破坏。另外疲劳破坏一般都发生在硫化胶的局部表面，因此胶料中应加入能在硫化胶网络内迅速迁移的防老剂，对硫化胶的疲劳破坏可起到有效的防护作用。但此时应防止防老剂从制品表面上挥发或被介质洗掉。建议选用芳基烷基对苯二胺（如 4010NA）和二烷基对苯二胺（如 DOPD），对硫黄硫化的硫化胺防护效果较好。用上述对苯二胺防老剂与 Aw 微晶蜡并用，也是常用的防止疲劳破坏的防护体系。

（八）拉断伸长率

拉断伸长率和拉伸强度密切相关，只有在形变过程中不被破坏，才能有较高伸长率，所以具有较高的拉伸强度是实现高拉断伸长率的必要条件。另外，拉断伸长率随定伸应力和硬度增大而降低；随弹性增大而增大。

分子链柔顺性好、弹性变形能力大的，拉断伸长率高。NR 最适合制作高伸长率制品，随含胶率增加，拉断伸长率增大，含胶率在 80% 左右时，拉断伸长率可高达 1000%。形变容易产生塑性流动的橡胶也有较高的拉断伸长率，例如 IIR 也能得到较高的拉断伸长率。

拉断伸长率随交联密度增加而降低，因此制造高伸长率制品时，硫化剂和促进剂的用量应适当地降低。

补强剂会使拉断伸长率降低，特别是粒径小、结构度高的炭黑，拉断伸长率降低更为明显。随填料用量增加，拉断伸长率下降。

增加软化剂的用量也可以获得较大的拉断伸长率。

二、橡胶配方设计与胶料工艺性能的关系

（一）生胶和胶料的黏度

生胶和胶料的黏度通常以门尼黏度［ML（1＋4）100℃］表示，它是保证混炼、挤出、压延、注压、成型等工艺过程的基本条件之一。黏度过大、过小都不利于上述工艺过程的正常进行。各种橡胶生产厂家出厂时都标明其生胶的门尼黏度值，配方设计人员应根据制品的物理性能和加工工艺性能指标，合理的选择生胶和胶料的黏度，例如制造胶浆和海绵橡胶的胶料，应选择门尼黏度低的生胶；要求半成品挺性大的胶料，则应选择门尼黏度较高的生胶。

一般 ML（1＋4）100℃大于 60 的生胶，特别是 NR、NBR 等高黏度的生胶，需要通过塑炼使其黏度降低，有时需进行二段或三段塑炼方能使用。虽然塑炼对某些合成橡胶的黏度（可塑度）影响不够显著，但适当塑炼可使橡胶质量均匀。

1. 塑解剂对生胶黏度的影响

化学塑解剂可以有效地降低黏度、提高塑炼效果、降低能耗。常用的化学塑解剂有促进剂 M、2-萘硫酚、二甲苯基硫酚、三氯硫酚 Renacit Ⅱ、五氯硫酚（Renacit Ⅴ. Renacit Ⅶ）、五氯硫酚锌盐（Renacit Ⅳ）等。其中雷那西（Renacit）系列的塑解剂塑解效率较高，在 NR 中只加入 0.05～0.25 份即可获得明显的交果，表 9-28 列出了雷那西Ⅴ（Renacit Ⅴ）的用量对 NR 可塑度的影响。

表 9-28　Renacit Ⅴ 用量对 NR 可塑度的影响

塑解剂用量/份	可塑度（威氏）	塑解剂用量/份	可塑度（威氏）
0	0.347	0.30	0.495
0.10	0.453	0.50	0.500
0.15	0.498	0.70	0.570
0.20	0.513		

某些合成橡胶如 SBR、硫黄调节型 CR，采用高温塑炼时，有产生凝胶的倾向，从而引起黏度增大。因此在配方设计时，应选用适当的助剂加以抑制。亚硝基-2-萘酚有防止 SBR 产生凝胶的作用；Renacit 和促进剂 DM 对 CR 有抑制凝胶产生的作用。

2. 填充剂对胶料黏度的影响

填充剂的性质和用量对胶料的黏度有显著的影响。随炭黑粒径减小，胶料的黏度增大，粒径越小，对胶料黏度的影响越大，见图 9-9。随炭黑用量增加胶料

的门尼黏度随之增大，当炭黑用量相同时，粒径越小门尼黏度值越高。

胶料中炭黑用量超过 50 份时，炭黑结构度的影响就变得显著起来，随炭黑结构度的增加，胶料的黏度增大。

炭黑用量对充油 SBR 和 EPDM 胶料黏度的影响不如其他橡胶那么明显。在使用门尼黏度较低（30～60）的 EPDM 制备胶料时，炭黑的用量可在 80 份以上，软化剂的用量不少于 20 份；而使用门尼黏度较高（大于 60）的 EPDM 时，炭黑和油的用量应增加 0.5～1 倍。

3. 软化剂对胶料黏度的影响

软化剂是影响胶料黏度的主要因素之一，它能有效地降低胶料黏度，改善胶料的加工工艺性能。不同类型的软化剂对各种橡胶胶料黏度的影响也不同。在 NR、IR、BR、SBR、IIR、EPDM 等非极性橡胶中，添加石油基软化剂较好；在 NBR、CR 等极性橡胶中，采用 DBP、DOP、

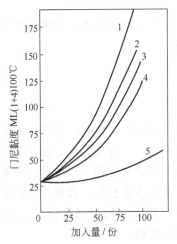

图 9-9　不同炭黑对 SBR 胶料
门尼黏度的影响

1—N110；2—N220；3—N330；
4—N550；5—N990

DOS 等酯类软化剂较好；各种软化剂对 FKM 效果甚微，而且在高温下容易挥发，因此不宜使用，使用低分子量氟橡胶。氟氯化碳液体可使 FKM 胶料的黏度有所降低。

根据主体材料所用的生胶，采用相应的液体橡胶，诸如液体聚丁二烯、液体丁腈橡胶、聚异丁烯等低分子聚合物也可降低胶料的黏度。

最后还应强调指出，橡胶属于非牛顿流体，其黏度随切变速率而变化，提高切变速率，可显著降低胶料的黏度。不同的加工工艺，其切变速率也不同，橡胶加工过程中各主要工艺方法的切变速率（γ_w）范围如下：模压——$1～10s^{-1}$；开炼机混炼、密炼机混炼、压延——$10^1～10^2 s^{-1}$；挤出——$10^2～10^3 s^{-1}$；注压——$10^3～10^4 s^{-1}$。

而压缩型可塑度试验的切变速率仅 $0.1～0.5s^{-1}$，门尼黏度试验的切变速率为 $1.5s^{-1}$。可见可塑度和门尼黏度都是在极低的切变速率下测得的，它们不能真正地表征胶料在实际加工条件下的流变行为，而只能在生产中控制胶料的黏度变化或者做对比试验用。预测实际加工条件下的胶料黏度，比较合理的方法是采用 Brabender 塑性仪或加工性能流变仪，它们可在较宽的切变速率和温度范围内测定胶料的黏度。

（二）挤出

挤出过程中普遍存在的工艺问题是挤出膨胀率，即口型膨胀问题。造成口型

膨胀的主要原因是"弹性记忆效应"。弹性记忆效应的大小主要取决于胶料流动过程中所产生的弹性形变量的大小和分子松弛时间的长短。上述性能除与胶料本身的性质有关外，还与压出时的温度、速度、口型设计、操作方法等工艺条件有关。下面从配方设计的角度讨论影响挤出膨胀的配方因素。

1. 橡胶分子结构及含胶率的影响

分子链柔性大、分子间作用力小的橡胶，松弛时间短，在挤出机口型中部分被拉直了的分子链来得及松弛，即来得及消除高弹形变，因此挤出膨胀比较小。例如 NR 的膨胀比小于 SBR、CR 和 NBR。因为 SBR 有庞大的侧基，空间位阻大，分子链柔顺性差，松弛时间较长；CR、NBR 分子间作用力大，链段的内旋转较为困难，松弛时间比 NR 长，所以它们的挤出膨胀比大于 NR。

橡胶的分子量大则黏度大，流动性差，产生弹性形变所需的松弛时间也长，弹性记忆效应大，故挤出膨胀大；反之，分子量小则挤出膨胀比小。图 9-10 示出了 SBR 分子量与压出口型膨胀比的关系。

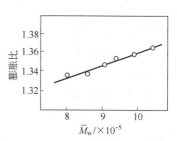

图 9-10 SBR 分子量与挤出口型膨胀比的关系

支化度高，特别是长支链的支化度高时，易发生分子链终结，从而增加了分子间的作用力，使松弛时间延长，膨胀比增大。

生胶是提供弹性形变的主体，含胶率高，弹性形变则大，挤出膨胀比也大。挤出胶料的含胶率在 25% 以下时，如不选择适当的软化剂品种和用量，也不易挤出。所以挤出胶料的含胶率不宜过高或过低，一般在 30%～50% 较为适宜。

2. 填充体系的影响

一般说来，随填料用量增加，含胶率降低，胶料的弹性形变减少，从而使挤出膨胀比减小。

在炭黑的性质中，以结构性影响最为显著。结构度高的炭黑，形成的吸留橡胶多，体系中自由橡胶的体积分数少，所以结构度高，挤出膨胀比小。

增加炭黑的用量和结构度，均可明显地降低挤出膨胀率。实际上炭黑的用量和结构度对挤出膨胀率存在一个等效关系，即低结构——多用量的膨胀率降低程度与高结构——少用量的膨胀率降低程度是等效的。

挤出胶料中应保持适当的填料用量，例如 IIR 挤出胶料的炭黑用量应不少于 40 份，无机填料的用量不应少于 60 份。

3. 软化剂的影响

挤出胶料中添加适量的软化剂可降低胶料的挤出膨胀率，使挤出半成品规格精确。但软化剂用量过大，则有降低压出速度的倾向。对于那些需要和其他材料黏合的挤出半成品，要尽量避免使用易喷出的软化剂。

除上述配方因素外，在进行挤出胶料配方设计时，还要考虑挤出半成品的外观质量、挤出速度以及加料口的吃胶量。此外挤出胶料的硫化体系，应具有足够长的焦烧时间，以免挤出过程中出现早期硫化现象。尽量不要使用易挥发的或含水分的配合剂，以防产生气泡。对于那些胶料强度低或发黏的软胶料，挤出时易卷入空气，挤出后挺性不好容易变形，此时可增加补强剂的用量，以增加胶料的强度和门尼黏度；也可加入适量的非补强性填料和蜡类，以降低胶料的黏性，防止胶料窝气。并用少量硫化胶粉，也可减小压出膨胀并有利于排气。

（三）压延

压延是个技术要求较高的工艺过程，供压延作业的胶料应同时满足如下四个要求：①具有适宜的包辊性；②具有良好的流动性；③具有足够的抗焦烧性；④具有较低的收缩率。

显然上述要求很难达到同时最优，因此在设计压延胶料配方时，应在包辊性、流动性、收缩性、焦烧性四者之间取得相应的综合平衡。

1. 生胶的选择

不同橡胶对压延工艺的适应性有较大的差异。NR 具有自补强性，生胶强度大，提供了良好的包辊性。其流动性能满足压延需要，收缩率较低，因此 NR 的综合性能最好，是较好的压延胶种。

SBR 侧基较大，分子链柔顺性差，松弛时间长，流动性不如 NR，收缩率也明显比 NR 大。用作压延胶料时，应充分塑炼，添加适量的填充剂和软化剂或与 NR 并用。

BR 压延性能仅次于 NR，流动性比 SBR 好，收缩率也低于 SBR，压延半成品表面比 SBR 光滑。但生胶强度低，包辊性不好。用作压延胶料时最好是与 NR 并用。

CR 虽然包辊性好，但对温度敏感性大。通用型 CR 在 75～95℃时易粘辊，难于压延，需要高于或低于这个温度范围才能获得较好的压延效果。胶料中加入少量石蜡、硬脂酸或并用少量 BR 能减少粘辊现象。

NBR 黏度高，流动性较差。收缩率达 10％左右，压延性能不够好。用作压延胶料时，要特别注意生胶塑炼、压延时的辊温以及热炼工艺条件的控制。

IIR 生胶强度低，无填充剂时不能压延，只有填充剂用量较多时不能进行压延，而且胶片表面易产生裂纹，易包冷辊。

无论选择什么橡胶，其胶料都必须具有较低的门尼黏度，以保证良好的流动性。通常压延胶料的门尼黏度应控制在 60 以下。其中压片胶料为 50～60；贴胶胶料为 40～50；擦胶胶料为 30～40。

2. 补强填充体系的影响

添加补强性填料能提高胶料强度，改善包辊性。添加非补强性填料后可使胶料含胶率降低，胶料的弹性形变减少，使收缩率减小。一般结构度高、粒径小的填料，其胶料的压延收缩率小。

不同类型的压延对填料的品种及用量有不同的要求。例如压型用胶料，要求填料用量大，以保证花纹清晰；而擦胶用胶料则要求含胶率在 40% 以上。厚擦胶时使用软质炭黑、软质陶土之类的填料较好，而薄擦胶时用硬质炭黑、硬质陶土、碳酸钙等较好。为了消除压延效应，压延胶料中尽可能不用各向异性的填料（如碳酸镁、滑石粉）。

3. 软化剂的影响

加入软化剂可使胶料流动性增加、收缩率减小。软化剂的选用应根据压延胶料的具体要求而定。例如，当要求压延胶料有一定的挺性时，应选用油膏、古马隆树脂等黏度较大的软化剂；贴胶或擦胶要求胶料流动性好，能渗透到帘线之间，则应选用增塑作用大、黏度较小的软化剂，如石油基油、松焦油等。

4. 硫化体系的影响

压延胶料的硫化体系应首先考虑胶料有足够的焦烧时间，能经受热炼、多次薄通和高温压延作业而不产生焦烧现象。通常压延胶料的焦烧时间（120℃）应控制在 20~35min。

（四）包辊性

包辊性对开炼机混炼、压延、压片工艺有重要意义。影响包辊性的因素除辊温、切变速率（辊距）之外，还有影响胶料强度的下列配方因素。

1. 橡胶分子结构的影响

随橡胶分子量增加，胶料的拉裂伸长比（λ_b）增大，黏流温度（T_f）也随之提高，改善了胶料的包辊性。

分子量分布（$\overline{M_w}/\overline{M_n}$）增宽时，对包辊有利。

结晶型橡胶如 NR、CR，在辊上被拉伸时会产生拉伸结晶，提高了生胶的强度和拉断伸长率，是改善包辊性最有利的因素。

各种橡胶的玻璃化温度（T_g）不同，因此不同橡胶包辊的最佳区域温度也不同（详见第十章）。

随橡胶分子支化度增加，凝胶含量增大，橡胶的拉裂伸长比（λ_b）减小，生胶强度降低。因此，减少支化程度和凝胶含胶可改善包辊性。

2. 补强填充体系的影响

大多数合成橡胶的生胶强度很低，对包辊性不利，其中 BR 尤为明显，所以在配方设计时要设法提高胶料的强度。一般改善包辊性的方法是在胶料中添加活性高、补强性好的填料，如炭黑、白炭黑等。NR 中加入炭黑后，其混炼胶的强度有较大幅度的提高，因此在合成橡胶中，特别是 BR 中并用少量 NR，即可有效地改善 BR 胶料的包辊性。胶料中加入氧化锌、硫酸钡、钛白粉等非补强性填料时，会降低混炼胶强度，对包辊性不利。

3. 软化剂和其他助剂的影响

硬脂酸、硬脂酸盐、蜡类、石油基软化剂、油膏等，均易使胶料脱辊。而高芳烃操作油、松焦油、古马隆树脂、烷基酚醛树脂等则可提高胶料的黏着性，改善胶料的包辊性。

（五）自粘性

自粘性是指同种胶料两表面之间的黏合性能。它对半成品成型和制品性能有重要作用。

自粘是黏合的一种特殊形式，大分子的界面扩散对胶料的自粘性起决定性作用。该扩散过程的热力学先决条件是接触物质的相容性；动力学的先决条件是接触物质具有足够的活动性。胶料自粘过程分为如下两个步骤。

（1）接触　在外力作用下，使两个接触面压合在一起，通过一个流动过程接触表面形成宏观结合。

（2）扩散　由于橡胶分子链的热运动，在胶料中产生微空隙空间，活动的分子链链端或链段的一小部分逐渐扩散进去，这种扩散最后导致接触界面完全消失。

综上可见，橡胶分子的扩散需在一定的压力下进行，胶料的初始自粘强度随接触压力增大而增加；橡胶分子的扩散过程需要经历一段时间方能完成，胶料的自粘强度随接触时间增加而增大，与接触时间的平方根呈正比。配方因素对胶料自粘性的影响如下。

1. 橡胶分子结构的影响

一般说来，链段的活动能力越大，扩散越容易进行，自粘强度越大。当分子链上有庞大侧基时，阻碍分子热运动，因此其分子扩散过程缓慢。

极性橡胶分子间的吸引能量密度（内聚力）大，分子难于扩散，分子链段的运动及生成空隙都比较困难，若使其扩散需要更多的能量。

含有双键的不饱和橡胶更容易扩散。因为双键的作用使分子链柔性好，链节易于运动，有利于扩散进行。如将不饱和聚合物氢化使之接近饱和，则其扩散系数只有不饱和高聚物的 47%～61%。

在结晶性橡胶中，有大量的链端位于结晶区内，因而失去活性，在接触表面链端的扩散难以进行。为使高度结晶的橡胶具有一定的自粘性，必须设法破坏结晶以提高分子的活动性。为此可提高接触表面温度，使之超过结晶的熔融温度；或用适当的溶剂使接触表面溶剂化。

在通用橡胶中，NR 的自粘性最好，其自粘强度是 EPDM 的 5 倍。主要原因就是 NR 的分子结构能提供较多的链内自由空隙空间，有足够的扩散通道。

2. 填充体系的影响

有些研究者提出，影响胶料自粘性的主要因素除分子链段的扩散之外，生胶（或胶料）的强度也很重要。所以补强性好的填料，胶料的自粘性也好。各种填料在 NR 胶料中的自粘性依下列顺序递减：炭黑＞白炭黑＞氧化镁＞氧化锌＞陶土。随炭黑用量增加，NR 和 BR 胶料的自粘性均出现最大值，最佳用量视不同胶种而异，例如 HAF 炭黑在 NR 中用量为 80 份时，自粘力最高；而在 BR 中用量为 60 份时，自粘力最高。当炭黑用量超过一定限度时，由于橡胶分子链的接触面积锐减，所以胶料的自粘强度下降。

3. 增塑体系的影响

添加软化剂（或增塑剂）虽然能降低胶料黏度，有利于橡胶分子扩散，但同时使胶料的强度降低，后者的影响更大些，结果造成胶料的自粘力下降。随软化剂用量增加，胶料自粘力下降，见图 9-11。

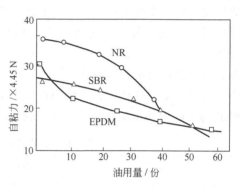

图 9-11　油的用量对 NR、SBR、EPDM 胶料自粘性的影响

4. 增黏剂的影响

胶料中加入增黏剂可以有效地提高胶料的自粘性。常用的增黏剂有松香、古马隆树脂、萜烯树脂、石油树脂和烷基酚醛树脂等，其中以烷基酚醛树脂的增黏效果最好。近年来国内开发的非热反应型酚醛树脂 TKO 和 TKB，对提高 BR、SBR、NR 胶料的自粘性有明显效果。

容易喷出的配合剂，如蜡类、促进剂 TMTD、硫黄等，应尽量少用，以免污染胶料表面，降低胶料的自粘性。

胶料焦烧后，自粘性急剧下降，因此对含有二硫代氨基甲酸盐类、秋兰姆类等容易引起焦烧的硫化体系要严格控制，使其在自粘成型前不产生焦烧现象。

（六）焦烧性

胶料在存放或操作过程中产生早期硫化的现象叫焦烧。在配方设计时，应保证在加工温度下，胶料具有足够的焦烧时间。胶料的焦烧性通常用 120℃ 时的门尼焦烧时间 t_5 表示。各种胶料的焦烧时间，视其工艺过程、工艺条件和胶料硬度而异。一般软胶料为 10～20min；大多数胶料（不包括高填充的硬胶料或加工温度很高的胶料）为 20～35min；高填充的硬胶料则在 35min 以上。

1. 橡胶分子结构的影响

胶料的焦烧倾向性与其主体材料的橡胶的不饱和度有密切关系。例如不饱和度小的 IIR，焦烧倾向性很小，而不饱和度大的 IR，则容易产生焦烧现象。SBR 并用不饱和度大的 NR 后，焦烧时间缩短。EPDM 的焦烧时间取决于第三单体的类型，例如硫化体系为：S（1.5 份）/TMTD（1.5 份）/M（0.5 份），第三单体为双环戊二烯时其门尼焦烧时间为 43min；为 1,4-己二烯时是 31min；为亚乙烯降冰片烯时是 10min。

  2. 硫化体系的影响

  引起焦烧的主要原因是硫化体系选择不当。因此，为使胶料具有足够的加工安全性，应尽量选用迟效性或临界温度较高的促进剂，也可添加防焦剂来进一步改善胶料的焦烧性。

  选择硫化体系时，应首先考虑促进剂本身的焦烧性能，选择那些结构中含有防焦基团的促进剂（详见第二章）。次磺酰胺类促进剂是一种焦烧时间长、硫化速度快、硫化曲线平坦、综合性能较好的迟效性促进剂，其加工安全性好，适用于厚制品硫化。各种促进剂的焦烧时间依下列顺序递增：ZDC＜TMTD＜M＜DM＜CZ＜NS＜NOBS＜DZ。单独使用次磺酰胺类促进剂时，其用量均为 0.7 份。为了保证最适宜的硫化特性，经常采用几种不同类型促进剂并用的体系，其中一些用于促进硫化，另一些则用于保证胶料的加工安全性。表 9-29 列出了以 SBR 为基础的并用硫化体系，其他胶种可酌情增减。

表 9-29　促进剂并用体系的用量范围　　　　　　　　　单位：份

促　进　剂	用　　　量	硫　黄　用　量
CZ(NS)(NOBS)/D(H)	(0.6～1.2)/(0.3～0.5)	1.5～2.0
CZ(NS)(NOBS)/TMTD(PZ)	(0.6～1.2)/(0.3～0.5)	1.5～2.0
DM/D(H)	(1.25～1.5)/(0.5～1.0)	1.5～2.0
DM/TMTD(PZ)	(1.25～1.5)/(0.2～0.6)	1.5～2.0

  不同类型促进剂的作用特征还取决于它们的临界温度。例如，在 NR 中 ZDC 的有效作用起始温度为 80℃；TMTD 为 110℃；M 为 112℃；DM 为 126℃。

  常用的促进剂 TMTD，单独使用时，其硫化诱导期很短，可使胶料快速硫化。为了防止焦烧，经常与 CZ、DM 并用；但不能与促进剂 D 或二硫代氨基甲酸盐并用，否则将会使胶料的耐焦烧性更加劣化。

  胍类促进剂（如促进剂 D）的热稳定性高，以其为主促进剂时，胶料的焦烧时间长，硫化速度慢。

  二硫代氨基甲酸盐类促进剂能急剧缩短不饱和橡胶胶料的焦烧时间；并用胍类促进剂时，焦烧时间会进一步缩短。因此这类促进剂适用于低不饱和度橡胶，如 IIR、EPDM，也适于在低温硫化或室温硫化的不饱和橡胶中应用。

  用给硫体（DTDM、TMTD、DPTT 等）全部或部分代替硫黄时，可以增加胶料的焦烧时间，因为只有在给硫体分解出活性硫之后，硫化过程才能开始。

用有机过氧化物硫化的胶料，一般诱导期较长，抗焦烧性能较好。

用金属氧化物硫化的 CR，增加氧化镁的用量，减少氧化锌的用量，可降低硫化速度，延长焦烧时间。

在含有氧化锌和 TMTD 的 CIIR 胶料中，加入氧化镁和促进剂 DM 均可延长胶料的焦烧时间。

3. 防焦剂的影响

防焦剂是提高胶料抗焦烧性的专用助剂，它可提高胶料在贮存和加工过程中的安全性。以往常用的防焦剂有苯甲酸、水杨酸、邻苯二甲酸酐、N-亚硝基二苯胺等。但上述防焦剂在使用中存在许多问题。例如邻苯二甲酸酐在胶料中很难分散，延迟硫化，还能使硫化胶的物性降低，在含有次磺酰胺类或噻唑类促进剂的胶料中防焦效果很小。

为了解决上述防焦剂存在的问题，近年来研制了一些效果极佳的新型防焦剂，其中防焦剂 CTP 已获得了广泛的应用。CTP 不仅能延长焦烧时间，改善胶料加工和贮存的稳定性，而且可以提高混炼温度，不降低硫化阶段的硫化速度。一般在胶料中添加少量的 CTP 即可获得明显的防焦效果，其最佳用量为 0.2～0.3 份。

4. 填充体系的影响

一般说来，炭黑能影响胶料的焦烧性能，其影响程度主要取决于炭黑的 pH 值、粒径和结构度。炭黑的 pH 值越大，碱性越大，胶料越容易焦烧，例如炉法炭黑的焦烧倾向性比槽法炭黑大。炭黑的粒径越小，结构度越高，混炼时的生热量越大，胶料的焦烧时间越短。炭黑对胶料耐焦烧性的影响程度还与所用的促进剂类型有关，见表 9-30。在 SBR、BR 胶料中也有类似的结果。采用有效硫化体系时，其影响则减小。

表 9-30　不同促进剂对炭黑填充的 IR 胶料焦烧时间的影响

促 进 剂	门尼焦烧时间 t_5（127℃）/min	
	未填充炭黑胶料	填充 50 份 HAF 胶料
次磺酰胺类	＞60	20～27
促进剂 DM	75	12
促进剂 M	12	9
促进剂 TMTD	13	6
促进剂 TMTM	25	12
促进剂 D	16	10
促进剂 PZ	6	4

有些无机填料（如陶土）对促进剂有吸附作用，会迟延硫化。某些表面带有—OH 基团的无机填料（如白炭黑），也会使胶料的焦烧时间延长，使用时应予以注意。

5. 软化剂和防老剂的影响

软化剂一般都有延迟焦烧的作用，其影响程度视所用的胶种和软化剂的品种而定。例如在 EPDM 胶料中，使用芳烃油的耐焦烧性不如石蜡油和环烷油。在金属氧化物硫化的 CR 胶料中，加入 20 份氯化石蜡或癸二酸二丁酯时，其焦烧时间可增加 1～2 倍，而在 NBR 胶料中，只增加 20％～30％。

防老剂对胶料的焦烧性有一定的影响，不同防老剂的影响程度也不同，例如防老剂 RD 对胶料焦烧时间的延迟作用比防老剂 D 和 4010NA 显著。

除上述配方因素的影响之外，焦烧时间还与加工温度和加工时的剪切速率有密切关系。在配方设计时，必须予以全面考虑。

（七）注压

注压工艺是在模压法和移模硫化的基础上发展起来的一种新型硫化方法。其特点就是高温快速硫化工艺。在进行注压胶料的配方设计时，必须使胶料的流动性、焦烧性和硫化速度三者取得综合平衡。

1. 橡胶的选择

一般常用的橡胶如 NR、SBR、BR、IR、EPDM、IIR、CR、NBR、CSM、ACM、PU、MVQ 都可以用注压硫化。

橡胶的门尼黏度对注压性能影响很大，橡胶的黏度低，胶料的流动性好，易充满模腔，可缩短注射时间，而且外观质量好。但门尼黏度低的胶料，塑化和注射过程中生热小，因而硫化时间较长。相反，门尼黏度高的胶料生热大，对高温快速硫化有利，但门尼黏度过高很容易引起焦烧。一般注压胶料的门尼黏度在 65 以下较好。

用于注压的胶料必须能适应较高的硫化温度，在规定的硫化条件下，橡胶的分子结构不应被破坏。各种橡胶的最高安全硫化温度如表 9-31 所示。

表 9-31 各种橡胶的最高安全硫化温度

胶　种	最高安全硫化温度/℃	胶　种	最高安全硫化温度/℃
NR	200～210	EPDM	200～230
SBR	200～220	NBR	200～220
CR	200～220	IR	200～220
CSM	200～220		

在选择注压用橡胶时，还要考虑到胶料注射时的生热。若以流动性作为重点时，应尽可能降低注射生热温度，利用快速硫化体系实现高温短时间硫化。如以注射生热作为重点时，则应尽量提高注射时胶料的温度，实现短时间硫化。各种橡胶注射时的生热温度见表 9-32。

虽然各种常用橡胶均可用于注压硫化，但各种橡胶的注压工艺性能却不同，现分述如下。

表 9-32　各种橡胶的注射生热温度

胶　　种	生热温度/℃	胶　　种	生热温度/℃
NR	35	MVQ	18
CR	23	SBR1712	25
IR	10	NBR	60
SBR1500	38	IIR	26

（1）NR　门尼黏度高，注压时生热量较大，硫化速度快；注压制品的质量比模压好；容易产生硫化返原现象。

（2）IR　与 NR 相似，但在 180℃时易产生气泡，所以硫化温度不宜超过180℃，可采用与 SBR 或 BR 并用的方法解决气泡问题。

（3）SBR　注射压力较低时，流动性差，注射时间长，当注射压力超过一定数值时，流动速度和生热显著提高，注射时间随之缩短。充油 SBR 的流动性比SBR 好，但生热量较小。

（4）NBR　高丙烯腈含量的 NBR，硫化速度较快，且不易过硫化，适于高温快速硫化；由于快速硫化交联键的稳定性欠佳，所以其压缩永久变形高于模压的。

（5）CR　生胶黏度高，容易焦烧，需较大的注射压力，应注意控制好注射温度和硫化温度。

（6）EPDM　硫化时间长，加工安全，适于注压，但很难实现快速硫化。

（7）IIR　硫化速度慢，加工安全，需选用快速硫化体系。

2. 硫化体系的选择

注压胶料的焦烧性、硫化速度和抗高温硫化返原性主要取决于它的硫化体系。

近年来研究高温快速硫化时发现，以硫黄给予体 DTDM 和次磺酰胺类促进剂并用组成的无硫硫化体系，适用于各种注压条件而不降低硫化胶的物理性能。其注压硫化性能优于有效硫化体系，有效硫化体系又优于半有效和传统硫化体系。

在 NR 等不饱和橡胶中，使用商品名称为 Novor 的硫化剂，硫化胶几乎完全没有返原现象，而且耐疲劳、生热性和抗氧化性能得到全面的改善。表 9-33列出几种常用橡胶注压胶料的硫化体系，以供参考。

表 9-33　几种常用橡胶注压胶料的硫化体系　　　　　　　单位：份

NR	SBR	NBR	EPDM
S/TETD/NOBS(0.7/0.7/1.7)	M/DM/TMTD(0.65/	S/TMTD/M(0.5/3/3)	S/TMTD/M/BZ/Te EDC/
DTDM/CZ/TMTD(1.3/1.3/0.4)	0.65/0.4)	S/TMTD(或 DM)	DBTV（1.5/0.75/1.0/2.0/
S/TMTD/NOBS(0.25/1.0/2.1)	CMOS/TBBS/TMTD	(1.5/1.5)	0.4/0.4)
S/TMTD/DM(2.25/0.45/0.45)	(1.0/1.0/1.0)	S/CZ/TMTD(0.5/	S/TMTD/M(2.0/1.0/0.5)
S/ZMBI/NOVOR924/TDI/	S/TBBS/TMTD(1.75/	1.0/2.0)	S/TMTD/M/BZ(2.0/
TBBS(0.4/2.0/2.1/2.1/0.1)	0.8/0.2)		0.5/1.0/2.0)

3. 填充体系的影响

对炭黑而言，粒径越小，结构性越高，填充量越大，则胶料的流动性越差。对无机填料而言，陶土、碳酸钙等惰性填料对胶料的流动性影响，远远小于补强性好、粒径小的白炭黑。

对于注射生热温度较小的橡胶如 IR、MVQ，可采用增加填料用量的方法来提高胶料通过注胶口时的温升，以保证较高的硫化温度。相反，有些橡胶（如 SBR、NBR）通过注胶口时温升较大，因此必须充分估计到填料加入后的生热因素，以免引起焦烧。在各种填料中，陶土的生热量最小，碳酸钙和半补强炭黑的生热量也较小，超耐磨炭黑、中超耐磨炭黑、高耐磨炭黑的生热量则比较高。

4. 软化剂的影响

软化剂可以显著提高胶料的流动性，缩短注射时间，但因生热量降低，从而降低了注射温度，延长了硫化时间。由于硫化温度较高，应避免软化剂挥发，宜选用分解温度较高的软化剂。

（八）喷霜

喷霜是指胶料中的配合剂由内部迁移至表面的现象。常见的喷霜形式有喷粉、喷蜡和喷油三种。

喷粉指胶料中的粉状配合剂析出胶料（或硫化胶）表面，形成一层类似霜状物的粉层。

喷蜡指胶料中的蜡类助剂析出表面，形成一层蜡膜。

喷油指胶料中的软化剂、增塑剂等液态配合剂析出表面，形成一层油状物。

喷霜不仅影响制品的外观质量，而且还会影响胶料的工艺性能和硫化胶的物理性能。例如，降低胶料的自粘性，给成型工艺带来困难，影响胶料和织物、金属骨架的黏合性能。喷霜严重时还会造成胶料焦烧和制品老化，表层和内部硫化程度不均，使硫化胶物性下降等问题。特别是医用和食品用橡胶制品，都绝对不允许有喷霜现象，否则将会危害人体健康。喷霜确有"百害"的一面，但也有有利的一面，这就是对有些工业制品如轮胎，需要喷蜡形成蜡膜，以防止臭氧老化。喷霜是橡胶加工厂经常出现的问题，到目前为止，仍然没有彻底解决这个难题。

导致喷霜的内在原因是某些配合剂在胶料中形成过饱和状态或不相容。对于在胶料中有溶解性的配合剂而言，达到过饱和状态后，总是接近表面层的配合剂首先喷出表面，所以离表面层越近，这些配合剂的浓度越低。而在胶料中呈过饱和状态的配合剂，正如溶液中的溶质一样，总是由高浓度向低浓度扩散转移，因此造成这些配合剂由胶料内部向表面层迁移析出。当这些配合剂在胶料中的浓度降低到饱和状态时，则喷出过程终止。而对于那些在胶料中无溶解性的配合剂（如某些填料）的喷出，则属于不相容的问题。

造成配合剂在胶料中呈过饱和状态的主要原因是配方设计不当，某些配合剂的用量过多，超过其最大用量。一般配合剂在一定的温度、压力条件下，在橡胶中都有一定的溶解度，达到该溶解度时的配合量即为其最大用量。当配合剂用量超过其最大用量时，配合剂则不能完全溶解在橡胶中，呈现过饱和状态。不能溶解的那部分便会析出表面形成喷霜。

某些加工工艺，如橡胶的可塑度过大、配合剂分散不均、炼胶温度过高、硫化温度过高、硫化不足等，都是导致喷霜的原因。而硫化后的制品在贮存或使用过程中，较高的温度、湿度以及强烈的阳光照射是造成喷霜的外部因素。影响喷霜的配方因素如下。

1. 胶种对喷霜的影响

NR 中含蛋白质、脂肪酸、糖分及灰分等物质；另外它还含有较多的双键，易与氧、臭氧等活性物质反应，而使橡胶分子链断裂，容易产生喷霜。SBR、BR 不具备 NR 的上述特点，因此喷霜程度差一些。同一配合剂在不同的橡胶中有不同的溶解度，例如硫黄在不同橡胶中的溶解度如表 9-34 所示。由表 9-34 可见，硫黄在胶料中的溶解度随胶种而异，在室温下易溶解于 NR、SBR 中，而难溶解于其他橡胶中，尤其是难于溶解在 IIR 和 EPDM 中。

表 9-34　硫黄在不同橡胶中的溶解度①　　　　　　　　单位：g

胶　　种	温　　度			
	25℃	40℃	50℃	80℃
NR	1.3	1.55～2.0	3.3	5.1
SBR(苯乙烯含量 23%)	1.0	1.8	3.4	6.1
NBR(丙烯腈含量 25%)	0.4	0.8	1.5	3.0
NBR(丙烯腈含量 39%)	0.3	0.5	1.1	2.1
IIR	—	0.06	0.8	1.7
EPDM	—	0.5	0.9	2.0

① 硫黄在 100g 生胶中的溶解量（g）。

为了避免喷霜现象，在不影响使用性能的情况下，应选用溶解度大的生胶，或尽量选用与配合剂溶解度参数相近的生胶。

2. 配合剂的影响

通常容易造成喷霜的配合剂有：硫黄、促进剂 TMTD、DM、M、NA-22、防老剂 D、4010、H、DNP、MB、石蜡，还有氧化锌、硬脂酸、CTP、轻质碳酸钙、碳酸镁以及机油、酯类增塑剂等。

硫黄是一种最容易引起喷霜的配合剂，它在各种生胶中的溶解度均随温度升高而增大，在高温条件下，硫黄用量过多时，是一种假溶解，一旦温度降低至室温则会出现过饱和状态，引起喷出。为防硫黄喷出可采取如下措施：①用量不宜过多，一般控制在 1.5～2.5 份；②采用半有效、有效、无硫硫化体系；③混炼温度不宜过高，以免造成假溶解；④为避免胶料喷硫，可选用不溶性硫黄。

促进剂最好是并用，但要注意搭配和配比，以免降低促进剂效果。例如 EPDM 经常采用多种促进剂并用，对防止喷霜很有效。

氧化锌和硬脂酸在硫化过程中生成的硬脂酸锌在 BR 中的溶解度较小。因此在掺用 BR 的胶料中，过量使用硬脂酸会引起喷霜。其量应控制在 0.5～3 份之间。

防老剂在橡胶中的溶解度也很有限，最好是并用，能有效地防止喷霜。臭氧老化的裂口也容易引起喷霜，使用 4010（0.5～0.8 份）、MB（0.8～1.5 份）、H（0.2 份）并用，可以防止或延缓喷霜。

填料的喷出主要是与橡胶不相容性造成的，因不相容而产生的喷霜程度也不同。一般说来，白炭黑在合成橡胶中的相容性优于 NR，而陶土在 NR 中的相容性优于合成橡胶。由于陶土酸性大、易吸附促进剂、易产生欠硫，故在添加陶土的胶料中要求增加促进剂用量，因而会造成促进剂的过饱和出现喷霜。大量使用单一品种的填充剂对抑制喷霜是不利的，填料并用如陶土/立德粉、陶土/碳酸钙、陶土/白炭黑并用，比单用一种能延缓喷霜时间。

总之，为避免喷霜，在配方设计时，一是要注意控制配合剂的最大用量必须在其溶解度的允许范围内，不能形成过饱和状态；二是配合剂并用；三是选用溶解度参数与所用生胶溶解度相近的配合剂。

三、橡胶配方设计与使用性能的关系

（一）耐热性

所谓耐热性是指硫化胶在高温长时间热老化作用下，保持原有物理性能的能力。从配方设计的角度考虑，提高橡胶制品的耐热性主要从以下三方面着手：

① 以橡胶大分子的化学结构为依据，选择对热和热氧稳定性好的橡胶，作为主体材料的高聚物是保证耐热性的基础；

② 选择耐热的硫化体系，以改善硫化胶的耐热性；

③ 选择优良的防护体系，以提高橡胶制品对热和热氧的防护能力。

1. 橡胶的选择

大量研究表明，耐热聚合物的结构特点是：分子链高度有序；刚性大；有高度僵硬的结构；分子间作用力大；具有较高的熔点或软化点。例如聚四氟乙烯（PTFE），使用温度为 315℃，完全符合上述结构特点。而橡胶弹性体的结构特点是分子链柔顺，分子间作用力小，其工作温度范围必须高于它的玻璃化转变温度（T_g）。从结构上看不具备耐热聚合物的结构特点，若提高其耐热性，必须提高其键能，减少分子链中弱键的数量，例如用氟原子取代碳链上的氢原子制成的氟橡胶；用耐热的无机元素取代主链上的碳原子做成的硅橡胶、硅硼橡胶等。各种橡胶的键能和使用温度见表 9-35。

表 9-35　各种橡胶的键能和使用温度

橡　　胶	键合形式	键能/kcal·mol^{-1}	使用温度/℃
NR SBR NBR	(C＝C—C)—C	61.5	80 100 120
EPDM ACM IIR	(C—C)—C	80	130～150 150～180 130～150
FKM	$F_3C—CF_2—C—F$	124	220
Q	Si—O	185	250

注：1kcal＝4.18kJ。

目前作为耐热橡胶经常使用的有 EPDM、IIR、CSM、ACM、HNBR、FKM 和 Q。

2. 硫化体系的选择

不同的硫化体系形成不同的交联键，各种交联键的键能和吸氧速度不同，键能越大，硫化胶的热稳定性越好；吸氧速度越慢，硫化胶的耐热氧老化性越好。不同类型交联键的键能和吸氧速度见表 9-36。

表 9-36　不同类型交联键的键能和吸氧速度

交联键类型	键解离能/kcal·mol^{-1}	吸　氧　速　度
		在 100℃下空气中吸氧达 5%时的时间/h
—C—C—	63	118
—C—S—C—	35	53
—C—S$_x$—C—	27～28	27

注：1kcal＝4.18kJ。

由表 9-36 可见，不同类型交联键的热稳定性按如下顺序排列：—C—C—＞—C—S—C—＞—C—S$_x$—C—。在常用的硫化体系中，过氧化物硫化体系的耐热性最好。一般说来，MVQ、EPDM、CSM、CPE、NBR 都可以用过氧化物硫化。而 IIR 非但不能用过氧化物硫化，反而会被过氧化物分解。

目前 EPDM 的耐热配合几乎都采用过氧化物硫化体系。单独使用过氧化物作硫化剂时，存在交联密度低、热撕裂强度低等问题。最好是和某些共交联剂并用，例如双马来酰亚胺（HVA-2）、三烯丙基氰脲酸酯（TAC）、三烯丙基异氰脲酸酯（TAIC）、对苯醌二肟等和有机过氧化物并用，可使 EPDM 硫化胶的耐热性提高。

用过氧化物硫化的 NBR，其耐热性优于有效、半有效和传统的硫化体系，但不如用镉镁硫化体系硫化的 NBR。镉镁硫化体系的组成如下：氧化镉 2～5份，氧化镁 5 份，二乙基二硫代氨基甲酸镉 2.5 份，促进剂 DM 1.0 份。值得注意的是，镉镁硫化体系并不是对所有的 NBR 都有效果，例如对 Hycar 1034 和 Hycar 1042 提高耐热性显著，而对于 Hycar 1032、Hycar 1052 和 Hycar 1072 的耐热则变化不大。有资料报道，镉镁硫化体系对含稳定剂的特制丁腈橡胶特别有效，其原因有待进一步研究。也有文献报道，用 TMTD、DM、DTDM（2/2/2）组成的无硫硫化体系，对 NBR 的耐热性比用过氧化物和镉镁硫化体系还好。

对于 IIR 而言，可采用肟类和树脂硫化体系。树脂硫化的 IIR 耐热性较好，只有用树脂硫化的 IIR 才具有在 150～180℃下长期工作的能力。

ACM 分为含氯型、环氧基型、羧基型三大类；要根据各自的类型来选择耐热的硫化体系。活性氯基团型可选用 HMDAC/DBLP、皂/硫黄硫化体系；环氧型交联点单体使用醚类较好，在使用安息香酸铵时要注意：羧基使用多胺硫化剂耐热性优良。

3. 防护体系的选择

橡胶制品在高温使用条件下，防老剂可能因挥发、迁移等原因迅速损耗，从而引起制品性能劣化。因此在耐热橡胶配方中，应使用挥发性小的防老剂或分子量大的抗氧剂，最好是使用聚合型或反应型防老剂。

在耐热橡胶配方中，往往需要增加防老剂的用量，但由于防老剂的最大用量受其在胶料中的溶解度所限制，所以一般采用几种防老剂并用。另外并用时的协同效应对提高防老剂的防护效果极为有利。

4. 填充体系的影响

一般说来，无机填料的耐热性比炭黑好，无机填料中耐热性比较好的有白炭黑、氧化锌、氧化镁、三氧化二铝和硅酸盐。

不同类型的填料对过氧化物硫化的耐热橡胶有一定的影响。具有酰基的过氧化物，如过氧化苯甲酰等，对酸性填料是不敏感的，而那些没有酸性基团的过氧化物，如过氧化二异丙苯等，酸性填料则有强烈影响，会妨碍硫化反应。酸性填料对烷基过氧化物（如二叔丁基过氧化物）的影响，要比芳香族过氧化物（如过氧化二异丙苯等）小。

碱性填料对含有酰基的过氧化物影响较大。炭黑对过氧化苯甲酰的硫化有不良影响，炉法炭黑对过氧化二异丙苯几乎没有影响，而槽法炭黑因其呈酸性而妨碍其硫化。硅系填充剂一般呈酸性，会妨碍过氧化二异丙苯硫化。

5. 软化剂的影响

一般软化剂分子量低，高温下易挥发或迁移，导致硫化胶硬度增加、伸长率降低。所以耐热橡胶配方中应选用高温下热稳定性好、不易挥发的品种，例如分子量大软化点高的聚酯类增塑剂以及某些低分子量的聚合物如液体橡胶等。

（二）耐寒性

橡胶的耐寒性可定义为在规定的低温下，保持其弹性和正常工作的能力。

硫化胶的耐寒性主要取决于高聚物的两个基本特性，即玻璃化转变温度（T_g）和结晶。

对于非结晶型橡胶的耐寒性，可用 T_g 或 T_b（脆性温度）表征。只有在高于 T_g（或 T_b）时，才有使用价值。

对结晶型橡胶则不能用 T_g、T_b 来表征它的耐寒性，因为结晶型橡胶往往在比 T_g 高许多的温度下，便丧失弹性，这些橡胶的最低使用温度极限有时甚至可能高于 T_g70～80℃。由于结晶过程需要经历一段短则几小时，长则几个月不等的时间，因此对结晶型橡胶耐寒性的评价，不能只凭试样在低温下短时间的试验，需要考虑到贮存和使用时结晶过程的发展。

1. 橡胶分子结构对耐寒性的影响

影响橡胶耐寒性的结构因素有：①分子链的柔性越大耐寒性越好；②分子间作用力小的耐寒性好，T_g 随分子链之间引力增加而升高；③分子的对称性可减小偶极矩，改善耐寒性，例如聚异丁烯的 T_g 低于聚丙烯；④分子量越小，T_g 越低，因为链端的键比链内的键有较大的自由度和较低的旋转能，T_g 随链端浓度增加而下降；⑤结晶。

链段运动是通过主链上键的内旋转而实现的，所以分子链的柔性是决定橡胶耐寒性的关键，综上结构因素，橡胶耐寒性的一般规律如下：

① 主链中含有双键和醚键的橡胶，例如 BR、NR、CO、Q，具有良好的耐寒性；

② 主链不含双键，侧链含有极性基团的橡胶，例如 ACM、CSM、FKM，耐寒性最差；

③ 主链含有双键，而侧链含有极性基团的橡胶，例如 NBR、CR，其耐寒性居中；

④ 不饱和度很小的非极性橡胶 EPDM、IIR，其耐寒性优于 SBR、NBR、CR。

2. 增塑剂的影响

增塑剂是除生胶之外对耐寒性影响最大的配合剂。加入增塑剂可降低橡胶的 T_g，提高其耐寒性，降低聚合物的松弛温度，减少形变时所产生的应力，从而达到防止脆性破坏的目的。试验表明，加入增塑剂还可使硫化胶高弹态的范围向低温方向扩展。对于非结晶橡胶，使用温度越接近 T_g 其耐寒系数越小。对于结晶型橡胶，其结晶速度最大时的温度在 T_g 之上，例如 NR 的 T_g 为 -62℃，结晶速度最大时的温度为 -25℃，加入增塑剂可使最大结晶速度时的温度向低温推移，从而改善了结晶橡胶的耐寒性。

常用的增塑剂有：癸二酸酯（如 DBS、DOS）、邻苯二甲酸酯（如 DBP、DOP）、己二酸酯（如 DOA、PPA、PBA）、磷酸酯（如 TPP、TCP）、氯化石蜡等。耐寒增塑剂选择的原则是：能降低硫化胶的 T_g；对结晶型橡胶能有效地抑制硫化胶的结晶作用。对极性橡胶应选用与其极性相近、溶解度参数相近、溶剂化作用强的增塑剂。

3. 硫化体系的影响

交联生成的化学键使 T_g 上升，对耐寒性不利，因为交联后分子链段的活动性受到限制，降低了分子链的柔性。还有一种解释是随交联密度增加，网络结构中自由链段体积减少，从而降低了分子链段的运动性。

随交联剂用量增加，T_g 上升。例如 NR（未填充炭黑）中硫黄用量增加 1 份时，其 T_g 上升 4.1～5.9℃。

交联密度和耐寒系数（k）的关系是：随交联密度增加，k 增大并出现一个最大值；交联密度过大，交联点之间的距离小于活动链段的长度时，k 值开始下降。

交联键类型对耐寒性的影响可从 NR 硫化胶不同硫化体系的 T_g 试验予以说明：使用 CV 硫化体系时，随硫黄用量增加（直到 30 份），其 T_g 也随之上升（可上升 20～30℃）。使用 EV 硫化体系时，T_g 比 CV 硫化体系降低 7℃。用过氧化物或辐射硫化时，虽然模量提高也会达到与硫黄硫化同样的数值，但 T_g 变化却不大，始终处于 -50℃ 的水平。

产生上述差异的原因是：用 CV 硫化体系时，在生成多硫键的同时，还能生成分子内交联，并且发生环化反应，使得链段的活动性降低，造成 T_g 上升。减少硫黄用量，使用 SEV 或 EV 硫化体系时，主要生成单硫键和二硫键，分子内结合硫的可能性降低，因此 T_g 上升的幅度比多硫键小。用过氧化物或辐射硫化时，硫化胶的体积膨胀系数大，使链段活动的自由空间增加，有利于 T_g 降低。另外，过氧化物硫化时，生成牢固的、短小的—C—C—交联键；而用硫黄硫化时，则生成牢固度较小、长度较大的多硫键。在发生形变时，多硫键（弱键）易发生畸变，增加了滞后损失和蠕变速率，硫化胶中的黏性阻力部分比过氧化物硫化胶更大一些。也就是说，用硫黄硫化的橡胶中，分子间的作用力要大得多，这正是 CV 硫化体系耐寒性较差的原因。

4. 填充体系的影响

填充剂对耐寒性的影响取决于填充剂和橡胶相互作用后所形成的结构。活性炭黑粒子和橡胶分子之间会形成不同的物理吸附键和牢固的化学吸附键，在炭黑粒子表面形成生胶吸附层（界面层），该界面层内层处于玻璃态，外层处于亚玻璃态，所以被吸附的橡胶 T_g 上升，不能指望加入填充剂来改善硫化胶的耐寒性。总体说来，填充剂的活性越高，耐寒系数 k 值越小；填充剂用量越大，活性越高，玻璃化起点的温度也越高。

（三）耐油性

耐油性是指硫化胶抗油类作用的能力。当橡胶制品与油液长时间接触时，会发生如下两种现象：①油液渗透到橡胶中，使之溶胀或体积增大；②胶料中的某些可溶性配合剂被油抽出，导致硫化胶收缩或体积减小。这是一个动态平衡过程，如果溶胀导致的体积变化大于收缩导致的体积变化，则呈现溶胀，反之则收缩。通常溶胀随硫化胶与油的接触时间增加而增大，直到油液不再被吸收为止，尔后体积保持稳定，此时即达到平衡溶胀。

耐油性的评价，通常是用标准试验油测定硫化胶在油中浸泡后的体积、质量变化率和物性变化率。标准试验油是按 ASTM D 471 规定的 3 种润滑油（ASTM No.1、ASTM No.2、ASTM No.3）、3 种燃油（A、B、C）和 2 种工作流体为标准试验油。因为各种油品的产地、炼制过程不同，其黏度、苯胺点、闪点均有差异，若不借助于标准油试验时，则没有普遍性和可比性。

橡胶的耐油性不能用溶解度参数和相互作用系数简单地表示出来。以往人们常用油的苯胺点来预测橡胶对矿物基润滑油的抗耐性，苯胺点是表示油中芳香族成分与脂肪族成分比例大小的一个尺度，它是润滑油与等量的苯胺混合能够完全溶解时的最低温度，苯胺点低（芳烃含量比例大）的油容易使橡胶溶胀，苯胺点高时，则不易使橡胶溶胀。图 9-12 示出了苯胺点与橡胶溶胀的关系。

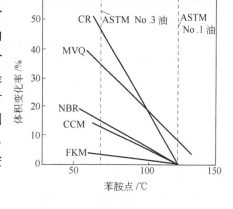

图 9-12　各种橡胶的溶胀与苯胺点的关系
试验条件：CR、NBR——100℃×70h；CCM、MVQ——150℃×70h；FKM——175℃×70h

1. 橡胶的选择

（1）耐燃油性　各种橡胶在 23℃下，浸泡在异辛烷和芳香族化物（汽油和苯）的混合液（体积比为 60∶40）中，46h 后，其体积变化和拉伸强度保持率如表 9-37 所示。

表 9-37　各种橡胶的耐普通燃油性

胶　种	体积变化率/%	拉伸强度保持率/%	胶　种	体积变化率/%	拉伸强度保持率/%
FKM	0	100	NBR	53	30
FPKM	13	70	ACM	55	30
FMVQ	15	85	CPE	70	27
CO	15	67	CR	75	20

试验结果表明，在极性橡胶中耐燃油性的排列顺序为：FKM＞CO＞NBR＞ACM＞CPE＞CR。

NBR 的耐燃油性随丙烯腈含量增加而提高。

以上是耐普通燃油性的情况，近年来为了保护环境，降低汽油中铅含量，提高汽油的辛烷值，国外已使用混合型燃油（汽油/甲醇、汽油/乙醇）和氧化燃料油取代目前所用的汽油。试验结果表明，FMVQ、FKM 耐混合型燃油最好；NBR 次之，随丙烯腈含量增加，耐混合燃油性提高；ACM 耐混合燃油性最差。

氧化燃油（酸性燃油）中的氢过氧化物可使硫化胶的性能恶化，在燃油系统中常用的 NBR、CO 难以满足长期使用要求，只有含氟弹性体如 FKM、FMVQ、FPKM 和 HNBR 耐氧化燃油性较好。FKM 在过氧值为 50 的酸性汽油中，40℃ 下浸泡 1000h，仍能保持较好的强伸性能。而普通的 NBR 硫化胶则不能在 125℃ 的酸性汽油中长时间工作，只有用氧化镉活化的有效硫化体系以及白炭黑为填料的 NBR 才能较好地耐酸性汽油。

（2）耐矿物油性　矿物油属于非极性油类，只有极性橡胶耐矿物油，而非极性橡胶则不耐矿物油，见表 9-38。

表 9-38　各种橡胶在矿物油中的体积变化率　　　　　　　单位：%

矿物油(50℃×7d)	极 性 橡 胶				非极性橡胶		
	NBR-38（丙烯腈含量38%）	CO	CSM	CR	NR	SBR	IIR
ASTM No. 1 油	−2	4	4	5	60	12	20
ASTM No. 2 油	−1.5	7	12	20	100	30	50
ASTM No. 3 油	0.5	25	65	65	200	130	120

NBR 是常用的耐矿物油橡胶，其耐油性随丙烯腈含量增加而提高。但其耐热性有限，即使采用过氧化物或镉镁硫化体系硫化的 NBR，在 ASTM No. 3 号油中长期（1000h）使用的最高温度也不超过 135℃。因此当油温达到 150℃ 时，应采用 HNBR、FKM、FMVQ、ACM。为降低胶料成本可在 FKM 中并用 50% 以下的 ACM。

（3）耐合成润滑油性　近年来汽车工业为了解决汽车尾气污染问题，进行了一系列的改革，出现了很多新型合成润滑油，油中加了各种各样的添加剂，有些添加剂对橡胶腐蚀性严重，这样对与之配套的橡胶制品就提出了更高的要求，要求汽车零、部件中的橡胶制品对各种合成润滑油有良好的抗耐性，以保证其使用寿命和使用效率。

合成润滑油由基本液体和添加剂两部分组成。基本液体主要是合成的碳氢化合物、二元酸的酯类、磷酸酯、硅和氟的化合物等。

添加剂是用来改善基本液体物理、化学性质的添加物，常用的添加剂有抗氧剂、腐蚀抑制剂、去污剂、分散剂、泡沫抑制剂、抗挤压剂、黏度指数改进剂等。通常大多数添加剂的化学性质都比较活泼，对橡胶的化学腐蚀性较大。如抗氧剂、抗挤压剂中的硫、磷化合物可使 NBR 严重硬化，胺类对 FKM 侵蚀严重等。

用于合成润滑油中的橡胶选择，基本上按照"相似相容"的聚合物溶剂选择原则，与合成润滑油化学性质相近的橡胶，在油中将出现极度膨胀现象，而与合成润滑油化学性质不同的橡胶，耐油性较好，只发生很小的体积膨胀。在合成润滑油中工作的橡胶制品，不仅要耐基本液体的作用，而且要耐油中添加剂的作用。因此合成润滑油对橡胶的侵蚀作用要比燃料油和矿物油更为复杂和苛刻。在设计耐合成润滑油的橡胶配方时，应根据合成润滑油的类型和化学性质，通过浸油试验，合理地选择生胶和配合剂。

2. 硫化体系的影响

随交联密度增加，分子间作用力增大，硫化胶网络结构致密，自由空间减小，油难以扩散。所以应适当增加交联剂用量，提交联密度。

交联键类型对耐油性的影响与油的种类和温度有密切关系，例如 NBR 在氧化燃油中，过氧化物硫化的—C—C—最稳定。而在 125℃ 时用 Cdo/给硫体硫化体系最好。在 150℃ 的矿物油（ASTM No.3 油）中，用 Cdo/s 给予体＋HVA 硫化体系耐热油性能较好。

3. 填充剂和增塑剂的影响

填充剂和软化剂或增塑剂对硫化胶溶胀度的影响可用式（9-5）表示。

$$\Delta V = \frac{\Delta V_R V_P}{100} \ ES \tag{9-5}$$

式中　ΔV——硫化胶的溶胀率，%；

ΔV_R——纯橡胶的溶胀率，%；

V_P——硫化胶中橡胶的体积分数，%；

E——抽出系数；

S——硫化胶中填充剂、增塑剂的体积分数，%。

由式（9-5）可见，当填充剂和增塑剂用量增加时，硫化胶的溶胀率降低。因为溶胀主要是硫化橡胶网络中渗入油而引起的体积增加，增加填料和增塑剂的用量，即降低了胶料中橡胶的体积分数，有助于提高耐溶胀性。通常填料的活性越高，与橡胶的结合力越强，硫化胶的体积溶胀越小。耐油橡胶配方中应选用不易被油类抽出的软化剂，最好是选用低分子聚合物，如低分子聚乙烯、氧化聚乙烯、液体橡胶等。极性大、分子量大的软化剂或增塑剂对耐油性有利。

4. 防护体系的选择

耐油橡胶制品经常在温度较高的热油中使用，因此防老剂在油中的稳定性十分重要，假如硫化胶中的防老剂在油中被抽出，则制品的耐热老化性能会大大降低。为此应选择反应型和不易被油抽出的防老剂，例如防老剂 DNP，和 N-异丙基 N'-苯基-对苯二胺（商品名称为 Santo Flex IP 和 Flexzone 3C）均为目前已经商品化的耐抽出防老剂。

（四）耐化学腐蚀性

当橡胶制品和化学药品接触时，由于氧化作用常常引起橡胶和配合剂的分解，造成硫化胶的腐蚀或溶胀。这些化学药品主要是各种酸、碱、盐溶液，它们主要是以水溶液状态出现的。由化学腐蚀产生的橡胶分子断裂、解聚以及配合剂的分解、溶解、溶出等现象，都是化学药品水溶液向硫化胶中不断渗透、扩散的结果。因此只有首先耐水性橡胶配方，在此基础上才能进一步提高耐化学腐蚀性。

1. 硫化胶的耐水性

橡胶的吸水是一种扩散过程，其扩散速度和吸水量与橡胶中的水溶性杂质（电解质）的含量和橡胶的极性有关。

乳聚橡胶一般都含有用作稳定剂或凝固剂的盐、脂肪酸等电解质杂质，因此吸水量都较大；与此相反，溶聚橡胶含这些电解质杂质少，因此吸水量也较小。

极性橡胶的吸水量一般要高于非极性橡胶。例如 NR、SBR、EPDM、IIR 等非极性橡胶的硫化胶，在 23～28℃下浸水 8760h，吸水量为 1‰～6‰，而极性橡胶（NBR、CR、CSM）在相同的条件下吸水量为 7‰～9‰。

耐水橡胶的配合原则是：提高交联密度、增加交联剂的用量；不使用含水溶性电解质的配合剂；填料、防老剂、增塑剂等用量应尽量减少。EPDM、FKM 宜采用过氧化物硫化。CR 和 CSM 最好使用氧化铅，不用氧化镁和氧化钙。IIR 最好采用树脂硫化。在热水中使用的 NR，用有效硫化体系或给硫体硫化体系。分子量较低的芳香族胺类防老剂易被抽出，加入石蜡可减小防老剂被抽出的程度。无机填料中经常含有微量的可溶性盐类，因此耐水橡胶制品最好使用炉法炭黑和不含可溶性盐类的填料。

2. 耐化学腐蚀性的配合体系

耐腐蚀橡胶的配方设计主要采取以下方法：一是针对所用的腐蚀性介质及使用条件，选择合适的橡胶品种和配方；二是设法在橡胶表面形成一个防渗透层，以阻止或减低腐蚀性介质的扩散速度；三是加入能与化学腐蚀性介质反应的添加剂，以抑制化学介质和橡胶的反应速度。

（1）橡胶的选择 耐腐蚀橡胶应具有较高的饱和度，而且要尽量消除或减少活泼的取代基团，或者是引进某些取代基把橡胶分子结构中的活泼部分稳定起来。另外，键能大、分子间作用力大、分子排列紧密的化学结构，都会提高橡胶的化学稳定性。硫化胶的化学稳定性取决于胶种。表 9-39 列出了在各种典型的腐蚀性介质中各种橡胶的适用性。

表 9-39　各种橡胶的耐化学药品腐蚀性

化学药品	NR		NBR		CR		IIR		EPDM		CSM		FKM		PTFE	
	室温	70℃	室温	70℃	室温	70℃	室温	70℃	室温	70℃	室温	70℃	室温	70℃	室温	70℃
强氧化剂																
N_2O_4	×	×	×	×	×	×	△	×	×	×	×	×	○	○	○	○
H_2O_2	×	×	×	×	×	×	×	×	×	×	×	×	○	○	○	○
无机酸																
$H_2SO_4(<60\%)$	○	○	○	○	○	○	○	○	○	○	○	○	○	○	○	○
$H_2SO_4(70\%)$	△	△	×	×	×	×	○	○	○	○	○	○	○	○	○	○
$H_2SO_4(98\%)$	×	×	×	×	×	×	×	×	×	×	×	×	×	×	○	○
$HNO_3(5\%)$	×	×	×	×	×	×	○	○	○	○	○	○	○	○	○	○
$HNO_3(60\%)$	×	×	×	×	×	×	△	×	×	×	×	△	○	○	○	○
$HCl(5\%)$	△	×	×	×	○	○	○	○	○	○	○	○	○	○	○	○
$HCl(36\%)$	×	×	×	×	○	○	△	×	○	○	○	○	○	○	○	○
$HF(<50\%)$	×	×	×	×	○	○	○	○	○	○	○	○	○	○	○	○
$HF(>50\%)$	×	×	×	×	×	×	○	○	○	○	○	○	○	○	○	○
铬酸(5%)	×	×	×	×	×	×	△	×	○	○	○	○	○	○	○	○
铬酸(25%)	×	×	×	×	×	×	×	×	○	○	○	○	○	○	○	○
有机酸																
冰醋酸	○	○	×	×	○	○	△	×	○	○	○	○	○	○	○	○
磷酸(100%)	○	○	○	△	○	○	○	○	○	○	○	○	○	○	○	○
无机碱	○	○	○	○	○	○	○	○	○	○	○	○	△	×	○	○
胺(有机碱)	○	△	○	○	○	○	△	×	○	△	○	△	×	×	○	○
无机盐溶液	○	○	○	○	○	○	○	○	○	○	○	○	○	○	○	○

注：○为可以使用；×为不可使用；△为尚可使用，但需慎重试验。

（2）硫化体系　增加交联密度、提高硫化胶的弹性模量是提高耐化学腐蚀性的重要措施之一。例如配合 50～60 份硫黄的硬质 NR 防腐衬里，其耐化学腐蚀性比 NR 软质胶要好得多。

使用金属氧化物硫化的 CR、CSM 等应以氧化铅代替氧化镁。

交联键类型也有重要影响，例如用树脂硫化的 IIR，耐腐蚀性明显地优于硫黄和醌肟硫化的 IIR。用胺类或酚类硫化体系硫化的 FKM，耐化学腐蚀性明显降低，而用过氧化物和辐射硫化则能保持较高的化学稳定性。

（3）填充体系　耐化学腐蚀的胶料配方所选用的填充剂应具有化学惰性，不易与化学腐蚀介质反应，不被侵蚀，不含水溶性的电解质杂质。应避免使用水溶性的和含水量高的填料，否则硫化时水会迅速挥发使硫化胶产生很多微孔，导致腐蚀性介质对硫化胶的渗透速度加大。为防止这一弊害，通常配入适量的矿物油膏或氧化钙来吸收水分。

（4）增塑体系　应选用不会被化学药品抽出、不易与化学药品起化学作用的增塑剂。例如酯类和植物油类增塑剂，在碱液中易产生皂化作用，在热碱液中往往会被抽出，致使制品体积收缩，甚至丧失工作能力。在这种情况下，可使用低分子聚合物或耐碱的油膏等增塑剂。

（五）减振阻尼性

减振橡胶的主要性能指标是：①硫化胶的静刚度，即硫化胶的弹性模量；②硫化胶的阻尼性能，即阻尼系数 tanδ；③硫化胶的动态模量。除上述关键性能指标外，还应考虑疲劳、蠕变、耐热以及与金属黏合强度等性能。

1. 橡胶的选择

减振橡胶的阻尼性能主要取决于橡胶的分子结构，例如分子链上引入的侧基体积较大时，阻碍链段运动，增加了分子之间的内摩擦，使阻尼系数 tanδ 增大。结晶的存在也会降低体系的阻尼特性，例如在减振效果较好的 CIIR 中混入结晶的 IR 时，并用胶的阻尼系数 tanδ 将随 IR 含量增加而降低。

在通用橡胶中，tanδ 由大到小的排列顺序是：IIR＞NBR＞CR、SBR＞Q、EPDM、PU＞NR＞BR。NR 的 tanδ 虽然比较小，但其耐疲劳性、生热、蠕变与金属黏合等综合性能最好，所以 NR 还广泛地用于减振橡胶。如要求耐低温，可与 BR 并用；要求耐天候老化时，可选 CR；要求耐油时可选用 NBR；对低温动态性能要求苛刻的可选用硅橡胶。一般要求低阻尼时采用 NR；要求高阻尼时采用 IIR 或 CIIR。

2. 硫化体系的影响

硫化体系与硫化胶的刚度、tanδ、耐热性、耐疲劳性均有关系。一般硫化胶网络中硫原子越少，交联键越牢固，硫化胶的弹性模量越大，tanδ 越小。各种硫化体系的耐热疲劳寿命如下：无硫硫化体系＞EV＞SEV＞CV。

交联剂用量的影响：在 SBR 中随硫黄用量增加，静刚度上升，阻尼系数下降，动刚度基本不变。

3. 填充体系的影响

填充体系与硫化胶的动模量、静模量、tanδ 有密切关系，当硫化胶受力产生形变时，橡胶分子链段与填料之间或填料与填料之间产生内摩擦使硫化胶的阻尼增大。填料的粒径越小，比表面积越大，与橡胶分子的接触面越大，其物理结点越多，触变性越大，在动态应变中产生的滞后损耗越大。因此填料的粒径越小，活性越大，硫化胶的阻尼性、动模量和静模量也较大。填料粒子形状对硫化胶的阻尼和模量也有影响，例如片状云母粉可使硫化胶获得更高的阻尼性和模量。

在减振橡胶配方中，NR 使用 SRF 和 FT 炭黑较好；合成橡胶可使用 FEF 和 GPF 炭黑。一般随炭黑用量增加，硫化胶的阻尼系数和刚度也随之增加。另外随炭黑用量增加，对振幅的依赖性也随之增大。

为了尽可能提高减振橡胶的阻尼特性，降低蠕变及性能对温度的依赖性，往往在高阻尼的隔振橡胶中配合一些特殊的填充剂，例如蛭石、石墨等。

白炭黑补强效果仅次于炭黑，但动态性能远不如炭黑。碳酸钙、陶土、碳酸镁等无机填料补强性较弱，为了获得规定的模量，势必要比炭黑的用量大，加大这些无机填料的用量，对其他性能会产生不利的影响，所以一般很少采用。

4. 增塑体系的影响

用作减振橡胶的增塑剂，如要求阻尼峰加宽，应使用与橡胶不相容或只有一定限度溶解度的增塑剂。通常随增塑剂用量增加，硫化胶的弹性模量降低，阻尼系数增大。增加增塑剂用量，虽然能改善低温性能和耐疲劳性能，但同时也会使蠕变和应力松弛速度增大，影响使用可靠性，因此增塑剂用量不宜过多。

一般增塑剂的分子结构与橡胶的分子结构在极性上要匹配，即极性橡胶选用极性增塑剂，反之亦然。NR 使用松焦油、锭子油等增塑剂。NBR 则使用 DBP、DOS、DOP、DOA 等增塑剂。

（六）电绝缘性

电绝缘性一般通过绝缘电阻（体积电阻率和表面电阻率）、介电常数、介电损耗、击穿电压来表征。

1. 橡胶的选择

橡胶的电绝缘性主要取决于橡胶分子极性的大小。通常非极性橡胶例如NR、BR、SBR、IIR、EPDM、Q 的电绝缘性好。其中 Q、EPDM、IIR 高压电绝缘性较好，是常用的电绝缘胶种。NR、BR、SBR 以及它们的并用胶，只能用于中低压的电绝缘产品。极性橡胶不宜用作电绝缘橡胶，尤其是高压绝缘制品。CR、CSM、CIIR 由于具有良好的耐天候老化性能，故可用于低绝缘程度的户外电绝缘制品。FKM、CO、NBR、NBR/PVC 可分别用作耐热、耐油、阻燃的低压电绝缘橡胶。

2. 硫化体系的影响

不同类型的交联键可使硫化胶产生不同的偶极矩，因此其电绝缘性也不相同。综合考虑以 NR 为基础的软质绝缘橡胶采用低硫或无硫硫化体系较为适宜。以 IIR 为基础的电绝缘橡胶最好使用醌肟硫化体系。对某些力学性能要求较高而电性能要求不高的低压用 IIR，可使用硫黄-促进剂硫化体系，其组成为：S 0.5份，TMTD 1 份，ZDC 3 份，M 1 份。以 EPDM 为基础的电绝缘橡胶，使用醌肟和过氧化物硫化体系比较优越。用过氧化物硫化时，与 TAIC、少量硫黄、二苯二甲酰苯醌二肟并用，可进一步改善其电绝缘性。

促进剂采用二硫代氨基甲酸盐类和噻唑类较好，秋兰姆类次之。碱性促进剂会增加胶料的吸水性，从而使电绝缘性下降，一般不宜使用。极性大和吸水性大的促进剂会导致介电性能恶化，也不宜使用。

3. 填充体系的影响

一般电绝缘橡胶配方中，填料的用量都比较多，因此对硫化胶的电绝缘性的影响较大。炭黑特别是高结构、比表面积大的炭黑，用量大时容易形成导电通道，使电绝缘性明显降低，因此在电绝缘橡胶中，除用作着色剂外，一般不使用炭黑。

电绝缘橡胶制品中常用的填料有：陶土、滑石粉、云母粉、碳酸钙和白炭黑等无机填料。高压电绝缘橡胶可使用滑石粉、煅烧陶土和表面改性陶土；低压电绝缘橡胶可选用碳酸钙、滑石粉和普通陶土。选用填料时，应特别注意填料的吸水性和含水率，因为吸水性强和含水分的填料会使硫化胶的电绝缘性降低。为了减小填料表面的亲水性，可采用脂肪酸或硅烷偶联剂对陶土和白炭黑等无机填料进行表面改性处理，以防止其电绝缘性的降低。

填料的粒子形状对电绝缘性能，特别是击穿电压强度影响较大。因为片状填料在绝缘橡胶中能形成防止击穿的障碍物，使击穿路线不能直线进行，所以片状的云母粉击穿电压强度较高。增加填料用量，它可提高制品的击穿电压强度。其合理的填料用量，应根据各种电性能指标和物理性能指标综合考虑。

4. 软化剂的选择

以 NR、SBR、BR 为基础的低压电绝缘橡胶，通常选用石蜡烃油即可满足使有要求，其用量为 5～10 份。用 EPDM 和 IIR 制造耐高压的电绝缘制品时，要求软化剂既要耐热，又要保证高压下的电绝缘性能，可选用低黏度的聚丁烯类低聚物和分子量较大的聚酯类增塑剂。但聚酯类化合物在用直接蒸汽硫化时，会引起水解，生成低分子极性化合物，从而使电绝缘性降低。对耐热性要求不高的可选用环烷油和高芳烃油作为操作油。

5. 防护体系的选择

电绝缘橡胶制品，特别是耐高压的电绝缘橡胶制品，在使用过程中要承受高温和臭氧的作用，因此在电绝缘橡胶配方设计时，应注意选择防护体系，以延长制品的使用寿命。一般采用胺类、对苯二胺类防老剂，并用适当的抗臭氧剂，可获得较好的防护效果。例如采用防老剂 H、AW、微晶蜡并用，能减少龟裂生成，使龟裂增长速度减慢，对臭氧有隔离防护作用，防护效果较好。选用防老剂时应注意胺类防老剂对过氧化物硫化有干扰。另外要注意防老剂的吸水性和纯度。

（七）耐辐射性

耐辐射性是指橡胶耐抗诸如 γ 射线、β 射线、X 射线、各种带电粒子线和中子射线等射线的贯穿性破坏的性能。

1. 橡胶的选择

各种橡胶的耐辐射剂量如表 9-40 所示。大多数橡胶在辐射剂量超过 $5 \times 10^5 Gy$ 时，即不能保证正常工作。NBR、CR 和 ACM 在此剂量下虽能保持一定的弹性，但其他性能变化较大。

根据各种橡胶在不同辐射剂量下的性能变化情况，其耐辐射能力，由强至弱的排列顺序为：PU＞EPDM＞SBR＞SBR＞NR＞BR＞NBR＞CR＞CSM＞ACM＞MVQ＞FKM＞PSR＞IIR。

表 9-40　各种橡胶的性能与辐射剂量的关系

胶　　　种	性能基本无变化的剂量/Gy	能保持良好弹性的剂量/Gy	丧失弹性的剂量/Gy
IIR	$<2\times10^4$	$(2\sim4)\times10^4$	$4\times10^4\sim10^5$
PSR	$<3\times10^4$	$(3\sim5)\times10^4$	$5\times10^4\sim10^5$
FKM	$<1\times10^5$	$(1\sim3)\times10^5$	$3\times10^5\sim8\times10^5$
MVQ	$<1\times10^5$	$(1\sim6)\times10^5$	$6\times10^5\sim1.1\times10^6$
ACM	$<1.1\times10^5$	$1\times10^5\sim10^6$	$10^6\sim1.6\times10^6$
CR	$<2\times10^5$	$2\times10^5\sim10^6$	$10^6\sim1.5\times10^6$
NBR	$<2\times10^5$	$2\times10^5\sim10^6$	$10^6\sim1.5\times10^6$
NR	$<5\times10^5$	$5\times10^5\sim1.3\times10^6$	$1.3\times10^6\sim9\times10^6$
PU	$<7\times10^5$	$7\times10^5\sim3\times10^6$	$3\times10^6\sim10^7$

2. 硫化体系的影响

硫化体系对硫化胶耐辐射性的影响主要取决于硫化体系的组分以及它们在硫化过程中的中间产物能否参与辐射化学反应。例如 SBR 结合硫增加 6 倍，其硫化胶的耐辐射性可提高 4～5 倍。在硫化过程中硫黄和促进剂 CZ 未完全消耗时，其辐射交联速度降低，其原因就是未形成交联的硫黄和促进剂在硫化过程中生成的中间产物所造成的。

用 TMTD 代替硫黄与促进剂 DM、M、D 并用时，能降低 NR、SBR、NBR 的辐射交联速度，提高辐射降解速度，抵消部分辐射交联的不良影响，从而使交联结构中的活性链段浓度变化减小，提高了硫化胶的辐射稳定性。

3. 填充体系的影响

炭黑的影响主要取决于生产炭黑时所用的原料油，例如粗蒽油生产的炭黑，由于其表面吸附有较多的芳香族化合物，所以能防止硫化胶发生辐射交联，提高其耐辐射性。

耐辐射性能较好的填料是重金属氧化物或重金属盐类，如氧化铅、五硫化二锑、硫酸钡和锌钡白等，其中氧化铅的效果最好。因为氧化铅等重金属填料填充到橡胶中能提高胶料的密度，降低了射线的穿透能力。增加这类填料的用量可提高对辐射的防护效果，但应注意氧化铅有毒，对硫化胶有污染，且用量过大会使硫化胶的物性降低。

4. 软化剂的影响

软化剂或增塑剂的分子结构中含有芳香基团（如高芳烃油、苯二甲酸酯等）时，可提高硫化胶的抗辐射能力。充油 SBR（聚合时加入芳烃油）的耐辐射性优于非充油 SBR，因为芳烃油能降低辐射交联速度。加入芳烃油时，辐射能量很容易由橡胶大分子传递到芳烃油的苯核上被吸收或转化，从而减轻了对橡胶的辐射作用。对 SBR 而言，各种软化剂（或增塑剂）的抗辐射性按下列顺序递增：凡士林油＜重油＜芳烃油＜矿质橡胶＜松香＜邻苯二甲酸二丁酯。

5. 防护体系的选择

在防辐射橡胶配合中，防止辐射作用的最有效的方法之一是在胶料中加入专门的防护剂——抗辐射剂。不饱和橡胶广泛使用的抗辐射剂是仲胺类防护剂，它能有效地降低不饱和橡胶在空气、氮气和真空中的辐射交联与降解速度。芳香胺、醌类、醌亚胺类抗辐射剂对 NBR、BR、NR 较为有效。含有上述抗辐射剂的硫化胶，在氮气中受电离辐射时，其应力松弛速度基本上不受影响。

由于抗辐射剂在硫化胶中的作用机理不同，所以采用不同的抗辐射剂并用，能获得较好的防护效果。例如在 NBR 中，采用丁醇醛-α-萘胺、4010NA、二辛基对苯二胺和异丙基联苯并用组成的防护体系，可保证其硫化胶在 5×10^5 Gy 辐射下仍能保持足够高的伸长率。

各种橡胶常用的抗辐射防护剂如表 9-41 所示。

表 9-41　各种橡胶常用的抗辐射防护剂

胶　　　种	抗　辐　射　防　护　剂
NR	N-苯基-N'-邻甲苯二胺，防老剂 H，防老剂 D，芳香胺类，醌类
SBR	防老剂 D，4010NA，硫代-二萘酚
NBR	α-萘胺，4010NA，二辛基对苯二胺，异丙基联苯，芳香胺类，醌类，醌亚胺
ACM，FKM	对苯二酚，防老剂 4010，N，N'-二辛基对苯二胺
CSM	二丁基二硫代氨基甲酸锌，防老剂 RD
IIR	二丁基二硫代氨基甲酸锌，防老剂 2246

主要参考文献

1　梁星宇，周木英. 橡胶工业手册·第三分册·配方与基本工艺. 修订版. 北京：化学工业出版社，1992

2　刘植榕，汤华远，郑亚百. 橡胶工业手册·第八分册·试验方法. 修订版. 北京：化学工业出版社，1992

3　山下晋三，前田守一等. ゴム技术の基础·日本ゴム工业协会，1987

4　Brown R P. 橡胶物理试验. 张涛，曾泽新等译. 北京：化工部橡胶工业科技情报中心站，1991

5　北京橡胶工业研究设计院编. 橡胶通用物理和化学试验方法标准汇编. 北京：中国标准出版社，1991

6　于清溪. 橡胶原材料手册. 北京：化学工业出版社，1996

7　杨清芝. 现代橡胶工艺学. 北京：中国石化出版社，1997

8　黄久金，ДЛ 等. 橡胶的技术性和工艺性能. 刘约输译. 北京：中国石化出版社，1992

9　张殿荣，杨清芝等. 国际橡胶会议论文集. 北京：1992

10　张福祥，张隐西等. 橡胶工业. 1999，45（2）：67～71

11　张福祥，张隐西等. 橡胶工业. 1999，45（4）：200～203

12　李花婷，蒲启君. 橡胶工业. 1994，41（6）：338

13　王永昌. 特种橡胶制品. 1996，17（6）：12

14　梁大庆. 橡胶工业，1992，39（1）：18

15　张殿荣，曹学明等. 橡胶工业，1987，（8）：4～8

16　张殿荣，曲金堂等. 橡胶工业，1988，（6）：6～11

17　Ниандрова л. Б著. 橡胶译丛. 梁守智译，1992，（2）：28

18　蒋玉新. 特种橡胶制品，1999，20（2）：25

19　毛庆文. 橡胶工业，1991，38（10）：618

20　朱红，周伊云. 橡胶工业，1992，39（1）：13

21　朱玉俊等. 橡胶工业，1990，37（2）：72

22　吴道兰. 橡胶工业，1991，38（4）：237

23　张殿荣等. 橡胶工业，1991，38（9）：541

24　王贵一. 特种橡胶制品，1994，15（1）：42

25　张殿荣，隋良春. 弹性体，1991，1（3）：39

26　郑长伟. 橡胶工业，1995，42（6）：342

27　陈朝辉，王迪珍，罗东山. 合成橡胶工业，1999，22（6）：365

28　Coullhord D C. J. Elast and plast.，1997，9（4）：131

29　宋义虎等. 特种橡胶制品，1999，20（3）：10～15

30　Козлов П. В.，Лапков С. П. 著. 聚合物增塑原理及工艺. 张留城译. 北京：中国轻工业出版社，1990

31　户原村彦著. 防振橡胶及其应用. 牟传文译. 北京：铁道出版社，1982

第十章 混炼工艺

混炼工艺是橡胶制品生产过程的第一步,它的任务就是将配方中的生胶与各种原材料混合均匀,制成符合性能要求的混炼胶胶料,包括生胶的塑炼加工和胶料的混炼加工两个主要加工过程。塑炼加工是为混炼加工做准备的。故塑炼和混炼通称为炼胶工艺。

混炼对胶料的后序加工和制品的质量起着决定性的作用。混炼不好,胶料会出现配合剂分散不均匀、可塑度过高或过低、焦烧、喷霜等现象,使后序加工难以正常进行,且会导致产品质量不均。所以混炼工艺是橡胶制品生产中最重要的基本工艺过程之一。

对混炼胶料的质量要求:一是能保证硫化胶具有良好的物理机械性能;二是胶料应具有良好的工艺加工性能。因此,对混炼工艺的要求是:

① 各种配合剂要与生胶混合分散均匀,并达到一定的分散度;

② 使补强性填料(特别是炭黑)表面与生胶产生一定的结合作用,以获得必要的补强效果;

③ 胶料应具有适当而均匀的可塑度,以保证后序加工操作的顺利进行;

④ 在保证胶料质量的前提下,尽可能缩短混炼时间,以提高生产效率,减少能量消耗。

实践表明,若胶料经过一定时间混炼之后,继续混炼不仅对进一步提高混合均匀度效果不大,且会降低胶料的物理机械性能,并增加能耗,因此混炼只要求胶料能获得必要的物理机械性能和能正常进行后序加工的最低可塑度即可。

混炼之前,必须先做一些准备工作,如对各种原材料进行质量检验和必要的补充加工、对生胶进行必要的塑炼、有些原材料则需要制成油膏或母炼胶备用、各种配方原材料的称量配合等。

本章以开炼机和密炼机炼胶工艺技术为重点,讨论胶料的塑炼和混炼加工的目的、意义、原理、工艺方法、工艺条件、影响因素及质量检测控制方法等内容。

第一节 炼胶设备简介

目前普遍采用的炼胶设备主要有开放式炼胶机和密闭式炼胶机两大类型。随着密炼机设计制造和应用技术的发展,已成功开发出密炼机自动化炼胶系统。它是以密炼机为中心,配备上、下辅机系统、操作管理自动控制系统等组成的现代化炼胶系统,又称为密炼机组,普遍用于大型橡胶制品企业的生产。

一、开放式炼胶机

开放式炼胶机是橡胶工业应用最早的炼胶设备，已有100多年的历史。既可单独用于胶料的塑炼和混炼加工，亦可与密炼机配套用作下辅机，对胶料进行补充加工；还可用作胶料的热炼供胶设备和用于制备胶片。

作为炼胶设备来说，开炼机存在机械化自动化程度低、劳动强度高、操作危险性大、配合剂飞扬损失大、工作环境条件差、混炼质量较差等缺点，不适于现代化大规模生产。但机台容易清洗，变换配方灵活方便，适合于胶料配方多变、批量少的生产和试验室加工；炼胶温度较低，适于某些特殊配方胶料的混炼，故开炼机在炼胶工艺中仍具有一定的作用。

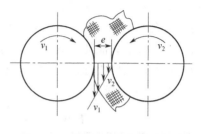

图10-1 开炼机炼胶作用示意图

开炼机的基本工作部分是两个圆柱形的中空辊筒，水平平行排列，不等速相对回转。橡胶和物料放到两辊筒之间的上方，在辊筒摩擦力作用下被带入辊距中，受到摩擦、剪切与混合作用。胶料离开辊距后包于辊筒上，并随辊筒转动重新返回到辊筒上方，这样反复通过辊距受到捏炼，达到塑炼和混炼的目的。如图10-1所示。

可以看出，紧贴辊筒表面的胶料通过辊距的速度就等于辊筒表面的旋转线速度，因后辊转速比前辊快，故胶料通过时的剪切变形速度为

$$\dot{\gamma} = \frac{v_2}{e(f-1)} \tag{10-1}$$

$$f = v_1 / v_2 \tag{10-2}$$

式中　v_1——后辊表面旋转线速度，m/min；

　　　v_2——前辊表面旋转线速度，m/min；

　　　f——辊筒速比；

　　　e——辊距，即沿辊筒断面中心的水平连线上两辊表面间距离，m；

　　　$\dot{\gamma}$——机械剪切速率，即胶料通过辊距时的剪切变形速度，s^{-1}。

所以，开炼机的炼胶作用只发生在辊距中，且随着辊筒转速 v 增大，辊距 e 减小，辊筒速比 f 增大，对胶料的捏炼混合作用增大。

二、密闭式炼胶机

密闭式炼胶机（简称密炼机）自1916年用于橡胶与炭黑混炼加工以来，已有近百年历史，至今仍是橡胶制品生产中最重要的炼胶设备，得到广泛的应用。密炼机按转子转速分为慢速（20r/min以下）、中速（30r/min左右）、快速（40～60r/min以上）和双速、多速、变速几种类型；按转子断面几何形状有三角形、圆筒形和椭圆形转子密炼机三种类型。目前使用最广泛的是椭圆形转子密

炼机，如 F 系列和 GK-N 系列密炼机，皆为剪切型转子，适用于橡胶制品中的硬胶料的加工，如 F270、F370 和 GK255N、GK400N 型密炼机。GK-E 型系列密炼机为啮合型（圆筒形）转子，适用于橡胶、塑料及其共混物的软胶料加工，如 GK190E 和 GK90E。F 系列多配备四凸棱转子。F270 密炼机的转子速比为1.17：1。F370 型密炼机系同步转子，其速比为 1：1。该结构生产效率高，胶料质量较好，转子端部密封装置的密封效果甚好。F370、GK400N 大型密炼机的转速在 10～60r/min 范围内可按工艺要求任意调节，其生产效率接近 F270 的两倍，不仅节省能耗，其上、下辅机配套设备和厂房面积均可节省。可供大型轮胎企业的炼胶中心选用。GK-N 系列和 F 系列大容量密炼机主要技术参数如表10-1 和表 10-2 所示。

表 10-1　GK-N 系列大容量密炼机主要技术参数

密 炼 机 型 号	GK255N	GK400N
混炼室总容积/L	约 255	约 400
混炼室有效容积/L	191	307.5
转子形式	四棱切线型，ZZ-2	四棱切线型，ZZ-2
填充系数	0.75	0.75
装胶量（相对密度 1.12）/kg	214	344
转子转数（无级调节）/(r/min)	6.0/(5.5～60)/55	约 6.0/(5.5～60)/55
主电机功率/kW	150～1500AC	230～2300DC
上顶栓对胶料压力（无级调节）(max)/MPa	0.47	0.50
上顶栓液压缸直径/mm	125/90（双缸）	140/100（双缸）
外形尺寸（长×宽×高）/mm	3060×2400×5600	2223×2068×2040

表 10-2　F 系列大容量密炼机主要技术参数

密 炼 机 型 号	F270	F370
混炼室总容积/L	255	396
装胶量（相对密度 1.0）/kg	210	320
填充系数	0.75	0.75
转子最低转速/(r/min)	6	6
转子最高转速/(r/min)	80	60
转子每转功率/(kW/r)	24.3	26.8DC
上顶栓风筒直径/mm	560	660.4
上顶栓空气压力/MPa	0.6～0.7	0.7～0.8

（一）密炼机的基本构造和工作原理

密炼机炼胶作用的基本工作部分由密炼室、转子、上顶栓、下顶栓等组成。对物料的捏炼作用发生在密炼室中，十分复杂。不同断面结构转子的密炼机工作原理有些差异。椭圆形转子密炼机的基本工作原理如图 10-2。由于密炼机转子的特殊几何构型，使胶料在密炼室内的流动状态和变形情况极为复杂，经受的剪切搅混作用非常剧烈。当两转子相对回转时，将来自加料口的物料夹住带入辊缝受到挤压和剪切，穿过辊缝后碰到下顶栓尖棱被分成两部分，分别沿前后室壁与辊筒之间缝隙再回到辊缝上方。在绕转子流动的一周中，处处受到剪切作用。因转子速度不同，同时分开的两部分物料回到上方的时间不一样，转子的螺旋凸棱使其表面各点旋转线速度不同，两转子表面对应点之间转速比在 0.91～1.47 间变化；两转子表面间缝隙在 4～166mm 间变化，转子棱峰与室壁间隙在 2～83mm 间变化，使物料无法随转子表面等速旋转，而是随时变换速度和方向，从间隙小的地方向间隙大处湍流；在转子凸棱作用下，物料同时沿转子螺槽作轴向流动，从转子两端向中间捣翻，受到充分混合。在凸棱峰顶与室壁间隙处剪切作用最大。

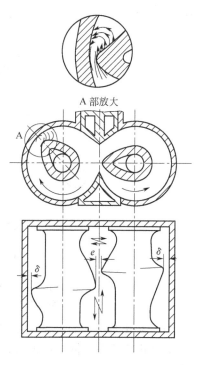

A 部放大

图 10-2　密炼机工作原理示意图

但是，胶料在密炼室中的混合行为用变形来描述更为合适。因为混炼时材料的形变量很大，往往超过其极限应变，故材料的破裂是该行为的重要组成部分。不可能用连续的流动来描述胶料的行为，必须考查大形变时的黏弹性能和极限性能。在凸棱峰顶与室壁之间隙处，经受的变形程度最大。胶料在这里既有剪切形变，又有拉伸形变。由于剪切形变可变换为等效的拉伸形变，故用拉伸形变即可描述胶料在密炼室中混炼时的变形行为。如图 10-3（a）、（c）所示，若取 $h=3mm$，$d=40mm$，拉伸应变 $\varepsilon=5$，转子半径 $=110mm$，转子凸棱峰顶表面的旋转线速度为 $v=1.8m/s$（高强度混炼），则平均形变速率为 $\dot{\gamma}=225s^{-1}$。如果棱峰施加于截面部位的瞬时形变量比图 10-3（b）所示的还要大，则形变速率会更大，当胶料通过间隙后，变形恢复，这时超过极限变形程度者便有可能破碎或断裂，如图 10-3（b）、（d）所示。如此反复产生变形和恢复，达到混合均匀的目的。

（二）密炼机组

现代化炼胶系统是以密炼机为中心，并与上、下辅机系统联结成一条完整的炼胶生产线，由计算机进行集中控制和管理。

1. 上辅机系统

与密炼机配套的上辅机系统主要由炭黑、油料、胶料、粉料四个系统的原材料输送、贮存、称量和投料装置以及生产全过程的集中控制系统所组成。其生产

317

工艺流程如图 10-4。

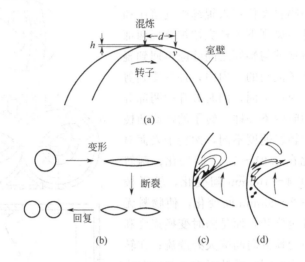

图 10-3　密炼机混炼时胶料的变形

(a)，(c) 转子突棱前部胶料的拉伸；(b)，(d) 橡胶断裂破碎过程模型

（1）炭黑与大粉料系统　炭黑进厂可采用槽车散装运输或袋装运输两种方法，袋装进厂后需经拆包机拆包，然后在密闭状态下用气流输送到炭黑大贮仓。槽车散装运输可防止粉尘污染，运输距离较近时（250km 以内）宜采用汽车槽车运输。槽车分压送式和自流式两种，干法造粒炭黑采用压送式槽车运输，汽车附有自带摆杆泵，供应无油、无水、无尘的压缩空气，通过槽罐底部的微孔板，使空气与炭黑混合形成流态，经卸料口的橡胶软管将炭黑送至大贮仓。压送原理如图 10-5。

自流式槽车用于输送湿法造粒炭黑。槽车罐底有导流板，卸料时槽罐体升起，靠物料自重流向地下贮仓，再用气力输送至料仓。

大型贮仓的容量按 6～10d 的需用量计算。贮仓数量根据常用炭黑品种和用量配置。亦可采用多格式大贮仓，每个贮仓内可间隔贮存 5～6 种不同的炭黑。以节省厂区面积。

在炼胶车间密炼机的上方高层楼上，设有炭黑日贮仓，容量为 6～8m³，用以接收大贮仓送来的炭黑，可满足 1d 的炭黑用量。

当炭黑由槽车直接送往炼胶车间时，采用中间贮仓代替日贮仓，其容积应增至 20～25m³。炭黑贮仓设有料位计、破拱装置、摆动活化锥、袋式过滤器和十字加料器。

在贮仓内设高、中、低三个料位计，用以指示物料贮存情况，并发出声、光信号。当低料位时启动输送系统向贮料仓加料，高料位时自动停止输送供料。

在贮仓卸料部位常采取破拱措施。有的是在贮仓锥体料面的下部设置"流态化破拱装置"，如图 10-6 所示。利用 0.05MPa 的压缩空气通过微孔板，使空气

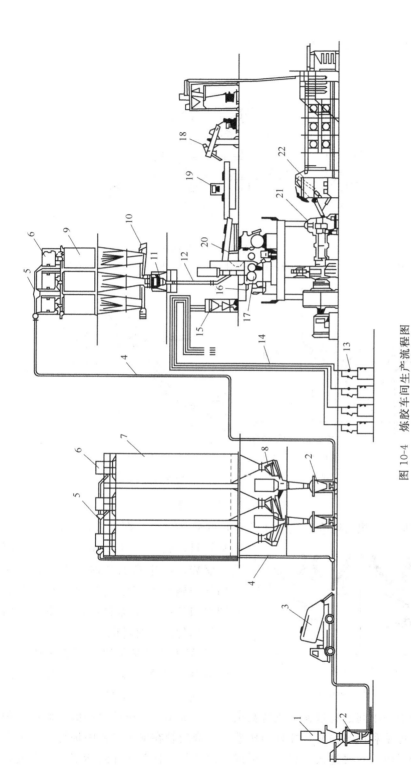

图 10-4　炼胶车间生产流程图

1—炭黑解包贮斗；2—压送罐；3—散装汽车槽车；4—双管气力输送装置；5—自动叉道；6—袋滤器；7—大贮仓；8—卸料机构；9—中间贮斗；
10—给料机；11—炭黑自动称；12—卸料斗；13—炭黑自动秤；14—保温管道；15—油料自动秤；16—注油器；17—密炼机；18—夹持胶带机；
19—皮带秤；20—投料胶带机；21—辊筒机头挤出机；22—胶片冷却装置

319

与物料混合形成流态而便于卸料。

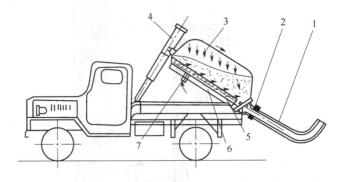

图 10-5　压送式槽车流态化卸料

1—输送管；2—快速接头；3—槽罐；4—升举油缸；5—微孔板；6—气室；7—空气入口

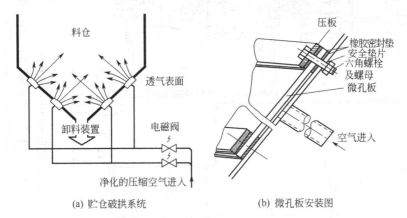

(a) 贮仓破拱系统　　　　　　　(b) 微孔板安装图

图 10-6　流态化破拱装置

在圆筒形的炭黑日贮仓（或中间贮仓）的底部装设"摆动式活化锥"，使之顺利卸料，如图 10-7 所示，在贮仓上部设有滤袋，以排除贮仓内的空气，当炭黑用气力输送时将空气过滤排空；在贮仓卸料口连接十字加料器，以使贮仓内的炭黑均匀排至给料机。

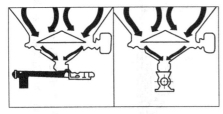

(a) 接螺旋输送机卸料　(b) 接十字加料器卸料

图 10-7　摆动式活化锥卸料

① 炭黑的输送装置　炭黑采用"双管气力输送装置"输送，采用由炭黑贮仓一次送往炼胶车间的密炼机。通过旋转分配器分别向中间贮仓送料，风送炭黑有高压快速、高压低速和低压低速几种方法；其原理是利用与输料管并列的压缩空气旁通管在输送过程中进行二次补充空气。当物料由压送罐进入输料管内形成一段"长料柱"而导致堵塞时，旁通管

320

立即供给压缩空气，将长料柱自动切割成一段气体和几段"短料柱"，在空气压差的作用下使物料柱产生低速滑移运动。又称"滑移流"气力输送。其输送距离长，一般可达150～200m，适用于复杂的运输路线，输送速度低，气流速度4～6m/s，尾端6～7.5m/s，物料速度2～5m/s。低压低速输送颗粒破损率极少（约为10%～20%，而高压快速为20%～30%），故采用低压低速或高压低速方法。此种柱塞滑移运动使输料管内壁摩擦阻力大为减小，耗气量仅为常规流态气力输送所需空气量的1/10左右，固气易于分离，空气过滤量甚少，此系统适应性较广，对黏滞性物料（如半补强炭黑、通用炭黑等软质炭黑）也能输送。不存在堵管问题。如果突然停电不能供气而堵管，通电供气后仍能正常运行，此装置全部密闭，无环境污染。双管气力输送管路示意图如图10-8。若输送距离很近（50～60m），采用流态化气力输送也可收到较好的效果，其原理如图10-9。

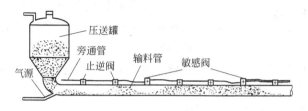

图 10-8　双管气力输送管路示意图

a. 给料机　炭黑从车间贮仓排出经给料机进入自动秤。常用的有螺旋给料机和气动溜槽给料机两种。采用快速、慢速和点动三种给料速度，以提高称量精度。

b. 自动秤　炭黑称量采用电子自动秤。由高精度传感器、放大器与电子计算机连接，可累计称量6～8种物料，一次排料，也可单品种称量分别排料。由计算机设定程序自动变换称量值，控制先快后慢双速给料以及物料落差自动调节。其动态精度在±0.5%以上。

c. 卸料斗　采用软料筒将自动秤卸料口与密炼机后装料斗连接。另外与密炼机除尘管线统一配置除尘装置，共用一台袋滤器。

② 大粉料　用量较大的粉料（碳酸钙、陶土、氧化锌）与炭黑共用一套"双管低速气力输送系统"，在垂直于管的上部采用两位自动交叉道，将大粉料送往炼胶车间，通过旋转分配器向粉料贮仓供料。

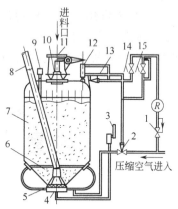

图 10-9　流态化气力输送原理图

1—减压阀；2—空气隔膜阀；3—压力继电器；4—气室；5—微孔板；6—气环；7—罐体；8—输料管；9—料面计；10—锥形阀；11—进料口；12—汽缸；13—排气阀；14—电磁阀（控制汽缸）；15—电磁阀（控制操作气源）

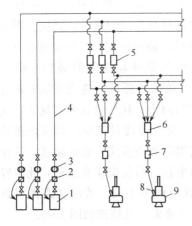

图 10-10　油料输送称量系统图

1—加热脱水罐；2—滤油罐；3—输油泵；

4—保温管道；5—中间保温贮罐；

6—自动秤；7—加压罐；

8—高压油泵；9—注射器

以上物料共用一台 100kg 的电子自动秤按给定生产配方累计称量，需用时由计算机控制自动秤排料，经软卸料筒后进料槽进入密炼室。

（2）油料系统　液体油料从加温贮罐中经泵送入中间保温贮罐备用（罐内温度为：松焦油 90℃；芳烃油、三线油 60℃）。用量大的生产采用管路循环系统。如图 10-10。油料通常采用重量法和容积法两种方式计量。若油料品种单一，可用容积法计量；轮胎厂多用油料电子自动秤，它可累计称量六种以上油料，计量精度高。一般而言，用重量法比较准确。

（3）小料称配系统　各种原料分别存放在依次排列的贮斗内，用微处理机控制称量。微量的促进剂、防老剂和硫黄等也可人工称量，用低熔点聚乙烯塑料袋包装。机械称量误差小，称量精度静态为 ±0.1%，动态为 ±0.3%。

（4）胶料系统　如图 10-11 所示。

① 生胶塑炼　生胶块经皮带秤计量后放到投料皮带机上投入密炼机进行塑炼。

② 胶料混炼　第一段混炼（母炼）所用的天然胶多为标准胶，不需塑炼。它跟合成胶一样，除整块投入外还切成小块，放在皮带秤上计量后送到投料胶带机上，由计算机按生产指令投料。

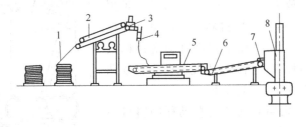

图 10-11　胶片称量投料装置

1—胶片；2—供胶皮带机；3—自动切刀；4—导向辊；

5—皮带秤；6—投料胶带机；7—光电装置；8—密炼机

第二段混炼（终炼），通常在密炼机中加硫，混炼胶片可由冷却装置直接提升至二楼，叠放在胶料托盘上，再送入供胶皮带机，将胶片连续供给皮带秤计量。在接近给定称量值时胶片自动被切断。当胶料超重或欠量时，由人工切块校正或补零，以达到准确称量值。配料系统自动秤技术参数见表 10-3。

322

表 10-3 炭黑、油料、胶料自动秤技术参数[①]

电子皮带	电子自动秤				电子皮带秤	
称量物料	炭黑、大粉料		油料		胶料	
称量范围/kg						
最大	100	200	20	30	250	400
最小	5	10	1.0	1.5	12.5	20.0
数码显示值/kg						
最大	100	200	20	30	250	400
最小	0.20	0.50	0.04	0.05	0.50	0.80
称量精度/±kg						
静态	0.10	0.20	0.02	0.025	0.50	1.00
动态	0.40	0.50	0.08	0.10	100	1.60
慢速给定值/kg	2	2.5	10	10	—	—
超重报警值/kg	3～3.9	4～4.9	0.50	0.75	12	20
称量速度/(kg/s)						
快速	2.0	2.5	1.0	1.5	—	—
慢速	0.30	0.50	0.20	0.30	—	—
总称量周期/s	100	120	110	120	120	140
称量斗容积/m³	0.56	0.85	0.03	0.04	B800	B1000
排料方式	气动闸阀	气动闸阀	电控油阀	电控油阀	胶带机	胶带机

① 本表配适用 F270＼F370＼GK255N＼GK400N 型密炼机。

　　(5) 控制系统　控制系统设一级微机和二级微机集中控制。两级控制的前位机为 PLC，也可采用工业控制计算机。一级微机控制系统由计算机、带彩显、宽行打印机、模拟操作屏及各种控制台、柜和盘装仪表等组成。按生产给定的配方，对炭黑、油料、胶料进行自动称量，顺序投料（小粉料有单独装置和微机控制系统）。对密炼机生产中的时间、温度、功率三参数的"与""或"关系及设定的工艺操作规程对炼胶过程进行综合的实时控制，以获得质量最优、效益最佳的效果。微机控制系统应用"菜单式"多功能监控，可显示打印输出的生产数据和日程表。存储的所有数据供终端机键盘随时检索，全部采用中文显示。并备有生产系统中的事故报警、计量故障报警、诊断和处理超温紧急排料等安全措施。并有常规手动控制与自动控制之间的切换功能，可贮存几百个配方。

　　用模拟生产控制屏还可对炭黑二级输送、大仓贮存及下辅机的压片、冷却等过程全部模拟显示。

　　2. 下辅机组

　　密炼机排出的胶料需要接取压片（或补充加工），以适用于冷却、贮存、计量和二次投料。下辅机组由带辊筒机头的螺杆挤出机、开放式压片机和胶片冷却吹干装置组成。

　　下辅机组的排列大致有以下三种形式，如图 10-12 所示。

　　270L³ 密炼机后用两台或多台 ϕ660mm×2100mm 压片机串联排列出片，如图 10-12 (a)。辊筒辊速比为 (1:1.06)～(1:1.12)。前辊筒靠近表面呈周向钻孔冷却。此种机组排列特别适用于低速密炼机终炼要求低温的胶料。第二台及以后的压片机有补充混炼的功效，对钢丝帘线胶料的终炼条件更加合适。

270L³密炼机后用一台 ϕ660mm×2100mm 压片机连续出片，见图10-12 (b)。辊筒辊速比为（1:1.08）～（1:1.12）。此种机组排列可用于40r/min密炼机制造的母胶或塑炼胶出片，也可用于30r/min密炼机终炼胶料的出片。

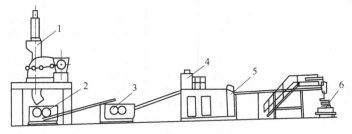

(a) 密炼机后2台开放式压片机

1—密炼机；2，3—压片机；4—夹离剂喷涂室；5—挂片风冷；6—折叠胶片

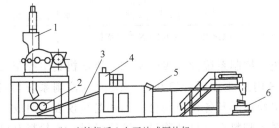

(b) 密炼机后1台开放式压片机

1—密炼机；2—压片机；3—输送带；4—夹离剂喷涂室；5—挂片风冷；6—折叠胶片

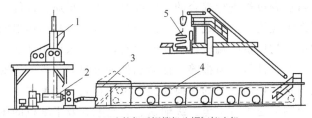

(c) 密炼机后辊筒机头螺杆挤出机

1—密炼机；2—辊筒机头螺杆挤出机；3—夹离剂喷涂室；4—挂片风冷；5—折叠胶片

图10-12　下辅机组排列示意图

当一段混炼（母炼）胶在密炼机进行第二段加硫混炼（终炼）时，排料后采用1～2台开放式压片机出片，可较快降低胶料温度和补充加工。国外用机台规格为 28″×84″（ϕ711mm×2134mm），功率为184kW。国产机台为XKY660mm×2130mm（26″×84″），功率115kW。用于子午线轮胎胶料的机台功率加大为160～180kW。

270L³ 密炼机后用 1 台辊筒机头螺杆挤出机连续出片，见图 10-12 （c）。该机用于批量胶料的挤出压片，是较为先进的设备。特别适于 40～60r/min 快速密炼机的母炼和塑炼胶料的出片。也可与中、慢速密炼机配套使用。

挤出机结构有"接触式"和"非接触式"两种。主要由螺杆端部与机筒内壁之间是否接触来区分。接触式挤出机不能空转，以免螺杆"刮套"。国产设备采用非接触式螺杆。两种螺杆挤出机螺杆结构如图 10-13。带辊筒机头的双螺杆挤出机采用两根螺杆并列结构，增大了螺杆的进胶量，故不需气动推胶装置。由于螺杆较短，驱动功率大为减小。非接触式螺杆挤出机辊筒机头尺寸为 $\phi457.2mm\times965.2mm$ （国产机台为 450mm×1000mm），辊筒靠近表面周向钻孔；螺杆尺寸为 $\phi454mm\times378mm$，长度为 1550mm，压缩比为 2.5：1。这类挤出机螺杆长度比一般机台要短，可减少螺杆对机筒的磨损、降低挤出胶料的温度等。近年来，有的采用螺杆长度特别短的双螺杆结构挤出机，挤出胶片质量均一性提高，螺杆对机筒的磨损大为减小。

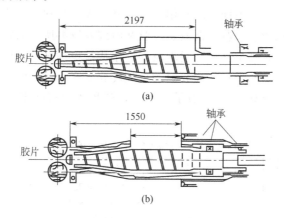

图 10-13　挤出压片机螺杆结构示意图

（a）接触式螺杆；（b）非接触式螺杆

胶片冷却装置由胶片接取、打印、喷雾、挂放、吹干、叠片等机构组成。其布置方法依用户要求而定有以下形式。

（1）水平式　全部装置在地面水平排列。

（2）高台架空式　全部装置在钢制平台上，下部为叠片与胶料存放用。

（3）胶片提升式　在高台架空的基础上，一段混炼胶片可由立式夹持胶带机直接提升至二楼，以减少车间的运输量。为此在二楼也设有叠片、计量和导开装置。

第二节　生胶塑炼工艺

经过适当的加工，使生胶由强韧的高弹性状态转变为柔软而富有可塑性的状态，这一工艺加工过程称为生胶塑炼工艺。

生胶塑炼的目的主要是使胶料的工艺性能得以改善。塑炼后的生胶弹性减小、可塑性增大；混炼时配合剂容易在胶料中混合分散均匀，压延挤出速度快，收缩率小，并改善胶料对骨架材料的渗透与结合作用；硫化时容易流动充满模型。随着塑炼程度的增加，其硫化胶的力学强度、耐磨耗和耐老化性能降低，永久变形增加，使硫化胶物理机械性能受到损害。塑炼程度越大，损害程度也越大。故生胶的塑炼程度必须根据胶料的加工性能要求和硫化胶性能要求综合确定。在确保加工性能要求的前提下，尽量减小塑炼程度。如果生胶的初始门尼黏度较低，可以满足加工性能要求，则不必塑炼，可直接混炼。如马来西亚标准天然橡胶（SMR）、国产标准天然胶、低温乳聚丁苯胶（SBR1500）和低温丁腈橡胶等，均不需要单独进行塑炼。如果胶料可塑度偏低，则混炼时配合剂不易混合分散，压延、挤出速度慢，收缩变形率大，半成品断面尺寸和断面几何形状不准确，表面不光滑；压延后胶布容易脱胶或露白，硫化时不易流动充满模型，造成产品产生缺胶和气孔等缺陷。塑炼程度过大不仅会严重损害硫化胶物理机械性能，工艺性能也不好。不同的胶料用途不一样，加工过程和方法不同，可塑度要求各异。一般是涂胶、浸胶、刮胶、擦胶和海绵胶胶料所用的塑炼胶可塑度要求较高；而对硫化胶物理机械性能要求较高、半成品挺性好及模压硫化的胶料，其塑炼胶的可塑度要求较低；挤出胶料的可塑度要求介于以上两者之间。各种胶料的塑炼胶可塑度要求如表 10-4 所示。另外，塑炼胶的可塑度要均匀，才能保证加工质量均匀。

表 10-4　常用塑炼胶的可塑度要求（威氏）

塑 炼 胶 种 类	可 塑 度 要 求	塑 炼 胶 种 类	可 塑 度 要 求
胶布胶浆用塑炼胶		海绵胶用塑炼胶	0.50～0.60
含胶率≥45%	0.52～0.56	挤出胶料用塑炼胶	
含胶率<45%	0.56～0.60	胶管外层胶	0.30～0.35
传动带布层擦胶用塑炼胶	0.49～0.55	胶管内层胶	0.25～0.30
V带线绳浸胶用塑炼胶	0.50 左右	胎面胶用塑炼胶	0.22～0.24
压延胶片用塑炼胶		胎侧胶用塑炼胶	0.35 左右
胶片厚度≥0.1mm	0.35～0.45	内胎胶用塑炼胶	0.42 左右
胶片厚度<0.1mm	0.47～0.56	缓冲帘布胶用塑炼胶	0.50 左右

随着合成胶以及标准天然胶的大量应用，生胶塑炼加工的任务已大为减少，只有天然橡胶的烟片胶和绉片胶以及某些品种的合成胶，因生胶的初始门尼黏度较高，还必须进行塑炼。因此，塑炼加工的内容主要以天然胶为基础。

一、生胶的增塑方法和机理

（一）生胶的增塑方法

1. 物理增塑法

在生胶中加入物理增塑剂，利用其物理溶胀作用降低胶料的黏度，增加可塑性和流动性，这种塑化方法称为物理增塑。

2. 化学增塑法

利用低分子物质对大分子的化学破坏作用降低其黏度，增加其塑性流动性，称为化学增塑法。以上两种方法都不能单独用来塑炼生胶。只能与其他塑炼方法配合使用，起到辅助增塑作用。

3. 机械增塑法

利用机械的剪切破坏作用增加生胶可塑性的方法叫机械增塑法。该法使用最广泛，可以单独用于塑炼加工。若与物理增塑法或化学增塑法配合使用，可进一步提高机械塑炼效果和生产效率。

机械塑炼法按设备不同又分为开炼机塑炼、密炼机塑炼和螺杆式塑炼机塑炼三种，也是生产中最常用的塑炼加工方法，由于设备结构和工作原理上的差别，在具体应用上又各有特点，应按具体情况合理选用。

依据塑炼工艺条件不同，机械塑炼又分为低温机械塑炼和高温机械塑炼两种方法。密炼机和螺杆塑炼机的塑炼温度都在 100℃以上，属高温塑炼法。开炼机塑炼温度在 100℃以下，属于低温塑炼。

（二）生胶塑炼的增塑机理

聚合物熔体及其溶液的流动黏度主要决定于其分子量大小。其表观黏度与分子量之间呈如下的指数方程关系。

$$\eta_0 = AM_w^{3.4} \tag{10-3}$$

式中　η_0——聚合物熔体的最大黏度；

　　A——特性常数；

　M_w——聚合物的重均分子量。

可见橡胶的黏度对分子量的依赖性很大，分子量的微小变化都会使黏度显著改变。而橡胶的黏度对温度的依赖性比其他聚合物要小，所以降低胶料黏度的有效方法是减小分子量。生胶机械塑炼的实质就是使大分子链断裂破坏，使分子量和黏度减小，可塑度增大。

在机械塑炼过程中，能够促使大分子链断裂破坏的因素主要有：机械力作用、氧化裂解作用、热裂解和热活化作用、化学塑解剂的化学作用以及静电与臭氧的作用等。机械力、氧和热的作用一般都同时存在，只是因塑炼方法、工艺条件不同，各自的作用程度不同而已。

1. 机械力的作用

高分子链之间的整体相互作用能远远超过其单个 C—C 键的键能。在机械力作用尚未克服大分子链之间相互作用之前，早已超过了分子链中单个化学键的键能，从而使其断裂破坏。当然，如果机械力作用能够均匀分布在大分子链的每一个化学键上，则因每个键所承受的平均作用力很小，分子链也不会断裂。但是，由于大分子链在自由状态下呈无规卷曲状态，相互间会发生物理缠结，机械力作用下容易发生局部应力集中现象，若应力作用正好集中在弱键部位并超过其键能时，便会使分子链断裂。机械力作用越大，分子链破坏的机会就越多，机械塑炼效果越大。如果机械力作用集中在一个很小的体积元内，造成大于 5×10^{-9} N/键的集中作用，机械力作用就能够使分子链断裂破坏。大分子链机械破坏的概率与机械力作用之间的关系可用如下方程式描述。

$$\rho = \frac{K_1}{e^{(E - F_0 \delta)}} \tag{10-4}$$

$$F_0 = K_2 \dot{\gamma} \left[\frac{M}{M'} \right]^2, \quad \text{其中 } \tau = \eta \dot{\gamma} \tag{10-5}$$

式中　ρ——大分子链断裂概率，代表机械塑炼效果；

　　　E——大分子主链 C—C 键能，kJ/mol；

　　F_0——作用于大分子链上的有效机械力，N；

　　　δ——大分子链断裂时的伸长变形；

$F_0 \delta$——大分子链断裂时机械力做的功，kJ；

　　　τ——作用于大分子链的机械剪切力，N；

　　　η——胶料的黏度，Pa·s；

　　　$\dot{\gamma}$——机械剪切速度，s^{-1}；

　　M——大分子的平均分子量；

　　M'——大分子的最大分子量；

K_1，K_2——常数。

对于一定的橡胶，E 和 K 为定值，低温下 RT 值变化不大，分子链断裂概率主要取决于 F_0，其值越大，ρ 值越大，大分子断裂的机会越多。F_0 值的大小取决于机械剪切力 τ 以及橡胶的黏度 η 和分子量 M 的大小。塑炼温度低，胶料的黏度和机械剪切作用增大，F_0 和 ρ 值增大，提高机械剪切速度 $\dot{\gamma}$，F_0 和 ρ 值亦增大；橡胶的分子量 M 增大，F_0 和 ρ 的值会大大增加。

机械力作用下大分子链中央部位受力和伸展变形程度最大，其两端仍保持一定的卷曲状态。机械力作用超过分子链的化学键能，分子链便首先从中央部位断裂。分子链越长，其中央部位受力越大，越易断裂。故在低温机械塑炼中，胶料中的高分子量级分含量减少，低分子量级分含量保持不变，中等分子量级分含量增加，分子量分布变窄。在塑炼过程初期机械断链作用最剧烈，平均分子量随塑炼时间直线下降，随后渐趋缓慢，到一定时间后不再变化，此时的分子量为最低极限值，如图 10-14 所示。

不同生胶的极限值不一样，天然胶为 7 万～10 万，低于 7 万的分子不会受到破坏。BR 为 40 万，SBR、NBR 的值介于 NR 和 BR 之间。

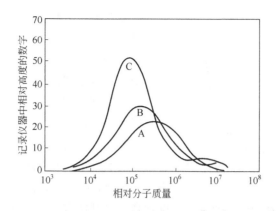

图 10-14　NR 相对分子质量分布与开炼机塑炼时间的关系

A—塑炼 8min；B—塑炼 21min；C—塑炼 38min

2. 氧的作用

如图 10-15 所示，在氮气中长时间塑炼时，生胶的门尼黏度几乎不怎么降低，实验证明，单靠机械力作用不仅达不到预期的机械塑炼效果，甚至黏度还有可能增加。但在空气或氧气中塑炼时，胶料黏度会迅速减小。说明氧是生胶机械塑炼过程中不可缺少的又一重要因素。没有氧便不可能达到预期的机械塑炼效果。研究表明，塑炼后的生胶不饱和程度降低，质量和丙酮抽出物的含量却增加，如图 10-16。

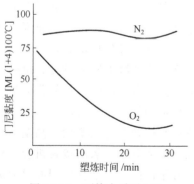

图 10-15　环境介质对 NR
机械塑炼效果的影响

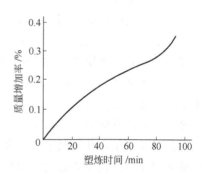

图 10-16　塑炼过程中 NR 质量的变化

大分子只要结合微量的氧，就可使分子量显著降低。当结合含氧量为 0.03% 时，分子量降低 50 %；当结合含氧量为 0.5% 时，相对分子质量会从 100000 降到 5000。可见，氧的破坏作用是很大的。实际上，在一般的机械塑炼过程中，橡胶的周围都有氧存在，氧既可以使机械力破坏生成的大分子自由基的稳定性，又可以直接引发大分子氧化裂解，所以，氧起着极为重要的双重作用。只是在不同温度条

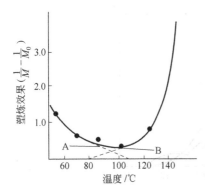

图 10-17　温度对 NR 生胶机械
塑炼效果的影响

M_0—塑炼前的分子量；

M—塑炼 30min 后的分子量

件下，各自所起作用的程度不同而已。

机械力作用还可使大分子链处于应力活化状态，加速其氧化裂解。这两种作用的程度依塑炼温度不同而异。

3. 温度的影响

天然橡胶在空气中塑炼时，机械塑炼效果与塑炼温度之间的关系如图 10-17 所示。可以看出，整个曲线分为两部分：低温机械塑炼效果随温度升高而减小；高温机械塑炼效果随温度升高而急剧增大，在 110℃ 左右的温度范围内，机械塑炼效果最小。这表明，总的曲线可以视为由两条不同的曲线所组成，分别代表两个独立的变化过程，在最低值附近两条曲线相交。曲线的左边部分相当于低温塑炼过程，右边部分相当于高温机械塑炼过程。

实验证明，虽然低温塑炼阶段必须要有氧的存在，但是橡胶的氧化反应规律不同，表现在氧化反应的温度系数为负值，加入氧化反应的迟延剂，对机械塑炼效果的影响也不大；尽管不同橡胶的氧化能力各不相同，但在低温下的塑炼速度却接近。这充分说明，橡胶低温塑炼机理与高温下的不一样，可作如下解释。

低温下氧和大分子的化学活性均较低，对大分子的直接引发氧化作用很小，但胶料的黏度很高，大分子的机械剪切破坏是主要的，氧主要起大分子自由基活性终止剂（接受体）的作用，使大分子自由基稳定。大分子链的降解速度主要决定于大分子自由基生成的速度和浓度，温度降低机械破坏作用增大，大分子自由基生成的速度和浓度增大，塑炼效果增大。升高温度会降低胶料黏度和机械剪切效果；高温下氧和大分子的化学反应活性大大提高，分子链的直接氧化裂解反应是主要的，随着温度升高反应速度急剧加快，机械塑炼效果随之增大。由于大分子的热氧化裂解反应具有自动催化作用，使机械塑炼效果急剧增大。高温下机械力主要起搅拌作用，使胶料表面不断更新，以增加大分子与氧的接触机会，故提高设备的转速会加快塑炼速度。机械力作用对分子链的应力活化作用亦可促进其氧化降解反应，但这些作用是次要的。

当温度在 110℃ 附近时，机械力的破坏作用和氧的直接氧化裂解作用都很小，故总的机械塑炼效果最小。

4. 化学塑解剂的作用

在生胶机械塑炼过程中，加入某些低分子化学物质可通过化学作用增加机械塑炼效果，这些物质称为化学塑解剂。即使在惰性气体中塑炼，也可显著提高塑炼效果。按照作用机理不同化学塑解剂分三类：自由基受体型、引发型和混合型塑解剂。

自由基受体型（又称链终止型）塑解剂在低温塑炼中可与大分子自由基结合，终止其化学活性，防止发生再结合，使机械塑炼效果得以稳定，如苯醌和偶氮苯等，只适于低温塑炼时使用。引发型塑解剂高温下会首先分解成自由基，并进一步引发大分子进行氧化裂解反应，从而提高机械塑炼效果。这类塑解剂只适用于高温机械塑炼，如过氧化二苯甲酰和偶二异丁腈等。混合型化学塑解剂兼有上述两种作用，低温下起自由基活性终止剂作用，高温下起氧化引发剂的作用，从而加快塑炼过程。常用的品种有苯硫酚和二邻苯甲酰氨基二苯基二硫化物等。高温和低温塑炼皆适用。但硫酚类塑解剂在使用时必须同时采用活化剂才能充分发挥其增塑效果。

活化剂是一类金属络合物，如钛化腈或丙酮基乙酸与铁、钴、镍、铜等的络合物。金属原子与氧分子之间属于不稳定配位络合，能促进氧的转移，引起 O—O 键的不稳定，提高了氧的化学活性，因此，活化剂的用量虽少效果却很大。

脂肪酸盐是塑解剂和活化剂的载体，起分散剂和操作助剂的作用，用量很少，有助于塑解剂在胶料中快速分散，又能抑制合成胶分子链的环化反应。故商品塑解剂是加有活化剂和分散剂的混合物。

目前国内外化学塑解剂的品种已有几十种。使用最广泛的是硫酚及其锌盐类和有机二硫化物类，如表 10-5。

表 10-5　国内外化学塑解剂的主要商品种类

成　　分	商　品　名　称	研制与生产者
五氯硫酚	12-Ⅱ（B 型）	中国
	Renacit Ⅴ	德国（Byer）
五氯硫酚＋活化剂	Renacit Ⅸ	德国（Byer）
五氯硫酚＋活化剂＋分散剂	SJ-103	中国
	Renacit Ⅶ	德国（Byer）
	塑解剂 R$_1$、R$_2$、R$_3$、R$_4$	中国
硫酚改性塑解剂	劈索 1 号	日本
2,2′-二苯甲酰氨基二苯基二硫化物	12-Ⅰ	中国
	Pepton 22	英国、美国
2,2′-二苯甲酰氨基二苯基二硫化物＋活化剂	Pepton 44	美国
	Noctiser-SK	日本
	Pepter3S	
2,2′-二苯甲酰氨基二苯基二硫化物	Dispergum 24	
	Aktiplast F	
2,2′-二苯甲酰氨基二苯基二硫化物＋饱和脂肪酸锌盐＋活化剂	Renacit HⅩ	德国
2,2′-二苯甲酰氨基二苯基二硫化物＋不饱和脂肪酸锌盐＋活化剂	Renacit Ⅷ	德国

由于化学塑解剂以化学作用增塑，所以用于高温塑炼时最合理。低温塑炼用化学塑解剂增塑时，则应适当提高塑炼温度，才能充分发挥其增塑效果。化学塑解剂应制成母胶形式使用，以利于尽快混合均匀，并避免飞扬损失。

5. 电与臭氧的作用

用开炼机塑炼时因辊筒表面与胶料之间的剧烈摩擦会产生静电,并在胶料表面积累,到一定程度便产生静放电,生成臭氧和原子氧,对橡胶的氧化裂解作用更大。因而影响机械塑炼过程。

6. 机械塑炼的降解反应过程

(1) 低温塑炼的降解反应

① 无化学塑解剂　低温下大分子链被机械力破坏生成大分子活性自由基 R·。

$$R—R \longrightarrow R·+R·$$

无氧或缺氧时,大分子自由基容易发生再结合而丧失机械塑炼效果。

$$R·+R· \longrightarrow R—R$$

若有氧时,大分子自由基会立即与氧发生反应,生成分子量较小的稳定大分子。

$$R·+O_2 \longrightarrow ROO·$$
$$ROO·+R^1H \longrightarrow ROOH+R·^1$$

其中,ROOH 为低温下稳定的分子量较小的大分子;R^1 为新的大分子自由基,可以继续与氧反应生成大分子氢过氧化物 R^1OOH。

② 有塑解剂　当有塑解剂如硫酚类(A—SH)存在时,亦会与机械破坏生成的大分子自由基发生如下反应,终止其活性。

$$R·+A—SH \longrightarrow RH+A—S·$$
$$R·+A—S \longrightarrow R—S—A$$

其中,A—SH 为硫酚类化学塑解剂;RH 为橡胶大分子;R—S—A 为自由基 R 与塑解剂分子结合而被稳定的大分子。可见,低温机械塑炼时,大分子链主要被机械力所破坏,氧和化学塑解剂主要是作为自由基接受体与之结合,使机械破坏生成的大分子自由基的活性终止,稳定机械塑炼效果。

(2) 高温机械塑炼的降解反应

① 无塑解剂　高温下橡胶的黏度大大降低,机械力对大分子的直接破坏作用很小;但大分子的氧化反应活性大大提高,氧可直接引发大分子链发生氧化反应而降解。

$$RH+O_2 \longrightarrow R·+·OOH$$
$$R·+O_2 \longrightarrow ROO·$$
$$ROO·+R^1H \longrightarrow ROOH+R·^1$$
$$HOO·+R^1H \longrightarrow HOOH+R·^1$$
$$R·^1+O_2 \longrightarrow R·^1OO$$
$$R^1OO·+R_2H \longrightarrow R^1OOH+R_2·$$

$R_2·$ 可继续氧化生成大分子氢过氧化物 R^1OOH。高温下生成的大分子过氧化物不稳定,会进一步分解,生成分子量更小的稳定大分子,如大分子的醛、酮、羧酸等产物。如果不加以控制,以上反应会自动继续进行下去,分子量会过

332

度降低而造成过炼。当缺氧时会使反应终止：R·＋R·——→R—R，从而降低机械塑炼效果。

② 有化学塑解剂 当有引发型或混合型化学塑解剂时，高温下塑解剂首先分解生成自由基，并进一步引发大分子产生热氧化裂解反应，从而可增加机械塑炼效果。

从以上的讨论可以看出，生胶的机械塑炼过程就是大分子链的破坏降解过程，既非纯粹的机械破坏过程，亦非纯粹的化学降解过程，而是多因素作用下的十分复杂的物理变化和化学变化过程。促使大分子链破坏的因素主要是机械力作用和氧的作用。

二、机械塑炼工艺

1. 塑炼前的准备

（1）选胶 生胶进厂后在加工前需进行外观检查，并注明等级品种，对不符合等级质量要求的应加以挑选和分级处理。

（2）烘胶 生胶低温下长期贮存后会硬化和结晶，难以切割和进一步加工。需要预先进行加温软化并解除结晶，这就是烘胶。对于天然生胶的烟片和绉片胶包，需要在专门的烘胶房中进行。烘房的下面和侧面装有蒸汽加热器，烘房中的胶包按顺序堆放，不得与加热器接触。烘房温度一般为 50～70℃，不宜过高。烘胶时间：夏秋季 24～36h；冬春季 36～72h。氯丁橡胶烘胶温度一般在 24～40℃，时间为 4～6 h，大型轮胎企业采用恒温仓库贮存生胶，出库生胶无需加温即可用于混炼。仓库温度不低于 15℃。

（3）切胶 生胶加温后需按工艺要求切成小块，对塑炼加工要求天然生胶每块 10～20kg，氯丁橡胶不超过 10kg，以便于后序加工操作；有的大型子午线轮胎企业为确保胶料质量，将不同产地来源的同一等级的天然生胶切成尺寸为 25mm 的小方块，搅混均匀后再进行塑炼和混炼加工。

2. 开炼机塑炼工艺

开炼机塑炼应用最早，至今仍在广泛使用。开炼机塑炼的操作方法主要有以下几种。

（1）包辊塑炼法 胶料通过辊距后包于前辊表面，随辊筒转动重新回到辊筒上方并再次进入辊距，这样反复通过辊距，受到捏炼，直至达到可塑度要求为止。然后出片、冷却、停放。这种一次完成的塑炼方法又叫一段塑炼法。此法塑炼周期较长，生产效率低，所能达到的可塑度较低。对于塑炼程度要求较高、用一段塑炼法达不到可塑度要求的胶料，需采用分段塑炼法。即先将胶料包辊塑炼 10～15min，然后出片、冷却，停放 4～8 h 以上，再一次回到炼胶机进行第二次包辊塑炼。这样反复数次，直至达到可塑度要求为止，这叫分段塑炼法，其特点是两次塑炼之间胶料必须经过出片、冷却和停放。根据胶料的可塑度要求不同，一般可分两段塑炼或三段塑炼。分段塑炼法胶料管理比较麻烦，停放占地面积较大；但机械塑炼效果较大，能达到任意的可塑度要求。

（2）薄通塑炼法　薄通塑炼法的辊距在 1mm 以下，胶料通过辊距后不包辊，而直接落盘，等胶料全部通过辊距后，将其扭转 90°角推到辊筒上方再次通过辊距，这样反复受到捏炼，直至达到要求的可塑度为止。然后将辊距调至 12～13mm 让胶料包辊，左右切割翻炼 3 次以上再出片、冷却和停放。该法机械塑炼效果好，塑炼胶可塑度均匀，质量高，是开炼机塑炼中行之有效的和应用最广泛的塑炼方法。适用于各种生胶，尤其是合成橡胶的塑炼。

（3）化学增塑塑炼法　开炼机塑炼时添加化学塑解剂可增加机械塑炼效果，提高生产效率，并改善塑炼胶质量、降低能耗。适用的塑解剂类型为自由基受体及混合型塑解剂，常用的品种有 SJ-103 、Renacit V 等。用量一般在 0.1～0.3 范围内。塑解剂应以母胶形式使用，并应适当提高塑炼的温度。

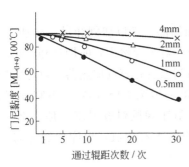

图 10-18　辊距对 NR 生胶机械
塑炼效果的影响

影响开炼机塑炼的因素如下。

（1）容量　容量是每次炼胶的胶料体积。容量大小取决于生胶品种和设备规格。为提高产量，可适当增加容量。但若过大会使辊筒上的堆积胶过多，难以进入辊距使胶受不到捏炼，且胶料散热困难，温度升高又会降低塑炼效果。生热量大的橡胶，应适当减少容量，一般要比天然胶少 20%～25%。

（2）辊距　减小辊距会增大机械剪切作用。胶片厚度减薄有利于冷却和提高机械塑炼效果。对于天然胶塑炼，辊距从 4mm 减至 0.5mm 时，在相同过辊次数情况下胶料的门尼黏度迅速降低，如图 10-18。可见采用薄通塑炼法是最合理有效的。例如通常难以塑炼的丁腈橡胶只有采用薄通法才能有效地进行塑炼。

（3）辊速和速比　提高辊筒的转速和速比都会提高机械塑炼效果。开炼机塑炼时的速比较大，一般在 1.15～1.27 范围内。但辊速和速比的增大、辊距的减小都会加大胶料的生热升温速度，为保证机械塑炼效果，必须同时加强冷却措施。

（4）辊温　辊温低，胶料黏度高，机械塑炼效果增大，如图 10-19。实验表明，开炼机塑炼温度（T）的平方根与胶料可塑度（P）成如下反比关系。

$$\frac{P_1}{P_2} = \left(\frac{T_2}{T_1}\right)^{\frac{1}{2}} \qquad (10\text{-}6)$$

辊温过低会使设备超负荷而受到损害。并增加操作危险性。不同的胶种，其塑炼温度要求也不一样。几种常用生胶塑炼的一般温度范围如表 10-6。

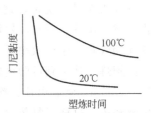

图 10-19　辊温对塑炼胶
门尼黏度的影响

334

表 10-6　常用的几种生胶的塑炼温度范围

生 胶 种 类	辊 温 范 围/℃	生 胶 种 类	辊 温 范 围/℃
NR	45～55	NBR	≤40
IR	50～60	CR	40～50
SBR	45 左右		

（5）塑炼时间　塑炼时间对开炼机塑炼效果的影响如图 10-20。可以看出在塑炼开始的 10～15min，胶料的门尼黏度迅速降低，此后则渐趋缓慢。这是由于胶料生热升温，黏度降低所致。故要获得较高的可塑度，最好分段进行塑炼。每次塑炼的时间在 15～20min 以内，不仅塑炼效率高，最终获得的可塑度也大。

（6）化学塑解剂　开炼机塑炼采用化学塑解剂增塑时，可塑度在 0.5 以内时，胶料的可塑度随塑炼时间增加呈线性增大，如图 10-21。故不需要分段塑炼。

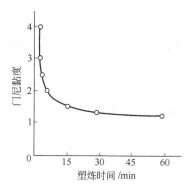

图 10-20　NR 生胶门尼黏度与
塑炼时间的关系

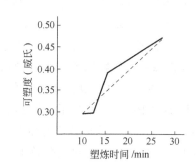

图 10-21　促进剂 M 增塑塑炼时可塑度
与塑炼时间的关系

塑解剂不仅能提高生产效率，节省能耗，还能减少塑炼胶停放过程中的弹性复原性和加工收缩率，如图 10-22 和图 10-23 所示。为充分发挥塑解剂的增塑效果，应适当提高辊温，一般控制在 70～75℃为宜。但若过高，达到 85℃时，反而会降低塑炼效果。因为这时的机械剪切作用已显著降低，而热氧化作用尚未达到足够的程度。

3. 密炼机塑炼工艺

（1）密炼机塑炼方法　密炼机塑炼的工艺方法有一段塑炼法、分段塑炼法和化学增塑塑炼法。

若塑炼胶的可塑度要求较低时，采用一段塑炼法即可。如胶料的可塑度要求较高，采用一段法塑炼时间太长，可采用分段塑炼法或化学增塑法塑炼。

（2）影响密炼机塑炼的因素　主要有容量、上顶栓压力、转子速度、塑炼温度和时间、化学塑解剂等。

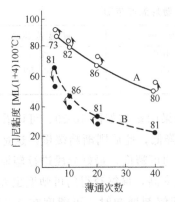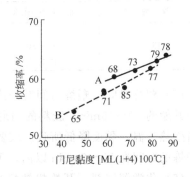

图 10-22　NR 生胶门尼黏度与薄通次数的
关系（箭头所指为停放 27d 后的值）
A—无塑解剂；B—有塑解剂

图 10-23　塑解剂对 NR 塑炼胶收缩率的
影响（图中数字为胶料的温度）
A—无塑解剂；B—有塑解剂

① 容量　容量过小不仅降低机械塑炼效果和生产效率，塑炼胶质量也不均匀；容量过大，塑炼质量不均匀，且密炼室散热困难易使胶温过高。合理的容量应依生胶品种、设备类型和新旧程度、转子速度和上顶栓压力而定。通常的装料容积取密炼室有效容积的 75%，即密炼室的填充系数为 0.75。

② 上顶栓压力　塑炼时上顶栓要对胶料施加一定的压力作用。以增加设备对胶料的摩擦和剪切作用，提高机械塑炼效果。压力的大小一般在 0.5～0.8MPa·s 随着密炼机转速的加大，也有的达到 1.0MPa。在一定范围内提高上顶栓压力可以提高密炼机塑炼效果和生产效率。

③ 转子速度　在同样的条件下，胶料达到相同的可塑度要求所需要的塑炼时间与转速成反比。随着转速的提高又必然会加大胶料的生热升温速度，应加强冷却措施，使胶料温度保持在规定限度以内，防止过炼。

④ 塑炼温度　密炼机塑炼温度以排胶温度表示，塑炼效果随温度升高急剧增大。但温度过高有可能出现过炼而损害硫化胶物理机械性能，所以天然生胶塑炼的排胶温度一般控制在 140～160℃ 范围内，丁苯橡胶的排胶温度控制在 140℃ 以下，否则大分子会产生支化和凝胶，使塑炼效果降低。丁腈橡胶在高温塑炼时最宜生成凝胶。

⑤ 塑炼时间　排胶温度一定，密炼机塑炼效果最初随着塑炼时间线性增大，随后渐趋缓慢。这很可能是由于塑炼后期挥发分增多造成缺氧所致。采用分段塑炼法可以解决这一问题。分段塑炼不但提高生产效率，还可节约能耗。

⑥ 化学塑解剂　密炼机塑炼采用化学增塑法最合理有效。不仅能充分地发挥其增塑效果，而且在同样条件下还可降低排胶温度，提高塑炼胶质量。如天然生胶采用促进剂 M 增塑时，达到同样塑炼程度其排胶温度可由 160～180℃ 降到

140～160℃，使能耗降低。塑炼胶的弹性复原性也比纯胶塑炼法低。

密炼机塑炼适用的化学塑解剂类型主要有硫酚类和二硫化物类及其锌盐，其增塑效果如表 10-7 所示。目前最普遍使用的是二邻苯甲酰氨基二苯基二硫化物和五氯硫酚。其中二硫化物效果更好一些。随着其用量增加胶料的可塑度增大，如表 10-8 所示。

表 10-7   几种化学塑解剂的增塑效果

塑解剂品种	用量/份	塑炼温度/℃	塑炼时间/min	容量/kg	可塑度（威氏）
无	0	140	15	120	0.380
促进剂 M	0.5	140	14	120	0.420
五氯硫酚的锌盐	0.2	140	10	120	0.390
五氯硫酚	0.2	140	10	120	0.483
2,2′-二邻苯甲酰氨基二苯基二硫化物	0.2	140	10	120	0.485

表 10-8   二硫化物用量对塑炼效果的影响 （NR）

用量/份	塑炼温度/℃	塑炼时间/min	试片压缩后的高度（威氏）/mm			
			100℃×3min 压缩	100℃×1min 后弹性复原	室温停放 12d 后	
					100℃×3min 压缩	100℃×1min 后弹性复原
0	141	6	3.65	0.60	3.75	0.73
0.0625	141	6	2.53	0.25	2.78	0.35
0.1250	141	6	2.33	0.15	2.55	0.23
0.2500	141	6	2.18	0.08	2.38	0.20
0.5000	141	6	1.85	0.13	2.15	0.13
1.0000	141	6	1.68	0.03	1.90	0.18

密炼机采用化学增塑法塑炼时，还可使塑炼和混炼过程合并在一起进行。既简化了工艺操作，又节省能耗与时间，还有利于炭黑的混合分散。但应适当提高塑解剂的用量，即增加到 0.25 份，以补偿炭黑对塑解剂的吸附作用所造成的影响。

4. 螺杆塑炼机塑炼工艺

螺杆塑炼机塑炼在 20 世纪 50 年代较为盛行。国内在 20 世纪 80 年代以前亦较普遍。属于连续操作。具有自动化程度、生产效率高、能耗节省和劳动强度低等特点。但塑炼（排胶）温度高，在 180℃以上，属于高温机械塑炼，塑炼胶获得的可塑度最大只能达到 0.4 左右，塑炼胶质量不均匀，只能用于胶料批量较大、可塑度要求较低且品种变换少的塑炼加工。目前在大型轮胎厂已不再使用。影响塑炼效果的主要因素有烘胶质量、塑炼（排胶）温度、喂料速度以及排胶孔隙的大小。螺杆塑炼机不能采用化学增塑法塑炼。

5. 塑炼后胶料的补充加工和处理

（1）压片　塑炼后的胶料必须压成厚度为 10mm 左右的规则胶片，以增加冷却散热面积，并便于堆放管理、输送和称量配合操作。

（2）冷却　塑炼胶压片后应立即浸涂或喷洒隔离剂液进行冷却隔离，吹干，使胶片温度降到 35℃ 以下，防止贮存和停放中发生黏结。

（3）停放　干燥后的塑炼胶必须经过停放 4～8h 后才能供下道工序使用。

（4）质量检查　塑炼胶出片时，必须按规定逐车取样，检查其可塑度大小和均匀性。符合要求者才能投入下道工序使用。若胶料可塑度偏低，需进行补充塑炼；如可塑度偏高，轻微者可以少量与正常胶料掺混使用，严重者必须降级使用。

6. 合成橡胶的机械塑炼特性

尽管合成橡胶在机械塑炼时黏度降低的倾向与天然胶相似，但塑炼效果远低于天然胶。且在高温下塑炼时还容易产生凝胶。总的说来，合成橡胶比天然橡胶难塑炼。这是因为多数丁二烯类合成橡胶的分子链中不具备天然胶分子的甲基共轭效应，因而没有键能较低的弱键存在；其次是合成橡胶的平均分子量一般都比较低，初始黏度较低，机械力作用下容易发生分子链之间的滑动，降低了机械力的有效作用；多数合成橡胶在机械力作用下不能结晶或结晶性很小，这些都使得合成橡胶分子链难以被机械力破坏；另外，低温下丁二烯类合成橡胶分子链被机械力破坏生成的大分子自由基化学稳定性较天然胶低，缺氧时容易发生再结合而失去机械塑炼效果或发生分子间活性传递，产生支化和凝胶而不利于塑炼；当有氧时一方面发生氧化裂解，另一方面也产生支化和凝胶。故合成橡胶低温机械塑炼效果不如天然橡胶好。在机械塑炼时应尽可能降低辊温、减小辊距并减小容量。

高温塑炼时，天然胶分子链生成的氢过氧化物发生分解时主要导致大分子降解，但丁二烯类合成橡胶的大分子氢过氧化物发生裂解反应的同时亦产生凝胶，是因其大分子自由基的化学活性较天然胶大所致。另外有些合成橡胶本来就含有一部分凝胶。加之在合成过程中常常加入适量的结构稳定剂，这恰好又是对化学塑解作用的抑制剂。因此合成橡胶使用前必须严格进行质量检查，防止过期使用。改善合成橡胶加工性能的最合理的方法就是调节聚合反应程度，即分子量大小和分布，制得初始门尼黏度符合加工性能要求的生胶，可直接进行混炼。

几种常用橡胶的机械塑炼特性如下。

（1）天然生胶　无论采用哪种塑炼方法都比较容易获得可塑性。用开炼机塑炼时采用低辊温（40～50℃）、小辊距（0.5～1.0mm）薄通塑炼法和分段塑炼法效果最好。用密炼机塑炼时，温度宜在 155℃ 以下，塑炼时间约在 13mm 左右（依可塑度要求而定）。天然胶塑炼时间过长或塑炼温度过高时容易发生过炼，造成硫化胶物理机械性能过分降低。无论开炼机还是密炼机塑炼都能采用化学增塑法进行塑炼，增塑效果良好。

（2）丁苯橡胶　低温聚合的 SBR1500 的初始门尼黏度为 52 左右，一般不需要塑炼，但若在混炼之前适当进行塑炼可进一步改善工艺性能，有利于压延、挤出。用开炼机塑炼时，辊距 0.5～1.0mm，辊温 30～45℃（比天然胶低 5～10℃）。用密炼机塑炼时要严格控制塑炼温度和时间。若温度过高或时间过长容易产生凝胶，降低塑炼效果，故排胶温度一般不超过 140℃。

（3）顺丁橡胶　常用的顺丁橡胶门尼黏度较低，一般不需要专门进行塑炼，可直接混炼。适当塑炼有利于进一步改善胶料工艺性能。但顺丁橡胶的平均分子量较低，分子量分布窄，内聚力小，分子链柔顺性大，在机械力作用下容易产生分子链之间的相对滑动，故低温下的机械塑炼效果很小。用开炼机塑炼需采用小辊距（1mm）、低辊温（40℃）操作。用密炼机塑炼时胶料黏度可显著下降。

（4）氯丁橡胶　国产氯丁橡胶的初始门尼黏度都比较低，一般能满足工艺性能要求，可不经塑炼而直接进行混炼。但贮存时的结构稳定性差，会使可塑性减小，故仍需塑炼。开炼机塑炼时辊温要低，一般在 30～40℃。升高温度会降低塑炼效果，并产生粘辊现象。用密炼机塑炼时排胶温度不应高于 85℃。

（5）丁腈橡胶　低温聚合丁腈橡胶（软丁腈橡胶）可塑度较高，门尼黏度在 65 以下，一般不必塑炼。若适当塑炼有利于进一步改善工艺性能。高温聚合丁腈橡胶（硬丁腈胶）门尼黏度较高，一般在 90～120，必须充分塑炼后才能进一步加工。丁腈橡胶韧性大，收缩性剧烈，机械塑炼困难。

用开炼机塑炼时采用低温（40℃以下）薄通（辊距 1mm 以下）法和分段塑炼法塑炼，并减小容量，才能取得较好的塑炼效果。随着分子中丙烯腈含量的增多塑炼效果增大。但在高温塑炼时会生成凝胶，故不能用密炼机进行塑炼。

（6）丁基橡胶　分子链较短，具有冷流性，化学结构稳定，很难获得机械塑炼效果。用开炼机塑炼时应采用低辊温（25～30℃），并先用较大的辊距使胶料进入辊距中并包辊，然后再调小辊距进行塑炼。若一开始就采用小辊距则胶料很难进入辊距而无法操作。且塑炼时前辊温度应比后辊低 10℃左右。丁基橡胶单靠机械剪切破坏作用很难塑炼，采用化学塑解剂增塑法才能有效地降低胶料的黏度。常用的塑解剂品种有过氧化二异丙苯、五氯硫酚等。用量范围一般在 0.5～1.0 份内。塑炼效果随温度升高而增大。用密炼机塑炼效果较好，排胶温度在 120℃左右，塑解剂用量为 2 份左右，容量较大为好。塑解剂以过氧化二异丙苯效果最好，其次是二甲基苯硫醇和五氯硫酚等。

丁基橡胶塑炼时应保持清洁，严禁其他胶料混入。塑炼前必须清洗机台。

大多数合成橡胶塑炼后其弹性复原性都比天然橡胶大，塑炼后不要停放，应立即进行混炼，可获得较好的效果。

第三节　胶料混炼工艺

一、混炼前的准备

1. 原材料的质量检验与加工

混炼前各种原材料质量都必须达到规定的技术标准，对检验不符合质量要求的，应进行补充加工，如生胶的塑炼、固体配合剂的粉碎、粉状配合剂的干燥和筛选、低熔点固体配合剂的熔化和过滤、高黏度液体配合剂的加温和过滤等。对熔点较低的配合剂，如硫黄、促进剂和防老剂等，干燥温度应低于其熔点 25～40℃，以防熔融结块。矿物类填料的干燥温度可在 80℃以上，配合剂的含水率应控制在 1.5％以下。

2. 油膏和母炼胶的制造

有时需要将某些配合剂制成油膏和母炼胶使用，如硫黄、氧化锌等可以较大比例与液体软化剂混合制成油膏，用于开炼机混炼。炭黑、促进剂和化学塑解剂等可以较大比例与生胶混炼制成母胶使用。可避免混炼加工时配合剂的飞扬损失，减少环境污染，加快混炼速度，提高混炼质量，降低能耗。

3. 称量配合操作

称量配合操作是按照配方规定的原材料品种和用量进行称量搭配的操作。对保证工艺操作和产品质量极为重要。配合剂的漏用、错用和称量的不准确，都会给产品质量和性能带来无法挽回的损失。故必须做到细致、精确、不漏、不错。

称量配合操作又分为手工操作和自动化操作两种方式。前者劳动强度大，操作环境条件差，主观误差不可避免。关键是称量工具选用要合适。在保证称量能力的前提下尽量选用称量容量较小的衡器，使每次称的量尽可能接近秤的容量，使每一次的称量误差减至最低。

二、开炼机混炼工艺

开炼机混炼是橡胶工业中最古老的混炼方法。混炼后的机台容易清理，变换胶料配方灵活，适于配方变换频繁、胶料用量较少的生产，实验室的小配合试验以及某些特殊配方的胶料混炼。如发泡胶料、硬质胶胶料、硅橡胶胶料、混炼型聚氨酯橡胶等也适合于浅色和彩色胶料的混炼。故开炼机混炼在橡胶工业生产、科研中仍占有一定位置。

1. 开炼机的混炼过程

开炼机混炼的一般操作方法是：先投加生胶通过辊距后包于前辊，并在辊距上方留有适量的堆积胶，将多余的胶料割下，并按规定的加料顺序往堆积胶上面投加配合剂。在生胶夹带配合剂通过辊距时受到剪切混合作用，使配合剂进入胶料内部，叫作吃粉。当吃粉完毕后要立即进行切割翻炼，最后必须再经薄通 3～5 遍，以保证混合分散均匀，然后放大辊距下片。整个混炼过程分为包辊、吃粉、翻炼三个阶段。

(1) 胶料包辊性 胶料包辊是开炼机混炼的前提。不包辊的胶料不能用开炼机进行混炼。胶料的包辊性好坏与生胶品种特性、混炼温度和机械剪切速率都有关系。图 10-24 是不同温度下胶料在辊筒上的包辊状态。可以看出，在Ⅰ区，胶料处于低温范围，呈弹性固体状态，硬度高、弹性大，难以进入辊距，若强制通过，则破碎掉下，不能包辊，无法混炼。温度升高进入Ⅱ区范围时，胶料呈高弹性固体，既有塑性流动，又有适当的高弹性变形，通过辊距后呈弹性胶带紧包前辊，不破裂、不脱辊，既便于混炼操作，又利于配合剂的混合分散；温度升到Ⅲ区范围时，胶料虽然仍处于黏弹性固体状态，但其内聚力和拉伸强度已大为降低，流动性进一步增加，通过辊距后呈袋囊状脱辊或破碎掉下，无法进行混炼操作；升温至更高的Ⅳ区温度范围，胶料进入黏流态，通过辊距后，虽然能包于辊筒表面，但弹性已减至很小，主要表现为塑性流动变形，对辊筒会产生黏附而难于切割翻炼。故开炼机混炼时应保持辊温在Ⅱ区的范围，防止进入Ⅰ区和Ⅲ区。

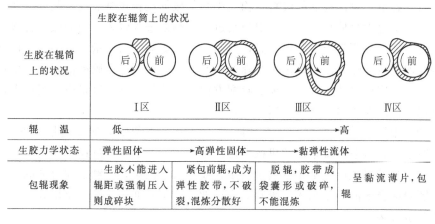

图 10-24　不同温度下胶料在辊筒上的包辊状态

不同的生胶，其包辊性能好的Ⅱ区温度范围不同。天然橡胶和乳聚丁苯橡胶在通常的操作温度下没有明显的Ⅲ区，只出现Ⅰ区和Ⅱ区，所以包辊性能和混炼性能好。顺丁橡胶混炼时辊温不宜超过 50℃，否则发生脱辊。应根据胶料的种类不同，调节辊温在其各自的Ⅱ区温度范围内进行混炼。

胶料的黏弹性能不仅与温度有关，还受机械剪切速率的影响，提高剪切速率相当于降低温度的作用。所以当胶料发生脱辊，冷却无效时，可以减小辊距的方法恢复其包辊状态。另外，胶料的分子量分布宽，其包辊性能好的Ⅱ区温度范围加宽，Ⅲ区的温度范围缩窄，混炼操作性能较好。顺丁橡胶、乙丙橡胶的包辊性能较差，主要原因就是分子量分布窄，胶料的内聚力较低所致。胶料中加入炭黑后使其内聚力和强伸性能提高，包辊性能得以改善。

（2）吃粉　胶料包辊后，辊筒上方必须留有适量的堆积胶，再向堆积胶上面添加配合剂，利用堆积胶的绉缩夹带配合剂进入辊距并产生径向混合作用，加快配合剂的混合吃粉。否则只有周向剪切，无径向混合作用，配合剂不能进入包辊胶内部。但堆积胶的作用只能达到包辊胶厚度的2/3处，在胶片贴近辊筒表面一边，还有约1/3的厚度无配合剂进入，这叫死层或呆滞层。这时胶料的混合状态是周向均匀度较好，轴向均匀度较差，径向均匀度最差。

（3）切割翻炼　堆积胶的径向混合作用是有限的，为了使胶料各部分之间混合均匀，必须进行切割翻炼操作。如打三角包法、斜切法（斜刀法，八把刀法）、打扭法和薄通法等。通常都是采用几种方法并用，不仅提高混合均匀程度，而且加快混炼速度。不管如何，最后都要薄通3～5遍才能结束混炼并出片。必须注意，切割翻炼操作只能在配合剂混入胶料（吃粉完毕）之后才能进行，否则会造成胶料脱辊而无法正常进行操作。

2. 开炼机混炼的工艺条件和影响因素

（1）容量　每次混炼的胶料容积大小必须根据设备规格及胶料配方特性合理确定。容量过大会使辊距上方的堆积胶过多而难以进入辊距，使分散混合效果降低。且会使散热不良导致胶料升温，引起焦烧而影响胶料质量。还会引起设备超负荷及加大劳动强度。容量过小会降低生产效率。对配方含胶率低、混炼生热量多的胶料，应适当减小容量；天然胶配方混炼生热量较低，容量应适当增大，采用母炼胶混炼的胶料，亦应适当增大容量。

（2）辊距　合理的容量是在辊距为4～8mm下两辊间保持适量的堆积胶。辊距减小，胶料通过辊距时的机械剪切效果增大，会加快混炼速度，同时也加快胶料的生热升温速度，堆积胶数量增多，胶料散热困难，不利于配合剂的分散混合。随着配合剂的不断加入，胶料的容积增大，辊距亦应逐渐调整增大，以避免堆积胶量过多。

（3）辊筒的转速与速比　提高辊筒的转速和速比可提高机械剪切分散效果和混炼速度，胶料的生热升温速度亦加快，又不利于配合剂的分散，故必须严格控制温度，以防焦烧；转速和速比过小会降低混炼效率。因此，混炼时的速比要比塑炼适当减小，适宜的范围为1:（1.1～1.2）。

（4）混炼温度和时间　提高混炼温度有利于胶料的塑性流动及其对配合剂表面的湿润，加速吃粉过程，但会降低分散效果。辊温过高胶料容易发生脱辊和焦烧现象，影响混炼操作和混炼质量；辊温降低，胶料黏度增高，有利于提高机械剪切与分散混合效果，但若过低不利于吃粉混合。温度过高、过低都会延长混炼时间。故应根据胶料配方特性调控混炼温度，使辊温保持在胶料包辊性最好的温度范围内进行混炼。前、后辊筒温度应保持5～10℃的温差，以利于操作。如天然橡胶易包热辊，前辊温度应高于后辊，合成胶则相反。各种橡胶开炼机混炼的适宜温度范围如表 10-9 所示。

表 10-9 常用橡胶开炼机混炼适宜的温度范围

生胶品种	混炼温度 /℃		生胶品种	混炼温度 /℃	
	前 辊	后 辊		前 辊	后 辊
NR	55～60	50～55	BR	40～50	40～50
SBR	45～55	50～60	EPDM	60～75	85 左右
NBR	35～45	40～50	CO (ECO)	40～60 (60～80)	略高
CR	≤40	≤40	CSM	40～70	40～70
IIR	40～45	55～60			

开炼机混炼时间取决于胶料配方与性质、混炼操作方法和工艺条件，混炼时间不足会降低胶料混合均匀程度；混炼时间过长，胶料容易发生焦烧和过炼现象，降低混炼胶质量和生产效率。适宜的混炼时间通过试验确定。在确保混炼胶质量的条件下尽可能缩短混炼时间，提高生产效率。

（5）加料顺序　混炼时配合剂的添加次序是影响混炼操作和混炼质量的最重要的因素之一。加料顺序不当有可能引起胶料脱辊，无法顺利操作，使混炼时间延长，易发生焦烧和过炼，降低混炼胶质量。加料顺序是长期生产实践经验的积累和总结。其一般原则是：用量少而作用大的配合剂，如促进剂、活性剂、防老剂和防焦剂应先加，因为对其混合均匀度要求高，先加有利于混合均匀，防老剂早加还可抑制混炼时胶料的老化；在胶料中难分散的配合剂，如 ZnO 和固体软化剂，亦应早加；临界温度低、化学活性大、对温度敏感性较大的配合剂，如硫黄和超速促进剂应在混炼后期降温添加；硫化剂和促进剂必须分开添加，若混炼开始加入促进剂，则硫化剂放在最后添加，或者相反。天然胶配方开炼机混炼的一般加料次序为：生胶、塑炼胶、母炼胶、再生胶→固体软化剂（如古马隆树脂、松香、固体石蜡等）→促进剂、活性剂、防老剂和防焦剂→填料（炭黑、陶土、碳酸钙等）→液体油料（石蜡油、环烷油和芳烃油等）→硫黄。

液体软化剂用量较少时，亦可在填料之前投加。合成胶配方填料和油类的用量比例高，油料只能放在填料之后添加或者与填料交替分批投加。

某些特殊配方可对加料顺序加以适当调整。如硬质胶配方硫黄用量较多，应在其他配合剂之前投加，以保证混合均匀；海绵胶料混炼时应在加入硫黄之后再添加油料，否则配合剂难以分散均匀。

开炼机混炼的操作方法如下。

在混炼开始前首先核对配合剂的品种和用量是否准确，检查设备各部件是否完好，辊筒上面有无异物，空车运行和刹车是否正常，并调整辊温、辊距至规定要求（辊距 3～4mm）。再按以下步骤进行混炼操作：

① 在开炼机辊筒靠近主驱动轮一端投入生胶或塑炼胶、母炼胶，捏炼 3～4min 使形成光滑的包辊胶后将胶料割下；

② 放宽辊距至 8～10mm，将胶料投入辊距压炼 1min 并抽取余胶，使辊筒上面只留包辊胶和适量积存胶，其余胶料全部取下，按规定加料顺序向积存胶上投加配合剂（小料），待小料全部吃粉后，将填料和油类液体配合剂分批交替加入，待配合剂全部吃入胶料后，再将抽取的生胶全部投入混炼 4～5min，其间不得切割翻炼；

③ 然后切割取下余胶，加入硫黄继续混炼，待其吃粉完毕再将余胶投入翻炼 1～2min；

④ 将辊距调至 2mm 左右薄通 3～4 次并 90°调头；

⑤ 最后调整辊距至 10mm 左右下片，并割取快检试样，胶片经浸涂隔离剂液冷却 1～2min，取出挂架强风吹干，冷却至 40℃ 以下再叠放 8h 以上方可供下道工序使用。

三、密炼机混炼工艺

密炼机混炼操作是开始提起上顶栓，将配方的各种原材料按规定加料顺序依次投入密炼室中，每次投料后都必须放下上顶栓加压混炼一定时间，然后再提起上顶栓投加下一批物料，直到混炼完毕，打开下顶栓，排料至下片机出片、冷却、停放。依据配方和工艺不同，具体操作又分一段混炼法、分段混炼法和逆混法。

（一）一段混炼法

一段混炼法是指混炼操作在密炼机中一次完成，胶料无需中间压片和停放。其优点是胶料管理方便，节省车间停放面积；但混炼胶的可塑度较低，混炼周期较长，容易出现焦烧现象；填料不易分散均匀。一段混炼法又分为传统法和分段投胶法两种混炼方式。

1. 传统一段混炼法

按照通常的加料顺序采用分批逐步加料，每次加料后要放下上顶栓加压或浮动混炼一定时间，然后再提起上顶栓投加下一批物料。通常的加料顺序为：生胶、塑炼胶、并用生胶和再生胶→固体软化剂（硬脂酸）→防老剂、促进剂、氧化锌→补强填充剂→液体软化剂→硫黄（或排料至开炼机加硫）。为控制混炼温度不至过分升高，一段混炼通常采用慢速密炼机，其炼胶周期约需 10～12min，高填充配方需要 14～16min。慢速密炼机一段混炼排胶温度控制在 130℃ 以下，通常排料至开炼机压片加硫黄。

2. 分段投胶一段混炼法（又称母胶法）

具体操作分为以下两种方法：第一种是混炼开始先向密炼机中投入 60%～80% 的生胶和所有配合剂（硫黄除外），在 70～120℃ 下混炼至总混炼时间的

70%～80%制成母胶，然后再投入其余生胶和硫化剂，混炼约1～2min排料，压片、冷却、停放，混炼操作结束。第二次投入的生胶温度低，可使机内胶料温度暂时降低15～20℃，可提高填料的机械剪切分散混合效果，避免发生焦烧，能在混入热胶料的同时使部分炭黑从母胶中迁徙至后加的生胶中。密炼室装填系数可提高15%～30%，提高混炼生产效率和硫化胶性能。该法适用于IR、CR、SBR和NBR胶料的混炼。混炼中的机械剪切力τ和温度T的变化如图10-25所示。

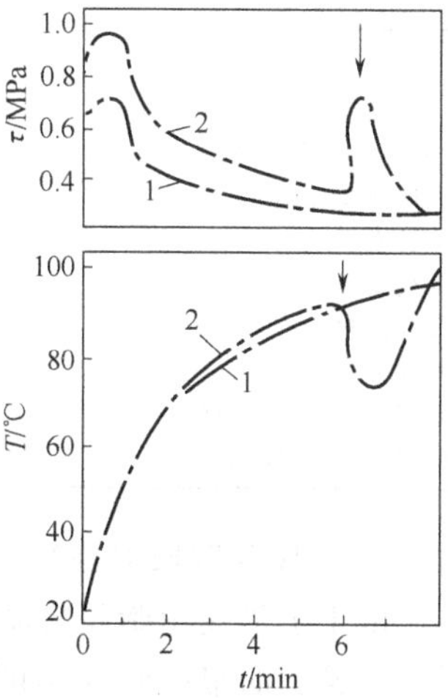

图10-25　混炼IR胶料时的剪切应力τ和温度T的变化（炭黑40份；密炼机转速$n=$60r/min；箭头表示添加45份橡胶的瞬间）
1——一次投入橡胶，$V_x=2L$；
2—分批投入橡胶（55份，45份），$V_x=2.33L$

另一种混炼方法是将60%～80%的生胶和基本配合剂（硫化剂和促进剂除外）投入密炼机，混炼3min制得母胶，然后排料到开炼机投加其余20%～40%的生胶和硫黄、促进剂，混炼均匀后下片。与传统的一段混炼法相比，该法胶料的工艺性能良好，硫化胶性能也明显提高；只是胶料在开炼机上的操作时间较长，所需开炼机台数较多。

（二）分段混炼法

分段混炼法是将胶料的混炼过程分为几个阶段完成，在两个操作阶段之间胶料要经过出片、冷却和停放。主要是两段混炼法，亦有分三段和分四段混炼的。

1. 两段混炼法

对于多数合成胶配方和子午线轮胎的胎面胶胶料因高补强性炭黑配用量较多，胶料硬度较大，混炼生热量多，升温快，一段混炼法不能满足胶料的混炼质量和性能要求，必须采用分段法，通常分两段混炼法混炼。

传统两段混炼法的第一段混炼采用快速密炼机（40r/min、60r/min或更高），将生胶与炭黑、油料混合制成母胶，故又称为母炼，经出片、冷却和停放一定时间之后，再投入中速或慢速密炼机进行第二段混炼，加入硫黄和促进剂，并排料至开炼机补充混炼和出片，最后完成配方全部组分的混炼，故又称第二段混炼为终炼。

另外一种是分段投胶两段混炼法，母炼时，在70%～80%的总混炼时间内，将80%左右的生胶和全部配合剂按常规方法混炼制成高炭黑含量的母炼胶，经出片、冷却和停放后，再投入密炼机进行第二段混炼，在60～120℃下将其余20%左右的生胶加入母胶中混炼，使高浓度炭黑母胶迅速"稀释"分散1～2min，混炼均匀后排料。用以上两种分段混炼法制备的胶料性能比较如表10-10。

表 10-10　两种分段混炼法制备的硫化胶性能比较

项　　目	传统两段法	分段投胶法
门尼黏度[ML(1+4)100]	58	64
100%定伸应力/MPa	3	2.8
拉伸强度/MPa	16	21.6
伸长率/%	270	300
永久变形/%	5	5
硬度(TИP)	64	60
回弹率/%	41	43
耐寒系数(-50℃)K_B	0.05	0.2
撕裂强度/(kN/m)	28	32

2. 三段和四段混炼法

由于子午线轮胎胶料品种繁多，有的胶料硬度高，混炼时升温很快，如全钢子午线轮胎的帘布胶和胎圈钢丝胶胶料的炭黑含量多，胶质硬，混炼分散很困难；另外，配方中的增黏剂在胶料中混合分散困难，两段混炼法有时满足不了胶料的质量性能要求，故对于难混炼的胶料以及性能上有特殊要求的胶料，也有采用三段甚至四段混炼法的。对难分散的又是主要的配合剂，如钴盐类增黏剂，一般在第一段混炼时就投入密炼机混炼，炭黑则分批在第一段、第二段投加，或在第一段、第二段、第三段投加，终炼阶段投加硫黄和促进剂。

第二段制造炭黑母胶若采用 30r/min 的密炼机，混炼时间为 4.5min，排料温度为 145℃左右。终炼阶段若有不溶性硫黄，则要特别注意密炼室内胶料的温度不能超过 100℃，一般控制在 90～95℃之间。终炼采用慢速密炼机，如 270L 的密炼机，有选用 15r/min 的，也有选用 20r/min 的，终炼周期为 2.5～3min。

(三) 逆混法 (倒炼法)

逆混法采用的加料顺序与一般混炼的加料顺序完全相反，是首先加配合剂，最后加生胶，即：炭黑→油料→小料→生胶→排料，也有将油料放在最后加入的。具体操作又有两种方法。

一种是先投加补强填充剂和油料，然后投入 50%～70% 的生胶，混炼 1.5min 后再投入其余生胶，混炼数分钟后排料。此法适用于配用多量粗粒子炭黑和油料的配方。

另一种是先投入 1/2 的油料和所有配合剂，再投入生胶混炼。然后在 2min 以内分 2～3 次加入剩余的油类，混炼完毕排料。混炼时间比前一种的长。适用于配用补强性炭黑和相应油类的配方。

逆混法能改善高填充配方中炭黑的分散状态，缩短混炼周期。主要用于生胶挺性差的高炭黑、高油类配方。最初用于丁基胶配方，后来则主要用于 EPDM 和 BR 胶料的混炼。

EPDM 橡胶配用粗粒子炭黑时宜采用第一种逆混法。其加料顺序如表 10-

11，混炼时间为 4.5min。加料时，第一次投加的生胶量不得高于 70％，否则电能消耗会急剧增大。

表 10-11　EPDM 橡胶与粗粒子炭黑的混炼方法（母炼）[①]

加 料 顺 序	投 加 时 间 /min	加 料 顺 序	投 加 时 间 /min
(1)炭黑、油料、氧化锌、硬脂酸、50％～70％的生胶	0	(3)清扫	3.5
(2)清扫、投加其余生胶	2	(4)排料	4.5

① 胶料配方：EPDM 100 份，SRF 75 份，FEF 75 份，环烷油 100 份，氧化锌 5 份，硬脂酸 1 份，含硫化剂母胶 13 份。

EPDM 橡胶配加补强性炭黑时采用上述第二种逆混法混炼，加料顺序如表 10-12。

表 10-12　EPDM 橡胶与补强性炭黑的逆混方法（母炼）[①]

加 料 顺 序	投 加 时 间 /min	加 料 顺 序	投 加 时 间 /min
(1)全部炭黑、1/2 油、氧化锌、硬脂酸、全部生胶	0	(3)清扫	4.0
(2)清扫、加剩余油类	2.0	(4)排料	7.5

① 胶料配方：EPDM 100 份，炭黑（HAF-HSI、ISAF 等）80 份，环烷油 60 份，氧化锌 5 份，硬脂酸 1 份，含硫化剂 13 份。

采用逆混法时，密炼机的密封性能必须完善，密炼室炼胶容量、上顶栓压力和电机功率都要尽可能加大，防止物料在密炼室内发生漂移而影响混合分散效果。

（四）密炼机混炼工艺条件和影响因素

密炼机混炼的胶料质量好坏，除了加料顺序外，主要取决于混炼温度、装料容量、转子转速、混炼时间和上顶栓压力。

1. 混炼容量

混炼容量就是每一次混炼时的胶料容积。容量过小会降低机械的剪切和捏炼效果，甚至会出现胶料在密炼室内滑动和转子空转现象，导致混炼效果不良；容量过大胶料没有必要的翻动回转空间，会破坏转子凸棱后面胶料，形成紊流的条件，并会使上顶栓位置不当，造成部分胶料在加料口口颈处发生滞留，以上都会导致混炼均匀度下降，且易使设备超负荷。适宜的容量通常取密炼室有效容积的 75％（即密炼室的装填系数为 0.70～0.80）。具体应考虑胶料配方特性、密炼机特点及混炼方法和工艺条件合理确定。对于含胶率较低和生热性较大的配方、慢速密炼机、新设备，容量应适当减小；配方含胶率高、转子速度快、上顶栓压力高的和工作时间较长的设备应适当加大容量；啮合型转子密炼机的装填系数小于剪切型密炼机。采用逆混法混炼时，应尽可能加大容量。

2. 加料顺序

混炼时，胶料配方中的各种组分投加的先后次序非常重要，不仅影响混炼质量，而且关系到混炼操作是否顺利。通常是先将作为混炼胶母体的各种生胶混炼均匀，表面活性剂、固体软化剂和小料（防老剂、活性剂、促进剂）应在填料之前投加，液体软化剂则放在填料之后投加，硫黄和促进剂最后投加。对温度敏感性大的应降温后投加。其中生胶、炭黑、液体软化剂三者的投加顺序和时间特别重要。一般是先加生胶再加炭黑，混炼至炭黑基本分散以后，再投加液体软化剂，这样有利于配合剂分散，液体软化剂加入时间过早会降低胶料黏度和机械剪切效果，使配合剂分散不均匀；但若投加过晚，比如等炭黑完全分散以后再加，液体软化剂会附于金属表面，使物料滑动，降低机械剪切效果。这些都会使配合剂分散不均匀，还会减慢配合剂宏观分散（分布混合）的速度，延长混炼周期，增加能耗。

对于乙丙胶和顺丁胶料则因生胶黏度低、胶料挺性差，补强性炭黑和油类用量比例高，应采用先加配合剂后加生胶的逆顺序加料法，否则达不到混炼质量要求。

对于填料和油料用量比例高的其他胶料，还应将两者分批交替投加。

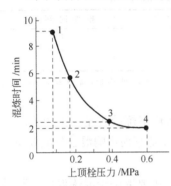

图 10-26　密炼机上顶栓压力
对混炼时间的影响
（图中虚线为风筒直径）

1—200mm；2—275mm；
3—400mm；4—500mm

3. 上顶栓压力

密炼机混炼时，密炼室内的物料都要受到上顶栓从加料口施加的压力。以增加机械的摩擦剪切作用，提高对胶料的混合分散效果，促进胶料的流动变形和混合吃粉，缩短混炼过程，如图 10-26 所示。

从流体力学的意义来看，混炼过程中上顶栓不可能对密炼室内的胶料造成固定的压力，因为密炼室内的实际填充程度只有 70%～80%，还有 20%～30% 的空隙未充满物料。上顶栓的作用主要是将胶料限制在密炼室内的主要工作区，并对其造成局部的压力作用，防止在金属表面滑动而降低混炼效果，并限制胶料进入加料口颈部而发生滞留，造成混炼不均匀；混炼结束时，上顶栓基本保持在底线处，只有当转子推移的大块胶料从上顶栓下面通过时才偶尔抬起，瞬时显示出压力的作用，这时上顶栓只起到捣捶的作用。当转速和容量提高时，上顶栓压力应随之提高，混炼过程中胶料的生热升温速度亦会加快。对钢丝帘布胶类硬胶料混炼，上顶栓压力不要低于 0.55MPa。混炼过程中若上顶栓没有明显的上下浮动，这说明不是上顶栓压力过大就是胶料容量过小；如果上顶栓上下浮动的距离过大，浮动次数过于频繁，这说明上顶栓压力不足。正常情况下，上顶栓应该能够上下浮动，浮动距离以 50mm 为佳。

上顶栓的加压方式亦会对混炼产生影响。投加粉料，尤其是密度较小的物料时，不能立即加压，应慢慢放下上顶栓，利用上顶栓自身质量浮动加压一定时间后，将上顶栓提起一定高度，再通入压缩空气加压。否则，投料后立即加压，会导致粉料飞扬损失和挤压结块，难以分散。还可能使上顶栓在加料口处被物料卡住而影响混炼操作。当配合剂含量大时，应分批投加，分批加压。快速密炼机混炼时，油料是在不提起上顶栓的情况下用压力注入密炼室的。

一般情况下，慢速密炼机压力在 0.5～0.6MPa，中、快速密炼机可达 0.6～0.8MPa，最高达到 1.0MPa。

4. 混炼温度

密炼机混炼时胶料的温度难以准确测定，但与排胶温度相关性甚好，故用排胶温度表征混炼温度，具有可比性。因机械摩擦剪切作用剧烈，生热升温速度快，密炼室密闭散热条件差，胶料的导热性不好，故胶料温度比开炼机混炼时高得多。

混炼温度高有利于生胶的塑性流动和对配合剂粒子表面的湿润、吃粉，但不利于配合剂的剪切、破碎与分散混合。温度过高易使胶料产生焦烧和过炼现象，降低混炼胶质量，故密炼机混炼过程中必须严格控制排胶温度在规定限度以下；温度过低又不利于混合吃粉，还会出现胶料压散现象，使混炼操作困难。密炼机一段混炼法和分段混炼法的终炼排胶温度范围在 100～130℃ 以下，投加不溶性硫黄时的排胶温度控制在 90～95℃；分段混炼的第一段混炼（母炼）排胶温度，在 145～155℃。随着密炼机转速、容量和上顶栓压力的加大，必须进行有效地冷却，才能严格控制排料温度。新的冷却方法是采用 40～50℃ 的常温循环水冷却，不仅混炼周期短，能耗也节省，如表 10-13 和图 10-27 所示。

表 10-13　冷却水温度对 IR 混炼效果的影响（PC-250/40 密炼机）

项　　目	冷　却　水　温　度/℃	
	10～15	40～50
加料量/L	165	165
排胶温度/℃	140±5	140±5
上顶栓下压后混炼时间/s	143	133
准备和结束作业时间/s	63	63
生产效率/(kg/h)	3200	3400

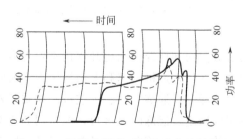

图 10-27　冷却水温度对混炼功率消耗影响

┄┄┄ 冷却水温度为 7℃；───── 冷却水温度为 60℃

5. 转速

提高转子速度是强化密炼机混炼过程的最有效的措施之一。在转子凸棱顶面与密炼室内表面间隙处是对物料的最主要的剪切区，胶料受到的机械剪切变形速度最大，即$\dot{\gamma}=v/h$，与转速v成正比，转速与混炼时间近乎成反比关系，转速增加一倍，混炼周期大约缩短30%～50%，对于制造软质胶料效果更显著。转速高，胶料的生热升温加快，又会降低胶料黏度和机械剪切效果，为适应工艺的要求，可选用双速、多速或变速密炼机混炼，以便根据胶料配方特性和混炼工艺的要求随时变换速度，求得混炼速度和分散效果之间的适当平衡，满足塑炼和混炼过程合并一起进行，即直混法的要求。混炼开始用快速对生胶进行塑炼，随后投加炭黑等配合剂进行母胶混炼，这时允许混炼温度维持在较高水平，以利于胶料流动变形，加快混合吃粉过程。最后改为慢速加硫黄和超速促进剂。

变速密炼机一段直混法的混炼周期分为以下几个操作阶段：

① 0～70s，以7.4m/s的旋转线速度进行塑炼，然后降低到4～6m/s；

② 70s时投加炭黑及其他填料混炼；

③ 110s时投加硫黄，速度减至3.6m/s；

④ 240s时排料，转速恢复到7.4m/s。

混炼过程的温度变化曲线如图10-28。

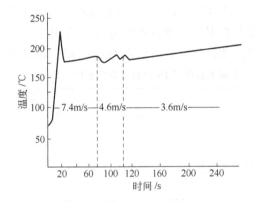

图10-28　变速密炼机直混过程中的温度变化曲线

6. 混炼时间

密炼机对胶料的机械剪切和搅混作用比开炼机剧烈得多，同样条件下完成混炼过程所需时间短得多。并随密炼机转速和上顶栓压力增大而缩短。配方含胶率低，混炼时间长。一定的配方，混炼方法、工艺条件和质量要求一定，所需混炼时间一定，具体通过实验确定。混炼时间过短，配合剂分散不均匀，胶料可塑度不均匀；时间过长，有的会产生过炼现象，且都会降低混炼胶质量。在保证胶料质量前提下，适当缩短混炼时间，有利于提高生产效率和节约能耗。

（五）密炼机混炼过程和质量控制

以密炼机混炼操作过程的某些参量为依据，对混炼操作过程进行控制，进而达到保证胶料最佳混炼状态和减少各批量胶料之间的质量波动，应正确选取和确定排胶标准。常用的排胶标准参量有混炼时间、排胶温度、混炼效应和能量消耗。

1. 时间标准

通过实验确定最佳混炼时间，以 95% 以上的炭黑分散颗粒尺寸达到 $5\mu m$ 以下所需混炼时间为标准，只要混炼时间达到标准，立即排料。该法简便易行，但若工艺条件及原材料质量波动时，混炼质量不稳定。

2. 温度标准

温度标准是通过实验确定的胶料达到最佳混炼状态时的温度。一般认为密炼室内的胶料温度停止上升达到平衡以后，再过一段时间，分散即告完成，这时的温度即可作为排胶温度标准。混炼时只要胶料温度达到标准温度即行排料，这是根据胶料混炼热效应而采用的控制方法。它比时间控制法更合理。只是密炼机混炼时胶料的温度难以精确测量，使应用受到一定局限。

3. 混炼效应标准

混炼效应由混炼时间和混炼温度两个因素决定。各种胶料的最佳混炼效应均可由实验确定。这是确定混炼操作终点的又一排料标准。其优点是胶料质量均匀，性能波动较小，混炼时间较短，并可实现混炼过程自动控制。

4. 能量标准

以胶料达到最佳混炼状态所消耗的能量为标准参量，只要混炼过程的总能耗达到标准值，即行排料，结束混炼操作，这叫能量控制法。这是因为混炼时单位体积胶料的混炼能耗与其门尼黏度之间存在着一定的关系，即胶料的黏弹性是混炼能耗的函数。功率积分仪的出现为这种控制方法的具体应用提供了可靠的保证。

采用能量标准控制混炼时，首先必须通过实验确定胶料的混炼能耗最佳设定值，即保证胶料达到最佳混炼质量的能耗值作为排料标准。其中包括每批胶料的能耗总值、混炼过程各个程序段（如生胶、小料、炭黑、油料和硫黄）的能耗值，然后编制控制程序。

标准功率曲线是利用功率积分器测绘混炼过程的瞬时功率消耗（P）与混炼时间（t）的关系曲线，选出胶料性能最佳的曲线作为标准（$P\sim t$）曲线。并给出混炼过程的能耗总值和各阶段的累积能耗值，以此作为混炼的能量控制标准。只要配方和工艺相同，混炼过程的能耗和功率曲线的形状也一样，各批胶料之间的质量均匀。

综合分析法是以胶料性能为主要依据，并结合拐点法和标准 $P\sim t$ 曲线法对实验结果进行综合分析，以确定混炼能耗的最佳设定值。

应当指出，能控法的优点是原材料性能和胶料配方不发生变化、混炼设备和工艺程序固定时能保证各批量间的质量均匀。但若混炼条件和原材料质量性能发生变化，其混炼的标准能耗随之改变。这时应将混炼条件与原来的标准进行对照和修订，得出不受混炼条件影响的能耗标准或单位能耗设定值作为排胶标准。由于混炼过程中胶料的剪切变形量是决定胶料混合分散状态的主要因素，所以从流变学的角度看，能量控制法的实质是在冷却条件基本稳定的情况下，以单位体积胶料混炼时所吸收的能量，反映胶料达到的有效剪切变形和对物料的分散作用。因此是比较科学和精确的。

常用的能量控制仪有功率积分仪、胶料自动控制仪、P.H.C微处理机系统、PKS_{20}控制系统和polysar系统。

四、混炼后胶料的补充加工和处理

1. 压片与冷却

混炼后的胶料都要压成一定厚度的胶片，以便于冷却、管理和使用。压片既增大散热面积，便于冷却，又便于堆放管理和使用。挤出的胶片需立即浸涂隔离剂液，并吹风冷却干燥，使胶片温度降至40℃以下，方可堆垛停放，以防胶料焦烧和胶片间黏结。

2. 滤胶

气密性要求严格的胶料，如轮胎内胎、硫化胶囊、钢丝子午线轮胎内衬层和胎圈耐磨衬胶等胶料还必须进行过滤，除掉其中的机械杂质。方法是利用机头和口型处装有多层钢丝网的螺杆挤出机，使胶料通过滤网挤出。内胎胶料一般选用30目和60目滤网各一层；特殊胶料可选用40目和80目滤网各一层。

3. 停放

冷却干燥后的胶片必须按规定方式叠放静置8h以上才能使用。以使胶料进行应力松弛，减少后序加工时的收缩率；亦可使配合剂在胶料中能继续扩散，提高混合均匀程度；还有利于橡胶与炭黑间界面上的继续作用，进一步提高补强效果。但停放时间最多不能超过36h。

五、几种橡胶的混炼特性

1. 天然橡胶

天然橡胶的混炼加工性能较好。开炼机混炼包辊性好，易包热辊；对配合剂湿润性好，吃粉快，易分散；但混炼时间长易发生过炼。降低其物理机械性能；前辊温度应比后辊高5～10℃；一般控制在50～60℃。用密炼机混炼时生热性小，多采用一段混炼法，排胶温度控制在140℃以下。

2. 丁苯橡胶

丁苯橡胶混炼生热量较大，升温快，故混炼温度应比天然胶适当降低；对配合剂的湿润性差而较难混合分散，使混炼时间较长。混炼时间过长不会过炼，但会产生凝胶。开炼机混炼辊温一般控制在45～55℃，前辊比后辊低5～10℃；容量和辊距应适当减小，炭黑要分批投加，增加薄通次数，最好采用分段混炼法。密炼机混炼亦要分两段，炭黑分批投加，容量适当减小，排料温度要低于130℃，防止高温产生凝胶。

3. 顺丁橡胶

顺丁橡胶冷流性大，开炼机混炼包辊性差，可采用低辊温（40～50℃）、小辊距（一般 3～5mm）、分两段混炼的方法；前辊温度低于后辊 5～10℃；用密炼机混炼温度和容量可适当增大，排料温度控制在 130～140℃以下；可采用一段或两段法混炼，若炭黑用量高及采用高结构细粒子炭黑时，必须分两段混炼或采用逆混法，炭黑才能达到分散度要求。采用逆混法能节省 40％的混炼时间。排料温度可降低 10～20℃。

4. 丁基橡胶

丁基橡胶的自粘性和互粘性差、与二烯烃类橡胶并用共硫化性差，混炼前必须清洗机台，严防混入其他胶料。丁基胶冷流性大，包辊性差，配合剂混合分散困难，高填充配方胶料易粘辊。开炼机混炼常用引料法（待引胶包辊后再投加生胶、配合剂）和薄通法（先将配方中 50％的生胶用冷辊、小辊距反复薄通，待包辊后再加其余生胶）混炼温度一般控制在 40～60℃，前辊温度低于后辊 5～10℃，速比不易超过 1.25，否则胶料易卷入气泡。配合剂应分批少量投加，配合剂吃净前不可切割翻炼。若有脱辊现象，可适当降低辊温。密炼机混炼容量可比天然胶稍大（5％～10％），要尽可能早加补强填充剂，增加机械剪切效果。以高温（150℃）混合分散效果较好。配方填充量高时可用分段法和逆混法混炼。

5. 氯丁橡胶

氯丁橡胶混炼生热量多，对温度变化敏感性大，易粘辊和焦烧，配合剂分散较慢，混炼容量、速比宜小，辊温要低。通用型氯丁胶在常温到 70℃时为弹性态，混炼包辊性好，配合剂易分散；高于 70℃呈颗粒态，内聚力弱，严重粘辊，配合剂很难分散。非硫调节型 CR 的弹性态温度上限为 79℃，粘辊和焦烧倾向较小。开炼机混炼前辊温度比后辊低 5～10℃，一般在 40～50℃以下，辊距要由大到小逐步调节，要先加氧化镁，最后加氧化锌，以防焦烧。密炼机混炼时通常采用分段混炼法。排料温度一般控制在 100℃以下，容量要低（填充系数一般取0.50～0.55）。氧化锌在第二段混炼时的压片机投加。

6. 乙丙橡胶

乙丙橡胶混炼时不易发生过炼，容易与配合剂混合；但胶料自粘性差又不利于混炼包辊，开炼时先以小辊距使之连续包辊，再投加配合剂，并逐渐放大辊距进行混炼；胶料包辊性对温度的敏感性较大，随着温度升高而变化如下：第一阶段堆积胶多，不能投加粉料混炼；待形成半透明胶片时，包辊性最好，这时应开始投加粉剂，其混合分散性最好；继续升温至胶料变成不透明时，胶料易出现脱辊而难以混炼操作；为使填料分散均匀，开炼机混炼的辊温应高于一般合成胶的混炼温度，以 60～75℃为宜。配用生热性高的补强性填料时，应控制辊温不要过高。生胶包辊后，可先投加一部分填料和氧化锌，然后再投加一部分填料和操作油。操作油能显著改善乙丙胶料的混炼工艺性能，硬脂酸易使胶料发生脱辊，应放在混炼后期添加。通常的加料顺序为：乙丙橡胶→部分填料及氧化锌→操作油和剩余的填料→促进剂、硫化剂→硬脂酸。

将乙丙橡胶、填料和热处理剂一起用开炼机于 190～200℃高温下混合处理 5～10min，然后降低温度，再添加其他配合剂，也能很有效地提高其硫化胶的物理机械性能。

用密炼机高温混炼有助于填料及软化剂的分散和硫化胶物理机械性能的提高，密炼温度一般取 150～160℃。乙丙胶配方填充量高，混炼容量应比其他胶种提高 10%～15%。

第四节　混炼胶的质量检验

混炼胶胶料质量对其后序加工性能及半成品质量和硫化胶性能具有决定性影响。评价胶料质量的主要性能指标是胶料的可塑度或黏度、混炼胶中配合剂的混合均匀程度及分散度高低以及硫化胶的物理机械性能等。因此炼胶车间都要对胶料进行以下几方面的质量检查。

一、胶料的快速检查

混炼胶料质量的快速检测项目主要有可塑度、硬度、密度、门尼黏度、焦烧期和硫化曲线，必须对胶料逐车进行检查。在胶料下片时从前、中、后三个部位抽取试样进行检查。威氏可塑度的公差为±0.08，邵尔 A 硬度的公差为±2.0，相对密度的公差为±0.01。硫化曲线是利用硫化仪作出的一定温度下胶料转矩量随转动时间变化的关系曲线。每种配方都有其特定的曲线，以此为标准曲线对照检查每一批胶料的质量情况。

胶料的可塑度、密度和硬度是检查胶料混炼均匀性的主要快检项目。

1. 可塑度测定

用威氏可塑计或华莱氏塑性计测定试样的可塑度。也可测其门尼黏度，看其大小和均匀程度是否符合要求，若可塑度过大或门尼黏度偏低，则胶料过炼，会损害硫化胶的物理机械性能；反之，若胶料的可塑度偏低或门尼黏度偏大，则胶料的加工性能较差；胶料的可塑度或门尼黏度不均匀，说明胶料的混炼质量不均匀，其加工性能和产品质量亦不会均匀。几种常用混炼胶的可塑度要求范围如表 10-14。

表 10-14　几种常用胶料的可塑度范围（威氏）

胶　　料	可塑度	胶　　料	可塑度	胶　　料	可塑度
胎面胶	0.30～0.40	内胎胶	0.40～0.45	胶囊胶	0.30～0.35
布层胶	0.40～0.50	涂布胶	0.50～0.60		
缓冲胶	0.40～0.50	钢丝隔离胶	0.30～0.45		

2. 密度的测定

配合剂的少加、多加和漏加都会反映在胶料的密度变化上；配合剂的分散不均匀，则胶料的密度也不均匀。因而测定胶料的密度大小和波动情况，便可知混炼操作是否正确以及胶料混合质量是否均匀。传统方法是用硫化胶试样浸入已知密度的氯化钙水溶液中的方法进行测定。现在已有专用的密度测定仪进行测定，每次最多可做 20 个硫化胶试样。该方法是分别在空气中和水中称取其质量，并测定其体积，然后再按式（10-7）计算其密度。

$$\rho = \rho_1 \left(\frac{m_1}{m_1 - m_2} \right) \tag{10-7}$$

式中　ρ——胶料在试验温度下的密度，g/cm^3；

　　　ρ_1——蒸馏水在试验温度下的密度，g/cm^3；

　　　m_1——试样在空气中的质量，g；

　　　m_2——试样在水中的质量，g。

试样取正硫化点的试片。

3. 硬度的测定

利用邵尔 A 硬度计测定硫化胶试样的硬度大小和均匀程度，测定方法按 GB 531 中的规定执行。

硫化胶的硬度不符合要求或出现波动，则表明填料硫化剂配用量有差错或者混合分散不均匀。

二、炭黑分散度的检查

配合剂在胶料中的分散度是表征混炼均匀程度的重要参量，是决定混炼胶质量的最重要的因素。对炭黑胶料来说，影响胶料质量的最重要的因素便是炭黑在胶料中的分散状态。故测定炭黑的分散度是评价混炼质量的重要依据。

观察硫化胶试片的撕裂或快速切割断面状态是分析胶料中炭黑分散状态的最常用的质量检查方法。这是因为胶料中的炭黑附聚体会使试样破裂的"路径"转向，从而造成这样的情况：随着胶料中炭黑分散度的降低，其分散相颗粒尺寸增大，试样断裂表面的粗糙度增大。只要通过目测或借助显微镜观测，并与具有标准性能的硫化胶断面照片进行对照比较，便可确定其分散度等级。如 ASTM D 2663—69 A 法，它是定性分析；另一种是 ASTM D 2663—69 B 法，属于定量分析法。

1. 定性分析法（A 法，GB 6030-1）

它通过直接观察或通过放大镜、低倍率双目显微镜观察硫化胶试样的快速切割或撕裂的新鲜断面，并将其表面状态与一组分成五个标准分散度等级的断面照片对照比较，判定其最接近的照片等级，用 1～5 数字表示，便是其分散度等级；亦可用细分为十级的照片对照确定。对于不同人员作出的判断或由同一胶料的不同照片作出的判断，都要取其平均等级表示之。但该法不适用于含有非炭黑填料的炭黑胶料分析。

2. 定量分析法（B 法，GB 6030-2）

本法是将灯光显微镜法（Leigh-Dugmore 的 light microscope，即 LM 法）、邓录普（Dunlop）法等几种分析方法经规范化后形成的一种定量分析方法。由于是用高倍率显微镜或电子显微镜测定的结果，其精确度比目测法（A 法）高。还适于含非炭黑填料的胶料的炭黑分散度分析。

B 法的操作要点是先切制出厚度为 $2\mu m$ 的新鲜断面试样，经适当处理后在目镜带有标准方格计数板的显微镜下进行观测，小方格密度为 10000 个/cm^2。规定只有尺寸大于半个单元小方格面积的炭黑附聚体为未被分散的炭黑。如果在 10000 个小方格中被炭黑粒子覆盖面积大于半个小方格的方格数目为 U，则可按式（10-8）计算胶料中炭黑的分散度值。

$$D = 100 - 0.22U \qquad (10\text{-}8)$$

实验证明，最有意义的分散区域为 $D=80\%\sim100\%$，D 值即为胶料中已分散的炭黑（颗粒尺寸 $\leqslant 5\mu m$）含量占配方中炭黑总量的比例。按 ASTM D 2663—69 B 法规定，D 值小于 90% 的胶料的炭黑分散度为不合格。在一定范围内，随着 D 值的增大，硫化胶的主要物理机械性能提高。

ASTM D 2663—69 A 法之胶料炭黑分散度等级与 B 法分散度 D 值和胶料性能之间的关系如图 10-29 和表 10-15 所示。

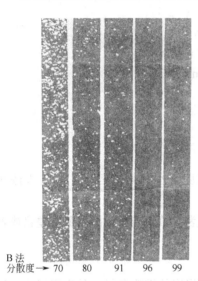

B 法
分散度 → 70　80　91　96　99

图 10-29　炭黑分散度等级分类标准
照片（ASTM D2663—69 A 法
分散度标准照相）

表 10-15　ASTM D 2663—69 A 法分散度等级与 B 法已分散炭黑含量 D 值及胶料性能的关系

A 法分散度等级	1	2	3	4	5
B 法已分散炭黑含量/%	70	80	91	96	99
胶料性能评价	1~2 较低		2~3 低	3~4 中	4~5 高

必须指出，利用测定炭黑分散度的方法评价混炼胶质量需要很高的切片技术，分析结果与切片质量的关系极为密切。

现今世界上有三个公司在生产胶料炭黑分散仪，测试试样可以用为硫化的，也可以用未硫化的，要求试样的测试断面新鲜、无污染、无刀痕，为此，牌号为 ERT-2002GM 分散仪配备了专门的切片机。测试过程简便快捷，即将测试部位贴在仪器的"取相"部位，在显示屏上立即显示出可目视的胶料的分散状态，并统计出测试样品的粒子数量、粒子所占的总面积、平均粒径、最大粒径、各个粒径范围`（平均粒径，μm）粒数的统计柱状图以及属于 ASTM 的分散度等级的结果，见图 10-30。

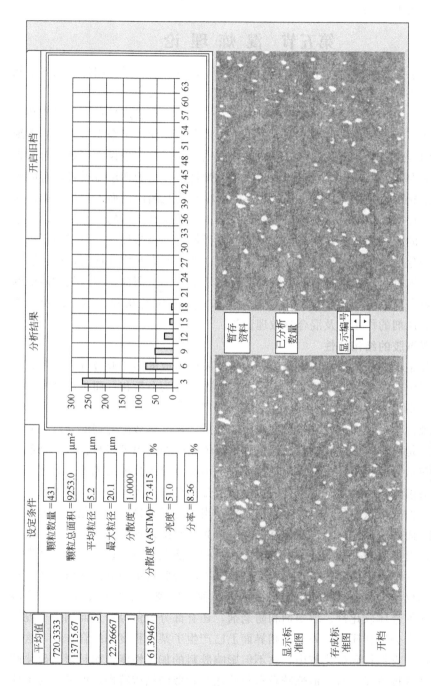

图 10-30 胶料试样断面照片及其炭黑分散相颗粒尺寸分布统计结果柱状图

所有的测试条件和检测结果均能被储存于计算机中，以备日后查阅。试验结果的表示如图 10-30 所示。

第五节　混 炼 理 论

研究和掌握混炼理论对于进一步发展混炼工艺技术、科学地制订混炼方法和工艺条件、改善混炼操作和混炼质量具有十分重要的意义。

经过长期生产实践经验的积累和研究，人们对于胶料混炼过程中的现象和实质的认识在不断地深化。但由于混炼胶组分的复杂性，使得至今尚未建立起系统而又完整的混炼理论。有关混炼过程的某些理论观点仍存在争议。例如，对胶料在密炼机中混炼的流动模式，有的认为属于黏弹性液体的剪切层流模式，有的则认为是属于黏弹性固体的形变过程，胶料的形变行为是瞬时的而不是稳定的，而且在混炼过程中的拉伸变形起着很重要的作用。只是这种变形的速度很快，与这些行为有关的胶料的基本性能是大变形时的黏弹性能和极限性能。关于混合机理则以破碎和分层的模式来描述混炼过程中的大变形、断裂和弹性恢复，这和层流模式中将混炼过程看作稳定的剪切流动有着本质的区别。因此，本节只对混炼的一些理论观点加以简单介绍。主要有：混炼胶结构、混炼历程、结合橡胶的作用、表面活性剂的作用以及混合分散理论等。

一、混炼胶的结构特性

混炼胶是由粒状配合剂如炭黑等分散于生胶中组成的多相混合分散体系。在该混合体系中，粒状配合剂呈非连续的分布状态，称为分散相；而生胶呈连续的分布状态，是主要的分散介质。

从物理化学的观点出发，根据混炼胶的性质，从大多数配合剂的分散度来衡量，混炼胶是属于胶体混合体系。这是因为混炼胶中的炭黑等多数粉状配合剂既不是以粗粒状分散于生胶中组成的悬浮液，也不是以分子分散组成的真溶液，而是以胶体溶液分散相尺寸分散混合组成的多组分混合分散体系，并表现出胶体溶液的特性。如分散状态具有热力学不稳定性，当热力学条件发生变化时，分散相会重新聚结而使分散度降低。另外是混炼胶对光有双折射现象。

但是，混炼胶与一般低分子胶体溶液在结构性能上又有明显的不同。首先是胶料的热力学不稳定性一般表现得不明显；其次就是胶料中的分散介质的组成比较复杂，不仅作为主要成分的生胶往往不止一种（生胶、并用生胶等），又有溶于生胶的各种液体软化剂、增塑剂和防老剂，还有部分硫黄等。从而构成了混炼胶特有的复合分散介质。另外在两相界面上已产生了某种程度的结合作用，这种作用甚至能一直保持到硫化胶中，这不但影响胶料的加工性能，而且影响硫化胶的性能。从这种意义上看，混炼胶具有与硫化胶相似的结构特性，但是又与硫化胶有着本质的差别，混炼胶仍然具有塑性流动性。所以说混炼胶是具有复杂结构特性的胶体混合体系。

二、胶料的混炼过程

通过显微镜的观测研究表明，橡胶与炭黑的混炼过程，初期是通过橡胶的流动变形对炭黑粒子表面湿润接触，进而渗入炭黑结构空隙内部，从而达到对炭黑粒子的分割包围，实现两相表面之间的充分接触，这就是混炼过程的湿润（即吃粉）阶段。在这一阶段中，生胶的流动变形能力对混炼过程起着极为重要的作用，生胶的黏度越低其流动变形和对炭黑的湿润、渗透能力越大，混合吃粉的速度越快。另外，炭黑本身的结构高低和表面性质对吃粉过程的发展也有重要影响。结构度较高的炭黑内部的空隙度也大，其吃粉混合速度也慢，但若生胶对炭黑表面的湿润性较好，则有利于内部空气的排除，从而加快混合吃粉过程。

在吃粉过程中，进入炭黑内部空隙的生胶会逐渐增多，使炭黑内部的空隙不断减少，胶料的视密度逐渐增大，当炭黑内部空隙被完全填满时，胶料的比热容 $V_比 = V_胶 + V_黑 + V_空$ 便因 $V_空 \to 0$ 而减至某一最低值不再变化。这便是湿润过程的结束，表现在混炼过程的功率消耗—时间关系曲线上出现一个最低值（如图10-31 中 c 点），结果生成了炭黑浓度很高的炭黑-橡胶团块，分布在不含炭黑的生胶中组成的混合体系，但其中的炭黑尚未均匀分散。

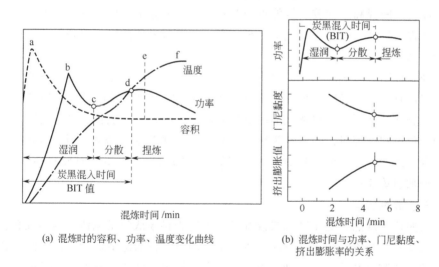

(a) 混炼时的容积、功率、温度变化曲线　　(b) 混炼时间与功率、门尼黏度、
挤出膨胀率的关系

图 10-31　炭黑-橡胶密炼过程示意图

a—加入配合剂，落下上顶栓；b—上顶栓稳定；c—功率低值；

d—功率二次峰值；e—排料；f—过炼及温度平坦

在随后的混炼过程中，这些炭黑浓度很高的炭黑-橡胶团块在机械剪切力作用下，会进一步被破碎变小，并均匀分散开来，这就是炭黑的分散过程。在炭黑-橡胶团块发生破碎以前，炭黑附聚体内部空隙中的橡胶起着与炭黑一样的作用，使胶料的黏度增大，相当于胶料中的炭黑实际浓度加大了。随着炭黑分散过程的发展，炭黑中的包容橡胶含量逐渐减少，胶料的黏度也降低。但在这一阶段的初期因破碎炭黑-橡胶团块所需能耗较大，故功率曲线上出现了第二个峰值（图 10-31 中 d 点）。另外，炭黑分散度的提高又使炭黑与橡胶之间的接触面积增加，结合橡胶的含量随之增多。表现为胶料的弹性复原性逐渐增大，直到胶料的弹性复原性不再增大时，便是分散阶段的结束。如图 10-31 中 d 点。这时，胶料混炼的功率消耗曲线和挤出膨胀率曲线皆出现峰值；门尼黏度则是降低的。如果混炼操作继续进行，炭黑附聚体会进一步破碎分散，橡胶的分子量也会继续降低，当后者对胶料性能的影响超过炭黑分散度提高所起的作用时，胶料黏度和挤出膨胀率会进一步减小，使硫化胶物理机械性能受到损害，这便是过炼。这从功率消耗曲线、弹性复原性曲线及门尼黏度曲线皆出现下降的变化可以得到证明。为此，当混炼过程由第二阶段向第三阶段过渡时，混炼操作即应停止，以保证混炼胶质量。这是因为，虽然从理想的混合状态来讲，胶料混炼的终极目的应该是填料（炭黑）的每一个初始聚集体粒子之间实现完全的分离，达到无序分布状态，其表面被大分子完全湿润和包围，实现充分完全的接触；但是，实际上这种理想的混合状态是根本不可能达到的。因为随着混炼时间的发展，一方面炭黑的分散度会不断提高，使胶料性能得到改善，同时大分子链也会继续降解，尤其是混炼过程的后期，这种作用更进一步加剧，超过前者的作用，使胶料的物理机械性能受到损害。

经验证明，炭黑粒子在胶料中以微米级存在时，对硫化胶性能的影响是不利的。但最有害的还是粒子尺寸在 $10\mu m$ 以上者。因此混炼操作只要求炭黑达到保证硫化胶获得必要物理机械性能的最低分散度、胶料获得能正常进行后序加工操作的最低可塑度即可。通常认为胶料中 90% 以上的炭黑分散相尺寸在 $5\mu m$ 以下，其分散状态便是均匀的。片面追求更高的混合均匀程度，不仅对胶料性能不利，还会增加混炼能耗。

三、混炼机理

按照传统观点，处于密炼机混炼条件下的胶料被认为是流体。因为胶料在密炼室内从一处被输送到另一处时，胶料本身的形变行为酷似流动。但实际上在混炼条件下的胶料并非处于流动状态，而是黏弹性固体状态。这两种不同的状态就导致了对混炼机理的截然不同的两种解释。传统观点认为胶料的行为符合牛顿流动方程。

$$\tau = \eta\gamma \tag{10-9}$$

式中，τ 为剪切应力；$\gamma = v/h$ 为机械切变速率；v 为密炼机转子突棱顶端的旋转线速度；h 为突棱顶端与密炼室内表面之间的最小间隙距离。密炼室内其他部位的切变速率可采用类似方法确定。但由于密炼室内输送胶料的通道宽度随时都在变化，所以胶料在混炼过程中的行为并不是稳定的层流状态，不适合稳态流动方程。胶料混炼时呈黏弹性固体状态，当然其行为也就不能用稳态方程描述。

研究发现，处于黏弹性状态的胶料即使在流动状态下，其稳定状态和瞬时条件下的行为也是不同的。而且胶料在最佳混炼条件下也处于弹性状态，表现出橡胶的特征，并不是流动状态的融体特点。这就进一步说明，应用上述稳态流动方程描述混炼过程中胶料的行为完全不切合实际情况。

由于混炼时胶料的变形很大，常常会超出胶料的极限应变范围，因而断裂破碎是其整个混炼过程的变形行为的重要组成部分。必须考虑到胶料大变形时的黏弹性能和极限性能，而用变形来描述胶料的弹性态行为更为恰当。图10-32（a）、（c）便是胶料变形行为的示意图。在密炼室内，胶料被迫通过转子突棱与室壁间的狭缝，使胶料的截面由大变小，从而发生拉伸变形。另外，由于转子突棱顶面与室壁间的速度差很大，使胶料通过时发生很大的剪切变形。这是高剪切区，依照传统的观点，剪切变形是胶料混炼中的惟一变形方式。但剪切变形也可以转换为等效的拉伸变形。因此，只要用拉伸变形便可以描述胶料弹性体与炭黑混炼时的形变行为。当胶料通过狭缝时便受到拉伸变形。在高强度混炼时，其平均形变速率有可能达到$225s^{-1}$，具体取决于转子表面线速度v、狭缝尺寸h及转子前面部分的几何形状。

胶料穿过狭缝后因流道变宽使形变得到恢复，从而会引起胶料破碎。这主要取决于所产生的应变大小。若胶料的拉伸应变超过了其极限应变，便发生破碎，如图10-32（b）、（d）所示。

根据上述混炼机理可以认为，橡胶弹性体与炭黑的混合过程必然包括有固体生胶和填料的破碎、混合、分散及简单混合四种变化过程。

在破碎过程中，大块的生胶和炭黑附聚体颗粒不断被破碎成更小的颗粒并被混合均匀。实际上图10-32中的这些变化过程并不是单独分开孤立进行的，而是同时发生交替进行的。因而生成的这些小块胶料之间也并非呈图10-32所示的相互分离状态，而是一个连续的变化过程。破碎不仅对炭黑的分散过程是必要的，而且对简单混合过程也是需要的。在分散过程中，橡胶的形变量很大，以产生足够大的应力来破坏炭黑附聚体，提高其分

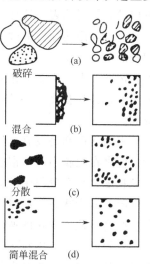

图 10-32 弹性体混炼
过程机理示意图

散度；而对于改善其微观均匀性，即简单混合来说，橡胶本身的变形、破碎和恢复也起着重要的作用。正是由于橡胶本身的大变形和弹性恢复，才使其得以混合均匀。

四、结合橡胶的作用

在混炼过程中，橡胶大分子链会与活性填料，如炭黑粒子表面产生化学的和物理的牢固结合作用，使一部分橡胶结合在炭黑粒子表面不能再被有机溶剂溶解，称为炭黑凝胶，又叫结合橡胶。

结合橡胶的生成有助于混炼过程中炭黑附聚体的破碎和均匀分散。但在混炼过程的初期，即炭黑-橡胶团块破碎分散以前，过早地生成过多的结合橡胶硬膜，包覆在炭黑颗粒表面，反而不利于炭黑颗粒的进一步破碎分散。故对于不饱和度较高的二烯烃类橡胶，尤其是天然橡胶，在混炼过程初期应严格控制混炼温度，避免过高，以使炭黑-橡胶之间只发生有限的结合。待炭黑附聚体破碎分散后，即混炼过程的后期再提高温度，以生成更多的结合橡胶，保证补强效果；但对于丁基橡胶和乙丙橡胶等低不饱和度的或饱和的橡胶，则必须在混炼开始阶段就采用较高的混炼温度才能保证足量的结合橡胶生成，以利于提高炭黑混合速度和硫化胶性能。另外，结合橡胶的生成又起着一种溶剂化隔离作用，防止已分散的炭黑颗粒的再聚结，有助于混炼胶质量的稳定。

五、表面活性剂的作用

配合剂在橡胶中均匀分散是取得性能优良、质地均匀制品的关键。粒状配合剂均匀、稳定地分散于胶料中。为了达到这一目的，粒子表面与橡胶的接触面上就应具有必要的表面活性。才能被橡胶所湿润与结合。

但橡胶用的配合剂种类繁多，其表面性质差别很大。按其表面性质不同可将配合剂分为两类：一类为亲水性的，如碳酸钙、氧化锌、硫酸钡和陶土等，这类配合剂粒子表面不易为橡胶所湿润，混炼时难以在橡胶中分散；另一类为疏水性的，如各种炭黑等，这类配合剂粒子的表面性质与橡胶相近，容易被橡胶所湿润。

表面活性剂是具有两性分子结构的有机化合物。能增加其表面对橡胶的亲和性。使之在橡胶中易于混合与分散。表面活性剂又是一种良好的稳定剂，能稳定细粒状配合剂在胶料中的分散状态，使胶料的混炼质量稳定。否则在某些条件下混炼胶的混合状态和质量性能会因分散相粒子重新聚结而下降。当然，因橡胶的黏度很高，这种变化的速度很缓慢。当橡胶的黏度因温度升高或其他原因而降低到一定程度时，炭黑粒子的再聚结速度会加剧。例如，除掉了硬脂酸的胶料在硫化时，其中的氧化锌会重新结聚成 $50\mu m$ 的颗粒，从而使硫化胶性能下降。轮胎在行驶过程中，氧化锌等配合剂的结聚已证明是轮胎花纹沟发生裂口的原因之一。所以，提高混炼胶混合状态的稳定性具有重要的实际意义。

主要参考文献

1　杨清芝. 现代橡胶工艺学. 北京：中国石化出版社，1997

2　邓本诚. 橡胶工艺原理. 北京：化学工业出版社，1984

3　沃斯特罗克努托夫 ET 等. 生胶和混炼胶的加工. 周彦豪译. 北京：化学工业出版社，1985

4　陈耀庭. 橡胶加工工艺. 北京：化学工业出版社，1987

5　伊文斯 CW. 实用橡胶配合与加工. 阮桂海译. 北京：化学工业出版社，1987

6　梁星宇. 橡胶工业手册. 第三分册. 北京：化学工业出版社，1992

7　郑秀芳，赵家树. 橡胶工厂设备. 北京：化学工业出版社，1984

8　谢遂志等. 橡胶工业手册. 北京：化学工业出版社，1989

9　化工部橡胶工业科技情报中心站. 国外轮胎工业技术资料. 第一辑，1981

10　化工部橡胶工业科技情报中心站. 国外轮胎工业技术资料. 第三辑，1981

11　王贵恒. 高分子材料成型加工原理. 北京：化学工业出版社，1982

12　NakajimaN. 有效混炼的能量测定. 白冰峰译. 橡胶译丛，1985

13　张宣志. 密炼机混炼最终效果的判断及能量控制依据的初步探讨. 橡胶工业，1984，8：22

14　张海. 密炼机混炼能量控制方法分析. 中国化工学会年会论文，1988

15　郑正仁. 子午线轮胎技术与应用. 合肥：中国科学技术大学出版社，1994

16　Acguarulo L A. 聚合物混炼的自动控制. 吴生泉译. 橡胶参考资料，1985，2：38

第十一章 压 延 工 艺

压延是橡胶加工的基本工艺过程之一。压延是利用压延机辊筒的挤压力作用使胶料发生塑性流动变形，将胶料制成具有一定断面规格尺寸和几何形状的胶片，或者将胶料附着于纤维纺织物或金属织物表面制成胶布的工艺加工过程。压延工艺能够完成的作业有胶料的压片、压型、胶片的贴合以及纺织物的贴胶、压力贴胶和擦胶等。

压延工艺是以压延过程为中心的联动流水作业形式，属于连续操作过程。压延速度比较快、生产效率高。对半成品质量要求是表面光滑无杂物，内部密实无气泡，断面几何形状准确，厚度尺寸精确，误差范围在 $0.1\sim0.01\text{mm}$，表面花纹清晰。因此为保证压延质量，减少浪费，对操作技术水平要求很高，必须做到操作技术熟练，对工艺条件掌握严格、细致，不得有任何疏忽。

压延机由辊筒、轴承、机架、底座、调距装置、传动装置和辅助装置等组成，辊筒是其主要工作部件。压延机类型按辊筒数目和排列方式不同而异。其中使用最普遍的为三辊压延机和四辊压延机；两辊压延机和五辊压延机使用较少，辊筒的排列方式有 I 形、Γ 形、L 形、Z 形、S 形或斜 Z 形等几种类型。三辊压延机还有一种△形排列方式。

第一节 压 延 原 理

压延过程是胶料在压延机辊筒的挤压力作用下发生塑性流动变形的过程。要掌握压延过程的规律，就必须了解压延时胶料在辊筒间的受力状态和流动变形规律，如胶料进入辊距的条件、受力和流动状态、塑性变形情况及压延后胶料的收缩变形等。

一、压延时胶料的塑性流动变形

压延机辊筒对胶料的作用原理与开炼机相同。即胶料与辊筒之间的接触角 α 小于其摩擦角 ϕ 时，胶料才能进入辊距中。因而能够进入辊距的胶料的最大厚度也是有一定限度的。如图 11-1 (a) 所示。设能进入辊距的胶料最大厚度为 h_1，压延后的厚度为 h_2，则厚度的变化为

$$\Delta h = h_1 - h_2 \tag{11-1}$$

Δh 为胶料的直线压缩，它与胶料的接触角 α 及辊筒半径 R 的关系为

$$R_1 = R_2 = R \tag{11-2}$$

则
$$\frac{\Delta h}{2}=R-O_2C_2=R(1-\cos\alpha) \tag{11-3}$$

即
$$\Delta h=2R(1-\cos\alpha) \tag{11-4}$$

可见，当辊距为 e 时，能够进入辊距的胶料的最大厚度为 $h_1=\Delta h+e$。当 e 值一定时，R 值越大，能够进入辊距的胶料的最大厚度（即允许的供胶厚度）也越大。

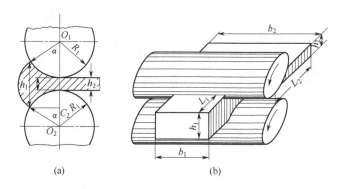

图 11-1　压延时胶料的压缩变形和延伸变形

（a）辊筒间胶料的压缩变形；（b）压延时胶料的延伸变形

由于胶料的体积几乎是不可压缩的，故可以认为压延前后的胶料体积保持不变。因此，压延后胶料断面厚度的减小必然伴随出现长度和断面宽度的增大。若压延前后胶料的长、宽、厚分别为 L_1、b_1、h_1 和 L_2、b_2、h_2，体积分别为 V_1 和 V_2，因 $V_1=V_2$，故 $L_1b_1h_1=L_2b_2h_2$，即

$$\frac{V_2}{V_1}=\frac{L_2b_2h_2}{L_1b_1h_1}-\alpha\beta\gamma=1 \tag{11-5}$$

式中　γ——其值等于 L_2/L_1，为胶料的延伸系数；

　　　β——其值等于 b_2/b_1，为胶料的展宽系数；

　　　α——其值等于 h_2/h_1，为胶料的压缩系数。

压延时胶料沿辊筒轴向，即压延胶片宽度方向受到的摩擦阻力很大，流动变形困难；再加有挡胶板的阻挡，故压延后的宽度变化很小，即 $\beta\approx1$。所以，压延时的供胶宽度应尽可能与压延宽度接近。于是式（11-5）变为：$V_2/V_1=\alpha\beta\gamma\approx\alpha\gamma=1$，即 $\alpha\approx1/\gamma$，$h_2/h_1\approx L_1/L_2$。可见，压延厚度的减小，必然伴随着长度的增大。当压延厚度要求一定时，在辊筒的接触角范围以内的胶料积胶厚度 h_1 越大，压延后的胶片长度 L_2 越大。

二、胶料在辊筒上的受力状态和流速分布

压延时胶料在辊筒表面旋转摩擦力作用下被带入辊距，受到挤压和剪切作用，发生塑性流动变形。但胶料在辊上的位置不同，所受的挤压力大小和流速分布状态也不一样，如图 11-2。这种压力变化与流速分布之间是一种因果关系。

在 ab 处，胶料的压力起点 a 处，胶料受到的挤压力很小，故辊距断面中心处胶料的流速较小，辊距两边靠近辊筒表面处的流速较大。随着胶料的前进，辊距逐渐减小，胶料受到的压力也逐步增大，使断面中心处的流速逐渐加大，两边的流速不变。到达 b 点时，中心部位和两边的流速趋于一致。这时胶料受到的挤压力达到最大值。胶料继续前进时，虽然受到的挤压力开始减小，但断面中心处胶料的流速却因辊距的继续减小而加快。由于两边流速不变，当到达辊筒断面中心点 c 处时，其断面中心部位的流速已经大于两边的流速，超过 c 点之后因辊隙逐渐加大而使压力和流速逐渐减小。到达 d 点处压力减至零，流速又趋于一致。这时胶料已离开辊隙，其厚度也比 c 处的有一定增加。

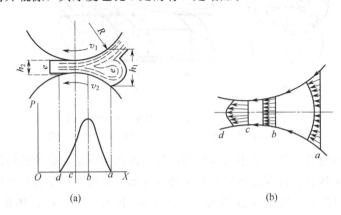

图 11-2　胶料在辊筒上的受力状态和流速分布

（a）胶料在辊筒上的受力状态；（b）胶料在辊隙中的流速分布

压延过程中胶料对辊筒表面有一个径向反作用力，称为横压力。一般说来，随着胶料黏度增大、压延速度的加快、辊温的降低、供胶量的增大及其半成品宽度和厚度加大，胶料对辊筒的横压力也加大。

三、辊筒挠度及其补偿

压延时，在胶料横压力的作用下辊筒会产生弹性弯曲变形，其辊筒轴线中央处偏离原水平位置一定距离，称为辊筒的挠度。挠度的产生使压延半成品宽度方向上的断面厚度不均匀，中间厚，两边薄，影响压延质量。为了减小这种影响程度，通常采用的补偿措施有三种：辊筒的中高度法、辊筒轴线交叉法和辊筒预弯曲法，如图 11-3 所示。

中高度法又称凹凸系数法。它是将辊筒的工作部分制成具有一定凹凸度的凹形或凸形辊筒。凹凸系数用辊筒轴线中央与端部断面半径之差表示。其大小和配置方法取决于辊筒的受力状态和变形情况。例如三辊压延机辊筒的变形情况和凹凸系数配置如图 11-3（a）和（b）所示。其补偿效果因不能适应胶料性质和工艺条件的变化而受到局限。

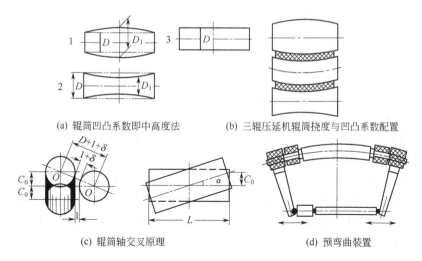

(a) 辊筒凹凸系数即中高度法　　　　(b) 三辊压延机辊筒挠度与凹凸系数配置

(c) 辊筒轴交叉原理　　　　　　　　(d) 预弯曲装置

图 11-3　压延机辊筒挠度补偿

1—凸形辊筒；2—凹形辊筒；3—圆柱状

轴交叉法是采用一套辅助装置使辊筒轴线交叉一定角度 α，使辊筒两端的间隙大于中央的间隙，与挠度对辊隙的影响正相反，从而起到补偿作用。其补偿效果随交叉角度增大而增加。α 的取值范围在 $0°\sim2°$，具体依补偿作用的要求而定。该法的优点是补偿效果可以根据胶料性质和工艺条件进行调整。但因其补偿曲线和辊筒挠度的差异而受到局限。另外该法只适于单辊传动机台。其补偿原理如图 11-3（c）所示。

辊筒预弯曲法是利用辊筒两端的辅助液压装置对辊筒施加外力作用，使其产生与横压力作用相反的预弯曲变形，从而起到补偿作用，如图 11-3（d）所示。因该法会加大辊筒轴承负荷而限制了其补偿作用。

可见，上述几种补偿方法单独使用都不能达到完全补偿，故通常采用两种或三种方法并用进行补偿，但对操作技术水平的要求较高，需采用微机操纵。

还有一种更为精确的补偿措施就是采用浮动辊筒法进行补偿，该法用于钢丝子午线轮胎内衬层压延生产线，它是将辊筒外壳与中间轴做成内、外套体结构，工作时中间的实心轴固定不转，只有中空的外壳转动，用密封装置将固定轴与外壳之间的空腔分隔为上、下两室，工作时只在辊筒受力面室中充入液压，使外壳与已变形的相邻辊筒表面紧密接触，从而达到整个辊筒长度方向上的压力分布均匀，使胶料的压延厚度也均匀。

四、压延后胶料的收缩变形和压延效应

从前面的讨论得知，胶料通过压延机辊距时的流速是很快的，因而发生的弹性变形程度也是很大的。当胶料离开辊距后会立即产生弹性恢复使胶片纵向收缩，断面厚度增大，不仅影响断面厚度的精度，而且也影响胶片表面的光滑程度。压延胶料收缩率的大小取决于胶料的性质、压延工艺方法和工艺条件。压延胶片出现性能上的各向异性现象称为压延效应。例如胶片的拉伸强度和导热性沿压延方向大于横向；而伸长率则正好相反。产生压延效应的原因是由于胶料通过辊距时，线型大分子链被拉伸变形和取向、几何形状不对称的配合剂粒子沿压延方向取向所致。

压延效应影响要求各向同性制品的质量，应尽可能设法予以减小，如适当提高压延温度和半成品存放温度，减慢压延速度；适当增加胶料的可塑度，将热炼胶料调转 90°向压延机供料；或将压延胶片调转 90°装模硫化等，都是常用的行之有效的方法。另外在配方设计时要尽量避免采用各向异性粒子的配合剂，如陶土、碳酸镁和某些碳酸钙等。当然，对于性能要求各向异性的制品，压延效应不仅无害，反倒可以利用。

第二节　压延准备工艺

压延前必须完成的准备工作有：胶料的热炼与供胶、纺织物的浸胶与干燥、化学纤维帘线的热伸张处理等。这些加工可以独立进行，也可以与压延过程组成联动流水作业线。

一、胶料的热炼与供胶

混炼胶经过长时间的停放后已经失去了热塑性流动性，必须进行加热软化，降低黏度，恢复其必要的热塑性流动性，还可起到补充混炼的作用，并可适当提高胶料的可塑性。热炼与供胶一般在开放式炼胶机进行，也可用销钉式冷喂料螺杆挤出机或螺杆式连续混炼机完成。目前使用最普遍的是前两种，但冷喂料螺杆挤出机热炼的补充混炼作用很小，主要为预热和供料。开炼机热炼一般分三步进行：第一步，粗炼（又称压荒、破胶），辊温较低，使胶料变软；第二步，细炼，辊温较高，以获得必要的热可塑性，并起到补充混炼的作用；第三步，供胶，细炼后的胶料最好再经另一台专用的开炼机割取一定断面规格的连续胶片向压延机连续供胶，特殊情况下亦可由细炼机直接供胶。热炼的一般工艺条件如表 11-1。

表 11-1　胶料热炼工艺条件

项　目	辊　距/mm	辊　温/℃	操　作
粗炼	7～9 以上	40～45	薄通 7～8 次
细炼	7～8	60～80	薄通 6～7 次

为了使胶料快速升温软化，辊筒的速比较大，一般在 1.17～1.28 之间。各种压延胶料的可塑度要求如表 11-2。可以看出，纺织物擦胶所用的胶料可塑度

要求较高，以增加胶料对纺织物的渗透与结合作用；压片和压型胶料可塑度要求较低，是为了增大胶料半成品的挺性，防止半成品发生变形；纺织物贴胶用的胶料的可塑度要求介于以上两者之间。

为了保持胶料的可塑度和温度稳定，热炼容量和辊筒上的存胶量应保持恒定；为防止胶料在机台上停留时间过长，应经常切割翻炼。

表 11-2　各种压延胶料的可塑度要求

压延方法	可塑度范围（威氏）
纺织物擦胶	0.45～0.65
纺织物贴胶	0.35～0.55
胶料压片	0.25～0.35
胶料压型	0.25～0.35

表 11-3　全氯丁橡胶胶料的热炼

项　　目	条　件
辊距/mm	8±1
过辊次数/次	4
辊温/℃	
前辊	45±5
后辊	40±5

氯丁橡胶对温度敏感，辊温控制范围较低，在 35～45℃ 之间。无需细炼，粗炼后直接供料即可，以防发生焦烧，全氯丁橡胶压延胶料热炼条件如表 11-3。

热炼好的胶料由一台专用的开炼机割取胶条向压延机连续供料，输送带的速度应略大于热炼机辊筒的线速度，供胶量应略大于压延耗胶量，为防胶料夹带空气，压延机辊筒上的存胶量宜少不宜多，以免胶料冷却导致压延厚度波动或出现气泡等。若是非连续供胶，应增加添加次数，并减少每次添加量；若必须采用次数较少、每次添加量较多的供料方法，则应采用厚度较大的供料胶片，且应下托承胶板，以尽可能减慢胶料的冷却速度；供料时要尽可能沿压延宽度方向使供胶量均匀分布。

随着压延工艺自动化水平和压延速度的提高，对现代化大规模生产已经采用销钉式冷喂料螺杆挤出机进行热炼和供料，既简化了工艺，节省机台、厂房面积和操作人员，又大大提高了效率。

二、纺织物干燥

纤维纺织物的含水率一般都比较高，如棉织物可达 7％ 左右；人造丝在 12％ 左右；尼龙和聚酯织物含水率虽较低，也在 3 ％以上。而对压延纺织物的含水率要求一般控制在 1％以下，否则会降低胶料与纺织物的结合强度，压延半成品掉胶、胶料内部出现气泡、硫化胶内部出现海绵或脱层等质量问题，因此，在压延之前必须对纺织物进行干燥处理。

纤维织物的干燥一般采用多个中空辊筒的立式或卧式干燥机，内通饱和水蒸气使表面温度保持在 110～130℃ 左右，纺织物依次绕过辊筒表面前进时，受热而去掉水分。具体的干燥温度和牵引速度依纺织物类型及干燥要求而定。干燥程度过大或过小对纺织物性能都不利。干燥后的纺织物不宜停放过久，否则必须用塑料布严密包装，以免回潮。生产上可与压延工序组成联动流水作业线，使纺织物离开干燥机后立即进入压延机挂胶。这时纺织物温度较高，有利于胶料的渗透与结合。

三、纺织物浸胶

纤维纺织物在压延挂胶前必须经过浸胶处理。让织物从专门的乳胶浸渍液中通过，经过一定时间接触使胶液渗入结构内部并附着于纺织物表面，改善纺织物动疲劳性能及其与胶料的结合强度。纺织物种类不同其浸渍目的不完全一样。如棉纺织物浸渍的目的主要是提高胶布的动疲劳性能约 30%～40%；合成纤维则必须浸胶后才能保证其与胶料的结合强度。

1. 常用浸胶液的类型

常用的浸渍液类型有溶剂胶浆和胶乳两种类型。前者主要用于胶布浸渍和涂覆；后者适用于各种织物的浸渍。胶乳浸渍液的主要成分是胶乳，其次是一些改性组分，如蛋白质类和树脂类物质等。根据胶乳类型和改性组分不同，常用的浸渍液主要为各种酚醛树脂-胶乳混合体。其中的胶乳种类有天然胶乳、丁苯胶乳和丁吡胶乳；改性树脂主要有酚醛树脂、环氧树脂、脲醛树脂和异氰酸酯等。其中以间苯二酚-甲醛-胶乳（RFL）浸渍液及其改性液用途最为广泛。不仅适于天然纤维、人造纤维和尼龙纤维，还可用于聚酯、芳纶和玻璃纤维织物的浸渍。常用的浸渍液类型及其配方组成如表 11-4～表 11-6。

表 11-4 和表 11-5 分别为用于棉纺织物的酪素-胶乳浸渍液配方和 RFL 浸渍液配方。表 11-6 为用于人造丝和尼龙帘线的 RFL 浸渍液配方。表 11-7 和表 11-8 分别为用于聚酯帘线两步浸渍法的第一步和第二步浸渍的浸液配方。表 11-9 为用于聚酯帘线一步浸渍法的浸液配方。

表 11-4 酪素-胶乳浸渍液组成 单位：份

组　　分	干固体物含量	湿含量
天然胶乳（62%）	24.4	39.4
酪素液（10%）	3.69	36.9
拉开粉液（10%）	0.60	6.1
软化水	—	147.8
合计	28.69	230.2

表 11-5 棉帘线用 RFL 浸渍液组成 单位：份

组　　分	配　　比	实用量/kg	备　　注
天然胶乳（64%）	143.16	52.42	淡红色
酚醛母液①	306.84	112.38	pH 值为 8～10
合计	450.00	164.8	

① 组成为：间苯二酚 6.33，甲醛（40%）12.66，氢氧化钠（10%）7.34，水 423.67。

表 11-6　人造丝和尼龙帘线用 RFL 浸渍液配方　　　　单位：份

组　分	人造丝	尼　龙	组　分	人造丝	尼　龙
酚醛母液			RFL 浸渍液		
间苯二酚	22.00	22.00	丁吡胶乳(41%)	48.80	195.00
甲醛(37%)	32.50	32.50	丁苯胶乳(41%)	200.00	50.00
氢氧化钠(10%)	6.00	6.00	酚醛母液	266.00	266.00
软水	471.50	471.50	软水	464.00	76.00
合计	532.00	532.00	合计	978.8	587.00
总固体/%	5.60	5.60	总固体/%	12	20

表 11-7　聚酯帘线两步浸渍法的第一步浸液配方

组　分	干质量/份
亚甲基双(4-苯基异氰酸酯)的双苯酚加成物及二辛基硫代丁二烯的水分散体(40%)	3.6
环氧树脂 EPON812	1.36
黄蜡胶	0.04
总固体含量/%	5.00

表 11-8　聚酯帘线两步法的第二步浸液配方[①]

组　分	干质量/份
酚醛母体	17.3
丁吡胶乳(15%)	100.0
氨水(28%)	11.3
总固体/%	20.0

① 在两次浸渍之间，纺织物必须经过干燥处理。

表 11-9　聚酯帘线一步法浸渍液配方

组　分	干质量/份	组　分	干质量/份
酚醛母液		丁吡胶乳(15%)	100.0
氢氧化钠	1.3	总固体含量/%	20.0
间苯二酚	16.6	pH 值	9.5
甲醛	5.4	H-7 最后浸液	
总固体含量/%	20.0	RFL 浸液	312.3
pH 值	6.0	H-7 树脂	25.0
间-甲胶乳(RFL)浸液		总固体含量/%	20.0
酚醛母液	23.0	pH 值	10.0

2. 各种帘线的 RFL 浸渍液配方制定注意事项如下。

(1) 间苯二酚与甲醛的用量应控制在摩尔比 1:2 为宜。甲醛的用量过多容易产生凝胶，干燥时还会产生热固性树脂的交联反应使附着力降低。

(2) 树脂的用量宜控制在乳胶干胶含量的 15%～20% 范围内。若在含 100 份橡胶烃的胶乳中加入 17.3 份树脂，则黏合性与加工性综合最好。树脂的用量过少会降低附着力，用量过多会降低浸胶帘布的耐疲劳性能。

(3) 浸渍液的总固体物含量依纤维品种而异，一般控制范围为棉帘线 10%～12%，聚酯帘线为 20%，人造丝 12%～15%，尼龙 18%～20%，维尼龙则应比人造丝的浸液浓度还要低，否则浸胶帘布发硬。

（4）浸渍液的 pH 值应控制在 8～10 之间，以保持浸液稳定。

3. RFL 浸渍液的配制方法

首先用少量的水将间苯二酚溶解，再加水稀释至规定浓度。然后加入甲醛并在缓慢搅拌下加入氢氧化钠溶液，控制 pH 值在 8～10 之间，即为酚醛树脂母液。之后，在缓慢搅拌下将酚醛母液与胶乳混合均匀，室温下静置 12～24 h 后再用水稀释至规定浓度才能使用。混合时的搅拌速度过快，胶乳易发生胶凝。

天然胶乳的酚醛母液配制后必须先静置熟成一定时间，才能与胶乳混合。熟成条件为 25℃×（6～8）h 或 20℃×18h。否则会使浸胶层丧失黏合力。用于合成胶乳的酚醛母液不需熟成即可与胶乳混合。但所有浸胶液配制后都必须经过熟成后才能使用。

4. 纺织物浸胶工艺方法

棉帘布的浸胶过程包括帘布导开、浸胶、挤压、干燥和卷取等工序，一般工艺流程如图 11-4。帘布导开后经接头和贮布调节后再进入浸胶液中，经过一定时间接触后离开浸胶液时，帘线结构内部和表面充满附着一层胶乳-树脂聚合物层，再经挤压辊挤压去掉大部分水分和过量的附胶，随后进入烘干室干燥，使含水率降到规定限度，经扩布辊扩展平整后卷取或直接送往压延机覆胶。在浸胶过程中必须对帘线施加一定大小的均匀恒定的张力作用，防止帘线收缩。

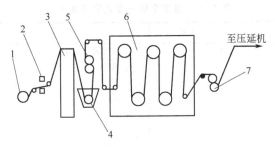

图 11-4　帘布浸胶工艺流程图

1—帘布导开；2—帘布接头；3—蓄布；4—浸胶；
5—挤压；6—干燥；7—卷取

浸胶液浓度、织物与胶液接触的时间、附胶量大小、对帘线的挤压力及伸张力的大小和均匀程度、干燥程度都会影响浸渍胶帘布质量。

棉、人造丝、维尼龙和尼龙帘线只需浸渍一次 RFL 即可。聚酯、芳纶和玻璃纤维帘线则必须先经表面改性处理后再浸渍 RFL 才能保证胶布质量。

玻璃纤维必需在拉丝过程中先用水溶性清漆 2.0 份加硅烷偶联剂 0.6～1.0 份等组分组成的处理液进行浸渍改性，然后才能进行浸胶（RFL）。浸胶时间 6～8s，浸胶后的干燥条件 170℃×（1～2）min，附胶量 18%～30%，浸胶时必须充分浸透，让每一根单丝表面都包覆上一层完整的聚合物膜，最好是经两次

RFL 液浸渍处理。RFL 浸胶液配方及配制操作顺序如下（份）。

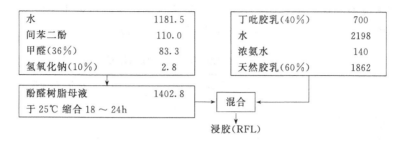

四、尼龙和聚酯帘线的热伸张处理

尼龙帘线热收缩性大，为保证帘线的尺寸稳定性，在压延前必须进行热伸张处理，压延过程中也要对帘线施加一定的张力作用，以防发生热收缩变形。聚酯帘线的尺寸稳定性虽比尼龙好得多，但为进一步改善其尺寸稳定性，亦应进行处理。

热伸张处理工艺通常分三步进行。

第一步为热伸张区，在这一阶段帘线处于其软化点以上的温度下，并受到较大的张力作用，大分子链被拉伸变形和取向，使取向度和结晶度进一步提高。温度高低、张力大小和作用时间的长短依纤维品种而异。

第二步为热定型区，温度与热伸张区相同或低 5～10℃，张力作用略低，作用时间与热伸张区相同。其主要作用是使帘线在高温下消除残余内应力，同时又保持大分子链的拉伸取向和结晶程度，以保证张力作用消失后帘线不会发生收缩。

第三步为冷定型区。在帘线张力保持不变的条件下使帘线冷却到其玻璃化温度以下的常温范围，使大分子链的取向和结晶状态被固定，帘线尺寸稳定性得以改善。

尼龙帘线热处理的条件如表 11-10。

表 11-10　尼龙帘线热伸张处理工艺条件

工艺条件	干燥区	热伸张区	热定型区	冷定型区
温度/℃	110～130	尼龙 6,185～195； 尼龙 66,210～230	温度相同或略低 （5～10）	在张力作用下冷却至 50 以下
时间/s	40～60	20～40	20～40	
张力/(N/根)	1.94～4.90	24.5～29.4(1260D/2)	19.6～24.5	
伸长率/%	2	8～10	—2	6～8①

① 总伸长率。

聚酯帘线的热伸张处理一般是在两次浸渍过程中分两步完成的，工艺上也是分为两个阶段：第一阶段为浸胶、干燥及热伸张处理阶段，热伸张处理温度为254～257℃；第二阶段为浸胶、干燥及热定型处理阶段，处理时间皆为60～80s。

工业生产中的帘布浸渍和热处理的工艺路线有两种：先浸胶，后热处理；或先热处理后浸胶。前者帘线附胶量较大，一般为 5%～6%，胶布的耐动疲劳性能较好；后者可减少帘线浸胶层在高温下的热老化损害作用，使胶帘布较为柔软，有利于成型操作和提高生产效率，但浸渍后帘布附胶量较少，胶料与织物间的结合强度较差。不同处理程序的帘布性能的影响如表 11-11。

表 11-11　不同处理程序的帘线性能比较[①]

性　　能	热伸张处理/浸胶		浸胶/热伸张处理	
	尼龙 6	尼龙 66	尼龙 6	尼龙 66
拉伸强度/MPa	2.92	2.14	2.87	2.10
拉断伸长率/%	25.6	24.2	24.8	22.6
热收缩率(160℃×40min)/%	3.9	3.8	5.3	4.4
附胶量/%	3.8	3.3	4.9	4.8
附着力/(N/根)	114	—	158	—
刚度/[(g·cm)/根帘线]	0.3	0.10	0.6	0.28

① 帘线规格：尼龙 6 为 1880dtex/2；尼龙 66 为 1400dtex/2。

　　两种技术路线在实际生产中均有应用。如美、日、英有的公司采用先浸胶后热处理工艺；国内亦然。法国有的公司则采用先热处理后浸胶工艺。

　　帘布浸胶、干燥和热处理工艺既可以单独进行，也可以与压延过程联动，组成联动流水作业生产线。联动作业使压延工艺自动化水平及生产效率大大提高，减少了半成品贮运量和劳动力配备；但因作业条件不能经常改变，更换胶布品种不够灵便，只适于帘布规格品种和胶料配方变动较少、胶布生产批量较大的大规模生产。大多数中小型企业均与压延分开进行，尼龙帘布由纺织厂进行浸胶和热处理后供橡胶厂使用。纤维帘布浸胶热伸张处理装置典型工艺流程如图 11-5，

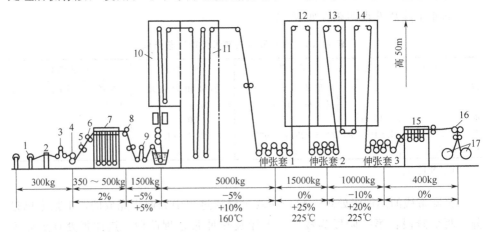

图 11-5　纤维帘布浸胶热伸张处理装置典型工艺流程图（速度 100m/min）

1—导开；2—接头；3—浸胶 1；4—牵引 1；5—导向；6—吸尘器；7—前蓄布；8—牵引 2；9—浮滚 2；10—前干燥；11—后干燥；12—伸张；13—定型；14—冷却；15—后蓄布；16—牵引 3；17—卷取

该装置的自动化水平较高，其全部拖动系统均采用直流电机以及定张力自动检测反馈控制；温度调节系统精度沿帘布宽度方向达到 $\pm1℃$，长度方向为 $\pm5℃$；帘布的总张力一般在 $10\sim14t$ 之间。用速度控制张力时，其精度误差已能达到 $\pm0.2\%$。帘布导开过程中的张力可以调节并保持稳定。帘布用平板硫化机接头时，在高温张力条件下有可能被拉断，因此，已普遍采用 $6\sim10$ 针的缝纫机往复缝合 $2\sim3$ 次的接头方法。

图 11-6 为适用于帘布两次浸渍和热伸张处理的装置，能用于处理尼龙、聚酯和芳纶帘线。尼龙帘线只需浸渍一次即可，聚酯和芳纶帘线则必须浸渍两次。该设备已采用微机集中控制和自动记录工艺参数，运行速度可达 $90m/min$。

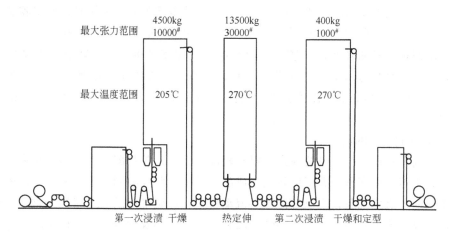

图 11-6　用于帘布双浸和热处理的装置

第三节　压　延　工　艺

一、胶片压延

胶片压延是利用压延机将胶料制成具有规定断面厚度和宽度的光滑胶片，如胶管、胶带的内外层和中间层胶片、轮胎缓冲层胶片、帘布层隔离胶片、油皮胶片、内衬层胶片等。断面厚度较大的胶片可分别压延先制成较薄的几个胶片，再压延贴合成规定厚度的胶片；或者将配方不同的几层胶片贴合成符合性能要求的胶片；亦可将胶料制成表面带有花纹、断面具有一定几何形状的胶片。因此，胶片的压延包括压片、胶片贴合与压型。

（一）压片

断面厚度不超过 3mm 的胶片可以通过一次压延完成，称为压片压延。压延胶片的质量要求是表面光滑无皱褶，内部密实无气泡、孔穴或海绵，断面厚度符合精度要求，各部分收缩变形一致。压片工艺方法按设备不同有两辊压延机、三辊压延机和四辊压延机几种。亦可用开炼机压片，但其胶片厚度精度太低。

1. 压片工艺方法

压片工艺方法如图 11-7，图中（a）和（b）为三辊压延机压片，（c）为四辊压延机压片。其中（a）为中、下辊间无积胶压延法，（b）为中、下辊间有积胶压延法，辊筒上留有适量的积存胶有利于消除内部气泡，提高胶料内部的密实性，并使胶片表面光滑，但会增大压延效应。此法适用于丁苯胶胶料。若积存胶过多反而会带入气泡，无积胶法则相反，适用于天然橡胶。

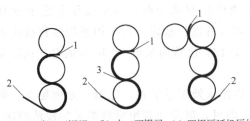

(a) 中、下辊间　(b) 中、下辊间　(c) 四辊压延机压片
　无积存胶　　　　有积存胶

图 11-7　压片工艺示意图

1—胶料；2—胶片；3—存胶

用四辊压延机压片时，胶片的收缩率较三辊压延机的小，断面厚度精度较高，但压延效应较大，这在工艺上应加以注意。四辊压延机压延胶片厚度范围可达 $0.04 \sim 1.00\text{mm}$。若胶片厚度为 $2 \sim 3\text{mm}$ 时，采用三辊压延机也比较理想。

2. 影响压片的因素

影响压片操作与质量的因素主要有辊温、辊速、胶料配方特性与含胶率、可塑度大小等。提高压延温度可降低半成品收缩率，胶片表面光滑，但若过高容易产生气泡和焦烧现象；辊温过低胶料流动性差，压延半成品表面粗糙，收缩率增大，辊温应依生胶品种和配方特性、胶料可塑度大小及含胶率高低而定，通常是配方含胶率较高、胶料可塑度较低或弹性较高者，压延辊温宜适当提高，反之则相反。另外，为了便于胶料在各个辊筒间顺利转移，还必须使各辊筒间保持适当的温差。如天然胶易包热辊，胶片由一个辊筒向另一辊筒转移时，另一辊筒温度应适当提高些，合成橡胶则正好相反。辊筒间的温差范围一般为 $5 \sim 10℃$。各种胶料的压片温度范围如表 11-12。

表 11-12　各种胶料的压片温度范围　　　　单位：℃

橡胶种类	上　辊	中　辊	下　辊
NR	100～110	85～95	60～70
IR	80～90	70～80	55～70
BR	55～75	50～70	55～65
SBR	50～70	54～70	55～70
CR	90～120	60～90	30～40
IIR	90～120	75～90	75～100

胶料的可塑度大，压延流动性好，半成品收缩率低，表面光滑，但可塑度过大又容易产生粘辊现象，影响操作。

压延速度快生产效率高，但半成品收缩变形率大。压延速度应考虑胶料的可塑度大小和配方含胶率高低而定。配方含胶率较低、胶料可塑度较大时，压延速度可适当加快。辊筒之间存在速比有助于消除气泡，但不利于出片的光滑度。为了兼顾两者，三辊压延机通常采用中、下辊等速，而供胶的上、中辊间有适当速比。

不同胶种的压延特性差别较大。NR 胶料压延性能较好，胶片表面光滑，收缩变形率较小，断面规格尺寸比较容易控制。某些合成胶胶料压延后的收缩变形率较大，胶片表面粗糙度较大，断面尺寸较难控制。

3. 几种橡胶的压片压延特性

（1）丁苯橡胶　丁苯橡胶压延收缩率较 NR 大，胶片表面较粗糙，容易产生气泡且较难排除，但低温聚合丁苯和充油丁苯的压延性能得到改善；为减小半成品的收缩变形率，除适当提高塑炼胶可塑度外，在配方中需适当加大增塑剂用量，如操作油、古马隆树脂等，油膏、沥青等亦可使用，填料以碳酸钙等粗粒者为主。

（2）氯丁橡胶　氯丁橡胶压延收缩率比天然胶大，且对温度变化敏感，容易发生焦烧和粘辊现象。根本原因是其分子的高结晶性和对温度的敏感性。在70℃以下时压延出片性好且不易产生气泡，但胶片收缩率较大，胶片的厚度、精度和表面光滑程度较差；温度升至 70～90℃时胶料转为颗粒态，自粘性最小，容易粘辊；超过 90℃时转为塑性态，弹性完全消失，几乎没有收缩性，这时压延胶片的表面最光滑，但胶料也容易发生焦烧现象。所以从工艺上考虑，当压片厚度精度要求不是太高时，可控制其在弹性态温度范围进行压片，以防产生焦烧和粘辊；如胶片厚度精度和表面光滑程度要求较高，则应在其塑性态进行压延；一定要避开颗粒态。

氯丁橡胶压片时必须严格控制辊温，尤其压延厚度在 1.5 mm 以下的薄胶片时，辊温不得超过 55℃，以防粘辊，热炼温度以 45℃±5℃ 为宜，时间不宜太长，以包辊胶片达到光滑为度，胶料可塑度应保持在 0.4 以上。配方掺用 5%～10% 的 NR 或加入 20% 左右的油膏可防止胶料粘辊。并用胶胶料的压片温度可适当放宽。

几种主要氯丁橡胶品种的压延温度及其并用胶胶料的压片温度分别如表 11-13和表 11-14。

表 11-13　几种氯丁橡胶的压片压延温度　　　　　　单位：℃

辊　　筒	通用型（GN）（低温）	54-1 型（中温）	通用型与 54-1 型（高温）[①]
上	52	88	98～110
中	47	65	65～98
下	冷却	49	49

① 适用于两种氯丁橡胶的精密压片。

表 11-14　氯丁橡胶并用胶料的压片压延温度　　　　　　　　　　　单位:℃

辊　　筒	NR/CR(70/30)	CR/NR(90/10)	CR/NR(50/50)	CR/NBR(50/50)
上	90～95	50	60	80
中	80～90	45	40	90
下	85～90	30	60	40

(3) 丁腈橡胶　丁腈橡胶压片的最大问题是收缩剧烈和表面粗糙,故很难压延。但适当调整胶料配方,延长热炼时间,仍可保证顺利操作。配方应多用软质炭黑,如半补强或热裂法炉黑 100 份,亦可配用活性碳酸钙等,并要同时添加 50 份左右的增塑剂。辊温应比天然橡胶低 5～10℃,且中辊温度要低于上辊。有的文献推荐温度范围为:上辊 60～75℃、中辊 35～50℃、下辊 50～60℃。遇到胶料粘辊时将辊温适当提高,可减小粘辊倾向。

丁腈橡胶压片胶料中填料配用量不得少于 50 份,供料采用大片添加方式,以利于胶片表面光滑和减少气泡。胶料热炼不充分、压延温度不够等都会使胶片表面不光滑。若热炼温度过高、回炼时间过长、供料方式不当等皆会产生气泡。

(4) 顺丁橡胶　顺丁橡胶压延收缩率较 NR 大,并用天然橡胶可得以使其降低。高顺式胶料低温压片收缩率较小,低顺式胶料高温压延收缩率较小。

(5) 三元乙丙胶　EPDM 胶料压片压延加工困难,易发生粘辊筒、掉皮和皱缩等问题。采用低温多次回炼的热炼方法除掉胶料中水分就可以解决。胶料中填料和油的配用量较少时,压延温度控制在 40～50℃ 或 90～120℃ 为宜。但采用低温范围时胶料的收缩变形率大,容易产生气泡;采用 90℃ 以上的高温可改善高填充配方的压延性能;在 120℃ 左右压延胶片平滑,几乎不收缩。各辊筒温度范围为:上辊 90～100℃、中辊 80～90℃、下辊 90～120℃。

配方含胶率越高越难压延,越易产生气泡。胶片厚度低于 1mm 时不易产生气泡。

(6) 氯磺化聚乙烯　压延辊温随配方不同差异很大,一般在 60～90℃ 范围内。上辊比中辊大约高 10℃。温度过高胶料容易粘辊,辊温低一些对消除气泡有利。克服粘辊的方法是低温压延时配加硬脂酸和石蜡,高温压延时并用聚乙烯(PE),供胶温度应与中辊温度相同。胶料应在热炼过程中尽可能排除内部空气,否则软化后很难排除。常用的隔离剂硬脂酸锌不宜使用,否则损害胶料的耐热性能。一次压延胶片的最大厚度 1mm 左右。厚度大的胶片需分层压延后再复合。冷热不同的胶片能很好地贴合。

(7) 丁基橡胶　压延时收缩率大,排气困难容易出现针孔或表面不光滑等毛病,故宜采用低温、低速压延并减少辊缝处的存胶量。常用的两种压延温度范围是:上辊 95～110℃ (80℃);中辊 70～80℃ (85～90℃);下辊 80～105℃ (50℃)。

采用酚醛树脂与氯化亚锡硫化体系时胶料会严重粘辊和腐蚀辊筒表面,配用

HAF炭黑和高速机油或古马隆树脂可得到改善。另外遇到粘辊时可用降低辊温或在辊筒表面涂敷滑石粉或硬脂酸锌等解决。

提高热炼温度对消除气泡有利，降低配方含胶率可降低收缩率，压延胶片需充分冷却并两面涂隔离剂，防止胶片黏结。

(8) 硅橡胶　胶料必须经热炼后才能压延，热炼温度不宜过高，时间不宜过长，否则压延时易粘辊。胶料易粘冷辊，故辊温宜控制在：上辊50～60℃，最高不宜超过70℃，以防过氧化物分解；中辊为室温，下辊用水冷却。在中、下辊间应保持适量存胶，以利消除气泡。压延速度一般在1.5～3m/min。这主要取决于胶料强度和胶片能否顺利离开辊筒，速度过快胶片容易被拉断，胶片离开辊筒时的角度也应适当。胶片卷取轴的安装位置需低于压延机下辊筒顶部，以保证胶片能顺利离开辊筒表面。

(9) 氟橡胶　氟橡胶热炼温度应在40～50℃，胶片厚度2～3mm，要采用高温压延：上辊90～100℃，中辊50～55℃，下辊冷却。

(10) 聚硫橡胶　应采用低温压延，适宜的温度范围为：上辊45℃，中辊40℃，下辊室温；胶片厚度不得超过0.8mm，压延速度要恒定。

(二) 胶片贴合

胶片贴合是将两层以上的胶片复合在一起的压延作业，用于制造厚度较大、质量要求较高的胶片；配方含胶率较高，除气困难的胶片；不同配方胶片的复合、夹胶胶布压延以及气密性要求特严的胶片复合等压延。

胶片贴合压延工艺方法如下。

1. 两辊压延机贴合

用等速两辊压延机或开炼机将胶片复合在一起，贴合胶片厚度可达到5mm，压延速度、辊温和存胶量等控制都比较简单，胶片也比较密实；但厚度的精度较差，不适于厚度在1mm以下的胶片压延。

2. 三辊压延机贴合

常见的三辊压延机贴合压延法如图11-8 (a)，将预先压延好的一次胶片由卷

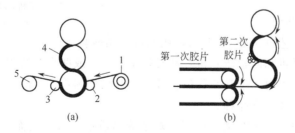

图11-8　三辊机贴合之一

1—第一次胶片；2—压辊；3—导辊；4—第二次胶片；5—贴合胶片卷取

取辊导入压延机下辊，经辅助辊作用与包辊胶片贴合在一起，然后卷取。该法要求贴合胶片之间的温度和可塑度应尽可能一致。辅助压辊应外覆胶层，其直径以压延机下辊的2/3为宜，送胶与卷取的速度要一致，避免空气混入。

图11-8（b）为用带式牵引装置代替辅助压辊的另一种三辊机贴合胶片的方法，分两次压延的胶片在两层输送带之间受压贴合，其效果比压辊法更好。

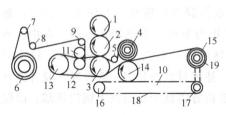

图11-9　夹胶防水布的贴合

1,2,3—压延机辊筒；4—外层布卷；
5,9—分布轮；6—里层布卷；7—托辊；
8—压辊；10—加压螺旋；11,12—压合辊；
13,14—冷却辊；15—夹胶布卷；16—动力轴；
17—皮带轮；18—传动带；19—自动卷布机

3. 夹胶防水布贴合

夹胶防水布也可用三辊压延机贴合，如图11-9。经干燥后的坯布再刮涂胶浆，制成里层和外层不同的两种单面覆胶的胶布，热炼胶料割取小卷送到上、中辊之间的辊缝中，压延胶片包于中辊，厚度0.15～0.20mm，外层胶布递进中、下辊缝中直接贴合，然后再送到压合辊与里层胶布贴合即成。

4. 四辊压延机贴合

四辊压延机一次可以同时完成两个新鲜胶片的压延与贴合。生产效率高，压延质量好，断面厚度精度高，工艺操作简便，设备占地面积小。只是胶片的压延效应较大，在工艺上应予以注意和调节。常用设备类型有Γ形和Z形两种。Γ形四辊压延机贴合胶片如图11-10。Z形四辊压延机贴合胶片厚度精度更高，能完成Γ形压延机不能完成的贴合作业。标准Z形四辊压延机由输送带供料，适于薄壁制品。斜Z形四辊压延机供料方便，适于规格多样化且需要经常调整的工业制品加工；胶料配方和断面厚度不同的胶片贴合时，最好采用四辊压延机，能保证贴合胶片内部密实，无气泡，表面光滑无皱褶。

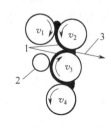

图11-10　Γ形四辊压延机贴合胶片作业图

1—第一次胶片；2—压辊；
3—贴合胶片

（三）胶片压型

压型压延工艺方法如图11-11，压型可采用两辊压延机、三辊压延机和四辊压延机，都必须带有一个或两个花纹辊筒，带有两个花纹辊筒的压延机主要用于某些部位花纹较深、出型困难的制品，花纹辊需要经常更换，以变更胶片规格品种。

压型工艺与压片工艺基本相同。对半成品质量要求是表面光滑、花纹清晰、内部密实，无气泡、断面几何形状准确、厚度尺寸精确。

为保证半成品质量，胶料配方含胶率不应太高，应适当增加填料用量和相应

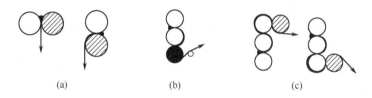

图 11-11　胶片压型工艺示意图（带剖面线者为花纹辊）

(a) 两辊压延机压型；(b) 三辊压延机压型；(c) 四辊压延机压型

的增塑剂用量；配加硫化油膏和再生胶可增加塑性和挺性，减少半成品收缩率并防止花纹塌扁，其收缩率一般控制在 10%～30% 范围内。对压型胶料的塑炼和混炼质量、胶料停放、热炼工艺条件和质量以及返回胶掺用比例等均应保持稳定均匀；压型工艺宜采用提高温度、减慢速度或急速冷却等措施。

子午线轮胎的组成部件中有不少是采用型胶的，如胎肩垫胶、胎圈包胶、内衬层和钢丝圈填充胶等。型胶的制造有压延和挤出两种工艺方法，采用带辊筒机头的挤出机压型宽度较大或中部厚两边薄的胶片得到广泛应用。它没有单用压延压型时气体容易混进胶料中的缺点，且半成品断面尺寸较稳定。型胶压延工艺为将终炼胶片从存放架经运输带送入热炼机进行热炼，热炼后的胶片被喂入压延机进行胶片压型；还可采用销钉式冷喂料挤出机取代破胶机、热炼机进行热炼和供胶。

内衬层部件的压延制造工艺是采用两辊为一组共两组的四辊压延机，两辊筒分别接受热炼胶片并各自压延出胶片后立即热贴重合，达到内衬层在不同部位上可有不同厚度的要求。辊筒温度控制在 (80～85)℃＋2℃。重合胶片经自然冷却或风冷后用塑料垫布卷取，也可采用三辊压延机压型、冷却、卷取制造胶片，然后层贴成内衬层部件。

胎肩填胶、胎圈包胶等型胶部件的压延制造工艺可采用三辊压延机或四辊压延机，压型辊筒采用空心的套筒形式套在压延机的一只专用光辊筒上使用；不同的型胶部件只需调换相应的压型套辊即可，压型套辊在使用前必须预热到 80℃以上，通常是在压型套辊内腔放上一根电热棒加热，也可用蒸汽室加温。调换压型套辊一次约需 12～20min。

型胶的压型需严格控制其断面几何形状和尺寸，使整个长度上各个断面的形状和尺寸都相同，以保证轮胎断面轮廓准确和材料分布均匀。

压延后的型胶部件必须要充分冷却，冷却有风冷和水冷两种，水冷过的型胶必须用压缩空气吹干，不允许有水渍存在，有的要用热风吹干。压延出来的型胶直到卷取成卷的过程中，不允许有拉伸变形，卷取时不能因有重叠而造成变形。型胶卷取时加塑料垫布。

对型胶质量的主要要求是在整条长度上的各个截面形状和尺寸要均匀一致，

尺寸精度符合以下要求。

内衬层、胎圈包胶等胶片的公差范围：宽度＜100 mm 时为±1.5mm；宽度＜300mm 时为±3mm；宽度＜500mm 时为±4mm；宽度＜700mm 时为±5mm。厚度＜1.5 mm 时为±0.1mm；厚度＜2.5mm 时为±0.2mm；厚度＞2.5mm 时为±0.3mm 。

胎圈填充胶的公差范围：宽度、高度＜30 mm 时为±1mm；宽度、高度＞30mm 时为±2mm；长度为±5mm。

所有型胶部件的半制品质量公差均为±2%。

内衬层、胎圈包胶、型胶的最长存放时间，不要超过 4d。

二、纺织物挂胶

纺织物挂胶是利用压延机将胶料渗入织物结构中并覆盖到纺织物表面成为胶布的加工作业。

压延挂胶法胶布附胶层厚度较浸渍和涂胶法大、生产效率高。故对附胶层厚度要求较大的胶布通常采用压延法。

压延用纤维纺织物品种主要是帘布和帆布，其次是平纹布。挂胶的目的是使制品中的纺织物的层与层、线与线之间通过胶料作用彼此紧密结合成为一个有机的整体，减少负荷作用下的相互位移摩擦和生热以及应力集中现象，提高织物层的弹性和抗动态疲劳性能。

对胶布的压延质量要求主要是胶料对织物的渗透结合性能要好；附胶层厚度要符合规定标准且均匀；胶布表面无缺胶、起皱纹和压破纺织物等现象，不得有杂物和焦烧现象。

1. 贴胶

纺织物贴胶是经压延机等速辊筒的挤压力作用使胶料与纺织物复合制成胶布的压延过程，通常采用三辊压延机或四辊压延机进行。三辊压延机每次只能完成纺织物的单面覆胶，如图 11-12 （a）。四辊压延机一次压延即可完成纺织物的双面覆胶，如图 11-12 （c）。其生产效率高，工艺操作与设备简化，应用最广泛。

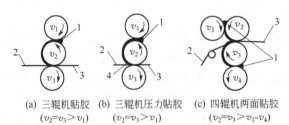

(a) 三辊机贴胶　　 (b) 三辊机压力贴胶　 (c) 四辊机两面贴胶
($v_2=v_3>v_1$)　　　 ($v_2=v_3>v_1$)　　　 ($v_2=v_3>v_1=v_4$)

图 11-12　纺织物贴胶压延示意图

1—胶料；2—纺织物；3—胶布；4—存胶

贴胶压延法的优点是速度快，效率高，对纺织物机械损伤小；胶布表面附胶量较大，耐动态疲劳性能较好。但胶料对织物的渗透性较差，附着力较低，胶布内易产生气孔。故对于未经浸渍处理的织物不适用。主要用于浸渍处理后的纺织物，特别是帘布的挂胶。

压延贴胶胶料的可塑度范围，天然胶一般为 $0.40 \sim 0.50$；胶料可塑度大，流动性好，压延收缩率低，半成品表面光滑；胶料对纺织物渗透与结合力高。但若可塑度过大，又会损害硫化胶物理机械性能。

Γ形四辊压延机两面一次贴胶的压延温度范围，天然胶一般为：上、中辊 $105 \sim 110 \text{℃}$；下、侧辊 $100 \sim 105 \text{℃}$。天然胶胶料易粘热辊，故上、中辊温度高于下、侧辊温度，温差 $5 \sim 10 \text{℃}$。丁苯胶等合成胶则相反。胶料可塑度低、配方含胶率较高的胶料应适当提高压延温度。压延速度高，压延半成品收缩率也增大，这时压延温度要相应提高。

2. 压力贴胶

压力贴胶如图 11-12（b）。通常用三辊压延机加工，其工艺操作方法与贴胶相同，只有压延机辊缝处留有适量积存胶，借以增加胶料对织物的渗透作用，以提高其对纺织物的附着力。胶布表面的附胶层厚度比贴胶法的稍低一些。积存胶量过多容易导致帘线劈缝、擦股和压扁等质量毛病。适宜的存胶量全凭经验来控制，故对操作技术水平要求较高。实际生产中多与其他挂胶方法并用，如纺织物一面压力贴胶，另一面贴胶或者擦胶。压力贴胶又称半擦胶。

3. 擦胶

擦胶压延是利用压延机辊筒速比的搓擦挤压作用增加胶料对织物渗透与结合力的挂胶方法。适用于未经浸渍处理的结构紧密型纺织物，如帆布的覆胶。

（1）纺织物擦胶压延方法　擦胶压延一般用三辊压延机进行，如图 11-13。上辊缝供胶，下辊缝挂胶，中辊转速大于上、下辊，速比范围控制在 $1 : (1.3 \sim 1.5)$。上、下辊等速；中辊温度高于上、下辊温。

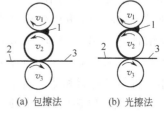

图 11-13　纺织物擦胶压延

($v_2 > v_3$) 示意图

擦胶压延有两种操作方法。一种是包擦法。压延时中辊全包胶，包胶厚度细布为 $1.5 \sim 2.0$ mm；帆布为 $2.0 \sim 3.0$ mm。纺织物通过辊缝时只有部分胶料附着到纺织物表面上。包擦法的特点是：中辊温度较低，以防胶料发生焦烧。胶布附胶量较少且基本固定，成品布层耐屈挠疲劳性能较差；胶料对织物的渗入深度较浅、附着力较差；胶布表面不够光滑，但压延过程对织物的机械损伤小，适合于平纹细弱布类的压延覆胶。

另一种是光擦法。纺织物通过辊缝时胶料全部附着到纺织物表面，压延过程中中辊只有半圆周包胶，另半周无胶料。该法胶布附胶量大，成品耐动疲劳性能好，胶料对织物的渗透深度较大，附着力较高，胶布表面光滑。但对纺织物的机械损伤较大，只适用于厚度较大的帆布压延。

帆布擦胶通常采用三辊压延机加工。图 11-14 为用一台三辊压延机进行帆布单面擦胶示意图。

图 11-15 为两台三辊压延机联动进行纺织物双面擦胶压延示意图。

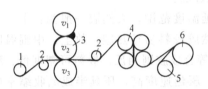 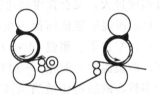

图 11-14 三辊压延机单面厚擦工艺流程
1—干布料；2—导辊；3—压延机；4—烘干辊；
5—垫布卷；6—胶布

图 11-15 两台压延机
双面擦胶示意图

纺织物的擦胶、贴胶和压力贴胶三种挂胶方法各有优缺点，生产上应根据纺织物类型、胶布用途和性能要求具体选择一种或几种方法并用进行覆胶。对于输送带、传动带和轮胎用的帆布，若未经浸涂处理，可采用一面贴胶，另一面擦胶的压延方法覆胶；或一面贴胶，另一面压力贴胶法覆胶。对已经过浸涂处理的织物则采用两面一次贴胶压延法即可。

（2）对纺织物擦胶工艺和胶料配方上的注意事项

① 增加配方含胶率 适当增加配方的含胶率，不得低于 40％，有的可达70％，主要是为利用胶料的黏弹性质。补强剂视擦胶方法而定。包擦法宜选用氧化锌、软质陶土和锌钡白之类使胶料柔软性的配合剂；光擦法要多加硬质陶土和碳酸钙等。NR 胶料宜选用低熔点古马隆树脂类增黏性增塑剂，以利于胶料包辊；不宜采用矿物油和脂肪酸等润滑性增塑剂，NBR 和 CR 胶料宜选用酚醛树脂、古马隆树脂和酯类增塑剂，用量范围宜在 5～10 份。

② 纺织物热处理 压延之前的纺织物应经过充分干燥，使含水率降到 1％以下；温度保持在 70℃以上。擦胶过程中帘布要承受一定的伸张力作用，一般为：尼龙和聚酯帘线≥8N/根，防止帘线热收缩。

③ 压延辊温 擦胶压延辊温要求较高，一般控制在 90～110℃范围内。具体视橡胶品种和擦胶方法不同而异。

④ 辊速和速比 辊速过快会降低胶料对织物的渗透力，影响压延质量。强度高的织物压延速度可加快。如厚度大的帆布可达 30m/min 甚至更高。一般薄细帆布为 5～25 m/min。胶料的渗透力还可以通过调整辊距和存胶量加以调节。增大辊筒速比会提高胶料的渗透作用，改善擦胶效果。但对织物的力学损伤亦会

加大。上、中、下三个辊筒间的适宜速比范围为 1：(1.3～1.5)：1。厚帆布和帘布采用高值。

⑤ 热炼质量　纤维纺织物压延胶料压延之前必须经过热炼，使胶料获得必要的温度和热塑性流动性，热炼后的胶料温度应比压延温度低 5～15℃，可塑度要均匀，热炼温度不足，胶布会掉皮；热炼温度和可塑度不均匀，胶布表面出现麻面；生胶品种不同，擦胶方法不同，对胶料的可塑度要求不同。如包擦法压延对胶料的可塑度要求较光擦法高，一般不能低于 0.60。氯丁橡胶胶料粘辊性好，对擦胶胶料的可塑度要求较低。几种胶料的适宜可塑度范围为：NR 0.50～0.60；NBR 0.55～0.65；CR 0.40～0.50；IIR 0.45～0.50。

⑥ 中辊包胶问题　中辊包胶是保证压延操作顺利的必要条件。包胶稍有松动或脱辊便无法操作，对胶料进行充分塑炼、增加软化剂的用量、提高纺织物的干燥程度和中辊温度等都可改善胶料的包辊状态，防止胶料脱辊。

4. 纺织物挂胶压延工艺中常见的质量毛病及解决措施如下。

(1) 掉胶（掉皮）　这是胶料与织物附着不好引起的，原因有：纺织物干燥不好，含水率过高；压延过程中纺织物温度太低；胶料热炼不足，可塑度或压延温度过低；纺织物表面不清洁，有油污或灰尘；辊距过大；配方设计不合理。

改进措施：使纺织物含水率降到 1% 以下；确保纺织物的预热温度符合要求；严格保证胶料的热炼质量，并适当提高压延辊温；确保纺织物表面清洁；调整胶料配方，采用增黏性软化剂，降低胶料黏度。

(2) 帘线发生弯曲跳线　主要原因是：胶料软硬不一；帘布纬线松紧不一；辊缝局部积胶量过多，帘布受力过大；帘布卷过松。

(3) 帘布出兜　这是帘布两边紧中间松的现象。

主要原因是：辊缝积存胶过多或积胶宽度小于帘布宽度，帘布中间受力大，两边受力小；下辊温度过高胶料对下辊的黏附力较大；帘线派列密度不均匀，压延时伸张不均匀。

改进措施：控制存胶量适当；供胶要均匀，使积存胶宽度与帘布宽度一致；适当调低辊温；调控帘线排列密度均匀。

(4) 胶布表面出现麻点和小疙瘩　主要原因：胶料出现焦烧；胶料热炼温度不足，可塑度偏低。

(5) 压扁、压破、打折　帘线压扁是由于辊筒两端辊距大小不一样，递布不正、辊筒轴承松紧不一；压破一般是由于操作不当引起，如辊距、辊速、积胶量控制不当等；打折是由于垫布卷取过松，挂胶布与冷却辊速度不一致引起。

改进措施是：调整辊筒使两端辊距一致，递布要平稳一致，检查轴承松紧一致；调整好辊距、辊速和积胶量大小，检查混炼胶胶料；调整垫布卷取速度，检查胶布速度与冷却辊速度是否一致。

三、钢丝帘线的覆胶压延工艺

钢丝帘布的覆胶热压延工艺采用四辊压延机，覆胶冷压延采用两辊压延机。钢丝帘布有无纬线和有纬线两种。大多数轮胎厂采用无纬钢丝帘布热压延覆胶工艺。

1. 热压延覆胶工艺流程

压延机辊筒的组合排列以双位两辊和 S 形或 Z 形四辊压延机为好。热压延速度最高可达 40m/min，但实际上有的认为以 12～20 m/min 为佳。

(1) 四辊压延机热压延的典型工艺　其流程如图 11-16。

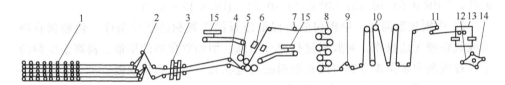

图 11-16　钢丝帘布用四辊 Z 形压延机覆胶热压延工艺流程

1—线盘架；2—张力测量辊；3—双层接头机；4—整经装置；5—4 辊 Z 形压延机组；
6—测厚装置；7—张力控制；8—冷却辊筒；9—牵引辊；10—贮布器；11—牵引辊；
12—卷取传送辊；13—横向裁断机；14—双位旋转卷取机；15—胶片

钢丝帘线从锭子房内锭子架上通过钢丝帘线制动控制、张力测量、导向、接头、整经、压延、测厚、张紧控制、冷却、牵引、传送、裁断、卷取等生产工序而制成覆胶钢丝帘布。

锭子房内有两组锭子架相邻排列，可以横向移动，一组用于生产，另一组备用。每组锭子架约有 720 个锭子。有的采用两层楼房间结构，每层的房间各设两组锭子架，胎体和带束层钢丝按楼层布置，合用一台压延机生产。

平板加热接头机将钢丝的末端热压接头，使钢丝可以顺利通过压延机辊缝，并保持各根帘线的张力。覆胶钢丝帘布在卷取前需切除接头。

钢丝帘线在进入压延机之前应预热至与覆胶基本相同的温度，以使胶料易被压在钢丝帘布上和进入钢丝结构空隙中。整经辊的槽纹间距和尺寸大小是根据轮胎规格设计确定的，更换较为频繁。整经辊直径一般为 280 mm 左右，不宜太小；液压整经装置要求能够快速更换，液压力最大为 1250N/cm。

压延 1m 宽的覆胶钢丝帘布，用两张钢丝胶帘布拼接做成的钢丝胎体，就可以满足 24.5in（1in＝2.54cm）轮辋的载重轮胎的要求。故通常选用 ϕ600mm×1500mm 压延机，其辊筒表面装有胶片测厚装置，压延辊温在 75～80℃。

冷却辊筒规格为 ϕ700mm，第 1 号和第 2 号辊筒表面温度为 60℃，后面的冷却辊筒为 30～35℃，胶布冷却方式由高温到低温，以免冷却过快产生喷霜。

贮布器之后装有液压和光电控制定中心装置，牵引组合装有直流电机，在电机和旋转卷取机之间能够产生准确的卷取张力。

牵引装置和双位旋转卷取机之间有一只控制横向裁断机的长度计数器，双位旋转卷取机配有垫布导开装置、扩张辊筒和边缘控制设备。

覆胶钢丝帘布用凹凸花纹面的塑料布衬垫，被吊挂在运转链上缓慢运行一段时间后再平放待用。凹凸花纹使垫布易于和胶布剥离开来。吊挂运转可避免胶布热状态下因自重而发生变形。

（2）双位两辊压延机热压延的典型工艺　其流程如图 11-17。

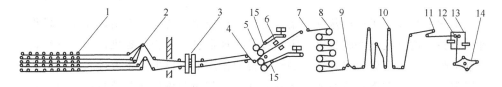

图 11-17　钢丝帘布用双位两辊压延机覆胶热压延工艺流程

1—线盘架；2—张力测量辊；3—双层接头机；4—整经装置；5—双位两辊压延机组；
6—测厚装置；7—张力控制辊；8—冷却辊筒；9—牵引辊；10—贮布器；11—牵引辊；
12—卷取传送辊；13—横向截断机；14—双位旋转卷取机；15—胶片

该流程与前述四辊压延机热压延覆胶工艺流程的惟一区别是压延机不同。双位两辊压延机的中间两个辊筒是固定的，其间距为 250mm。钢丝帘线先经过整经辊，再挤压在压延机下部两个辊筒压延的胶片上，从而完成了钢丝帘布的一面覆胶，然后再进入压延机上部两辊筒压延出的胶片和一个辅助压辊之间进行第二面覆胶，从而完成了钢丝帘布的两面覆胶。

双位两辊压延机热压延的主要特点是：钢丝帘布经过整经辊后就立即先与底层胶片挤压，将帘线按照间距均匀地嵌入胶片中定位，然后再进行第二面覆胶。这就使钢丝帘线不易位移，保证了帘线经线密度均匀度较高；另外，两辊压延胶片的厚度精密度也比采用 S 形或 Z 形四辊压延机高得多。因而避免了四个辊筒间的横压力的相互干扰。

2. 两辊压延机覆胶冷压延工艺流程

首先分别用三辊压延机制备钢丝胶帘布的上、下胶片并卷取，然后再用两辊压延机将胶片分别贴合在帘布的两面制成钢丝胶帘布。

也可将两组三辊压延机各自制备的胶片经冷却后连续导入两辊压延机与钢丝帘布贴合制成钢丝胶帘布。这比上述胶片卷取法胶片表面新鲜，胶布覆胶层厚度更均匀，只是设备和投资较多。

钢丝帘布冷贴压延因帘线不易与胶料挤压定型，故压延速度较热贴压延低，最高在 20m/min 左右，生产实用速度一般在 10～15m/min。钢丝帘布冷贴压延覆胶典型工艺流程如图 11-18 所示。

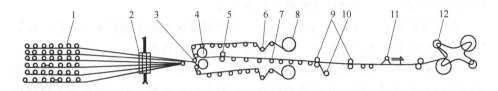

图 11-18　钢丝帘布用两辊压延机覆胶冷压延工艺流程

1—线盘架；2—导向眼孔；3—整经装置；4—两辊压延机；5—修边装置；6—导出控制浮动辊；
7—辊道；8—冷胶片卷；9—牵引辊；10—裁边缠绕装置；11—横向裁断机；12—双位旋转卷取机

　　钢丝帘线在锭子房内从锭子架上通过制动控制装置分别引出，经导向眼孔后排列整齐，由槽纹整经辊将钢丝帘线按经密规定进入两辊压延机；上、下冷胶片分别由胶片卷导出架导出，在控制浮动辊的作用下保持恒定张力进入两辊压延机的辊隙中，挤压在钢丝帘布的两面和线缝中。胶布两侧的残余胶边经修剪卷取后回用。

　　钢丝帘线经整经辊排列后，首先要压在压延机下辊筒上的冷胶片中定位，随后上辊筒的冷胶片在辊筒间隙中完成贴胶。正常覆胶压力为 $2500N/cm^2$，必要时可增加到 $6000N/cm^2$。

　　卷取胶片的塑料膜垫布随着胶片一起通过压延机辊筒间隙，以防胶料黏附在辊筒的表面上。钢丝帘布由双位旋转卷取机卷取，一面的塑料膜垫布与胶布脱开卷取；另一面的塑料膜垫布则与胶布一起卷取，按规定长度由锯齿形剪刀将钢丝帘布横向裁断。

四、骨架材料的压延、挤出工艺要点

1. 热压延法胶料的喂料方式

　　压延机的喂料有传统的破胶机、热炼机组成的热炼喂料系统，根据压延机辊筒的线速度，一般由 4～5 台开放炼胶机组成，设备的技术特征和胶料热炼的注意事项与胎面热喂料的要求相同。

　　此外，还有密炼机终炼胶料不经停放就连续在热炼机组上热炼后直接出片向压延机喂料的方式。暴露在出片机和压延机之间的胶料一般采用如红外线加热等办法保持一定的环境温度。

　　近代的胶料喂料方式如下。

　　① 用两台销钉式冷喂料挤出机，热炼冷胶片后经过运输带直接送入四辊压延机的辊筒间隙中去，对帘布的两面同时进行覆胶，机台之间的速度自动配合。

　　② 用一台较大规格的销钉式冷喂料挤出机和一台出片机组成压延机的喂料系统。冷胶片经同一台的挤出机和出片机的热炼，再从出片机分出两条胶料喂入压延机的上、下辊筒间隙中进行覆胶。该系统的优点是帘布上、下两面胶片的供料的可塑度、温度都能一致，有利于改善帘线排列和帘布两面覆胶厚度

差异。

销钉式冷喂料挤出机代替传统的热炼机组的供胶方式，具有省能源、省人力、省场地又便于自控操作和管理等优点。

上述喂料方式不仅适用于纤维帘布，也同样适用于钢丝帘布。

2. 水分

为避免受潮引起不均匀的帘布延伸，纤维骨架材料从被拆除外包装到压延机之间的时间要尽可能短。人造丝、尼龙、聚酯等帘布在烘燥后进入压延机覆胶时的含水率应低于1%。

为防止钢丝表面氧化和受潮，一般用铁桶包装钢丝锭子，有的还内充氮气；每个钢丝锭子都用塑料袋密封，桶内、袋内安放干燥剂；钢丝帘线的锭子桶在开桶上锭子架前，必须要在与钢丝锭子房室温相同环境下贮存24h以平衡温差。锭子房内的相对湿度一定要严格控制，不得大于60%，有的认为40%和50%，总之应掌握低一点为好。锭子房室温略高于周围工作场所的环境温度约2℃左右，可避免钢丝帘线表面在空气中出现露点现象而损及帘线和橡胶的黏结强度。

3. 帘线的径向排列

要求骨架材料覆胶压延后的帘线经线排列均匀，有纬帘布的布边经密有所改善，布宽达到施工标准。

有纬纤维帘布经线在纺织厂是穿扣排列的，经密比较均匀。但是，布边经密由于纬纱穿梭，受侧力影响造成密度过大，在压延覆胶过程中，帘布从导开到压延机之间的行程要短。定中心装置矫正帘布因伸长不一而造成的走偏现象；帘布在进入压延机前，先在张力状态下运行时带动弓形橡胶扩布辊转动，使每根经线因受弓形橡胶扩布辊形成的分力而向布边方向扩展。弓形扩布辊一定要与布面平行安装以保持每根经线扩展距离基本相等，扩展距离的大小靠调整弓形扩布辊与布面接触的松紧程度而定。帘布经扩布辊、布边扩布器扩布后立即在张力下与光辊筒包角接触，使帘布达到要覆胶的宽度和经密均匀度。为改善布边经线密度，有的在帘布进入压延机前设置断纬装置，也有的撕去布边的几根线来断纬。

帘布进入压延机辊筒间隙进行覆胶时很重要的一点是帘布经光辊筒后立即与压延机辊筒上的胶片包角，使经线在胶片上先定位，然后进行帘布另一面覆胶，这样可以获得良好的经线排列。假如帘布与压延机辊筒间隙在同一水平面上，经线因辊筒间隙中胶料的翻动受到侧向力的影响而造成经密不匀、帘布两面覆胶不匀等质量问题。

无纬钢丝帘布不存在布边经密问题。

4. 张力

帘线在覆胶的整个生产过程中必须施加一定的张力，除使帘布挺直外，对有些帘线材料如尼龙等，可避免因受热会自行收缩造成帘布表面泡泡纱等外观质量毛病；并防止直接影响到帘线的定负荷伸长率的变化和不匀。定负荷伸长率是轮胎施工过程中必须按照技术设计规定严格控制的一个指标，否则轮胎成品的断面轮廓和外缘尺度会失控。

张力值选取的原则是帘布在覆胶压延的整个生产过程之前和之后的两个阶段的长度基本上保持不变。过度地变长或变短都会有损产品的质量。

例如尼龙帘布四辊压延机覆胶1450mm宽帘布的张力大体上是：帘布的导开和卷取的两个区段为750N，前、后贮布器的张力只要求将帘布和胶布拉伸后有挺直感；关键的张力区在夹持辊和压延机辊筒之间，例如1400dtex/2尼龙帘线的张力为8～10N/根，一般取10N/根，要求不得低于8N/根；该区段张力值选取的依据是要求稍大于该材质帘线受热时的热收缩力；从压延覆胶到后夹持辊之间的胶布张力可与前区段相同。

钢丝帘线在四辊压延机压延过程中的张力视各种不同类型的钢丝规格而异，一般在5～10N/根之间。钢丝帘线之间的张力公差为±1N，单根钢丝帘线张力的波动幅度在5％～10％。

钢丝帘线在挤出法工艺过程中的张力，是牵引冷却辊将钢丝锭子上的钢丝帘线通过呈7°倾斜的线盘自重与橡胶垫的摩擦、钢丝帘线与设备间的阻力所产生出来的，其张力控制要求低于压延法。

胶帘布的最长存放时间，尼龙、聚酯和人造丝为3d，钢丝为30d。

5. 半成品的质量检测

混炼胶要100％测量硬度、密度、可塑度和硫化仪曲线，黏合胶料加测拉伸强度和定负荷伸长率，定量抽查的还有门尼焦烧等测试项目。

胶料与钢丝帘线黏合力的测试，试样由8根钢丝帘线一次分别埋在12mm长的圆柱体橡胶内，经两片模具硫化制成，然后在拉力试验机上进行抽出力检验。

胶帘布都要做剥离试验，将两层帘布重叠经模具快速硫化制成试片后，立即放入冷水中冷却，然后在拉力机上进行剥离测试，剥离力必须达到该测试项目的规定指标。此外，重要的是必须观察剥离表面的状况，若呈毛糙状则认为合格，如出现露线、露丝、镀铜或镀锌钢丝帘线有呈蓝绿色，则认为有问题。

用测定胶布中空气含量的方法测定胶料对钢丝帘线结构的渗透程度。

帘布覆胶厚度公差为±0.03mm。覆胶质量以g/m²计，200m长胶布覆胶质量公差为±(7～8)kg。覆胶纤维帘布的宽度为帘布进压延机时的宽度±10mm，其边部经密在0～25mm布宽内不超过标准经线密度的3根。无纬钢丝帘布覆胶不存在经密有差异的规定。

挤出法制成的覆胶钢丝帘布的公差为：布宽±1mm，胶布厚±0.05mm，截断角度±0.5°。

锭子房内钢丝帘线盘用完后要成批全部调换成新锭子；钢丝帘线接头不得用

在轮胎中。

钢丝帘线要测试平直度、扭转度等项目，这对覆胶钢丝帘布的平整度有着直接的关系。否则，在生产工艺中当帘布张力一旦消失或截断成条后，因帘线内应力消除不好会出现翘卷、布面起伏不平等现象，将严重影响下道工序的操作和成品质量。

主要参考文献

1 杨清芝. 现代橡胶工艺学. 北京：中国石化出版社，1997

2 邓本诚等. 橡胶工艺原理. 北京：化学工业出版社，1984

3 陈耀庭. 橡胶加工工艺. 北京：化学工业出版社，1987

4 唐国俊等. 橡胶机械设计. 上册. 北京：化学工业出版社，1984

5 郑秀芳等. 橡胶工厂设备. 北京：化学工业出版社，1984

6 王贵恒. 高分子材料成型加工原理. 北京：化学工业出版社，1982

7 郑正仁. 子午线轮胎技术与应用. 合肥：中国科学技术大学出版社，1994

8 梁星宇. 橡胶工业手册·第三分册. 修订版. 北京：化学工业出版社，1992

9 谢遂志等. 橡胶工业手册·第一分册. 修订版. 北京：化学工业出版社，1989

10 申超. 压延工艺. 橡胶工业，1976，4：63

11 Blow C M. Technology and manufacture. Second Edition，Page Bros Ltd.，1982

第十二章 挤 出 工 艺

挤出是使胶料通过挤出机机筒壁和螺杆间的作用，连续地制成各种不同形状半成品的工艺过程。挤出工艺也称压出工艺，它广泛地用于制造胎面、内胎、胶管以及各种断面形状复杂或空心、实心的半成品。它还可以用于胶料的过滤、造粒、生胶的塑炼以及上下工序的联动，如密炼机下的补充混炼下片，热炼后对压延机的供胶等。挤出主要用于半成品制造，本章以其典型应用进行讲述。

挤出工艺的主要设备为挤出机（压出机）。挤出过程是对胶料起到剪切、混炼和挤压的作用。通过挤出机辊杆和机筒结构的变化，可以突出某种作用。若突出混炼作用，它可用于补充混炼，若加强剪切作用，则可用于生胶的塑炼、再生胶的精炼和再生等。

挤出机的适用面广、灵活机动性大，其挤出的半成品质地均匀、致密、容易变换规格。此外，挤出机设备还具有占地面极小、质量轻、机器结构简单、生产效率高、造价低、生产能力大等优点。

挤出工艺是橡胶工业中的一个重要工艺过程。

第一节 橡胶挤出机

橡胶挤出机有多种类型，按工艺用途可分为螺杆挤出机（见图 12-1）、滤胶挤出机、塑炼挤出机、混炼挤出机、压片挤出机及脱硫挤出机等。按螺杆数目的不同可分为单螺杆挤出机、双螺杆挤出机、多螺杆挤出机。按喂料方式的不同可

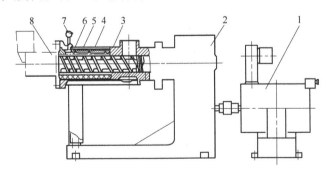

图 12-1 螺杆挤出机

1—整流子电动机；2—减速箱；3—螺杆；4—衬套；5—加热、冷却套；

6—机筒；7—测温热电偶；8—机头

分为热喂料挤出机和冷喂料挤出机。但无论哪种挤出机，都是由螺杆、机身、机头（包括口型和芯型）、机架和传动装置等部件组成。

挤出机的规格是用螺杆外直径大小来表示的。例如，型号 XJ-115 的挤出机，其中 X 表示橡胶，J 表示挤出机，115 表示螺杆外直径为 115mm。挤出机的主要技术特征包括螺杆直径、长径比、压缩比、转速范围、螺纹结构、生产能力、功率等。

挤出机的螺杆由螺纹部分（工作区）和与传动装置连接的部分组成。螺纹有单头、双头和复合螺纹三种。单头多用于滤胶，双头多用于挤出机造型（出料均匀）。复合螺纹加料端为单头螺纹（便于进料），出料端为双头螺纹（出料均匀且质量好）。螺杆的螺距有等距和变距的，螺槽深度有等深和变深的，而通常多为等距不等深或等深不等距。所谓等距不等深是指全部螺纹间距相等，而螺槽深度从加料端起渐减；所谓等深不等距是指螺槽深度相等，而螺距从加料端起渐减。此外，随着挤出机用途的日益扩大，挤出理论的不断发展，螺杆和螺纹结构种类也日益增多，例如有主副螺纹的、带有混炼段的、分流隔板型的等多种。

螺杆外直径和螺杆螺纹长度之比为长径比，它是挤出机的重要参数之一。如长径比大，胶料在挤出机内走的路程就长，受到的剪切、挤压和混炼作用就大，但阻力大，消耗的功率也多。热喂料挤出机的长径比一般在 3～8 之间，而冷喂料挤出机的长径比为 8～17，甚至达到 20。

螺杆加料端一个螺槽容积和出料端一个螺槽容积的比叫压缩比，它表示胶料在挤出机内能够受到的压缩程度。橡胶挤出机的压缩比一般在 1.3～1.4 之间（冷喂料挤出机一般为 1.6～1.8），其压缩比越大，挤出半成品致密程度就越高。滤胶不需要压缩，因此滤胶机的压缩比一般为 1。

机头的主要作用是将挤出机挤出的胶料引到口型部位，也就是说将离开挤出机螺槽的不规则、不稳定流动的胶料，引导过渡为稳定流动的胶料，使之到挤出口型时成为断面形状稳定的半成品。机头结构随挤出机用途不同有多种，其中有直向机头、T 形机头和 Y 形机头等。直向机头是挤出胶料的方向与螺杆轴向相同的机头，其中该机头的锥形机头［见图 12-2（a）］可用于挤出纯胶管、内胎胎筒等，而喇叭形机头［如图 12-2（b）］可用于挤出扁平的轮胎胎面、胶片等。T 形机头和 Y 形机头（胶料挤出方向与螺杆轴成 90°角称 T 形；成 60°角称 Y 形）适用于挤出电线电缆的包皮、钢丝和胶管的包胶等。此外，还有一些特殊用途的机头，例如能生热硫化的剪切机头，用于挤出制品的连续硫化以及多机头复合在一起的复合机头等。

机头前安装有口型。口型是决定挤出半成品形状和规格的模具。口型一般可分为两类：一类是挤出中空半成品的口型，由外口型、芯型及支架组成，芯型有

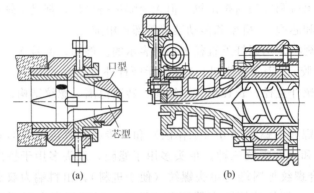

图 12-2　机头结构图

(a) 锥形机头；(b) 喇叭形机头

喷射隔离剂的孔道；另一类是挤出实心半成品或片状半成品用的口型，它是一块带有一定几何状态的钢板，如胎面、胶条、胶板的口型等。

挤出机的传动装置一般有三种：第一种由异步电动机和减速箱组成，由调节变速齿轮进行调速；第二种由直流电动机和减速机组成；第三种由三相交流整流子电动机和减速机组成。

第二节　挤 出 原 理

挤出原理主要是研究胶料在螺杆和机头口型中运动和变化的规律。对螺杆来说，有喂料段的固体输送理论、压缩段的塑化熔融理论和挤出段的流体输送理论。除挤出过程之外，挤出中还有口型系统的挤出过程，这个过程有两个问题，即压力与挤出速度的关系以及挤出物料的特性。

为便于讨论，现从挤出机的喂料到半成品的挤出成型分别加以叙述。

一、挤出机的喂料

挤出机喂料时，胶料能够顺利进入挤出机中应具备一定的条件，即胶料与螺杆间的摩擦系数要小，也就是说螺杆表面应尽可能光滑；胶料与机筒间的摩擦系数要大，即机筒内表面要比螺杆表面稍粗糙些（为此，机筒加料口附近也可沿轴方向开上沟槽）。如果胶料和螺杆间的摩擦系数远远大于胶料和机筒间的摩擦系数，则胶料与螺杆一道转动，而不能被推向前进，这时胶料在加料口翻转而不能进入。此外，挤出机喂料时胶料能顺利进入挤出机中，加料口的形状和位置也很重要。当以胶条形式连续喂料时，加料口与螺杆平行方向要有倾斜角度（33°～45°），这样胶条在进入加料口后才能沿螺杆转动方向从螺杆底部进入螺杆和机筒间。为了更好的喂料，有的挤出机还加有喂料辊，以促进胶条的前进。

胶料进入加料口后，在旋转螺杆的推挤作用下，在螺纹槽和机筒内壁之间作相对运动，并形成一定大小的胶团，这些胶团自加料口处一个一个地连续形成并不断被推进，如图12-3所示。

二、胶料在挤出机内的塑化

胶料进入挤出机形成胶团后，在沿着螺纹槽的空间一边旋转，一边不断前进的过程中，进一步软化，而且被压缩，使胶团之间间隙缩小，密度增高，进而胶团互相粘在一起，见图12-3。随着胶料进一步被压缩，机筒空间充满了胶料。

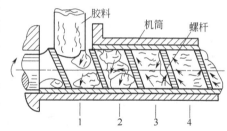

图12-3　胶料的挤出过程

1—喂料；2—压缩塑化；3—胶料渐成流动状态，但仍有空隙；4—胶料开始完全成为连续流体

由于机筒和螺杆间的相对运动，胶料就受到了剪切和搅拌作用，同时进一步被加热塑化，逐渐形成了连续的黏流体。

三、胶料在挤出机中的运动状态

胶料进入挤出机形成黏流体后，由于螺杆转动所产生的轴向力进一步将胶料推向前移，胶料也进一步均化塑融，就像普通螺母沿轴向运动一样。但和螺母运动不同的是，胶料是一种黏弹性物质，在沿螺杆前进过程中，由于受到机械和热的作用，它的黏度发生变化，逐渐由黏弹性体变成黏流性流体。因此，胶料在挤出机中的运动又像是流体在进行流动，也就是说，胶料在挤出机中的运动，既具有固体沿轴向运动的特征，又具有流体流动的特征。

胶料在机筒和螺杆间，由于螺杆转动的作用，其流动速度 v 可分解为螺纹平行方向的分速度 v_z 和与螺纹垂直方向的分速度 v_x。

胶料沿垂直于螺纹方向的流动称为横流，在横流中当胶料沿垂直于螺纹的方向流动到达螺纹侧壁时，流动便向机筒方向，以后又被机筒阻挡折向相反方向，接着又被另一螺纹侧壁阻挡，从而改变了方向，这样便形成了螺槽内的环流，如图12-4所示。横流对胶料起着搅拌混炼、热交换和塑化作用，但对胶料的挤出量影响不大。胶料沿螺纹平行方向向机头的流动称为顺流（正流）。在顺流中螺槽底部胶料的流动速度最大，靠近机筒部位的流动速度最小，其速度分布见图12-5。由于机头压力的作用，在螺槽中胶料还有一种与顺流相反的流动，该种流动称为逆流。逆流时靠近机筒和螺杆壁部位胶料的流动速度小，中间速度大，其速度分布如图12-5（b）。顺流和逆流的综合速度分布如图12-5（c）所示。

此外，由于在机头的阻力作用下，胶料在机筒与螺杆突棱之间的间隙中还产生一种向机头反向的逆流，该种逆流称为漏流（或称溢流）。漏流一般流量很小，当机筒磨损，间隙增大，漏流流量就会成倍地增加，其漏流示意图如图12-4所示。

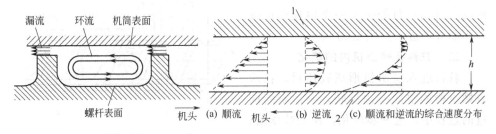

图 12-4　环流与漏流

图 12-5　顺流和逆流的综合速度分布
1—机筒内壁；2—螺杆；
h—螺槽深度

（a）顺流　（b）逆流　（c）顺流和逆流的综合速度分布

　　综上，胶料在机筒中的流动可分解为顺流、逆流、横流和漏流四种流动形式，但实际上胶料的流动是这几种流动的综合，也就是说胶料是以螺旋形轨迹在螺纹槽中向前移动，其可能的流动情况如图 12-6 所示。从图 12-6 的流动情况可以看出，螺槽中胶料各点的线速度大小和方向是不同的，因而各点的变形大小也不相同，所以胶料在挤出机中能受到剪切、挤压及混炼作用，这种作用随螺纹螺槽深度的增加而增加，随螺槽宽度增大而减小。

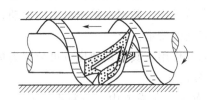

图 12-6　胶料在螺纹槽内流动示意图

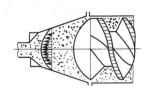

图 12-7　胶料在挤出机头内的流动

四、胶料在机头内的流动状态

　　胶料在机头内的流动是指胶料在离开螺纹槽后，到达口型板之前的一段流动。已形成黏流体的胶料，在离开螺槽进入机头时，流动形状发生了急剧变化，即由旋转运动变为直线运动，而且由于胶料具有一定的黏性，其流动速度在机头流道中心要比靠近机头内壁处快得多，速度分布曲线成抛物线状，如图 12-7 所示。胶料在机头内流动速度的不均，必然导致挤出后的半成品产生不规则的收缩变形。为了尽可能减少这种现象，必须减小机头内表面的粗糙度，以减少摩擦阻力。

　　为了使胶料挤出的断面形状固定，胶料在机头内的流动应尽可能是均匀和稳定的。为此，机头的结构要使胶料在由螺杆到口型的整个流动方向上受到的推力和流动速度尽可能保持一致。例如，轮胎胎面挤出机头内腔曲线和口型的形状设计（见图 12-8）就是为了能够均匀地挤出胎面半成品。此机头的内腔曲线中间缝隙小，两边缝隙大，即增加了中间胶料的阻力，减少两边缝隙的阻力。机头内腔曲线是到口型板处才逐渐改变为胎面胶所要求的形状。这样，胶料流动速度和压力才较为均匀一致。

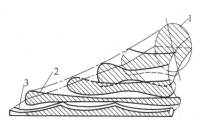

图 12-8　胎面胶挤出机头内腔曲线图
1—机头与螺杆末端接触处的内腔截面
形状；2—机头出口处内腔的截面形状；
3—口型板处缝隙的形状

总之，机头内的流道应呈流线型，无死角或停滞区，不存在任何湍流，整个流动方向上的阻力要尽可能一致。为了保持胶料流动的均匀性，有时还可在口型板上加开流胶孔（见图 12-9 和图 12-10）或者在口型板局部阻力大的部位加热。

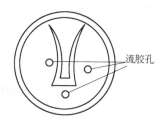

图 12-9　口型加开流胶孔示意图之一

图 12-10　口型加开流胶孔示意图之二

五、胶料在口型中的流动状态和挤出变形

胶料在口型中的流动是胶料在机头中流动的继续，它直接关系到挤出物的形状和质量。由于口型横截面一般都比机头横截面小，而且口型壁的长度一般都很小，因此胶料在口型中，压力梯度很大，流速很大，胶料的流动速度是呈辐射状的，如图 12-11 (a) 所示。图中 AB 直线为原始截面，1、2、3 曲线为三种不同胶料的流动速度轮廓线。这种辐射状的速度梯度到胶料离开口型以后才会消失。

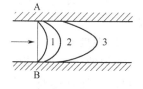

(a) 在口型内流动速度分布

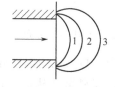

(b) 离开口型后的流动变形分布

图 12-11　胶料在离开口型前后流动速度分布示意图
1，2，3—不同胶料

胶料是一种黏弹性体，当它流过口型时同时经历着黏性流动和弹性恢复两个过程。当口型流道较短时，胶料拉伸变形来不及恢复，挤出后产生膨胀现象。这种变形的原因产生于"入口效应"。当口型流道较长时，胶料的拉伸变形可在流

道中恢复。但是胶料剪切流动中法向应力也会使挤出物呈现膨胀现象。入口效应和法向应力两者对挤出变形都有影响，在口型的长径比较小时，以入口效应为主；当长径比较大时，以法向应力为主。挤出膨胀量主要取决于胶料流动时可恢复形变量和松弛时间的长短。如果胶料松弛时间短，胶料从口型出来，其弹性变形已基本上松弛完毕，就表现有较小的挤出膨胀量；如果胶料松弛时间长，胶料经过口型后，留存的弹性变形量还很大，挤出膨胀量也就大。同理，如果口型壁长度大，胶料在口型中停留的时间长，胶料的弹性变形有足够时间进行松弛，挤出膨胀量就小，反之则大。

挤出膨胀或收缩率的大小，不仅与口型形状、口型（板厚度）壁长度、机头口型温度、挤出速度有关，而且还与生胶和配合剂的种类、用量、胶料可塑性及挤出温度有关。一般说来，胶料可塑性小、含胶率高，挤出速度快；胶料、机头和口型温度低时，挤出物的膨胀率或收缩率就大。

六、挤出过程中的压力变化及温度的变化

1. 压力变化

在挤出过程中，胶料所受压力是不断变化的。由于螺杆旋转的推力和机头口型的阻力，因而产生了挤出中的压力。该压力与螺杆的剪切力、胶料硬度、螺杆的几何参数、机头口型的形状及工作状态等均有关。挤出机内压力分布如图12-12所示。

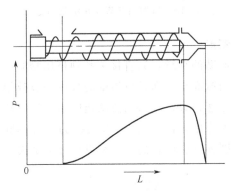

图 12-12 挤出机中压力分布

喂料口和出口与大气相通，这两处压力最低。螺杆有一定压缩比，在螺杆端部附近压力最大，在一般情况下可达7.84～9.81MPa。如果胶料预热时间不够充分或出料口小，则可能高达12.7MPa。螺杆转速对机头压力影响不太显著。

2. 温度变化

在挤出过程中，挤出机内温度分布是不均匀的。一般来说，由于螺杆的强烈剪切和压缩作用，胶料温度从加料口开始到口型处是逐渐升高的，即喂料口最低，机筒较高，机头口型处最高。而为使挤出胶料半成品外观光洁、挤出顺利和膨胀率小，根据工艺要求，也应控制机筒温度较低，机头高一些，口型处温度最高。也就是说挤出工艺要求与挤出机工作生热特性是一致的。

七、挤出破裂

当挤出速度超过一极限值时，会产生不稳定流动，挤出物表面不光滑，有时出现粗糙、花纹、螺旋形畸变，甚至完全无规破裂。这种现象称挤出破裂。

Garvey 等利用一个近似梯形的口型来评价胶料挤出的优劣与特征，此口型称为加维口型。挤出物按四个方面进行综合计分：①断面轮廓线对口型形状保持性；②刃边要平滑，不粗糙、不破裂；③平面上要平滑光亮，不暗淡、没有纹或多瘤；④棱角要尖锐平滑。此评价方法已纳入了美国标准（ANST/ASTM D2330-8）。

聚合物的挤出破裂可分为两大类型：低密度（支化）聚乙烯（LDPE）型和高密度（线型）聚乙烯（HDPE）。

属于 LDPE 型的有：LDPE、丁苯橡胶和支化聚二甲基硅氧烷等。属于 HDPE 型的有：HDPE、顺丁橡胶、乙丙橡胶和线型聚二甲基硅氧烷等。当然，这一分类并不是绝对的，有些橡胶介于两者之间。两类聚合物的挤出破裂行为有很大区别，前者有支化结构，一开始破裂就呈现无规则状态；后者为线型结构，开始破裂时先形成小裂纹，然后出现有规则破裂，最后是无规破裂。

挤出的破裂，主要是由于胶料的弹性行为所引起，当挤出剪切速率或剪切应力增大到一个临界值时，就会产生破裂，而且越来越严重。但是不同聚合物的具体机理却不尽相同，即 LDPE 型的在口型入口处发生破裂和 HDPE 型的在口型壁处发生破裂。

LDPE 型聚合物，由于大分子的支化，聚合物或胶料由料筒进入口型前，在口型入口处收敛呈酒杯形，如图 12-13 所示。在此收敛的流场中，速度迅速提高，在流动方向上产生速度梯度，中心部位产生拉伸流动，当剪切速率增大到一定程度，弹性拉伸变形之后，胶料再不能经受更大变形时，流线断开造成破裂。同时在收敛的流场中，死角部分的

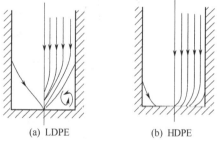

(a) LDPE　　　　(b) HDPE

图 12-13　LDPE 和 HDPE 在毛细管
挤出时的入口处流线

环流或涡流胶料或聚合物乘主流线断开之机，混入口型之中。如此周期性出现，即造成挤出物畸变。

对于 HDPE 型聚合物的挤出破裂，早在 1961 年 Bendow 等就引入了滑-黏机理，他们认为由于熔体与口型壁处缺乏黏着力，在该条件下的临界剪切应力以上，熔体滑动，同时释放出由于流经口型而吸收的过量的能量，而能量释放后熔体又再度粘在机筒壁上。由于黏滑过程的存在，使流动曲线产生不连续性，导致 HDPE 类型聚合物如聚丁二烯挤出物的畸变。此类聚合物在更高的挤出速度时，口型壁处的速度远不为零，只有滑动，则又出现近似光滑的挤出半成品，也称为第二光滑区。然后随速度增加而出现无规破裂。

影响挤出破裂的因素有许多，如口型的几何尺寸、高聚物的分子参数和组分

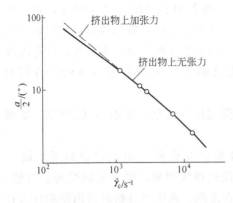

图 12-14 临界剪切速率 $\dot{\gamma}_c$ 与毛细管
入口半角 $(\alpha/2)$ 的关系

以及挤出条件、如温度等，主要几项影响因素如下所述。

(1) 口型几何尺寸 主要是入口角和口型长度等。

① 入口角 α 入口角对临界剪切速率的影响如图 12-14 所示。由图 12-14 可见，随入口半角减小，临界剪切速率提高，Schulken 等认为，当入口速度突然增大，入口处聚合物因受到剧烈的形变而吸收到更大的能量，当此能量超过该条件下的临界值时就产生破裂。但当 α 角等于 180°（平入口）时，能量吸收很

大，超过临界值，挤出时易产生破裂（见图 12-15）。

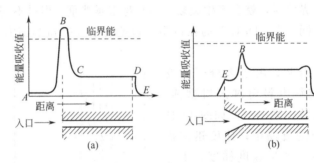

图 12-15 胶料流经毛细管时的能量吸收

(a) 平入口角毛细管；(b) 斜入口角毛细管

② 口型长度 口型长度对不同聚合物的挤出效果不同。挤出 LDPE 型聚合物或胶料时，口型长度大，胶料在流道中应力松弛时间较长，入口破坏可修复，对挤出有利。而挤出 HDPE 型聚合物或胶料时，口型短较为有利。

(2) 温度 挤出温度升高，胶料松弛加快，不论是 LDPE 型聚合物还是 HDPE 型聚合物，都能提高临界剪切速率，应对挤出有利。但温度影响也有反常现象，如图 12-16 所示。顺丁橡胶挤出却在低温带有一个挤出光滑区。

(3) 防止挤出破裂的主要措施如下。

① 适当升高温度可防止挤出破裂。但

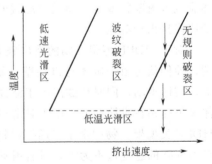

图 12-16 某些顺丁橡胶在低温区的
反常挤出光滑现象

有时可利用低温挤出，如顺丁橡胶等。

② 适当降低挤出速度，可避免挤出破裂，并减少气泡。

③ 用喇叭形口型，即减小入口角，可提高临界剪切速度，又可消除死角、环流。

④ 在口型上加一个适当挡板，破坏涡流，可大幅度改善胶料挤出性能，减少撕边现象。

⑤ 加入填充剂和增塑剂，可获得光滑挤出表面。

第三节　挤出机的生产能力及挤出机的选型

一、挤出机的生产能力

1. 理论计算

根据前面分析的胶料在机筒内及机头口型中的流动状态，挤出机的生产能力应为顺流、逆流、横流、漏流四种流动的总和。其中横流起混合胶料的作用，对挤出能力没多大影响。因此，挤出机的生产能力 Q 为

$$Q = Q_D - Q_P - Q_L \tag{12-1}$$

式中　Q——挤出量，cm^3/min；

$\quad$ Q_D——顺流流量，cm^3/min；

$\quad$ Q_P——逆流流量，cm^3/min；

$\quad$ Q_L——漏流流量，cm^3/min。

如把胶料看成为牛顿型流体（即黏度不随剪切应力和剪切速率变化），在等温和层流条件下，不考虑螺纹侧壁的影响，利用黏流运动方程式可导出

$$Q_D = \alpha N \tag{12-2}$$

$$Q_P = \frac{\beta p}{\eta} \tag{12-3}$$

$$Q_L = \frac{\gamma p}{\eta} \tag{12-4}$$

式中　N——螺杆转数，r/s；

$\quad$ p——螺杆末端胶料的压力（机头压力），Pa；

$\quad$ η——胶料黏度，$Pa \cdot s$；

α，β，γ——随螺杆规格尺寸而变的系数，cm^3。

因此，挤出机的挤出量为

$$Q = \alpha N - \frac{(\beta + \gamma)p}{\eta} \tag{12-5}$$

当胶料的黏度 η 一定，挤出机规格一定（即 α、β、γ 为常数）时，由式（12-5）可知，挤出量 Q 与螺杆的转速成正比，与机头压力成反比。如果将 Q-p 作图，则式（12-5）就为一直线，其斜率为 $(\beta + \gamma)/\eta$，这一直线表达了螺杆的

几何特性，称为螺杆特性曲线（如图12-17所示）。当转数 N 不同时，得到相互平行的直线。由此特性曲线可以看出，当机头全部敞开，即机头压力为零，挤出量最大，当机头全部关闭，即机头压力最大，挤出量为零。

从螺杆输送来的胶料总要经过机头口型才能挤出。当胶料流过机头口型时，可按流体力学在层流时的流量公式计算出挤出量。

$$Q_h = \frac{kp}{\eta} \tag{12-6}$$

式中　Q_h——通过机头口型的流量，cm^3/min；

　　　　p——机头压力，Pa；

　　　　η——机头中胶料黏度，Pa·s；

　　　　k——机头口型系数，cm^3，与机头、口型大小和形状有关，k 值越大，机头口型阻力越小。

由式（12-6）可知，如胶料黏度一定，口型尺寸一定（k 一定），则机头的流量与机头压力成正比。式（12-6）也是一个直线方程，其斜率为 k/η。它表达了机头口型的特性，称机头特性曲线，如图12-17所示。

通常，胶料挤出时机头的流量等于螺杆挤出部分的挤出量，因此用式（12-5）和式（12-6）两个方程便可求得挤出机的生产能力。但实用上常将式（12-5）和式（12-6）作成图形（如图12-17）来表示，利用图解法可直接求得。图12-17中 N_1、N_2、N_3 为不同转速的螺杆特性曲线（$N_1 < N_2 < N_3$），k_1、k_2 为不同口型系数的机头特性曲线。当转速一定、k 一定时，两直线的交点即为挤出机的生产能力。

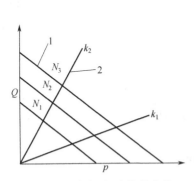

图12-17　螺杆-机头特性曲线

1—螺杆特性曲线；2—机头特性曲线

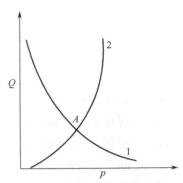

图12-18　挤出机的工作特性

1—螺杆特性线；2—机头特性线；

A—某挤出机的工作状态

但实际上，胶料并非牛顿黏性流体，即 η 不是常数，是随流动速度而变化。此外，大多数情况下挤出机也不是在等温条件下工作的。因此，螺杆特性线与机头特性线不是一条直线，而是曲线，如图 12-18 所示。

口型截面积对挤出流量的影响，在螺杆转速恒定条件下，流量随截面积增大而增加，如图 12-19 所示。

2. 实际生产常采用计算方法

除了应用理论公式计算挤出机的挤出量外，在工厂的实际生产中常采用实测法和经验公式来确定实际挤出量。现分别介绍如下。

（1）实测法 实际测定从口型中挤出的半成品线速度和单位长度的质量，然后按式（12-7）计算。

$$Q = vG\alpha \qquad (12-7)$$

式中　Q——挤出机的实际流量，kg/min；

v——挤出半成品的线速度，m/min；

α——设备利用系数；

G——半成品单位长度的质量，kg/m。

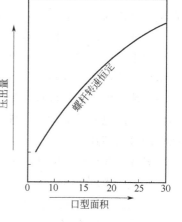

图 12-19　挤出流量与口型截面积的关系

用这种方法算出的产量比较准确，但只能在现有机台上进行实测使用。

（2）经验公式法 国产橡胶挤出机推荐按下述半经验公式进行计算。

$$Q = \beta D^3 n\alpha \qquad (12-8)$$

式中　Q——挤出机的挤出量，kg/h；

β——计算系数，由实测产量分析确定，对压型挤出机，$\beta = 0.00384$；对滤胶挤出机，$\beta = 0.00256$；

D——螺杆直径，cm；

n——螺杆转数，r/min；

α——设备利用系数。

二、挤出机的选型

挤出机的选型要满足几个要求：满足生产能力的要求；满足制品质量的要求；满足可靠性的要求及具有先进性。

1. 生产能力的要求

影响挤出机生产能力的因素有很多。如螺杆的直径、螺槽的深度、螺纹的升角、螺纹的长度、螺杆的构型及喂料段结构的形式等。但是，影响最显著的是螺杆的直径。如式（12-8）所示，挤出机的生产能力与螺杆的直径的立方（D^3）成正比。因此，在选择挤出机的生产能力时，首先考虑的就是挤出机的直径，即挤出机的规格。

根据挤出机的规格就能造出满足挤出机生产能力的设备。

2. 满足制品的质量要求

挤出机挤出的半成品必须塑化质量好，外观光滑，内在致密。

胶料的塑化质量与螺杆构型和螺杆的长径比相关最大。热喂料挤出机与冷喂料挤出机比较，一般说来，冷喂料挤出机的塑化综合质量要比热喂料挤出机好。

温度对于挤出机的半成品质量是至关重要的。温度过高会引起胶料焦烧，过低会使半成品表面粗糙。温度受螺杆的转速、胶料的黏度、外加热源的温度、口型结构与几何尺寸及喂料方式的影响。通常，螺杆转速是挤出温度的决定因素，在一定范围内，挤出温度与螺杆转速成正比。因此在选择挤出机的螺杆转速时，不但要考虑电机的驱动功率能否满足螺杆的最高转速，而且要考虑挤出升温允许螺杆的最大转速。

另外，选择挤出机时，同时要考虑挤出机塑化能力与各种用途相匹配的机头。

3. 挤出机的可靠性

一般说来，机械产品出厂后有一个"磨合期"。过了这个时期，固有可靠性是很高的，故障率趋于零，这个时期亦称设备的无故障运行期。此后便是设备的磨损故障期，亦即磨损期。设备的无故障运行期越长，则可靠性越好，这与设计的水平、材质的优劣、使用方法及维护情况有关。

此外，挤出机的先进性也是很重要的。其先进性包括挤出机的传动系统、挤出系统、机头以及控制系统与控温系统硬件、软件潜在能力和效果。

第四节 口型设计

一、口型设计的一般原则

口型设计通常应注意以下原则。

(1) 根据胶料在口型中的流动状态和挤出变形分析，确定口型断面形状和挤出半成品断面形状间的差异（如图12-20所示）及半成品的膨胀程度。

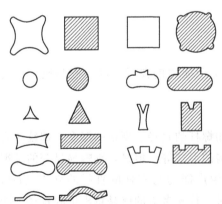

图12-20 口型和挤出半成品的差异

有剖面线的是挤出物形状；无剖面线的是口型

(2) 口型孔径大小或宽度应与挤出机螺杆直径相适应，口型过大，会导致压力不足使出胶量不均，半成品形状不一；口型过小，会引起胶料焦烧。挤出实心或圆形半成品时，口型孔的大口宜为螺杆直径的1/3～3/4。对于扁平形的口型（如胎面胶等），一般相当于螺杆直径的2.5～3.5倍。

(3) 口型要有一定的锥角，口型内端口径应大，出胶口端口径应小。锥度越大，挤出压力越大，挤出速度快，挤出的半成品光滑致密，但收缩率大。

（4）口型内部应光滑，呈流线型，无死角，不产生涡流。

（5）挤出遇到以下几种情况之一时，在口型边部可适当开流胶口。

① 机筒容量大而口型口径过小时，为了防止胶料焦烧及损坏机器应加开流胶口。

② 挤出半成品断面不对称时，在小的一侧加开流胶口以防焦烧，见图12-10。

③ 胎面挤出口型一般在口型的两侧开流胶口。

④ T形和Y形机头易形成死角，可在口型处加开流胶口。

（6）对硬度较高，焦烧时间短的胶料，口型应较薄；对于较薄的空心制品或再生胶含量较多的制品，口型应厚。

二、口型的具体设计

要掌握好口型的设计首先要了解胶料挤出膨胀率。影响胶料膨胀率的因素很多，其具体规律如下。

（1）胶种和配方 胶种不同，其挤出膨胀率不同，天然橡胶较小，而顺丁橡胶、氯丁橡胶、丁腈橡胶和丁苯橡胶较大。配方中含胶率高时挤出膨胀率大，填充剂量多时膨胀率小。白色填充剂如碳酸钙、陶土挤出膨胀率较小，而炭黑较大，此外炭黑品种不同挤出膨胀率也不同（详见第三章）。

（2）胶料可塑度 胶料可塑度越大，挤出膨胀率越小；可塑度越小，膨胀率越大。

（3）机头温度 机头温度高，挤出膨胀率小；温度低，膨胀率大。

（4）挤出速度 挤出速度越快，膨胀率越小。

（5）半成品规格 同样配方的胶料，半成品规格大的，膨胀率小。

（6）挤出方法 胶管管坯采用有芯挤出时，膨胀率比无芯挤出时要小。

由于影响挤出变形的因素太多，因素之间相互关联，所以口型很难一次设计成功，需要边试验，边修正，最后得到所需的口型。现对不同形状挤出制品口型的具体设计步骤叙述如下。

1. 几何形状规则的制品（胶管、内胎、圆棒、方形条等）口型设计

几何形状规则的制品口型设计比较简单，首先在规定的操作条件（温度、挤出速度等）下，选一个接近制品尺寸的现有口型，用规定胶料挤出一段坯料，计算出膨胀率，由此膨胀率确定出新设计制品口型的尺寸，然后按略小于此口型尺寸开模、试验、修模，直到符合要求。

例如，要想设计一个内径为12mm，壁厚为2mm胶管的新口型，若选用直径为15mm的现有胶管口径挤出一段胶管坯外径为21mm时，则

$$膨胀率 = \frac{管坯外径}{口型直径} = \frac{21}{15} = 1.4 \ （即 140\%）$$

用该膨胀率除新胶管外径，即得新口型尺寸。

$$\frac{12+2\times2}{1.4}=11.43\approx11.4\ (mm)$$

然后用 11mm 作为口型的理论近似值直径开模、试验、修模，直至达到标准。

2. 几何形状不规则的制品（胎面、异形胶条等）的口型设计

现以胎面为例进行叙述。

（1）先制造一个近似的口型，求出半成品各部位的变形（膨胀或收缩）率，其法同上。

（2）测定定型生产的胎面胶料硫化前后各部位的厚度、宽度，以求得各部位的压缩系数。

（3）新设计成品所要求的各部位厚度、宽度除以各部位的压缩系数所得之商，可作为未硫化胎面胶各部位所需的厚度与宽度。

（4）由（3）求得的胎面胶各部位的厚度与宽度除以膨胀率，得到应制作口型的各部位尺寸。

第五节 挤 出 工 艺

一、热喂料挤出工艺

热喂料挤出工艺一般包括胶料热炼、挤出、冷却、裁断及接取等工序。

1. 胶料热炼

胶料在进入挤出机之前必须进行充分的热炼预热，以进一步提高混炼胶的均匀性和胶料的热塑性，使胶料易于挤出，得到规格准确、挤出表面光滑的半成品。热炼一般使用开放式炼胶机，可分两次进行。第一次为粗炼，采用低温薄通法（45℃左右，辊距 1～2mm）提高胶料的均匀性；第二次为细炼，细炼时辊温较高（60～70℃），辊距较大（5～6mm），提高胶料的热塑性。第二次热炼后便可用传送带连续向挤出机供胶，也可采用人工喂料的方法。连续生产的挤出工艺所需胶料量较大，供胶方法一般多采用带式输送机，即由开炼机上割取的胶条连续供胶，胶条宽度比加料口略小，厚度由所需胶料量决定。采用这种供胶方法，挤出半成品的规格比较稳定，质量较好。此外利用这种供料方法有的在加料口处加一个压辊，构成旁压辊喂料，此种结构供胶均匀，无堆料现象，半成品质地密致，能提高生产能力，但功率消耗增加 10%。另外，有的将胶条卷成卷后再通过喂料辊喂料；或将胶条切成一定长度堆放在存放架上，按先后顺序人工喂料。无论哪种喂料都应连续均匀，以免造成供胶脱节或过剩。细炼后的胶料在供胶前停放时间不应过长，以免影响热塑性。

一般说来，胶料的热塑性越高，流动性越好，挤出就越容易。但热塑性太高

时，胶料太软，缺乏挺性，会使挤出半成品变形下塌，特别是挤出中空制品的胶料应防止过度热炼。

2. 挤出工艺

挤出操作开始前，先要预热挤出机的机筒、机头、口型和芯型，以达到挤出规定的温度，以保证胶料在挤出机的工作范围内处于热塑性流动状态。

开始供胶后，应及时调节挤出机的口型位置，并测定挤出半成品的尺寸、均匀程度，观察其表面状态（光滑程度、有无气泡等）及挺性等，直调整到完全符合半成品要求的公差范围和质量为止。

在调节口型位置的同时，也应调节好机台的温度。通常是口型处温度最高，机头次之，机筒最低。这样挤出的半成品表面光滑，挤出膨胀率小，不易产生焦烧等质量问题。

挤出工艺过程中常会出现很多质量问题，如半成品表面不光滑、焦烧、起泡、厚薄不均、条痕裂口、半成品规格不准确等。其主要影响因素如下。

（1）胶料的配合　配方中含胶率大的胶料挤出速度慢、膨胀（或收缩）率大，半成品表面不光滑。此外胶料不同挤出性能也不同。

胶料随填充剂用量的增加，挤出性能逐渐改善，膨胀（或收缩）率减小，挤出速度快；但某些补强填充剂用量过大，会使胶料变硬，挤出时易生热过高而引起胶料焦烧。快压出炭黑和半补强炭黑，用量增加时硬度增加不大，挤出性能较好。

在配方中加入油膏、矿物油、古马隆、硬脂酸、蜡类等润滑性增塑剂能增大胶料的挤出速度，并能使制品的外表面光滑。再生胶和油膏可降低收缩率，加快挤出速度，降低生热量。炭黑、碳酸镁、油膏可减小挤出物的停放变形。

（2）胶料的可塑度　胶料挤出应有适当的可塑度，可塑度过高，会使挤出半成品失去挺性，形状稳定性差，尤其是中空制品表现出该现象特别明显。不同制品其可塑度要求不同。例如汽车内胎可塑度一般应控制在 0.40～0.46；而大型胶管内层胶的可塑度要求在 0.2 左右。同一制品由于采用胶种不同，则对可塑性的要求也不同。如天然橡胶胎面胶可塑度要求为 0.2～0.26；而天然橡胶与顺丁橡胶并用胶（天然橡胶含量为 50～70 份）可塑度要求则为 0.28～0.32。一般说来，可塑度增大，胶料挤出生热小，不易焦烧，挤出速度快，表面状态光滑。

（3）挤出温度　挤出机各段温度选取得正确与否，对挤出工艺是十分重要的，挤出机各段的要求是不同的。通常情况是口型温度最高，机头次之，机筒温度最低。采用这种控温方法有利于机筒进料，其挤出半成品表面光滑，尺寸稳定，膨胀（或收缩）率小。如果挤出温度适当时，挤出顺利，挤出速度快，又没有焦烧危险性，但温度过高，则易引起胶料焦烧、起泡等。而挤出温度过低，挤出物松弛慢，收缩率大，断面增大，表面粗糙，电流负荷增加。另外不同的胶种和含胶率对挤出的温度不同。表12-1列出了常用几种橡胶挤出温度的参考数据。如果胶料含胶率高，可塑性小，可取该胶种挤出温度的参考数据上限，相反可取下限。

表 12-1　几种橡胶的挤出温度

胶　种	机筒温度/℃	机头温度/℃	口型温度/℃
天然橡胶	40～60	75～85	90～95
丁苯橡胶	40～50	70～80	90～100
丁基橡胶	30～40	60～90	90～110
丁腈橡胶	30～40	65～90	90～110
氯丁橡胶	20～25	50～60	70

（4）挤出速度　挤出速度由螺杆的转速所决定，螺杆转速快，挤出速度快。但在一定的螺杆转速下，胶料的配方和性质对挤出速度影响也很大，如胶料的可塑度大，挤出速度快。挤出温度高，挤出速度亦快。

挤出速度调好后，应尽量保持不变，如挤出速度改变，机头压力就会改变，这会导致挤出物的断面尺寸发生变化。如要改变挤出速度，其他影响挤出的因素如挤出温度、胶料组成、胶料性质及口型等都应做相应的调整。

（5）挤出物的冷却　挤出的半成品离开口型时，温度较高，有时可高达100℃以上。为了防止热塑变形及存放时产生自硫，对挤出的半成品必须进行冷却。

冷却方法常采用水槽冷却和喷淋冷却，但对断面形状厚度相差较大或较厚的挤出物，不宜骤冷，以免冷却程度不一，收缩快慢不同，导致变形不规则。

挤出半成品长度收缩、厚度增加的现象，在刚刚离开口型时变化较快，以后逐渐减慢。所以在生产上，某些制品采用加速松弛收缩的措施，如采用收缩辊道，大型的半成品（如胎面）一般采用此种方法预缩处理，使松弛收缩在冷却降温前完成大部分。半成品经此收缩过程后，在实际停放和使用时间内，收缩基本停止，断面尺寸稳定。

经过冷却后的半成品，有些（如胎面）需经定长、裁断、称量等步骤，然后停放。而胶管、胶条等半成品在冷却后可卷在绕盘上停放。

3. 常用橡胶胶料的挤出特点

橡胶种类不同，其挤出特点不同，因此其胶料配合及挤出工艺条件也应有所不同。

天然橡胶的挤出性能较好，但其黏性与弹性的逆变化敏感，易使挤出物表面粗糙。为了进一步改善挤出性能，在天然橡胶中宜添加多量补强填充剂、再生胶、油膏等。

丁苯橡胶挤出比较困难，膨胀（或收缩）率大，表面粗糙，所以经常与天然橡胶和再生胶并用。此外，为了改善挤出性能可选用快压出炭黑、半补强炭黑、白炭黑、活性碳酸钙等作填充剂。

顺丁橡胶挤出性能接近于天然橡胶，但膨胀和收缩比天然胶大，挤出速度慢。配方中配用增塑剂有利于提高挤出速率，而配用高结构细粒子炭黑能使膨胀率减小。

氯丁橡胶挤出性能类似于天然橡胶，但易焦烧，对挤出温度的敏感性大，故挤出温度应比天然橡胶低10℃左右。氯丁橡胶的挤出膨胀率大于天然橡胶，小于丁基橡胶。由于氯丁橡胶黏着性较大，配方中应选用润滑性增塑剂，如硬脂酸（0.5～1份）、凡士林（2～4份）。炭黑以高耐磨炭黑和快压出炭黑较好。另外，油膏也有利于氯丁橡胶的挤出。

丁腈橡胶由于分子间内聚能大，生热性能大，所以膨胀率大，挤出性能较差。因此生胶需经充分塑炼，胶料在挤出之前也要充分预热回炼。提高丁腈橡胶的挤出温度能显著增加挤出速度。含胶率较高的丁腈胶料挤出膨胀大，加入适当的补强填充剂（如炭黑、碳酸钙、陶土等）与润滑性增塑剂都能改善挤出工艺性能。例如，加入2～3份硬脂酸及石蜡有助于挤出，但再多易喷出，同样，加入20份油膏可显著地降低变形。

丁基橡胶挤出膨胀率大，故以高填充配合为好。无机填料以陶土和白炭黑为佳，加5～10份聚乙烯也可有效地减小挤出膨胀率。丁基橡胶的另一特点是挤出速度缓慢，可配用增塑剂如操作油、石蜡、硬脂酸锌来提高挤出速率。

二、胎面及内胎挤出

1. 胎面挤出

轮胎胎面胶半成品大多数都是用挤出机挤出的，其优点是胎面胶质量高，更换胎面尺寸规格比较容易，劳动生产效率高。

挤出的轮胎胎面胶可分为胎冠、胎冠基部层和胎侧三部分，见图12-21。但普通结构轮胎胎面胶一般是将三部分制成一个整体，供成型使用。大型工程轮胎胎面胶一般分为多条，供成型使用。而子午线轮胎胎面胶分胎冠和胎侧（包括胎冠基部层）两部分，供成型使用。

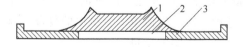

图 12-21　胎面断面结构示意图

1—胎冠；2—胎冠基部层；3—胎侧

胎面的挤出方法分为整体挤出和分层挤出两类。胎面胶的整体挤出即使用一种胶料，一台挤出机，使用扁平机头挤出，其机头结构如图12-22所示。

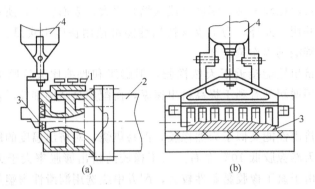

图 12-22 胎面挤出机的机头结构示意图
1—机头；2—机身；3—口型；4—气筒

此外也可用圆形口型机头挤出，切割展开即成。胎面胶整体挤出还可以用两种胶料、两台挤出机，使用复合机头挤出。其中，一种胶料为胎冠胶，另一种胶料为胎侧胶（包括胎冠基部层）；或者是一种为胎冠（包括基部层）胶，另一种为胎侧胶。这种复合机头结构示意图见图 12-23。两种胶料在复合机头内压合为一个整体胎面。

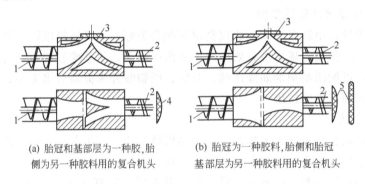

(a) 胎冠和基部层为一种胶,胎
侧为另一种胶料用的复合机头

(b) 胎冠为一种胶料,胎侧和胎冠
基部层为另一种胶料用的复合机头

图 12-23 挤出机复合机头示意图
1，2—挤出机；3—口型板；4，5—胎面胶

胎面的分层挤出是用两台挤出机、两种胶料，分别挤出胎冠和胎侧（包括胎冠基部层），在输送带上热贴合，并经多圆盘活络辊压实为整体。目前，在生产上多采用这种方法。这种方法比较简单，且挤出的复合胎面，不同的部位对应不同性能的配方，从而提高了轮胎的质量。

此外，还有用三种胶料制造胎冠、胎冠基部层和胎侧复合胎面的。

轮胎胎面胶分层挤出所用联动装置一般包括两台挤出机及其附属的热炼供胶装置、胎面胶的挤出输送带、胎面贴合用多圆盘活络辊、标记辊、检查秤、收缩辊道、冷却水槽、吹风干燥机、胎面胶定长称量裁断装置、胎面胶堆放装置等。

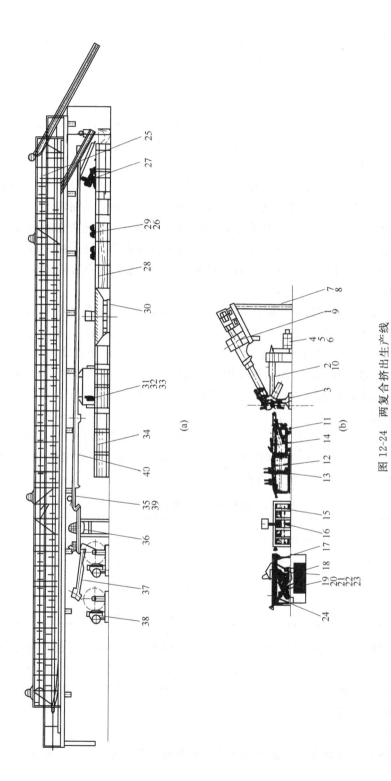

图 12-24　两复合挤出生产线

1,9—上挤出机；2,10—下挤出机；3—复合机头；4~6—喂料装置；7,8—挤出机基座；11—接取装置；12—收缩辊式运输机；13—划彩线标志装置；14—标志刻印装置；15—检验称量装置；16—连续称量检测装置；17—辊式输送装置；18—两辊压延机；19~23—两辊压延机供料装置；24—压合装置；25,26—冷却装置；27—横向切割装置；28—输送运输带；29—四工位胶片贴合装置；30—称量装置；31~33—部件两端喷胶浆装置；34—接取运输带；35~37—胎侧输送带；38,39—胎侧卷取装置；40—安全装置

411

此外，有的联动装置还包括胎面打磨机和涂胶浆设备。联动装置流水线布置有多种方案，除与主机的选择和配置有关外，还受车间厂房等实际因素的影响。图12-24即为胎面胶分层挤出联动装置方案之一的示意图。

分层挤出的挤出机一般选用螺杆直径为150mm和200mm规格的各一台或者螺杆直径为200mm和250mm的各一台，这要视轮胎规格大小而定。分层挤出用的两台挤出机可以上下或前后放置，即在一台挤出机的上方，建一个小平台安放另一台挤出机。

胎面的分层挤出，一般流水线中的第一台挤出机挤出胎冠，第二台挤出机挤出胎侧和胎冠基部层，然后输送带将胎冠和胎侧运送到多圆盘活络辊下，压合为一条完整的胎面。在称量辊道上检查单位胎面胶条长度的质量是否在规定的误差范围内。如超出了误差范围，则需调整。然后进入收缩辊道，它是由一排直径从大渐渐变小、转速相同而线速度逐渐减小的辊子组成。胎面胶条在收缩辊道上的收缩率随胶料配方而异，一般可达10%。

挤出胎面胶的排胶温度应控制在120℃以下，胎面胶条经过辊道收缩后，还必须给予充分的冷却。冷却方法有水槽冷却、喷淋冷却或两者合用。水槽冷却一般使用两个冷却水槽。第一个水槽温度约为40℃左右。第二个水槽温度控制在15～20℃左右，胎面胶冷却后，一般要求温度达到25～35℃，在夏季也要冷却到40℃以下，这时胎面胶的收缩基本停止。冷却后的胎面胶，要进行自动定长裁断。

严格遵守胎面胶的挤出工艺条件，对保证胎面的正常挤出和胎面质量是很重要的。挤出胎面胶的供胶温度一般以45～50℃为好。挤出机的各段温度见表12-2。对全天然橡胶胶料，挤出机各段温度可取表中低值；对掺有合成橡胶的胶料，挤出机各段的温度可取表中较高的值。

表 12-2 胎面挤出机各段温度

部 位 名 称	整体胎面挤出	分层胎面挤出	
		胎 冠	胎 侧
机筒温度/℃	55±5	55±5	55±5
机头温度/℃	68±5	75±5	65±5
口型温度/℃	85±5	85±5	85±5
螺杆转速/(r/min)	60	50	30

挤出速度取决于挤出机的规格、挤出半成品的断面大小，也受胶种和配合剂性质的影响。螺杆直径为200mm的普通挤出机的挤出速度为4～12m/min。大规格胎面胶的挤出速度较小，小规格的较大。掺有顺丁橡胶的胶料挤出速度快，掺有丁苯橡胶的胶料较慢。

2. 内胎的挤出

内胎胶料如含有杂质，对制品的气密性和耐撕裂性有很大影响，因此，在挤出内胎胎筒前，内胎胶料必须先进行滤胶，后加硫黄，通常滤网是由里往外依次为 20 目、40 目、60 目三层。

内胎胎筒的挤出，视其规格大小，一般选用 $\phi150\sim250mm$ 的挤出机。挤出机机头由芯型和口型组成，其结构如图 12-25 所示。内胎胎筒的厚度由机头芯型和口型间间隙的大小决定。芯型和口型可以更换，以挤出不同大小的内胎胎筒。

内胎胎筒的挤出应严格掌握好挤出工艺条件。通常内胎胎筒的挤出温度应掌握在表 12-3 所示的温度范围内，而挤出速度一般为 $6\sim10m/min$。例如，胶料为天然橡胶的 900-20 轮胎内胎胎筒的挤出速度为 9m/min 左右；而掺有 30% 丁苯橡胶的天然橡胶胶料为 $8\sim8.5m/min$。

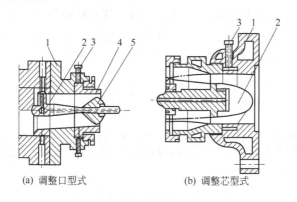

图 12-25　内胎机头结构

1—机头；2—芯型支持器；3—调整螺栓；4—口型；5—芯型

表 12-3　内胎挤出机各部位温度

品　　种	全天然橡胶胶料	掺有 30% 丁苯的天然胶胶料	丁基橡胶胶料
供胶温度/℃	60～70	65～80	70～80
机筒温度/℃	40～55	40～70	30～40
机头温度/℃	50～70	60～80	60～90
口型温度/℃	70～90	80～100	90～120

为了防止内胎胎筒内壁黏着，需喷入隔离剂。隔离剂常利用滑石粉或它的悬浮液，但粉尘大，易飞扬，因此目前橡胶厂多采用液体隔离剂（如肥皂液），无粉尘、效果好。

内胎胎筒挤出后，由输送带接取。输送带的速度要与挤出速度配合，以控制胎筒的挤出宽度和质量。冷却可同时采用喷淋和水槽两种方法。冷却后的胎筒，经定长、切断、称量检查，然后停放。一般要停放 2h 才送去接头成型。

三、冷喂料挤出工艺

螺杆挤出机用于橡胶加工已有 100 多年的历史。早期的挤出机螺杆较短，且喂料必须经热炼机预热，因此通常将这类挤出机称热喂料挤出机。近四十多年来，工业上已研制出螺杆较长、挤出前胶料不必预热、直接在室温下喂料的挤出机，该类挤出机称冷喂料挤出机。

采用冷喂料挤出机克服了热喂料挤出机需配用热炼设备，致使劳动力和动力消耗大，质量不稳定的缺点。因此，冷喂料挤出得到了广泛迅速的发展，并已占主导地位。

（一）冷喂料挤出机

热喂料挤出机螺杆的长径比较小，L/D 为 $3\sim8$；冷喂料挤出机的长径比较大，L/D 达 $8\sim17$，且螺纹深度较浅。

对于热喂料挤出机，因为胶料已经预热，在机筒中不需再另外加热，所以这种挤出机在设计上应使胶料温升保持最小值，其螺杆的作用主要是压实和输送胶料。冷喂料挤出机的螺杆除了压实和输送胶料之外，还必须塑化胶料，因此冷喂料挤出机的螺杆结构与热喂料的不同，见图 12-26 和图 12-27。

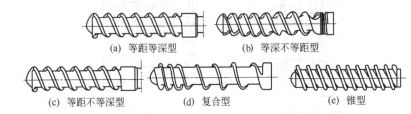

(a) 等距等深型　　　　　　(b) 等深不等距型

(c) 等距不等深型　　(d) 复合型　　(e) 锥型

图 12-26　热喂料螺杆结构形式

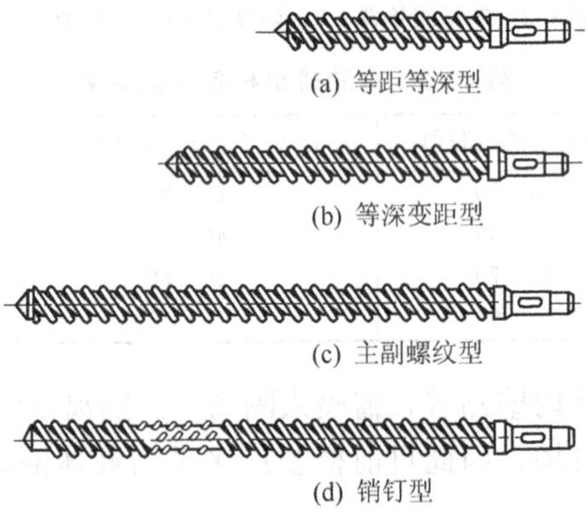

(a) 等距等深型

(b) 等深变距型

(c) 主副螺纹型

(d) 销钉型

图 12-27　冷喂料螺杆的结构形式

冷喂料挤出机常用的螺杆结构多为分离型，即主、副螺纹型结构。它的特点是副螺纹的高度略小于主螺纹，而副螺纹的导程又大于主螺纹，胶料通过副螺纹、螺峰与机筒壁之间的间隙时受到强烈的剪切作用，塑化效果好，生产能力大，但胶料摩擦生热较大。冷喂料挤出机机筒外露面积大，螺纹深度较浅，所以其表面温度易控制，有利于胶料温度的热交换。此外，使用冷喂料挤出机，由于

414

不需要预热炼，相对来说胶料从室温到口型挤出的时间短，即使挤出温度较高一般也不易发生焦烧。

冷喂料挤出机的机身较热喂料的长，且在机身尾部加装有一般挤出机所没有的加料辊，它的位置在装料口之下。加料辊的尾部有一个联动齿轮，与主轴的附属驱动齿轮啮合，所以螺杆转动它就转动。当加料辊运转时，一方面因使冷胶料通过时与螺杆摩擦而生热；另一方面因它与螺杆保持一定的速比，能使胶条呈匀速地进入螺杆，保证挤出物均匀。

冷喂料挤出机与热喂料挤出机相比，其螺纹深度较浅，螺杆较长，为了达到降低胶料黏度的目的，必须使胶料具有足够的能量和停滞时间，所以挤出机所需能量大。因此，对同规格的挤出机，冷喂料挤出机需配有较大的驱动设备和传动装置。

（二）冷喂料挤出工艺及其优缺点

1. 冷喂料的挤出工艺操作

在加料前，机身与机头通蒸汽加热，并开快转速，以使各部位的温度普遍升到120℃，然后开放冷却水，在2min内使温度骤降到如下的标准：机头为65℃，机身为60℃，装料口为55℃，此时方可加料。如挤出合成橡胶胶料时，加料后可不通蒸汽，但要一直开放冷却水。如为天然橡胶胶料时，挤出机各部位的温度应掌握得高一些。

冷喂料挤出单位时间的产量大致与热喂料挤出相同，同样与螺杆转速成正比。

2. 冷喂料挤出的优缺点

与热喂料挤出相比，冷喂料挤出有如下特点。

① 冷喂料挤出对压力的敏感性小，尽管机头压力增加或口型阻力增大，但挤出速率降低不大。

② 由于不需热炼工序，减少了质量影响因素，从而挤出物更加均匀。

③ 胶料的热历程短，所以挤出温度较高也不易发生早期硫化。

④ 应用范围广，灵活性大，可适用于天然橡胶、丁苯橡胶、丁腈橡胶、氯丁橡胶、丁基橡胶等。

⑤ 冷喂料挤出机的投资和生产费用较低。冷喂料挤出机本身的价格比热喂料挤出机高出50%，但它不再需要开炼机喂料和其他辅助设备，所以在挤出量相同的条件下，利用冷喂料挤出机挤出，所需劳力少，占地少，总的价格便宜。

目前挤出机挤出的电线、电缆、胶管等产品以及轮胎行业，已广泛采用冷喂料挤出机，而冷喂料挤出机的其他应用范围还在日益扩大。

四、其他类型挤出机挤出的特点

随着橡胶工业的发展，目前又出现了很多特种用途的挤出机，以满足橡胶生产的需要。

1. 排气式挤出机（抽真空挤出机）挤出

该类挤出机的螺杆由加料段、第一计量段、排气段和第二计量段组成。胶料经加料段、第一计量段、排气段和第二计量段后挤出。胶料在加料段其压力逐渐提高，进入第一计量段后减压，在排气段开始处螺纹槽的截面积突然扩大，胶料前进速度减慢。此时胶料不能完全充满螺纹槽，且温度要在 80～100℃ 左右，胶料中气体或挥发分在外部减压系统的作用下，从排气孔排除气体。第二计量段把胶料压实后通过机头而挤出。为保证机器正常操作，必须保证第一计量段和第二计量段的产量相同。

由排气挤出机挤出的半成品，气孔少，产品密实。排气挤出机常与微波或盐浴硫化设备组成连续硫化流水线，生产电线、电缆、密封条等挤出产品。

2. 传递式螺杆挤出机挤出

传递式螺杆挤出机又称剪切式混炼挤出机，主要用于胶料的补充混炼，胎面挤出及压延机供胶。

该挤出机的螺纹槽深度由大渐小乃至无沟槽，而机筒上的槽由小至大，互相配合，一般在挤出机上这样的变化有 2～4 个区段。当螺杆转动时，胶料在螺杆与机筒的槽沟内互相交替，不断更新胶料的剪切面，致使胶料产生强烈的剪切作用，从而导致十分有效的混炼效果。

3. 挡板式螺杆挤出机挤出

挡板式螺杆挤出机可用于快速大容量密炼机排料后补充混炼，也可以用于挤出胎面。

挡板式螺杆挤出机的主要工作部分是一个带有横向挡板和纵向挡板的多头螺杆，胶料在挤出过程中多次被螺纹和挡板进行分割、汇合、剪切、搅拌，完成混合作用。在挤出过程中，胶料各质点运动的行程不同，但它们经过纵向和横向挡板数却是相同的，因此所受到的机械剪切、混合作用相同，胶料质地均匀。此外，最大剪切作用发生在靠近机筒壁处，传热效果好，胶料温升不大，操作比较稳定。

4. 高强力型螺杆挤出机挤出

高强力型螺杆挤出机螺杆具有伴随微小剪切的掺混作用，因此当提高螺杆转速，增加挤出量时，胶料温度不会过分增高。

5. 销钉型挤出机挤出

销钉型挤出机装有穿过机筒并指向螺杆轴线的销钉。该类挤出机由于胶料的流动与传递均伴随着一个剪切梯度，所以胶料的掺混程度与均匀现象特别好，温升也不太高，此外，它还有优越的自洁性。

6. 槽穴式挤出机挤出

槽穴式挤出机在挤出机内有许多槽穴，胶料在挤出机内要经过许多槽穴，挤出时胶料在挤出机内受到两种不同的作用。当胶料进入一个空穴时，就经历一次简单的剪切作用，胶料再转移下一个空穴中去的时候，即受到切割并朝初始方向翻转 90°角，因此该类挤出机能使胶料温度稳定，组分混合均匀。

主要参考文献

1　久保田威夫. 日本ゴム协会志，1958，31：290

2　Chung C I. SPE Journal，1970，26（5）：32

3　Tedder W. SPE Journal，1971，27（10）：68

4　Naunton W J S. Applied Science of Rubber. London：Edward Arnold Ltd.，1961

5　邓本诚，纪奎江. 橡胶工艺原理. 北京：化学工业出版社，1984

6　郑秀芳，赵嘉澎. 橡胶工厂设备. 北京：化学工业出版社，1984

7　陈耀庭. 橡胶加工工艺. 北京：化学工业出版社，1982

8　橡胶工业手册编写小组. 橡胶工业手册. 第三分册. 北京：化学工业出版社，1982

9　Christy R L. Rubber World，1979，180（4）：100～101

10　Paul Meyer. Rubber World，1984，190（4）：36～41

11　金日光. 高聚物流变学及其在加工中的应用. 北京：化学工业出版社，1986

12　吕柏源，唐跃，赵永仙，高鉴明. 挤出成型与制品应用. 北京：化学工业出版社，2002

第十三章 硫 化 工 艺

第一节 概 述

橡胶制品生产的最后一道工序就是硫化，在这一工艺过程中橡胶制品的宏观特征、微观结构都发生了变化。从而获得制品要求的物理机械性能和相应的使用性能。例如，轮胎制品必须经过胎胚的正确硫化才能最终得到合格的轮胎，总之绝大部分的橡胶制品必须经过硫化工序才能最终变为合格产品。当然，也有极少数橡胶制品不需要硫化，如橡胶腻子等。

制品的硫化过程是在一定的温度、时间、压力的条件发生和完成的，这些条件称为硫化条件或硫化三要素。

一、硫化的意义

1. 理论正硫化

这是指交联程度达到最高的硫化状态，通常是通过硫化仪进行测试，这时相对应的硫化胶的剪切模量最大。硫化胶的综合物理机械性能指标也都达到比较高的水平。

2. 工艺正硫化

指达到最大交联密度的90％时的硫化程度，因为考虑到试片或制品在离开硫化热源后存在一定热的余量，完成剩余的交联。对应的硫化时间用 T_{90} 表示，对于形状较简单的、厚度在6mm以下的制品其硫化时间可选用 T_{90}。

3. 工程正硫化

这是对制品的硫化而言，它需要根据理论正硫化来确定。橡胶制品结构范围很宽，有的是结构简单的、薄的纯胶的；有的是厚的、复杂的含骨架材料的等。厚度小于6mm薄制品可采用理论硫化曲线确定它的正硫化时间；而厚的，特别是像轮胎那样的复杂制品，要确定硫化时间就不那么简单了。因为橡胶是热的不良导体，制品硫化时内外升温速度（用升温曲线表征）不同；加上骨架材料使导热情况更为复杂。这样就需要确定一个综合平衡的硫化状态，即要使整个制品的各个部件（包括各部件的微体积单元）都处在它的胶料试片的硫化曲线理论正硫化的平区内，即是处于硫化曲线平坦区的最小硫化程度（效应）和最大程度（效应）的时间范围。这样，可认为整个制品处于工程正硫化状态，对应的时间是工程正硫化时间。

本章将讨论硫化条件的制定及硫化工艺的实施方法、常见硫化的后处理以及不同制品常见的硫化质量问题和出现的原因及处理方法。

二、正硫化的测定方法

目前测定胶料硫化程度的方法一般分三大类即物理-化学法、物理机械性能法、试验仪器法。这些方法从不同角度对胶料的硫化程度进行测定。

1. 物理-化学法

（1）游离硫测定法　通过对不同硫化时间的硫化试片中的游离硫量的测定，可做出不同时间游离硫量与对应时间的曲线，游离硫量最少时对应的时间即为理论正硫化时间，但该法不适应非硫黄硫化体系胶料。

（2）溶胀法　测定不同硫化时间胶料的平衡溶胀率，平衡溶胀率最低值对应的硫化时间为正硫化时间。

2. 物理机械性能法

各项物理机械性能的变化与交联程度有密切关系，低伸长下定伸应力与交联密度成正比关系，与硬度成正向关系，与拉断强度、撕裂强度等力学性能成峰值关系，制品的使用往往取决于性能，所以早期没有硫化仪时，人们多用物理机械性能测定胶料的硫化程度，故该法可以认为其是早期测定方法的延续。虽然对于不同的制品可能要求不同的关键物理机械性能，所以可选最优相应物理机械性能对应的时间及为正硫化时间，现分述如下。

（1）拉伸强度法　采用拉伸强度的最大值或曲线的平坦区起始点对应的时间作为正硫化时间。

（2）压缩永久变形法　测定不同硫化时间的胶料的压缩永久变形值，压缩永久变形-时间曲线的转折点或拐点对应的时间即为正硫化点对应时间，如图 13-1 所示。

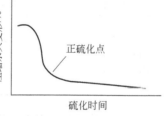

图 13-1　压缩永久变形与硫化时间的关系

（3）综合物理机械性能测试法　分别测定拉伸强度（T）、硬度（H）、压缩永久变形（S）、定伸应力最佳值（M）时所对应的硫化时间，按式（13-1）加权平均作为工程正硫化时间。

$$正硫化时间 = \frac{4T + 2S + M + H}{8}$$

（13-1）

3. 专用仪器法

硫化仪是专门用来测定胶料硫化时间的仪器，早年曾经采用门尼黏度仪结合物性对硫化程度进行测定，硫化仪测定原理是在硫化过程中给胶料施加一定振幅的应变，通过传感器测定相应的剪切模量，典型的就是圆盘式流变仪。硫化仪又分为有转子型和无转子型，其中包括国产 M200 型、台湾高铁公司的 GT-M2000-A 型、优肯公司的 EK-2000P 型以及美国孟山都公司的 MDR2000 型等都属于无转子流化仪。无转子硫化仪与有转子硫化仪相比其突出的优点是升温快，效率高，并且重现性好，另外解决了黏结性胶料在硫化仪测定时粘转子的问题。

第二节　硫化条件的确定

橡胶制品的硫化条件一般是指硫化时的温度、压力、时间，它们是构成硫化条件的主要因素，也称"硫化三要素"。

一、硫化温度的确定及其影响因素

硫化是橡胶与交联体系助剂之间复杂的化学反应过程，温度是交联反应的必要条件，硫化温度高，硫化速度快，生产效率高，反之硫化速度慢，生产效率低。因此，应该探讨影响硫化温度的因素。

1. 胶料配方的影响

最主要因素是橡胶的种类和硫化体系。橡胶品种的影响主要体现两方面：一是温度对反应的敏感性；二是其对温度的耐受性。一般以天然胶为主的配方硫化温度相对较低，过高胶料易返原，丁苯橡胶、丁腈橡胶硫化温度可再高些。常用胶种硫化温度范围见表13-1。

表 13-1　各种胶料最宜硫化温度范围

胶 料 种 类	最宜硫化温度/℃	胶 料 种 类	最宜硫化温度/℃
天然橡胶胶料	143	丁基橡胶胶料	170
丁苯橡胶胶料	150	三元乙丙橡胶胶料	160～180
异戊橡胶胶料	151	丁腈橡胶胶料	150～180
顺丁橡胶胶料	151	硅橡胶胶料	160
氯丁橡胶胶料	151	氟橡胶胶料	160

硫化体系对硫化温度的影响也较大，如图13-2和图13-3所示。树脂硫化体

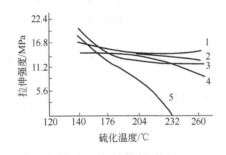

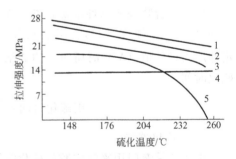

图 13-2　不同硫化温度对几种
硫化体系 NR 拉伸强度的影响
1—2,2-四甲基双（4-氯-6-甲苯酚）；
2—叔辛基酚醛树脂；3—DCP；
4—对醌二肟；5—硫黄

图 13-3　不同硫化温度对几种
合成橡胶拉伸强度的影响
1—硫黄硫化 NBR；2—金属氧化物硫化通用型 CR；
3—金属氧化物硫化 54-1 型 CR；4—酚醛
树脂硫化 IIR；5—硫黄硫化 IIR

系要求的硫化温度一般较高，一般在 160℃以上；而硫黄硫化体系反应的活化能相对较低，硫化温度比树脂硫化温度低，当然主要决定体系使用的促进剂种类；过氧化物硫化温度主要取决于过氧化物分解的半衰期的温度，特别是半衰期为 1min 的温度。

通常氟橡胶、硅橡胶、丙烯酸酯橡胶等需要二次硫化，其二次硫化温度往往比上述列表中的硫化温度要高，例如，硅橡胶、氟橡胶在 200～250℃下进行二次硫化。

2. 硫化方法的影响

不同的硫化方法影响硫化温度的选择。例如注射、连续硫化两种工艺需要的硫化温度较高而模压较前两种低，另外，为提高生产效率很多制品可采用高温快速硫化。

3. 制品外形尺寸的影响

若生产制品的外形尺寸较厚，规格较大，硫化温度不宜过高，温度过高可能造成表面过硫或内部欠硫。

二、硫化时间、等效硫化时间的确定和等效硫化效应的仿真

1. 硫化时间的确定

硫化时间是硫化化学反应必要的条件。对于制品来说硫化时间通常是指达到工程正硫化的时间，它是由硫化温度、厚度、制品形状、胶料自身的硫化特性决定的。胶料自身的硫化特性取决于胶料配方，配方确定后，硫化温度和制品厚度是决定硫化时间的主要因素。温度、制品厚度与硫化时间的关系，可用等效硫化时间和等效硫化效应来确定。

2. 等效硫化时间的计算

（1）范特霍夫方程　本方程描述的是硫化温度和硫化时间的关系，用式（13-2）表示。

$$\frac{\tau_1}{\tau_2} = K^{\frac{t_2 - t_1}{10}} \tag{13-2}$$

式中　τ_1——温度为 t_1 时的正硫化时间，min；

τ_2——温度为 t_2 时的正硫化时间，min；

K——硫化温度系数。

K 值的确定方法较多，通过测定不同温度胶料正硫化时间就能确定 K 值，K 值随配方和硫化温度的变化而变化。表 13-2 列出几种橡胶 120～180℃的 K 值变化。

例：已知某胶料在 140℃时正硫化时间为 20min，计算此胶料在 130℃和 150℃时的等效硫化时间，$K=2$。

已知：$t_2=140℃$，$\tau_2=20min$，$K=2$。

表 13-2　在 120～180℃ 范围内的各种胶料的 K 值

胶料种类	温度范围/℃			
	120～140	140～160	160～170	170～180
NR	1.70	1.60	—	—
SBR	1.50	1.50	1.95	2.30
CR	1.70	1.70	—	—
IIR	—	1.67	1.80	—
NBR-18	1.85	1.60	2.00	2.00
NBR-26	1.85	1.60	2.00	2.00
NBR-40	1.85	1.50	2.00	2.00

当 $t_1 = 130℃$ 时，$\tau_1 = K^{\frac{t_1-t_2}{10}}\tau_2 = 2^{\frac{140-130}{10}} \times 20 = 40$（min）

当 $t_1 = 150℃$ 时，$\tau_1 = K^{\frac{t_1-t_2}{10}} 2^{\frac{140-150}{10}} \times 20 = 10$（min）

从这个例子可以看出，胶料的 K 值为 2 时达到相同的硫化程度，温度变化 10℃，则硫化时间或增加一倍或缩短 1/2。

（2）阿累尼乌斯方程　同样描述的是硫化温度与时间的关系，公式反映的是假定反应活化能不变的条件下其反应温度与时间的相关性，如下式。

$$\ln\left(\frac{\tau_1}{\tau_2}\right) = \frac{E}{R} \times \frac{t_2-t_1}{t_2 t_1} \tag{13-3}$$

或

$$\lg\frac{\tau_2}{\tau_1} = \frac{E}{2.303R} \times \frac{t_2-t_1}{t_2 t_1} \tag{13-4}$$

式中　τ_1，τ_2——同式（13-2）；

　　　　t_1，t_2——硫化温度，K；

　　　　R——气体常数，$R = 8.314 \text{J/(mol·K)}$；

　　　　E——硫化反应活化能，kJ/mol。

利用上式可以求出不同温度下的等效硫化时间。

例：已知胶料的硫化反应活化能 $E = 92\text{kJ/mol}$，在 140℃ 时正硫化时间为 30min，利用阿累尼乌斯方程计算 150℃ 时的正硫化时间。

已知：$t_1 = 273 + 140 = 413\text{K}$。

　　　　$t_2 = 273 + 150 = 423\text{K}$，$\tau_1 = 30\text{min}$

求：τ_2?

解：

$$\lg\frac{30}{\tau_2} = \frac{92}{2.303 \times 0.008134} \times \frac{423-413}{423 \times 413}$$

$$\tau_2 = 15.7\text{min}$$

阿累尼乌斯方程计算的结果较范特霍夫方程准确性高。

（3）列线图法　根据范特霍夫方程和阿累尼乌斯方程，可以把式（13-2）和式（13-3）作成列线图，这样可以方便地查出不同温度下的等效硫化时间。

例：已知某一腔料在140℃时正硫化时间为20min，求130℃和150℃的等效硫化时间。

解题步骤可先从温度轴上找出140℃为 A 点，从时间轴上找出 20min 的 B 点。将 A 与 B 相连，连线与 K 轴（$K=2$）相交于 O 点，然后再在温度轴上找出130℃的点 C，从 C 向 O 作连线，将此线延伸，与时间轴交于 D 点，D 点即为所求的在130℃时的等效硫化时间（40min）。同理求150℃时的等效硫化时间时间为10min。由于考虑到 K 值随各种胶料而变化，所以列线图标出的 K 值为1.8、2.0、2.2三条轴线。

图13-5列线图的用法和图13-4相同，只不过中间轴换成活化能数值。E 的数值亦随胶料配方而变化，需由实验确定。E 值确定方法也很多，但最简单的还是使用硫化仪。用硫化仪分别求出胶料在 t_1 和 t_2 温度下的正硫化时间 τ_1 和 τ_2，然后代入式（13-4）中就可求出 E 值。实验表明，常用硫化体系的胶料的 E 值为 84～104kJ/mol，取中值则为 92kJ/mol。

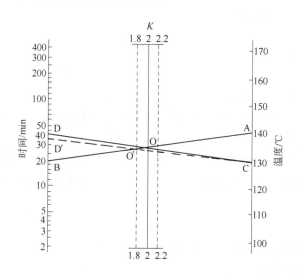

图 13-4　根据范特霍夫方程描绘的等效硫化列线表

（4）厚制品的等效硫化时间　利用等效硫化效应原理按下述方法计算，将厚制品的工程正硫化时间对应的硫化效应换算成胶料试片的等效硫化时间 τ_E，再检查 τ_E 是否落在试片硫化仪实测的正硫化时间范围内。如是，说明制品的工程正硫化时间选的正确，τ_E 的计算方法见公式（13-5）。

$$\tau_E = \frac{E}{I_t} \tag{13-5}$$

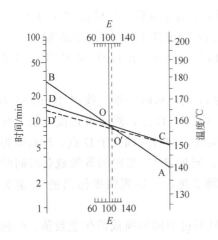

图 13-5 根据阿累尼乌斯方程
描绘的等效硫化列线

式中 E——制品的硫化效应；

I_t——试片在 t 温度下的硫化强度；

τ_E——计算的试片的等效硫化时间。

3. 用等效硫化效应确定厚制品的工程正硫化时间

确定厚制品的硫化时间或者因为制品硫化条件临时变故而需要调整硫化时间需要使用等效硫化效应方法。

硫化效应这个术语的意义如下：厚制品硫化时靠近热源部分温升快，远离热源部分温升慢，不均匀，所以各部位微单元（或部件）有各自的温升曲线，有各自的硫化程度，在整个硫化进程中的各个微单元在同一硫化时间，它们的硫化程度多半不同。各个小单元的累计硫化程度工程上叫做硫化效应。同理也适应于胶料试片的硫化效应的计算。

硫化效应计算公式如下。

$$E = I\tau \tag{13-6}$$

式中 E——硫化效应；

I——硫化强度；

τ——硫化时间，min。

硫化强度是指胶料在一定温度下，单位时间所取得的硫化程度。它主要由胶料配方特别是硫化体系及硫化温度决定的，硫化强度与硫化温度和硫化温度系数的关系见表 13-3。在硫化温度发生变化时硫化强度变化，但可通过变化硫化时间来获得不同温度下的等效硫化效应。硫化强度与硫化温度系数和硫化温度的关系如下。

$$I = K^{\frac{t - t_0}{10}} \tag{13-7}$$

式中 K——硫化温度系数（一般通过实验测定）；

t——硫化温度，℃；

t_0——规定硫化效应所采用的温度（一般 $t_0 = 100$℃）。

在实际的橡胶制品生产中，怎样使制品各部位的硫化效应与胶料试片的硫化效应相等呢？有下述方法：①使每一种胶料的硫化效应都有一段最佳效应平坦期即最大区和最小区，对于同一种配方的胶料其硫化效应只要在这段平坦范围内，胶料的性能就与最佳性能接近或看成最佳性能；②对于不同部位不同的配方，把直接接触热源的胶料配方的硫化效应平坦期设计得较长，而使所有远离热源的胶料配方在达到正硫化时正好落在接近热源的胶料硫化效应的最大效应和最小效应的平坦区内，这样就能使整个制品达到工程正硫化。最大最小硫化效应计算举例如下。

$$E_{min} < E < E_{max}$$

表 13-3　硫化强度略表（$t_0 = 100℃$）①

$t/℃$	$K=1.86$	$K=2.00$	$K=2.17$	$K=2.50$	$t/℃$	$K=1.86$	$K=2.00$	$K=2.17$	$K=2.50$
100	1.00	1.00	1.00	1.00	146	17.40	24.20	35.30	67.70
120	3.46	4.00	4.71	6.25	147	19.50	26.00	38.20	74.10
140	12.00	16.00	22.20	39.10	148	19.60	27.90	41.30	81.30
141	12.7	17.2	24.0	42.8	149	20.90	29.90	44.70	89.00
143	14.40	19.70	28.10	51.40	151	23.70	34.30	52.10	107.00
144	15.40	21.10	30.30	56.30	155	30.30	45.30	71.30	154.00
145	16.30	22.60	32.70	61.90	159	38.90	59.70	97.00	222.00

① 详见橡胶工业手册第三分册。

例：某一橡胶制品胶料其硫化条件为 $130℃ \times 20min$ 平坦硫化范围为 $20 \sim 120min$，硫化温度系数为2，则最小和最大硫化效应为

$$E_{min} = 2^{\frac{130-100}{10}} \times 20 = 160$$

$$E_{max} = 2^{\frac{130-100}{10}} \times 120 = 960$$

例：轮胎缓冲层胶料的硫化温度系数为2，在硫化温度143℃时的硫化平坦期为 $20 \sim 80min$，在模具中硫化70min（测得该部位的硫化温度为141℃），问该部位的胶料是否达到正硫化？

从表 13-3 中可以查到：$I_{143℃} = 19.7$，$I_{141℃} = 17.2$。

硫化 20min 时的硫化效应为 $19.7 \times 20 = 394$。

硫化 80min 时的硫化效应为 $19.7 \times 80 = 1576$。

在 141℃ 时硫化 70min 的硫化效应为 $17.2 \times 70 = 1204$。

可以看出在141℃时硫化70min的硫化效应是落在该种胶料的硫化平坦期的范围最大区和最小区内，所以该部位胶料能达到正硫化。

对于厚制品，其各部位的热传导时间不同，某一部位的温升规律各有不同，实际上在制定硫化时间时就要考虑温度的上升对硫化效应的积累作用，各部位达到工程正硫化时硫化效应的积累应该在相应胶料配方的最小硫化效应和最大硫化效应之间。为计算各部位的硫化效应，必须先知道相应部位的温度，温度可以通过实际各部位热电偶的埋设或计算机模拟得到，这样就可以得到从制品加热起，每经一定的时间间隔对应的温度，将温度 t 对时间 τ 作图，就可得到温度-时间的曲线，图 13-6 是热电偶测得的制品某部位在整个硫化过程中的升温情况，t 是时间的函数。该部位在硫化过程中的硫化强度-时间曲线与横轴围成的面积即为该部位胶料的硫化效应，如图 13-7。

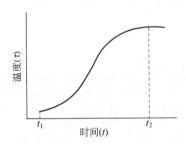

图 13-6　由热电偶测得的制品
内层温度-时间曲线

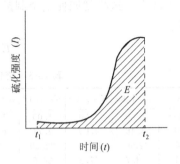

图 13-7　硫化强度与硫化
时间关系曲线

即制品某部位的硫化效应　　　$E = \int_{\tau_1}^{\tau_2} I \mathrm{d}t$ 　　　　　　（13-8）

积分式（13-8）可以近似简化为

$$E = \Delta\tau \left(\frac{I_0 + I_n}{2} + I_1 + I_2 + \cdots + I_{n-1} \right)$$ 　　　　（13-9）

式中　$\Delta\tau$——测温或模拟时设置的时间间隔；

I_0——硫化开始温度 t_0 的硫化强度；

I_1——第一个时间间隔温度 t_1 的硫化强度；

I_n——最后一个时间间隔温度 t_n 的硫化强度。

值得注意的是，有些橡胶制品的厚度较厚，在出模后温度不能很快地降下来，因此会产生一定的后硫化效应，这在硫化工艺中必须加以考虑，所以总的硫化效应应该是 $E_A + E_B$，如图 13-8 所示。

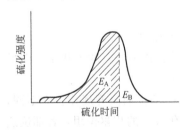

图 13-8　硫化效应面积表示图

E_A—硫化效应面积；

E_B—后硫化效应面积

4. 用有限元法对制品硫化效应的仿真

随着计算机以及有限元分析软件的应用，可以对较厚的制品或几何形状厚薄不匀的制品的各部位硫化效应进行模拟计算，确定硫化条件。并能为各部位配方硫化体系的调整提供一定的依据。硫化效应的模拟计算如下。

（1）通过温度场模拟得到制品各个部位的硫化温升曲线

① 确定制品的几何模型和材料模型如图 13-9所示。图 13-10 为输送带得几何尺寸和断面材料组成状况。

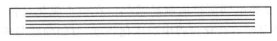

图 13-9　输送带断面的几何模型

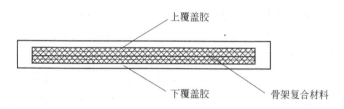

图 13-10　输送带断面的材料模型

② 确定硫化的边界条件初始条件，如硫化温度、装模温度、模具初始温度、环境温度等。

③ 实测硫化胶的硫化参数：a. 某硫化温度下如正硫化时间、硫化的平坦区，测算出硫化温度系数测算出最大、最小硫化效应；b. 实测或查出胶料的热导率、对流换热系数、热辐射系数等。

④ 求出制品某个微单元（或部件）的硫化温升曲线（即 t-τ 曲线），用实测温度校对和调整仿真温度场的准确性。橡胶硫化的传热属于非稳态热传导。应用傅里叶传热方程及相应的计算方法（如有限元法）可以计算出各个微单元的温度曲线，如图 13-11。

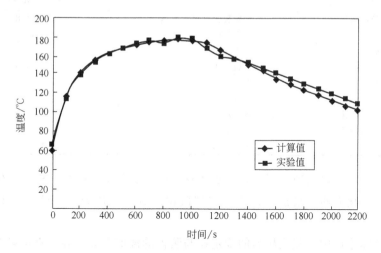

图 13-11　输送带断面某点模拟硫化温升曲线

（2）利用微机做出各个部位的硫化强度 I 对硫化时间的曲线（I-t）

该曲线包围的面积就是硫化效应。如果对此曲线积分可得到相应的硫化效应 E。再用硫化仪测出部件胶料试片的最大、最小硫化效应，若制品的硫化效应落在胶料的最大、最小硫化效应之间。对应制品 E 的硫化时间就是该制品的工程正硫化时间。这就是等效硫化效应的使用方法。

另一方面，在硫化工艺中，计算机除通过科学控制制品的合理的硫化效应实现对制品的硫化外，计算机还能在硫化过程中通过不断地采集硫化温度并且自动对时间间隔不断地积分求和并与模拟正确的硫化效应进行比较,只要达到此硫化效应就完成硫化工艺,否则继续硫化。从而实现了硫化工艺的智能化管理。

三、硫化压力的确定

硫化压力通常不是硫化化学反应的必要条件,但却是绝大多数橡胶制品硫化的必要条件,压力的作用主要在于使胶料在模腔中充分流动充满模腔;使胶料与骨架材料紧密接触并提高它们之间的黏合性;排除空气并防止硫化胶在硫化过程中由于混炼胶中微量的水分或挥发性物质等而产生气泡,使胶料的致密;硫化出合格的制品。

常压硫化为防止产生气泡,在胶料中可加入氧化钙、石膏等,可以在硫化过程吸水分。例如,胶布制品的硫化。

通常在确定硫化压力时要考虑到制品的尺寸、厚度等结构的复杂程度以及混炼胶的门尼黏度等因素。在生产中应遵循这样的规律:门尼黏度小,压力低;产品厚、层数多、结构复杂,压力宜高;常用的硫化工艺采用的硫化压力见表 13-4。

表 13-4 不同硫化工艺采用的硫化压力

硫 化 工 艺	加压方式	压力/MPa
汽车轮胎外胎硫化	水胎胶囊过热水加热	2.2～4.8
	外模加压	0.45
模型制品硫化	平板加压	24.5
V 带硫化	平板加压	0.9～1.6
输送带硫化	平板加压	1.5～2.5
注压硫化	注压机加压	120.0～150.0
汽车内胎蒸汽硫化	蒸汽加压	0.5～0.7
胶管直接蒸汽硫化	蒸汽加压	0.3～0.5
胶布直接蒸汽硫化	蒸汽加压	0.1～0.3

硫化压力一般由液压泵通过平板硫化机把压力传递给模具,模具再传递给胶料;或由硫化介质直接加压;注射成型硫化的制品其压力来自注压机螺杆或注射杆。

在实际生产中,硫化压力的确定还与装模的温度有关,温度直接影响混炼胶的黏度,在 100～140℃装模时,一般压力在 2.5～5MPa,若在 50℃左右注压装模就要施加 55～80MPa 的压力。另外,随着硫化压力的增加,胶料与骨架布层的密着力和耐屈挠性能有所提高,见表 13-5。

表 13-5 硫化压力与骨架布层的屈挠性能的关系

硫化压力/MPa	帘布层屈挠到破坏的次数/万次
1.6	4.65～4.70
2.2	9.00～9.50
2.5	8.00～8.20

第三节　硫化介质及其热传导性

一、硫化介质

在硫化过程中热的传递必须有一定的介质，加热胶料过程中传递热能的物质就是通常所说的加热介质。因其是在硫化过程中使用的，所以也称硫化介质。

常用的硫化介质有：饱和蒸汽、过热蒸汽、过热水、热空气、热水、氮气等，另外，一些高能射线也不断被引用作为硫化能源，如常用的微波硫化已被广泛应用并充分发挥其优越性。

1. 饱和蒸汽

这是一种应用最为广泛的硫化介质，它的热量来自汽化潜热。它的给热系数大，热导率高，放热量大，加热较均匀。通过控制蒸汽的压力可以准确的控制加热温度，同时又能排除硫化容器中的空气，减少制品的热氧老化作用。饱和蒸汽的压力与温度的对照表见表 13-6。

表 13-6　饱和蒸汽压力与温度的对照表[①]

压力/kPa	温度/℃	压力/kPa	温度/℃	压力/kPa	温度/℃	压力/kPa	温度/℃
0.0	100.0	215.7	135.0	411.9	152.5	980.7	183.0
49.0	110.8	274.6	140.0	431.5	153.9	1078.7	187.1
58.8	112.7	294.2	142.8	441.3	154.6	1176.8	190.7
78.5	116.3	313.8	144.6	451.1	155.3	1274.9	194.1
98.1	119.6	333.4	146.2	490.3	159.9	1372.9	197.4
147.1	126.8	343.2	147.1	637.4	166.7	1471.0	200.4

① 详见橡胶工业手册第三分册。

饱和蒸汽的缺点：若硫化容器较大，蒸汽易冷凝，造成局部低温，同时对硫化容器有一定的腐蚀性；对于表面涂有亮油的制品，饱和蒸汽对亮油漆膜的固化有一定的影响；再有该介质不宜用于硫化易水解的胶种的制品。使用这种方式硫化介质一般需要系统配置汽水分离器。

2. 过热水

过热水也常被用作硫化介质，其既能保证有较高的温度，又能赋予半成品较高的硫化压力，故常用在高压硫化的场所，其温度一般在 170~180℃，压力在 2.2~2.6MPa。过热水的优点在于能产生较高的压力，热量传递较均匀；不过过热水的热含量较小，热导率较低，给热系数比饱和蒸汽小，并要有一套专用的过热水发生器装置和除氧装置，而且温度不易控制均匀。典型的用途是外胎硫化时水胎或胶囊的具有压力的硫化介质。

3. 热空气

热空气也是常用的硫化介质，有常压和加压的，它的优点是：其加热温度不受压力控制；可以方便地调节压力和温度，介质环境比较干燥，不含水分。硫化后表面光滑，可以硫化易水解的橡胶。缺点是：给热系数小，热导率低时硫化时间较蒸汽硫化时间长，空气中含有氧气，易造成制品的氧化，所以在用热空气硫化天然橡胶等易老化的橡胶时，硫化温度一般不要超过150℃。为克服它的缺点实际硫化生产过程采用热空气和蒸汽混合的硫化介质，即先用热空气定型，第二阶段再通入蒸汽进行硫化，这样既能保证制品的外观质量，又能加快硫化速度，缩短硫化时间。另外，近来有报道，在连续硫化中，热空气的温度可提高到400℃（原来250℃），该硫化方法的特点是因温度高，效率较高，定型快，制品尺寸稳定，表面硫化后再进入微波系统进一步硫化，产品外观质量及外形误差很小。

4. 过热蒸汽

过热蒸汽是饱和蒸汽通过进一步加热得到，若在饱和蒸汽的硫化罐中架设加热管道使罐内蒸汽的温度进一步提高，饱和蒸汽就成为过热蒸汽。这种方法可以在不提高蒸汽压力的情况下使硫化温度有一个较大的提高，可提高40℃左右，并且可使硫化过程的冷凝水大大减少。过热部分给热系数较饱和蒸汽低，该硫化介质温度误差不易控制到±1℃；另外，过热蒸汽的腐蚀性较饱和蒸汽更甚，对设备的腐蚀性更大，应用上受到一定限制。

5. 热水

热水作为硫化介质，有常压的也有加压的，该介质传热比较均匀，制品变形较小。但热水热含量低，热导率低，热损耗大，硫化时间长。主要用于硫化薄的浸渍制品等，又如化工容器的衬里，常用常压热水长时间硫化。

6. 氮气

氮气作为硫化传热介质目前已被重视并在国际上广泛使用。氮气硫化实质上是氮气和蒸汽的混合气体的硫化，这个方法是待轮胎胚定型合模后，将高压蒸汽通入胶囊中，几分钟后，通入高压高纯度（99.99％以上，最好99.999％）氮气，温度必然会随时间下降，所以是高压变温硫化，但到硫化结束时温度不应该低于150℃。这种硫化方法的优点是：没有氧气，胶囊不容易氧化，延长胶囊的使用寿命，据称胶囊寿命可以延长25％～100％；可以节约蒸汽80％，是效率高、可靠性高、成本低、无污染的绿色工艺；蒸汽充氮气硫化能保证硫化时的高温和高压，氮气与蒸汽混合后达到热平衡时吸收的热量比空气少，氮气不溶于水，故在蒸汽冷凝时氮气不会减少，可保证硫化时压力稳定，高压、高温硫化能大大地提高制品的硫化质量。

7. 低熔点固体介质

通常用在挤出制品的连续硫化，这类硫化介质通常是指熔点较低的固体，优点是热导率高，常用的有共熔金属合金、共熔盐混合物。硫化温度较高，硫化时间较短。共熔金属最常用的是铋、钨合金（58∶42），其熔点是 140℃，但缺点是密度太大，易将挤出的半成品压变形；共熔盐混合物一般是一种配比为 53％ 的硝酸钾、40％亚硝酸钠和 7％的硝酸钠的混合物，熔点为 142℃，能为制品提供良好的外观，适于硫化各种胶条、海绵条、橡胶电线等。但由于熔体的密度较大，半成品易漂浮。硫化完介质附着于制品表面，必须进行成品表面冲洗处理。

8. 玻璃微珠

直径在 0.13～0.25mm 的玻璃珠，在硫化时这种玻璃微珠与剧烈翻腾的热空气构成有效相对密度为 1.5 的沸腾床，半成品通过它加热硫化。其热导率较高，又称沸床硫化。

9. 有机介质

硅油、亚烷基二元醇等耐高温有机物也可以作为硫化介质，使其在管道中循环，利用高沸点提供热量和温度，使制品在低压或常压下硫化。

总之，作为硫化介质必须具有良好的传热性和热分散性及较高的贮热能力。几种常用介质的性能比较见表 13-7。

表 13-7　几种常用介质的性能比较

性　　能	介　　质			
	热空气	过热水	饱和蒸汽	过热蒸汽
压力/Pa	3	17～22	—	5	3
温度/℃					
开始	150	150	142.9	158	200
终止	140	140	142.9	158	160
比热容/(m³/kg)	0.295	0.001	0.1718	0.3214	0.5451
密度/(kg/m³)	3.39	1000	2.12	3.11	1.83
含热量/(kJ/kg)	151.14	628.02	2737.75	2756.17	2800.42
使用热量/(kJ/kg)	10.09	41.87	2136.11	2088.79	85.41

从表 13-7 可以看出，饱和蒸汽放出的热量最大，热空气放出的热量最少。故如何选择硫化介质要根据产品特点、实际工艺情况、技术要求及生产设备综合考虑后选定。

二、硫化热传导计算

橡胶制品在加热硫化过程中，热量的传递总是由接触热源的表面向内部传导。由于橡胶是热的不良导体，制品内部硫化过程热的传递及温度的上升规律是确定硫化条件的主要依据之一。目前，这种规律的确定用两种方法：第一种方法是直接测量法，埋制热电偶在制品的相应位置，测得到该位置在一定时间的温升情况，归纳总结出制品的温升规律，这种方法虽然实用，但耗时、花费大，并对有些制品无法实施；第二种方法是用理论计算，橡胶硫化的热传导属于不稳定的热传导，因此根据非稳态热传导计算公式来计算，制品形状不同，应用不同形式的热传导计算公式；第三种方法是应用合理的热传导规律，使用有限元计算方法，应用计算机计算热传导过程，确定制品各部位得温度-时间曲线。

1. 薄制品的热传导计算（一维热传导的计算）

对于长度和宽度都比厚度大很多的制品可以作为薄层制品，如胶板、胶片等，视为一种无边界薄板，应用一维（只有厚度方向）热传导公式。

$$\frac{t_s - t_c}{t_s - t_0} = \frac{4}{\pi}\left[\exp\left(-\pi^2 \frac{a\tau}{L^2}\right) - \frac{1}{3}\exp\left(-9\pi^2 \frac{a\tau}{L^2}\right) + \frac{1}{5}\exp\left(-25\pi^2 \frac{a\tau}{L^2}\right) + \cdots\right]$$

$$(13\text{-}10)$$

式中 t_s——薄板的表面温度，℃；

t_c——薄板中心层温度，℃；

t_0——薄板的原始温度，℃；

τ——热传导时间，s；

L——薄板的厚度，cm。

式（13-10）说明胶板、胶片等薄板制品导热时，中心层温度 t_c 是薄板厚度 L 和传热时间 τ 的函数。如经实际测得 t_s、t_0、α、L，便能算出不同时刻 τ 对应中心层的温度 t_c。

为应用方便，将式（13-10）进行简化，令

$$Z = \frac{a\tau}{L^2}; S(Z) = \frac{t_s - t_c}{t_s - t_0} \tag{13-11}$$

$$S(Z) = \frac{4}{\pi}\left[\exp\left(-\pi^2 \frac{a\tau}{L^2}\right) - \frac{1}{3}\exp\left(-9\pi^2 \frac{a\tau}{L^2}\right) + \frac{1}{5}\exp\left(-25\pi^2 \frac{a\tau}{L^2}\right) + \cdots\right]$$

$$(13\text{-}12)$$

则 $$S(Z) = \frac{4}{\pi}\left[\exp(-\pi^2 Z) - \frac{1}{3}\exp(-9\pi^2 Z) + \frac{1}{5}\exp(-25\pi^2 Z) + \cdots\right]$$

$$(13\text{-}13)$$

其中 $S(Z)$ 是一种无穷级数，对应数值见表 13-8。

表 13-8 $S(Z)$ 及 Z 值略表[①]

Z	$S(Z)$	Z	$S(Z)$	Z	$S(Z)$
0.005	1.0000	0.085	0.5500	0.440	0.0166
0.015	0.9922	0.090	0.5236	0.480	0.0112
0.020	0.9752	0.095	0.4985	0.500	0.0092
0.025	0.9493	0.104	0.4561	0.510	0.0082
0.030	0.9175	0.106	0.4472	0.560	0.0051
0.040	0.8458	0.110	0.4299	0.600	0.0034
0.050	0.7723	0.114	0.4133	0.680	0.0016
0.055	0.7367	0.160	0.2625	0.760	0.0007
0.080	0.5778	0.250	0.1080	0.800	0.0005

① 详见参考文献 [1]。

应用式（13-11）、式（13-13）和表13-8的函数值，可求出薄层制品传热时中心层的温度 t_c 随时间 τ 的变化。从而求出在不同时刻中心层的温度。

例：某薄层橡胶制品厚度1.27cm，原始温度22℃，现模型温度144℃，胶料热扩散率 $7.23\times10^{-4}\text{cm}^2/\text{s}$，双面硫化，试计算制品中心层温度达143℃时所需要的时间。

解：已知 $t_s=144℃$，$\alpha=7.23\times10^{-4}\text{cm}^2/\text{s}$，$L=1.27\text{cm}$

$$S(Z)=\frac{t_s-t_c}{t_s-t_0}=\frac{144-143}{144-22}=0.0082$$

查表可知 $Z=0.510$

$$\tau=\frac{ZL^2}{\alpha}=\frac{0.51\times(1.27)^2}{7.23\times10^{-4}}=1138\text{s}=19\text{min}$$

2. 多层制品的热传导及当量厚度的计算

对于一些几何形状较复杂而厚度不是很厚的有骨架材料的橡胶制品如输送带、胶管、力车胎等，它们的传热方式与无界薄板非常相似，故可以沿用无边界薄板计算公式，但计算时需使用当量厚度。

在多层制品中往往各层的厚度不同，有时各层的材料也不相同，造成热扩散系数不一样，因此不能直接应用薄板公式，必须将各层厚度换算成相当于某一基准层的传热当量厚度，再将各层的当量厚度加起来作为整体厚度才能应用薄板的计算公式。

设基准层的热扩散系数为 α_1，现要将热扩散系数为 α_2、厚度为 L_2 胶层换算成基准层的当量厚度（设为 L_{2c}），可按式（13-14）计算。

$$L_{2c}=\sqrt{\frac{\alpha_1}{\alpha_2}}\times L_2 \tag{13-14}$$

下面举例计算。

例：有一自行车外胎，原始温度为20℃，在模型和风胎的温度均为155℃的条件下进行硫化。试求胎冠中心线中心层达150℃时所需的传热时间。已知各层的厚度和热扩散系数如下：

胎面　$L_1=0.2\text{cm}$　$\alpha_1=1.27\times10^{-3}\text{cm}^2/\text{s}$;

帘布层　$L_2=0.25\text{cm}$　$\alpha_2=1.143\times10^{-3}\text{cm}^2/\text{s}$。

解：（1）总厚度计算

可按式（13-14）将帘布层厚度换算成胎面的当量厚度。

$$L_{2c}=\sqrt{\frac{\alpha_1}{\alpha_2}}\times L_2=\sqrt{\frac{1.27\times10^{-3}}{1.143\times10^{-3}}}\times0.25=0.264$$

胎冠中心线上的总厚度为

$$L_c=L_1+L_{2c}=0.2+0.264=0.464\text{cm}$$

$$L_c^2 = (0.464)^2 = 0.215 \text{cm}^2$$

（2）传热时间计算

$$S(Z) = \frac{t_s - t_c}{t_s - t_0} = \frac{155 - 150}{155 - 20} = 0.037$$

查表得 $Z = 0.36$（近似）

故
$$\tau = \frac{ZL_c^2}{\alpha_1} = \frac{0.36 \times 0.215}{1.27 \times 10^{-3}} = 61\text{s}$$

胶管、胶带等制品也可以按上例方法计算。但对深沟花纹轮胎，胎面花纹及各部位的厚度相差较大，结构较复杂，是一个多维非稳态热传导问题，应用上述方法计算误差较大。

3. 立方体、短圆柱体制品的多维热传导计算

立方体、短圆柱体制品的热传导是多维的不稳定的热传导，因此不能用一维热传导公式计算。试验表明，只要原始温度、表面温度维持不变，在大多情况下，多维热传导可以用 n 个一维热传导的解的乘积求得，因此可用如下公式计算。

（1）长为 L、宽为 M 的长方形制品

$$\frac{t_s - t_c}{t_s - t_0} = S\frac{\alpha\tau}{L^2} \times S\frac{\alpha\tau}{M^2} \tag{13-15}$$

（2）长为 L、宽为 M、高为 N 的立方体制品

$$\frac{t_s - t_c}{t_s - t_0} = S\frac{\alpha\tau}{L^2} \times S\frac{\alpha\tau}{M^2} \times S\frac{\alpha\tau}{N^2} \tag{13-16}$$

（3）半径为 R、长为 L 的短圆柱体制品

$$\frac{t_s - t_c}{t_s - t_0} = C\frac{\alpha\tau}{R^2} \times S\frac{\alpha\tau}{L^2} \tag{13-17}$$

式中，$C\dfrac{\alpha\tau}{R^2}$ 亦为连续函数，其值可以查表 13-9，表中 $C(X)$ 为 $C\dfrac{\alpha\tau}{R^2}$。

例：有一个圆柱形橡胶制品，高为 11cm，半径为 4.2cm，原始温度为 20℃，热扩散系数 $\alpha = 0.00143\text{cm}^2/\text{s}$，在模型 130℃ 下加热硫化。求 30min 时，圆柱体的中心层温度 t_c？

解：（1）先求 $C\dfrac{\alpha\tau}{R^2}$ 和 $S\dfrac{\alpha\tau}{L^2}$

因为
$$X = \frac{\alpha\tau}{R^2} = \frac{0.00143 \times 1800}{4.2^2} = 0.146$$

$$Z = \frac{\alpha\tau}{L^2} = \frac{0.00143 \times 1800}{11^2} = 0.021$$

从表 13-8 和表 13-9 中查到 $C(0.146) = 0.67$
$$S(0.021) = 0.9700$$

（2）将上述数据代入式（13-17）得

$$\frac{130-t_c}{130-20}=0.67\times0.97$$

所以，$t_c=130-0.97\times0.67\times(130-20)=58.5℃$

表 13-9　**X 值与对应的 C(X) 值**[①]

X	C(X)	X	C(X)	X	C(X)
0.020	1.0000	0.200	0.5015	0.600	0.0499
0.030	0.9995	0.240	0.3991	0.700	0.0280
0.040	0.9993	0.300	0.2825	0.850	0.0177
0.060	0.9705	0.350	0.2116	0.900	0.0088
0.070	0.9470	0.400	0.1585	1.000	0.0049
0.080	0.9177	0.560	0.0628	1.200	0.0016
0.090	0.8844	0.580	0.0560	1.600	0.0002

① 详见橡胶工业手册第三分册。

三、制品硫化热传导的有限元分析

硫化橡胶是热的不良导体，对于较厚橡胶制品来说，硫化时各部位受热历程差别较大，不同硫化期间各处温度（t）不仅是空间位置（x,y,z）的函数，也是时间（τ）的函数，即：$t=f(x,y,z,\tau)$。从传热学的角度考虑，制品硫化是一个非稳态过程，要定量地掌握硫化过程中内部温度的变化规律，就必须对非稳态热传导的规律有一个深入的了解。对于体积为 V，表面积为 Γ 的连续介质，可建立能量守恒式。

$$-\frac{\partial q_i}{\partial x_i}+Q-\rho c\frac{\partial t}{\partial \tau}=0 \tag{13-18}$$

式中，t 为温度；Q 为单位体积的热生成率；q_i 为热流矢量的分量；ρ 为单位体积的质量密度；c 为比热容；τ 为时间。

按傅里叶定律，热流可用温度梯度表示成

$$q_i=-\lambda_{ij}\frac{\partial t}{\partial x_j} \tag{13-19}$$

式中，λ_{ij} 为材料在指定方向上的热导率张量分量，对各向同性材料，热导率在各个方向上保持同一常数。

将式（13-19）代入式（13-18），整理可得域 V 内所满足的热传导抛物型微分方程。

$$\frac{\partial}{\partial X_i}\left(\lambda_{ij}\frac{\partial t}{\partial X_j}\right)+Q-\rho c\frac{\partial t}{\partial \tau}=0 \tag{13-20}$$

从而可求出在某些特定硫化条件下制品内温度与时间的关系，对硫化过程制品中热的传导进行了仿真。

第四节 硫化方法

橡胶制品的硫化方法较多，不同类型的橡胶制品原则上有各自的硫化方法，分述如下。

一、介质热硫化

橡胶制品的绝大部分是采用热硫化的方法硫化，当然热硫化又有其具体的方法。

1. 直接蒸汽硫化罐硫化

这种硫化的温度及压力都来源于蒸汽，其方法为：直接将蒸汽通入硫化罐中进行硫化，又分立式硫化罐、卧式硫化罐。它包括：①裸硫化法，即将半成品不进行任何包覆送入通有蒸汽的硫化罐中硫化，一般适用于胶管等的硫化，易产生外观质量瑕疵；②包布法硫化，将半成品缠上湿水布，在蒸汽的硫化罐中硫化，由于水布进一步提供了硫化时对半成品的压力，硫化的质量较好，但表面有水布的纹理，适用于胶管、胶辊等的硫化，还有包铅、包塑的胶管硫化；③模型硫化法，将半成品放入模具中盖好模具并用螺栓固定，放入罐中并通入蒸汽硫化，一般适用于规格较大的模型制品，如油井分割器、齿形带、三角带等。直接蒸汽硫化罐硫化的优点是效率较高、传热效果好、温度分布较均匀、硫化温度好控制，但制品表面易被水渍污染，表面不光滑。如图 13-12 所示。

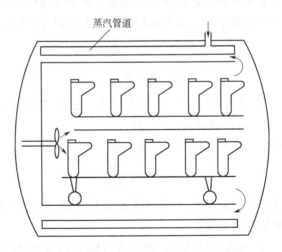

图 13-12　直接蒸汽硫化罐硫化示意图

2. 热空气硫化

在硫化罐内通入一定压力（一般 0.1～0.3MPa）的通过蒸汽或其他热源加热的热空气，通过空气的热传导完成对制品的硫化，同时又对制品产生一定的压力。典型的应用是在胶鞋硫化和胶布制品的硫化，其优点是可以避免直接用蒸汽硫化对制品表面产生瑕疵等表面质量缺陷，但由于热空气的含热量少，所以硫化时间较长。有时也采用先用有一定压力的热空气定型后再采用蒸汽进一步硫化的方法。

3. 过热水压力硫化

以过热水为导热介质，硫化压力来自过热水，这种硫化方法一般是与蒸汽间接加热硫化配合使用，通常在轮胎硫化时使用，这时过热水在提供温度的同时还提供硫化压力，以保证轮胎成品的花纹和几何形状。其特点是温度较高（一般在165～185℃），硫化时间相对缩短；压力较大，硫化过程能保证制品断面较密实。系统要求水中氧气的含量较低，否则会加快硫化胶囊、水胎的老化，因此要有相应的除氧设备。

4. 个体硫化机硫化

其工作示意图如图 13-13，主要应用于轮胎制品的生产，传统的个体硫化机为垂直翻转式，其缺点在于上、下两半模具不同轴，使用活络模时受力不均匀，模具易损坏，降低其使用寿命。现在较先进的是：①垂直平移式定型硫化机，其在更大程度上保证了模具的开合运转过程的重复精确性并改善了活络模的受力状况，延长使用寿命；②垂直升降机械式硫化机，其吸收了液压硫化机的优点，采用机械传动使横梁产生升降运动，解决普通硫化机横梁"漂移"的问题；③液压硫化机，它是轮胎硫化机发展的方向，其特点是工作精度高、自动化程度高、成品硫化均匀、适用氮气硫化、结构紧凑节省空间，主要型号有 1220 型等。

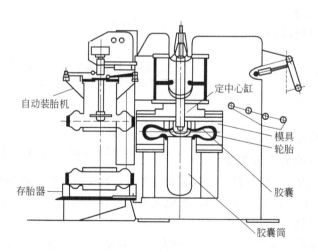

图 13-13　个体硫化机工作原理

二、压力热硫化

1. 平板硫化机硫化

平板硫化机的种类较多，它包括单柱塞平板硫化机和多柱塞平板硫化机，前

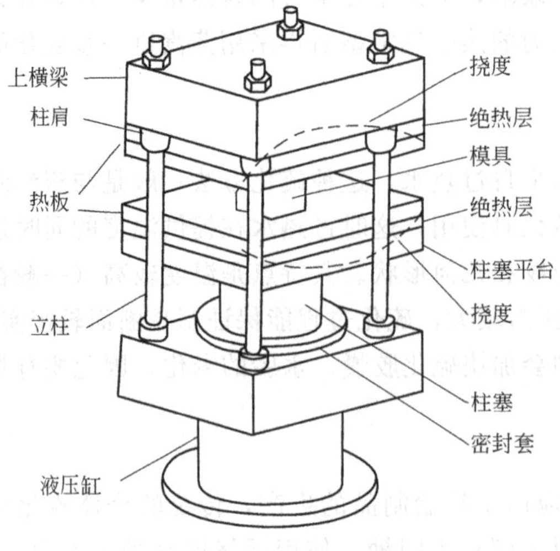
上横梁
柱肩
热板
立柱
液压缸
挠度
绝热层
模具
绝热层
柱塞平台
挠度
柱塞
密封套

图 13-14　平板硫化机示意图

者主要用于硫化小规格的模具制品，后者一般用于硫化输送带等较大制品；平板硫化机还分单层平板和双层平板，平板规格小到300mm × 300mm，大到宽度为3800mm（胶带制造），压力来自油压或水压，压力范围在轻泵15～20MPa，重泵200～250MPa，如图13-14；另外，现在模具制品硫化机一般为推出式自开模硫化机，与老式硫化机相比其采用微机控制，开模、推出和模自动完成；传递式平板硫化机，其功能介于普通平板硫化机和注射机之间，主要特点是在模具上方存在柱塞注射机构，在一定压力下将胶料注入模具中，适用于生产有金属嵌件或规格较大的制品；真空平板硫化机的广泛使用，可以生产出无气泡的高致密性的橡胶制品（如可进一步提高丁基胶模型制品的合格率）。另外，新型平板硫化机通过对控制系统的改进，实现了硫化程度的自动控制，使工人劳动强度降低，自动化程度进一步提高。

2. 注压机硫化

也称为注射模压硫化法，混炼胶通过自动供料，在注压筒中加热、塑化再定量地通过注射孔充满被加热的模具中硫化，注压机分立式、卧式两种，系统由注射装置、合模装置、加热冷却装置、液压系统、电气控制系统五部分组成。此法适用于橡胶零配件、密封件、胶鞋工业等领域，其特点是生产效率和自动化程度高，产品致密性好。螺杆式注压机注射硫化生产过程如图13-15所示。

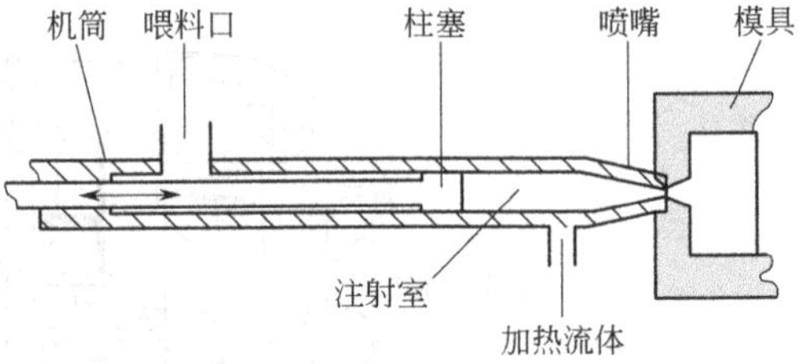
机筒
喂料口
柱塞
喷嘴
模具
注射室
加热流体

图 13-15　螺杆型注压机注射硫化工艺过程

三、连续硫化

随着橡胶制品工业化水平的不断提高，制品的生产正在向高质量、连续化、自动化、高产量发展。连续硫化方法的使用可以使产品无长度限制、无重复硫化区，既提高了生产效率又提高了产品质量。它包括以下几种形式。

1. 鼓式硫化机硫化法

其特点是用圆鼓进行加热，圆鼓外缠绕环形钢带，制品位于圆鼓与钢带之间进行加热硫化，钢带起加压作用，压力在 0.5～0.8MPa。圆鼓可转动，转速用硫化时间加以控制。主要用于连续硫化胶板、胶带、胶布、V 带等。硫化过程如图 13-16。

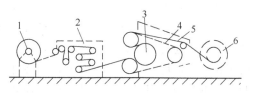

图 13-16　鼓式硫化机连续硫化工艺过程
1—导开辊；2—伸张装置；3—加热鼓；
4—钢带；5—产品；6—卷取装置

2. 胶带平板硫化机连续硫化法

为克服鼓式硫化机在连续硫化时压力较小、平板硫化机硫化时接头重复硫化的缺点，近年国际上产生了融合了鼓式硫化机能够连续硫化和平板硫化机硫化压力高、定型好的特点的连续硫化法，使输送带等大型胶带制品实现了无重复接头硫化的连续生产，使硫化更合理。这是目前最先进的胶带硫化设备，其生产过程是胶带半成品不断进入被加热的不断前进的钢带之间，液压缸随着胶带的进入逐步加压，同时上、下热板对胶带进行加热，热板把热量传给链条上的辊筒，再传递到钢带，从而实现对胶带的热硫化，使钢带中间夹着的胶带按照一定的速度在一定的时间内完成硫化。其硫化特点是胶带定型较准，精度较高，外观好，并能实现自动化控制，目前该机最大硫化宽度为 1.8m，最小厚度为 5mm，硫化前进速度在 0.2～2.5m/min 之间，其主机结构简图见图 13-17，该机包括热机和凉机两部分，生产全塑、橡塑的胶带时使用冷机部分对制品进行冷定型。

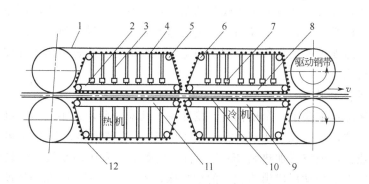

图 13-17　胶带连续硫化机主机结构简图
1—上钢带；2—上热板；3—框板；4—辊棒及辊棒链；5—辊棒链导轮；6—辊棒驱动电机；
7—液压缸；8—上热板；9—下热板；10—胶带；11—下热板；12—下钢带

3. 热空气连续硫化法

此法主要用于海绵、薄壁制品等的连续硫化，半成品通过硫化室进行硫化，硫化室分为预热、升温、恒温硫化三个阶段，应根据配方调节硫化速度或控制生产线的长度。

4. 蒸汽管道连续硫化法

这种硫化方法是挤出制品连续通过密封的管道进行硫化，密封管道长度在100～200m左右，硫化温度180℃左右。它由一条较长的钢管道与挤出机相连，与挤出机相连的一端由套筒式密封，另一端由水法密封或橡胶密封，防止高压蒸汽泄露，管道尾部用高压冷却水进行冷却。该方法的特点是：热传导速度快，一般硫化不起泡；但需要生产线较长，需要压力密封，温度调节范围小。主要用于生产电线电缆制品。

5. 盐浴硫化法 (liquid curing media, LCM)

盐浴硫化法是 Du Pont 公司于 1961 年开发并使用，挤出机与硫化浴及成品修整机直接相连，挤出半成品被送入一定长度的盐浴池，制品硫化后用热水冷水冲洗。硫化介质可以是易熔的硝酸钾、亚硝酸钠、硝酸钠按 53：40：7 的比例混合，通过控制混合物的熔点来控制硫化温度。LCM 硫化法的优点：热传导好，可硫化各种硬度的橡胶制品，可用过氧化物硫化生产低压缩永久变形的产品。缺点是耗能较大，较适应规模生产，不宜生产软质产品、海绵制品，耗水量较大、耗盐量大，环境较脏等。

6. 红外线硫化法

红外线是一种热辐射，它能被大多数物质吸收并转化为热量，使物体的温度升高。同时红外线还能穿透一定厚度的物体，使物体的内部受热，因此其是一种良好的热源。红外线灯泡、石英灯管、石英碘钨灯、红外线板等都能产生不同波长的红外线，长波红外线适用于较厚的制品，短波红外线适用于薄制品。在硫化箱中安装红外线灯泡，使半成品以一定的速度通过红外线发热源之间，受到辐射加热，通过速度应视硫化条件等因素而定。这种硫化方法较适用于乳胶制品及胶布制品的硫化。

7. 沸腾床硫化法

沸腾床硫化主要由一个槽构成。槽底用多孔陶瓷砖块或不锈钢网制成，槽内放有玻璃微珠，粒径在 0.1～0.2mm 之间，这样的玻璃微珠作为加热介质，槽中装有加热器，把空气加热到 250℃左右，从底部吹入压缩空气，使玻璃微珠悬浮在气体中上下翻动形成沸腾状态的加热床，不用金属带夹持和浸渍就可以在高温浴池中硫化橡胶半成品，这种方法主要用于有金属骨架的型材制品。硫化后必须用刷子将型材制品刷净，并将玻璃珠回收。此法的优点在于硫化介质是惰性的，硫化时介质没必要浸没产品，传热速度较均匀；缺点是清除制品上的玻璃微珠较困难，耗能高。

8. 微波硫化

微波通常是指频率在 300～300000MHz 之间的电磁波，其波长比普通的电磁波短很多，故称微波，频率很高，所以能穿透像橡胶等绝缘性的材料，非常高的频率使橡胶等材料中产生变化速度很快的交变电磁场，造成橡胶等物质的分子偶极化，偶极化分子沿自身轴的振动的频率总是滞后高频交变电磁场的频率，因此产生强烈的分子内摩擦并使其内部发热，从而被用于预热或硫化橡胶制品。微波硫化是上述连续硫化技术中发展最快的，20 世纪 70 年代，欧洲把微波技术用于橡胶制品的连续硫化，随后美国把此技术加以完善，用于压模、传递压模、挤出制品的预热和连续硫化。我国现在的一些挤出制品生产厂也在使用此法进行硫化，如车窗密封条的连续生产硫化、橡胶绝缘电线电缆制品的连续硫化生产等。

目前橡胶工业中使用的微波频率一般在 915～2450MHz 之间，微波加热的最大特点是热从被加热物体的内部产生，克服了通常采用的加热介质传热造成的表面与内部的较大温差，有利于提高橡胶制品的硫化质量并可大大缩短硫化时间。微波加热硫化炉是连续硫化的主要部件，它包括微波发生器、波导、加热器及微波控制器件和传感器等。微波硫化胶料配方应具有如下的特点：①由于加热器的长度受到限制，胶料总的停留时间约 1min 左右，要求快速升温快速硫化，要求尽量短的焦烧时间；②配方中不能使用后效性促进剂；③防止半成品在常压下起泡，加入适量的干燥剂，并使用低挥发性的增塑剂；④优越的吸收微波性能为使微波得到较好的吸收，配方应选用介电常数 ε_r 和功率损耗因子 tanδ 较大的胶种和填料。不同胶种和填料的微波吸收能力如下。

胶种：丁腈橡胶＞氯丁橡胶＞丁苯橡胶＞顺丁橡胶＞天然橡胶＞乙丙橡胶。

填料：导电炭黑＞ISAF＞HAF＞FEF＞SRF＞白炭黑＞陶土＞轻质碳酸钙。

其他：三乙醇胺＞甘油＞二甘醇＞氯化石蜡＞凡士林＞机油。

值得注意的是，极性强的橡胶中不宜选取吸收微波能力极强的填料，以防止混炼胶吸收微波的能力太强，造成升温过快而失去控制，引起局部过热甚至燃烧。一般是极性橡胶填料选择吸收微波较弱的填料，而非极性橡胶选吸收微波较强的填料，加以互补。实验表明，炭黑的粒径、结构度、加入量对吸收微波的能力影响较大。粒径小，升热快；同种

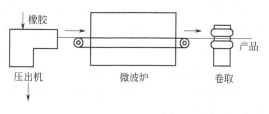

图 13-18　橡胶硫化用微波
加热生产线示意图

炭黑，结构低的比结构度高的升热快。常用的半补强和高耐磨炭黑一般通过调整并用比可控制加热速度。图 13-18 是橡胶微波加热生产线示意图。

另外，微波还广泛应用在模型制品的硫化前预热，预热的胶料温度一般在 110～120℃，放入模具中合模后开始流动，可以缩短胶料充模时间，提高硫化效率。此外，还可以应用于硫化胶的再生，提高生产效率。表 13-10 给出微波硫化的优缺点。

表 13-10　微波加热硫化的优缺点

优　点	缺　点
挤出橡胶制品体形较大,也能快速均匀硫化	仅对极性橡胶或体系效果较有效
制品表面清洁度好,无须清洁	不宜使用金属模具
硫化变形小	胶料被氧化的倾向大
热效率高,硫化准备时间少	若炭黑分散不均匀可产生局部高温,系统投资较大

四、其他硫化方法

1. 反应性注射模压硫化（reaction injection molding，RIM）

它是指在高压（14～20MPa）下撞击混合两种或两种以上组分，然后将按一定比例混合均匀的物料经注射机定量注射到有一定温度的模腔中进行硫化（固化），成型为制品。由于 RIM 在生产过程中将原料的聚合反应和制品的模塑成型合二为一，混合速度快，混合质量高，并简化了生产步骤，提高了生产效率。例如，多元醇共混物和异氰酸酯在约 14MPa 的压力下通过计量泵进入混合室，在混合室内产生湍流，充分混合后由注射口进入模腔，在 80～100℃间保压硫化一定的时间，即可得到制品。

2. 室温硫化

在室温及常压下对制品进行硫化的工艺方法通常称室温硫化法。如室温硫化的胶黏剂，胶黏剂通常制成双组分：促进剂及惰性配合剂与溶剂配成一组分；橡胶、硫化剂等配成另一组分。用时按比例混合使用。室温硫化胶浆常用于硫化胶的接头或橡胶制品的修理等。

3. 冷硫化法

硫化法又称一氯化硫溶液硫化法。将半成品浸入含 2%～5%一氯化硫的二硫化碳、苯或四氯化碳的溶液中经过一定时间的浸泡完成硫化。

4. 电子束辐射连续硫化

电子束辐射硫化是电子束技术在橡胶工业生产中的一种新的应用。它与微波硫化的不同在于可以实现室温使橡胶大分子交联，电子束可直接使胶料离子化、活化并产生交联反应。

第五节　硫化橡胶的收缩率

橡胶制品硫化后，其几何尺寸与相应模具的尺寸存在差异。所有橡胶制品都在硫化后呈现收缩的现象，用收缩率 C 表示。

$$C = \frac{A_{模型} - A_{制品}}{A_{制品}} \times 100\% \tag{13-21}$$

式中　$A_{制品}$——室温测得的硫化制品尺寸；

$A_{模型}$——室温测得的模型尺寸。

各种橡胶硫化后的收缩率一般在 $1.2\%\sim3.5\%$ 的范围内，收缩率的存在有利于硫化后的起模，但使制品尺寸的稳定性难以控制。

收缩量主要取决于硫化温度下硫化胶和模具材料间热膨胀系数之差，主要的影响因素是硫化温度和混炼胶中生胶的种类及填充剂的种类和用量等。

一、制品硫化收缩率的计算和制品准确收缩率的确定

硫化收缩率的确定方法较多，经验性较强。包括线膨胀系数法、胶料邵尔 A 硬度法。

1. 线膨胀系数法

$$C=(\alpha-\beta)\Delta TR\times100\%\qquad(13-22)$$

式中　C——制品的收缩率，$\%$；

　　　α——橡胶的线膨胀系数，$\mathrm{℃}^{-1}$；

　　　β——模具金属的线膨胀系数，$\mathrm{℃}^{-1}$；

　　ΔT——硫化温度与测试温度之差，$\mathrm{℃}$；

　　　R——生胶、硫黄和有机配合剂在胶料中的体积分数，$\%$。

某些材料的线膨胀系数见表 13-11。

表 13-11　常用橡胶、填充剂、金属的线膨胀系数

原材料	线膨胀系数/$\times10^{-6}\mathrm{℃}^{-1}$	原材料	线膨胀系数/$\times10^{-6}\mathrm{℃}^{-1}$
天然橡胶	216	丁基橡胶	194
丁苯橡胶	216	填充剂	$5\sim10$
丁腈橡胶	196	钢	11
氯丁橡胶	200	钢轻金属	22

2. 以邵尔 A 硬度计算制品的收缩率的经验公式

$$C=(2.8-0.02K)\times100\%\qquad(13-23)$$

式中　C——制品的收缩率，$\%$；

　　　K——胶料的邵尔 A 硬度。

3. 制品准确收缩率的确定

用式（13-34）、式（13-35）计算的制品的收缩率有一定的误差，要获得较准确的收缩率，就应该用制品本身实测尺寸再按式（13-33）计算。

二、胶料收缩率的影响因素

影响制品收缩率的因素很多，包括胶料、制品形状（同一制品的不同部位收缩率不同）、硫化温度、工艺方法等。下面简述几个主要因素。

1. 硫化胶硬度

胶料收缩率随硬度的增加而减小，在 $75\sim85$（邵尔 A 硬度）出现最小值。

2. 橡胶品种

各种不同分子结构的橡胶对收缩率有不同的影响，如在加入同量的补强剂

（20份半补强炭黑）时，经不同温度硫化得到的各种硫化胶的收缩率为：氟橡胶＞硅橡胶＞三元乙丙胶＞丁苯橡胶＞天然橡胶＞丁腈橡胶＞氯丁橡胶，几种橡胶在不同温度下具体收缩率数据如表 13-12 所示。

表 13-12　几种橡胶的硫化收缩率

胶　　　种	收　缩　率/%	胶　　　种	收　缩　率/%
天然橡胶	1.4～2.4	丁腈橡胶/氯丁橡胶	1.5～2.0
三元乙丙橡胶	1.6～2.2	丁腈橡胶/聚硫橡胶	1.4～1.5
丁苯橡胶	1.5～2.0	硅橡胶	2.2～3.0
氯丁橡胶	1.3～1.8	氟橡胶	2.8～3.5
丁腈橡胶	1.4～2.0		

3. 填充剂

混炼胶中的填充剂对硫化胶的收缩率也有较大的影响。特别是填充量较大的填充剂，随着用量的增加，硫化胶的收缩率降低。另外，填料种类的不同对硫化胶收缩率的影响也有所不同。因为填料材料的线性温度收缩系数较小，与金属模具接近，见表 13-11。常用填充剂及其用量对 NR 硫化后收缩率的影响见表 13-13。

表 13-13　不同填充剂及不同用量填充 NR 的硫化收缩率

填充剂		硫化收缩率/%			NR＋丙酮抽出物
品种	填充份数	纵向	横向	平均值	所占体积分数/%
碳酸钙	0	2.49	2.49	2.49	99.0
	50	2.09	1.06	2.07	85.3
	100	1.74	1.69	1.72	74.5
	200	1.73	1.24	1.29	59.8
	300	1.05	1.00	1.02	50.0
	400	0.74	0.81	0.78	42.8
硫酸钡	100	1.88	2.01	1.95	82.5
	200	1.50	1.60	1.55	70.5
	300	1.23	1.35	1.29	61.5
	400	0.97	1.08	1.03	54.6
	500	0.78	0.91	0.04	49.2
轻质碳酸镁	40	1.89	1.80	1.84	85.3
	80	1.39	1.39	1.39	74.8
	120	1.04	1.01	1.03	66.5
	160	0.82	0.70	0.76	60.0
	200	0.55	0.49	0.51	54.3
炭黑	15	2.16	2.11	2.18	92
	30	1.90	1.96	1.93	86.1
	45	1.75	1.81	1.78	81.1
	60	1.50	1.59	1.55	76.0
	75	1.41	1.43	1.42	72.0
	90	1.29	1.29	1.29	68.2

4. 硫化温度

硫化温度对制品的收缩率也有一定的影响，硫化收缩率随温度升高而增大。通过适当降低硫化温度可以降低收缩率，几种胶料随硫化温度升高硫化收缩率的变化规律见表 13-14。

表 13-14　几种橡胶在不同硫化温度下的硫化收缩率

硫化温度/℃	丁 苯 橡 胶	天 然 橡 胶	氯 丁 橡 胶
126	2.21	1.82	1.48
142	2.48	1.96	1.73
152	2.68	2.08	1.94
162	2.87	2.18	2.07
170	3.00	2.28	2.16

5. 骨架材料

制品有织物骨架时，棉骨架制品收缩率在 0.2%～0.4%，涤纶骨架制品收缩率在 0.4%～1.5%，尼龙骨架制品收缩率在 0.8%～1.8%。层数越多，收缩率越小。嵌金属件的制品的收缩率较小，面向金属的一面收缩，收缩率在 0～0.4%，单向黏合制品收缩率在 0.4%～1.0%。

第六节　橡胶制品的硫化后处理

橡胶制品在硫化完成后往往还需要进行某些后处理，才能成为合格的成品。这包括：①橡胶模具制品的去边修整，使制品表面光洁、外形尺寸达到要求；②经过一些特殊工艺加工，如对制品表面进行处理，使特种用途的制品的使用性能有所提高；③对含有织物骨架的制品如胶带、轮胎等制品要进行热拉伸冷却和硫化后在充气压力下冷却，以保证制品尺寸、形状稳定和良好的使用性能。

一、模具制品硫化后的修整

橡胶模具制品在硫化时，胶料毕然会延着模具的分型面等部位流出，形成溢流胶边，也称为毛边或飞边，胶边的多少及厚薄决定于模具的结构、精度、平板硫化机平板的平行度和装胶余胶量。现在的无边模具生产的制品，胶边特别薄，有时起模时就被带出或轻轻一擦就可以去掉。但这种模具成本较高，易损坏，大多数橡胶模制品在硫化之后都需要修整处理。修整的方法较多，简述如下。

修整方法 ┃ 手工修边法：手工冲头、刮削、锉削、刀削、刮削、锉削、刀削
　　　　　┃ 机械修边法 ┃ 常温机械修整：冲切、切削、磨削、转鼓研磨、热烫
　　　　　　　　　　　　┃ 低温机械修整法：抛丸修边、转鼓修边、振动修边、抖动、摆动修边、刷磨修边、离心叶轮抛丸修边、抛射流抛丸修边

1. 手工修整

手工修边是一种古老的修边方法，它包括手工用冲头冲切胶边；用剪刀、刮

刀等刀具去除胶边。手工操作修整的产品的质量和速度也会因人而异，要求修整后制品的几何尺寸必须符合产品图纸要求，不得有刮伤、划伤和变形。修整前必须清楚修整部位和技术要求，掌握正确的修整方法和正确使用工具。

2. 机械修整

机械修整是指使用各种专用机器和相应的工艺方法对橡胶模具制品进行修边的过程。它是目前较先进的修整方法。

（1）机械冲切修边　借助压力机械和冲模、冲刀，去除制品的胶边。此方法适用制品和其胶边能放在冲模或冲刀底板上的模型制品，如瓶塞、皮碗等。对于含胶率较高、硬度小的制品一般采用撞击法冲击切边，这样，可减少由于制品弹性较大造成刀切后边部不齐、侧面凹陷；而对含胶率较低、硬度较高的制品，可以直接采取刀口模的方法冲切。另外，冲切还分为冷切和热切，冷切是指在室温条件下冲切，要求设备的冲切压力较高，冲切的质量较好；热切指在较高的温度下，冲切时应防止高温接触制品的时间过长，影响产品质量。

（2）机械切削修边　适用于外形尺寸较大制品的修边，使用的是切削刀具。一般切削机械都是专用机器，不同制品使用不同的切刀。例如，轮胎硫化后表面排气眼和排气线部位有长度不一的胶条，必须在轮胎旋转条件下使用带有沟槽的刀具将胶条削除。

（3）机械磨削修边　对于带有内孔和外圆的模具制品，通常使用磨削的方法。磨削的刃具为粒子一定粗细的砂轮，磨削修边的精度较低，磨削表面较粗糙并有可能夹有残余的砂粒，影响使用效果。

（4）低温抛丸修边　对于修边质量要求较高的精细制品，如O形圈、小皮碗等，可采用此法修边。将制品用液氮或干冰迅速冷却到脆性温度以下，然后高速喷入金属弹丸或塑料弹丸将飞边打碎脱落，完成修边。

（5）低温刷磨修边　它是借助两个绕水平轴旋转的尼龙刷将冷冻的橡胶制品的胶边刷除去。

（6）低温转鼓修边　它是最早采用的冷冻修边方式，利用转鼓转动产生的撞击力以及制品之间的摩擦力，使已被冷冻到脆化温度以下的制品飞边断裂并脱落。鼓的形状一般为八角形，以增大制品在鼓中的撞击力，鼓的转速要适中，加入磨蚀剂可提高效率。如电解电容器的橡胶塞的修边工艺就是采用低温转鼓修整。

（7）低温振动修边　又称振动冷冻修边，制品在环行密封箱中做螺旋状振动，制品之间及制品与磨蚀剂之间存在较强的撞击作用，致使冷冻脆化的胶边碎落。低温振动修边比低温转鼓修边好，制品损坏率低，生产效率较高。

（8）低温摆动、抖动修边　对小型或微型的制品或含有金属骨架的微型制品比较适用，与磨蚀剂一起修去产品孔眼、边角、槽沟中的胶边。

各种胶料制品低温机械修整的温度范围见表13-15。

表 13-15　各种胶料制品低温机械修整的温度范围

制品胶种	温度范围/℃	制品胶种	温度范围/℃	制品胶种	温度范围/℃
天然橡胶	−130～−110	三元乙丙橡胶	−120～−100	氯醚橡胶	−120～−100
丁苯橡胶	−100～−80	二元乙丙橡胶	−120～−100	聚氨酯橡胶	−130～−110
丁腈橡胶	−100～−80	氯丁橡胶	−110～−90		
丁基橡胶	−110～−90	硅橡胶	−184～−87		
氯化丁基橡胶	−110～−90	氟橡胶	−100～−80		

对于一种制品其修整方法的选择是很重要的，选择的正确与否直接影响产品的外观质量和使用性能。表 13-16 列出了不同修整方法的适用范围。

表 13-16　常用修整方法的适用范围

修整方法	适用范围	修整方法	适用范围
手工修边	生产量较少、制品飞边结构相对简单的制品	低温摆动、抖动修边	小型或微型模型制品
机械冲边	胶边与制品可平放在冲床和冲模上的制品	低温刷磨修边	形状复杂的小型或微型制品
机械切削	体积较大、外形较简单的制品	冷冻抛丸修边	对质量要求较高、胶边不十分厚的精细模型制品
机械磨削	存在内孔、外圆胶边，须除去的制品	低温转鼓修边	生产批量较大，对修边质量要求不很高的制品
低温振动修边	胶边较薄的小型模具制品		

二、橡胶模型制品的性能后处理技术

这里所指的后处理技术是应用一定的物理、化学的方法使制品的使用性能进一步提高，使用寿命进一步延长。

1. 热处理

实践表明，对某些橡胶产品在热空气介质中进行热处理，能够稳定物理机械性能，使交联结构更加完善，消除模压硫化产生的内应力，能大大降低压缩永久变形，提高使用寿命。例如，对硅橡胶、氟橡胶、丙烯酸酯橡胶等的制品进行二次硫化。另外，有的耐介质的橡胶制品在一些介质中进行加热钝化处理，可改善其耐介质性能。

2. 表面化学处理

对某些制品特别是密封制品有时用表面卤化处理可以提高橡胶的表面硬度，但不影响本体材料的弹性和强度，主要降低动态密封如油封的摩擦系数，可降低至原来的 1/5～1/3，提高使用寿命。对丁腈橡胶样品进行表面卤化处理，通过红外光谱测定和扫描电镜的观察，发现橡胶表面发生聚合物链的环化并生成极性基团，使橡胶表面出现微观不均匀的凹凸不平，从而降低了摩擦系数，也降低了接触区域的运转温度。国内多采用氯化液进行卤化处理，用 24％的氯水加盐酸配制成水溶液，将制品清洗后，放入氯化液中氯化一定的时间，用次氯酸钠中和，再用水洗净，放入烘箱中烘干即可。

3. 表面涂层

制品表面涂层是为了改善其表面的某些性能。如聚异丁烯涂层可提高不饱和橡胶耐臭氧和耐天候老化性；聚氨酯涂层能够提高异戊二烯橡胶、丁苯橡胶、顺丁橡胶的耐候性和耐油性；聚四氟乙烯-聚酰亚胺的涂层可使橡胶制品的静、动摩擦系数大大降低。可通过静电喷涂、浸泡成膜、帖膜、渗透成膜等方法进行涂层。

三、含有纤维骨架的橡胶制品的后处理

1. 胶带制品的硫化后处理

目前，用于生产输送带、V 形带等制品大多使用的骨架材料是棉纤维、尼龙纤维、涤纶纤维等，尼龙和涤纶其自身的特点在于温度超过它的软化温度时，在没有拉应力的情况下，就会发生收缩。硫化是在热的状态下进行的，硫化完成后胶带的温度不会马上降到织物的软化温度以下，所以硫化后必须进行热拉伸冷却定型，只有这样才能保证制品的外观形状和良好的使用性能（避免胶带在使用过程中由于温度的升高造成带体伸长）。一般尼龙、涤纶带芯输送带硫化后热拉伸定型的热拉伸率为 5%～8%，待带体温度降至 60℃ 以下方可去掉拉力。

2. 轮胎制品的硫化后处理

轮胎使用的骨架材料一般是尼龙帘线、涤纶帘线，它们同样存在硫化卸压后的热收缩问题，对于使用定型硫化机硫化的轮胎在硫化出模后，应尽快（3min 之内）将 140℃ 左右的外胎装入后冲气装置，并在其中充入该轮胎正常使用 1.2 倍的标准气压，直到轮胎自然冷却到 80℃ 以下，才能取下轮胎；使用硫化罐硫化生产，在完成硫化后，必须用冷水将硫化水胎中的过热水排除并保证冷水有一定压力，在罐中模具外侧用冷水喷淋，当外胎温度低于 100℃ 时，才能将轮胎取出。

四、橡胶海绵制品的硫化后处理

橡胶海绵制品的收缩率较其他非发泡制品的要大的多，可达到 15% 左右，收缩率的大小除与胶料配方有关外，还与制品的硫化方法和硫化后处理有一定的关系。二次硫化法或将硫化后的制品投入沸水中煮沸一定的时间，都能使海绵制品硫化尺寸稳定。

第七节　橡胶制品常见的质量缺陷分析及处理

硫化工艺是影响制品的质量的重要因素之一。与硫化工艺方法、胶料在模型中的流动性及硫化过程的加热历程有较大的关系。

一、橡胶制品质量缺陷与混炼胶性能的关系

1. 胶料的焦烧时间

橡胶与硫化剂、促进剂及各种配合剂混合过程中及在胶料以后的加工过程

中，随温度和时间的积累胶料的焦烧时间不断被消耗，距离焦烧起点越来越近。甚至在硫化前就出现部分交联现象，就会给加工带来困难。混炼胶塑性下降、丧失良好的流动性等，这便是工艺生产中常说的焦烧现象。压延、挤出表面粗糙，收缩率大，胶料溶解、粘接困难，硫化时胶料不易充满模腔，造成制品外观缺胶和海绵胶硫化不易发泡等现象。

硫化装模时胶料与较热的模具接触时间不要过长。一般制品较适宜的加工焦烧时间在 10～25min 左右。

2. 胶料门尼黏度

混炼胶料的门尼黏度不适当也能造成制品硫化缺陷。若胶料的门尼黏度过高，硫化压力无法使胶料在模具中较好的流动，必然造成制品局部缺胶；胶料与骨架的黏着性差，胶与胶的融合性也较差。另外，若混炼胶的门尼黏度过低，合模后空气还没完全排出，胶料就将模具的排气线和排气孔堵住，由于模内的空气传温较差并占有一定体积，硫化后造成局部欠硫和气泡明疤。一般制品适宜加工的门尼黏度在 40～65 之间，海绵制品的门尼黏度更低。

二、胶带制品常见的硫化质量缺陷产生原因及处理方法

胶带硫化质量缺陷的产生的原因分析及解决办法见表 13-17。

三、轮胎制品在硫化过程常见的质量问题、产生原因及处理方法

轮胎制品在硫化过程常见的质量缺陷原因分析和解决方法见表 13-18。

四、橡胶模具制品常见的硫化质量缺陷的原因及处理方法

橡胶模型制品常见的质量缺陷及其解决方法见表 13-19。

表 13-17 胶带硫化中常见缺陷和处理方法

硫化缺陷	产生原因	处理方法
胶层、布层之间鼓泡	胶帆布含水率较大 压延胶布或胶片中混有杂质 硫化压力不足、欠硫 硫化平板压力不均匀	提高烘干温度,延长烘干时间,调整帆布含水率 保持半成品清洁 严格控制硫化压力、时间 压铅,测试调整平板压力的均匀性
带边海绵、裂缝	带胚厚度过薄或硫化拉伸过大 边胶渗入隔离剂 垫铁放置不当,没与带胚接触	检查垫铁厚度,硫化拉伸力适当 防止隔离剂在操作中渗入边胶中 检查垫铁放置
表面明疤	胶料流动性差 胶料焦烧 带体厚度不均匀 平板上升过快,没有合理放气	调整胶料的门尼黏度 加快装带胚速度,缩短硫化装锅时间 采取两次放气,排出多余的空气
带身横向水波纹	硫化时拉伸应力过小 成型时胶帆布打折	适当加大硫化拉应力 注意成型操作

硫 化 缺 陷	产 生 原 因	处 理 方 法
带身纵向水波纹	垫铁间距太窄 硫化装锅操作时间过长,表面焦烧, 合模后胶料向两侧流动不匀	重新确定垫铁位置 快速装锅或用物品将带体与热板隔开
带身弯曲	成型时带体两边张力不匀 带体断面厚薄不匀 平板硫化机前后夹持装置不在一直线	成型时尽量保持带体张力均匀 重新调整硫化生产线
带体重皮,起泡	带体隔离剂涂刷过多 硫化操作时间过长	注意隔离剂的正确使用 缩短硫化操作时间

表 13-18　轮胎硫化时常见的外观质量缺陷产生原因及解决措施

质 量 缺 陷	产 生 原 因	解 决 措 施
胎里跳线(胎里第一层帘线裂缝并析出)	胎里有水 胎里残余空气 隔离剂太多	硫化时保证硫化胶囊与夹盘结合紧密,保证水胎嘴不发生漏水 保证定型时不发生漏气现象,胎坯要扎透眼 隔离剂浓度不宜过大,胶囊表面隔离剂要刷匀
胎侧明疤	合模后出现瞬间掉压 模型排气孔或排气线少或堵塞 内压不足	保证硫化内压水阀门动作正确 检查排气孔、排气线的畅通,增加排气孔和排气线 增加过热水压力
胎里扒缝	帘线接头脱开 帘线横向位移	提高帘布卷取和贴合工艺质量 保证胶囊均匀伸展,定型时间不宜过长,把握定型时机
胎里气泡	胎体内存在空气或杂质 胎坯与胶囊(水胎)之间残存空气 成型时使用的汽油没有完全挥发	保证半成品帘布清洁,各层帘布贴合紧密,烘胎扎眼彻底 保证胶囊(水胎)排气线顺畅,定型时保证胶囊均匀舒展 成型时汽油挥发干净再进行下一步操作,胎坯多扎眼
钢丝圈变形	成品与胶囊粘接 卸胎动作不协调 成品与上模钢圈粘接	胶囊表面均匀涂刷隔离剂 掌握正确的取胎操作 模型上钢圈涂刷隔离剂

表 13-19　模型制品常见的质量缺陷及原因和解决方法

缺 陷	产 生 原 因	处 理 措 施
制品缺胶	半成品单耗不足或装胶量不足 平板上升太快,胶料没有充分流动 模具封不住胶料 模具排气条件不佳 模温过高	从新确定模具装胶量 减慢平板上升速度并反复放气 改进模具设计 降低模温,加快操作速度

缺　陷	产　生　原　因	处　理　措　施
胶边过厚,产品超重	装胶量过大 平板压力不足 模具没有相应的余胶槽	严格控制半成品单耗 增大平板压力 改进模具设计
卷边、抽边、缩边	胶料加工性能差(氟胶等流动性差,收缩性大)	采用铸压、注射法生产降低胶料的门尼黏度
裂纹	胶料脏污 隔离剂过多 胶料焦烧	保证半成品清洁 合理使用隔离剂 延长焦烧时间
气泡	配合剂中含有硫化分解的气体的物质 工艺加工时窝气,模腔中的空气没有完全排出 模具无排气线	合模前反复放气,模具加开排气线 配方中加入氧化钙
出模制品撕裂	隔离剂过多或过少 启模太快,受力不均匀 胶料流动性差,半成品粘接性差 模具棱角、倒角不合理	合理使用隔离剂,启模时制品均匀受力,减小胶料的门尼黏度,改进模具设计
制品过于粗糙	模具表面粗糙 混炼胶焦烧时间过短	清洗模具 延长焦烧时间

主要参考文献

1 梁星宇,周木英. 橡胶工业手册·第三分册. 修订版. 北京:化学工业出版社,1992

2 邓本诚,纪奎江. 橡胶工艺原理. 北京:化学工业出版社,1984

3 杨清芝. 现代橡胶工艺学. 北京:中国石化出版社,1997

4 刘印文,刘振华,刘涌. 橡胶密封制品实用加工技术. 北京:化学工业出版社,2002

5 印度橡胶学会编. 橡胶工程手册. 刘大华等译. 北京:中国石化出版社,2002

6 周彦豪等. 中国橡胶,2004,4(20):20

内　容　提　要

本书内容分为三大部分。

第一部分为原材料，系统论述了生胶、硫化体系、补强与填充体系、老化与防护体系、增塑体系、特种配合体系、共混与改性体系等基础原材料的主要品种、原理和应用。概括介绍了发泡、黏合、阻燃、着色、抗静电、导电特种原材料。简介了橡胶增强材料——骨架材料，包括常用的各类纤维的性能特点和不同编织的纺织物，如帘布、帆布、线绳、金属骨架等。通过这部分的学习，能使读者掌握为什么要用这些配合体系？怎么才适用？

第二部分重点讲解了橡胶配方组成与胶料的工艺性能、物理性能和使用性能的关系，使读者能根据性能要求合理地去设定橡胶胶料配方。

第三部分比较系统全面地讲解了混炼、压延、挤出、硫化 4 个橡胶加工工艺过程的原理、方法和典型实例。使读者了解怎样才能把所设计的配方和选用的骨架材料通过不同的加工方法组合在一起生产出合格的橡胶制品。

本书适于高分子材料专业的学生和橡胶专业技术人员学习使用。